"十二五"普通高等教育本科国家级规划教材

理论力学

第9版 I

○ 哈尔滨工业大学理论力学教研室 编

中国教育出版传媒集团
高等教育出版社·北京

内容简介

本书第 1 版至第 8 版受到广大教师和学生的欢迎。第 9 版仍保持前 8 版理论严谨、逻辑清晰、由浅入深、宜于教学的风格体系，对部分内容进行了修改和修正，适当增加了综合性例题，并增删了一定数量的习题。

本书第 9 版共分 Ⅰ，Ⅱ 两册。《理论力学》(Ⅰ)内容包括静力学(静力学公理和物体的受力分析、平面力系、空间力系、摩擦)，运动学(点的运动学、刚体的简单运动、点的合成运动、刚体的平面运动)，动力学(质点动力学的基本方程、动量定理、动量矩定理、动能定理、达朗贝尔原理、虚位移原理)。一般中等学时的专业只用第 Ⅰ 册即可。《理论力学》(Ⅱ)为专题部分，内容包括分析力学基础、非惯性参考系中的质点动力学、碰撞、机械振动基础、刚体定点运动、自由刚体运动、刚体运动的合成 · 陀螺仪近似理论、变质量动力学，各专业可根据需要来选取。

本书可作为高等学校工科机械、土木、水利、航空航天等专业理论力学课程的教材，也可作为高职高专、成人高校相应专业的自学和函授教材，亦可供有关工程技术人员参考。

本书配有丰富的数字化资源，同时配有《理论力学习题全解》《理论力学解题指导及习题集》等供读者选用。

本书配套出版了系列数字化产品：

(1)《理论力学在线试题库及组卷系统》

由哈尔滨工业大学牵头，多所高校数十位教师参与共同研制而成。题库总题量 6000 余题，试题内容涵盖理论力学课程全部知识点，包括静力学、运动学、动力学及专题四部分，题型有判断题、单项选择题、多项选择题、不定项选择题、填空题、简答题、计算题，难易系数设计为容易、较易、一般、较难、难五档，可手工策略组卷或自动策略组卷。该题库可供工科高校理论力学课程自测、作业和考试使用。任课教师可扫描下方二维码申请试用。

(2)《理论力学数字课程》《理论力学(动力学专题)数字课程》

与本书 Ⅰ、Ⅱ 两册的教学内容同步设计，紧密配合，内容包括教学视频、教学课件、电子教案、在线作业等，并提供公告、答疑、讨论、成绩评定和教学档案管理等功能，可供高校开展混合式教学、线上教学定制应用。任课教师可扫描下方二维码浏览课程主页。

(3)《理论力学》数字教材

立足本书第 Ⅰ 册，整合国家级一流本科课程哈尔滨工业大学"理论力学"MOOC 课程资源，集传统教材、在线课程、重难点讲析、解题技巧讲解、在线自检自测于一体，适合于不同专业背景和层次的理论力学学习者和教学者。初学者能够快速地实现对知识点的理解和应用；深度学习者能够对课程有更高阶的理解和对解题方法有更深层次的掌握；教学者能够从中总结规律，开阔教学思路。师生可扫描下方二维码购买阅读。

以上平台相互兼容，数字教材亦可一键导入到数字课程进行定制应用。同时，面向本书用户，作为增值服务开放了"电子作业本"，详见本书"电子作业本增值服务使用说明"。

《理论力学在线试题库及组卷系统》　　《理论力学数字课程》

《理论力学(动力学专题)数字课程》　　《理论力学》数字教材

《理论力学习题全解》　　《理论力学解题指导及习题集》

理论力学

第9版 Ⅰ

1 计算机访问https://abooks.hep.com.cn/59855，或手机扫描二维码，访问新形态教材网小程序。

2 注册并登录，进入“个人中心”，点击“绑定防伪码”。

3 输入教材封底的防伪码（20位密码，刮开涂层可见），或通过新形态教材网小程序扫描封底防伪码，完成课程绑定。

4 点击“我的学习”找到相应课程即可“开始学习”。

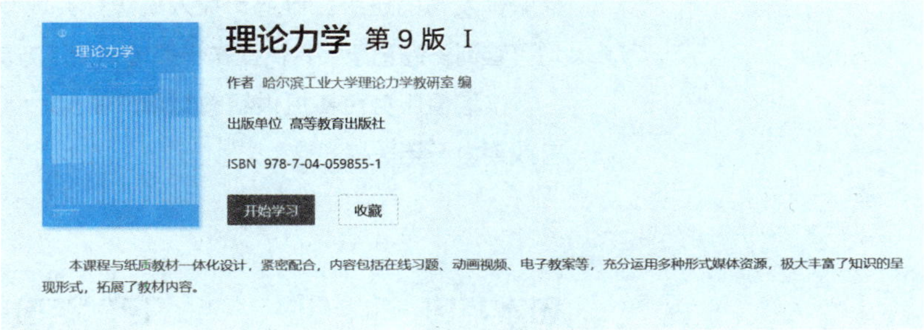

绑定成功后，课程使用有效期为一年。受硬件限制，部分内容无法在手机端显示，请按提示通过计算机访问学习。

如有使用问题，请发邮件至abook@hep.com.cn。

考前冲刺课

https://abooks.hep.com.cn/59855

电子作业本增值服务使用说明

本书每一章后的习题同时以在线作业的形式给出，所有教材用户均可扫描习题二维码查看全部在线试题，提交后即可查看参考答案及部分重点、难点和典型习题的解答提示。详细的解答过程，可进一步参看与本书配套的《理论力学习题全解》。

如需使用电子作业本功能，教师可通过扫描习题二维码进行实名教师认证后进入“爱习题测评系统”，该系统支持班级管理、作业发布等教学活动；学生通过扫描教师发布的班级二维码可加入班级并完成教师布置的在线作业。教师和学生均可查询答题记录。具体操作步骤可扫描下方的二维码观看。

该增值服务免费提供给教材用户使用。绑定书后防伪码成功后，该增值服务有效期为一年。

学生如何使用
电子作业本

新形态教材网
电子作业本使用指南

第 9 版序

本书初版于 1961 年，先后再版 8 次，曾获得首届国家优秀教材奖和国家级教学成果奖。本书第 8 版为“十二五”普通高等教育本科国家级规划教材，并于 2021 年被国家教材委员会评为首届全国教材建设奖全国优秀教材一等奖。

本书第 9 版的修订工作遵循继承传统、突出特色、精益求精、不断完善的指导思想，在内容上作了如下修改。

1. 对运动学中点的合成运动一章作了进一步的修订，丰富和完善了基于牵连点运动的点的合成运动分析方法，并结合典型案例给出了几何直观的证明方法。

2. 对虚位移原理和分析力学部分的内容进行了修订：进一步修正了虚位移的定义，使其更便于初学者理解；引入了含有乘子的拉格朗日方程，并用于具有复杂约束方程的系统动力学分析，同时引入了线性非完整约束系统的概念与基本方程。

3. 对“两体问题”“潮汐问题”部分内容进行了修正。

4. 各章适当增加了综合性例题，并增删了一定数量的习题。

此外，高等教育出版社配套出版了《理论力学数字课程》《理论力学数字教材》（学习指导书）和《理论力学习题全解》，同时修订了《理论力学在线试题库与组卷系统》，进一步完善了理论力学全过程课程教学资源与服务解决方案。

本书分为两册，第 Ⅰ 册为基础部分，内容包括静力学（含静力学公理和物体的受力分析、平面力系、空间力系、摩擦），运动学（含点的运动学、刚体的简单运动、点的合成运动、刚体的平面运动），动力学（含质点动力学的基本方程、动量定理、动量矩定理、动能定理、达朗贝尔原理、虚位移原理）。一般中等学时的专业只用第 Ⅰ 册即可。第 Ⅱ 册为专题部分，内容包括分析力学基础、非惯性参考系中的质点动力学、碰撞、机械振动基础、刚体定点运动、自由刚体运动、刚体运动的合成·陀螺仪近似理论、变质量动力学，各专业可根据需要来选取。全书配有思考题、自测题和习题。

本书可作为高等学校工科各专业的理论力学课程教材。

本书第 9 版由王铎先生任名誉主编，并由孙毅教授主持编写与修订工作。第 Ⅰ 册由曾凡林教授（第一、二、三、四章）、孙毅教授（第五、六、七、八、十四章）、张莉教授（第九、十、十一、十二、十三章）执笔。第 Ⅱ 册由孙毅教授（第一、三、四章）、张莉教授（第二、五章）、刘伟教授（第六章）、赵婕教授（第一章部分内容）执笔，全书由孙毅教授统稿。

本书第 9 版由北京航空航天大学王琪教授、上海大学陈立群教授和西北工业大学支希哲教授审阅，特此致谢。

本书虽经多次修订，但限于我们的水平和条件，缺点和错误在所难免，请大家多提宝贵意见，使本书不断提高和完善。

哈尔滨工业大学理论力学教研室

2022 年 11 月

第 8 版序

本书自 1961 年出版以来，先后再版 7 次，曾获首届国家优秀教材奖和国家级教学成果奖。第 7 版被评为“十二五”普通高等教育本科国家级规划教材、2011 年度普通高等教育精品教材。

本书第 8 版的修订工作遵循继承传统、突出特色、完善内容、精益求精的指导思想，在内容上作了如下修改：

1. 对虚位移原理和分析力学部分的内容进行了一定的修改。修正了虚位移的定义，使其适用于非定常约束的情况；以势能变分为例，从数学上阐述了变分的概念与计算公式，并将虚位移与质点系位形的变分联系起来，加深学生对虚位移概念的理解与掌握；修改了第二类拉格朗日方程内容中个别定理的推导并增加了部分拓展应用例题。

2. 增加了“两体问题”和“潮汐现象”的分析，在“碰撞”内容中增加了用于碰撞过程的拉格朗日方程，在“变质量动力学”内容中引入了近程火箭的外弹道微分方程式。

3. 对全书其他部分内容进行了个别修正，适当增加了综合性例题，并增删了一定数量的习题。

4. 增加了数字资源的二维码链接，读者通过扫描书上的二维码即可链接相关数字资源。

全书分为两册，第 Ⅰ 册为基础部分，内容包括静力学（含静力学公理和物体的受力分析、平面力系、空间力系、摩擦），运动学（含点的运动学、刚体的简单运动、点的合成运动、刚体的平面运动），动力学（含质点动力学的基本方程、动量定理、动量矩定理、动能定理、达朗贝尔原理、虚位移原理）。一般中等学时的专业只用第 Ⅰ 册即可。第 Ⅱ 册为专题部分，内容包括分析力学基础、非惯性系中的质点动力学、碰撞、机械振动基础、刚体定点运动、自由刚体运动、刚体运动的合成 · 陀螺仪近似理论、变质量动力学，各专业可根据需要来选取。全书配有思考题和习题。

本书是与爱课程网上理论力学资源共享课配套的教材。

本书可作为高等学校工科机械、土建、水利、航空、航天等专业理论力学课程的教材，也可作为高职高专、成人高校相应专业的自学和函授教材，亦可供有关工程技术人员参考。

本书第 8 版由王铎教授主编，并由孙毅教授和程靳教授具体主持编写与修订工作。第Ⅰ册由程燕平教授（第一、二、三、四章），孙毅教授（第五、六、七、八、十四章），程靳教授和张莉教授（第九、十、十一、十二、十三章）执笔。第Ⅱ册由孙毅教授（第一、三、四章），程靳教授和张莉教授（第二、五、六章）执笔，全书由孙毅教授统稿。

本书第8版由北京理工大学梅凤翔教授、北京航空航天大学谢传锋教授和浙江大学庄表中教授审阅，特此致谢。

本书第8版的修订过程中，先后得到梅凤翔、庄表中、王琪、支希哲等各位教授的支持并提出宝贵意见，在此表示衷心的感谢。

本书虽经多次修订，但限于我们的水平和条件，缺点和错误在所难免，请大家多提宝贵意见，使本书不断提高和完善。

哈尔滨工业大学理论力学教研室

2016年6月

第 7 版序

本书初版于 1961 年出版。通过 40 余年的不断修改、完善，逐步形成了具有自己风格和特点的教学体系，先后再版 6 次，曾获得首届国家优秀教材奖和国家级教学成果奖。

第 7 版保持和发扬了前 6 版的体系和风格，坚持理论严谨、逻辑清晰、由浅入深、易教易学的原则，并根据教育部力学基础课程教学指导分委员会最新制订的“理论力学课程教学基本要求(A 类)”，在内容上作了如下修改：

1. 在静力学部分适当深化了力学建模的基本概念与解题方法，在运动学部分对一些公式的推导进行了修改，以便于学生掌握相关公式和物理概念。

2. 对习题部分作了较大的改动，使习题量更充足、题型更丰富，以便于教学使用。

全书仍分为两册，第Ⅰ册为基础部分，内容包括静力学(含静力学公理、物体的受力分析、平面力系、空间力系、摩擦等)、运动学(含点的运动学、刚体的简单运动、点的合成运动、刚体的平面运动等)、动力学(含质点动力学的基本方程、动量定理、动量矩定理、动能定理、达朗贝尔原理、虚位移原理等)，一般中等学时的专业只用第Ⅰ册即可；第Ⅱ册为专题部分，内容包括分析力学基础、非惯性系中的质点动力学、碰撞、机械振动、刚体定点运动、自由刚体运动、刚体运动的合成·陀螺仪近似理论、变质量动力学等。各专业可根据需要来选取。全书配有思考题和习题。

本书运用多种媒体形式进行一体化设计，在易课程网上为本教材建立了专门的网页，既有供教师使用的教学资源，也有供学生使用的资源。资源类型包括电子教案、动画、视频、典型例题、习题详解等，极大丰富了内容的呈现形式，拓展了教材内容。

本版由王铎教授主编，并由孙毅教授和程靳教授具体主持编写与修订工作。第Ⅰ册由程靳教授(第一、二、三、十、十一、十二章)，孙毅教授(第五、六、七、八章)，程燕平教授(第十三、十四章)，张莉教授(第四、九章)执笔；第Ⅱ册由孙毅教授(第一、四章)，程靳教授(第二、五、六章)，程燕平教授(第三章)，刘墩教授(航天器轨道动力学基础)执笔。全书由孙毅教授和程靳教授统稿。

本版由清华大学贾书惠教授审阅，特此致谢。

在本书第 7 版的修订过程中，先后得到贾书惠、谢传锋、景荣春、董正筑、王琪、武清玺、支希哲、李晓阳、刘又文、屈本宁等各位教授的支持及其提出的宝贵意见，在此表示衷心的感谢。

本书虽经多次修订，但限于我们的水平和条件，缺点和错误在所难免，请大家多提宝贵意见，使本书不断提高和完善。

哈尔滨工业大学理论力学教研室
2009年3月

第六版序

本书从1961年出版以来,已经修订多次,这次是第六版。前五版受到了广大教师和学生的欢迎,曾获国家优秀教材奖。

为适应21世纪的需要,本书对第五版进行了修订。通过多年的教学实践,本书的体系和风格已经比较成熟,大多数使用者希望保留和发扬这一风格。本版仍保留前五版的风格,坚持理论严谨、逻辑清晰、由浅入深的原则,适当提高起点,增加部分新内容。本版分为两册。第Ⅰ册为基础部分,包含了理论力学的基本内容,包括:静力学、运动学、动力学三大基本定理、达朗贝尔原理、虚位移原理等,一般中等学时的专业只用第Ⅰ册即可。第Ⅱ册为专题部分,内容包括:非惯性系动力学、碰撞、分析力学基础(含第一类拉格朗日方程)、机械振动基础、定点运动及变质量动力学。不同专业可选用不同的专题。

本书适用于高等工科院校四年制机械、土建、交通、水利、动力、航空航天等专业,也可供其他专业选用,或作为自学、函授教材。

本版由王铎教授和程靳教授主编,经教材审定小组讨论,第Ⅰ册由王宏钰教授(第一,二,三,四,五章),程靳教授(第六,七,八,九章),赵经文教授(第十,十一,十二,十三章),程燕平副教授(第十四,十五章)执笔;第Ⅱ册由程靳教授(第一,五,六章),程燕平副教授(第二章),孙毅教授(第三章)执笔,第四章由程靳教授与程燕平副教授共同执笔;全书由程靳教授和程燕平副教授统稿。

本版由清华大学贾书惠教授审阅,并提出了很多宝贵意见,特此致谢。

本书虽经多次修订,但限于我们的水平和条件,缺点和错误仍在所难免,衷心希望大家提出批评和指正,使本书不断提高和完善。

哈尔滨工业大学理论力学教研室

2002年5月

第五版序

本书为第五版。初版于1961年出版,1962年和1965年经过修订,出版了第二版上、下册和第三版上册,第三版下册因故未能正式出版。1981年出版的第四版上、下册对以前的版本作了较大的调整,在各章末增加了小结、思考题和习题,更有利于教师的讲授,也便于学生自学。本书第四版在国内得到了广泛的选用,荣获国家优秀教材奖。本书第四版出版十余年来,也收到了很多教师和读者的宝贵意见和建议,对此我们深表感谢。

为适应我国科学技术和生产建设的发展,适应学生水平的普遍提高,我们根据近年来的教学实践和兄弟院校的意见,对本书第四版作了适当的修订。修订后的第五版符合国家教委新颁布的“高等学校工科本科理论力学课程教学基本要求”,适用于四年制机械、土建、水利、航空和动力等专业,可供企业管理、化工、电器等其他专业选用,亦可作为自学和函授教材。

本版保持了第四版的体系和风格,继承了前一版便于教师讲授和学生自学的优点,在下列几方面作了一些修改:减少了与数学、物理等课程简单重复的内容;删去了图解静力学一章;减少了几何法求解问题的篇幅,适当加强了便于计算机应用的解析方法和综合分析问题的训练;合并了部分章节,精炼了文字叙述;减少了部分简单习题,扩展了习题的类型,适当增加了综合练习题;附录中给出了几个有关静力学内容的微机计算程序。

本版采用了GB 3100~3102—93《量和单位》中规定的有关通用符号。

本修订版由王铎教授和赵经文教授任主编,经教材修订小组讨论,由王宏钰教授(静力学)、程靳教授(运动学)、赵经文教授(动力学)和陈明副教授、程燕平副教授(习题)等执笔,并由赵经文教授统稿,最后由王铎教授定稿完成。

本版由清华大学贾书惠教授和华东船舶工业学院董雷强副教授审阅,他们对本书提出了很多宝贵意见,特此致谢。

本书虽经多次修订,但由于水平和条件所限,还会有不少缺点和错误,诚恳欢迎读者批评指正。衷心希望大家对本书提出修改意见和建议,使之能不断地提高和改进。

哈尔滨工业大学理论力学教研室

1996年10月

第四版序

本书初版于1961年出版。1962年和1965年经过修订，出版了第二版上、下册和第三版上册，第三版下册因故未能正式出版。

为了适应社会主义现代化建设的需要，我们根据多年来的教学实践并按照高等学校工科力学教材编审委员会理论力学编审小组1980年审订的高等工业学校《理论力学教学大纲》(草案)(四年制机械、土建、水利、航空等类专业试用)的要求，对本书在前三版的基础上进行了修订，作为第四版出版。本版对以前各版的章节作了适当的调整，对各章的内容、例题作了增删和修订；为便于自学，在各章末增加了小结、思考题和习题，并在书末附有习题答案。

本版采用国际单位制。

本版基本内容课内为120学时。附有“*”号的章节，不是120学时内的基本内容，可根据专业需要选取。绪论的内容不必在第一次课上全部讲授，例如关于理论力学的研究方法可在课程结束时加以总结。

本版的修订由王铎同志主编，修订方案经过教材修订小组讨论，由王宏钰(第一章至第八章)、洪敏谦(绪论和第九章至第二十章)、邹经湘(第二十一章至第二十四章)、杨英烈(静力学习题)、于永德(运动学和动力学习题)同志执笔，并由洪敏谦同志统稿，最后由王铎同志校阅。

本版上册插图部分底图由冯年寿同志重新绘制。

本版由北京航空学院黄克累和张大源同志审阅，并提出了很好的意见，特此致谢。

本书虽经多次修订，但限于我们的水平，还会有不少缺点和错误，衷心希望读者批评指正。

哈尔滨工业大学理论力学教研室

1981年6月

第三版序

为了适应当前教学改革的形势，我们对本书第二版作了较全面的修订。在修订中，注意了贯彻“理论联系实际”的方针和“少而精”的原则。

修订时，注意了工科院校的特点，删去了不适合一般专业需要的部分，精简了次要内容，合并了一些章节；在内容叙述和定理推证方面力求物理概念清晰；各章问题尽量从工程实际引出，并增加了联系实际的例子。

本修订版在修订前，经过教研室全体同志讨论，然后分工执笔修改，最后由王铎同志统一校订。本版全部插图都系重新绘制。

本修订版由北京航空学院黄克累同志审阅，并提出了很多宝贵的意见。

由于我们对教学改革精神领会不够，并受政治和业务水平所限，错误和缺点在所难免，衷心地希望大家批评指正。

哈尔滨工业大学理论力学教研室

1965年8月

第二版序

本书的第一版出版后，我们听取了兄弟院校教师和读者的意见，对它进行了修改。

在本版中，我们对全书的内容和文句作了必要的增删和修改，也订正了第一版中的印刷错误。

本版的修改工作是由洪敏谦同志执笔和完成的。修改的内容曾由教研室部分教师参加讨论。改写的章节中的第二十章§7和第二十九章§10分别由陈长庚和谈开孚同志执笔。最后，由王铎同志对全书进行了校阅。

为了提高出版质量，本版中的部分附图是由屠良尧等同志重新绘制的。

本书虽经修改，但由于水平所限，缺点和错误仍在所难免，衷心地希望大家提出批评和指正。

哈尔滨工业大学理论力学教研室

1962年3月

第一版序

本书是根据1959年我教研室所编理论力学讲义经过局部修改而出版的。几年来，特别是在贯彻党的教育方针以后，在党的领导下，学习先进经验，并结合我们的教学实践，总结了点滴体会，先后编写了一些讲义，供校内同学参考。由于讲义本来只反映本校的局部情况，加以出版时间仓促，没有来得及根据兄弟院校的教学经验多加修改。

本书的篇幅只大体适合于机械、动力、电机、土建等类各专业理论力学课程的要求。对变质量力学、物体在中心力场中的运动、回转仪理论和振动理论等专题只作了简略的叙述。因此有必要结合学校和专业的特点，增删部分内容，指定相应的参考资料。

总之，本书无论在体系、篇幅、内容、教学方法等各个方面都不够成熟，必须随着教育改革的不断深入发展，吸取兄弟教研室的宝贵经验，大力加以修改，热烈地希望兄弟院校的教师和同学提出批评指正。

本书是在党的直接领导和关怀下，由教研室同志集体编写的，参加的主要成员有童秉纲、钟宏九、黄文虎、谈开孚、叶谋仁等。

最后，衷心地感谢兄弟院校的理论力学教研室，他们为了促使本书提高质量，早日出版，对本书提出了许多宝贵的修改意见，主动地为本书提供了他们所编讲义的个别章节及例题，并承清华大学理论力学教研组有关同志对全书进行了校阅和订正。

哈尔滨工业大学理论力学教研室

1961年4月于哈尔滨

主要符号表

$\boldsymbol{a}$	加速度
$\boldsymbol{a}_{\mathrm{n}}$	法向加速度
$\boldsymbol{a}_{\mathrm{t}}$	切向加速度
$\boldsymbol{a}_{\mathrm{a}}$	绝对加速度
$\boldsymbol{a}_{\mathrm{r}}$	相对加速度
$\boldsymbol{a}_{\mathrm{e}}$	牵连加速度
$\boldsymbol{a}_{\mathrm{C}}$	科氏加速度
A	面积、自由振动振幅
e	恢复因数
f	动摩擦因数
f_{s}	静摩擦因数
$\boldsymbol{F}$	力
$\boldsymbol{F}'_{\mathrm{R}}$	主矢
$\boldsymbol{F}_{\mathrm{s}}$	静摩擦力
$\boldsymbol{F}_{\mathrm{N}}$	法向约束力
$\boldsymbol{F}_{\mathrm{Ie}}$	牵连惯性力
$\boldsymbol{F}_{\mathrm{IC}}$	科氏惯性力
$\boldsymbol{F}_{\mathrm{I}}$	惯性力
$\boldsymbol{g}$	重力加速度
h	高度
$\boldsymbol{i}$	x 轴的基矢量
$\boldsymbol{I}$	冲量
$\boldsymbol{j}$	y 轴的基矢量
J_z	刚体对 z 轴的转动惯量
J_{xy}	刚体对 x、y 轴的惯性积
J_C	刚体对质心的转动惯量
k	弹簧刚度系数
$\boldsymbol{k}$	z 轴的基矢量
l	长度
L	拉格朗日函数
$\boldsymbol{L}_O$	刚体对点 O 的动量矩
$\boldsymbol{L}_C$	刚体对质心的动量矩
m	质量
M_z	对 z 轴的矩
$\boldsymbol{M}$	力偶矩、主矩
$\boldsymbol{M}_O(\boldsymbol{F})$	力 $\boldsymbol{F}$ 对点 O 的矩
$\boldsymbol{M}_{\mathrm{I}}$	惯性力的主矩
n	质点数目
O	参考坐标系的原点
$\boldsymbol{p}$	动量
P	重量、功率
q	载荷集度、广义坐标
Q	广义力
r	半径、矢径的模
$\boldsymbol{r}$	矢径
$\boldsymbol{r}_O$	点 O 的矢径
$\boldsymbol{r}_C$	质心的矢径
R	半径
s	弧坐标、频率比
t	时间
T	动能
$\boldsymbol{v}$	速度
$\boldsymbol{v}_{\mathrm{a}}$	绝对速度
$\boldsymbol{v}_{\mathrm{r}}$	相对速度
$\boldsymbol{v}_{\mathrm{e}}$	牵连速度
$\boldsymbol{v}_C$	质心速度
V	势能、体积
W	功

x、y、z	直角坐标	ρ	密度、曲率半径
α	角加速度	φ	角度坐标
β	角度坐标	φ_f	摩擦角
δ	滚动摩擦系数、阻尼系数	ψ	角度坐标
$\mathrm{\delta}$	变分符号	ω_0	固有角频率
ζ	阻尼比	ω	角速度
η	减缩因数	ω_a	绝对角速度
λ	本征值	ω_r	相对角速度
Λ	对数减缩	ω_e	牵连角速度

目录

绪论

一、理论力学的研究对象和内容

理论力学是研究物体机械运动一般规律的科学。

物体在空间的位置随时间的改变，称为**机械运动**。机械运动是人们生活和生产实践中最常见的一种运动。**平衡**是机械运动的特殊情况。

在客观世界中，存在各种各样的物质运动，例如，发热、发光和产生电磁场等物理现象，化合和分解等化学变化，以及人的思维活动等。在物质的各种运动形式中，机械运动是最简单的一种。物质的各种运动形式在一定的条件下可以相互转化，而且在高级和复杂的运动中，往往存在着简单的机械运动。

本课程研究的内容是速度远小于光速的宏观物体的机械运动，它以伽利略和牛顿总结的基本定律为基础，属于古典力学的范畴。至于速度接近于光速的物体和基本粒子的运动，则必须用相对论和量子力学的观点才能完善地予以解释。宏观物体远小于光速的运动是日常生活及一般工程中最常遇到的，古典力学有着最广泛的应用。理论力学所研究的则是这种运动中最一般、最普遍的规律，是各门力学分支的基础。

本课程的内容包括以下三个部分：

静力学——主要研究受力物体平衡时作用力所应满足的条件；同时也研究物体受力的分析方法，以及力系简化的方法等。

运动学——只从几何的角度来研究物体的运动（如轨迹、速度和加速度等），而不研究引起物体运动的物理原因。

动力学——研究受力物体的运动与作用力之间的关系。

二、理论力学的研究方法

研究科学的过程，就是认识客观世界的过程，任何正确的科学研究方法，一定要符合辩证唯物主义的认识论。理论力学也必须遵循这个正确的认识规律进行研究和发展。

1. 通过观察生活和生产实践中的各种现象，进行多次的科学实验，经过分析、综合和归纳，总结出力学的最基本的规律。

远在古代，人们为了提水，制造了辘轳；为了搬运重物，使用了杠杆、斜面和滑轮；为了利用风力和水力，制造了风车和水车；等等。人类通过制造和使用这些生活和生产工具，对机械运动有了初步的认识，并积累了大量的经验，经过分析、综合和归纳这些经验，逐渐形成了如“力”和“力矩”等基本概念，以及如“二力平衡”“杠杆原理”“力的平行四边形法则”和“万有引力定律”等力学的基本规律，并总结于科学著作中。墨翟（前 468—前 376）所著的《墨经》，是一部我国最早记述有关力学理论的著作。

人们为了认识客观规律，不仅在生活和生产实践中进行观察和分析，还要主动地进行实验，定量地测定机械运动中各因素之间的关系，找出其内在规律。例如，伽利略（1564—1642）对自由落体和物体在斜面上的运动做了多次实验，从而推翻了统治多年的错误观点，并引出“加速度”的概念。此外，如摩擦定律、牛顿三定律等，都是建立在大量实验基础之上的。实验是形成理论的重要基础。

2. 在对事物观察和实验的基础上，经过抽象化建立力学模型，形成概念，在基本规律的基础上，经过逻辑推理和数学演绎，建立理论体系。

客观事物都是具体的、复杂的，为找出其共同规律，必须抓住主要因素，舍弃次要因素，建立抽象化的力学模型。例如，忽略一般物体的微小变形，建立在力作用下物体形状、大小均不改变的刚体模型；抓住不同物体间机械运动的相互限制的主要方面，建立一些典型的理想约束模型；为分析复杂的振动现象，建立弹簧质点的力学模型；等等。这种抽象化、理想化的方法，一方面简化了所研究的问题，另一方面更深刻地反映出事物的本质。当然，任何抽象化的模型都是相对的。当条件改变时，必须考虑影响事物的新的因素，建立新的模型。例如，在研究物体受外力作用而平衡时，可以忽略物体形状的改变，采用刚体模型；但要分析物体内部的受力状态或解决一些复杂物体系的平衡问题时，必须考虑物体的变形，建立弹性体的模型。

生产实践中的问题是复杂的，不是一些零散的感性知识所能解决的。理论力学成功地运用逻辑推理和数学演绎的方法，由少量最基本的规律出发，得到了从多方面揭示机械运动规律的定理、定律和公式，建立了严密而完整的理论体系。这对于理解、掌握及应用理论力学知识都是极为有利的。数学方法在理论力学的发展中起到了重大的作用。近代计算机的发展和普及，不仅能完成力学问题中大量的繁杂的数值计算，而且在逻辑推理、公式推导等方面也是极有效的工具。

3. 将理论力学的理论用于实践，在解释世界、改造世界中不断得到验证和发展。

实践是检验真理的唯一标准。实践中所遇到的新问题又是促进理论发展的源泉。古典力学理论在现实生活和工程中，被大量实践验证为正确，并在不同领域的实践中得到发展，形成了许多分支，如刚体力学、弹塑性力学、流体力学、生物力学等。大到天体运动，小到基本粒子的运动，古典力学理论在实践中又都出现了矛盾，表现出真理的相对性。在新条件下，必须修正原有的理论，建立新的概念，才能正确指导实践，改造世界，并进一步地发展力学理论，形成新的力学分支。

三、学习理论力学的目的

理论力学是一门理论性较强的技术基础课。学习理论力学的目的是：

1. 工程类专业一般都要接触机械运动的问题。有些工程问题可以直接应用理论力学的基本理论去解决;有些比较复杂的问题,则需要用理论力学和其他专门知识共同来解决。因此,学习理论力学是为解决工程问题打下一定的基础。

2. 理论力学是研究力学中最普遍、最基本的规律。很多工程类专业的课程,例如,材料力学、机械原理、机械设计、结构力学、弹塑性力学、流体力学、飞行力学、振动理论、断裂力学及许多专业课程等,都要以理论力学知识为基础,所以理论力学是学习一系列后续课程的重要基础。

随着现代科学技术的发展,力学的研究内容已渗入到其他科学领域,例如,固体力学和流体力学的理论被用来研究人体内骨骼的强度,血液流动的规律,以及植物中营养的输送问题等,从而形成了生物力学;流体力学的理论被用来研究等离子体在磁场中的运动,从而形成了电磁流体力学;爆炸力学、物理力学等都是力学和其他学科结合而形成的边缘学科。这些新兴学科的建立都必须以坚实的理论力学知识为基础。

3. 理论力学的研究方法,与其他学科的研究方法有不少相同之处,因此,充分理解理论力学的研究方法,不仅可以深入地掌握这门学科,而且有助于学习其他科学技术理论,有助于培养辩证唯物主义世界观,培养正确的分析问题和解决问题的能力,为今后解决生产实际问题,从事科学研究工作打下基础。

静力学

引言

静力学是研究物体在力系作用下平衡规律的科学。

静力学所指的物体通常都是**刚体**，所谓刚体是指在力的作用下，其内部任意两点之间的距离始终保持不变的物体，这是一个理想化的力学模型。而在力的作用下，其变形不能忽略的物体称为**变形体**。

物体的“**平衡**”是指物体中各质点均处于平衡状态，即物体中各质点相对于惯性参考系静止或做匀速直线运动。如桥梁、机床的床身、做匀速直线飞行的飞机等，都处于平衡状态。平衡是物体运动的一种特殊形式。

力对物体的作用效果由力的大小、方向和作用点来确定，习惯称之为**力的三要素**。故力应以矢量表示，本书用 $\boldsymbol{F}$ 表示力矢量，用 F 表示力的大小。在国际单位制中，力的单位是 N 或 kN。

力系是指作用于物体上的力的集合。

若力系作用在物体上使其保持平衡状态，则该力系称为**平衡力系**。

如果一个力系作用于物体的效果与另外一个力系作用于该物体的效果相同，则这两个力系互为**等效力系**。

在静力学中，主要研究以下三个问题：

1. 物体的受力分析

分析某个物体共受几个力作用，以及每个力的作用位置和方向。

2. 力系的等效替换(或简化)

将作用在物体上的一个力系用与它等效的另一个力系来替换，称为力系的**等效替换**。用一个简单力系等效替换一个复杂力系，称为**力系的简化**。某力系与一个力等效，则此力称为该力系的**合力**，而该力系中的各力称为此力的**分力**。

研究力系等效替换并不限于分析静力学问题，也是为动力学提供基础。

3. 建立各种力系的平衡条件

研究物体平衡时，须建立作用在物体上的各种力系所需满足的平衡条件。工程中常见的力系，按其作用线所在的位置，可以分为平面力系和空间力系两大类；又可以按其作用线的相互关系，分为汇交力系、平行力系和任意力系。不同力系的平衡条件各有其不同的特点。

物体的受力分析与力系的平衡条件在工程中有着十分重要的意义，是设计各种结构和机构时进行静力学计算的基础。因此，静力学在工程中有着广泛的应用。

第一章
静力学公理和物体的受力分析

本章阐述静力学五个公理，得出两个推理，介绍工程中常见的约束类型及其约束力分析，同时介绍力学模型与力学建模的概念。

静力学公理是研究静力学问题的基础，物体的受力分析是解决力学问题的重要环节。

§1-1　静力学公理

公理是人们在生活和生产实践中长期积累的经验总结，又经过实践反复检验，被确认是符合客观实际的最普遍、最一般的规律。

公理 1　力的平行四边形法则

作用在物体上同一点的两个力，可以合成为一个**合力**，合力的作用点也在该点，合力的大小和方向，由这两个力为边构成的平行四边形的对角线确定，如图 1-1所示。或者说，合力矢等于这两个力矢的几何和，即

$$\boldsymbol{F}_{R}=\boldsymbol{F}_{1}+\boldsymbol{F}_{2}$$

这条公理是复杂力系简化的基础。

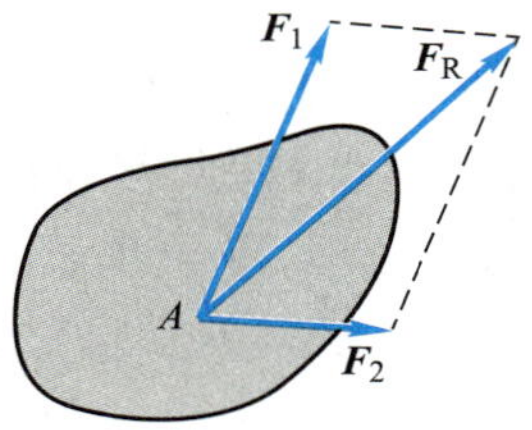

图 1-1

公理 2　二力平衡条件

作用在同一刚体上的两个力，使刚体保持平衡的必要和充分条件是：这两个力的大小相等，方向相反，且作用在同一直线上。

这条公理表明了作用于刚体上最简单力系平衡时所必须满足的条件。

公理 3　加减平衡力系原理

在任一原有力系上加上或减去任意的平衡力系，与原力系对刚体的作用效果等效。

这条公理是研究力系等效替换的重要依据。

根据上述公理可以导出下列两条推理：

推理 1　力的可传性

作用于刚体上某点的力，可以沿着它的作用线移到刚体内任意一点，并不改变该力对刚体的作用。

证明：在刚体上的点 A 作用力 $\boldsymbol{F}$，如图 1-2a 所示。根据加减平衡力系原理，可在力的作用线上任取一点 B，并加上两个相互平衡的力 $\boldsymbol{F}_1$ 和 $\boldsymbol{F}_2$，使 $\boldsymbol{F}=\boldsymbol{F}_2=-\boldsymbol{F}_1$，如图 1-2b 所示。由于力 $\boldsymbol{F}$ 和 $\boldsymbol{F}_1$ 也是一个平衡力系，故可除去，这样只剩下一个力 $\boldsymbol{F}_2$，如图 1-2c 所示，即原来的力 $\boldsymbol{F}$ 沿其作用线移到了点 B。

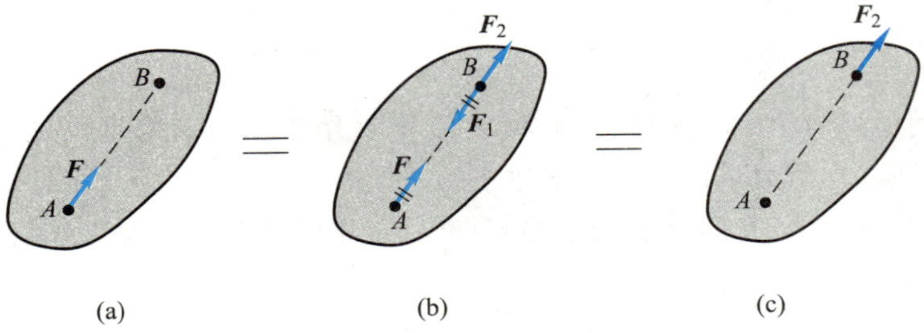

图 1-2

由此可见，对于刚体来说，力的作用点已由作用线所代替。因此，作用于刚体上的**力的三要素**是：力的大小、方向和作用线。

作用于刚体上的力可以沿着其作用线移动，这种矢量称为**滑动矢量**。

推理 2　三力平衡汇交定理

刚体在三个力作用下平衡，若其中两个力的作用线交于一点，则第三个力的作用线必通过此汇交点，且三个力位于同一平面内。

证明：如图 1-3 所示，在刚体的 A、B、C 三点上，分别作用三个力 $\boldsymbol{F}_1$、$\boldsymbol{F}_2$、$\boldsymbol{F}_3$，且刚体平衡，其中力 $\boldsymbol{F}_1$、$\boldsymbol{F}_2$ 两个力的作用线交于点 O。根据力的可传性，把力 $\boldsymbol{F}_1$、$\boldsymbol{F}_2$ 移到汇交点 O，再根据力的平行四边形公理，得合力 $\boldsymbol{F}_{12}$。由二力平衡条件，力 $\boldsymbol{F}_3$、$\boldsymbol{F}_{12}$ 平衡，则力 $\boldsymbol{F}_3$、$\boldsymbol{F}_{12}$ 必共线，即力 $\boldsymbol{F}_3$ 必通过汇交点 O，且力 $\boldsymbol{F}_3$ 必位于力 $\boldsymbol{F}_1$、$\boldsymbol{F}_2$ 所在的平面内，三力共面。推理 2 得证。

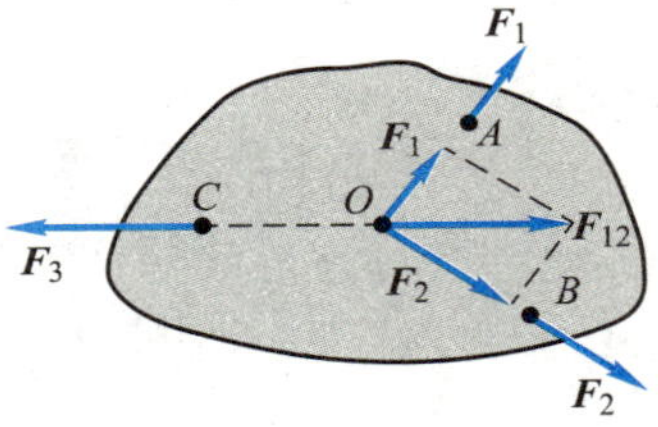

图 1-3

公理 4　作用和反作用定律

作用力和反作用力总是同时存在，两个力的大小相等，方向相反，沿着同一条直线，分别作用在两个相互作用的物体上。

这条公理描述了作用力与反作用力的关系，在画受力图时要注意该公理的应用。作用和反作用定律与二力平衡条件的描述有相同之处，两个力均是等值、反向、共线，但区别是作用力和反作用力分别作用在相互作用的两个物体上，二力平衡条件中的两个力作用于同一个刚体上。

公理 5　刚化原理

变形体在某一力系作用下处于平衡状态，如将此变形体刚化为刚体，其平衡状态保持不变。

这个公理提供了把变形体看作为刚体模型的条件。如图 1-4 所示，绳索在等值、反向、共线的两个拉力作用下处于平衡状态，如将绳索刚化成刚体，其平衡状态保持不变。反之就不一定成立，如刚体在两个等值反向的压力作用下平衡，若将它换成绳索就不能平衡了。

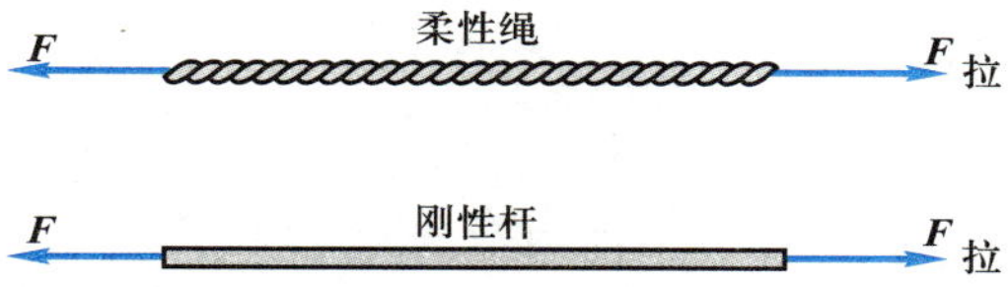

图 1-4

由此可见，刚体的平衡条件是变形体平衡的必要条件，而非充分条件。在刚体静力学的基础上，考虑变形体的特性，可进一步研究变形体的平衡问题。

静力学全部理论都可以由上述五个公理推证而得到，这既能保证理论体系的完整和严密性，又可以培养读者的逻辑思维能力。

§1-2 约束和约束力

有些物体，例如，飞行的飞机、炮弹和火箭等，它们在空间的位移不受任何限制。位移不受限制的物体称为**自由体**。相反，有些物体在空间的位移要受到一定的限制，如机车受铁轨的限制，只能沿轨道运动；电机转子受轴承的限制，只能绕轴线转动；重物由钢索吊住，不能下落；等等。位移受到限制的物体称为**非自由体**。对非自由体的某些位移起限制作用的周围物体称为**约束**。例如，铁轨对于机车，轴承对于电机转子，钢索对于重物等，都是约束。

从力学角度来看，约束对物体的作用，实际上就是力，这种力称为**约束力**，因此，约束力的方向必与该约束所能够阻碍的位移方向相反。应用这个准则，可以确定约束力的方向或作用线的位置。至于约束力的大小则是未知的。在静力学问题中，约束力和物体受的其他已知力（称为**主动力**）组成平衡力系，因此，可用平衡条件求出未知的约束力。当主动力改变时，约束力一般也发生改变，因此，约束力是被动的，这也是将约束力之外的力称为主动力的原因。

下面介绍几种在工程中常见的约束类型和确定约束力方向的方法。

1. 具有光滑接触表面的约束

例如，支持物体的固定面（图 1-5a、b）、啮合齿轮的齿面（图 1-6）、机床中的导轨等，当摩擦忽略不计时，都属于这类约束。

这类约束不能限制物体沿约束表面切线方向的位移，只能阻碍物体沿接触表面法线方向并指向约束内部的位移。因此，光滑支承面对物体的约束力，作用在接

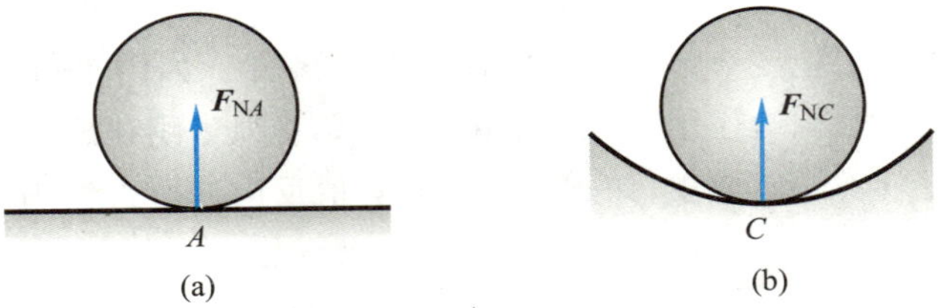

图 1-5

触点处,方向沿接触表面的公法线,并指向被约束的物体。这种约束力称为法向约束力,通常用 $\boldsymbol{F}_N$ 表示,如图 1-5 中的 $\boldsymbol{F}_{NA}$、$\boldsymbol{F}_{NC}$ 和图 1-6 中的 $\boldsymbol{F}_{NB}$ 等。

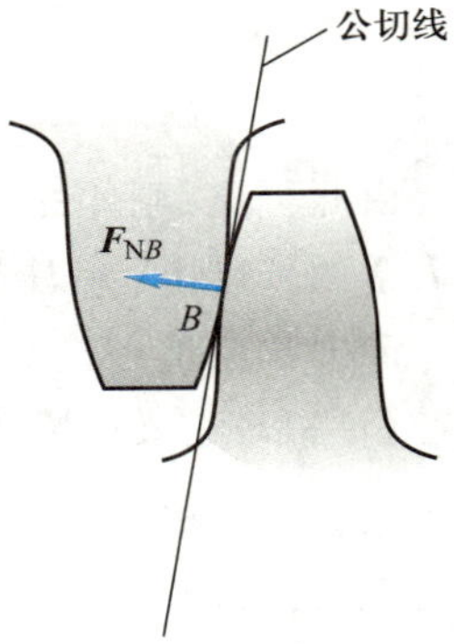

图 1-6

2. 由柔软的绳索、链条或带等构成的约束

绳索吊住重物,如图 1-7a 所示。因为柔软的绳索本身只能承受拉力,所以它给物体的约束力也只可能是拉力(图 1-7b)。因此,绳索对物体的约束力,作用在接触点,方向沿着绳索背离物体。通常用 $\boldsymbol{F}$ 或 $\boldsymbol{F}_T$ 表示这类约束力。

链条或带也都只能承受拉力。当它们绕在轮子上时,对轮子的约束力沿轮缘的切线方向(图 1-8)。

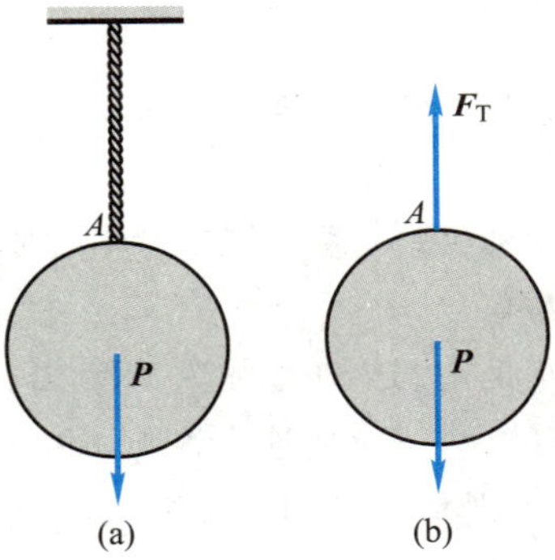

图 1-7

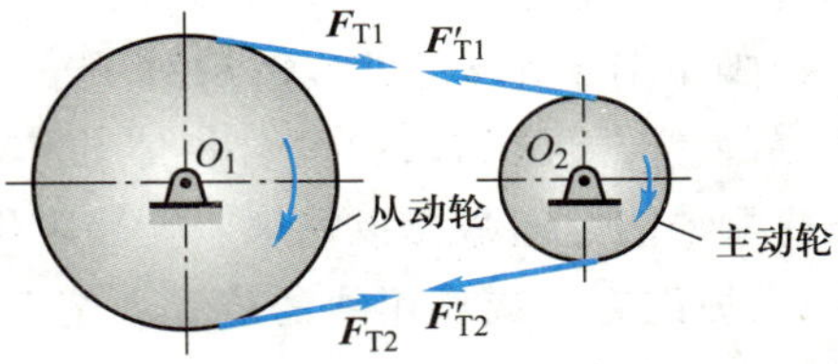

图 1-8

一般通称这类约束为柔索约束。

3. 光滑铰链约束

这类约束有向心轴承、圆柱铰链和固定铰链支座等。

(1) 向心轴承(径向轴承)

图 1-9a、b 所示为轴承装置,可画成如图 1-9c 所示的简图。轴可在孔内任意转动,也可沿孔的中心线移动;但是,轴承阻碍着轴沿径向向外的位移。当轴和轴承在某点 A 光滑接触时,轴承对轴的约束力 $\boldsymbol{F}_A$ 作用在接触点 A,且沿公法线指向

轴心（图 1-9a）。

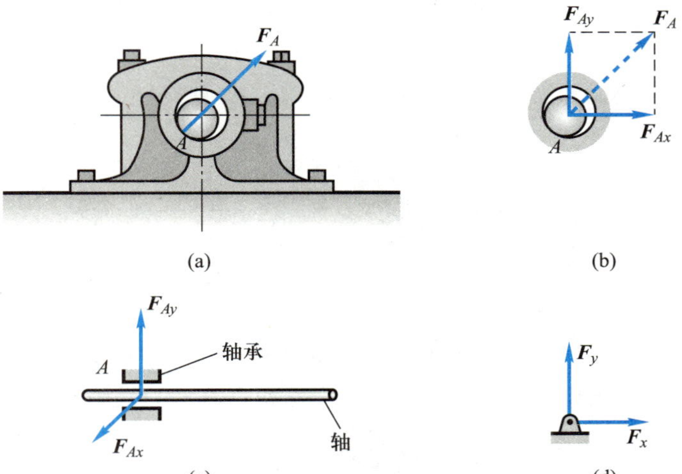

图 1-9

但是，随着轴所受的主动力不同，轴和孔的接触点的位置也随之不同。因此，当主动力尚未确定时，约束力的方向预先不能确定。然而，无论约束力朝向何方，它的作用线必垂直于轴线并通过轴心。这样一个方向不能预先确定的约束力，通常可用通过轴心的两个大小未知的正交分力 $\boldsymbol{F}_{Ax}$、$\boldsymbol{F}_{Ay}$ 来表示，如图 1-9b 或 c 所示，$\boldsymbol{F}_{Ax}$、$\boldsymbol{F}_{Ay}$ 的指向暂可任意假定。

在平面问题中，此类约束一般用图 1-9d 所示的符号表示。

（2）圆柱铰链和固定铰链支座

图 1-10a 所示为一拱形桥示意图，它是由两个拱形构件通过圆柱铰链 C 以及固定铰链支座 A 和 B 连接而成的。圆柱铰链是由销 C 将两个钻有同样大小孔的构件连接在一起而成的（图 1-10b），其简图如图 1-10a 的铰链 C 所示。如果铰链连接中有一个固定在地面或机架上作为支座，则这种约束称为**固定铰链支座**，简称**固定铰支**，如图 1-10b 所示的支座 B，其简图如图 1-10a 所示的固定铰链支座 A 和 B。

在分析铰链 C 处的约束力时，通常把销 C 固连在其中任意一个构件上，如构件Ⅱ上，则构件Ⅰ、Ⅱ互为约束。显然，当忽略摩擦时，构件Ⅱ上的销与构件Ⅰ的结合，实际上是轴与光滑孔的配合问题。因此，它与轴承具有同样的约束性质，即约束力的作用线不能预先定出，但约束力垂直轴线并通过铰链中心，故也可用两个未知的正交分力 $\boldsymbol{F}_{Cx}$、$\boldsymbol{F}_{Cy}$ 和 $\boldsymbol{F}'_{Cx}$、$\boldsymbol{F}'_{Cy}$ 来表示，如图 1-10c 所示。其中 $\boldsymbol{F}_{Cx}$ 和 $\boldsymbol{F}'_{Cx}$，$\boldsymbol{F}_{Cy}$ 和 $\boldsymbol{F}'_{Cy}$ 分别互为作用力与反作用力。

同理，把销固连在 A、B 支座上，则固定铰支 A、B 对构件Ⅰ、Ⅱ的约束力分别为 $\boldsymbol{F}_{Ax}$、$\boldsymbol{F}_{Ay}$ 与 $\boldsymbol{F}_{Bx}$、$\boldsymbol{F}_{By}$，如图 1-10c 所示。

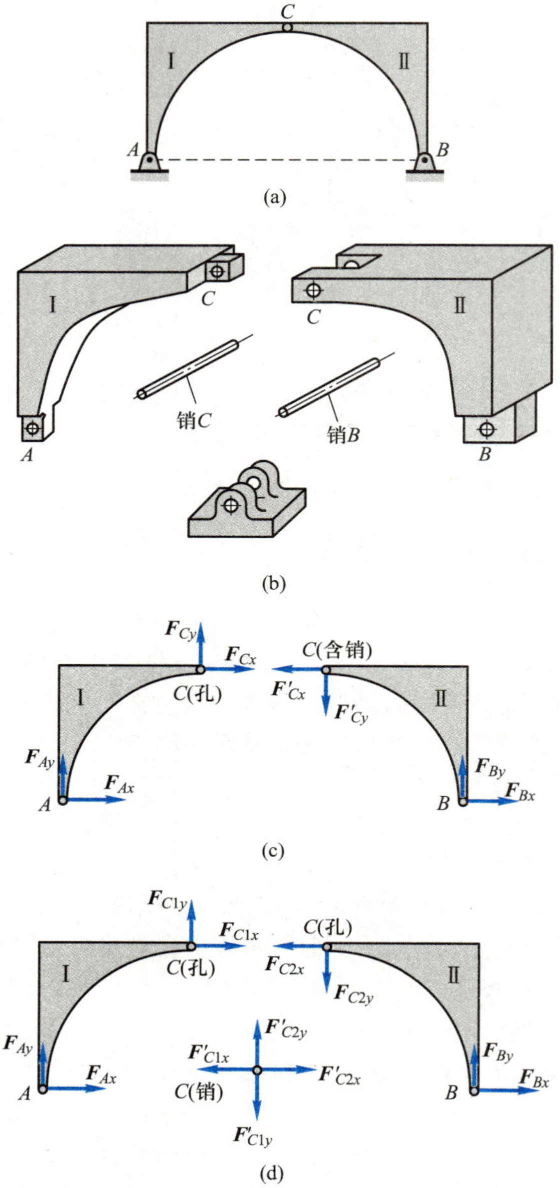

图 1-10

当需要分析销 C 的受力时，可把销 C 分离出来单独研究。这时，销 C 将同时受到构件Ⅰ、Ⅱ上的孔对它的反作用力。其中 $\boldsymbol{F}_{C1x}$ 与 $\boldsymbol{F}'_{C1x}$，$\boldsymbol{F}_{C1y}$ 与 $\boldsymbol{F}'_{C1y}$ 为构件Ⅰ与销 C 的作用力与反作用力；$\boldsymbol{F}_{C2x}$ 与 $\boldsymbol{F}'_{C2x}$，$\boldsymbol{F}_{C2y}$ 与 $\boldsymbol{F}'_{C2y}$ 为构件Ⅱ与销 C 的作用力与反作用力。销 C 所受到的约束力如图 1-10d 所示。

当将销 C 与构件Ⅱ固连为一体时，$\boldsymbol{F}_{C2x}$ 与 $\boldsymbol{F}'_{C2x}$，$\boldsymbol{F}_{C2y}$ 与 $\boldsymbol{F}'_{C2y}$ 为作用在同一刚体上

的成对的平衡力，可以消去不画。此时，力的下角不必再区分为 $C1$ 和 $C2$，铰链 C 处的约束力仍如图 1-10c 所示。

请读者思考，若将销 C 与构件 I 固连为一体时，铰链 C 处的约束力将如何表达？

上述三种约束（向心轴承、圆柱铰链和固定铰链支座），它们的具体结构虽然不同，但是构成约束的性质是相同的，一般通称为铰链约束，通常用图 1-9d 所示的符号表示。此类约束的特点是只限制两物体径向的相对移动，而不限制两物体绕铰链中心的相对转动与沿轴向的位移。此类约束的约束力一般用两个正交分力来表示，如图 1-9d 所示。

4. 其他约束

（1）滚动支座

在桥梁、屋架等结构中经常采用滚动支座，这种支座是在固定铰链支座与光滑支承面之间，装有几个滚轴而构成，又称为**滚轴支座**，如图 1-11a 所示，其简图如图 1-11b 所示。它可以沿支承面移动，允许由于温度变化而引起结构跨度的自由伸长或缩短。显然，滚动支座的约束性质与光滑面约束相同，其约束力必垂直于支承面，且通过铰链中心。通常用 $\boldsymbol{F}_N$ 表示其法向约束力，如图 1-11c 所示。在某些实际工程结构中，滚轴支座除了底面有光滑支承面以外，上面可能还设有盖板，以防支座翘起。因此，滚动支座的约束力方向也可能指向支承面。

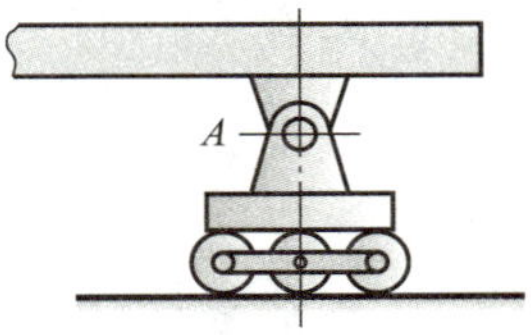

(a)

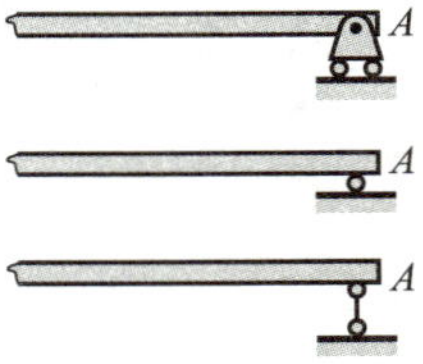

(b)

(c)

图 1-11

（2）球铰链

通过球和球壳将两个构件连接在一起的约束称为**球铰链**，如图 1-12a 所示。它使构件的球心不能有任何位移，但构件可绕球心任意转动。若忽略摩擦，其约束力应是通过接触点与球心，但方向不能预先确定的一个空间法向约束力，一般用三个正交分力 $\boldsymbol{F}_x$、$\boldsymbol{F}_y$、$\boldsymbol{F}_z$ 表示，其简图及约束力如图 1-12b 所示。

（3）止推轴承

止推轴承与径向轴承不同，它除了能限制轴的径向位移以外，还能限制轴沿轴

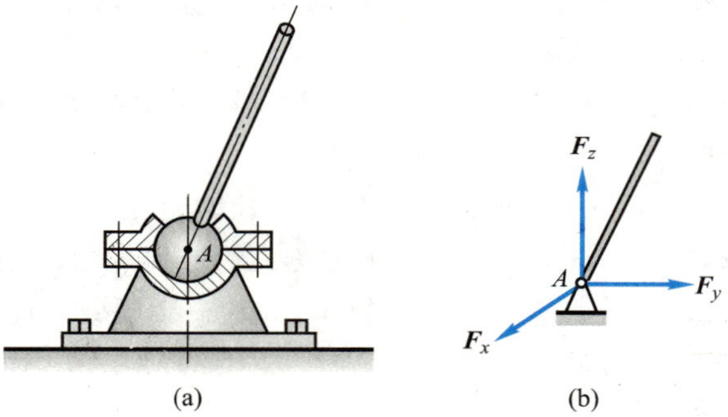

图 1-12

向的位移。因此，它比径向轴承多一个沿轴向的约束力，即其约束力有三个正交分量 $\boldsymbol{F}_{Ax}$、$\boldsymbol{F}_{Ay}$、$\boldsymbol{F}_{Az}$。止推轴承的简图及其约束力如图 1-13 所示。实际工程中，止推轴承还存在其他结构，后面会加以介绍。

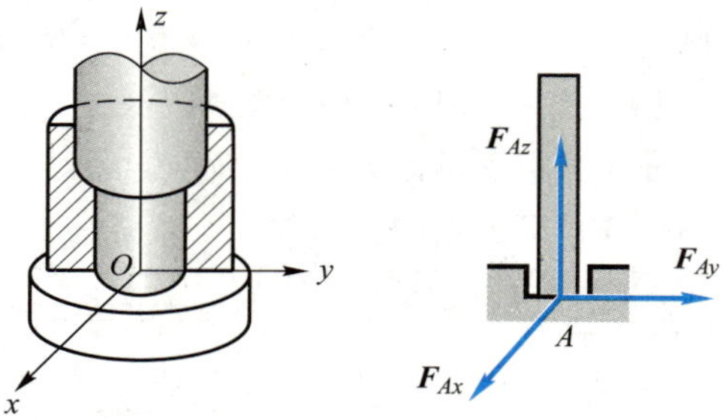

图 1-13

以上只介绍了几种常见的约束，在工程中，约束的类型远不止这些，有的约束比较复杂，分析时需要加以简化或抽象，在以后的某些章节中，再做介绍。

§1-3　物体的受力分析和受力图

在工程实际中，为了求出未知的约束力，需要根据已知力，应用平衡条件求解。为此，首先要确定构件受了几个力，以及每个力的作用位置和力的作用方向，这种分析过程称为**物体的受力分析**。

作用在物体上的力可分为两类：一类是**主动力**，例如，物体的重力、风力、气体压力等，一般是已知的；另一类是约束对物体的约束力，为未知的**被动力**。

为了清晰地表示物体的受力情况，我们首先要把需要研究的物体（称为**受力体**）从周围的物体（称为**施力体**）中分离出来，单独画出它的受力简图，这个步骤叫作**取研究对象**或**取分离体**。然后，把施力物体对研究对象的作用力（包括主动力和约束力）全部画出来。这种表示物体受力的简明图形，称为**受力图**。画物体的受力图是解决静力学问题的一个重要步骤。

例 1-1 如图 1-14a 所示，梁 *AB* 用杆 *CD* 支承，*A*、*C*、*D* 三处均为光滑铰链连接。均质梁 *AB* 重为 P_1，其上放置一重为 P_2 的电动机。不计杆 *CD* 的自重，分别画出杆 *CD* 和梁 *AB*（包括电动机）的受力图。

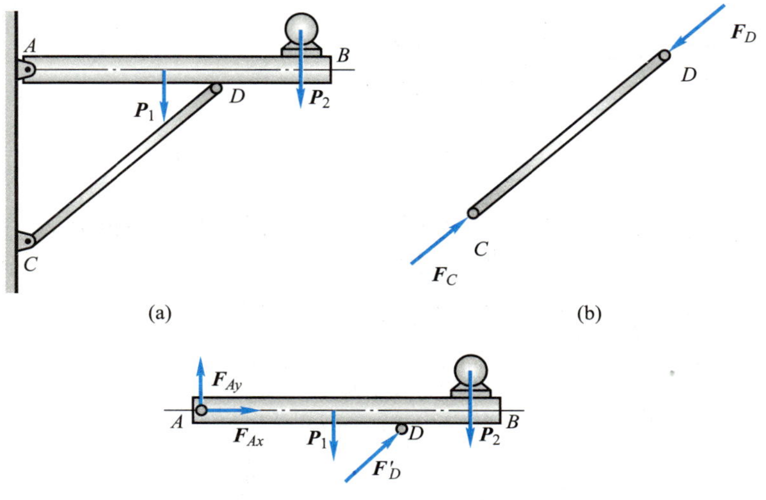

图 1-14

解： 画受力图一般分三步：取研究对象并画出其简图；画主动力；画约束力。

（1）先画杆 *CD* 的受力图，取杆 *CD* 为研究对象，画出简图（图 1-14b）。杆 *CD* 上未作用主动力，现画其约束力。由于杆 *CD* 的自重不计，根据光滑铰链的特性，*C*、*D* 处的约束力分别通过铰链 *C*、*D* 的中心，方向暂不确定。考虑到杆 *CD* 只在 $\boldsymbol{F}_C$、$\boldsymbol{F}_D$ 两个力作用下平衡，根据二力平衡条件，这两个力必定沿同一直线，且等值、反向。由此可确定 $\boldsymbol{F}_C$ 和 $\boldsymbol{F}_D$ 的作用线应沿铰链中心 *C* 与 *D* 的连线，由经验判断，此处杆 *CD* 受压力，其受力图如图 1-14b 所示。一般情况下，$\boldsymbol{F}_C$ 与 $\boldsymbol{F}_D$ 的指向不能预先判定，可先任意假设杆受拉力或压力。若根据平衡方程求得的力为正值，说明原假设力的指向正确；若为负值，则说明杆实际受力与原假设指向相反。

只在两个力作用下平衡的构件，称为**二力构件**。由于静力学中所指物体都是刚体，其形状对计算结果没有影响，因此，不论其形状如何，一般均称为**二力杆**。它所受的两个力必定沿两个力作用点的连线，且等值、反向。二力杆在工程实际中经常遇到，有时也把它作为一种约束，如图 1-14b 所示。

（2）再画梁 *AB* 的受力图。取梁 *AB*（包括电动机）为研究对象。它受有 $\boldsymbol{P}_1$、$\boldsymbol{P}_2$ 两个主动力的作用。梁在铰链 *D* 处受有二力杆 *CD* 给它的反作用力 $\boldsymbol{F}'_D$ 的作用。梁在 *A* 处受固定铰支给它的约束力的作用，由于方向未知，可用两个未定的正交分力 $\boldsymbol{F}_{Ax}$ 和 $\boldsymbol{F}_{Ay}$ 表示。

梁 *AB* 的受力图如图 1-14c 所示。

例 1-2 如图 1-15a 所示的三铰拱桥，由左、右两拱铰接而成。不计自重及摩擦力，在拱 *AC* 上作用有载荷 $\boldsymbol{F}$。试分别画出拱 *AC* 和 *CB* 的受力图。

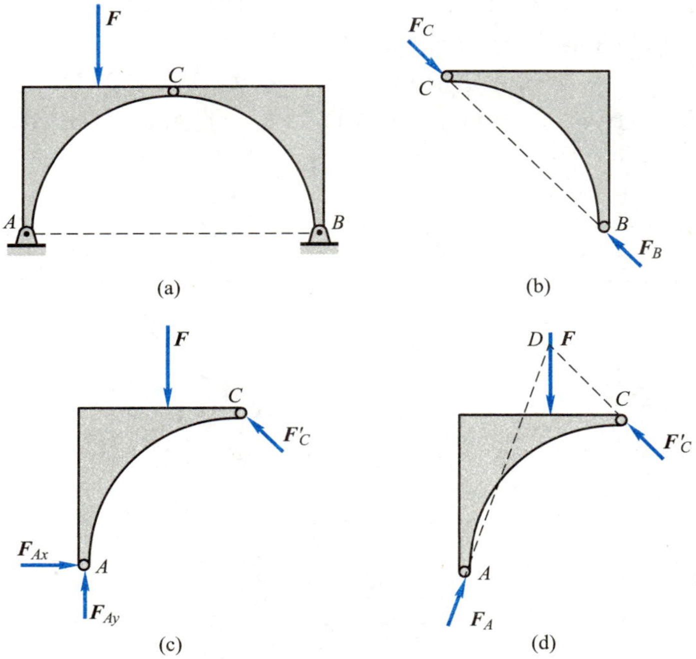

图 1-15

解：(1) 先分析拱 BC 的受力。由于拱 BC 自重不计，且只在 B、C 两处受到铰链约束，因此，拱 BC 为二力构件。在铰链中心 B、C 处分别受 $\boldsymbol{F}_B$、$\boldsymbol{F}_C$ 两个力的作用，这两个力的方向如图 1-15b 所示。

(2) 再分析拱 AC 的受力。取拱 AC 为研究对象。由于自重不计，因此，主动力只有载荷 $\boldsymbol{F}$。拱 AC 在铰链 C 处受有拱 BC 给它的反作用力 $\boldsymbol{F}'_C$ 的作用，拱在 A 处受有固定铰支给它的约束力 $\boldsymbol{F}_A$ 的作用，由于方向未定，可用两个未知的正交分力 $\boldsymbol{F}_{Ax}$ 和 $\boldsymbol{F}_{Ay}$ 代替。

拱 AC 的受力图如图 1-15c 所示。

再进一步分析可知，由于拱 AC 在 $\boldsymbol{F}$、$\boldsymbol{F}'_C$ 及 $\boldsymbol{F}_A$ 三个力作用下平衡，故可根据三力平衡汇交定理，确定铰链 A 处约束力 $\boldsymbol{F}_A$ 的方向。点 D 为力 $\boldsymbol{F}$ 和 $\boldsymbol{F}'_C$ 作用线的交点，当拱 AC 平衡时，约束力 $\boldsymbol{F}_A$ 的作用线必通过点 D(图 1-15d)；至于 $\boldsymbol{F}_A$ 的指向，暂且假定如图所示，以后由平衡条件确定。

请读者考虑：若左右两拱都计入自重时，各受力图有何不同？

例 1-3 图 1-16a 所示为一折叠梯子的示意图，梯子的 AB、AC 两部分在点 A 铰接，在 D、E 两点用绳水平相连。梯子放在光滑水平地板上，自重忽略不计，点 H 处站立一人，其重为 P。要求分别画出绳子，以及梯子左、右两部分和梯子的整体受力图。

解：(1) 绳子为柔索约束，其受力图如图 1-16b 所示。

(2) 先画梯子左边部分 AB 的受力图。其在 B 处受到光滑地板对它的法向约束力作用，以 $\boldsymbol{F}_{NB}$ 表示。在 D 处受到绳子对它的拉力作用，以 $\boldsymbol{F}'_D$ 表示。在 H 处受到人的重力 $\boldsymbol{P}$ 的作用。在铰链 A 处，可画为两正交分力，以 $\boldsymbol{F}_{Ax}$、$\boldsymbol{F}_{Ay}$ 表示。梯子左侧的受力图如图 1-16c 所示。

(3) 画梯子右边部分 AC 的受力图。其在 C 处受到光滑地板对它的法向约束力作用，以 $\boldsymbol{F}_{NC}$ 表示。在 E 处受到绳子对它的拉力作用，以 $\boldsymbol{F}'_E$ 表示。在铰链 A 处，受到梯子左边部分对它的反

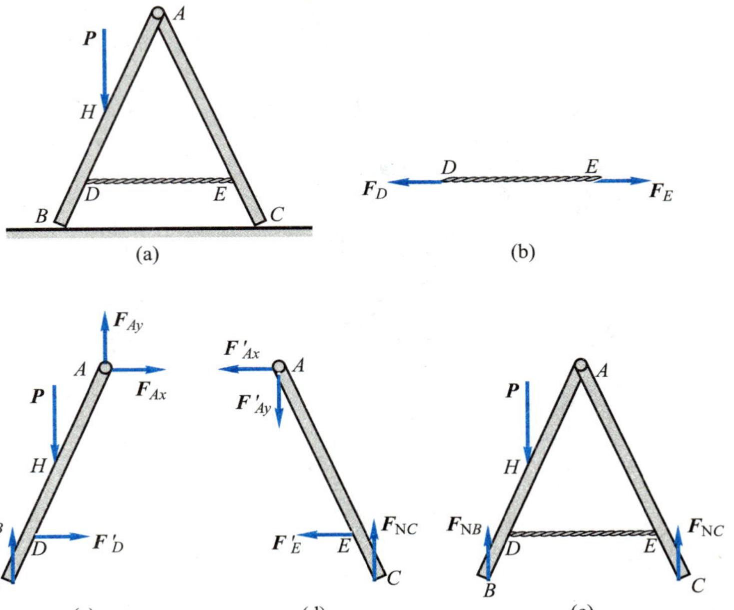

图 1-16

作用力作用，以 F'_{Ax}、F'_{Ay} 表示。右边梯子的受力图如图 1-16d 所示。

（4）画梯子整体的受力图。在画系统（梯子）的整体受力图时，AB 与 AC 两部分在 A 处相互有力作用，在点 D 与点 E 绳子对其也有力作用，这些力成对地作用在系统内。系统内各物体之间相互作用的力称为**内力**，内力是成对出现的，对系统的作用效应相互抵消，因此，在受力图上一般不画出。在受力图上只画出系统以外的物体对系统的作用力，这种力称为**外力**。这里，人的重力 $\boldsymbol{P}$ 和地板约束力 $\boldsymbol{F}_{NB}$、$\boldsymbol{F}_{NC}$ 是作用于系统上的外力，整个系统（梯子）的受力图如图 1-16e 所示。

当然，内力与外力不是绝对的，例如，当把梯子的两部分拆开时，A 处的作用力和绳子的拉力即为外力，但取整体时，这些力又为内力。因此，内力与外力的区分只有相对某一确定的研究对象才有意义。

例 1-4 在图 1-17a 所示的平面结构中，杆 AB 上作用有竖直向下的主动力 $\boldsymbol{F}$。不计各杆的自重与各处的摩擦力，请画出各个构件的受力图与系统整体的受力图。

解：画法 1

（1）先画系统整体的受力图。取整体为研究对象，画出其简图，把整个系统刚化为刚体，主动力为 $\boldsymbol{F}$。系统在 A 处受有滚动支座的约束力 $\boldsymbol{F}_A$ 作用，假设 $\boldsymbol{F}_A$ 竖直向上；在 C 处受到固定铰链支座的约束力，一般情况下可以用两个正交分力表示，但此处点 C 的约束力方向可以确定，其必为竖直方向，假设竖直向上，用 $\boldsymbol{F}_C$ 表示。这是因为，如果 C 处的约束力不是竖直方向的话，则其作用线必与主动力 $\boldsymbol{F}$ 相交，根据三力平衡汇交定理，则 $\boldsymbol{A}$ 处的约束力作用线也必与主动力 $\boldsymbol{F}$ 相交，这与 $\boldsymbol{F}_A$ 沿竖直方向相矛盾。当然，将 C 处的约束力用两个正交分力表示也是可以的。系统整体的受力图如图 1-17b 所示。

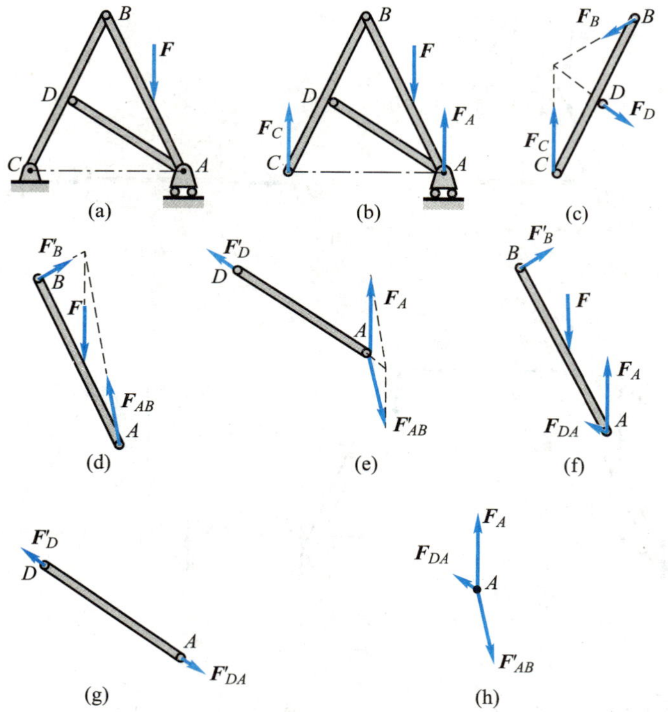

图 1-17

（2）画杆 BC 的受力图。取杆 BC 为研究对象，C 处受到支座的约束力 $\boldsymbol{F}_C$ 作用，分析整体时已经得到。D 处受到杆 AD 的作用力，因为杆 AD 是二力杆，所以 D 处的约束力沿着杆 AD 方向，用 $\boldsymbol{F}_D$ 表示。B 处通过圆柱铰链与杆 AB 连接，受到杆 AB 的作用力，可以用两个正交分力表示，但是因为点 C 和点 D 的约束力方向均已知，所以 B 处的约束力方向可由三力平衡汇交定理确定，用 $\boldsymbol{F}_B$ 表示。杆 BC 的受力图如图 1-17c 所示。

（3）画杆 AB 的受力图。取杆 AB 为研究对象，画出其简图。此处需要注意，因为点 A 连接有三个构件（杆 AB、杆 AD 和滚动支座 A），当铰链连接有三个或三个以上构件（或受力），将铰链分开时，需要明确销的位置，销放置在不同的位置，受力图是不一样的。选择 A 点不带销。杆 AB 首先受主动力 $\boldsymbol{F}$ 作用，在点 B 受到杆 BC 的反作用力 $\boldsymbol{F}'_B$ 作用；因为点 A 不带销，所以点 A 受到的是来自销的作用力，可用两个正交分力表示，但此处可用三力平衡汇交定理确定其方向，用 $\boldsymbol{F}_{AB}$ 表示。此时，杆 AB 的受力图如图 1-17d 所示。

（4）画杆 AD 的受力图。取杆 AD 为研究对象，点 A 带销，画出其简图。在点 D 受到杆 BC 的反作用力 $\boldsymbol{F}'_D$ 作用；点 A 带有销，杆 AD 与销之间的作用力属于内力，该点所受的外力（约束力）为销受到的来自杆 AB 的反作用力 $\boldsymbol{F}'_{AB}$ 和滚动支座的作用力。滚动支座的作用力在整体分析时已得到，为 $\boldsymbol{F}_A$。此时，杆 AD 的受力图如图 1-17e 所示。注意，杆 AD 仍为二力杆，只是点 A 受两个力的作用，此二力的合力与 $\boldsymbol{F}'_D$ 平衡。

以上是将点 A 的销放置在杆 AD 上时，各构件受力图的画法。也可将销放置在杆 AB 上，此时画出的杆 AB 和杆 AD 的受力图结果有所不同，但整体和杆 BC 的受力图是一样的，此处不再重复。

画法 2

（1）画杆 AB 的受力图，点 A 带销。同样地，杆 AB 首先受主动力 $\boldsymbol{F}$ 作用，在点 B 受到杆 BC 的反作用力 $\boldsymbol{F}_B'$ 作用；因为点 A 带销，所以点 A 与销钉之间的作用力属于内力，点 A 受到的外力为滚动支座的作用力 $\boldsymbol{F}_A$ 和杆 AD 的作用力。杆 AD 为二力杆，所以作用在点 A 的力沿着杆 AD 方向，用 $\boldsymbol{F}_{DA}$ 表示。此时，杆 AB 的受力图如图 1-17f 所示。注意，此时对杆 AB 不能应用三力平衡汇交定理，虽然点 A 受到的两个力可以合成为一个力，并且其与 $\boldsymbol{F}$、$\boldsymbol{F}_B'$ 的作用线汇交于一点，但因为这两个力都有各自明确的施力物体，本质上不是一个力，所以不能用合力表示。

（2）画杆 AD 的受力图，因为销已置于杆 AB 上，所以点 A 不带销。杆 AD 为二力杆。同样地，在点 D 受到杆 BC 的反作用力 $\boldsymbol{F}_D'$ 作用；点 A 不带销，所以点 A 受到的是来自销的反作用力 $\boldsymbol{F}_{DA}'$，其与 $\boldsymbol{F}_D'$ 满足二力平衡条件。此时，杆 AD 的受力图如图 1-17g 所示。

也可以将销单独考虑，这样分析杆 AB 和杆 AD 的受力时就都不需要带销，受力图的画法又有所不同。

画法 3

（1）画杆 AB 的受力图，点 A 不带销。其受力情况与画法 1 相同，受力图如图 1-17d 所示。

（2）画杆 AD 的受力图，点 A 不带销。其受力情况与画法 2 相同，受力图如图 1-17g 所示。

（3）此时需要单独分析销 A 的受力。销 A 受到来自杆 AD 的作用力 $\boldsymbol{F}_{DA}$，杆 AB 的作用力 $\boldsymbol{F}_{AB}'$ 和滚动支座的约束力 $\boldsymbol{F}_A$，这三个力相互平衡，其受力图如图 1-17h 表示。

需要指出的是，以上几种受力图的画法都是正确的，在实际解题时，要根据所求问题的特点灵活选择销的位置，在后面物体系的平衡中，将会运用到这一技巧。

例 1-5 图 1-18a 所示的平面构架，由杆 AB、DE 与 DB 铰接而成。A 为滚动支座，E 为固定铰链支座。钢丝绳一端拴在 K 处，另一端绕过定滑轮 Ⅰ 和动滑轮 Ⅱ 后拴在销 B 上。物重为 P，各杆及滑轮的自重不计。

（1）分别画出各杆、各滑轮、销 B 及整个系统的受力图；

（2）画出销 B 与滑轮 Ⅰ 一起的受力图；

（3）画出杆 AB，滑轮 Ⅰ、Ⅱ，钢丝绳和重物作为一个系统时的受力图。

解：（1）画杆 BD 的受力图，取杆 BD 为研究对象（B 处不带销）。由于杆 BD 为二力杆，故在铰链中心 D、B 处分别受 $\boldsymbol{F}_{DB}$、$\boldsymbol{F}_{BD}$ 两个力的作用，其中 $\boldsymbol{F}_{BD}$ 为销给孔 B 的约束力，其受力图如图 1-18b 所示。

（2）画杆 AB 的受力图，取杆 AB 为研究对象（B 处仍不带销）。A 处受有滚动支座的约束力 $\boldsymbol{F}_A$ 的作用，C 处为铰链约束，其约束力用两个正交分力 $\boldsymbol{F}_{Cx}$、$\boldsymbol{F}_{Cy}$ 表示，B 处受有销给孔 B 的约束力，亦用两个正交分力 $\boldsymbol{F}_{Bx}$、$\boldsymbol{F}_{By}$ 表示，方向假设如图所示。杆 AB 的受力图如图 1-18c 所示。

（3）画杆 DE 的受力图，取杆 DE 为研究对象。其上共有 D、K、C、E 四处受力，D 处受二力杆给它的约束力 $\boldsymbol{F}_{DB}'$ 作用，K 处受钢绳的拉力 $\boldsymbol{F}_K$ 作用，铰链 C 处受到杆 AB 在 C 处对杆 DE 的反作用力 $\boldsymbol{F}_{Cx}'$、$\boldsymbol{F}_{Cy}'$ 作用，E 处为固定铰链支座，其约束力用两个正交分力 $\boldsymbol{F}_{Ex}$、$\boldsymbol{F}_{Ey}$ 表示，杆 DE 的受力图如图 1-18d 所示。

（4）画轮 Ⅰ 的受力图，取轮 Ⅰ 为研究对象（B 处不带销）。在绳和轮的离开处断开，其上受有两段绳的拉力 $\boldsymbol{F}_1'$ 和 $\boldsymbol{F}_K'$ 作用，还有销 B 对孔 B 的约束力 $\boldsymbol{F}_{B1x}$、$\boldsymbol{F}_{B1y}$ 作用，其受力图如图 1-18e 所示。亦可根据三力平衡汇交定理，确定铰链 B 处约束力的方向，如图中虚线所示。

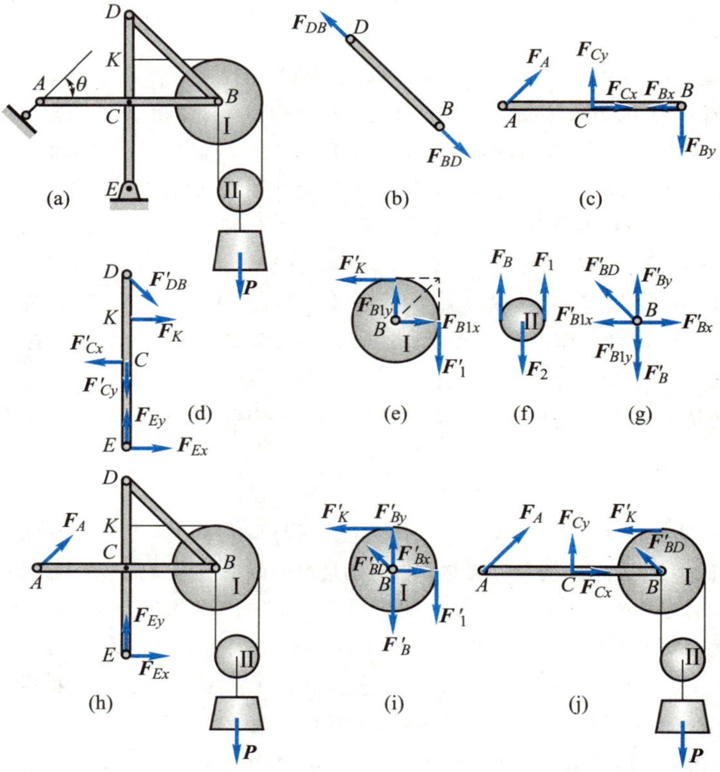

图 1-18

（5）画轮Ⅱ的受力图，取轮Ⅱ为研究对象。其上受三段绳的拉力 $\boldsymbol{F}_1$、$\boldsymbol{F}_B$ 与 $\boldsymbol{F}_2$ 作用。轮Ⅱ的受力图如图 1-18f 所示。

（6）画销 B 的受力图，单独取销 B 为研究对象。它与杆 DB、AB、轮Ⅰ与钢丝绳四个物体连接，因此，这四个物体对销都有力作用。二力杆 DB 对它的反作用力为 $\boldsymbol{F}'_{BD}$，杆 AB 对它的反作用力为 $\boldsymbol{F}'_{Bx}$、$\boldsymbol{F}'_{By}$，轮Ⅰ给销 B 的反作用力为 $\boldsymbol{F}'_{B1x}$、$\boldsymbol{F}'_{B1y}$，还受到钢丝绳对销 B 的拉力 $\boldsymbol{F}'_B$ 的作用。销 B 的受力图如图 1-18g 所示。

（7）画整个系统的受力图，取整体为研究对象。把整个系统刚化为刚体，其上铰链 B、C、D 处与钢丝绳各处的作用力均为内力，故可不画。系统的外力除主动力 $\boldsymbol{P}$ 外，还有约束力 $\boldsymbol{F}_A$ 与 $\boldsymbol{F}_{Ex}$、$\boldsymbol{F}_{Ey}$ 作用，整体受力图如图 1-18h 所示。

（8）画销 B 与滑轮Ⅰ一起的受力图，取销 B 与滑轮Ⅰ一起作为研究对象。销 B 与滑轮Ⅰ之间的力为内力，不用画出。其上除受三绳拉力 $\boldsymbol{F}'_B$、$\boldsymbol{F}'_1$ 和 $\boldsymbol{F}'_K$ 外，还受到二力杆 BD 与杆 AB 在 B 处对它的力 $\boldsymbol{F}'_{BD}$ 和 $\boldsymbol{F}'_{Bx}$、$\boldsymbol{F}'_{By}$ 的作用。其受力图如图 1-18i 所示。

（9）画杆 AB，滑轮Ⅰ、Ⅱ，钢丝绳和重物为一个系统时的受力图；取杆 AB，滑轮Ⅰ、Ⅱ，钢丝绳和重物为一体作为研究对象。把此系统刚化为一个刚体，这样，销 B 与杆 AB，滑轮Ⅰ、Ⅱ，钢丝绳之间的力，都是内力，可不画。系统上的外力有主动力 $\boldsymbol{P}$，约束力 $\boldsymbol{F}_A$、$\boldsymbol{F}'_{BD}$ 与 $\boldsymbol{F}_{Cx}$、$\boldsymbol{F}_{Cy}$ 外，还有 K 处的钢丝绳拉力 $\boldsymbol{F}'_K$。其受力图如图 1-18j 所示。

此例中铰链 B 连接有杆 DB、杆 AB、滑轮Ⅰ和钢丝绳四个构件，因此，在将各构

件在 B 处分离时必须明确销的位置。如果分析滑轮 I 的受力时，B 处带销的话，受力图又该怎么画？请读者自行分析。

正确地画出物体的受力图，是分析、解决力学问题的基础，应该给以足够的重视。画受力图时必须注意以下几点：

(1) 必须明确研究对象，画出其分(隔)离体图。根据求解需要，可以取单个物体为研究对象，也可以取由几个物体组成的系统(有的称之为子系统)为研究对象。一般情况下，不要在整个系统的简图上画某一物体或某子系统的受力图。

(2) 正确确定研究对象受力的数目。主动力、约束力均是物体受力，均应画在受力图上。所取研究对象(分离体)和其他物体接触处，一般均存在约束力，要根据约束特性来确定，严格按约束性质来画，不能主观臆测。

(3) 注意作用力和反作用力的画法，作用力的方向一旦假定，图上的反作用力一定与之反向。

(4) 注意二力构件(杆)的判断，是二力构件(杆)最好按二力构件(杆)画受力图。

(5) 物体与物体未拆开(分离)处相互作用的力称为内力，内力一律不画在受力图上。

(6) 受力分析过程不要用文字写出，按要求画出受力图即可。

§1-4 力学模型与力学简图

在理论力学教材的所有例题与习题中，给出的基本都是称为**力学模型**的计算模型，把力学模型用简单的图形表示出来，称为**力学简图**。对任何实际的力学问题进行分析、计算时，都要将其抽象为力学模型，这是分析、计算过程中关键的一环，这一环节将直接影响计算过程和计算结果。

在建立力学模型时，要抓住关键、本质的因素，忽略次要的因素。例如，图 1-5 所示的圆柱，它在受力时肯定会变形，但我们忽略它的变形，把它看成是刚体。它的几何形状不可能是严格数学意义上的圆形，但我们把它看成是圆形。它是三维的物体，我们把它简化为平面问题。圆柱的重心不会恰好在图中的圆心，但我们将圆柱材料看成是均匀的，几何形状是圆形，因此其重心在圆心。A、C 处的约束也不会绝对光滑，但我们忽略摩擦；A、C 处实际上是面接触，但我们简化为平面问题中的点接触，如此才能用集中力 $\boldsymbol{F}_{NA}$、$\boldsymbol{F}_{NC}$ 表示约束力；等等。可见，将一个实际问题简化为力学模型，要在多方面进行抽象化处理。

下面再举其他一些例子。

1. 简支梁的力学模型

图 1-19 所示是一种常见的力学模型，一般称为简支梁。那么，什么样的实际力学问题可以用此力学模型来表示呢？

图 1-19 所示力学模型，可以是由一实际单跨水泥桥梁简化而来，如图 1-20 所示。水泥桥梁直接放在桥墩上。固定铰链支座并不是如图 1-10 所示由销与穿孔的底座构成。滚动支座也不是如图 1-11a 所示在底座和基础之间垫上滚子构成。但因为桥梁直接放在桥墩上，接触处的摩擦可以限制桥梁产生很大的水平位移，所以就相当于有一固定铰链支座。又因为物体的弹性，桥梁可以自由热胀冷缩，所以就相当于垫有滚子。因此，实际的单跨水泥桥梁可以简化为图 1-19 所示的力学模型。

图 1-19

图 1-20

类似的实际问题还有两端直接放在河岸上的独木桥；两端直接放在砖墙上的木梁。由于同样的原因，均可用图 1-19 所示的力学模型表示。

2. 平面桁架的力学模型

工程中，房屋建筑、桥梁、起重机、油田井架、电视塔等结构物常用桁架结构。

桁架是一种由直杆在两端用铰链连接且几何形状不变的结构，桁架中各杆件的连接点被称为**节点**。若桁架中各杆件轴线均在同一平面内（几何平面），且载荷也位于此平面内的桁架被称为平面桁架。平面桁架就是一种简化后的力学模型。实际中的许多结构均可简化为平面桁架。

图 1-21a 所示为一木屋架示意图，经简化后，其力学模型如图 1-21d 所示，为一平面桁架。此屋架两端直接放在墙上，两端并不是由如图 1-10 所示和图 1-11 所示的固定铰链支座和滚动支座构成，但如上所述，两端可用如图所示固定铰链支座与滚动支座表示。

此屋架中的五根竖直杆可为铁条或木头，其他主要部分为木头。局部①处为螺栓连接，如图 1-21b 所示，局部②处用螺帽加箍钉连接，如图 1-21c 所示。其各连接处并不是图 1-10 所示的圆柱形铰链连接方式，但可以简化为圆柱形铰链连接。原因是这种约束主要限制杆件的线位移，而不是角位移。如同一直细铁条，细铁条短，其轴线为直线；细铁条长，则自然会弯曲。因为杆比较细长，杆件绕连接处（点）有些微转动，这种连接（约束）限制不了杆件的转动，所以可简化为铰链连接。

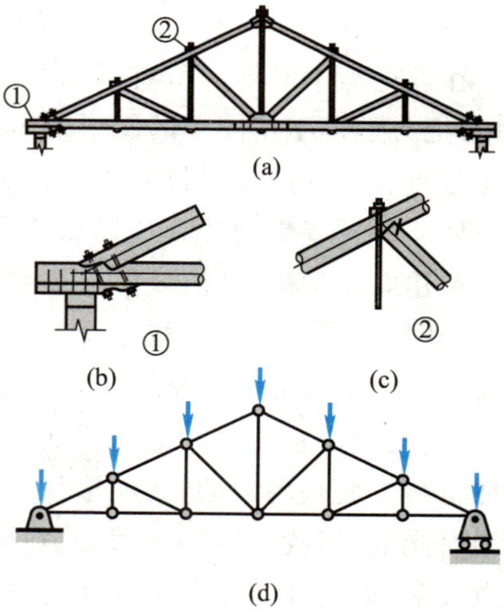

图 1-21

实际上，这些连接处还可以是铆接、焊接等，如图 1-22 所示。如果全是木质结构，这些连接处还可以是榫卯连接。

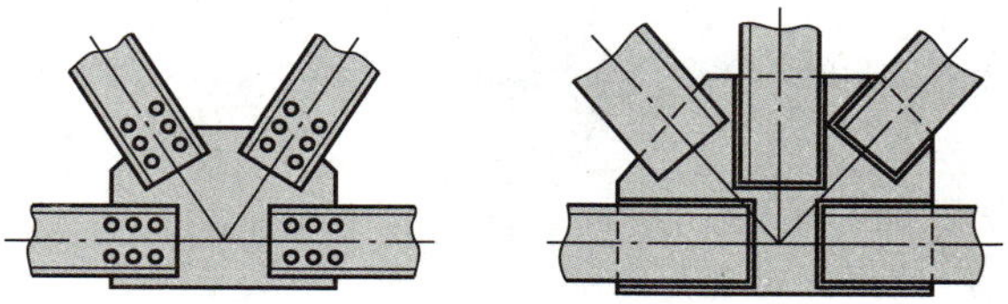

(a)　　(b)

图 1-22

因此，铰链连接可以是图 1-10 所示的连接方式，但在很多实际结构中，螺栓连接、铆接、焊接、榫卯连接等均可看作铰链连接。

实际中的桁架，各杆件均有自重，其载荷也不作用在节点上，这样计算起来非常复杂。为了满足工程要求且简化计算，通常用力系等效替换的方法，把所有载荷均等效到节点上，如图 1-21d 所示。

图 1-21d 所示就是图 1-21a 所示实际屋架简化的力学模型，计算图 1-21a 所示实际屋架的受力，就是通过计算图 1-21d 所示的力学模型来完成的。

3. 人体中的力学模型

在力学研究中，一般把人体骨骼抽象为刚体，关节处抽象为铰链，肌肉可看作柔索，即可建立人体的力学模型。

如图 1-23a 所示，人的胳膊呈 90°手握一重物，其重心位于点 C_1，小臂重心位于点 C_2，重量均为已知。小臂骨可抽象为一直杆，骨关节 B 处可抽象为一铰链，肌肉 CD 可视为一柔索（或拉杆），则抽象出的力学模型如图 1-23b 所示。给出载荷和尺寸就可计算肌肉 CD 与骨关节 B 处的受力。

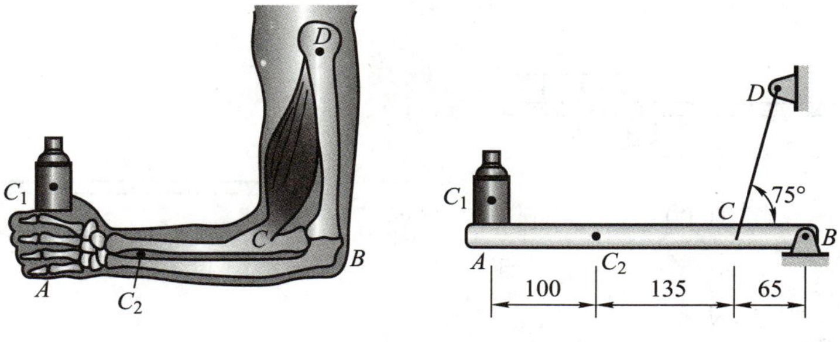

(a)　　(b)

图 1-23

由实际力学问题简化到力学模型，一般说来是个比较复杂的问题，有时需要专门的知识或经验。本教材只是给出几个例子，以说明在实际的力学计算中，由实际力学问题到简化的力学模型，是个非常重要的环节。在本教材和多数理论力学教材中，给出的都是简化的力学模型。

思考题

1-1 下列说法正确的是(　　)。

A. 处于平衡状态的物体可视为刚体。

B. 变形微小的物体可视为刚体。

C. 在研究物体的机械运动时，物体的变形对所研究的问题没有影响，或影响甚微，此时物体可视为刚体。

D. 在任何情况下，任意两点的距离保持不变的物体为刚体。

1-2 说明下列式子与文字的意义和区别。

(1) $\boldsymbol{F}_1=\boldsymbol{F}_2$；　(2) $F_1=F_2$；　(3) 力 $\boldsymbol{F}_1$ 等效于力 $\boldsymbol{F}_2$。

1-3 试区别 $\boldsymbol{F}_R=\boldsymbol{F}_1+\boldsymbol{F}_2$ 和 $F_R=F_1+F_2$ 两个等式代表的意义。

1-4 图 1-24～图 1-29 中各物体的受力图是否有错误？如有错误如何改正？

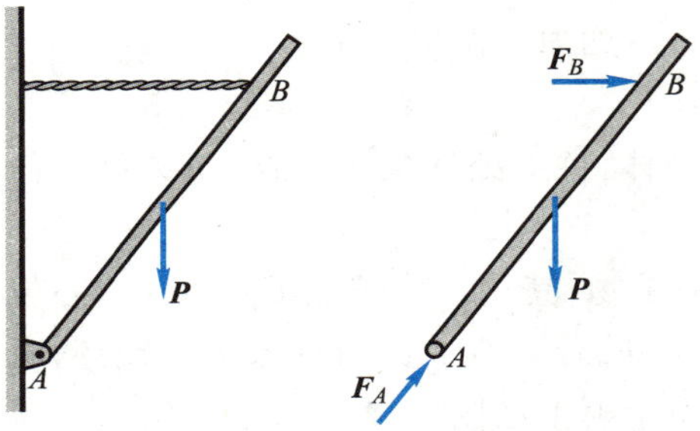

(a)　(b)

图 1-24

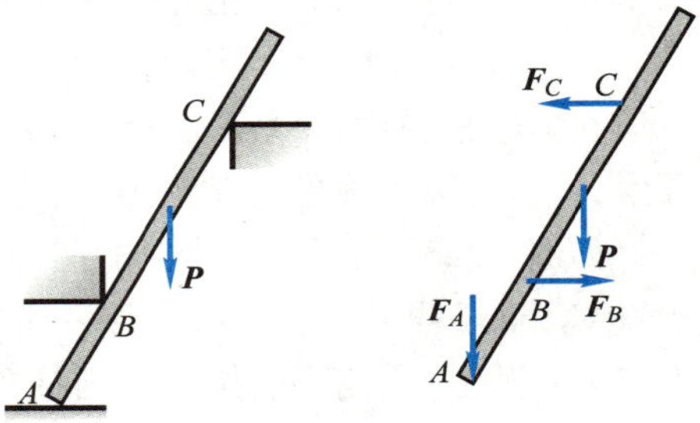

(a)　(b)

图 1-25

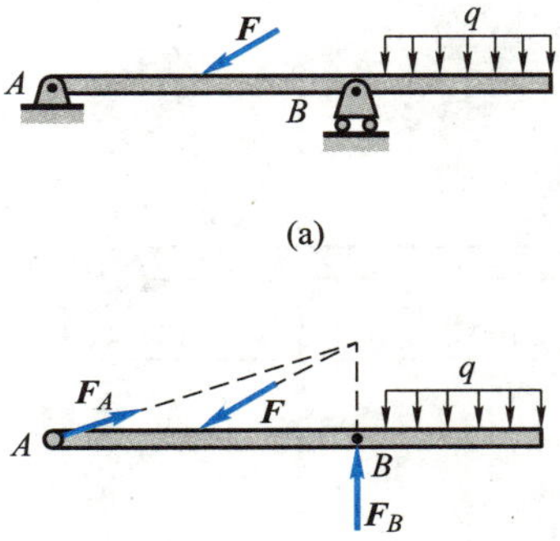

(b)

图 1-26

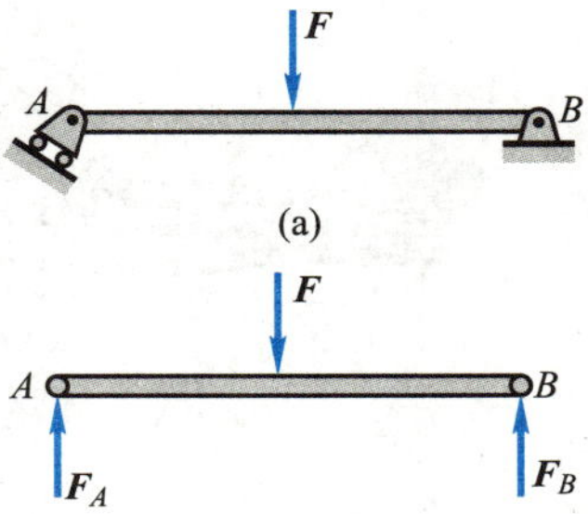

(b)

图 1-27

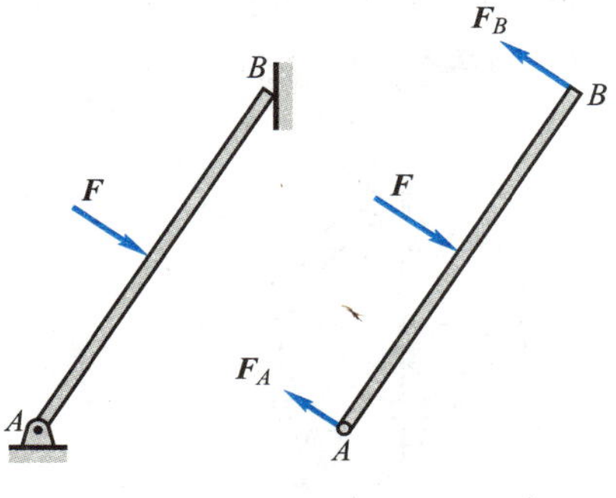

图 1-28

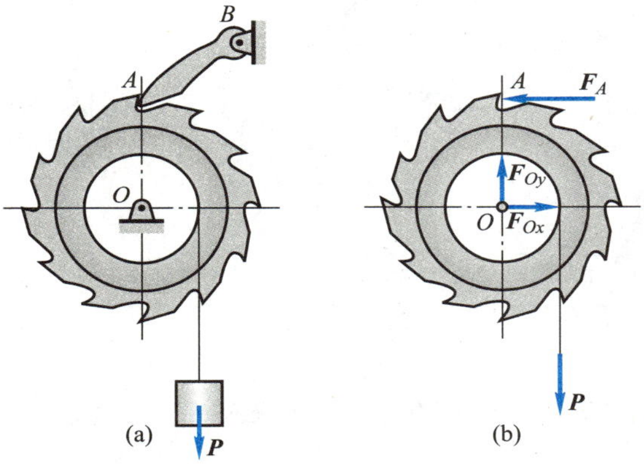

图 1-29

1-5 如图 1-30 所示，杆 AB 自重不计，在 5 个已知力的作用下处于平衡状态，则作用于点 B 的 4 个力的合力 $\boldsymbol{F}_{\mathrm{R}}$ 的大小和方向如何确定？杆 AB 是否为二力杆？

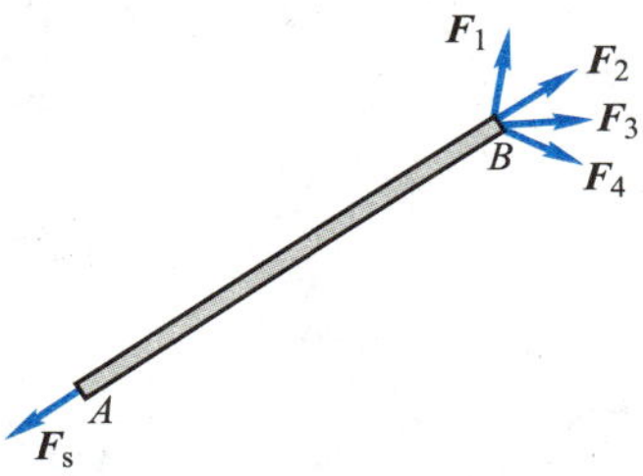

图 1-30

1-6 无摩擦的情况下，图 1-31 所示物体在图示状态下是否可能平衡？

1-7 图 1-32 所示力 $\boldsymbol{F}$ 作用于三铰拱的铰链 C 处的销上，所有物体重量不计。

(1) 试分别画出左、右两拱及销 C 的受力图；

(2) 若销 C 属于 AC,分别画出左、右两拱的受力图;

(3) 若销 C 属于 BC,分别画出左、右两拱的受力图。

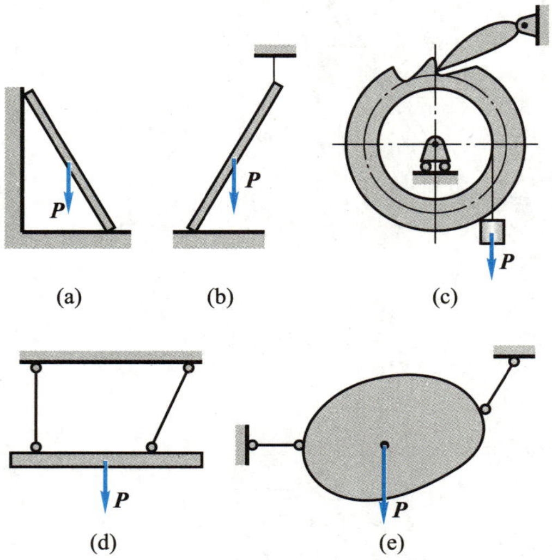

图 1-31

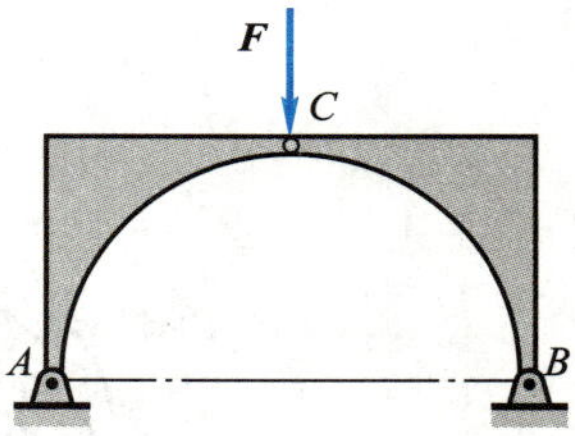

图 1-32

习题:第一章

静力学公理和物体的受力分析

习　题

1-1　画出下列各图中各构件的受力图。未画重力的构件自重不计,所有接触处均为光滑接触。

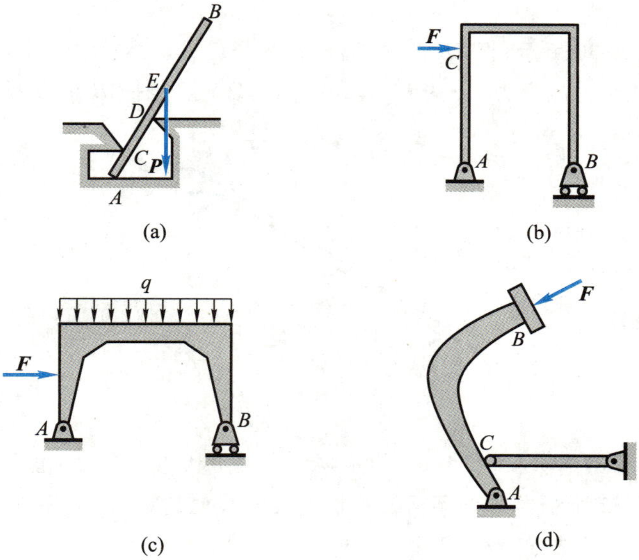

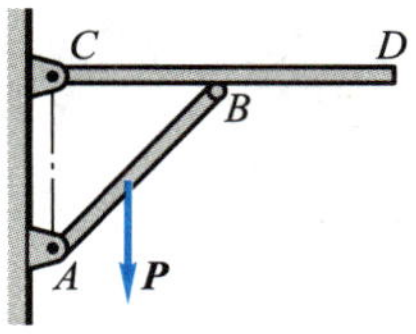

(e)

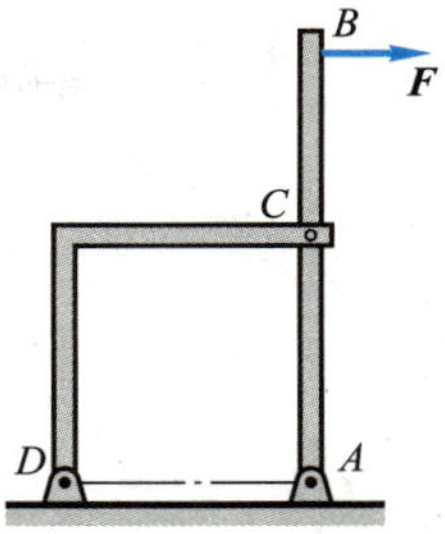

(f)

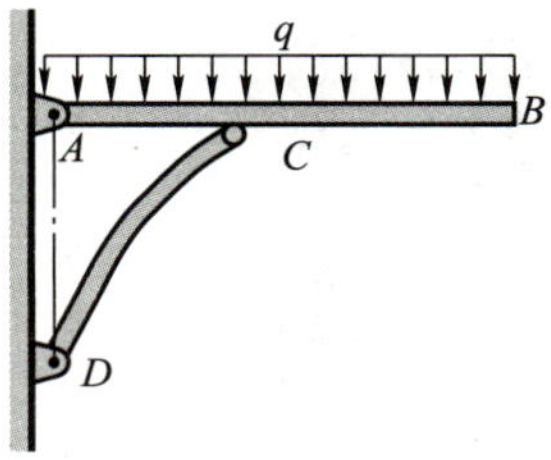

(g)

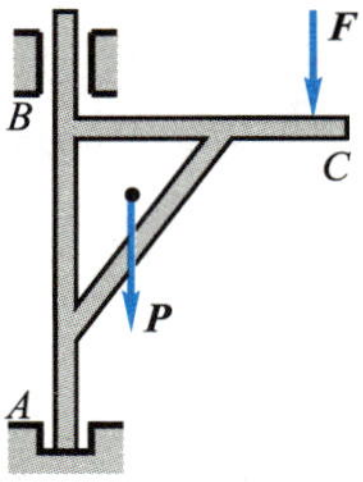

(h)

题 1-1 图

1-2 画出图示每个标注字符的物体(不包含销、支座和基础)的受力图,以及系统整体受力图。未画重力的物体重量均不计,所有接触处均为光滑接触。

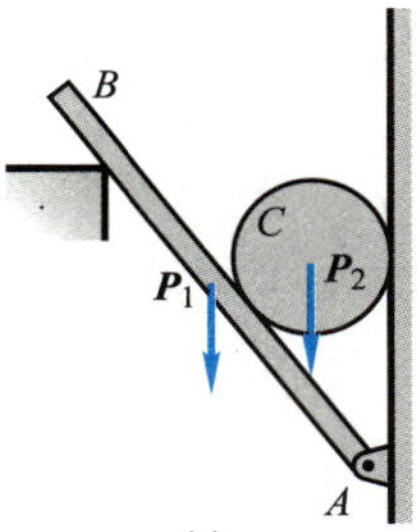

(a)

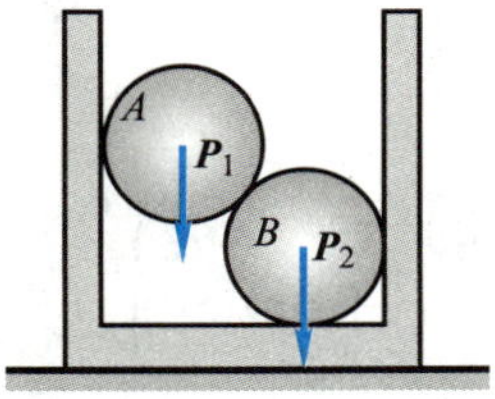

(b)

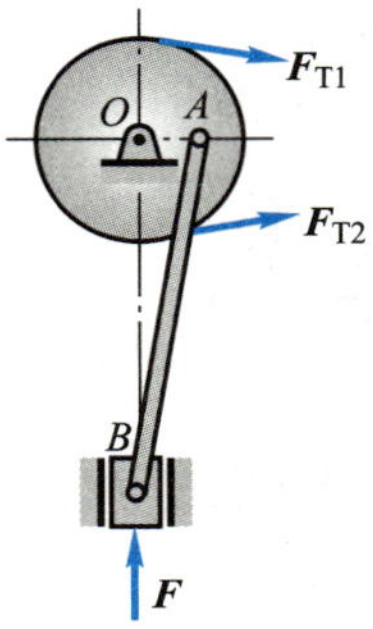

(c)

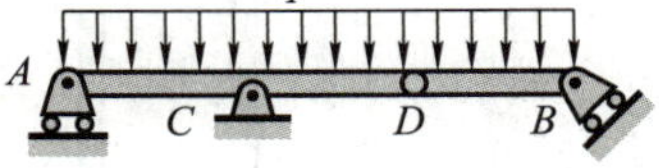

(d)

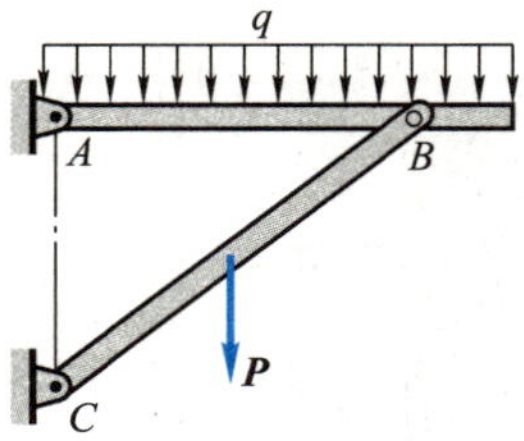
q
A
B
C
P

(e)

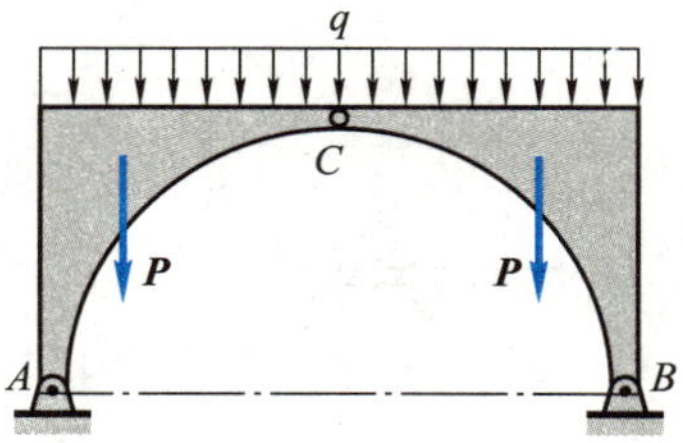
q
C
P
P
A
B

(f)

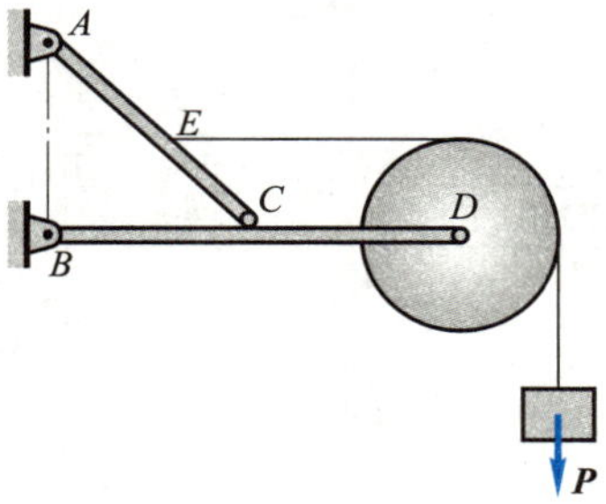
A
E
C
D
B
P

(g)

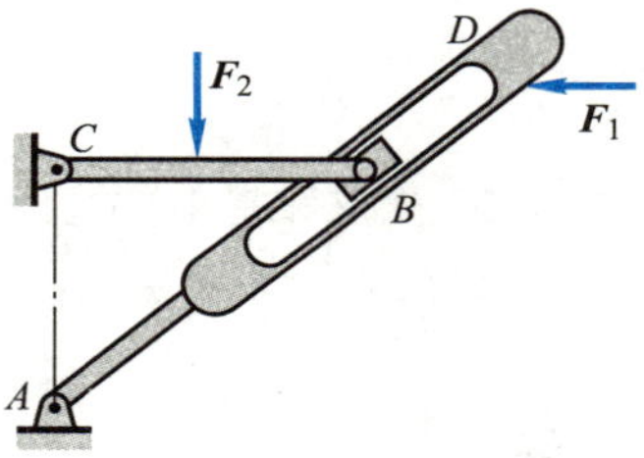
D
F_2
F_1
C
B
A

(h)

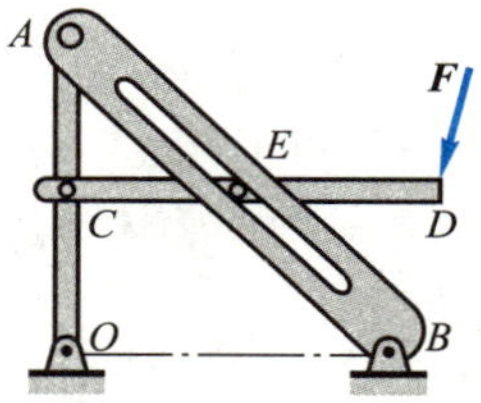
A
F
E
C
D
O
B

(i)

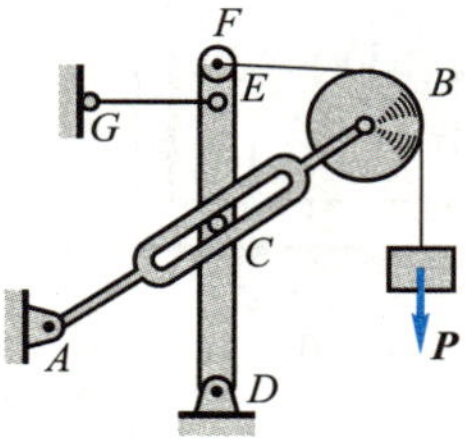
F
E
B
G
C
P
A
D

(j)

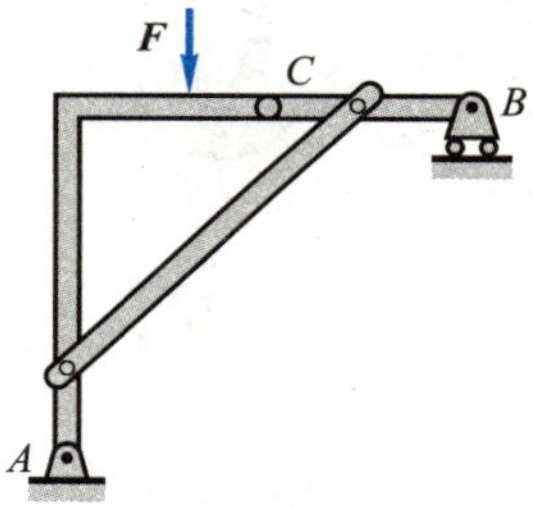
F
C
B
A

(k)

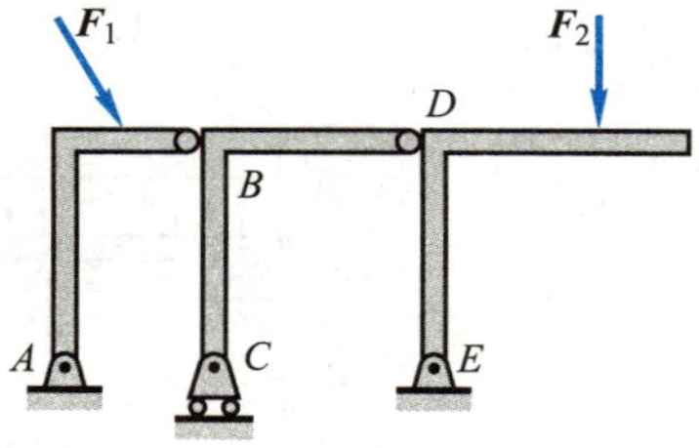
F_1
F_2
D
B
A
C
E

(l)

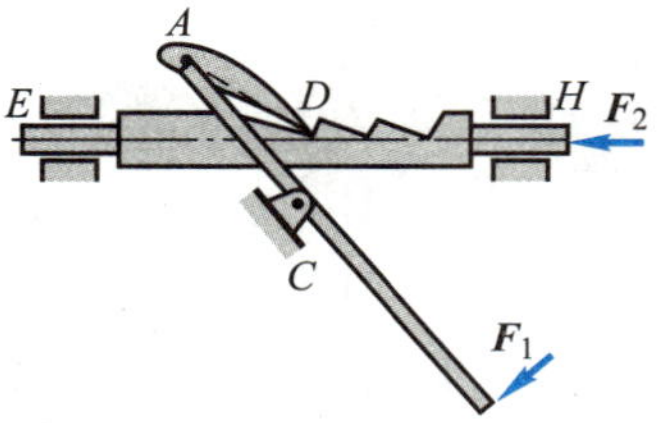

(m)

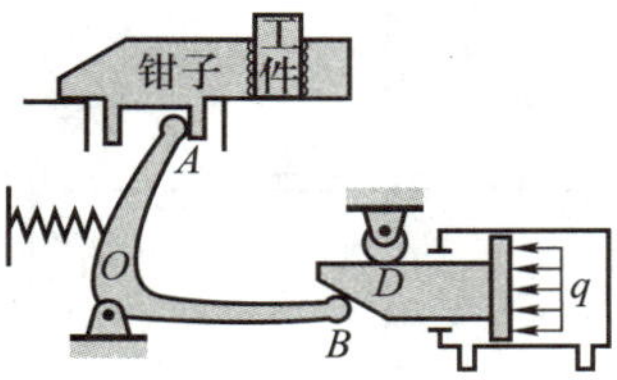

(n)

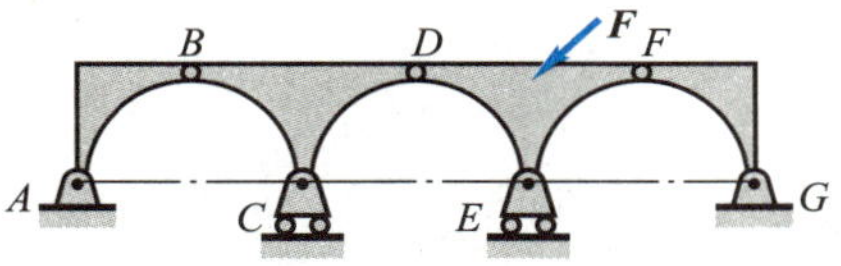

(o)

题 1-2 图

1-3 画出各图中每个标注字符的物体(不包含销、动滑轮、支座和基础)的受力图(涉及销连接有三个或三个以上构件的需说明销的位置,定滑轮可选择与杆件一起分析或单独分析),以及系统整体的受力图。未画重力的构件自重不计,所有接触处均为光滑接触,铰链处的柔索连接在销上。

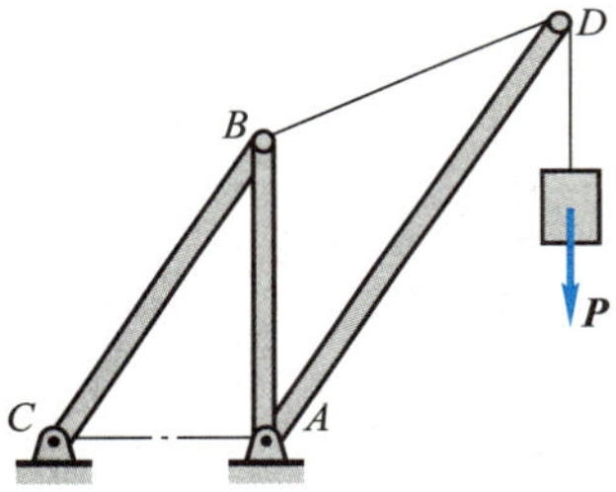

(a)

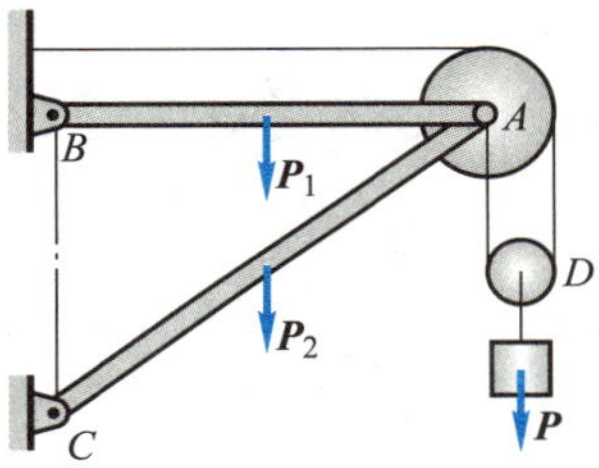

(b)

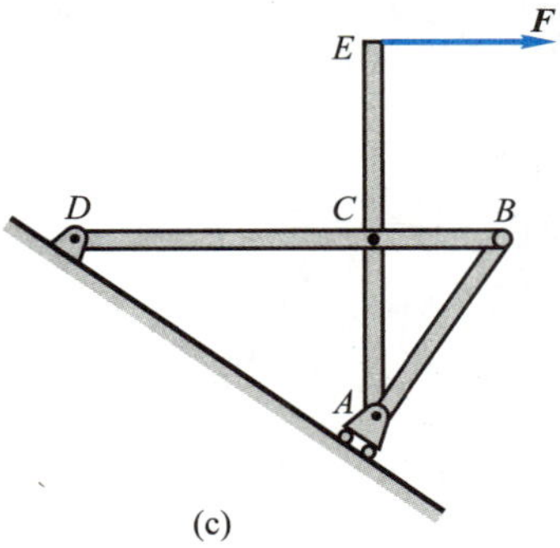

(c)

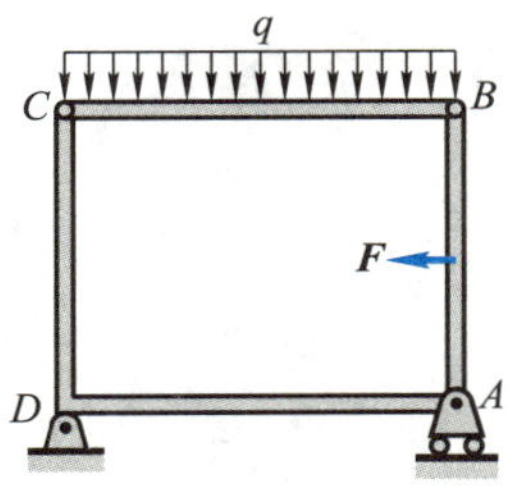

(d)

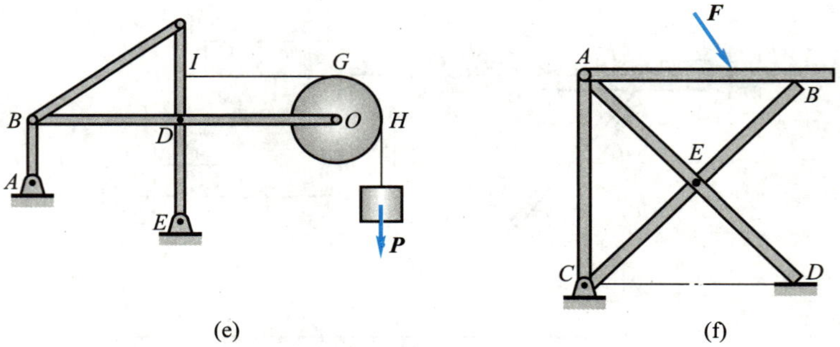

题 1–3 图

第二章 平面力系

当力系中各力的作用线处于同一平面内时，该力系称为**平面力系**。平面力系又可分为平面汇交（共点）力系、平面力偶系、平面平行力系、平面任意力系。本章主要研究这些力系的合成、简化与平衡，建立这些力系的平衡条件和平衡方程，为解决工程实际问题打下基础。

§2-1 平面汇交力系

平面汇交力系是指各力的作用线都在同一平面内且汇交于一点的力系。

本节用几何法与解析法讨论汇交力系的合成与平衡问题。所谓几何法就是几何画图的方法；解析法是建立坐标系，在坐标系里用矢量投影研究问题的方法。

1. 平面汇交力系合成的几何法、力多边形法则

如图 2-1a 所示，在刚体上点 A 作用两个力 $\boldsymbol{F}_1$ 和 $\boldsymbol{F}_2$，由力的平行四边形法则，这两个力可以合成为一个力 $\boldsymbol{F}_R$。实际上，此两力的合力也可从任一点 O_1 或 O_2 画如图 2-1b、c 所示的图而求出。这两个由力构成的三角形均称为**力三角形**。这两个三角形虽然有所不同，但是若把力矢的起端称为首，箭头端称为尾，如图 2-1d 所示，这两个三角形各分力矢在顶点处均为首尾相接，而合力矢是从初始的力矢首与末了的力矢尾相连。

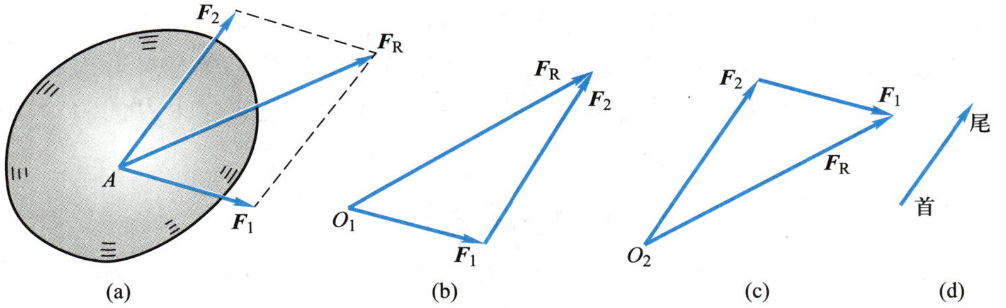

图 2-1

此方法是多个汇交力合成的基础。

设一刚体受到平面汇交力系 $\boldsymbol{F}_1$、$\boldsymbol{F}_2$、$\boldsymbol{F}_3$ 和 $\boldsymbol{F}_4$ 的作用，各力作用线汇交于点 A，根据刚体内部力的可传性，可将各力沿其作用线移至汇交点 A，如图 2-2a 所示。

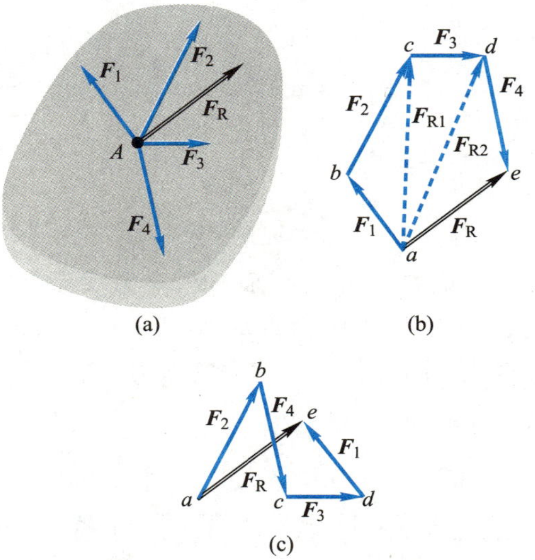

图 2-2

为合成此力系，根据上述方法，逐步两两合成各力，最后求得一个通过汇交点 A 的合力 $\boldsymbol{F}_{\mathrm{R}}$。任取一点 a，先做力三角形求出 $\boldsymbol{F}_1$ 和 $\boldsymbol{F}_2$ 的合力 $\boldsymbol{F}_{\mathrm{R1}}$ 的大小与方向，再做力三角形合成 $\boldsymbol{F}_{\mathrm{R1}}$ 与 $\boldsymbol{F}_3$ 得 $\boldsymbol{F}_{\mathrm{R2}}$，最后合成 $\boldsymbol{F}_{\mathrm{R2}}$ 与 $\boldsymbol{F}_4$ 得 $\boldsymbol{F}_{\mathrm{R}}$，则 $\boldsymbol{F}_{\mathrm{R}}$ 即为力系的合力，如图 2-2b 所示。多边形 $abcde$ 称为此平面汇交力系的**力多边形**，此力多边形的矢序规则是各分力矢依次首尾相接。由此组成的力多边形 $abcde$ 有一缺口，故称为不封闭的力多边形，矢量 $\overrightarrow{ae}$ 即表示了此平面汇交力系的合力 $\boldsymbol{F}_{\mathrm{R}}$ 的大小与方向。当然，合力的作用线仍通过原汇交点 A，如图 2-2a 所示的 $\boldsymbol{F}_{\mathrm{R}}$。还可注意到，在做力多边形，即求力系的合力时，图 2-2b 中的虚线不必画出。

根据矢量相加的交换律，任意交换各分力矢的做图次序，可得形状不同的力多边形，但其合力矢不变，如图 2-2c 所示。

总之，平面汇交力系可简化为一合力，其合力的大小与方向等于各分力的矢量和（几何和），合力的作用线通过汇交点。设平面汇交力系包含 n 个力，以 $\boldsymbol{F}_{\mathrm{R}}$ 表示它们的合力矢，则有

$$\boldsymbol{F}_{\mathrm{R}} = \boldsymbol{F}_1 + \boldsymbol{F}_2 + \cdots + \boldsymbol{F}_n = \sum_{i=1}^{n} \boldsymbol{F}_i$$

在理论力学教材中，为了以后书写方便，在无混淆的情况下，一般均略去求和号中的 $i=1,n$，把上式写为

$$\boldsymbol{F}_{\mathrm{R}} = \sum \boldsymbol{F}_i \tag{2-1}$$

如力系中各力的作用线都沿同一直线，则此力系称为共线力系，它是平面汇交力系的特殊情况，它的力多边形在同一直线上。若沿直线的某一指向为正，相反为负，则力系合力的大小与方向取决于各分力的代数和，即

$$F_R = \sum F_i \tag{2-2}$$

2. 平面汇交力系平衡的几何条件

由于平面汇交力系可用其合力来代替，显然，平面汇交力系平衡的必要和充分条件是：该力系的合力等于零。用矢量式表示，即

$$\sum \boldsymbol{F}_i = \boldsymbol{0} \tag{2-3}$$

在平衡情形下，力多边形中最后一力的尾与第一力的首重合，此时的力多边形称为**封闭的力多边形**。于是，可得结论：平面汇交力系平衡的必要和充分条件是该力系的力多边形自行封闭，这就是平面汇交力系平衡的几何条件。

求解平面汇交力系的平衡问题时可用几何法，即首先按比例先画出封闭的力多边形，然后用尺和量角器在图上量得所要求的未知量。对汇交于一点的三个力来说，现在常常根据图形的几何关系，画出封闭的力三角形，用三角公式计算出所要求的未知量。

例 2-1 平面结构如图 2-3a 所示，杆 AB 与杆 CD 在点 C 用铰链连接，并在 A、D 处用铰链连接在铅垂墙上。已知 $AC=CB$，角度如图所示，不计各构件自重，在 B 处作用一铅垂力 $F=10$ kN。求杆 CD 的受力和铰链支座 A 处的约束力。

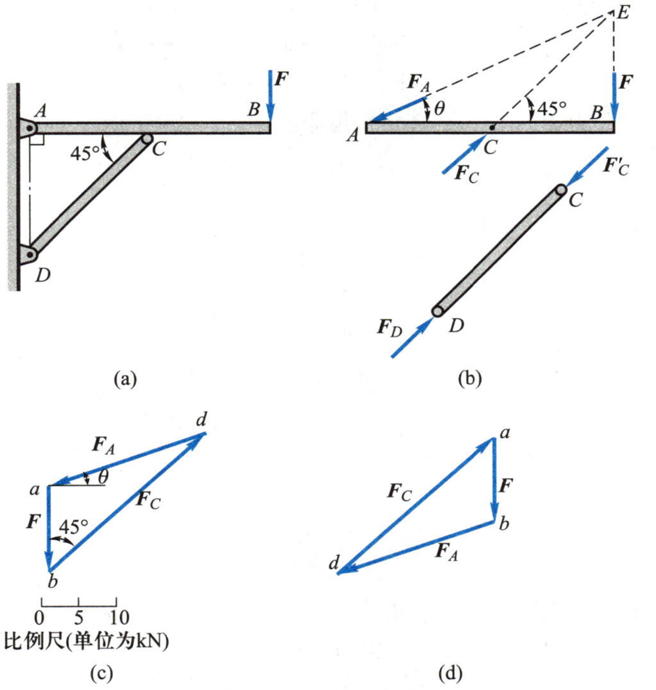

图 2-3

解： 选取杆 AB 为研究对象。杆 AB 在 B 处受载荷 $\boldsymbol{F}$ 作用。杆 CD 为二力杆，它对杆 C 处的约束力 $\boldsymbol{F}_C$ 的作用线必沿两铰链 D、C 中心的连线。铰链 A 的约束力 $\boldsymbol{F}_A$ 的作用线可根据三力平衡汇交定理确定，即通过另两个力的交点 E，如图 2-3b 所示。

根据平面汇交力系平衡的几何条件，这三个力应组成一封闭的力三角形。先画出已知力 $\overrightarrow{ab}=\boldsymbol{F}$，再由点 a 做直线平行于 AE，由点 b 做直线平行于 CE，这两条直线相交于点 d，如图 2-3c 所示。由力三角形 abd 封闭，可确定出 $\boldsymbol{F}_C$ 和 $\boldsymbol{F}_A$ 的指向如图所示。

在图 2-3c 中，线段 bd 和 da 分别表示力 $\boldsymbol{F}_C$ 和 $\boldsymbol{F}_A$ 的大小，量出它们的长度，按比例换算即可得 $\boldsymbol{F}_C$ 与 $\boldsymbol{F}_A$ 的大小。但一般都是利用三角公式计算，对图 2-3c 所示力三角形，由正弦定理，有

$$\frac{F_C}{\sin(90°+\theta)}=\frac{F}{\sin(45°-\theta)},\quad \frac{F_A}{\sin 45°}=\frac{F}{\sin(45°-\theta)}$$

式中

$$\tan\theta=\frac{1}{2},\quad \theta=26.56°$$

解得

$$F_C=28.28\ \text{kN},\quad F_A=22.36\ \text{kN}$$

根据作用力和反作用力的关系，可知杆 CD 受压力，如图 2-3b 所示。

也可画出封闭力三角形如图 2-3d 所示，可得同样结果。

3. 平面汇交力系合成与平衡的解析法

设由 n 个力组成的平面汇交力系作用于一个刚体上，以汇交点 O 作为坐标原点，建立直角坐标系 Oxy，如图 2-4a 所示。此汇交力系的合力 $\boldsymbol{F}_\text{R}$ 的解析表达式为

$$\boldsymbol{F}_\text{R}=\boldsymbol{F}_{\text{R}x}+\boldsymbol{F}_{\text{R}y}=F_{\text{R}x}\boldsymbol{i}+F_{\text{R}y}\boldsymbol{j} \tag{2-4}$$

式中，$F_{\text{R}x}$、$F_{\text{R}y}$ 为合力 $\boldsymbol{F}_\text{R}$ 在 x、y 轴上的投影，如图 2-4b 所示。有

$$F_{\text{R}x}=F_\text{R}\cos\theta,\quad F_{\text{R}y}=F_\text{R}\sin\theta \tag{2-5}$$

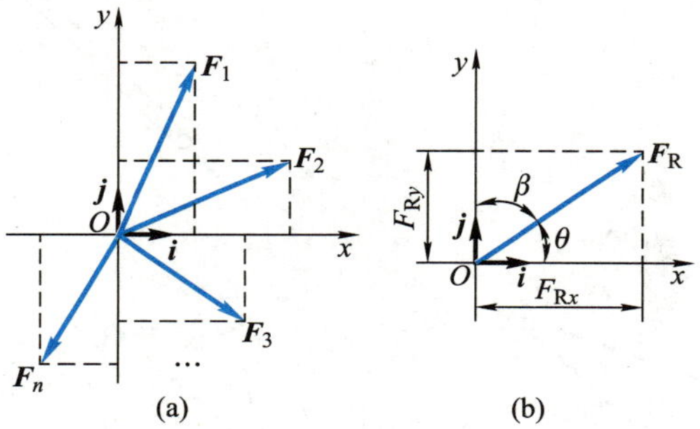

图 2-4

根据合矢量投影定理：合矢量在某一轴上的投影等于各分矢量在同一轴上投影的代数和，将式(2-1)向 x、y 轴投影，可得

$$\left.\begin{aligned}F_{\text{R}x}&=F_{1x}+F_{2x}+\cdots+F_{nx}=\sum F_x\\F_{\text{R}y}&=F_{1y}+F_{2y}+\cdots+F_{ny}=\sum F_y\end{aligned}\right\} \tag{2-6}$$

其中，F_{1x} 和 F_{1y}，F_{2x} 和 F_{2y}，…，F_{nx} 和 F_{ny} 分别为各分力在 x 和 y 轴上的投影。

合力矢的大小和方向余弦为

$$\left.\begin{aligned} F_R &= \sqrt{F_{Rx}^2+F_{Ry}^2} = \sqrt{(\sum F_x)^2+(\sum F_y)^2} \\ \cos(\boldsymbol{F}_R,\boldsymbol{i}) &= \sum F_x/F_R, \quad \cos(\boldsymbol{F}_R,\boldsymbol{j}) = \sum F_y/F_R \end{aligned}\right\} \tag{2-7}$$

由此，可求出合力的大小和方向，当然，合力的作用点仍在汇交点。这就是平面汇交力系求合力的解析法公式。

由式(2-3)知，平面汇交力系平衡的必要和充分条件是：该力系的合力 $\boldsymbol{F}_R$ 等于零。由式(2-4)和式(2-6)有

$$\sum F_x=0, \quad \sum F_y=0 \tag{2-8}$$

于是，平面汇交力系平衡的解析条件是该力系中各力在两个坐标轴上投影的代数和分别等于零。式(2-8)称为平面汇交力系的**平衡方程**，是两个独立的平衡方程，可以求解两个未知量。

下面举一例说明平面汇交力系平衡方程的应用。

例 2-2 如图 2-5a 所示，重物重 $P=20$ kN，用钢丝绳连接如图所示。不计杆、钢丝绳和滑轮 B 的重量，忽略轴承摩擦和滑轮 B 的大小，角度如图所示。求平衡时杆 AB、BC 所受的力。

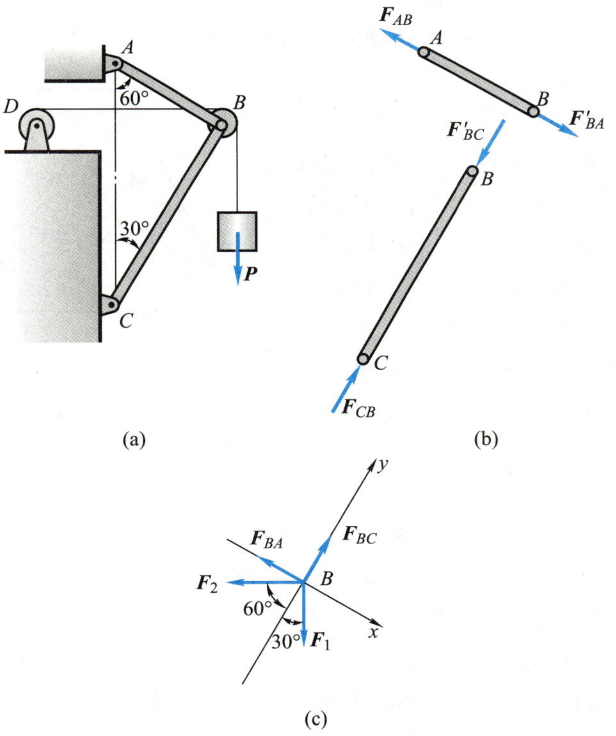

图 2-5

解：(1) 取研究对象。由于杆 AB 和杆 BC 都是二力杆，假设杆 AB 受拉力、杆 BC 受压力，如图 2-5b 所示。为了求出这两个未知力，可通过求两杆对滑轮 B 的约束力解决。因此，选取滑轮 B 为研究对象。

(2) 画受力图。滑轮 B 受到钢丝绳的拉力 $\boldsymbol{F}_1$ 和 $\boldsymbol{F}_2$($F_1=F_2=P$)作用。杆 AB 和杆 BC 对滑轮 B 的约束力以 $\boldsymbol{F}_{BA}$ 和 $\boldsymbol{F}_{BC}$ 表示。由于滑轮的大小忽略不计,这些力可看作是汇交力系,如图 2-5c所示。

(3) 列平衡方程。为避免解联立方程,选取坐标轴如图所示。列出的平衡方程为

$$\sum F_x=0,\quad -F_{BA}+F_1\cos 60^\circ-F_2\cos 30^\circ=0$$

$$\sum F_y=0,\quad F_{BC}-F_1\cos 30^\circ-F_2\cos 60^\circ=0$$

(4) 求解方程。代入数据,分别解得

$$F_{BA}=-7.32\ \text{kN}\quad F_{BC}=27.32\ \text{kN}$$

分析所求结果,$\boldsymbol{F}_{BC}$ 为正值,表示力的方向与假设方向相同,即杆 BC 受压;$\boldsymbol{F}_{BA}$ 为负值,表示力的方向与假设方向相反,即杆 AB 也受压。

§2-2 平面力对点之矩 · 平面力偶

力对刚体的作用效应使刚体的运动状态发生改变,包括移动与转动,力对刚体的移动效应可用力矢来度量,而力对刚体的转动效应可用力对点的矩(简称力矩)来度量,即力矩是度量力对刚体转动效应的物理量。

1. 力对点之矩(力矩)

如图 2-6 所示,力 $\boldsymbol{F}$ 与点 O 位于同一平面内,点 O 称为**矩心**,点 O 到力 $\boldsymbol{F}$ 作用线的垂直距离 h 为**力臂**,在此平面中,力 $\boldsymbol{F}$ 使物体绕点 O 转动的效果,取决于两个要素:

(1) 力的大小 F 与力臂 h(矩心到力作用线的距离)的乘积;

(2) 力使物体绕矩心转动的方向。

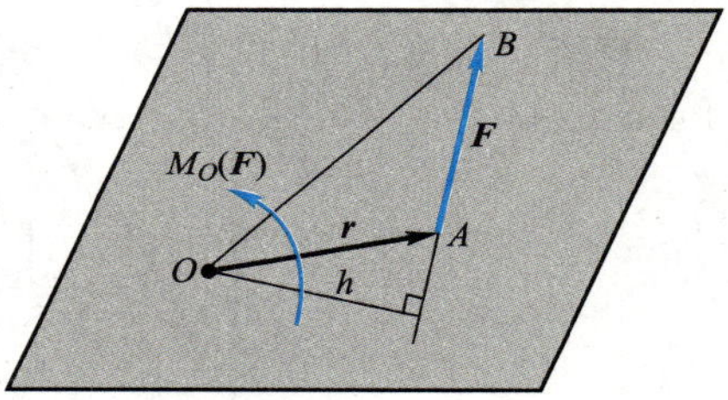

图 2-6

在平面问题中力对点的矩的定义如下:

力对点之矩是一个代数量,其绝对值等于力的大小与力臂的乘积,其转向用正负号确定,其规定为:力使物体绕矩心逆时针转向转动时为正,反之为负。

力 $\boldsymbol{F}$ 对点 O 的矩以 $M_O(\boldsymbol{F})$ 表示,即

$$M_O(\boldsymbol{F})=\pm Fh \tag{2-9}$$

显然,当力的作用线通过矩心,即力臂等于零时,它对矩心的力矩等于零。

力矩的常用单位为 N · m 或 kN · m。

为和后面空间力对点的矩对应,以 $\boldsymbol{r}$ 表示由点 O 到点 A 的矢径(图 2-6),平面力 $\boldsymbol{F}$ 对点 O 的矩,由矢积定义,可以表示为 $\boldsymbol{r}\times\boldsymbol{F}$,此矢积的模就是力矩的大小 Fh,此矢积的方向,即力矩的转向符合矢量叉乘的右手法则。

2. 合力矩定理与力矩的解析表达式

合力矩定理:平面汇交力系的合力对于平面内任一点之矩等于所有各分力对于该点之矩的代数和,以公式表示为

$$M_O(\boldsymbol{F}_R)=\sum M_O(\boldsymbol{F}_i) \qquad (2-10)$$

式中，$\boldsymbol{F}_R$ 为平面汇交力系的合力，$\boldsymbol{F}_i$ 为各分力。按力系等效概念，上式必然成立，且式(2-10)适用于任何有合力存在的力系。

由合力矩定理，在直角坐标系中，如图 2-7 所示，已知力 $\boldsymbol{F}$，作用点的坐标$A(x,y)$与夹角 θ。力 $\boldsymbol{F}$ 对坐标原点 O 之矩，可按式(2-10)，通过其分力 $\boldsymbol{F}_x$ 与 $\boldsymbol{F}_y$ 对点 O 之矩而得到，即

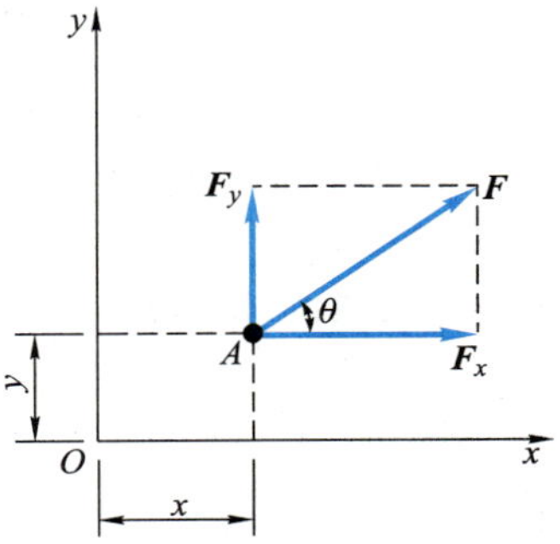

图 2-7

$$M_O(\boldsymbol{F})=M_O(\boldsymbol{F}_x)+M_O(\boldsymbol{F}_y)$$
$$=F\sin\theta\cdot x-F\cos\theta\cdot y$$

或

$$M_O(\boldsymbol{F})=xF_y-yF_x \qquad (2-11)$$

此式称为平面内力对点之矩的解析表达式。式中，x、y 为力 $\boldsymbol{F}$ 作用点的坐标，F_x、F_y 为力 $\boldsymbol{F}$ 在 x、y 轴的投影。计算时用它们的代数量代入。

将式(2-11)代入式(2-10)，可得合力 $\boldsymbol{F}_R$ 对坐标原点之矩的解析表达式，即

$$M_O(\boldsymbol{F}_R)=\sum M_O(\boldsymbol{F}_i)=\sum(x_iF_{iy}-y_iF_{ix}) \qquad (2-12)$$

例 2-3 如图 2-8a 所示，圆柱直齿轮受到另一齿轮对其啮合力 $\boldsymbol{F}$ 的作用，大小为 $F=1\ 400$ N，压力角 $\theta=20°$，齿轮的节圆(啮合圆)半径 $r=60$ mm，求力 $\boldsymbol{F}$ 对于轴心 O 的力矩。

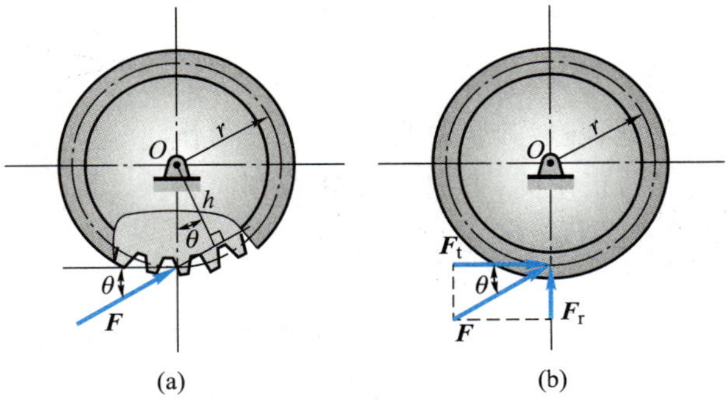

图 2-8

解： 计算力 $\boldsymbol{F}$ 对点 O 的矩，可直接按力矩的定义求得(图 2-8a)，即

$$M_O(\boldsymbol{F})=F\cdot h=F\cdot r\cos\theta=78.93\ \text{N}\cdot\text{m}$$

也可以根据合力矩定理，将力 $\boldsymbol{F}$ 分解为圆周力 $\boldsymbol{F}_t$ 和径向力 $\boldsymbol{F}_r$(图 2-8b)，由于径向力 $\boldsymbol{F}_r$ 通过矩心 O，则

$$M_O(\boldsymbol{F})=M_O(\boldsymbol{F}_t)+M_O(\boldsymbol{F}_r)=M_O(\boldsymbol{F}_t)=F\cos\theta\cdot r=78.93\ \text{N}\cdot\text{m}$$

两种方法的计算结果相同。

在理论力学教材和实际问题中，有时要遇到如图 2-9所示的三角形分布载荷，一般已知其分布长度为 l(单位为 m)，单位长度分布载荷的最大值为 q(单

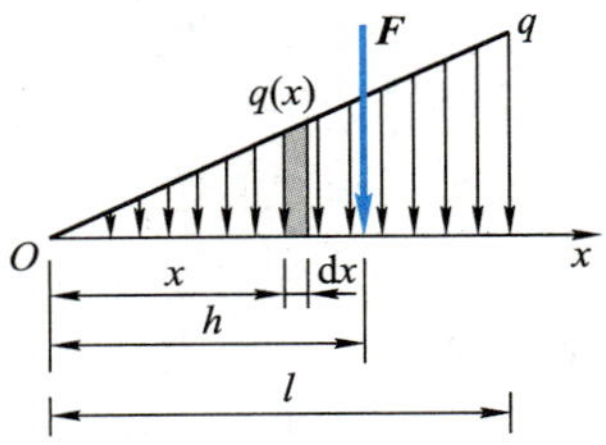

图 2-9

位为N/m或 kN/m)。实际计算时,为方便计算,往往要用其合力来代替此分布力。为求其合力大小和作用线位置,可以用积分的方法求出其合力大小,用合力矩定理可求出其合力作用线位置。现推导如下。

设距 O 端为 x 的微段处的载荷为 $q(x)$,由相似三角形的关系,有 $\frac{q(x)}{x}=\frac{q}{l}$,则 $q(x)=\frac{q}{l}x$,微段 dx 上的合力为 $q(x)\cdot \mathrm{d}x$,因此,三角形分布载荷的合力大小 F 为

$$F=\int_0^l \frac{q}{l}x\cdot \mathrm{d}x=\frac{1}{2}ql$$

设合力作用线距 O 端的距离为 h,微段 dx 上的微小力对点 O 的力矩为 $q(x)\cdot \mathrm{d}x\cdot x$,由合力矩定理,有

$$F\cdot h=\int_0^l \frac{q}{l}x^2\cdot \mathrm{d}x=\frac{1}{3}ql^2$$

解得

$$h=\frac{2}{3}l$$

所以,三角形分布载荷的合力大小为 $\frac{1}{2}ql$,合力作用线距点 O 的距离为 $\frac{2}{3}l$,当然,合力的方向和分布力的方向相同。以后在实际计算时,此结论可作为公式使用。

在理论力学教材和实际问题中,还会遇到如图 2-10所示的均布载荷,显然其合力大小为 ql,合力作用线位置在均布载荷的正中间,方向和各分力方向相同。此结论也可以直接使用。

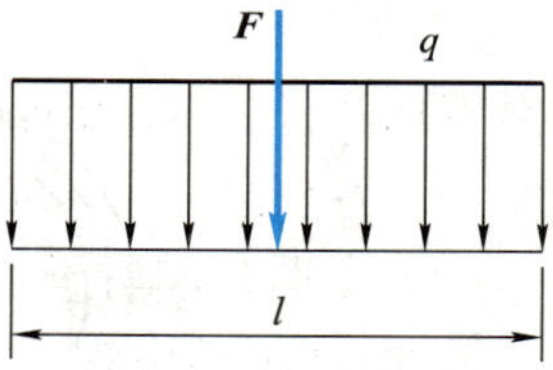

图 2-10

3. 力偶与力偶矩

在日常生活与工程实际中,常常见到汽车司机用双手转动方向盘(图 2-11a)、电动机的定子磁场对转子作用电磁力使之旋转(图 2-11b)、钳工用丝锥攻螺纹等。在方向盘、电动机转子、丝锥等物体上,都作用了成对的等值、反向且不共线的平行力。等值、反向平行力的矢量和等于零,但是由于它们不共线而不能相互平衡,它们能使物体改变转动状态。这种由两个大小相等、方向相反且不共线的平行力组成的力系,称为**力偶**,如图 2-12 所示,记作($\boldsymbol{F},\boldsymbol{F}'$)。力偶的两力之间的垂直距离 d 称为**力偶臂**,力偶所在的平面为**力偶的作用面**。

因为力偶中的两个力等值、反向、平行且不共线,所以力偶不能合成为一个力,或用一个力等效替换,因此,力偶也不能用一个力来平衡。力和力偶是静力学的两个基本要素。

力偶是由两个力组成的特殊力系,它的作用只改变物体的转动状态。与平面

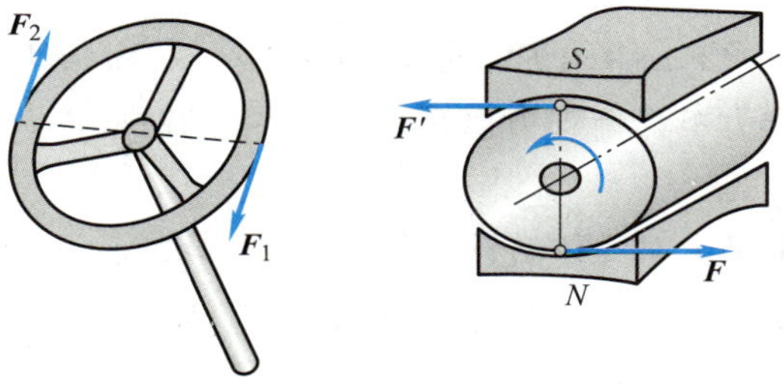

图 2-11

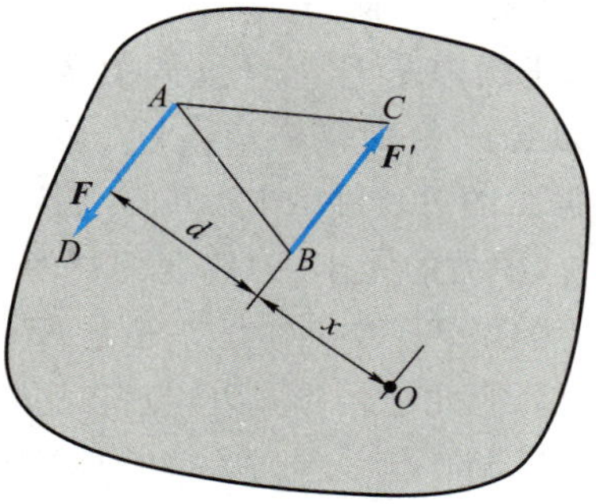

图 2-12

力对点的矩类似，在力偶作用面内，力偶使物体转动的效果，也取决于两个要素：

（1）力偶中力的大小 F 与力偶臂 d 的乘积；

（2）力偶在作用面内转动的方向。

为此，在平面中，有**力偶矩**的定义：在力偶作用面内，力偶矩是一个代数量，其绝对值等于力的大小与力偶臂的乘积，其转向用正负号确定，其规定为：力偶使物体逆时针转向为正，反之为负。以公式表示为

$$M=\pm F\cdot d=\pm 2A_{\triangle ABC} \qquad (2-13)$$

力偶矩的单位和力矩的单位相同。力偶矩也可以用△ABC 的面积 $A_{\triangle ABC}$表示，如图 2-12 所示。

4. 力偶的性质

（1）力偶对任意点取力矩都等于力偶矩，不因矩心的改变而改变。

如图 2-13 所示，该力偶的力偶矩为 Fd，在力偶所在平面内任取一点 O_1，将力偶中的两个力对此点取力矩，有

$$M_{O_1}(\boldsymbol{F})+M_{O_1}(\boldsymbol{F}')=F\cdot(d+x_1)-F'\cdot x_1=Fd$$

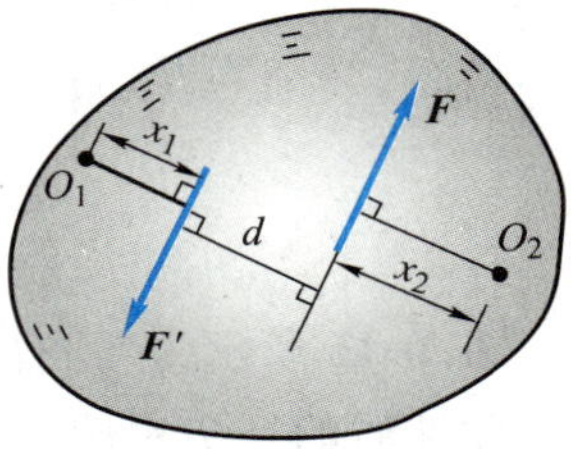

图 2-13

对点 O_2 取力矩，有

$$M_{O_2}(\boldsymbol{F})+M_{O_2}(\boldsymbol{F}')=-F\cdot x_2+F'\cdot(x_2+d)=Fd$$

可见力偶对任何点取力矩都等于力偶矩，不因矩心的改变而改变。这就证明了力偶的这一性质。

力矩和力偶矩都是力对物体转动效果的度量，但二者显然有所不同。力偶对任何点取力矩都等于力偶矩，不因矩心的改变而改变；而力矩就不同，一般矩心若改变，其力矩就改变。这是力矩与力偶矩的一个重要区别。

（2）只要保持力偶矩不变，力偶可在其作用面内任意移转，且可以同时改变力偶中力的大小与力偶臂的长短，对刚体的作用效果不变。

如图 2-14a 所示，刚体上有一力偶（$\boldsymbol{F}_1$，$\boldsymbol{F}_1'$）作用，其力偶矩为 F_1d，据加减平衡力系原理，在 A、B 两点加一平衡力系 $\boldsymbol{F}_2=-\boldsymbol{F}_2'$，如图 2-14b 所示，再据力的平行四边形法则，把 A、B 两点的力合成分别得力 $\boldsymbol{F}_R$、$\boldsymbol{F}_R'$，显然此两力构成一力偶（$\boldsymbol{F}_R$，$\boldsymbol{F}_R'$），其力偶矩为 F_Rd_1，再据力的可传性，把力 $\boldsymbol{F}_R$、$\boldsymbol{F}_R'$ 传递，如图 2-14c 所示，很明显，力偶（$\boldsymbol{F}_1$，$\boldsymbol{F}_1'$）和（$\boldsymbol{F}_R$，$\boldsymbol{F}_R'$）中力的大小、力偶臂的长短、力的作用点、力的方向均已改变，但两力偶等效。而力偶（$\boldsymbol{F}_1$，$\boldsymbol{F}_1'$）的力偶矩为 $Fd=2A_{\triangle ABC}$，力偶（$\boldsymbol{F}_R$，$\boldsymbol{F}_R'$）的力偶矩为 $F_Rd_1=2A_{\triangle ABD}$，显然，直角三角形 ABC 与斜三角形 ABD 的面积相等，所以两力偶的力偶矩相等，此性质得证。

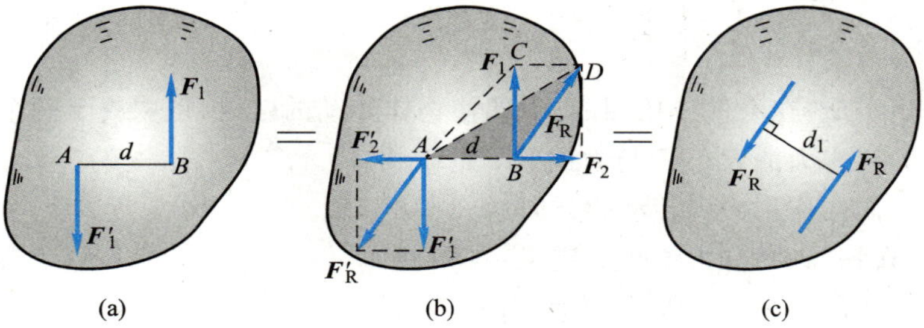

图 2-14

由于力偶具有这样的性质，同时也为画图方便计，以后常用图 2-15 所示符号表示力偶与力偶矩。

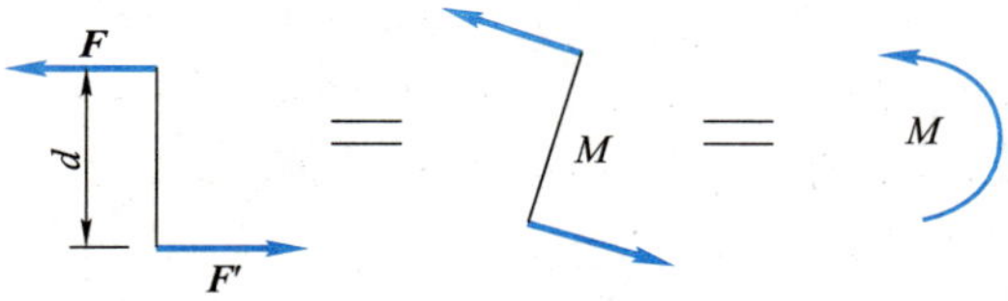

图 2-15

图 2-16 所示为驾驶员给方向盘的三种施力方式，图中 $F_1=F_1'=F_2=F_2'$，即是说明此性质的一个实例。

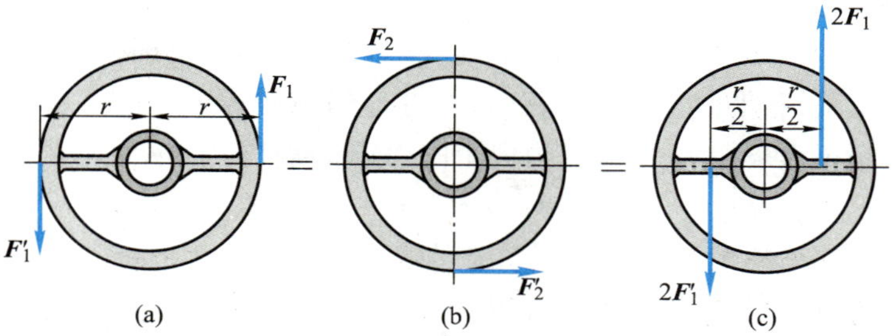

图 2-16

5. 平面力偶系的合成和平衡条件

设在同一平面内有 n 个力偶作用,形成一平面力偶系,如图 2-17a 所示,其力偶矩分别为 $M_1, M_2, \cdots, M_i, \cdots, M_n$,其中,$M_2$ 为顺时针方向(为负),在此平面内任选一段距离 $AB=d$,令

$$\frac{M_1}{d}=F_1,\ \frac{M_2}{d}=F_2,\ \cdots,\ \frac{M_i}{d}=F_i,\ \cdots,\ \frac{M_n}{d}=F_n$$

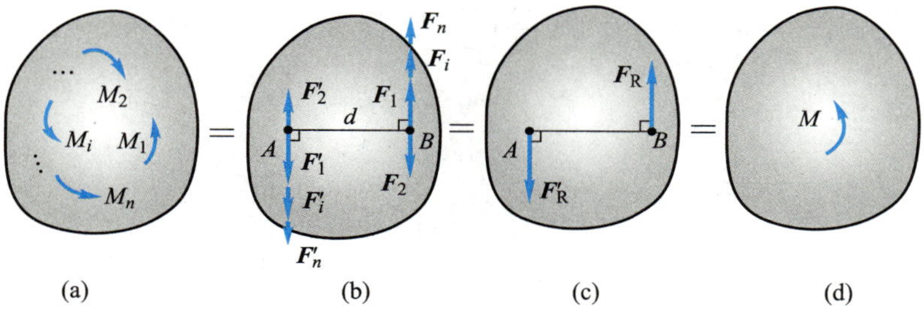

图 2-17

即

$$M_1=F_1d,\ M_2=F_2d,\ \cdots,\ M_i=F_id,\ \cdots,\ M_n=F_nd$$

则图 2-17a 所示平面力偶系与图 2-17b 所示力系等效,把作用在点 B 的共线力系的合力以 $\boldsymbol{F}_R$ 表示(图 2-17c),有

$$F_R=F_1-F_2+\cdots+F_i+\cdots+F_n$$

把作用在点 A 的共线力系的合力以 $\boldsymbol{F}'_R$表示,显然有 $\boldsymbol{F}_R=-\boldsymbol{F}'_R$,即此两力形成一力偶,以 M 表示(图 2-17d),$M=F_Rd$。把上式两边同乘以 d,有

$$F_Rd=F_1d-F_2d+\cdots+F_id+\cdots+F_nd$$

即

$$M=M_1+M_2+\cdots+M_i+\cdots+M_n$$

有

$$M=\sum M_i \tag{2-14}$$

即在同一平面内的任意个力偶,可用一个力偶 M 与之等效,称之为**合力偶**。因此,

在同一平面内的任意个力偶可合成为一个合力偶，合力偶矩等于各个力偶矩的代数和。

由合成结果知，平面力偶系平衡时，其合力偶矩应等于零。因此，平面力偶系平衡的必要和充分条件是：所有各力偶矩的代数和等于零。以公式表示为

$$\sum M_i=0 \tag{2-15}$$

此即为平面力偶系的平衡条件。

例 2-4 如图 2-18 所示的工件，用多轴钻床在工件上同时钻三个孔，钻头对工件作用有三个力偶，其力偶矩分别为 $M_1=M_2=10\ \text{N}\cdot\text{m}$，$M_3=20\ \text{N}\cdot\text{m}$，固定螺栓 A 和 B 的距离 $l=200\ \text{mm}$。求两个光滑螺栓所受的水平力。

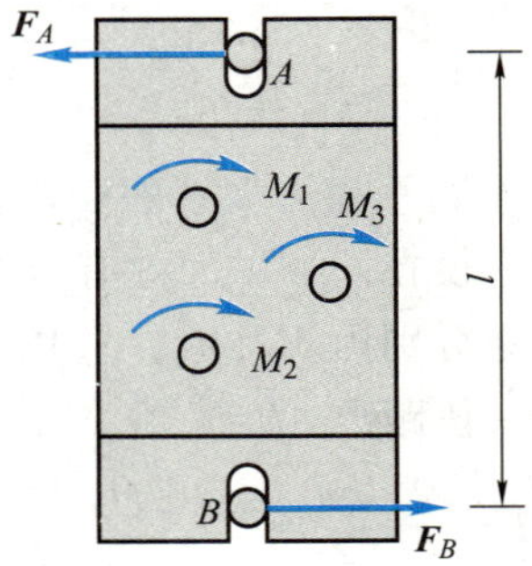

图 2-18

解： 选工件为研究对象。工件在水平面内受三个力偶和两个螺栓的水平约束力作用。根据力偶系的合成定理，三个力偶合成后仍为一力偶，如果工件平衡，必有一力偶与它平衡。因此，螺栓 A 和 B 的水平约束力 $\boldsymbol{F}_A$ 和 $\boldsymbol{F}_B$ 必组成一力偶，即有 $F_A=F_B$，它们的方向假设如图所示。

由力偶系的平衡条件得

$$\sum M_i=0,\quad F_A\cdot l-M_1-M_2-M_3=0$$

解得

$$F_A=F_B=\frac{M_1+M_2+M_3}{l}$$

代入题给数值得

$$F_A=F_B=200\ \text{N}$$

因 F_A、F_B 是正值，故所设方向正确，螺栓所受的力与 $\boldsymbol{F}_A$、$\boldsymbol{F}_B$ 大小相等，方向相反。

例 2-5 不计图 2-19a 所示机构自重，圆轮上的销 A 放在摇杆 BC 上的光滑导槽内。圆轮上作用一力偶矩为 $M_1=2\ \text{kN}\cdot\text{m}$ 的力偶，$OA=r=0.5\ \text{m}$，图示位置时 OA 与 OB 垂直，$\theta=30°$，系统平衡。求作用于摇杆 BC 上的力偶矩 M_2，铰链 O、B 处的约束力。

解： 先取圆轮为研究对象，其上受有力偶矩为 M_1 的力偶，以及光滑导槽对销 A 的作用力 $\boldsymbol{F}_A$ 和铰链 O 处约束力 $\boldsymbol{F}_O$ 的作用。由于力偶必须由力偶来平衡，因而 $\boldsymbol{F}_A$ 与 $\boldsymbol{F}_O$ 必形成一力偶，力偶矩方向与 M_1 相反，由此定出 $\boldsymbol{F}_A$ 与 $\boldsymbol{F}_O$ 的方向如图 2-19b所示。由力偶平衡条件得

$$\sum M_i=0,\quad M_1-F_A\cdot r\sin\theta=0$$

解得

$$F_A=\frac{M_1}{r\sin 30°} \tag{a}$$

再以摇杆 BC 为研究对象，其上作用有力偶矩为 M_2 的力偶与力 $\boldsymbol{F}'_A$、$\boldsymbol{F}_B$，如图 2-19c所示。同理，$\boldsymbol{F}'_A$与 $\boldsymbol{F}_B$ 必组成一力偶，由平衡条件得

$$\sum M_i=0,\quad F'_A\cdot\frac{r}{\sin\theta}-M_2=0 \tag{b}$$

其中 $F'_A=F_A$。将式(a)代入式(b)，得

$$M_2=4M_1=8\ \text{kN}\cdot\text{m}$$

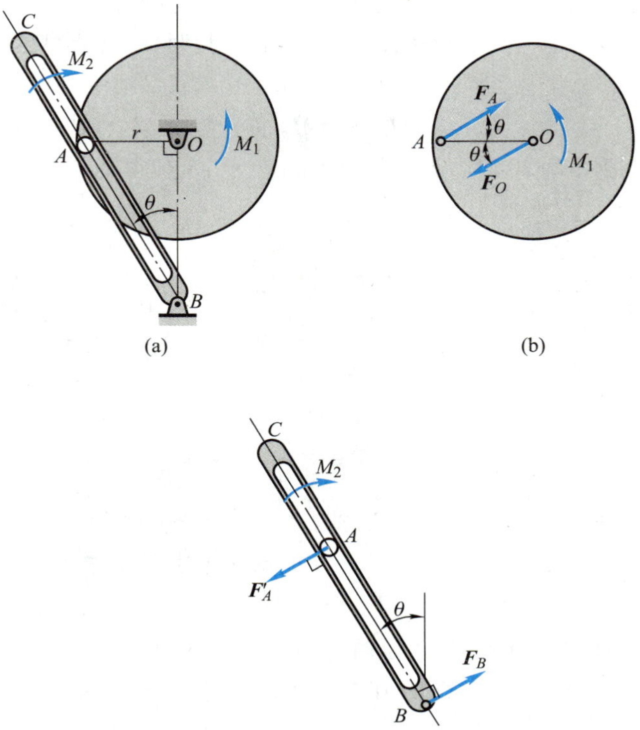

图 2-19

$\boldsymbol{F}_O$ 与 $\boldsymbol{F}_A$ 组成力偶，$\boldsymbol{F}_B$ 与 $\boldsymbol{F}'_A$ 组成力偶，则有

$$F_O=F_B=F_A=\frac{M_1}{r\sin 30^\circ}=8\ \mathrm{kN}$$

方向如图 2-19b、c 所示。

§2-3 平面任意力系的简化

力系中所有力的作用线都处于同一平面内且任意分布时，称为**平面任意力系**。平面任意力系，不论其怎么复杂，总可以用一个简单力系等效代替，称之为平面任意力系的简化。为完成平面任意力系的简化，要用到力的平移定理。

1. 力的平移定理

可以把作用在刚体上点 A 的力 $\boldsymbol{F}$ 平行移到其上任一点 B，但必须同时附加一个力偶，这个附加力偶的力偶矩等于原来的力 $\boldsymbol{F}$ 对新作用点 B 的力矩，此为**力的平移定理**。

证明：图 2-20a 中的力 $\boldsymbol{F}$ 作用于刚体的点 A，在刚体上任取一点 B，并在点 B 加上一对平衡力 $\boldsymbol{F}'$ 和 $\boldsymbol{F}''$，它们与力 $\boldsymbol{F}$ 平行，且 $F=F'=F''$，如图 2-20b 所示。由加

减平衡力系原理，显然，这 3 个力与原来的一个力 $\boldsymbol{F}$ 等效。这 3 个力又可看作一个作用在点 B 的力 $\boldsymbol{F}'$ 和一个力偶$(\boldsymbol{F},\boldsymbol{F}'')$，此力偶称为**附加力偶**，显然，附加力偶的力偶矩为

$$M=Fd=M_B(\boldsymbol{F})$$

为方便计，一般把图 2-20b 所示，用图 2-20c 表示，定理得证。

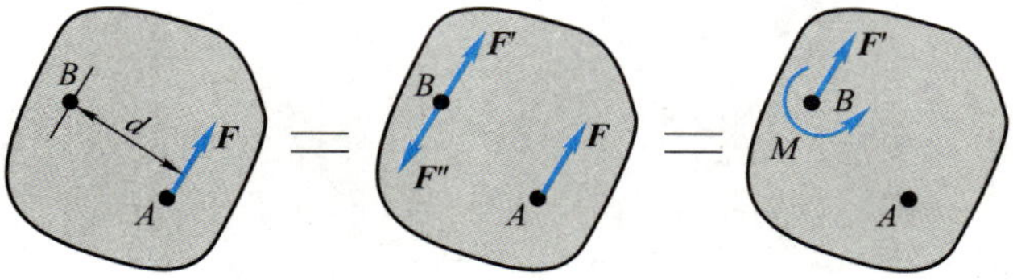

(a)　(b)　(c)

图 2-20

下面用力的平移定理讨论平面任意力系向任意一点的简化。

2. 平面任意力系向作用面内任意一点的简化 · 主矢和主矩

设刚体上有 n 个力 $\boldsymbol{F}_1,\boldsymbol{F}_2,\cdots,\boldsymbol{F}_n$ 作用，形成一平面任意力系，如图 2-21a 所示。在此平面内任取一点 O，称之为**简化中心**，应用力的平移定理，把各力都平移到点 O。这样，得到作用于点 O 的力 $\boldsymbol{F}_1',\boldsymbol{F}_2',\cdots,\boldsymbol{F}_n'$，以及相应的附加力偶，其力偶矩分别为 $M_1,M_2,\cdots,M_n$，如图 2-21b 所示。这些附加力偶的力偶矩分别为

$$M_i=M_O(\boldsymbol{F}_i)\quad(i=1,2,\cdots,n)$$

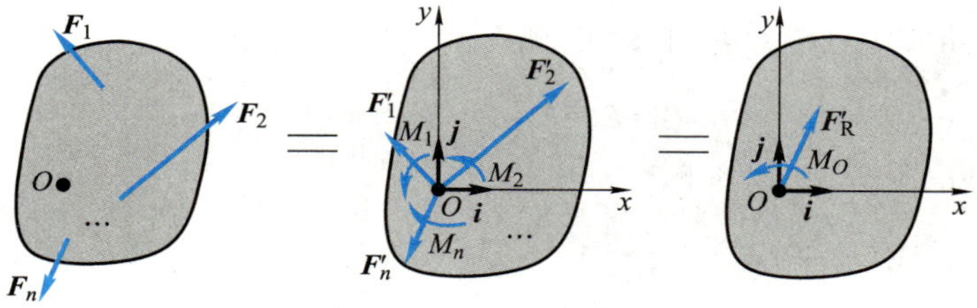

(a)　(b)　(c)

图 2-21

这样，平面任意力系就由一个平面共点力系和一个平面力偶系等效代替，把未知问题转化成了已知问题。然后，再分别合成这两个力系。

作用于点 O 的平面共点力系可合成为一个力 $\boldsymbol{F}_R'$，如图 2-21c 所示，因为 $\boldsymbol{F}_i'=\boldsymbol{F}_i$，所以有

$$\boldsymbol{F}_R'=\sum\boldsymbol{F}_i'=\sum\boldsymbol{F}_i \tag{2-16}$$

即力矢 $\boldsymbol{F}_R'$ 等于原来各力的矢量和。

平面力偶系可合成为一个力偶，如图 2-21c 所示，此力偶的力偶矩 M_O 等于各

附加力偶矩的代数和，又等于原来各力对点 O 的力矩的代数和，即

$$M_O = \sum M_i = \sum M_O(\boldsymbol{F}_i) \tag{2-17}$$

平面任意力系中所有各力的矢量和 $\boldsymbol{F}'_R$，称之为该力系的**主矢**；而这些力对于任选中心 O 的力矩的代数和为 M_O，称之为该力系对于简化中心的**主矩**。显然，主矢与简化中心无关，而主矩一般与简化中心有关，故必须指明力系是对于哪一点的主矩。

求主矢的大小和方向，类似于平面汇交力系，为方便起见，采用解析法，即主矢 $\boldsymbol{F}'_R$ 的大小和方向余弦一般用下面的公式来计算：

$$F'_R = \sqrt{(\sum F_{ix})^2 + (\sum F_{iy})^2}, \quad \cos(\boldsymbol{F}'_R, \boldsymbol{i}) = \frac{\sum F_{ix}}{F'_R}, \quad \cos(\boldsymbol{F}'_R, \boldsymbol{j}) = \frac{\sum F_{iy}}{F'_R} \tag{2-18}$$

式中，$\sum F_{ix}$、$\sum F_{iy}$ 分别表示各分力在 x、y 轴上投影的代数和。

于是可得结论：在一般情况下，平面任意力系向作用面内任选一点 O 简化，可得一个力和一个力偶，这个力的大小和方向等于该力系的主矢，作用线通过简化中心 O。这个力偶的力偶矩等于该力系对于点 O 的主矩。

利用平面任意力系的简化结果，此处再介绍一种类型的约束。当物体的一端完全固结（嵌）于另一物体上，这种约束称为**固定端约束**。阳台、烟囱、水塔根部的约束及其他许多约束基本上属于固定端约束。对这些约束，当所有主动力都分布在同一平面内时，约束力也必定分布在此平面内，称之为**平面固定端约束**，如图 2-22a所示，其约束力的分布情况非常复杂，要搞清楚其分布规律非常困难且没有必要。但由力系简化理论，该力系可由一个力（主矢）与一个力偶（主矩）与之等效，如图 2-22b 所示。一般情况下，该力用它的两个正交分力来表示，如图 2-22c 所示。

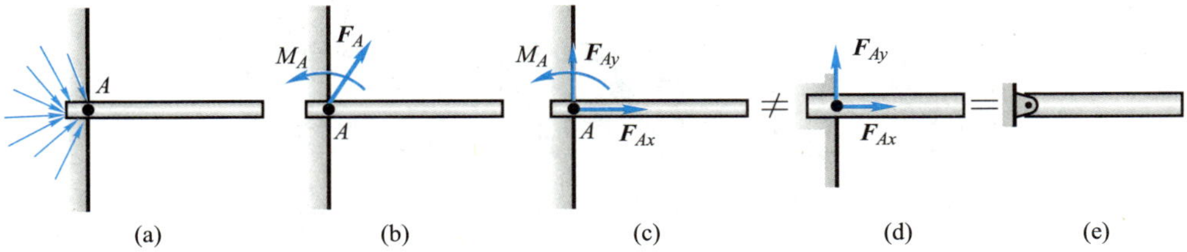

图 2-22

因此，平面固定端约束的约束力为两个力与一个力偶。其力学（物理）意义可解释为，此种约束限制物体根部沿两个方向的线位移与绕根部的角位移（转动）。注意固定端约束有一约束力偶，如果对固定端约束不画此约束力偶，只画正交两个力（图 2-22d），则固定端约束与铰链约束无区别（图 2-22e），这样就改变了其约束性质。请读者注意在做这类题目时，在画两个力的同时，也要把约束力偶画上。

3. 平面任意力系的简化结果分析·合力矩定理

平面任意力系向作用面内任一点简化的结果，可能有四种情况，即：(1) $\boldsymbol{F}_{\mathrm{R}}'=\boldsymbol{0}$，$M_O\neq0$；(2) $\boldsymbol{F}_{\mathrm{R}}'\neq\boldsymbol{0}$，$M_O=0$；(3) $\boldsymbol{F}_{\mathrm{R}}'\neq\boldsymbol{0}$，$M_O\neq0$；(4) $\boldsymbol{F}_{\mathrm{R}}'=\boldsymbol{0}$，$M_O=0$。下面对这几种情况作进一步的分析讨论。

(1) 平面任意力系简化为一个力偶的情形

如果力系的主矢等于零，而主矩 M_O 不等于零，即

$$\boldsymbol{F}_{\mathrm{R}}'=\boldsymbol{0},\quad M_O\neq0$$

则原力系合成为合力偶，合力偶矩为

$$M_O=\sum M_O(\boldsymbol{F}_i)$$

因为力偶对于平面内任意一点的力偶矩都相同，所以当力系合成为一个力偶时，主矩与简化中心的选择无关。

(2) 平面任意力系简化为一个合力的情形·合力矩定理

如果主矩等于零，主矢不等于零，即

$$\boldsymbol{F}_{\mathrm{R}}'\neq\boldsymbol{0},\quad M_O=0$$

此时附加力偶系互相平衡，只有一个与原力系等效的力 $\boldsymbol{F}_{\mathrm{R}}'$。显然，力 $\boldsymbol{F}_{\mathrm{R}}'$就是原力系的合力，而合力的作用线恰好通过选定的简化中心 O。

如果平面力系向点 O 简化的结果是主矢和主矩都不等于零，如图 2-23a 所示，即

$$\boldsymbol{F}_{\mathrm{R}}'\neq\boldsymbol{0},\quad M_O\neq0$$

现将力偶矩为 M_O的力偶用两个力 $\boldsymbol{F}_{\mathrm{R}}$ 和 $\boldsymbol{F}_{\mathrm{R}}''$ 表示，并令 $\boldsymbol{F}_{\mathrm{R}}'=\boldsymbol{F}_{\mathrm{R}}=-\boldsymbol{F}_{\mathrm{R}}''$（图 2-23b），再去掉一对平衡力 $\boldsymbol{F}_{\mathrm{R}}'$与 $\boldsymbol{F}_{\mathrm{R}}''$，于是就将作用于点 O 的力 $\boldsymbol{F}_{\mathrm{R}}'$ 和力偶($\boldsymbol{F}_{\mathrm{R}}$，$\boldsymbol{F}_{\mathrm{R}}''$)合成为一个作用在点 O'的力 $\boldsymbol{F}_{\mathrm{R}}$，如图 2-23c 所示。

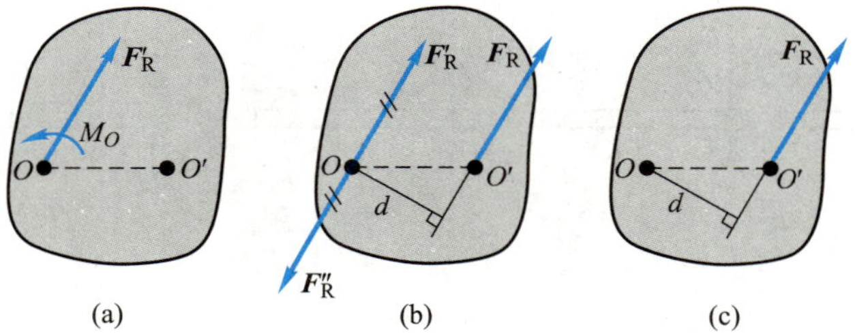

图 2-23

这个力 $\boldsymbol{F}_{\mathrm{R}}$ 就是原力系的合力。合力矢的大小和方向等于主矢；合力的作用线在点 O 的哪一侧，需根据主矢和主矩的方向确定；合力作用线到点 O 的距离d 为

$$d=\frac{M_O}{F_{\mathrm{R}}}$$

下面证明，平面任意力系的合力矩定理。由图 2-23c 易见，合力 $\boldsymbol{F}_{\mathrm{R}}$ 对点 O 的

力矩为

$$M_O(\boldsymbol{F}_R)=F_R d=M_O$$

由式(2-17)有

$$M_O=\sum M_O(\boldsymbol{F}_i)$$

所以得证

$$M_O(\boldsymbol{F}_R)=\sum M_O(\boldsymbol{F}_i) \tag{2-19}$$

由于简化中心 O 是任意选取的,故上式有普遍意义,可叙述为:平面任意力系的合力对作用面内任一点的力矩等于力系中各力对同一点的力矩的代数和。这就是**合力矩定理**。实际上合力矩定理不必证明,这是由于合力与力系等效,因此,合力对任一点的力矩必等于力系中各力对同一点的力矩的代数和。

(3) 平面任意力系平衡的情形

如果力系的主矢和主矩均等于零,即

$$\boldsymbol{F}'_R=\boldsymbol{0}, \quad M_O=0$$

则原力系平衡,显然,此时的简化结果与简化中心的选择无关,这种情形将在下节详细讨论。

例 2-6 重力坝受力简图如图 2-24a 所示,已知 $P_1=450\ \text{kN}$,$P_2=200\ \text{kN}$,$F_1=300\ \text{kN}$,$F_2=70\ \text{kN}$。求力系向点 O 简化的结果,合力与基线 OA 的交点到点 O 的距离 x,以及合力作用线方程。

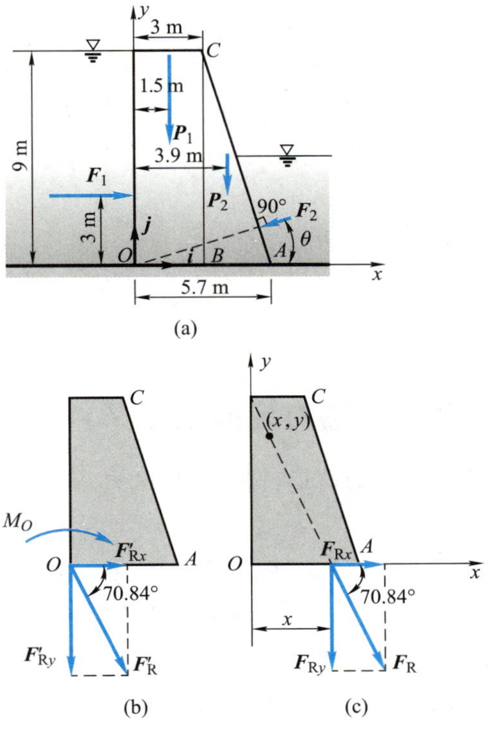

图 2-24

解：(1) 先将力系向点 O 简化，求得其主矢 $\boldsymbol{F}'_{\mathrm{R}}$ 和主矩 M_O，如图 2-24b 所示。由图 2-24a，有

$$\theta = \angle ACB = \arctan \frac{AB}{CB} = 16.7°$$

主矢 $\boldsymbol{F}'_{\mathrm{R}}$ 在 x、y 轴上的投影为

$$F'_{\mathrm{R}x} = \sum F_x = F_1 - F_2 \cos\theta = 232.9 \text{ kN}$$

$$F'_{\mathrm{R}y} = \sum F_y = -P_1 - P_2 - F_2 \sin\theta = -670.1 \text{ kN}$$

主矢 $\boldsymbol{F}'_{\mathrm{R}}$ 的大小为

$$F'_{\mathrm{R}} = \sqrt{(\sum F_x)^2 + (\sum F_y)^2} = 709.4 \text{ kN}$$

主矢 $\boldsymbol{F}'_{\mathrm{R}}$ 的方向余弦为

$$\cos(\boldsymbol{F}'_{\mathrm{R}}, \boldsymbol{i}) = \frac{\sum F_x}{F'_{\mathrm{R}}} = 0.328\ 3, \quad \cos(\boldsymbol{F}'_{\mathrm{R}}, \boldsymbol{j}) = \frac{\sum F_y}{F'_{\mathrm{R}}} = -0.944\ 6$$

则有

$$\angle(\boldsymbol{F}'_{\mathrm{R}}, \boldsymbol{i}) = \pm 70.84°, \quad \angle(\boldsymbol{F}'_{\mathrm{R}}, \boldsymbol{j}) = 180° \pm 19.16°$$

故主矢 $\boldsymbol{F}'_{\mathrm{R}}$ 在第四象限内，与 x 轴的夹角为 $-70.84°$。

力系对点 O 的主矩为

$$M_O = \sum M_O(\boldsymbol{F}_i) = -3 \text{ m} \cdot F_1 - 1.5 \text{ m} \cdot P_1 - 3.9 \text{ m} \cdot P_2 = -2\ 355 \text{ kN} \cdot \text{m}$$

(2) 合力 $\boldsymbol{F}_{\mathrm{R}}$ 的大小和方向与主矢 $\boldsymbol{F}'_{\mathrm{R}}$ 相同。其作用线位置的 x 值依据合力矩定理求得(图 2-24c)，由于

$$M_O(\boldsymbol{F}_{\mathrm{R}x}) = 0$$

$$M_O = M_O(\boldsymbol{F}_{\mathrm{R}}) = M_O(\boldsymbol{F}_{\mathrm{R}x}) + M_O(\boldsymbol{F}_{\mathrm{R}y}) = -F_{\mathrm{R}y} \cdot x$$

解得

$$x = \frac{-M_O}{F_{\mathrm{R}y}} = \frac{2\ 355 \text{ kN} \cdot \text{m}}{670.1 \text{ kN}} = 3.514 \text{ m}$$

(3) 设合力作用线上任一点的坐标为 (x, y)，将合力作用于此点，则合力 $\boldsymbol{F}_{\mathrm{R}}$ 对坐标原点的力矩的解析表达式为

$$M_O = M_O(\boldsymbol{F}_{\mathrm{R}}) = xF_{\mathrm{R}y} - yF_{\mathrm{R}x}$$

将已求得的 M_O、$F_{\mathrm{R}x}$、$F_{\mathrm{R}y}$ 的代数值代入上式，得合力作用线方程为

$$670.1\ x + 232.9\ y - 2\ 355 = 0$$

§2-4 平面任意力系的平衡条件和平衡方程

现在讨论静力学中最重要的情形，即平面任意力系的主矢和主矩都等于零的情形：

$$\boldsymbol{F}'_{\mathrm{R}} = \boldsymbol{0}, \quad M_O = 0 \tag{2-20}$$

这表明该力系与零力系等效，因此，该力系必为平衡力系，且式(2-20)是平面任意力系平衡的充分必要条件。

于是，平面任意力系平衡的必要和充分条件是：力系的主矢和对于任一点的主矩都等于零。

这些平衡条件可用解析式表示。由式(2-17)和式(2-18)可得

$$\sum F_x=0,\quad \sum F_y=0,\quad \sum M_O(\boldsymbol{F}_i)=0 \tag{2-21}$$

由此可得结论：平面任意力系平衡的解析条件是所有各力在两个任选的坐标轴上的投影的代数和分别等于零，各力对于任意一点的力矩的代数和也等于零。式(2-21)称为**平面任意力系的平衡方程**。

式(2-21)是三个独立的方程，可以求解三个未知量。

例 2-7 起重机的重量 $P_1=10$ kN，可绕铅垂轴 AB 转动；起重机的挂钩上挂一重量为 $P_2=40$ kN的重物，如图 2-25 所示。起重机的重心 C 到转动轴的距离为1.5 m，其他尺寸如图所示。求在止推轴承 A 和径向轴承 B 处的约束力。

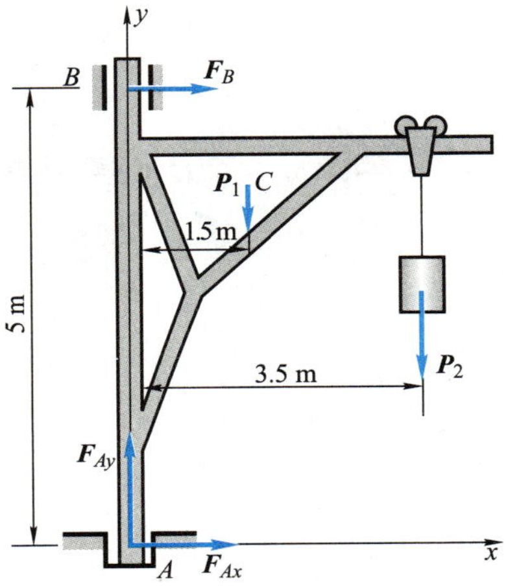

图 2-25

解： 以起重机为研究对象，它所受的主动力有 $\boldsymbol{P}_1$ 和 $\boldsymbol{P}_2$，由于对称性，约束力和主动力都位于同一平面内。止推轴承 A 处有两个约束力 $\boldsymbol{F}_{Ax}$、$\boldsymbol{F}_{Ay}$，轴承 B 处只有一个与转轴垂直的约束力 $\boldsymbol{F}_B$，约束力方向设为如图 2-25 所示。

建立坐标系如图所示，列平面任意力系的平衡方程，即

$$\sum F_x=0,\quad F_{Ax}+F_B=0$$

$$\sum F_y=0,\quad F_{Ay}-P_1-P_2=0$$

$$\sum M_A(\boldsymbol{F})=0,\quad -5\ \text{m}\cdot F_B-1.5\ \text{m}\cdot P_1-3.5\ \text{m}\cdot P_2=0$$

求解以上方程，得

$$F_B=-31\ \text{kN},\quad F_{Ax}=31\ \text{kN},\quad F_{Ay}=50\ \text{kN}$$

F_B 为负值，说明其方向与假设方向相反，即应指向左。

例 2-8 图 2-26 所示的均质水平横梁 AB，A 端为固定铰链支座，B 端为滚动支座。梁长为 $4a$，重为 P。在梁的 AC 段上受均布载荷 q 作用，在梁的 BC 段上受力偶矩为 $M=Pa$ 的力偶作用。求支座 A 和 B 处的约束力。

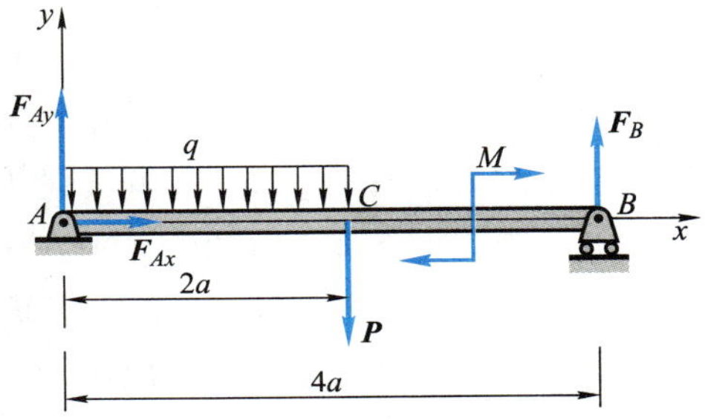

图 2-26

解：选取梁 AB 为研究对象。它所受的主动力有：均布载荷 q、重力 $\boldsymbol{P}$ 和力偶矩为 M 的力偶。它所受的约束力有：铰链 A 的两个分力 $\boldsymbol{F}_{Ax}$ 和 $\boldsymbol{F}_{Ay}$，滚动支座 B 处铅垂向上的约束力 $\boldsymbol{F}_B$。画出其受力图并建立坐标系如图所示，列出平衡方程：

$$\sum F_x=0,\quad F_{Ax}=0$$

$$\sum F_y=0,\quad F_{Ay}-2a\cdot q-P+F_B=0$$

$$\sum M_A(\boldsymbol{F})=0,\quad F_B\cdot 4a-P\cdot 2a-2aq\cdot a-M=0$$

解得

$$F_{Ax}=0,\quad F_B=\frac{3}{4}P+\frac{1}{2}qa,\quad F_{Ay}=\frac{P}{4}+\frac{3}{2}qa$$

例 2-9 自重为 $P=100$ kN 的 T 字形刚架 ABD，置于铅垂面内，$l=1$ m，载荷如图 2-27a 所示，$M=20$ kN · m，$F=400$ kN，$q=20$ kN/m。求固定端 A 处的约束力。

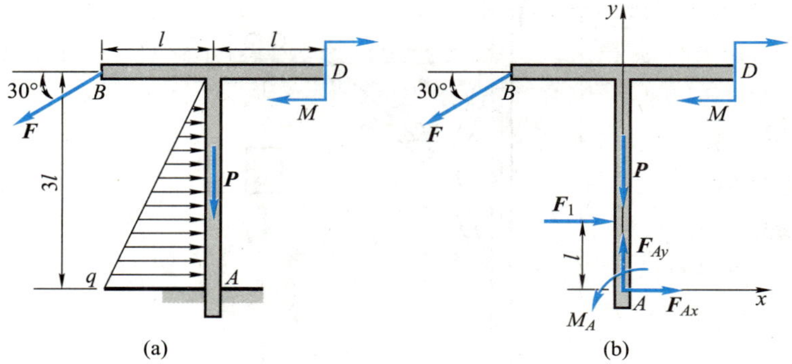

图 2-27

解：取 T 字形刚架为研究对象，其上除受主动力外，还受固定端 A 处的约束力 $\boldsymbol{F}_{Ax}$、$\boldsymbol{F}_{Ay}$ 和约束力偶 M_A 作用。线性分布载荷用一集中力 $\boldsymbol{F}_1$ 等效替代，其大小为 $F_1=\frac{3}{2}ql$，刚架受力图如图 2-27b所示。

按图示坐标系，列平衡方程：

$$\sum F_x=0,\quad F_{Ax}+F_1-F\cos 30^\circ=0$$

$$\sum F_y=0,\quad F_{Ay}-P-F\sin 30^\circ=0$$

$$\sum M_A(\boldsymbol{F})=0,\quad M_A-M-F_1\cdot l+F\cos 30^\circ\cdot 3l+F\sin 30^\circ\cdot l=0$$

解方程，求得

$$F_{Ax}=316.4\ \text{kN},\quad F_{Ay}=300\ \text{kN},\quad M_A=-1\ 188\ \text{kN}\cdot\text{m}$$

负号说明图中所设方向与实际情况相反，即 M_A 应为顺时针转向。

平面任意力系的平衡方程还有其他两组形式。

（1）三个平衡方程中有两个力矩方程和一个投影方程，即

$$\sum M_A(\boldsymbol{F})=0,\quad \sum M_B(\boldsymbol{F})=0,\quad \sum F_x=0 \qquad (2-22)$$

其中，x 轴不得垂直于 A、B 两点的连线。

为什么上述形式的平衡方程也能满足力系平衡的必要和充分条件呢？这是因

为，如果力系对点 A 的主矩等于零，则这个力系不可能简化为一个力偶。但可能有两种情形：这个力系或者是简化为经过点 A 的一个力，或者平衡。如果力系对另一点 B 的主矩也同时为零，则这个力系或有一合力沿 A、B 两点的连线，或者平衡（图 2-28）。如果再加上 $\sum F_x=0$，那么力系如有合力，则此合力必与 x 轴垂直。式（2-22）的附加条件（x 轴不得垂直于直线 AB）完全排除了力系简化为一个合力的可能性，故所研究的力系必为平衡力系。

（2）平衡方程为三个力矩方程，即

$$\sum M_A(\boldsymbol{F})=0, \quad \sum M_B(\boldsymbol{F})=0, \quad \sum M_C(\boldsymbol{F})=0 \qquad (2-23)$$

其中，A、B、C 三点不得共线。为什么必须有这个附加条件，读者可自行证明。

上述三组方程式（2-21）、式（2-22）和式（2-23），究竟选用哪一组方程，须根据具体条件确定。对于受平面任意力系作用的单个刚体的平衡问题，只可以写出 3 个独立的平衡方程，求解 3 个未知量。任何第 4 个方程只是前 3 个方程的线性组合，因而不是独立的。

当平面力系中各力的作用线互相平行时，称之为平面平行力系，它是平面任意力系的一种特殊情形。

如图 2-29 所示，设物体受平面平行力系 $\boldsymbol{F}_1,\boldsymbol{F}_2,\cdots,\boldsymbol{F}_n$ 的作用。如选取 x 轴与各力垂直，则不论力系是否平衡，每一个力在 x 轴上的投影恒等于零，即 $\sum F_x\equiv 0$。于是，平面平行力系的独立平衡方程的数目只有两个，即

$$\left.\begin{aligned}\sum F_y&=0\\ \sum M_O(\boldsymbol{F})&=0\end{aligned}\right\} \qquad (2-24)$$

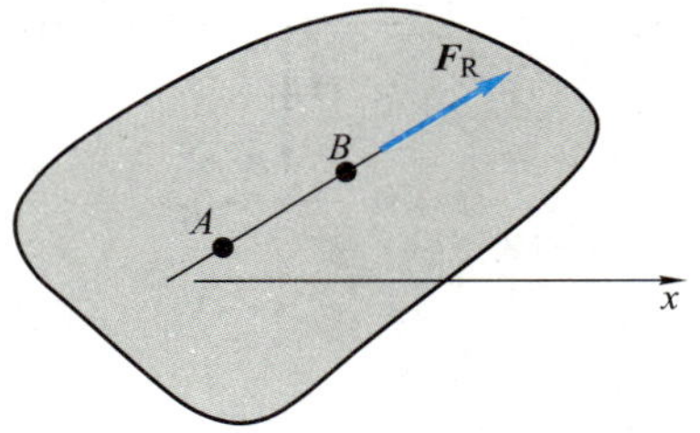

图 2-28

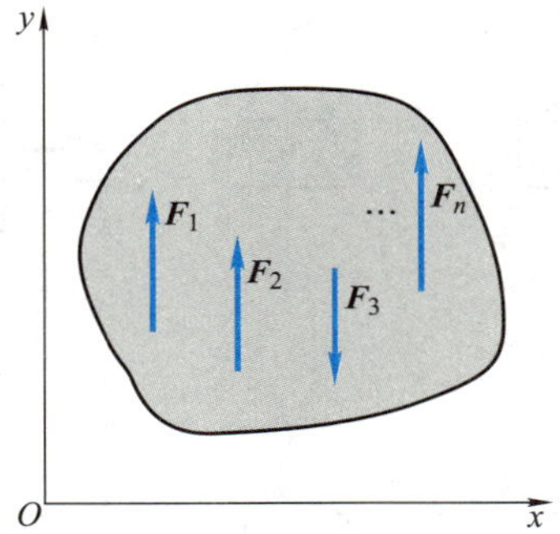

图 2-29

容易看出，当 x、y 轴取其他方向时，独立的平衡方程仍为两个，可以求解两个未知量。

平面平行力系的平衡方程，也可用两个力矩方程的形式，即

$$\sum M_A(\boldsymbol{F})=0, \quad \sum M_B(\boldsymbol{F})=0 \qquad (2-25)$$

其中，A、B 两点连线不与力的作用线平行。

§2-5 物体系的平衡·静定和超静定问题

工程中，如组合构架、三铰拱等结构，都是由几个物体组成的系统。当物体系平衡时，组成该系统的每一个物体都处于平衡状态，因此，对于每一个受平面任意力系作用的物体，均可写出 3 个平衡方程。如物体系由 n 个物体组成，则共有 $3n$ 个独立方程。如系统中有的物体受平面汇交力系或平面平行力系作用时，则系统的平衡方程数目相应减少。当系统中的未知量数目等于独立平衡方程的数目时，则所有未知数都能由平衡方程求出，这样的问题被称为**静定**问题。显然前面列举的各例都是静定问题。在工程实际中，有时为了提高结构的刚度和坚固性，常常增加约束，因而使这些结构的未知量的数目多于平衡方程的数目，未知量就不能全部由平衡方程求出，这样的问题被称为**超静定**问题。对于超静定问题，必须考虑物体因受力作用而产生的变形，加列某些补充方程后，才能使方程的数目等于未知量的数目。超静定问题已超出刚体静力学的范围，须在材料力学和结构力学中研究。

下面举出一些静定和超静定问题的例子。

用两根绳子悬挂一重物，如图 2-30a 所示，未知的约束力有两个，而重物受平面汇交力系作用，有两个独立平衡方程，因此为静定问题。若用 3 根位于同一平面内的绳子悬挂重物，且力的作用线在平面内交于一点，如图 2-30b 所示，未知约束力有 3 个，而独立平衡方程为两个，因此是超静定问题。

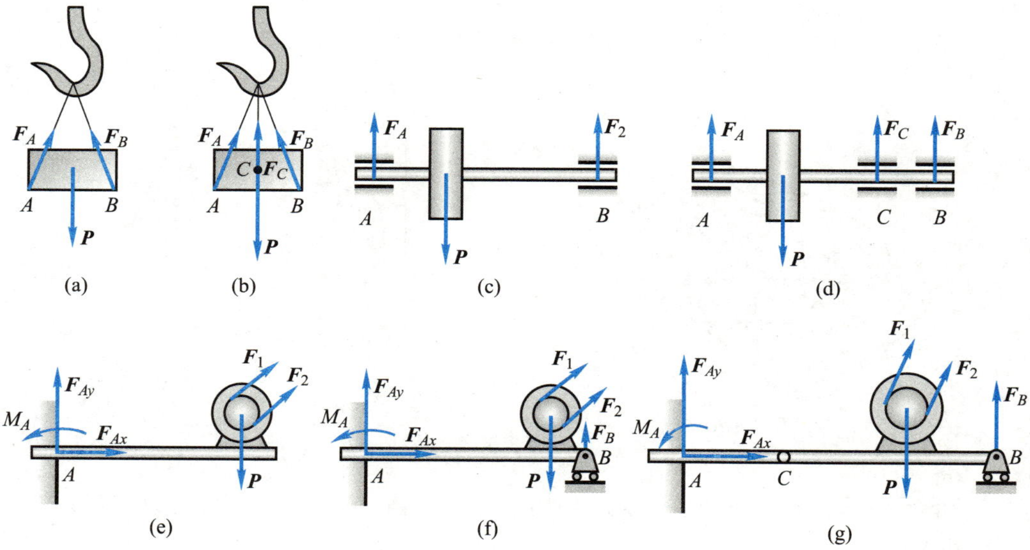

图 2-30

用两个径向轴承支承一根轴，如图 2-30c 所示，未知约束力为两个，轴受平面平行力系作用，有两个独立平衡方程，是静定问题。若用 3 个径向轴承支承，如

图 2-30d所示，则未知的约束力为 3 个，而独立平衡方程为两个，因此是超静定问题。

图 2-30e 所示系统受平面任意力系作用，有 3 个独立平衡方程，有 3 个未知数，因此是静定问题。图 2-30f 所示系统受平面任意力系作用，有 3 个独立平衡方程，有 4 个未知数，因此是超静定问题。

图 2-30g 所示的梁由两部分组成，每部分有 3 个独立平衡方程，共有 6 个未知数（除图示的 4 个外，还有 C 处两个未知力），因此是静定问题，但若在 AB 之间再加一个滚动支座或把 B 处的滚动支座改为固定铰链支座，则系统共有 7 个未知数，因此是超静定问题。

下面举例求解物体系的平衡问题。

对物体系的平衡问题，因为首先看到的是整个系统（整体），所以应先对整体进行受力分析，看能否求出题目所要求，若能求出则用整体，若不能求出或不能全部求出，则应考虑拆开整体进行分析。

例 2-10 在图2-31a中，已知重力 $\boldsymbol{P}$，$DC=CE=CA=CB=2l$，定滑轮半径为 R，动滑轮半径为 r，且 $R=2r=l$，$\theta=45°$。求支座 A、E 的约束力与杆 BD 所受的力。

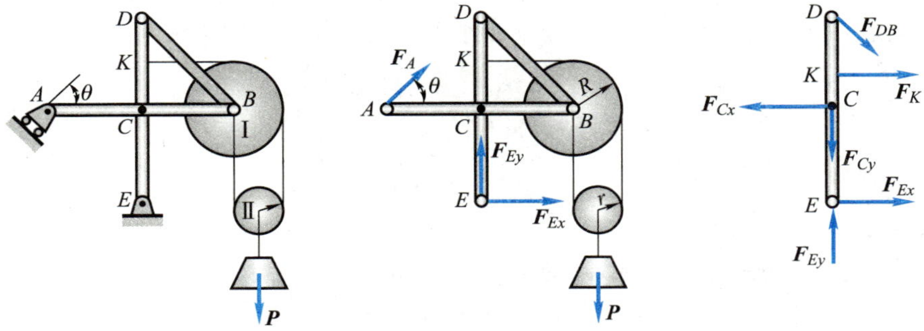

图 2-31

解： 先取整体为研究对象，其受力图如图 2-31b 所示，整体有 3 个未知量，有 3 个独立平衡方程。列平衡方程：

$$\sum M_E(\boldsymbol{F})=0,\quad F_A\cdot 2\sqrt{2}\,l+P\cdot\frac{5}{2}l=0$$

$$\sum F_x=0,\quad F_A\cos 45°+F_{Ex}=0$$

$$\sum F_y=0,\quad F_A\sin 45°+F_{Ey}-P=0$$

分别解得

$$F_A=\frac{-5\sqrt{2}}{8}P,\quad F_{Ex}=\frac{5P}{8},\quad F_{Ey}=\frac{13P}{8}$$

为求杆 BD 所受的力，应取包含此力的物体或系统为研究对象，取杆 DCE，画出其受力图如图 2-31c 所示，此力系为平面任意力系，可列 3 个独立的平衡方程，未知量为 F_{DB}、F_{Cx}和 F_{Cy}，可求解。因只求杆 BD 受力，由对点 C 的一个力矩方程可求。列平衡方程：

$$\sum M_C(\boldsymbol{F})=0,\quad F_{DB}\cos 45°\cdot 2l+F_K\cdot l-F_{Ex}\cdot 2l=0$$

解得

$$F_{DB}=\frac{3\sqrt{2}P}{8}$$

例 2-11 图 2-32a 所示不计自重的组合梁，由 AC 和 CD 在 C 处铰接而成。已知：$F=20\ \text{kN}$，均布载荷 $q=10\ \text{kN/m}$，$M=20\ \text{kN}\cdot\text{m}$，$l=1\ \text{m}$。求固定端 A 与滚动支座 B 的约束力。

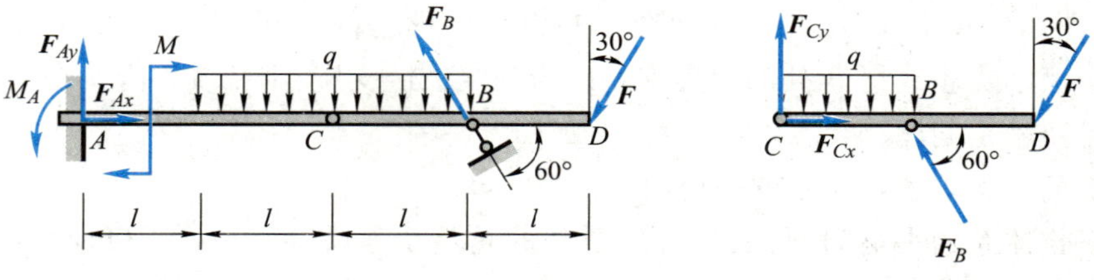

图 2-32

解： 先取整体为研究对象，可看出有 4 个未知力 $\boldsymbol{F}_{Ax}$、$\boldsymbol{F}_{Ay}$、$\boldsymbol{M}_A$ 与 $\boldsymbol{F}_B$，受力如图 2-32a 所示，但整体只有 3 个独立平衡方程，不能求解。因此，先取梁 CD 为研究对象，其受力图如图 2-32b 所示，由对点 C 的力矩方程可求出约束力 $\boldsymbol{F}_B$，列对点 C 的力矩方程：

$$\sum M_C(\boldsymbol{F})=0,\quad F_B\sin 60°\cdot l-F\cos 30°\cdot 2l-ql\cdot\frac{l}{2}=0$$

解得

$$F_B=45.77\ \text{kN}$$

对整体列 3 个平衡方程，有

$$\sum F_x=0,\quad F_{Ax}-F_B\cos 60°-F\sin 30°=0$$

$$\sum F_y=0,\quad F_{Ay}+F_B\sin 60°-2ql-F\cos 30°=0$$

$$\sum M_A(\boldsymbol{F})=0,\quad M_A-M-2ql\cdot 2l+F_B\sin 60°\cdot 3l-F\cos 30°\cdot 4l=0$$

分别解得

$$F_{Ax}=32.89\ \text{kN},\quad F_{Ay}=-2.32\ \text{kN},\quad M_A=10.37\ \text{kN}\cdot\text{m}$$

例 2-12 不计图 2-33a 所示结构各构件自重，已知尺寸 a、重力 $\boldsymbol{P}$。求支座 A、B 处的约束力。

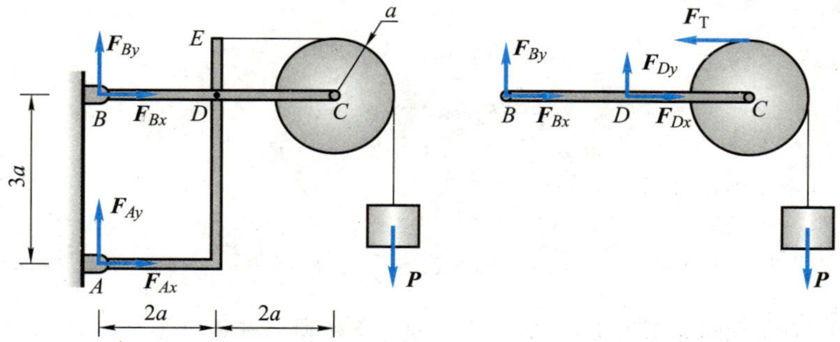

图 2-33

解：本题只讲解题思路，不具体求解。

本题整体受力图如图 2-33a 所示，共有 4 个未知力，而独立平衡方程只有 3 个，不能求出 4 个未知力。但可看出，由 $\sum M_A=0$，可求出未知力 F_{Bx}。同理，由 $\sum M_B=0$，可求出未知力 F_{Ax}。但在求出一个水平约束力时，用 $\sum F_x=0$ 求出另一个水平约束力更方便些。这样，虽然分析整体不能求出全部未知量，但是可以得到其中的一个或两个未知量，再接着往下分析就相对容易了，这种情况在求解静力学物体系的平衡问题中很常见。

取水平杆与轮为一体，其受力图如图 2-33b 所示。由 $\sum M_D=0$ 可求出未知力 F_{By}，此时对整体分析，由 $\sum F_y=0$ 可求出 F_{Ay}。

当然，去掉轮只取水平杆，C 处铅垂方向的力就是重力 $\boldsymbol{P}$，由 $\sum M_D=0$ 求解更方便。

也可取杆 ADE（受力图略），由 $\sum M_D=0$，可求出未知力 F_{Ay}，此时对整体分析，由 $\sum F_y=0$ 可求出 F_{By}。

这样，此题列出 4 个一元一次方程求解出了 4 个未知力。

答案给出如下：

$$F_{Ax}=\frac{5}{3}P,\quad F_{Bx}=-\frac{5}{3}P,\quad F_{Ay}=2P,\quad F_{By}=-P$$

例 2-13 不计图 2-34a 所示结构各构件自重，已知 a，$M=Fa$，$F_1=F_2=F$。求支座 A、D 处的约束力。

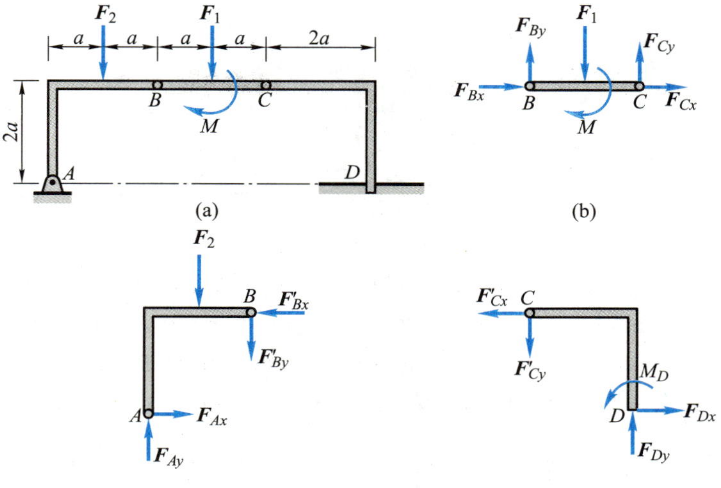

图 2-34

解：首先取整体，共有 5 个未知约束力，分别为 A 处两个约束力，D 处 3 个约束力。若先从整体考虑，则一个约束力也求不出。为此，应先考虑把结构拆开，分别画出构件 BC、AB、CD 的受力图，如图 2-34b、c、d 所示。从图 b 可看出，由 $\sum M_C=0$ 可求出 F_{By}，从而由图 c 列 3 个方程可求出 A 处两个约束力与 B 处水平方向约束力。再由图 b 列两个方程可求出 C 处两个约束力，最后对图 d 列 3 个方程可求出 D 处 3 个约束力。本题就按此思路求解。

先取构件 BC，画出其受力图如图 2-34b 所示，由

$$\sum M_C=0,\quad -F_{By}\cdot 2a+F_1\cdot a-M=0$$

解得

$$F_{By}=0$$

取构件 AB,其受力图如图 2-34c 所示,由

$$\sum M_A=0,\quad F'_{Bx}\cdot 2a-F_2\cdot a-F'_{By}\cdot 2a=0$$

解得

$$F'_{Bx}=\frac{F}{2}$$

由

$$\sum F_x=0,\quad F_{Ax}-F'_{Bx}=0$$

$$\sum F_y=0,\quad F_{Ay}-F'_{By}-F_2=0$$

解得 A 处约束力为

$$F_{Ax}=\frac{F}{2},\quad F_{Ay}=F$$

对构件 BC(图 2-34b),由

$$\sum F_x=0,\quad F_{Bx}+F'_{Cx}=0$$

$$\sum F_y=0,\quad F_{By}-F_1+F_{Cy}=0$$

解得

$$F_{Cx}=-\frac{F}{2},\quad F_{Cy}=F$$

最后取构件 CD,其受力图如图 2-34d 所示,由

$$\sum F_x=0,\quad F_{Dx}-F'_{Cx}=0$$

$$\sum F_y=0,\quad F_{Dy}-F'_{Cy}=0$$

$$\sum M_D=0,\quad M_D+F'_{Cy}\cdot 2a+F'_{Cx}\cdot 2a=0$$

分别解得 D 处约束力为

$$F_{Dx}=-\frac{F}{2},\quad F_{Dy}=F,\quad M_D=-Fa$$

例 2-14 编号为 1、2、3、4 的四根杆件组成平面结构,其中 A、C、E 为光滑铰链,B、D 为光滑接触,E 为中点,如图 2-35a 所示。各杆自重不计。在水平杆 2 上作用有铅垂力 F,尺寸 a、b 已知。证明杆 1 受压力,大小为 F 且与 x 无关。

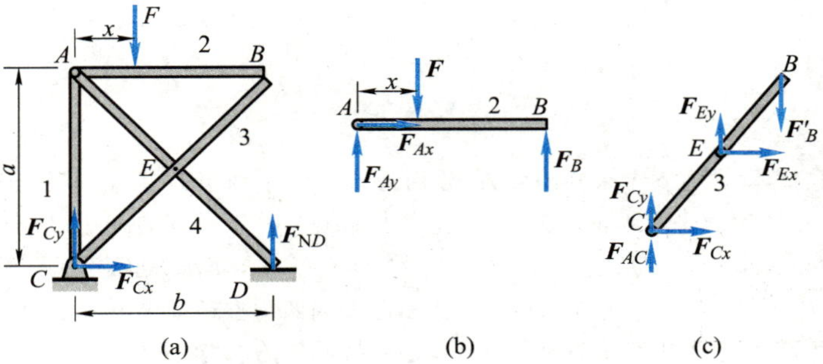

图 2-35

解:此题看似为证明题,实际是求杆 1 的受力。

先分析整体,受力图如图 2-35a 所示,3 个未知量可列 3 个方程求出。列平衡方程:

$$\sum F_x = 0,\quad F_{Cx} = 0$$

$$\sum F_y = 0,\quad F_{Cy} + F_{ND} - F = 0$$

$$\sum M_C = 0,\quad F_{ND} \cdot b - F \cdot x = 0$$

解得

$$F_{Cx} = 0,\quad F_{Cy} = F - \frac{x}{b}F,\quad F_{ND} = \frac{x}{b}F$$

再来分析单个构件。要求杆 1 的受力,因杆 1 为二力杆,故一般不单独对其分析(请读者思考这是为什么),其受力需通过其他构件加以体现。为此,首先分析杆 2,要体现杆 1 的受力,则在点 A 需要带着销,这样点 A 受到来自杆 1 和杆 4 的 3 个未知约束力作用,再加上 B 处杆 3 的约束力,一共有 4 个未知量,无法全部求解。因此,单独分析杆 2 不可行。但分析杆 2 可得到杆 3 与杆 2 在 B 处的作用力,此时 A 处不需要带销。为此,先取杆 2,A 处不带销,受力如图 2-35b 所示。仅计算 F_B 的大小,对点 A 列力矩方程即可求解。由

$$\sum M_A = 0,\quad F_B \cdot b - F \cdot x = 0$$

解得

$$F_B = \frac{x}{b}F$$

分析杆 4 与分析杆 2 的情况相似,点 A 需带着销才能体现杆 1 的作用力,但如此一来,未知量不可全部求解。现分析杆 3,为了体现杆 1 的作用力,点 C 需带着销。点 C 的受力为来自支座的约束力 F_{Cx}、F_{Cy}(分析整体时已得到)和杆 1 的作用力 F_{AC}。杆 3 的受力图如图 2-35c 所示,F'_B 已知,共有 3 个未知量,列 3 个平衡方程可求。为了求 F_{AC},直接对点 E 列力矩方程:

$$\sum M_E = 0,\quad F_{Cx} \cdot \frac{a}{2} - (F_{Cy} + F_{AC}) \cdot \frac{b}{2} - F'_B \cdot \frac{b}{2} = 0$$

得

$$F_{AC} = -F$$

即杆 1 受压力,大小为 F 且与 x 无关。

在某些情况下,可能取整体或任何一个分离体单独分析时都不能求出任何未知量,此时需要充分利用未知量之间的关系将它们联立起来求解。

例 2-15 构架尺寸如图 2-36a 所示,不计各杆件自重,载荷 $F = 60$ kN。求铰链 A、E 的约束力及杆 BD、BC 的内力。

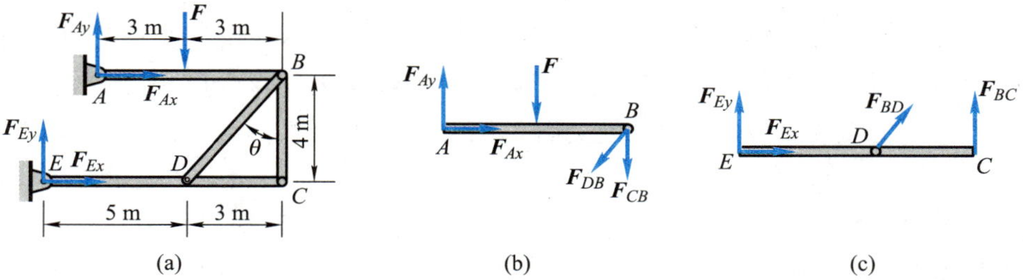

图 2-36

解:先分析整体,受力图如图 2-36a 所示,无法全部求出 4 个未知量(事实上能求出两个,请读者思考这是为什么?),需要取分离体进行分析。杆 BD、BC 为二力杆,一般很少单独进行分析。

取杆 AB,点 B 带销,假设两二力杆均受拉力,则其受力图如图 2-36b 所示,仍然是 4 个未知量,不可全部求出。杆 EC 的受力情况分析与杆 AB 相似,不可全部求出 4 个未知量。为此,对杆 AB 先列出 3 个平衡方程:

$$\sum F_x = 0,\quad F_{Ax} - F_{DB}\sin\theta = 0$$

$$\sum F_y = 0,\quad F_{Ay} - F - F_{DB}\cos\theta - F_{CB} = 0$$

$$\sum M_A = 0,\quad -F\cdot 3\ \text{m} - F_{DB}\cos\theta\cdot 6\ \text{m} - F_{CB}\cdot 6\ \text{m} = 0$$

取杆 EC,其受力图如图 2-36c 所示,类似地列出 3 个平衡方程:

$$\sum F_x = 0,\quad F_{Ex} + F_{BD}\sin\theta = 0$$

$$\sum F_y = 0,\quad F_{Ey} + F_{BD}\cos\theta + F_{BC} = 0$$

$$\sum M_E = 0,\quad F_{BD}\cos\theta\cdot 5\ \text{m} + F_{BC}\cdot 8\ \text{m} = 0$$

现有 6 个独立的方程,可解 6 个未知量。考虑到 $F_{BD} = F_{DB}$,$F_{BC} = F_{CB}$,本质上只有 F_{Ax}、F_{Ay}、F_{Ex}、F_{Ey}、F_{DB}、F_{BC} 6 个未知量,可以完全求解。代入 $\cos\theta = 4/5$,$\sin\theta = 3/5$,得

$$F_{Ax} = -60\ \text{kN},\quad F_{Ay} = 30\ \text{kN}$$

$$F_{Ex} = 60\ \text{kN},\quad F_{Ey} = 30\ \text{kN}$$

$$F_{BD} = -100\ \text{kN},\quad F_{BC} = 50\ \text{kN}$$

§2-6 平面简单桁架的内力计算

在 §1-4 中已提到桁架与平面桁架,单靠平衡方程能求出各杆件内力的桁架被称为**简单(静定)桁架**。

桁架的优点是杆件主要承受拉力或压力,可以充分利用结构的性能,节约材料,减轻结构的重量。为了简化桁架的计算,工程实际中采用以下几个假设:

(1) 桁架中的各杆件均是直杆,各杆件轴线均位于同一平面内,该平面称为桁架的几何平面,且各杆轴线通过铰链(节点)中心。

(2) 桁架中的各杆件在两端均为光滑铰链连接。

(3) 桁架所受的力(载荷)都作用在节点上,而且在桁架的几何平面内。

(4) 桁架杆件的重量略去不计,或平均分配在杆件两端的节点上,也位于桁架的几何平面内。

实际的桁架,当然与上述假设有差别,如桁架的节点不一定是铰接的,杆件的中心线也不可能是绝对直的。但上述假设不仅能够简化计算,而且所得的结果符合工程实际的需要。满足上述简化条件的桁架被称为理想桁架,其中的杆件均为二力杆。

本教材只研究平面桁架中的静定桁架,与之相对的为**超静定桁架**。最简单的平面桁架由 3 根杆和 3 个节点组成,如图 2-37a 所示的基本三角形部分,就是最简单的桁架。可看出,每增加一个节点,最少要增加两根杆。设一任意平面桁架的总

杆件数用 m 表示，总节点数用 n 表示，从基本三角形出发，则增加的杆件数和增加的节点数之间的关系为

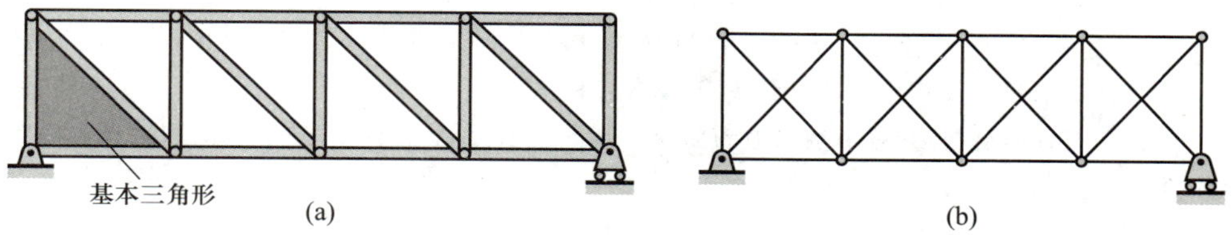

图 2-37

$$m-3=2(n-3)$$

得到桁架总杆件数 m 和总节点数 n 之间的关系为

$$m=2n-3$$

总杆件数与总节点数满足此关系的平面桁架被称为简单（静定）桁架，若 $m>2n-3$，被称为复杂（超静定）桁架，若 $m<2n-3$，则已不是桁架。图 2-37a 所示为一简单桁架，图 2-37b 所示为一复杂桁架。

下面通过例 2-16 与例 2-17 介绍两种计算简单桁架杆件内力的方法：节点法和截面法。

1. 节点法

对平面简单理想桁架，考虑其每一个节点，可看出每个节点都受到一个平面共点力系的作用。为了求出每根杆件的内力，可以逐个地取节点为研究对象（当然有先后顺序），对每个节点列出两个平衡方程，由已知力求出全部的杆件内力（未知力），这就是节点法。

节点法依次取每一个节点，实际用的是平面汇交力系解题的方法。

例 2-16 平面简单理想桁架如图 2-38a 所示。在节点 D 处作用一铅垂集中力 $F=10$ kN。求桁架中各杆件所受的力。

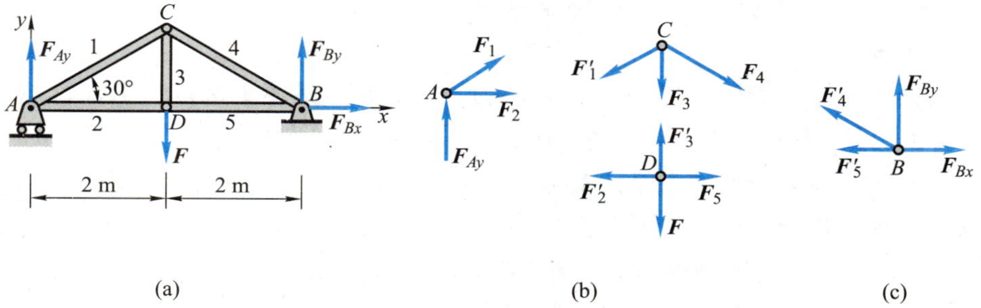

图 2-38

解：(1) 求支座约束力

取桁架整体为研究对象，受力图如图 2-38a 所示。列平衡方程：

$$\sum F_x=0,\quad F_{Bx}=0$$

$$\sum M_A(\boldsymbol{F})=0,\quad 4\ \mathrm{m}\cdot F_{By}-2\ \mathrm{m}\cdot F=0$$

$$\sum F_y=0,\quad F_{Ay}-F+F_{By}=0$$

分别解得

$$F_{Bx}=0,\quad F_{Ay}=F_{By}=5\ \mathrm{kN}$$

(2) 依次取每一个节点为研究对象,计算各杆件内力

假定各杆件均受拉力,各节点受力图如图 2-38b 所示,为计算方便,最好逐次列出只含两个未知力的节点的平衡方程。

先取节点 A,杆件的内力 $\boldsymbol{F}_1$ 和 $\boldsymbol{F}_2$ 未知。列平衡方程:

$$\sum F_x=0,\quad F_2+F_1\cos 30^\circ=0$$

$$\sum F_y=0,\quad F_{Ay}+F_1\sin 30^\circ=0$$

解得

$$F_1=-10\ \mathrm{kN}(\text{压力}),\quad F_2=8.66\ \mathrm{kN}(\text{拉力})$$

假定各杆件均受拉力,计算结果为正值,表明杆件受拉力;结果为负,表明杆件受压力。

其次取节点 C,杆件的内力 $\boldsymbol{F}_3$ 和 $\boldsymbol{F}_4$ 未知。列平衡方程:

$$\sum F_x=0,\quad F_4\cos 30^\circ-F_1'\cos 30^\circ=0$$

$$\sum F_y=0,\quad -F_3-(F_1'+F_4)\sin 30^\circ=0$$

解得

$$F_3=10\ \mathrm{kN}(\text{拉力}),\quad F_4=-10\ \mathrm{kN}(\text{压力})$$

最后取节点 D,杆件的内力 $\boldsymbol{F}_5$ 未知。列平衡方程:

$$\sum F_x=0,\quad F_5-F_2'=0$$

解得

$$F_5=8.66\ \mathrm{kN}(\text{拉力})$$

(3) 校核计算结果

各杆件内力已求出,结果是否正确,可用尚未应用的节点平衡方程校核已得结果。例如,对此题,对节点 B,如图 2-38c 所示,列平衡方程:

$$\sum F_x=0,\quad F_{Bx}-F_5'-F_4'\cos 30^\circ=0$$

$$\sum F_y=0,\quad F_{By}+F_4'\sin 30^\circ=0$$

不用求解未知量,把解得的值代入,满足方程等于零,说明计算结果正确。

2. 截面法

如只要求计算桁架内某几根杆件所受的内力,可以适当地选取一截面,假想把桁架截开,再考虑其中任一部分的平衡,求出这些被截杆件的内力,这就是截面法。

截面法实际采用的是平面任意力系求解的方法,因为平面任意力系只有 3 个独立的平衡方程,所以截断(暴露出未知内力)的杆件一般不应超过 3 根。

例 2-17 图2-39a所示平面桁架,各杆件的长度都等于 1 m。在节点 E、G、F 上分别作用铅垂载荷与水平载荷 $F_E=10\ \mathrm{kN}$,$F_G=7\ \mathrm{kN}$,$F_F=5\ \mathrm{kN}$。求杆 1、2、3 的内力。

解: 首先取整体,求出支座 A 处的约束力,其受力图如图 2-39a 所示,列平衡方程:

$$\sum F_x=0,\quad F_{Ax}+F_F=0$$

$$\sum M_B(\boldsymbol{F})=0,\quad -3\ \mathrm{m}\cdot F_{Ay}+2\ \mathrm{m}\cdot F_E+1\ \mathrm{m}\cdot F_G-F_F\cdot 1\ \mathrm{m}\cdot\sin 60^\circ=0$$

解得

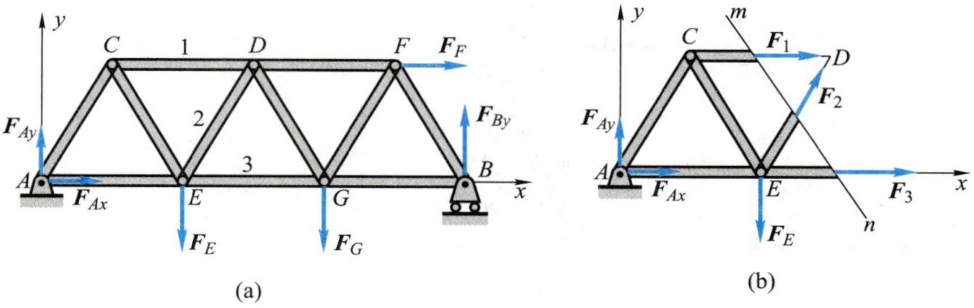

图 2-39

$$F_{Ax}=-5\ \text{kN},\quad F_{Ay}=7.557\ \text{kN}$$

为求杆 1、2、3 的内力，取截面 $m-n$ 如图 2-39b 所示，把 3 根杆件断开，选取左边部分画出其受力图如图 2-39b 所示，列平衡方程：

$$\sum M_E(\boldsymbol{F})=0,\quad -F_{Ay}\cdot 1\ \text{m}-F_1\cdot 1\ \text{m}\cdot\sin 60^\circ=0$$

$$\sum F_y=0,\quad F_{Ay}+F_2\sin 60^\circ-F_E=0$$

$$\sum F_x=0,\quad F_{Ax}+F_1+F_2\cos 60^\circ+F_3=0$$

解得

$$F_1=-8.726\ \text{kN(压力)},\quad F_2=2.821\ \text{kN(拉力)},\quad F_3=12.32\ \text{kN(拉力)}$$

如选取桁架的右半部为研究对象，可得同样的结果。

同样，可以用截面截断另外 3 根杆件，计算其他各杆件的内力，或用以校核已求得的结果。

若题目还要求杆 DG 受力，在求得杆 1、2 受力的情况下，可取节点 D 用节点法求出杆 DG 受力。也就是说，在实际求解桁架的内力时，还可以采用截面法和节点法结合的方法。

思考题

2-1 用解析法求解平面汇交力系的平衡问题时，x 轴与 y 轴是否一定要相互垂直？当两轴不垂直时，建立的平衡方程 $\sum F_x=0$，$\sum F_y=0$ 能满足力系的平衡条件吗？

2-2 若平面汇交力系的 4 个力矢符合图 2-40 所示的图形，问此 4 个力关系如何？

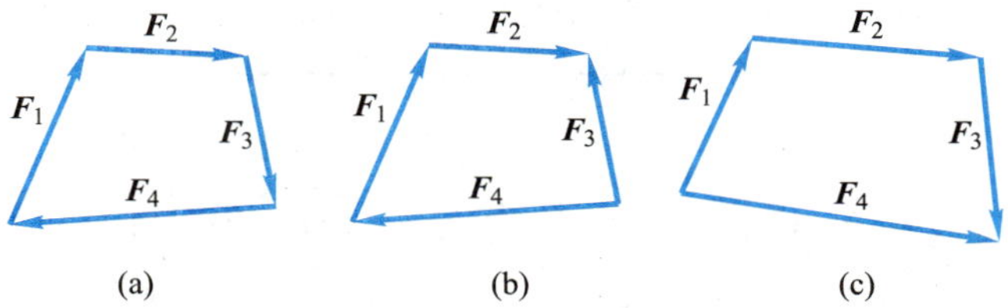

图 2-40

2-3 图 2-41 所示的三种结构，构件自重不计，忽略摩擦，$\theta=60^\circ$。B 处都作用相同的水平力 $\boldsymbol{F}$，铰链 A 处的约束力是否相同？画图表示出其大小和方向。

2-4 刚体上 A、B、C、D 4 点组成一个平行四边形，如在其 4 个顶点作用有 4 个力，

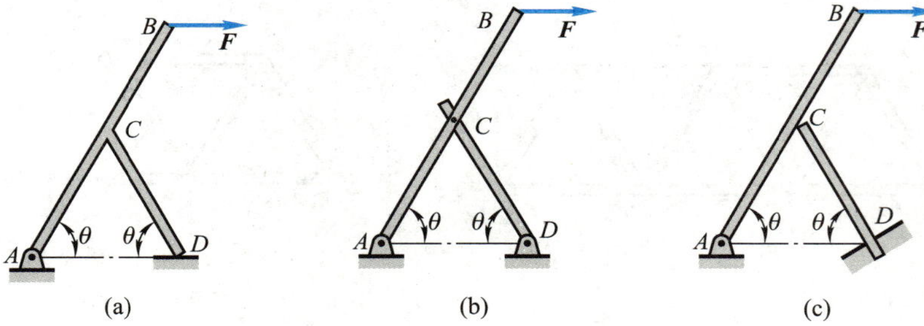

图 2-41

此 4 个力沿 4 个边恰好组成封闭的力多边形，如图 2-42 所示。此刚体是否平衡？若 $\boldsymbol{F}_1$ 和 $\boldsymbol{F}_2$ 都改为相反方向，此刚体是否平衡？

2-5 如图 2-43 所示，带有不平行槽的矩形平板上作用有一力偶 M。现在槽内插入两个固定于地面的销 A、B，如果不考虑摩擦，平板能否在当前状态保持平衡？

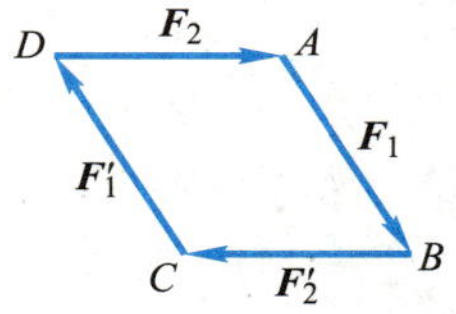

图 2-42

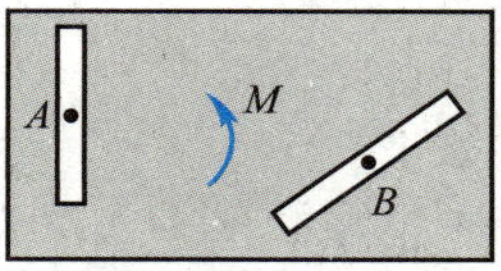

图 2-43

2-6 工程中修各种桥梁时，有双柱墩设计与单柱墩设计之分，如图 2-44 所示。若不考虑桥梁自重，只考虑车辆载荷 $\boldsymbol{P}_1$，载荷超过设计极限时，将发生什么情况？在桥同宽的情况下，若只考虑桥是否侧翻，哪种方案设计更合理？而若考虑桥梁自重 P_2，在桥同宽的情况下，只考虑桥是否侧翻，哪种设计方案更合理？

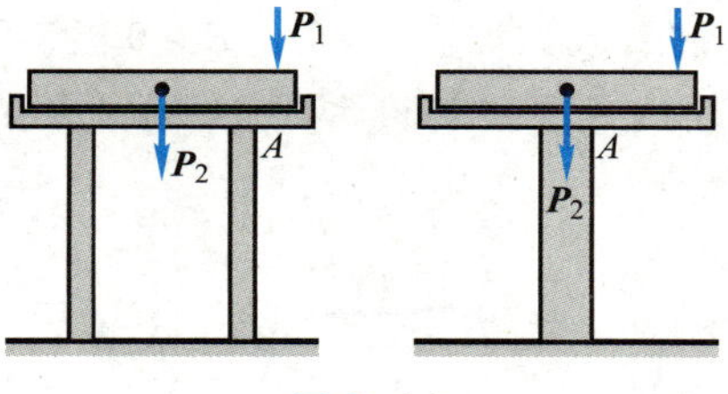

图 2-44

2-7 钳工攻螺纹时，为什么使用如图 2-45a 所示的施力方式而不用如图 2-45b 所示的扳手？如用扳手需要用另一只手的大拇指顶着丝锥，这是为什么？

2-8 某平面力系向 A、B 两点简化的主矩皆为零，此力系简化的最终结果可能是一个力吗？可能是一个力偶吗？可能平衡吗？

2-9 平面汇交力系向汇交点以外一点简化，其结果可能是一个力吗？可能是一个力偶吗？可能是一个力和一个力偶吗？

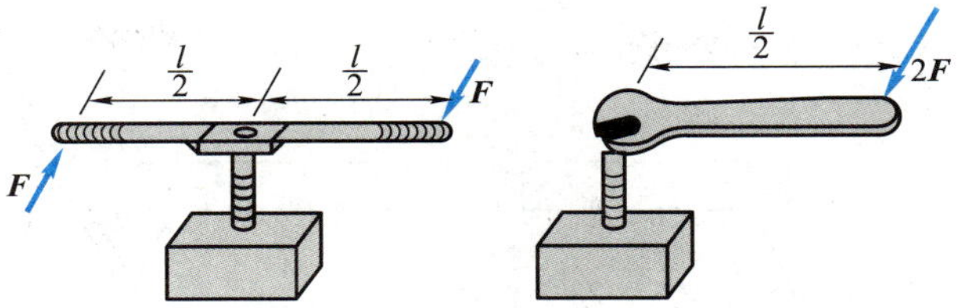

图 2-45

2-10 某平面力系向同平面内任一点简化的结果都相同，此力系简化的最终结果可能是什么？

2-11 某平面任意力系向点 A 简化得一个力 $\boldsymbol{F}'_{RA}$（$F'_{RA} \neq 0$）与一个力偶矩为 $M_A \neq 0$ 的力偶，点 B 为平面内另一点，问：

（1）向点 B 简化仅得一力偶，是否可能？

（2）向点 B 简化仅得一力，是否可能？

（3）向点 B 简化得 $\boldsymbol{F}'_{RA} = \boldsymbol{F}'_{RB}$，$M_A \neq M_B$，是否可能？

（4）向点 B 简化得 $\boldsymbol{F}'_{RA} = \boldsymbol{F}'_{RB}$，$M_A = M_B$，是否可能？

（5）向点 B 简化得 $\boldsymbol{F}'_{RA} \neq \boldsymbol{F}'_{RB}$，$M_A = M_B$，是否可能？

（6）向点 B 简化得 $\boldsymbol{F}'_{RA} \neq \boldsymbol{F}'_{RB}$，$M_A \neq M_B$，是否可能？

2-12 图 2-46 中 $OABC$ 为一边长为 a 的正方形，已知某平面力系向点 A 简化得一大小为 F'_{RA} 的主矢与一主矩，主矩大小、方向未知。又已知该力系向点 B 简化得一合力，合力指向点 O。给出该力系向点 C 简化的主矢（大小与方向）和主矩（大小与转向）。

2-13 在图 2-46 中，若某平面任意力系满足 $\sum F_y = 0$，$\sum M_B = 0$，下列结论正确的是（　　）。

A. 必有 $\sum M_A = 0$。

B. 必有 $\sum M_C = 0$。

C. 可能有 $\sum F_x = 0$，$\sum M_O \neq 0$。

D. 可能有 $\sum F_x \neq 0$，$\sum M_O = 0$。

2-14 图 2-47 所示木板结构，不计各构件自重，上面一块木板受力偶 M 作用，试确定支座 A、F 的约束力的方向，不得用两个分力表示。

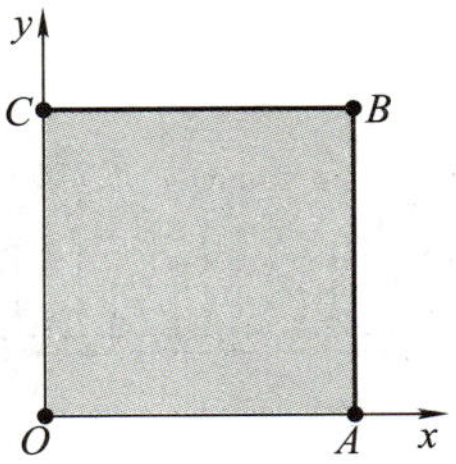

图 2-46

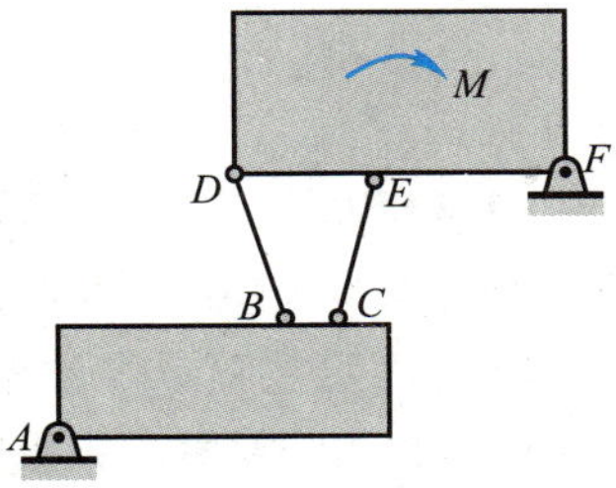

图 2-47

2-15 图 2-48 所示物块及各杆重量不计，无摩擦，物块厚度不计。各图中杆 1、2 平行，判断各图中杆 1、2、3 是受拉还是受压。

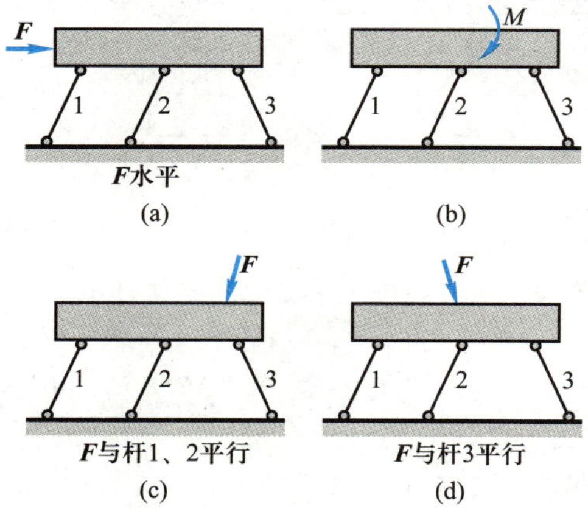

图 2-48

2-16 怎样判断静定和静不定问题？图 2-49 所示的六种情形中哪些是静定问题，哪些是静不定问题？

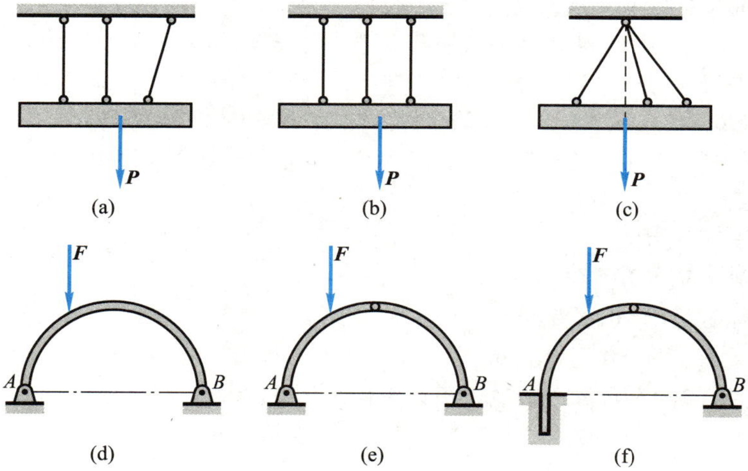

图 2-49

2-17 如图 2-50 所示，杆 AB 上作用有非线性分布的分布载荷作用，其大小是位置的函数 $q(x)$，x 是距离载荷最左端的距离。杆 AB 长为 l，试计算该分布载荷的等效载荷 $\boldsymbol{F}$ 的大小及作用点位置。

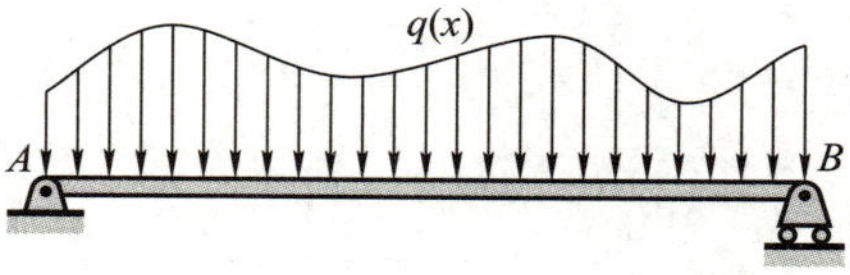

图 2-50

2-18 图 2-51 表示一桁架中杆件铰接的几种情况，图 2-51a 和 c 所示的节点上没有载荷作用，图 2-51b 所示的节点 B 上受到外力 $\boldsymbol{F}$ 作用，该力作用线沿水平杆。图中七根杆件中哪些杆件的内力一定等于零（称为零杆）？为什么？

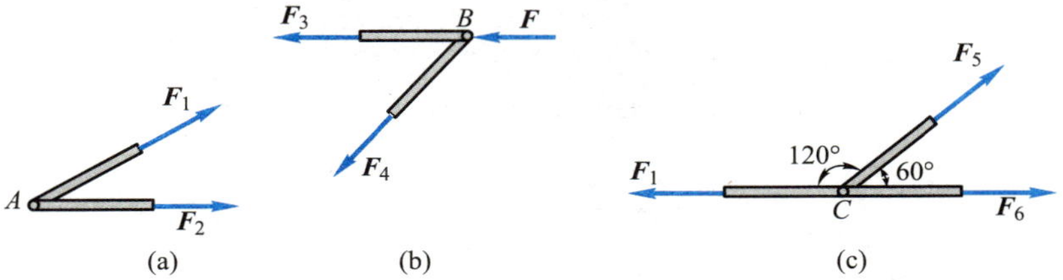

图 2-51

2-19 根据题 2-18 的结论，直接找出图 2-52 所示内力为零的杆件。

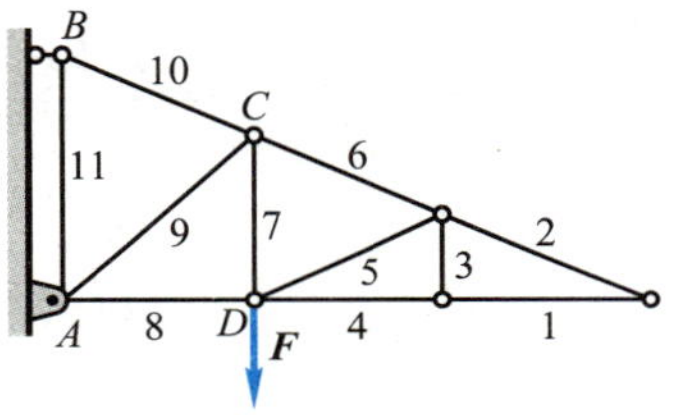

图 2-52

习 题

习题：第二章
平面力系

2-1 火箭沿与水平面成 $\beta=25°$ 角的方向做匀速直线运动，如图所示。火箭的推力 $F_1=100$ kN，与运动方向成 $\theta=5°$ 角。火箭重 $P=200$ kN，求空气动力 $\boldsymbol{F}_2$ 和它与飞行方向的交角 γ。

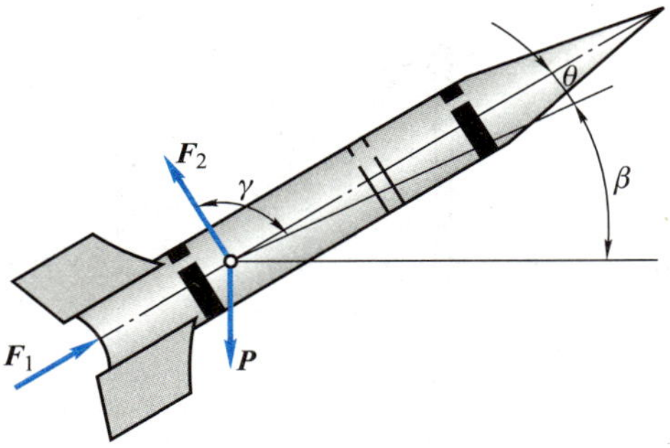

题 2-1 图

2-2 物体重 $P=20$ kN，用绳子挂在支架的滑轮 B 上，绳子的另一端接在绞车 D 上，如图所示。转动绞车 D，物体便能升起。设滑轮的大小、杆 AB 与杆 BC 的自重，以及滑轮轴承处摩擦略去不计，A、B、C 三处均为铰链连接。当物体处于平衡状态时，求杆 AB 与杆 BC 所受的力。

2-3 图示为一古典拔桩装置。在桩的点 A 上系一绳，将绳的另一端固定在点 C，在绳的点 B 系另一绳 BE，将它的另一端固定在点 E。然后在绳的点 D 用力 $\boldsymbol{F}$ 向下拉，并使绳的 BD 段水平，AB 段铅垂，DE 段与水平线、CB 段与铅垂线间成等角 $\theta=0.1$ rad（θ 很小，$\tan\theta\approx\theta$）。如向下的拉力 $F=800$ N，求绳 AB 作用于桩上的拉力。

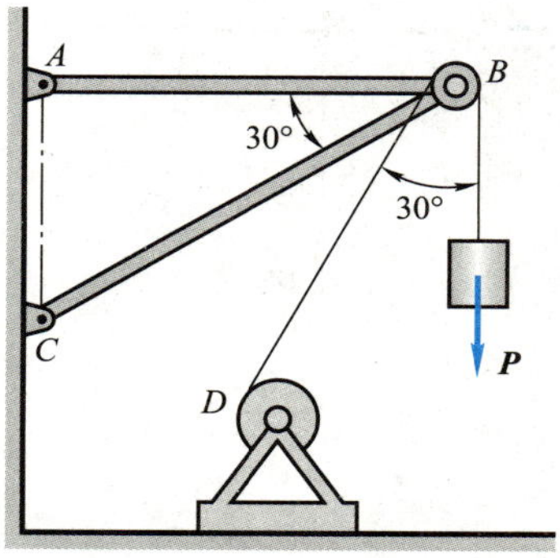

题 2-2 图

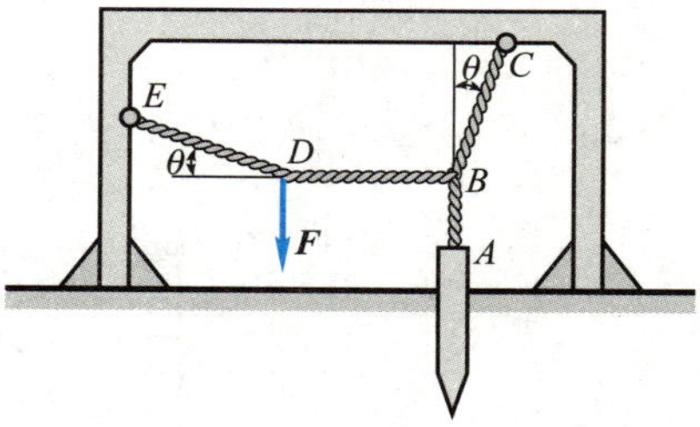

题 2-3 图

2-4 图示电线 ACB 架在两电线杆之间，形成一下垂曲线，下垂距离 $CD=f=1$ m，两电线杆间距 $AB=40$ m。电线 ACB 段重 $P=400$ N，为工程计算简便且精度可用，电线自重近似认为沿直线 AB 均匀分布。求电线中点和两端所受的拉力。

2-5 图示结构由两弯杆 ABC 和 DE 构成。不计构件质量，$F=200$ N。求支座 A 和 E 的约束力。

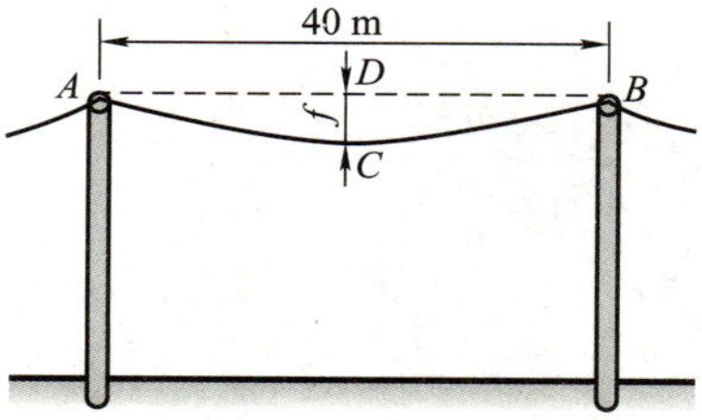

题 2-4 图

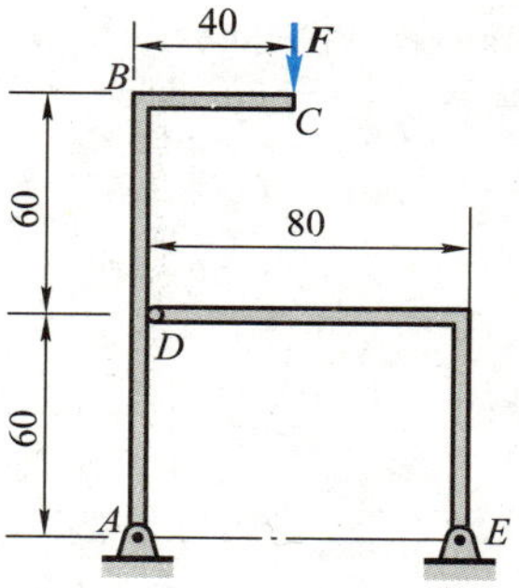

题 2-5 图

2-6 在图示结构中，各构件的自重略去不计。在构件 AB 上作用一力偶矩为 M 的力偶，求支座 A 和 C 的约束力。

2-7 四连杆机构 O_1ABO_2 在图示位置平衡，$O_1A=0.4$ m，$O_2B=0.6$ m，作用在杆 O_1A 上的力偶的力偶矩 $M_1=100$ N·m，各杆的重量不计。求力偶矩 M_2 的大小和杆 AB

所受的力。

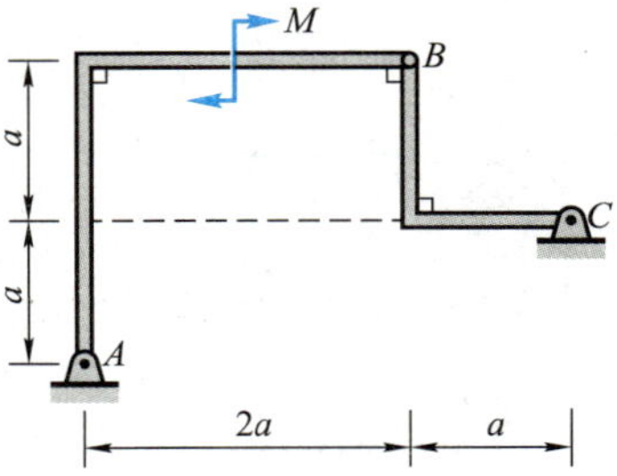

题 2-6 图

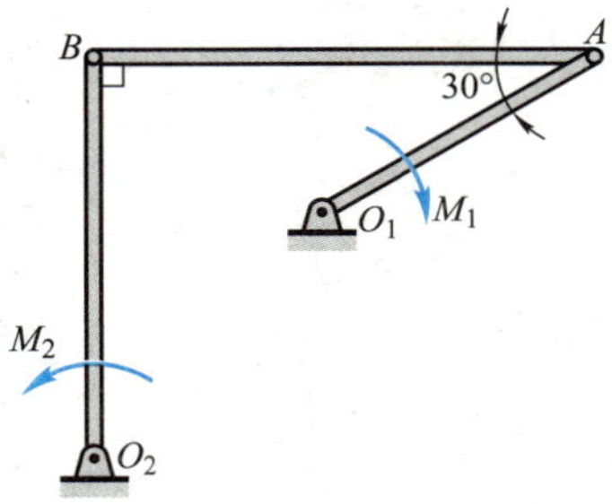

题 2-7 图

2-8 直角弯杆 $ABCD$ 与直杆 DE、EC 铰接如图所示，作用在杆 DE 上力偶的力偶矩 $M=40$ kN·m，不计各构件自重，不考虑摩擦。求支座 A、B 处的约束力和杆 EC 所受的力。

2-9 在图示机构中，在曲柄 OA 上作用一力偶，其力偶矩为 M，在滑块 D 上作用一水平力 $\boldsymbol{F}$，机构尺寸如图所示，各构件重量不计，不计摩擦。求当机构平衡时，力 $\boldsymbol{F}$ 与力偶矩 M 的关系。

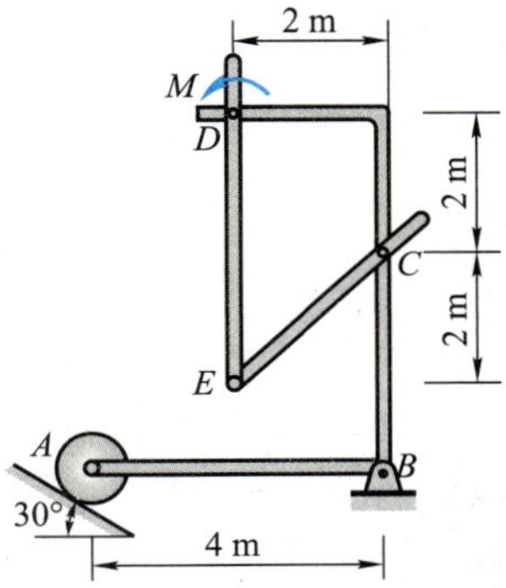

题 2-8 图

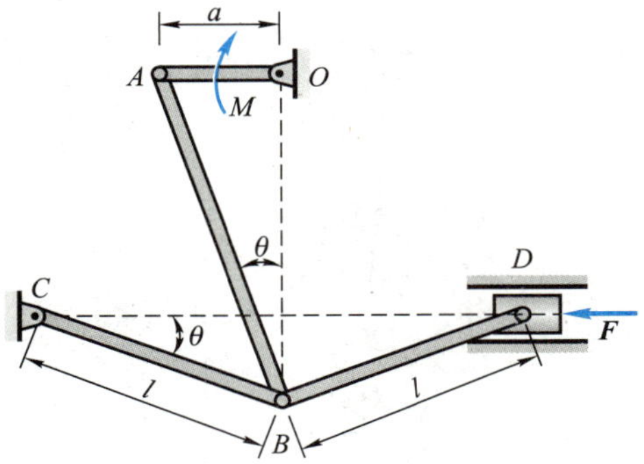

题 2-9 图

2-10 一自动卸货卡车的升降机构如图所示，C 为滚轴，可以在车厢底下的导槽中滑动。$AB=BC=l$。设 P、a、b、l 和 θ 为已知，杆重及摩擦不计，求平衡时力偶矩 M 的大小。

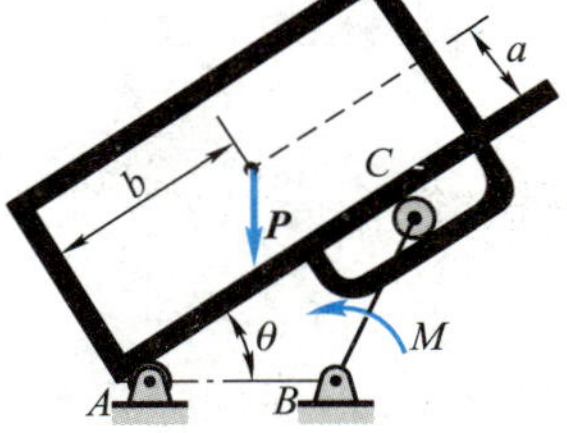

题 2-10 图

2-11 已知 $F_1=150$ N, $F_2=200$ N, $F_3=300$ N, $F=F'=200$ N。求力系向点 O 的简化结果，并求力系合力的大小及其与原点 O 的距离 d。

2-12 图示平面任意力系中，力 $F_1=40\sqrt{2}$ N, $F_2=80$ N, $F_3=40$ N, $F_4=110$ N, $M=2\ 000$ N·mm。各力作用位置如图所示。求：(1) 力系向点 O 简化的结果；(2) 力系合

力的大小、方向及合力作用线方程。

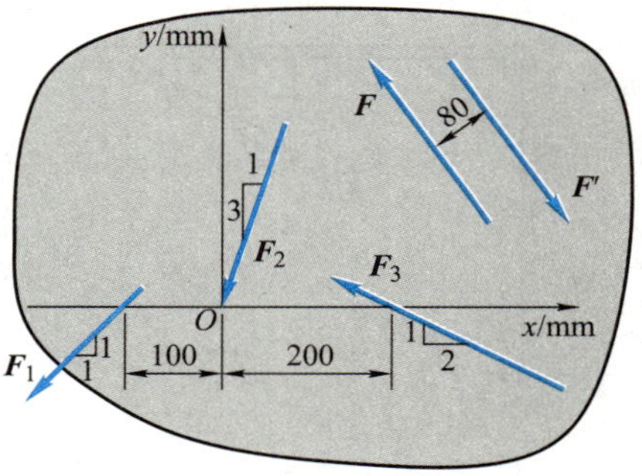

题 2-11 图

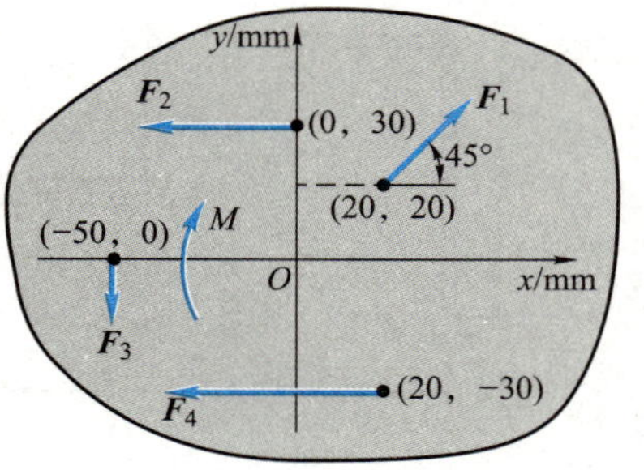

题 2-12 图

2-13 某桥墩顶部受到两边桥梁传来的铅垂力 $F_1 = 1\ 940$ kN、$F_2 = 800$ kN 和水平力 $F_3 = 193$ kN 作用，桥墩重量 $P = 5\ 280$ kN，风力的合力 $F = 140$ kN。各力作用线位置如图所示。求将这些力向基底截面中心 O 的简化结果；如能简化为一合力，求出合力作用线的位置。

2-14 如图所示，平面上有 5 个力作用。已知 $F_1 = F_2 = F_3 = F_5 = 1\ 000$ N，水平力 $\boldsymbol{F}_4$ 的大小及位置未定。如果要使这 5 个力的合力 $\boldsymbol{F}_R$ 通过长方形的形心 C 且铅垂向上，求 $\boldsymbol{F}_4$ 的大小及其离 DE 线的距离 d，并求此时合力 $\boldsymbol{F}_R$ 的大小。

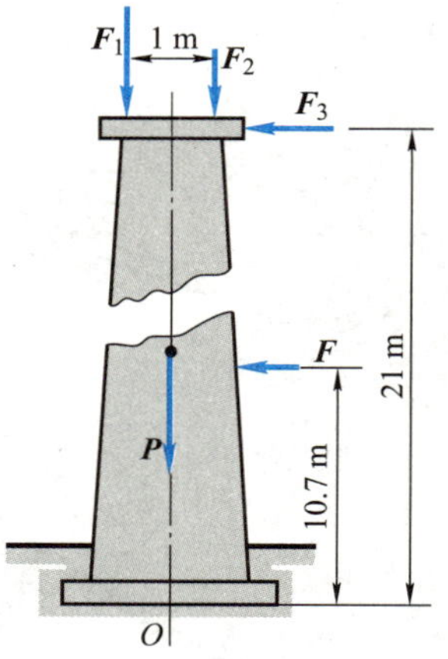

题 2-13 图

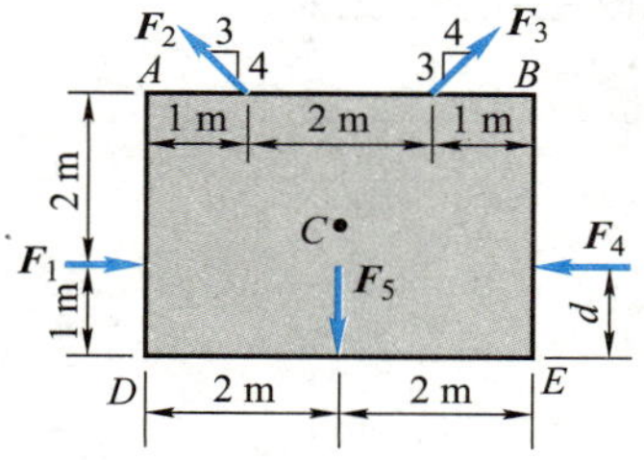

题 2-14 图

2-15 如图所示，当飞机稳定航行时，所有作用在它上面的力必须平衡。已知飞机的重量为 $P = 30$ kN，螺旋桨的牵引力为 $F = 4$ kN，以及飞机的尺寸为 $a = 0.2$ m，$b = 0.1$ m，$c = 0.05$ m，$l = 5$ m。求阻力 F_x、机翼升力 F_{y1} 和尾部升力 F_{y2}。

2-16 如图所示，飞机机翼上安装一台发动机；作用在机翼 OA 上的气动力按梯形分布：$q_1 = 60$ kN/m，$q_2 = 40$ kN/m，机翼重 $P_1 = 45$ kN，发动机重 $P_2 = 20$ kN，发动机螺旋

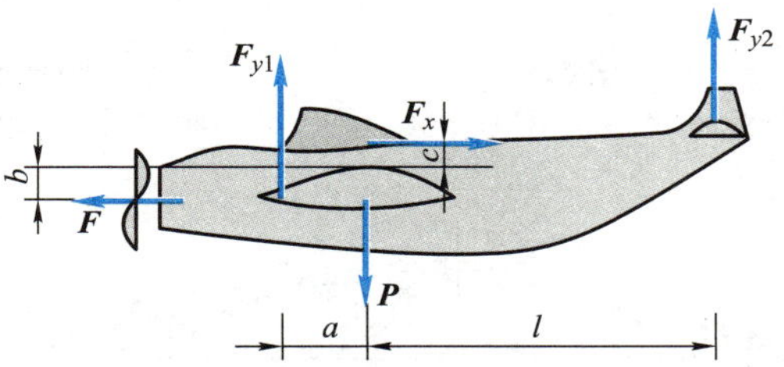

题 2-15 图

桨所受的反作用力偶矩 $M=18\ \mathrm{kN\cdot m}$。求机翼处于平衡状态时，机翼根部固定端 O 所受的力。

2-17 如图所示，在水平梁 AB 上 D 处用销安装半径为 $r=0.1\ \mathrm{m}$ 的定滑轮。有一跨过定滑轮的绳子，其一端水平地系于墙上，另一端悬挂有重 $P=1\ 800\ \mathrm{N}$ 的重物。$AD=0.2\ \mathrm{m}$，$BD=0.4\ \mathrm{m}$，$\theta=45^\circ$，不计重物以外其他构件的重量。求铰链 A 和杆 BC 对梁的约束力。

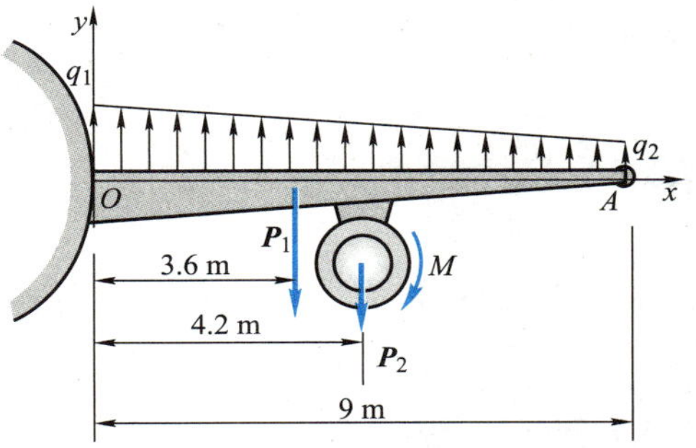

题 2-16 图

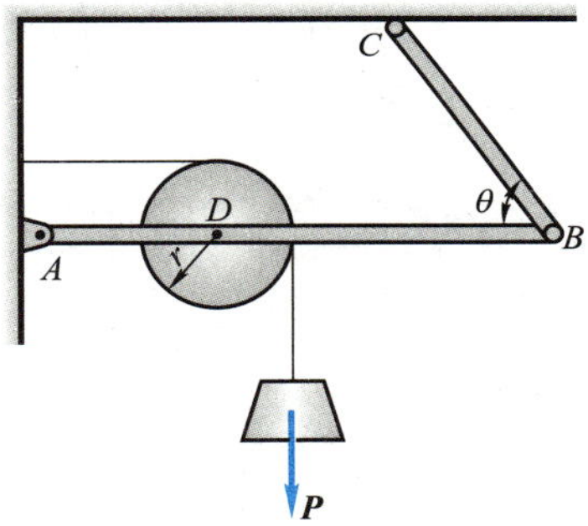

题 2-17 图

2-18 如图所示，液压式汽车起重机全部固定部分（包括汽车自重）总重 $P_1=60\ \mathrm{kN}$，旋转部分总重 $P_2=20\ \mathrm{kN}$，$a=1.4\ \mathrm{m}$，$b=0.4\ \mathrm{m}$，$l_1=1.85\ \mathrm{m}$，$l_2=1.4\ \mathrm{m}$。

（1）当 $l=3\ \mathrm{m}$，起吊重量 $P=50\ \mathrm{kN}$ 时，求支撑腿 A、B 所受地面的支承力；

（2）当 $l=5\ \mathrm{m}$ 时，为了保证起重机不翻倒，求最大起吊重量。

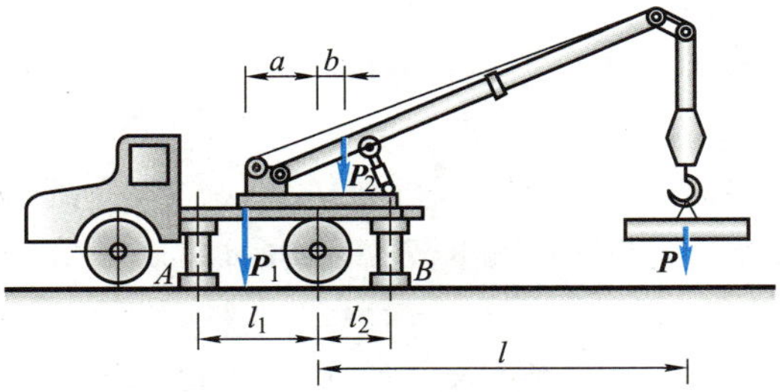

题 2-18 图

2-19 如图所示，沿轨道运行的起重机自重（不计平衡锤的重量）为 $P=500\ \text{kN}$，其重心在离右轨 1.5 m 处。起重机的起吊重量为 $P_1=250\ \text{kN}$，臂长距右轨 10 m。跑车本身重量略去不计，欲使跑车满载或空载时起重机均不致翻倒，求平衡锤的最小重量 P_2 及平衡锤到左轨的最大距离 x。

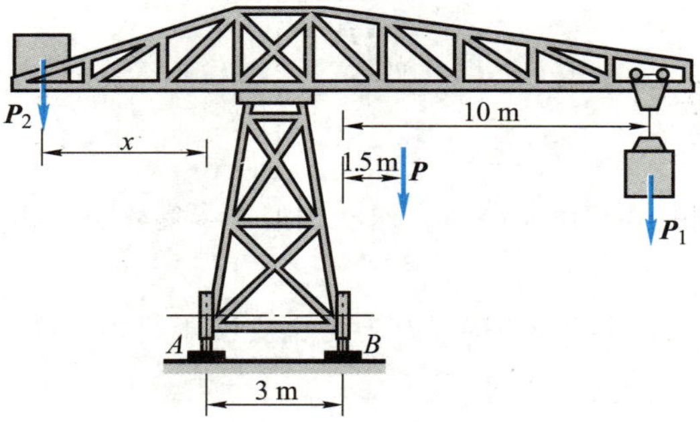

题 2-19 图

2-20 如图所示，组合梁由 AC 和 CD 两段铰接构成，起重机放在梁上。已知起重机重 $P_1=50\ \text{kN}$，重心在铅垂线 EC 上，起吊重量 $P_2=10\ \text{kN}$。如不计梁重，求支座 A、B 和 D 处的约束力。

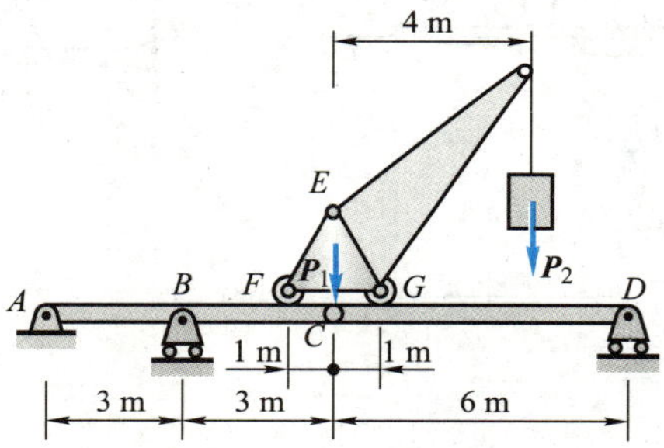

题 2-20 图

2-21 复梁 AB 和 CD 的重量均为 $P=2\ 000\ \text{N}$，长度均为 $2a=4\ \text{m}$，其受力和支承情况如图所示。设载荷 $F=800\ \text{N}$，$b=1\ \text{m}$。求支座 A、D 和 C 的约束力。

2-22 马丁炉的送料机构由跑车及桥 B 组成，如图所示。跑车装有轮子，可沿装在桥 B 上的轨道移动；跑车上有一操纵杆 D，其上装有铁铲 C；装在铁铲中的物料重 $P_1=15\ \text{kN}$，其至跑车铅垂轴线 OA 的距离为 5 m。欲使跑车不倾倒，则跑车连同操纵杆应为多重？设跑车连同操纵杆的重力作用线沿轴 OA，每一个轮子到轴 OA 的距离为 1 m。

2-23 在图 a、b 所示两根连续梁中，已知 q、M、a 与 θ，不计梁的自重，求连续梁在 A、C 处的约束力。

2-24 图示构件由不计自重的直角弯杆 EBD 与直杆 AB 组成，$q=10\ \text{kN}\cdot\text{m}$，$F=50\ \text{kN}$，$M=6\ \text{kN}\cdot\text{m}$，各尺寸如图所示。求固定端 A 处及支座 C 处的约束力。

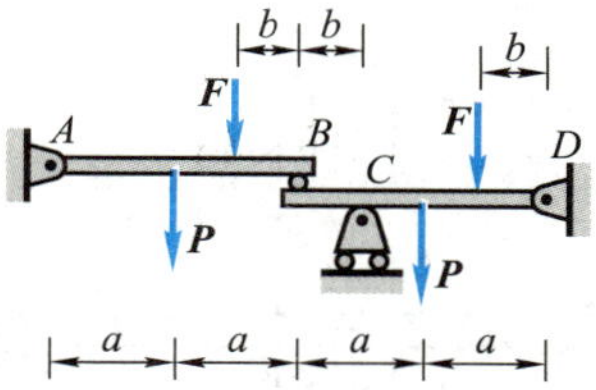

题 2-21 图

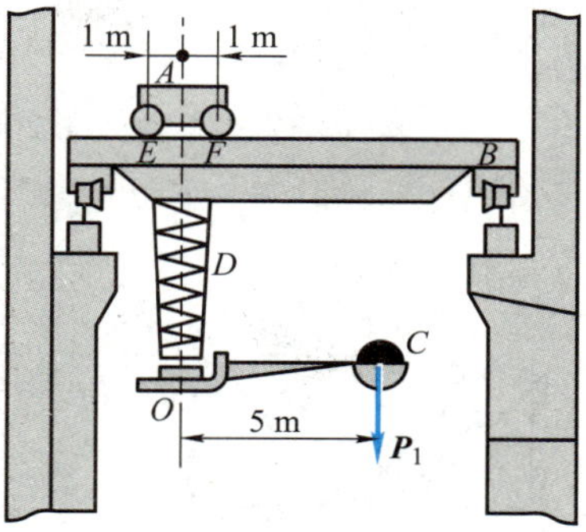

题 2-22 图

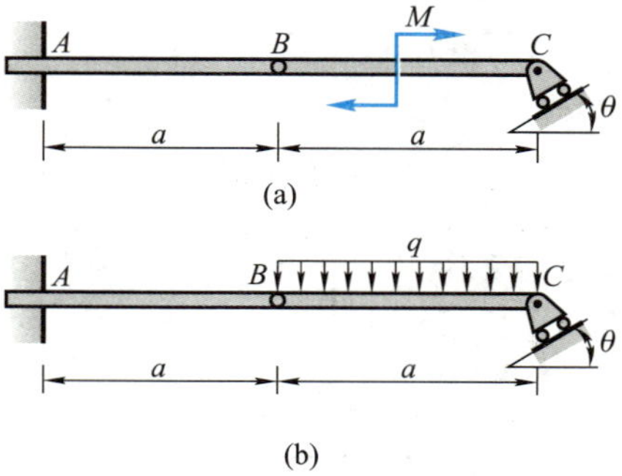

题 2-23 图

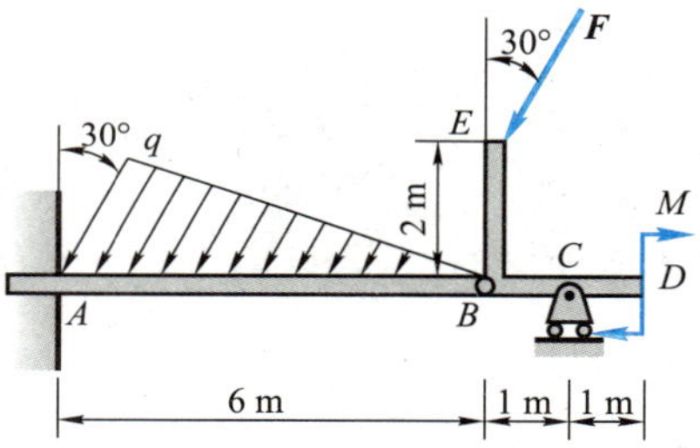

题 2-24 图

2-25 不计图示平面结构各构件的自重，$AB=DF$，$\theta=30°$，受力与尺寸如图所示。求各杆在点 B、C、D 处施加给平台 BD 的力。

2-26 构架由不计自重的杆 AB、AC 和 DF 铰接而成，如图所示，在杆 DF 上作用一力偶矩为 M 的力偶。求杆 AB 上铰链 A、D 和 B 处所受的力。

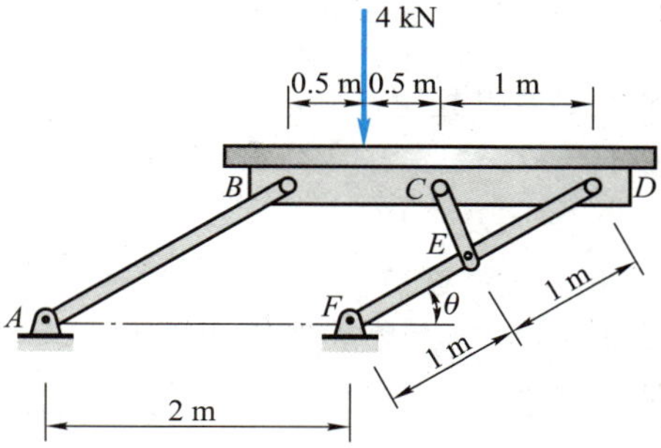

题 2-25 图

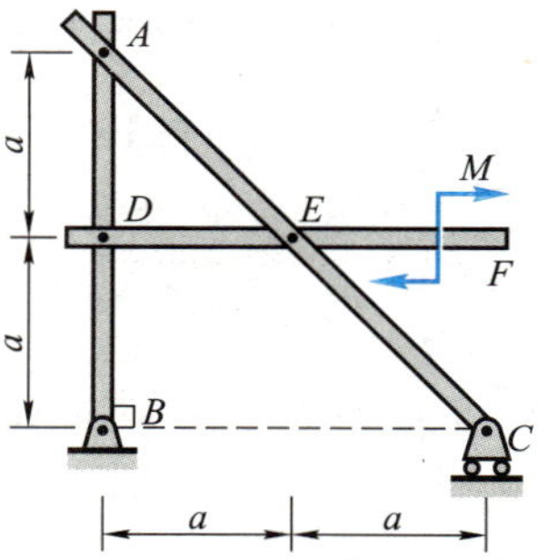

题 2-26 图

2-27 构架由不计自重的杆 AB、AC 和 DF 铰接而成，如图所示，杆 DF 上的销 E 套

在杆 AC 的光滑槽内。在水平杆 DF 的一端作用一铅垂力 $\boldsymbol{F}$，求杆 AB 上铰链 A、D 和 B 所受的力。

2-28 图示构架中，物体重为 1 200 N，由细绳跨过滑轮 E 而水平系于墙上，尺寸如图所示。不计杆和滑轮的重量，求支承 A 和 B 处的约束力，以及杆 BC 的内力 F_{BC}。

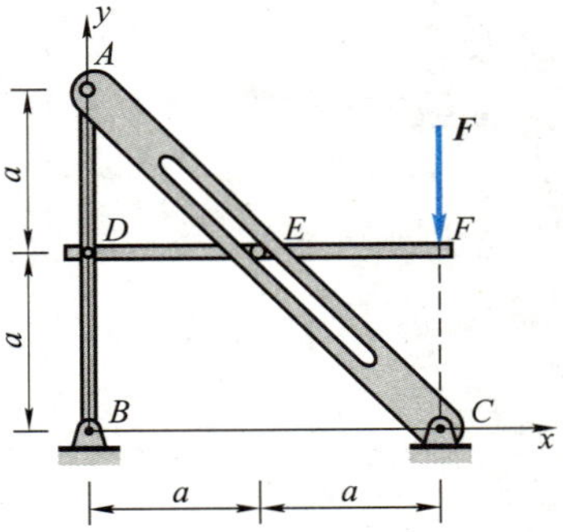

题 2-27 图

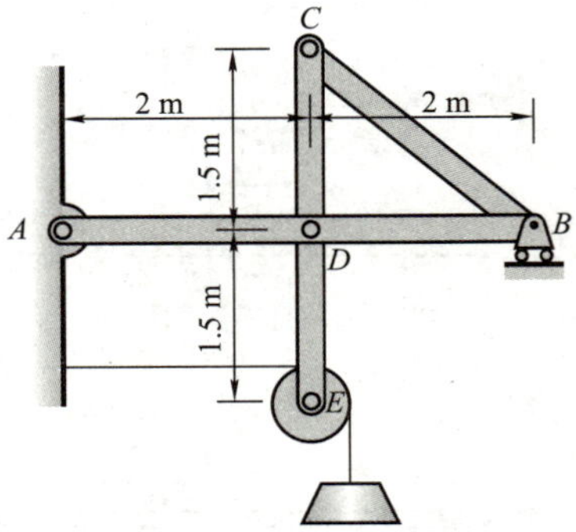

题 2-28 图

2-29 如图所示结构，已知 P、l、R，各杆与滑轮自重不计。求固定端 A 处的约束力。

2-30 不计图示构架中各杆件的重量，力 $F = 40$ kN，各尺寸如图所示，求铰链 A、B、C 处所受的力。

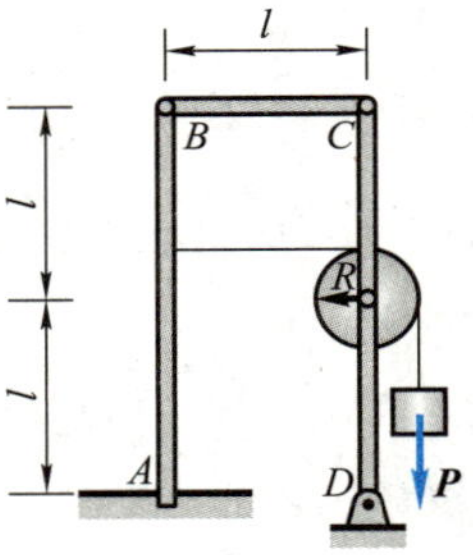

题 2-29 图

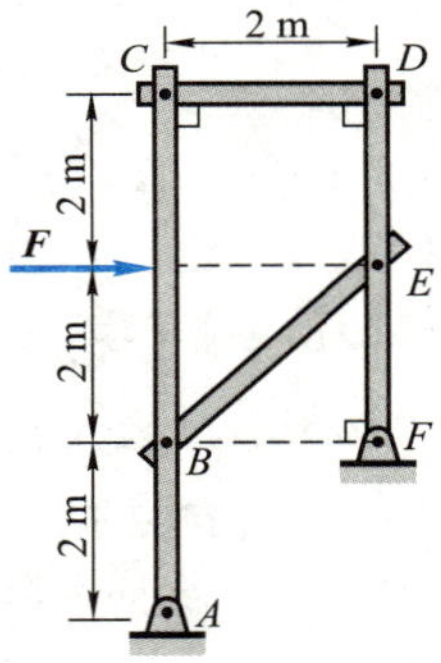

题 2-30 图

2-31 图示结构由杆 AC、BC、DH、HG 组成，D、C、G、H 处均为铰接，且杆 HD、HG 分别垂直于杆 AC、BC。已知：物体重 $P = 1\ 000$ N，杆长 $AC = BC = 2$ m，D、G 分别为两杆中点，$DH = GH = 0.5$ m，不计各杆重量。试求铰链支座 A、B 的约束力及杆 HG 所受内力。

2-32 如图所示两等长杆 AB 与 BC 在点 B 用铰链连接，又在杆的 D、E 两点连一弹簧，弹簧的刚度系数为 k，当距离 $AC = a$ 时，弹簧内拉力为零。点 C 作用一水平力 $\boldsymbol{F}$，尺寸如图所示，杆重不计，求系统平衡时距离 AC 之值。

2-33 不计图示结构中各构件的自重，A 处为固定端约束，C 处为光滑接触，D 处为铰链连接，$F_1 = F_2 = 400$ N，$M = 300$ N·m，$AB = BC = 400$ mm，$CD = CE = 300$ mm，$\theta = 45°$。求固定端 A 处与铰链 D 处的约束力。

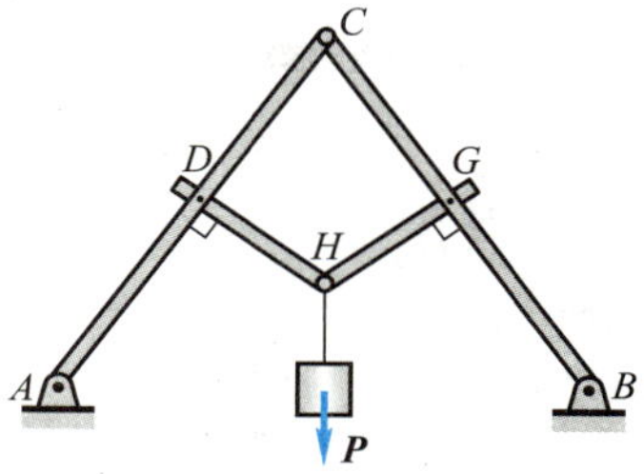

题 2-31 图

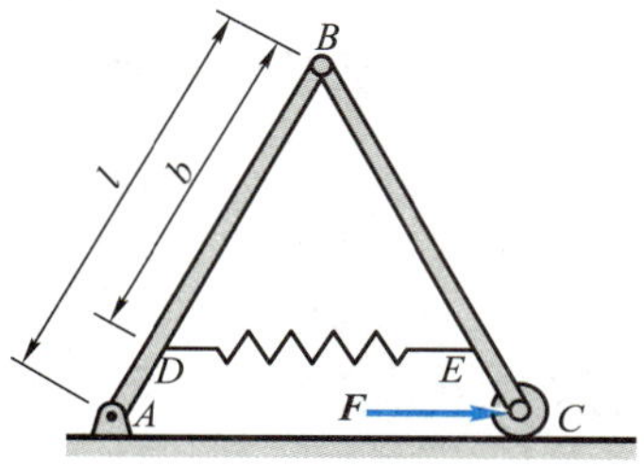

题 2-32 图

2-34 图示构架中，各杆单位长度的重量均为 300 N/m，载荷 $P=10$ kN，求固定端 A 处与铰链 B、C 处的约束力。

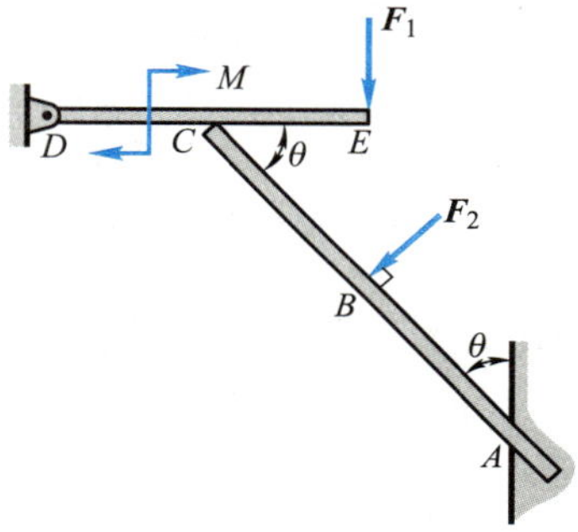

题 2-33 图

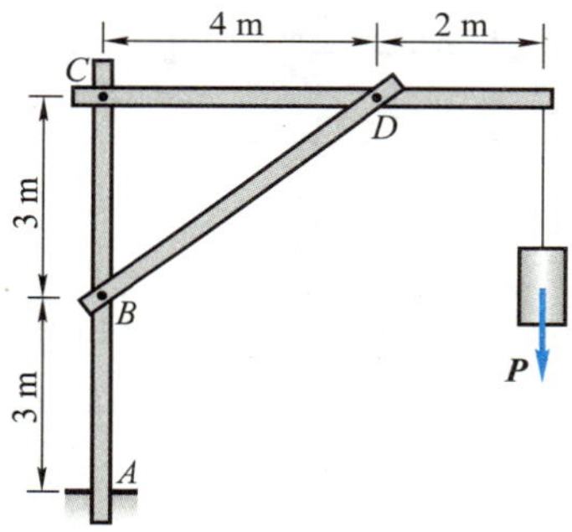

题 2-34 图

2-35 如图所示，用 3 根杆连接成一构架，各连接点均为铰链，B 处为光滑接触，不计各杆的重量。求铰链 D 所受的力。

2-36 图示结构由直角弯杆 DAB 和直杆 BC、CD 铰接而成，杆 DC 受均布载荷 q 作用，杆 BC 受力偶矩为 $M=qa^2$ 的力偶作用。不计各构件的自重。求铰链 D 所受的力。

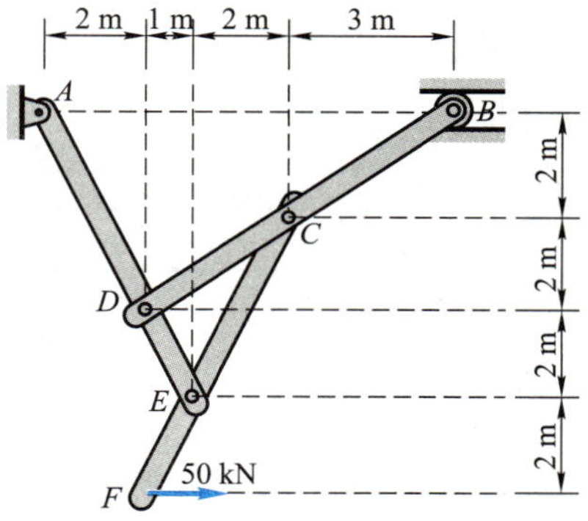

题 2-35 图

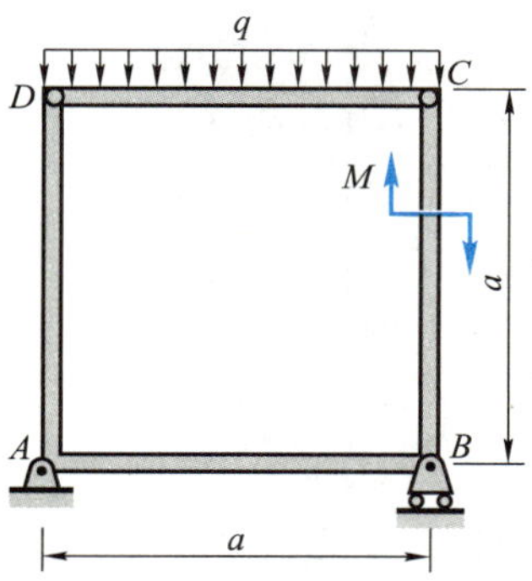

题 2-36 图

2-37 不计图示各构件的自重，已知铅垂力 $\boldsymbol{F}_1$、$\boldsymbol{F}_2$，力偶矩 M 与尺寸 a，且$M=F_1a$，$\boldsymbol{F}_2$ 作用于销 B 上。求：(1) 固定端 A 处的约束力；(2) 销 B 对杆 AB 与 T 形杆的作用力。

2-38 结构如图所示。重物的重量为 $P=100$ N，悬挂在绳端。已知：滑轮半径 $R=10$ cm，$l_1=30$ cm，$l_2=40$ cm，不计各杆及滑轮、绳的重量。试求 A、E 处的支座约束力及杆 AB 在铰链 D 处所受的约束力。

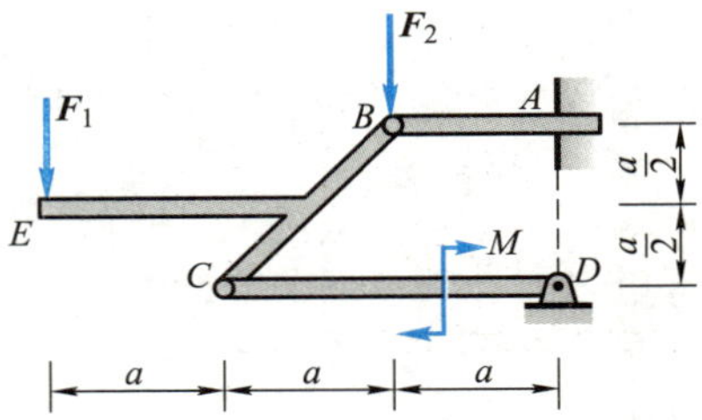

题 2-37 图

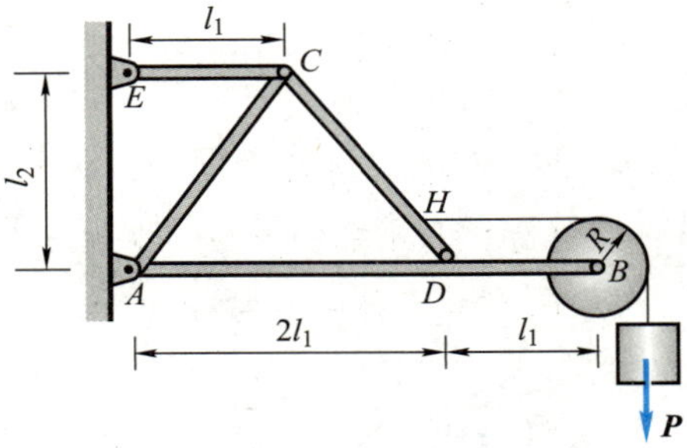

题 2-38 图

2-39 图示构架由直杆 BC、CD 和直角弯杆 AB 组成，各杆的自重不计，载荷分布和尺寸如图所示。销 B 穿透 AB 和 BC 两构件，在销 B 上作用一集中载荷 $\boldsymbol{F}$。q、a、M 为已知，且 $M=qa^2$。求固定端 A 处的约束力和销 B 对杆 BC、AB 的作用力。

2-40 不计图示平面结构各构件的自重，载荷与尺寸如图所示。水平集中力 $F=5$ kN，水平均布力 $q=2$ kN/m，力偶矩 $M_1=M_2=4$ kN·m，$l=1$ m。求杆 BC 的受力和固定端 A 处的约束力。

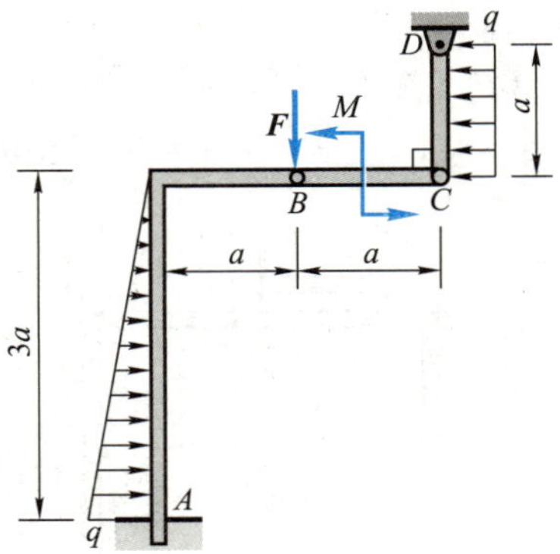

题 2-39 图

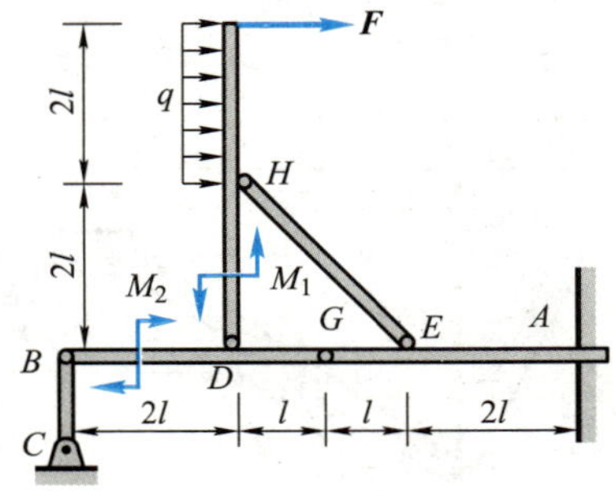

题 2-40 图

2-41 如图所示，一横梁桁架结构由横梁 AC、BC 及 5 根支承杆组成，所受载荷及尺寸如图所示。求杆 1、2、3 的内力。各杆的自重不计。

2-42 一复梁的支承和载荷如图所示。设 $q=F/a$，求支座 A、B、D 上的约束力。

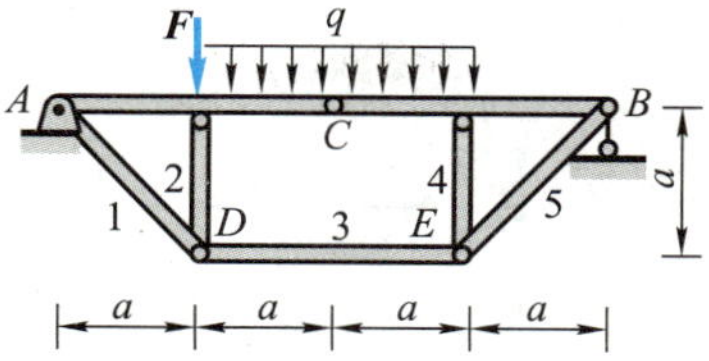

题 2-41 图

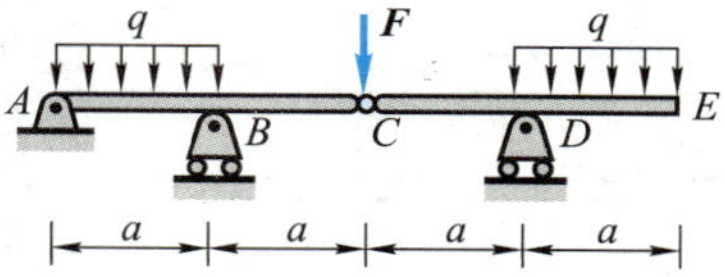

题 2-42 图

2-43 如图所示组合结构由杆 BC 及 T 形杆 AB 铰接而成。已知：$P=4$ kN，$q_1=4$ kN/m，抛物线分布载荷 $q_2=3x^2$（q_2 以 kN/m 计，x 以 m 计），$M=3.5$ kN · m，$l_1=1$ m，$l_2=0.5$ m。试求固定端 A 及活动铰链支座 C 的约束力。

2-44 不计图示平面结构各构件的自重，载荷与尺寸如图所示。力 $\boldsymbol{F}_1$ 为铅垂集中力，力 $\boldsymbol{F}_2$ 为水平集中力，且 $F_1=F_2=F$，力偶矩 $M=Fa$。求 A、D 处的约束力。

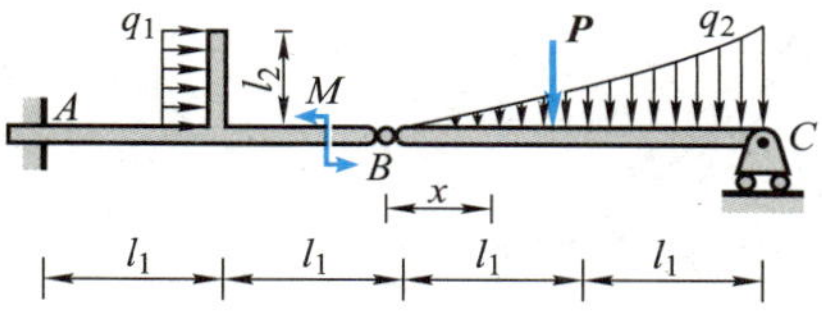

题 2-43 图

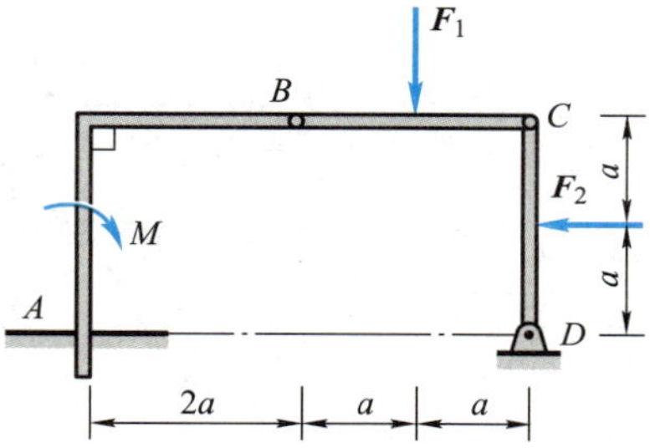

题 2-44 图

2-45 不计图示各构件的自重，载荷 $F_1=120$ kN，$F_2=75$ kN。求杆 AC、AD 所受的力。

2-46 不计图示各构件的自重，尺寸与载荷如图所示。求支座 D 处与杆 BF、EC 所受的力。

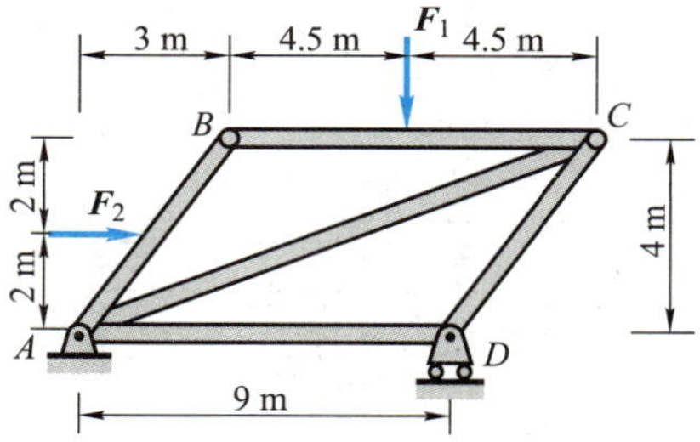

题 2-45 图

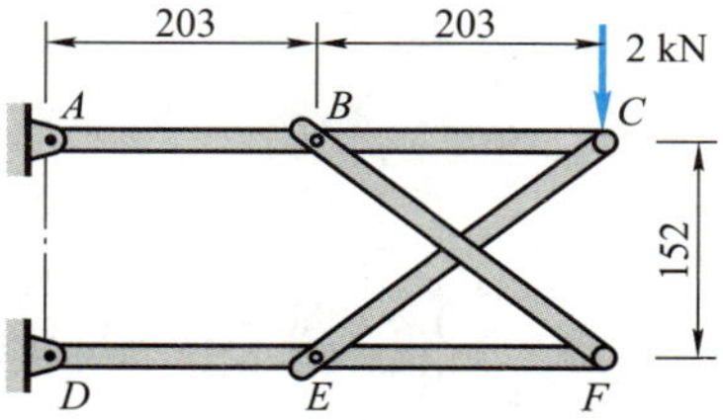

题 2-46 图

2-47 不计图示各构件的自重，尺寸如图所示，$q_0=2$ kN/m，$M=10$ kN · m，$F=2$ kN。求铰链支座 D 处的销 D 对杆 CD 的作用力。

2-48 不计图示各构件的自重，尺寸如图所示，$l=2$ m，$\theta=45°$，物重 $P=2$ kN，

$F_1 = 10\ \text{kN}, F_2 = 2\ \text{kN}, q = 1\ \text{kN/m}$。求铰链支座 A、B、C 处的约束力。

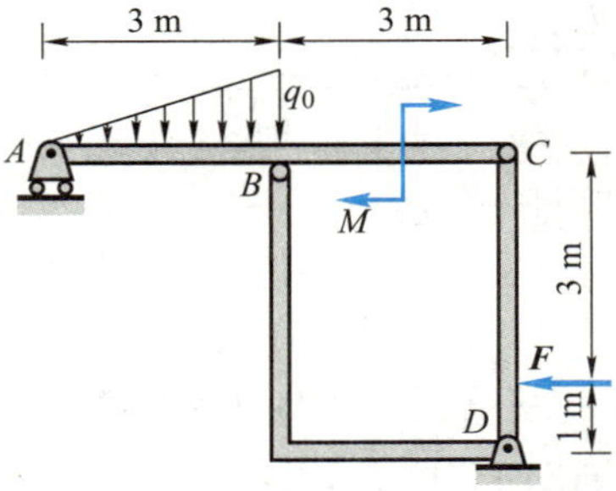

题 2-47 图

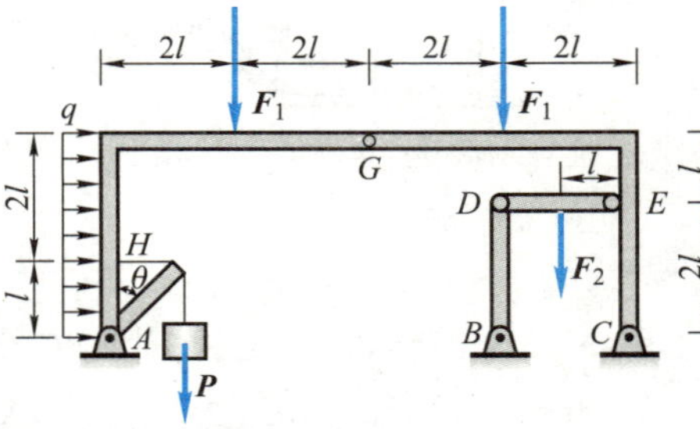

题 2-48 图

2-49 图示挖掘机计算简图中,挖斗载荷 $P = 12.25\ \text{kN}$,作用于点 G,不计各构件的自重。求在图示位置平衡时杆 AD、EF 所受的力。

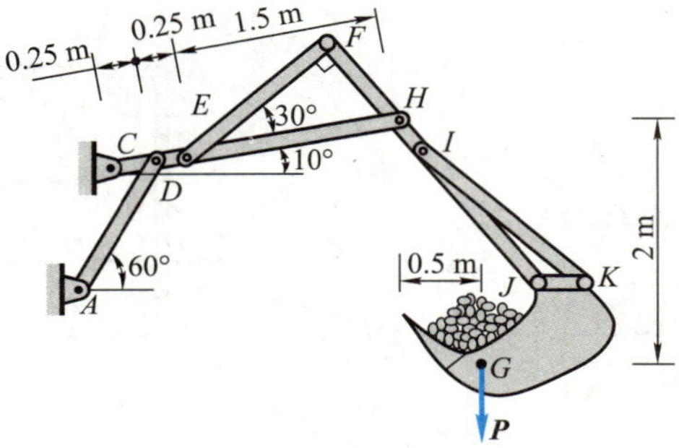

题 2-49 图

2-50 结构如图所示,各杆的自重不计,C、D 处铰接,$F = 4\ \text{kN}$,$M = 6\ \text{kN} \cdot \text{m}$,$l_1 = 1.5\ \text{m}$,$l_2 = 2\ \text{m}$。求 A、B 处的约束力。

2-51 图示一停直升机的平台,现作用一集中力 $F = 300\ \text{kN}$,各部分的自重均不计。求 A 处的约束力及竖杆 1 的内力。

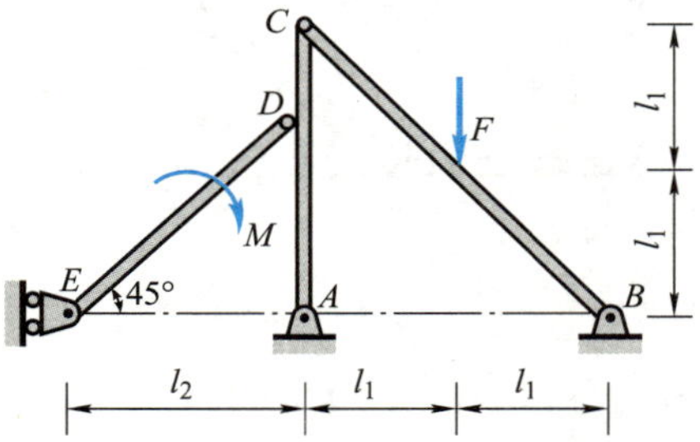

题 2-50 图

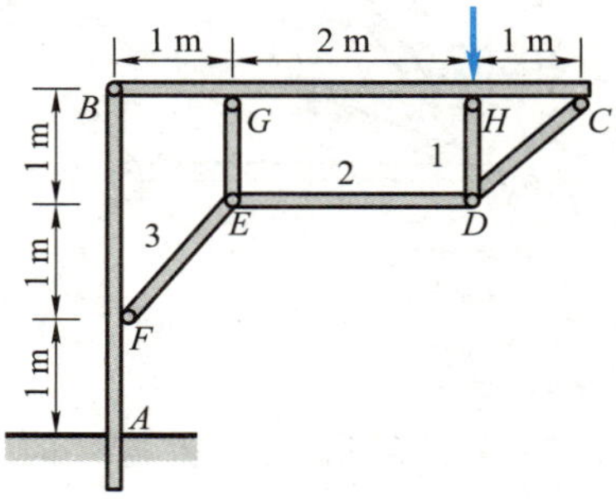

题 2-51 图

2-52 某水电站厂房的三铰拱架如图所示，行车梁重 $P_1 = 20$ kN，吊车空载时自重 $P_2 = 10$ kN，三铰拱架每一半重 $P_3 = 60$ kN，风压力的合力 $F = 10$ kN。试求 A、B、C 三处的约束力。

2-53 一均质圆柱重 2 kN，两端搁在图示对称的架子上。其中 $AB = CD$，E、G、H 等分 CD，F、G、I 等分 AB，且 $GD = GB = DB$。不计杆重及摩擦，求杆 EF 的内力。

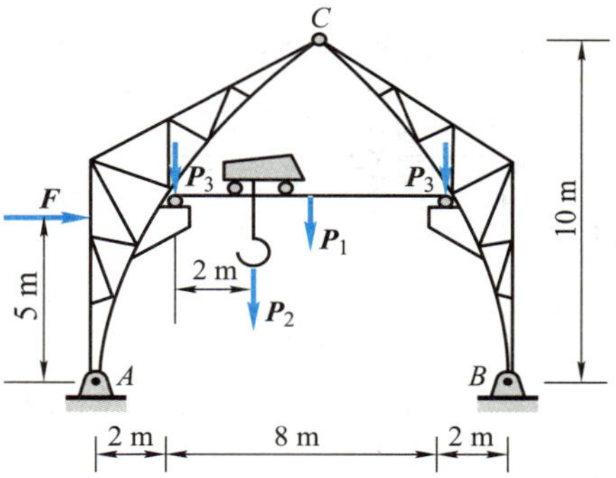

题 2-52 图

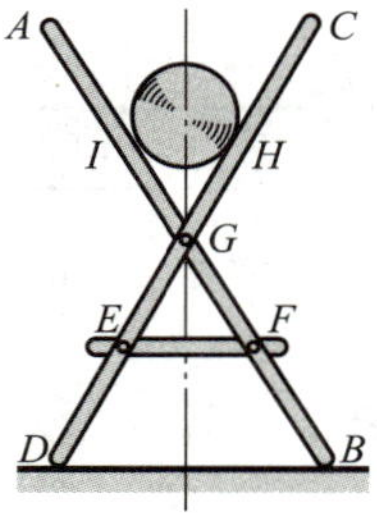

题 2-53 图

2-54 图示一折凳，放于光滑地面上。杆 AB 与杆 CD 水平，杆 AE 与杆 BG 平行。其中杆 AE 的 E 端略嵌入杆 DF 的中部以固定折凳。设力 $\boldsymbol{F}$ 作用于杆 CD 的中点，$AB = CD = 4a$。不计杆重，求在力 $\boldsymbol{F}$ 作用下，杆 AE 上所受的力。

2-55 不计图示构件的自重，尺寸如图所示，架子上作用一铅垂向下的力 $\boldsymbol{F}$，$AE = EB$，$AG = GC$，求支座 B 的约束力和杆 EF 所受的力。

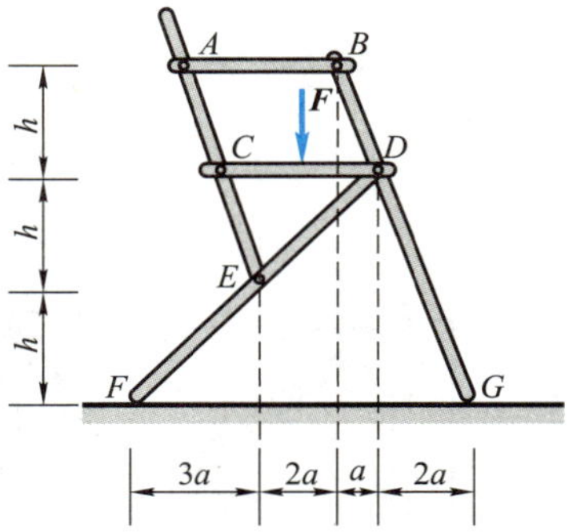

题 2-54 图

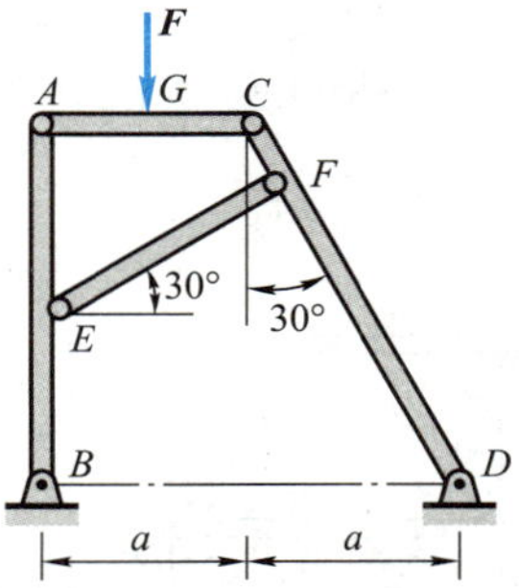

题 2-55 图

2-56 不计图示构件的自重，构件放在光滑地面上。架子上作用一铅垂向下的力 $\boldsymbol{F}$，若其作用线通过点 A，架子能否平衡？如果不能平衡，求平衡时力 $\boldsymbol{F}$ 的作用线距点 A 的距离，以及此时杆 EF 所受的力。

2-57 求图示平面桁架杆 1、2、3 所受的力。

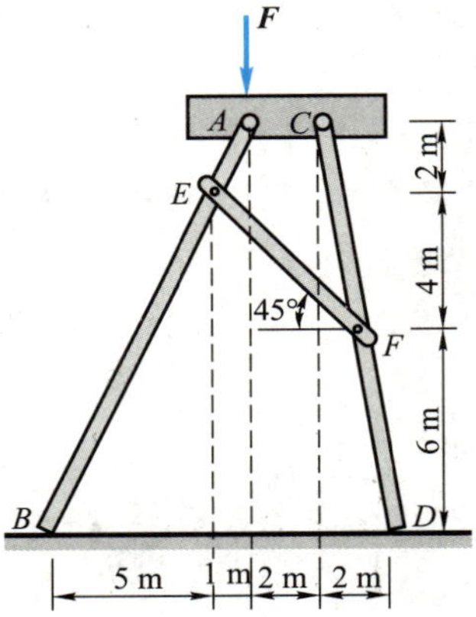

题 2-56 图

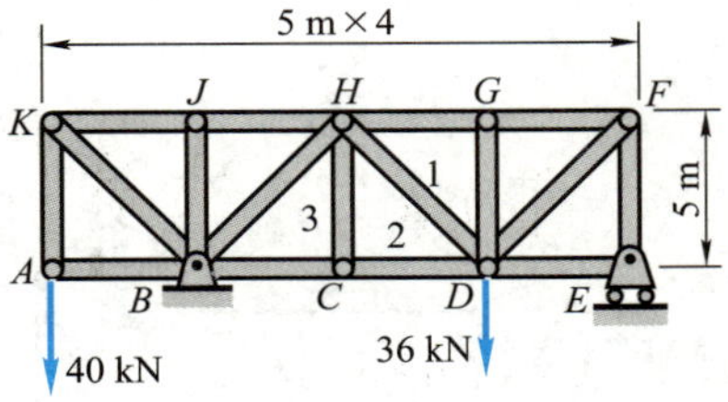

题 2-57 图

2-58 平面桁架受力如图所示，已知 $F_1=10\ \text{kN}$，$F_2=F_3=20\ \text{kN}$。求桁架杆 4、5、7、10 的内力。

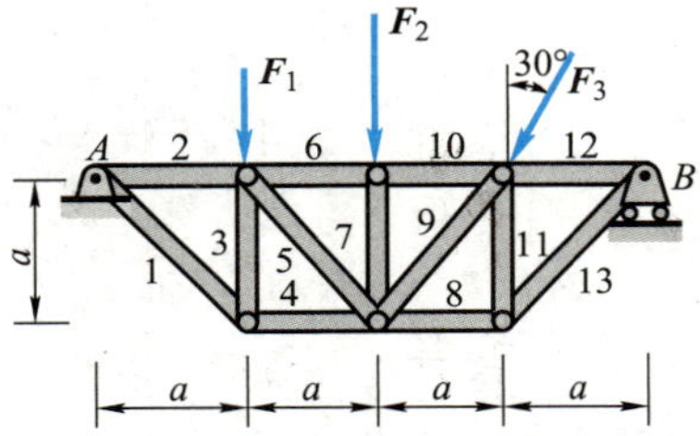

题 2-58 图

2-59 计算图示桁架杆 1、2、3 的内力。

2-60 平面桁架受力如图所示，求杆 1、2、3 的内力。

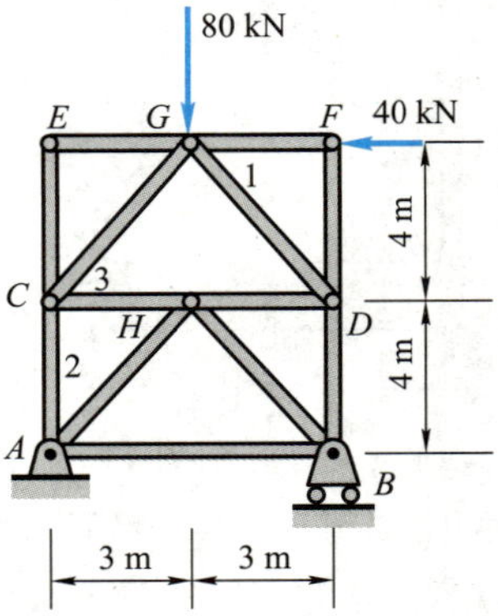

题 2-59 图

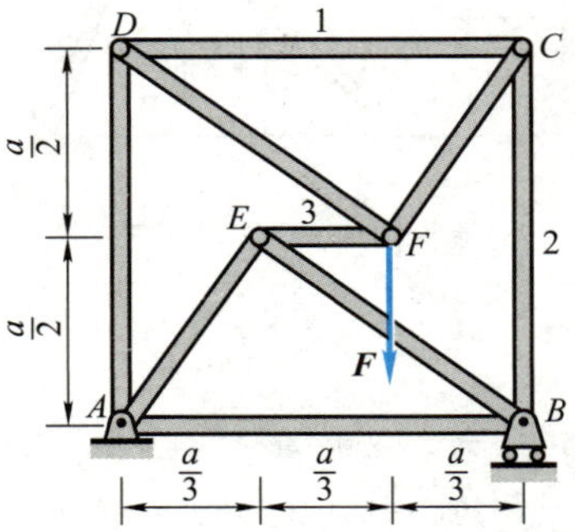

题 2-60 图

第三章 空间力系

力系中各力的作用线不处于同一平面内时，这样的力系称为**空间力系**。与平面力系一样，空间力系可以分为**空间汇交力系**、**空间力偶系**、**空间平行力系**和**空间任意力系**。

本章研究空间力系的简化和平衡条件。

§3-1 空间汇交力系

当空间力系中各力作用线汇交于一点时，称之为空间汇交力系。

1. 力在直角坐标轴上的投影

在空间中，若已知力 $\boldsymbol{F}$ 与直角坐标系 $Oxyz$ 三轴间的夹角为 θ、β、γ，如图 3-1a 所示，则力 $\boldsymbol{F}$ 在三根坐标轴上的投影为

$$F_x = F\cos\theta,\quad F_y = F\cos\beta,\quad F_z = F\cos\gamma$$

称此为**直接(一次)投影法**。当力 $\boldsymbol{F}$ 与 x、y 轴间的夹角未知或不易确定，但已知图 3-1b 所示角度 γ、φ 时，可采用**间接(二次)投影法**，如图 3-1b 所示，为

$$F_x = F\sin\gamma\cos\varphi,\quad F_y = F\sin\gamma\sin\varphi,\quad F_z = F\cos\gamma$$

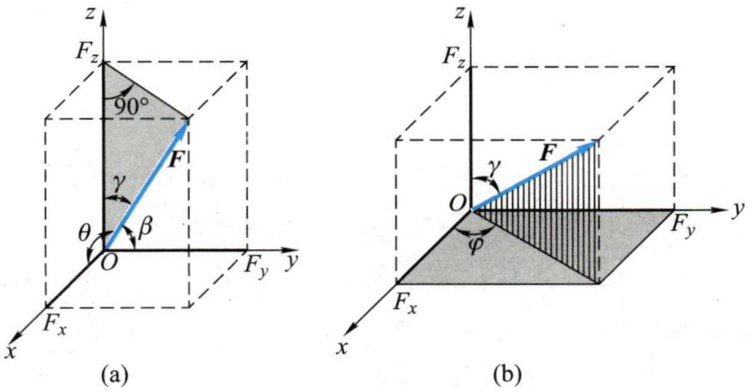

图 3-1

例 3-1 图 3-2 所示的圆柱斜齿轮，其上受啮合力 $\boldsymbol{F}$ 的作用。已知斜齿轮的齿倾角(螺旋角) β 和压力角 θ，求力 $\boldsymbol{F}$ 在 x、y、z 轴上的投影。

解： 先把力 $\boldsymbol{F}$ 向 z 轴和 Oxy 平面投影，有

$$F_z=-F\sin\beta$$

$$F_{xy}=F\cos\beta$$

再把 $\boldsymbol{F}_{xy}$ 向 x、y 轴投影得

$$F_x=F_{xy}\cos\theta=F\cos\theta\cos\beta$$

$$F_y=-F_{xy}\sin\theta=-F\cos\theta\sin\beta$$

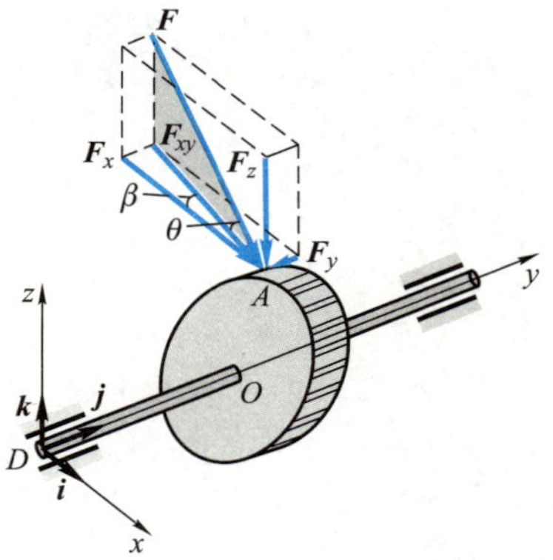

图 3-2

2. 空间汇交力系的合力与平衡条件

将平面汇交力系的合成法则扩展到空间汇交力系，可得：空间汇交力系的合力等于各分力的矢量和，合力的作用线通过汇交点。合力矢为

$$\boldsymbol{F}_R=\sum\boldsymbol{F}_i \tag{3-1}$$

或

$$\boldsymbol{F}_R=\sum F_x\boldsymbol{i}+\sum F_y\boldsymbol{j}+\sum F_z\boldsymbol{k} \tag{3-2}$$

其中，F_x、F_y、F_z 为各分力在 x、y、z 轴上的投影，在各分力已知的情况下，可求得合力的大小和方向余弦为

$$F_R=\sqrt{(\sum F_x)^2+(\sum F_y)^2+(\sum F_z)^2} \tag{3-3}$$

$$\cos(\boldsymbol{F}_R,\boldsymbol{i})=\sum F_x/F_R,\quad \cos(\boldsymbol{F}_R,\boldsymbol{j})=\sum F_y/F_R,\quad \cos(\boldsymbol{F}_R,\boldsymbol{k})=\sum F_z/F_R \tag{3-4}$$

由于空间汇交力系合成为一个合力，显然，空间汇交力系平衡的必要和充分条件为：该力系的合力等于零，即

$$\boldsymbol{F}_R=\sum\boldsymbol{F}_i=\boldsymbol{0} \tag{3-5}$$

式(3-5)称为**空间汇交力系的平衡条件**。由式(3-3)可知，为使合力 F_R 为零，必须同时满足

$$\sum F_x=0,\quad \sum F_y=0,\quad \sum F_z=0 \tag{3-6}$$

空间汇交力系平衡的必要和充分条件为：该力系中所有各力在三根坐标轴上的投影的代数和分别等于零。式(3-6)被称为**空间汇交力系的平衡方程**。

用式(3-6)求解空间汇交力系的平衡问题，被称为解空间汇交力系平衡问题的**解析法**。应用解析法求解空间汇交力系的平衡问题的步骤，与平面汇交力系问题相同，只不过需列出 3 个平衡方程，可求解 3 个未知量。

例 3-2 如图 3-3a 所示，用起重杆吊起重物，起重杆的 A 端用球铰链固定在地面上，B 端用两根等长绳 CB 和 DB 拉住，两绳分别系在墙上的点 C 和点 D，连线 CD 平行于 x 轴。已知：$CE=EB=ED$，$\theta=30°$，物重 $P=10$ kN。起重杆的重量不计，CDB 平面与水平面间的夹角 $\angle EBF=30°$（图 3-3b）。求起重杆和绳子所受的力。

解： 取起重杆 AB 与重物为研究对象，其上受主动力 $\boldsymbol{P}$ 及 B 处绳子的拉力 $\boldsymbol{F}_1$ 与 $\boldsymbol{F}_2$ 作用；因

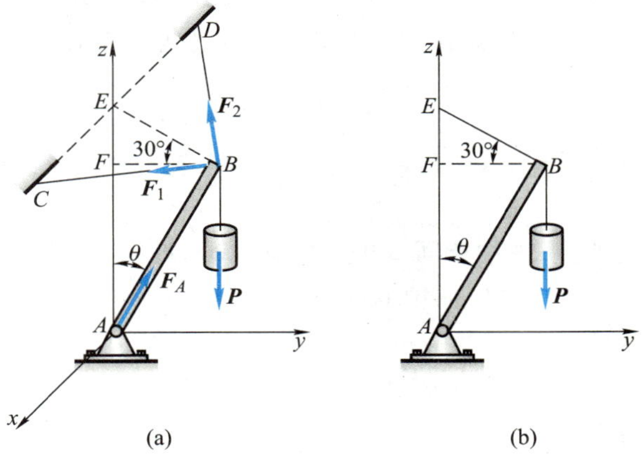

图 3-3

为起重杆重量不计，只在 A、B 两端受力，所以起重杆 AB 为二力杆，球铰 A 对起重杆 AB 的约束力用 $\boldsymbol{F}_A$ 表示，其沿着 A、B 两点连线。$\boldsymbol{P}$、$\boldsymbol{F}_1$、$\boldsymbol{F}_2$、$\boldsymbol{F}_A$ 四个力汇交于点 B，为一空间汇交力系，如图 3-3a 所示。

用解析法求解。建立坐标系如图所示，由已知条件可知，$\angle CBE=\angle DBE=45°$，列平衡方程：

$$\sum F_x=0,\quad F_1\sin 45°-F_2\sin 45°=0$$

$$\sum F_y=0,\quad F_A\sin 30°-F_1\cos 45°\cos 30°-F_2\cos 45°\cos 30°=0$$

$$\sum F_z=0,\quad F_1\cos 45°\sin 30°+F_2\cos 45°\sin 30°+F_A\cos 30°-P=0$$

求解上面的三个平衡方程，得

$$F_1=F_2=3.54\ \text{kN},\quad F_A=8.66\ \text{kN}$$

F_A 为正值，说明图中所设 F_A 的方向正确，起重杆 AB 受压力。

§3-2 力对点的矩和力对轴的矩

1. 力对点的矩以矢量表示——力矩矢

对于平面力系，用代数量表示力对点的矩足以概括它的全部要素。但是，在空间情况下，不仅要考虑力矩的大小、转向，而且还要注意力与矩心所组成的平面（力矩作用面）的方位。方位不同，即使力矩大小一样，作用效果也将完全不同。这三个因素可以用力矩矢 $\boldsymbol{M}_O(\boldsymbol{F})$ 来描述。其中，矢量的模即 $|\boldsymbol{M}_O(\boldsymbol{F})|=F\cdot h=2A_{\triangle OAB}$；矢量的方位和力矩作用面的法线方向相同；矢量的指向按右手螺旋法则来确定，如图 3-4 所示。

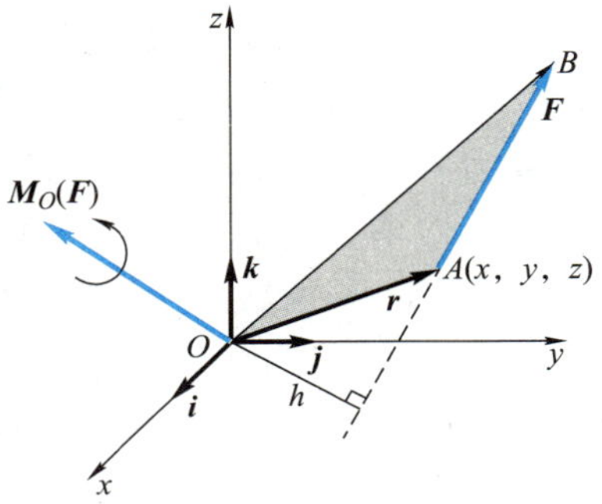

图 3-4

由图 3-4 可见，以 $\boldsymbol{r}$ 表示力作用点 A 的矢

径，则矢积 $\boldsymbol{r}\times\boldsymbol{F}$ 的模等于力矩的大小，由右手螺旋法则，力矩的转向与 $\boldsymbol{r}\times\boldsymbol{F}$ 一致，而 $\boldsymbol{r}\times\boldsymbol{F}$ 所在直线则决定了力矩作用面的方位。因此可得

$$\boldsymbol{M}_O(\boldsymbol{F})=\boldsymbol{r}\times\boldsymbol{F} \tag{3-7}$$

上式为力对点的矩的矢积表达式，即力对点的力矩矢等于矩心到该力作用点的矢径与该力的矢积。

若以矩心 O 为原点，建立空间直角坐标系 $Oxyz$，如图 3-4 所示，力作用点 A 的坐标为 $A(x,y,z)$，力在三根坐标轴上的投影分别为 F_x、F_y、F_z，则矢径 $\boldsymbol{r}$ 和力 $\boldsymbol{F}$ 可分别表示为

$$\boldsymbol{r}=x\boldsymbol{i}+y\boldsymbol{j}+z\boldsymbol{k},\quad \boldsymbol{F}=F_x\boldsymbol{i}+F_y\boldsymbol{j}+F_z\boldsymbol{k}$$

代入式(3-7)，并采用行列式形式，得

$$\boldsymbol{M}_O(\boldsymbol{F})=\boldsymbol{r}\times\boldsymbol{F}=\begin{vmatrix}\boldsymbol{i} & \boldsymbol{j} & \boldsymbol{k}\\ x & y & z\\ F_x & F_y & F_z\end{vmatrix}$$

$$=(yF_z-zF_y)\boldsymbol{i}+(zF_x-xF_z)\boldsymbol{j}+(xF_y-yF_x)\boldsymbol{k} \tag{3-8}$$

由于力矩矢 $\boldsymbol{M}_O(\boldsymbol{F})$ 的大小和方向都与矩心 O 的位置有关，因此力矩矢的始端必须画在矩心，不可任意挪动，这种矢量称为**定位矢量**。

2. 力对轴的矩

工程中经常遇到刚体绕定轴转动的情形，为了度量力对刚体定轴转动的作用效果，必须了解**力对轴的矩**的概念。如图 3-5a 所示，在斜齿轮上作用一力 $\boldsymbol{F}$，使其绕固定轴 z 转动。把力 $\boldsymbol{F}$ 分解为平行于 z 轴的分力 $\boldsymbol{F}_z$ 和垂直于 z 轴的分力 $\boldsymbol{F}_{xy}$，由经验可知，分力 $\boldsymbol{F}_z$ 不能使静止的刚体绕 z 轴转动，故此分力对 z 轴的矩为零。只有分力 $\boldsymbol{F}_{xy}$ 才能使静止的刚体绕 z 轴转动。现用符号 $M_z(\boldsymbol{F})$ 表示力 $\boldsymbol{F}$ 对 z 轴的矩，点 O 为平面 Oxy 与 z 轴的交点，$OA=h$ 为点 O 到力 $\boldsymbol{F}_{xy}$ 作用线的距离。因此，力 $\boldsymbol{F}$ 对 z 轴的矩就是分力 $\boldsymbol{F}_{xy}$ 对点 O 的矩，如图 3-5a 所示，以公式表示为

$$M_z(\boldsymbol{F})=M_O(\boldsymbol{F}_{xy})=\pm F_{xy}h \tag{3-9}$$

于是，可得力对轴的矩的定义如下：力对轴的矩是力使刚体绕该轴转动效果的度量，是一个代数量，其绝对值等于该力在垂直于该轴的平面上的投影对于这个平面与该轴的交点的矩的大小。其正负号规定为：从 z 轴正端来看，若力使物体绕该轴逆时针转向取正号，反之则取负号。也可按右手螺旋法则确定其正负号，如图 3-5b 所示，拇指指向与 z 轴一致为正，反之为负。

力对轴的矩等于零的情形：(1) 当力与轴相交时（此时 $h=0$）；(2) 当力与轴平行时（此时 $\boldsymbol{F}_{xy}=\boldsymbol{0}$）。这两种情形可以合起来说：当力与轴在同一平面内时，力对该轴的矩等于零。

力对轴的矩的单位为 N · m。

力对轴的矩也可用解析式表示。设力 $\boldsymbol{F}$ 在三根坐标轴上的投影分别为 F_x、F_y、F_z。力作用点 A 的坐标为 $A(x,y,z)$，如图 3-6 所示。根据合力矩定理，得

$$M_z(\boldsymbol{F})=M_O(\boldsymbol{F}_{xy})=M_O(\boldsymbol{F}_x)+M_O(\boldsymbol{F}_y)$$

即

$$M_z(\boldsymbol{F})=xF_y-yF_x$$

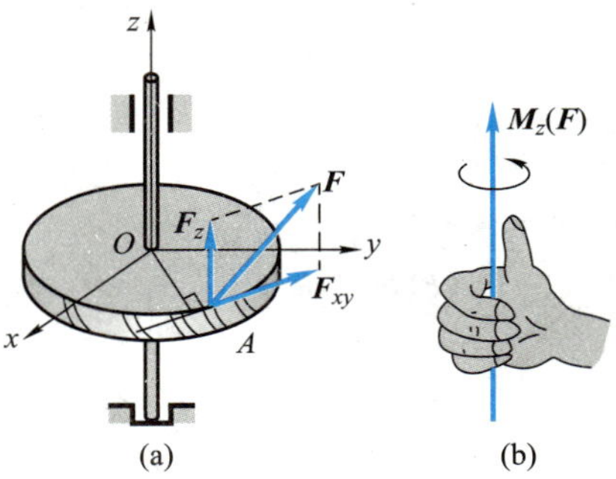

图 3-5

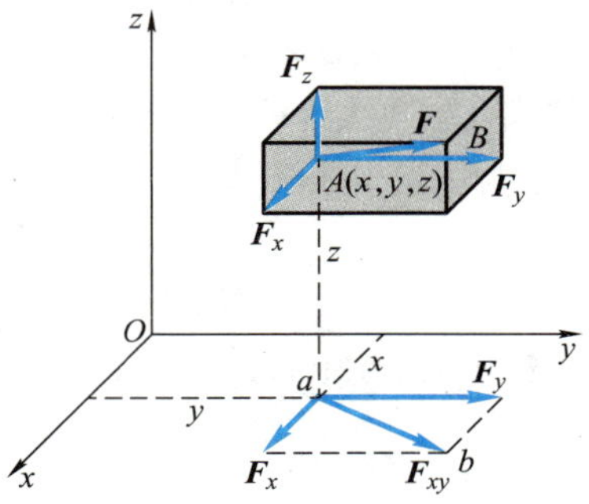

图 3-6

同理可得对 x、y 轴的矩，把三式合写为

$$\left.\begin{aligned}M_x(\boldsymbol{F})&=yF_z-zF_y\\M_y(\boldsymbol{F})&=zF_x-xF_z\\M_z(\boldsymbol{F})&=xF_y-yF_x\end{aligned}\right\}\qquad(3-10)$$

以上三式是计算力对轴之矩的解析式。

3. 空间力对点的矩与力对通过该点的轴的矩的关系

由空间力对点的矩的矢量解析式（3-8）可知，单位矢量 $\boldsymbol{i}$、$\boldsymbol{j}$、$\boldsymbol{k}$ 前面的三个系数，分别表示力对点的力矩矢 $\boldsymbol{M}_O(\boldsymbol{F})$ 在三根坐标轴上的投影，即

$$\left.\begin{aligned}[\boldsymbol{M}_O(\boldsymbol{F})]_x&=yF_z-zF_y\\[\boldsymbol{M}_O(\boldsymbol{F})]_y&=zF_x-xF_z\\[\boldsymbol{M}_O(\boldsymbol{F})]_z&=xF_y-yF_x\end{aligned}\right\}\qquad(3-11)$$

比较式（3-10）与式（3-11），可得

$$\begin{aligned}[\boldsymbol{M}_O(\boldsymbol{F})]_x&=M_x(\boldsymbol{F})\\[\boldsymbol{M}_O(\boldsymbol{F})]_y&=M_y(\boldsymbol{F})\\[\boldsymbol{M}_O(\boldsymbol{F})]_z&=M_z(\boldsymbol{F})\end{aligned}$$

上式说明：空间力对点的力矩矢在通过该点的某轴上的投影，等于力对该轴的矩。

例 3-3 手柄 $ABCE$ 位于平面 Axy 内，在 D 处作用一力 $\boldsymbol{F}$，它在垂直于 y 轴的平面内，偏离铅垂线的角度为 θ，如图 3-7 所示。$CD=a$，杆 BC 平行于 x 轴，杆 CE 平行于 y 轴，$AB=BC=l$，求力 $\boldsymbol{F}$ 对 x、y、z 轴的矩。

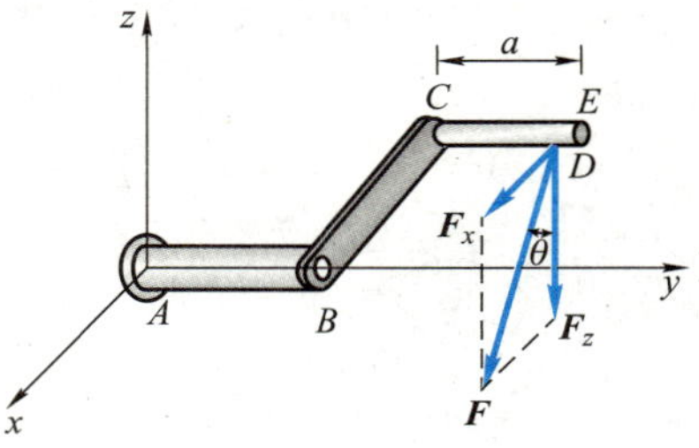

图 3-7

解： 将力 $\boldsymbol{F}$ 沿坐标轴分解为 $\boldsymbol{F}_x$ 和 $\boldsymbol{F}_z$ 两个分力，其中

$$F_x=F\sin\theta,\quad F_z=F\cos\theta$$

根据合力矩定理，力 $\boldsymbol{F}$ 对各轴的矩等于分力 $\boldsymbol{F}_x$ 和 $\boldsymbol{F}_z$ 对同一轴的矩的代数和。注意到力与轴平行或相交时对轴的矩为零，于是有

$$M_x(\boldsymbol{F})=M_x(\boldsymbol{F}_z)=-F_z\cdot(AB+CD)=-F(l+a)\cos\theta$$

$$M_y(\boldsymbol{F})=M_y(\boldsymbol{F}_z)=-F_z\cdot BC=-Fl\cos\theta$$

$$M_z(\boldsymbol{F})=M_z(\boldsymbol{F}_x)=-F_x\cdot(AB+CD)=-F(l+a)\sin\theta$$

本题也可用力对轴之矩的解析表达式(3-10)计算。

§3-3 空间力偶

1. 力偶矩以矢量表示——力偶矩矢

和空间中力对点的矩类似，在空间中，力偶对物体的作用效果还与力偶的作用面有关。图 3-8 所示为一长方体，同一个力偶作用在平面 $ABCD$ 内和平面 $ABFE$ 内，显然，力偶对物体的作用效果不同，这是由于力偶作用面不同所致。在这种情况下，力偶对物体的作用效果取决于三个要素：

(1) 力偶中力的大小与力偶臂的乘积；

(2) 力偶使物体转动的方向；

(3) 力偶的作用面。

类同空间力对点的矩，空间中的力偶矩矢用矢量叉乘来表示，如图 3-9a 所示，为

$$\boldsymbol{M}=\boldsymbol{r}_{BA}\times\boldsymbol{F}\tag{3-12}$$

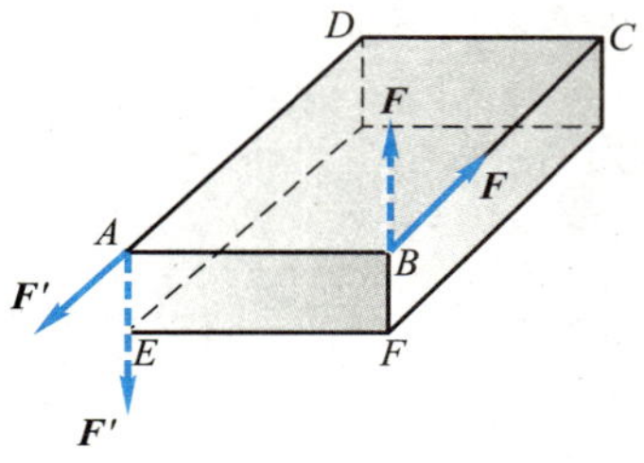

图 3-8

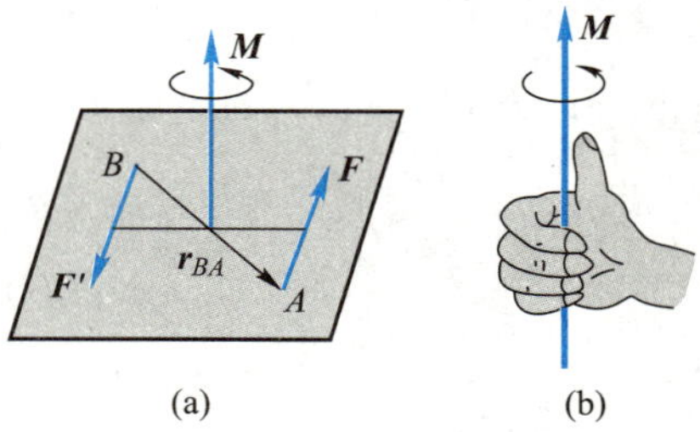

图 3-9

方向可用右手螺旋法则确定：四指的指向与力的方向相同，转轴位于两个力之间，将转轴握在掌心，大拇指的指向即为力偶矩矢的方向。如图 3-9b 所示。

如图 3-10 所示为一空间力偶，其力偶矩矢为 $\boldsymbol{M}=\boldsymbol{r}_{BA}\times\boldsymbol{F}$，因力偶是由两个力组成的，现计算力偶中这两个力对空间任意一点 O 的力偶矩矢。力 $\boldsymbol{F}$ 对点 O 的力矩矢为 $\boldsymbol{M}_O(\boldsymbol{F})=\boldsymbol{r}_A\times\boldsymbol{F}$，力 $\boldsymbol{F}'$ 对点 O 的力矩矢为 $\boldsymbol{M}_O(\boldsymbol{F}')=\boldsymbol{r}_B\times\boldsymbol{F}'$，则力偶 $(\boldsymbol{F},\boldsymbol{F}')$ 中两力对点 O 的力矩矢以 $\boldsymbol{M}_O(\boldsymbol{F},\boldsymbol{F}')$ 表示，为

$$\begin{aligned}\boldsymbol{M}_O(\boldsymbol{F},\boldsymbol{F}')&=\boldsymbol{M}_O(\boldsymbol{F})+\boldsymbol{M}_O(\boldsymbol{F}')\\&=\boldsymbol{r}_A\times\boldsymbol{F}+\boldsymbol{r}_B\times\boldsymbol{F}'\end{aligned}$$

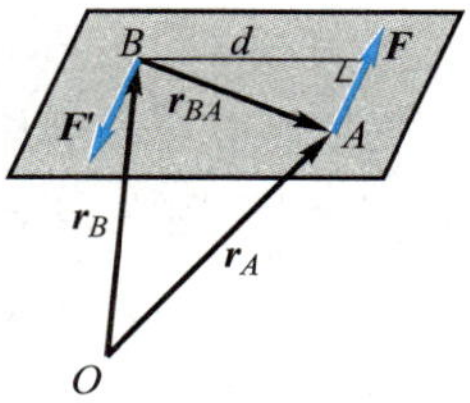

图 3-10

因 $\boldsymbol{F}=-\boldsymbol{F}'$，有

$$\boldsymbol{M}_O(\boldsymbol{F},\boldsymbol{F}')=\boldsymbol{r}_A\times\boldsymbol{F}+\boldsymbol{r}_B\times\boldsymbol{F}'=(\boldsymbol{r}_A-\boldsymbol{r}_B)\times\boldsymbol{F}=\boldsymbol{r}_{BA}\times\boldsymbol{F}=\boldsymbol{M}$$

此计算结果表明，力偶对空间任意一点的力矩矢与矩心位置无关，都等于力偶矩矢。由于力偶矩矢无须确定矢量的初端位置，只要其大小、方向不变，画在任意位置均可，这样的矢量称为**自由矢量**。

2. 空间力偶等效定理

由于空间力偶对刚体的作用效果完全由力偶矩矢确定，而力偶矩矢是自由矢量，因此两个空间力偶不论作用在刚体的什么位置，也不论力的大小、方向与力偶臂的长短，只要力偶矩矢相等，两力偶就等效。这就是空间力偶等效定理，即作用在同一刚体上的两个空间力偶，如果其力偶矩矢相等，则它们彼此等效。

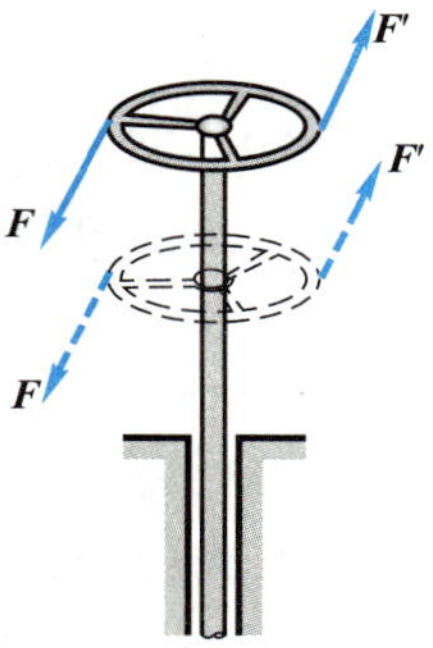

图 3-11

这一定理表明：空间力偶可以平移到与其作用面平行的任意平面上而不改变力偶对刚体的作用效果，也可以同时改变力与力偶臂的大小或将力偶在其作用面内任意移转，只要力偶矩矢的大小、方向不变，其作用效果就不变。

图 3-11 和图 3-12 是说明此性质的两个实例。

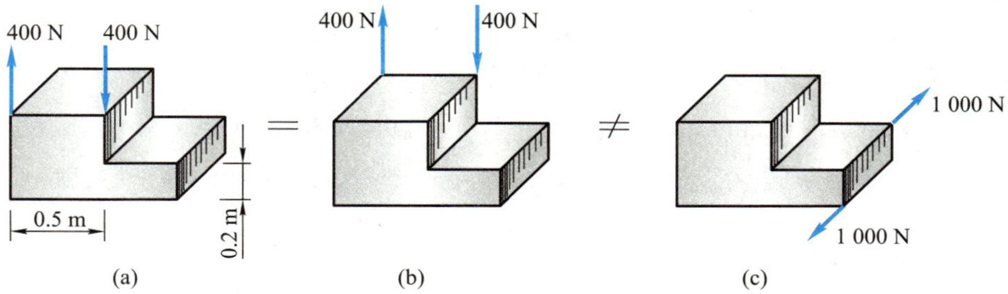

图 3-12

3. 空间力偶系的合成与平衡条件

任意个空间分布的力偶可合成为一个合力偶,合力偶矩矢等于各分力偶矩矢的矢量和,即

$$\boldsymbol{M}=\boldsymbol{M}_1+\boldsymbol{M}_2+\cdots+\boldsymbol{M}_n=\sum\boldsymbol{M}_i \tag{3-13}$$

证明: 设有力偶矩矢为 $\boldsymbol{M}_1$ 和 $\boldsymbol{M}_2$ 的两个力偶,分别作用在相交的平面Ⅰ和平面Ⅱ内,如图 3-13 所示。首先,证明它们合成的结果为一力偶。为此,在这两平面的交线上取任意线段 $AB=d$,利用力偶的等效条件,将两力偶分别在其作用面内移转和变换,使它们具有共同的力偶臂 d,而保持力偶矩矢的大小和力偶的转向不变,即令

$$\boldsymbol{M}_1=\boldsymbol{r}_{BA}\times\boldsymbol{F}_1,\quad \boldsymbol{M}_2=\boldsymbol{r}_{BA}\times\boldsymbol{F}_2$$

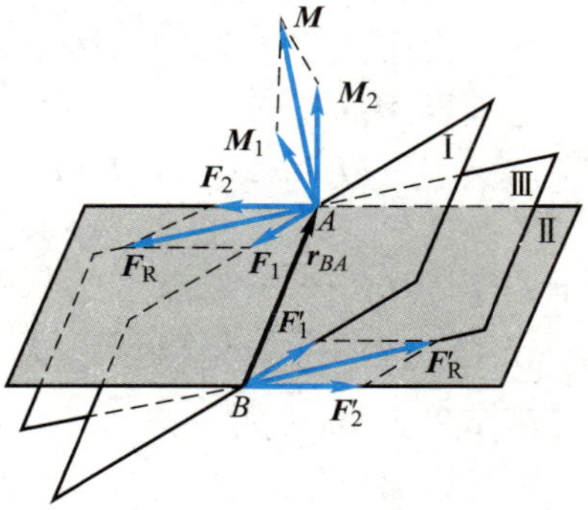

图 3-13

再分别合成 A、B 两点的汇交力,得 $\boldsymbol{F}_R=\boldsymbol{F}_1+\boldsymbol{F}_2$,$\boldsymbol{F}'_R=\boldsymbol{F}'_1+\boldsymbol{F}'_2$。显然,力 $\boldsymbol{F}_R$ 与力 $\boldsymbol{F}'_R$ 等值、反向、平行且不共线,形成一个力偶,它作用在平面Ⅲ内,令其力偶矩矢为 $\boldsymbol{M}$,从图 3-13 可见

$$\boldsymbol{M}=\boldsymbol{r}_{BA}\times\boldsymbol{F}_R=\boldsymbol{r}_{BA}\times(\boldsymbol{F}_1+\boldsymbol{F}_2)=\boldsymbol{M}_1+\boldsymbol{M}_2$$

因为一个力偶矩矢 $\boldsymbol{M}$ 与两个力偶矩矢 $\boldsymbol{M}_1$ 和 $\boldsymbol{M}_2$ 等效,所以力偶矩矢 $\boldsymbol{M}$ 称为合力偶矩矢。此结果说明:合力偶矩矢等于原有两个力偶矩矢的矢量和。

如有 n 个空间力偶,按上述方法逐次合成,最后得一力偶,式(3-13)得证。

也可用力偶矩矢为自由矢量的特性,将这些力偶矩矢移动到同一点,由矢量的合成法则,式(3-13)同样成立。

用解析法求合力偶矩矢,由矢量投影定理,有

$$M_x=\sum M_{ix},\quad M_y=\sum M_{iy},\quad M_z=\sum M_{iz}$$

所以有合力偶矩矢 $\boldsymbol{M}$ 的大小和方向为

$$M=\sqrt{(\sum M_{ix})^2+(\sum M_{iy})^2+(\sum M_{iz})^2} \tag{3-14}$$

$$\cos(\boldsymbol{M},\boldsymbol{i})=\sum M_{ix}/M,\quad \cos(\boldsymbol{M},\boldsymbol{j})=\sum M_{iy}/M,\quad \cos(\boldsymbol{M},\boldsymbol{k})=\sum M_{iz}/M \tag{3-15}$$

由于空间力偶系可以用一个合力偶来代替,显然,空间力偶系平衡的充分必要条件是:该力偶系的合力偶矩矢等于零,即各分力偶矩矢的矢量和等于零,即

$$\boldsymbol{M}=\sum\boldsymbol{M}_i=\boldsymbol{0} \tag{3-16}$$

写成解析表达式则为

$$\sum M_{ix}=0,\quad \sum M_{iy}=0,\quad \sum M_{iz}=0 \tag{3-17}$$

称此为**空间力偶系的平衡方程**，即该力偶系中各分力偶矩矢在三根坐标轴上投影的代数和分别等于零。

由上述三个独立的平衡方程可求解三个未知量。

例 3-4 如图 3-14a 所示，不计各构件的自重，圆盘 O_1 与 O_2 分别和水平轴 AB 固连，$AB=800$ mm，O_1 盘面垂直于 z 轴，O_2 盘面垂直于 x 轴，盘面上分别作用有力偶$(\boldsymbol{F}_1,\boldsymbol{F}_1')$与$(\boldsymbol{F}_2,\boldsymbol{F}_2')$。两圆盘半径均为 200 mm，$F_1=30$ N，$F_2=50$ N。求轴承 A 和 B 处的约束力。

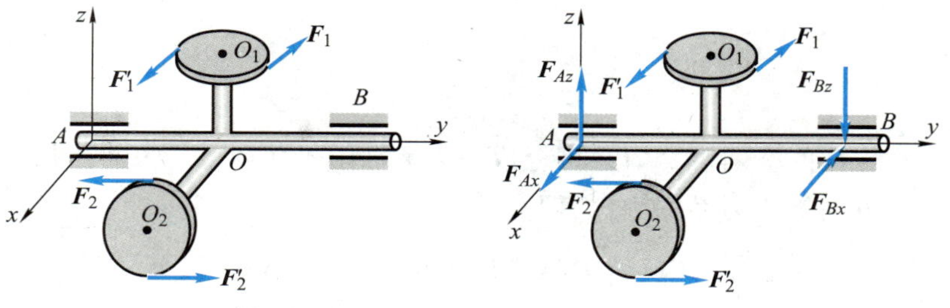

图 3-14

解： 取整体为研究对象，由于自重不计，主动力为两个力偶，由力偶只能由力偶来平衡的性质，轴承 A 和 B 处的约束力也应形成力偶。轴承 A 和 B 处的约束力分别以 $\boldsymbol{F}_{Ax}$、$\boldsymbol{F}_{Az}$、$\boldsymbol{F}_{Bx}$、$\boldsymbol{F}_{Bz}$表示，方向如图 3-14b 所示。$\boldsymbol{F}_{Ax}$与 $\boldsymbol{F}_{Bx}$形成一力偶，力偶矩矢沿 z 轴，$\boldsymbol{F}_{Az}$与 $\boldsymbol{F}_{Bz}$形成一力偶，力偶矩矢沿 x 轴。力偶$(\boldsymbol{F}_1,\boldsymbol{F}_1')$的力偶矩矢沿 z 轴，力偶$(\boldsymbol{F}_2,\boldsymbol{F}_2')$的力偶矩矢沿 x 轴。由力偶系的平衡方程，有

$$\sum M_{ix}=0,\quad 400\ \text{mm}\cdot F_2-800\ \text{mm}\cdot F_{Az}=0$$

$$\sum M_{iz}=0,\quad 400\ \text{mm}\cdot F_1-800\ \text{mm}\cdot F_{Ax}=0$$

分别解得

$$F_{Ax}=F_{Bx}=-15\ \text{N},\quad F_{Az}=F_{Bz}=25\ \text{N}$$

§3-4 空间任意力系的简化

当空间力系中各力的作用线在空间任意分布时，称之为空间任意力系。

先讨论空间任意力系的简化问题。

1. 空间任意力系的简化 · 主矢和主矩

设刚体上作用有 n 个力 $\boldsymbol{F}_1,\boldsymbol{F}_2,\cdots,\boldsymbol{F}_n$，形成一空间任意力系，如图 3-15a 所示。与第二章平面任意力系的简化方法一样，任取一点以 O 表示，称之为简化中心。应用力的平移定理，依次将作用于刚体上的每个力向简化中心 O 平移，同时附加一个相应的力偶，和平面力系不同的是，力偶矩以矢量表示。这样，原来的空间任意力系被空间汇交力系和空间力偶系两个简单力系等效替换，如图 3-15b 所示。其中，各力 $\boldsymbol{F}_i'=\boldsymbol{F}_i$，各力偶矩矢等于各分力对点 O 的力矩矢，即

$\boldsymbol{M}_i=\boldsymbol{M}_O(\boldsymbol{F}_i)$。

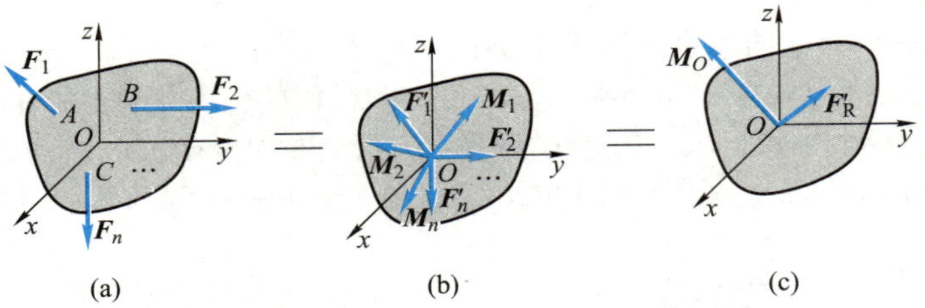

图 3-15

作用于点 O 的空间汇交力系可合成一力 $\boldsymbol{F}'_R$（图 3-15c），此力的作用线通过点 O，其大小和方向等于力系的主矢，即

$$\boldsymbol{F}'_R=\sum\boldsymbol{F}_i=\sum F_x\boldsymbol{i}+\sum F_y\boldsymbol{j}+\sum F_z\boldsymbol{k} \tag{3-18}$$

空间力偶系可合成为一力偶，其力偶矩矢用 $\boldsymbol{M}_O$ 表示，如图 3-15c 所示，为

$$\boldsymbol{M}_O=\sum\boldsymbol{M}_i=\sum(\boldsymbol{r}_i\times\boldsymbol{F}_i) \tag{3-19}$$

显然，此力偶不能与原任意力系等效，不能称其为原任意力系的合力偶，称其为原力系的**主矩**。可以看出，若选不同的点为简化中心，各力的矢径（力臂）一般将要改变，所以主矩一般与简化中心有关。

求空间任意力系主矢的大小和方向，通常采用解析法，即

$$F'_R=\sqrt{(\sum F_{ix})^2+(\sum F_{iy})^2+(\sum F_{iz})^2} \tag{3-20}$$

$$\cos(\boldsymbol{F}'_R,\boldsymbol{i})=\sum F_{ix}/F'_R,\quad \cos(\boldsymbol{F}'_R,\boldsymbol{j})=\sum F_{iy}/F'_R,\quad \cos(\boldsymbol{F}'_R,\boldsymbol{k})=\sum F_{iz}/F'_R \tag{3-21}$$

式中，$\sum F_{ix}$、$\sum F_{iy}$、$\sum F_{iz}$分别表示各分力 $\boldsymbol{F}_i$ 在 x、y、z 轴上投影的代数和。

求空间任意力系主矩的大小和方向，通常也采用解析法，且考虑到空间力对点的矩与力对过该点的轴的矩的关系，把空间力对点的矩的矢量计算转换为对轴的矩的代数计算，有

$$M_O=\sqrt{(\sum M_{ix})^2+(\sum M_{iy})^2+(\sum M_{iz})^2} \tag{3-22}$$

$$\cos(\boldsymbol{M}_O,\boldsymbol{i})=\sum M_{ix}/M_O,\quad \cos(\boldsymbol{M}_O,\boldsymbol{j})=\sum M_{iy}/M_O,\quad \cos(\boldsymbol{M}_O,\boldsymbol{k})=\sum M_{iz}/M_O \tag{3-23}$$

式中，$\sum M_{ix}$、$\sum M_{iy}$、$\sum M_{iz}$分别表示各分力 $\boldsymbol{F}_i$ 对 x、y、z 轴的矩的代数和。

下面举例说明空间任意力系简化的实际应用。飞机在飞行时受到重力、升力、推力、阻力等组成的空间任意力系作用，实际分布特别复杂，为考虑其总体效果，通过飞机重心 O 建立直角坐标系 $Oxyz$，如图 3-16 所示。把力系向飞机的重心 O 简化，由空间任意力系简化理论，可得一力 $\boldsymbol{F}'_R$与一力偶 $\boldsymbol{M}_O$。把此力和力偶矩矢向上

述三根坐标轴分解，则得到三个作用于重心 O 的正交分力 $\boldsymbol{F}'_{Rx}$、$\boldsymbol{F}'_{Ry}$、$\boldsymbol{F}'_{Rz}$ 和三个绕坐标轴的力偶矩 $\boldsymbol{M}_{Ox}$、$\boldsymbol{M}_{Oy}$、$\boldsymbol{M}_{Oz}$。可以清楚地看出它们的意义分别是：

$\boldsymbol{F}'_{Rx}$——有效推进力；　$\boldsymbol{F}'_{Ry}$——有效升力；　$\boldsymbol{F}'_{Rz}$——侧向力；

$\boldsymbol{M}_{Ox}$——滚转力偶矩；　$\boldsymbol{M}_{Oy}$——偏航力偶矩；　$\boldsymbol{M}_{Oz}$——俯仰力偶矩

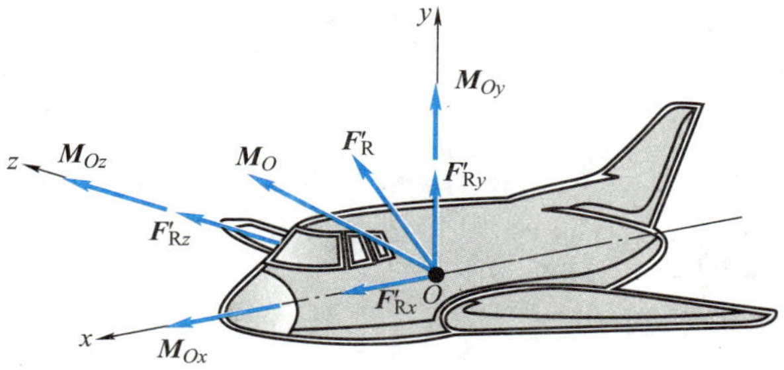

图 3-16

在平面任意力系的简化中，曾讨论了平面固定端约束。当烟囱、水塔、电线杆等所受到的主动力为一空间任意力系时，约束力也是空间分布的，如图 3-17a 所示，利用空间任意力系简化的理论，把此复杂力系向点 A 简化，得到一个力 $\boldsymbol{F}_{RA}$ 和一个力偶 $\boldsymbol{M}_A$，如图 3-17b 所示。通常情况下，为求解方便计，用它们的正交分量 $\boldsymbol{F}_{Ax}$、$\boldsymbol{F}_{Ay}$、$\boldsymbol{F}_{Az}$ 和 M_{Ax}、M_{Ay}、M_{Az} 表示，如图 3-17c 所示。这样的约束称为**空间固定端约束**。

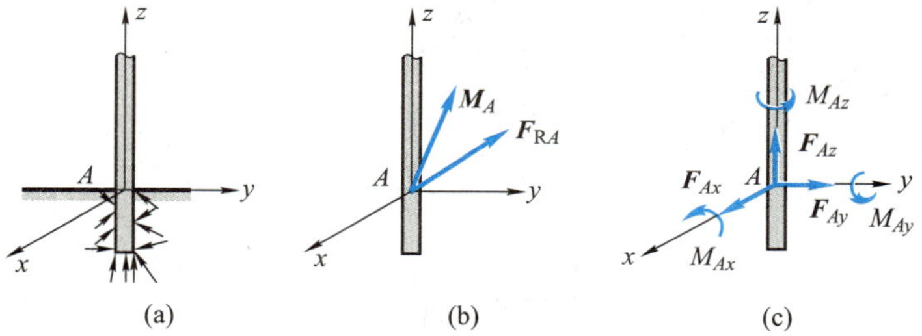

图 3-17

2. 空间约束类型举例

前面几章已陆续介绍了一些工程中常见的约束及其约束力的分析方法。一般情况下，当刚体受到空间任意力系作用时，在每个约束处，其约束力的未知量可能有 1 个到 6 个。决定每种约束的约束力未知量个数的基本方法是：观察被约束物体在空间可能的 6 种独立的位移中（沿 x、y、z 三轴的移动和绕此三轴的转动），有哪几种位移被约束所阻碍。阻碍移动的是约束力，阻碍转动的是约束力偶。现将几种常见的空间约束类型及其约束力综合列表，如表 3-1 所示。

表 3-1　几种常见的空间约束类型及其约束力

	空间约束类型	约束力
1	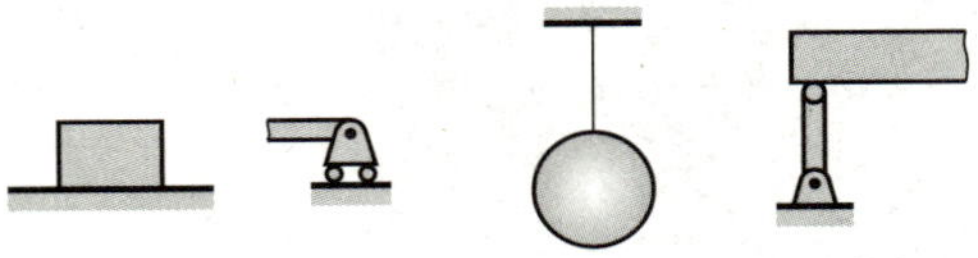 光滑表面　滚动支座　绳索　二力杆	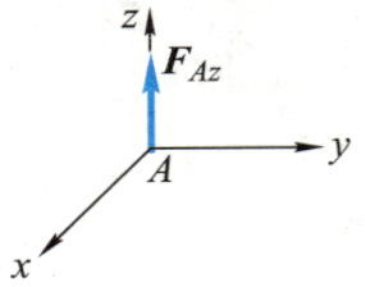
2	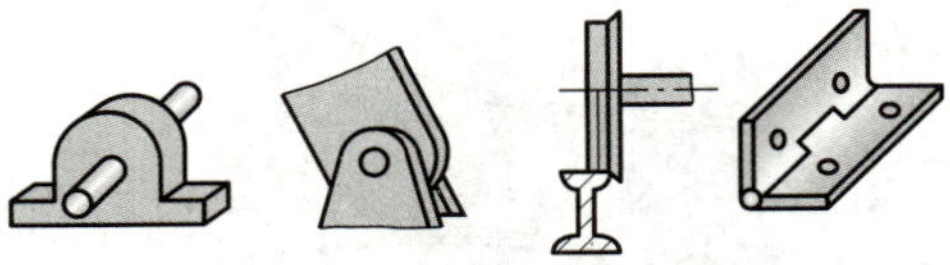 向心轴承　圆柱铰链　铁轨　蝶铰链	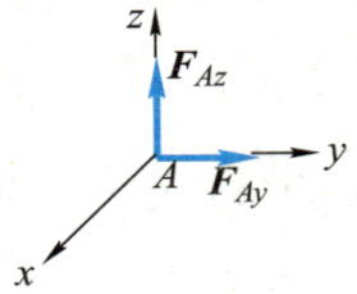
3	 球铰链　止推轴承	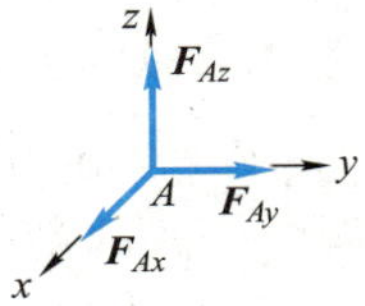
4	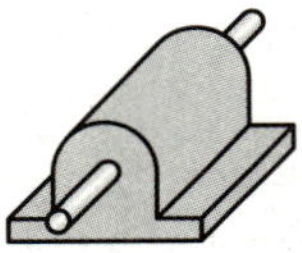 (a) 导向轴承 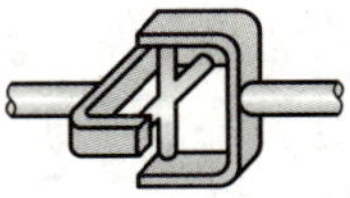 (b) 万向接头	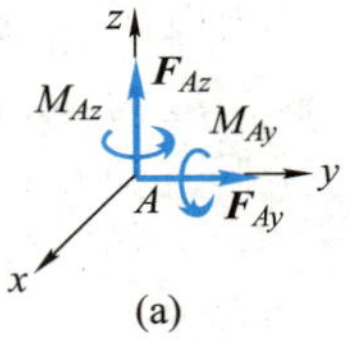 (a) 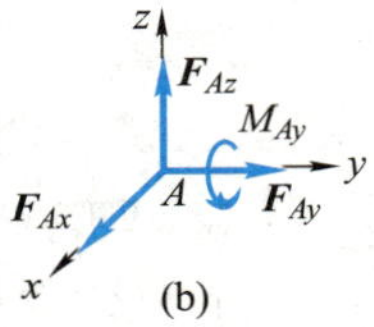 (b)
5	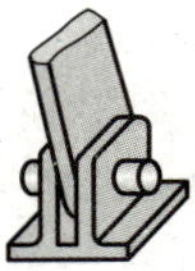 (a) 带有销的夹板 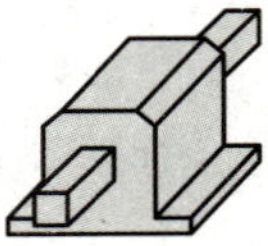 (b) 导轨	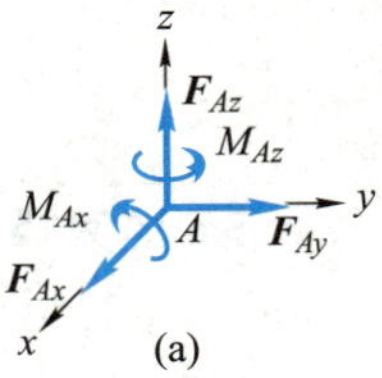 (a) 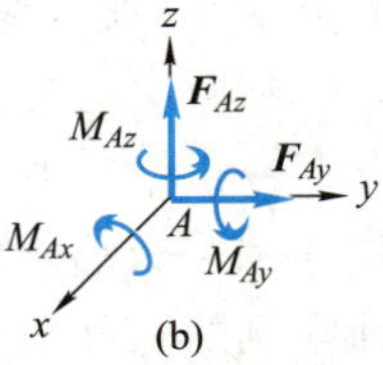 (b)

续表

	空间约束类型	约束力
6	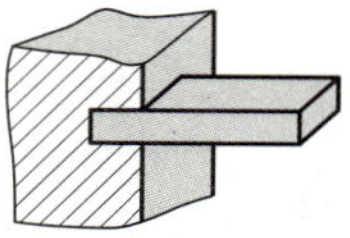 空间固定端支座	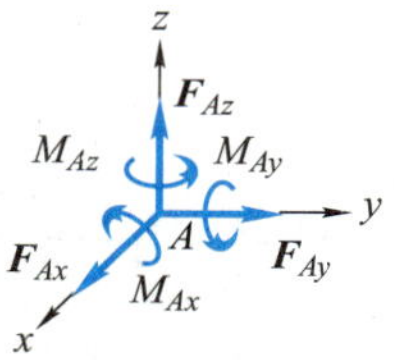

分析实际的约束时，有时要忽略一些次要因素，抓住主要因素，做一些合理的简化。例如，导向轴承能阻碍轴沿 y 轴和 z 轴的移动，并能阻碍绕 y 轴和 z 轴的转动，因此有 4 个约束力 $\boldsymbol{F}_{Ay}$ 和 $\boldsymbol{F}_{Az}$，$\boldsymbol{M}_{Ay}$ 和 $\boldsymbol{M}_{Az}$；而向心轴承限制轴绕 y 轴和 z 轴的转动作用很小，故 $\boldsymbol{M}_{Ay}$ 和 $\boldsymbol{M}_{Az}$ 可忽略不计，因此只有两个约束力 $\boldsymbol{F}_{Ay}$ 和 $\boldsymbol{F}_{Az}$；又如，一般柜门都装有两个合页，形如表 3-1 中的蝶铰链，它主要限制物体沿 y 轴和 z 轴方向的移动，因而有两个约束力 $\boldsymbol{F}_{Ay}$ 和 $\boldsymbol{F}_{Az}$。合页不限制物体绕转轴的转动，单个合页对物体绕 y 轴和 z 轴转动的限制作用也很小，因而没有约束力偶。而当物体受到沿合页轴向作用力时，其中一个合页将限制物体轴向移动，应视为止推轴承。

如果刚体只受平面力系作用，则垂直于该平面的约束力和绕平面内两轴的约束力偶都应为零，相应减少了约束力的数目。例如，在空间任意力系作用下，固定端的约束力共有 6 个，即 $\boldsymbol{F}_{Ax}$、$\boldsymbol{F}_{Ay}$、$\boldsymbol{F}_{Az}$、$\boldsymbol{M}_{Ax}$、$\boldsymbol{M}_{Ay}$、$\boldsymbol{M}_{Az}$；而在 Oyz 平面内受平面任意力系作用时，固定端的约束力就只有 3 个，即 $\boldsymbol{F}_{Ax}$、$\boldsymbol{F}_{Ay}$ 和 $\boldsymbol{M}_{Az}$。

3. 空间任意力系的简化结果分析

空间任意力系向一点简化可能出现下列 4 种情况，即（1）$\boldsymbol{F}'_{\mathrm{R}}=\boldsymbol{0}$，$\boldsymbol{M}_O\neq\boldsymbol{0}$；（2）$\boldsymbol{F}'_{\mathrm{R}}\neq\boldsymbol{0}$，$\boldsymbol{M}_O=\boldsymbol{0}$；（3）$\boldsymbol{F}'_{\mathrm{R}}\neq\boldsymbol{0}$，$\boldsymbol{M}_O\neq\boldsymbol{0}$；（4）$\boldsymbol{F}'_{\mathrm{R}}=\boldsymbol{0}$，$\boldsymbol{M}_O=\boldsymbol{0}$。现分别予以讨论。

（1）空间任意力系简化为一合力偶的情形

当空间任意力系向任一点简化时，若主矢 $\boldsymbol{F}'_{\mathrm{R}}=\boldsymbol{0}$，主矩 $\boldsymbol{M}_O\neq\boldsymbol{0}$，这时为一力偶。显然，该力偶与原力系等效，此力偶称为原力系的合力偶，合力偶矩矢等于原力系对简化中心的主矩。由于力偶矩矢与矩心位置无关，因此，在这种情况下，主矩与简化中心的位置无关。

（2）空间任意力系简化为一合力的情形 · 合力矩定理

当空间任意力系向任一点简化时，若主矢 $\boldsymbol{F}'_{\mathrm{R}}\neq\boldsymbol{0}$，而主矩 $\boldsymbol{M}_O=\boldsymbol{0}$，这时为一力。显然，该力与原力系等效，即原力系合成为一合力，合力的作用线通过简化中心 O，其大小和方向等于原力系的主矢。

若空间任意力系向任一点简化的结果为主矢 $\boldsymbol{F}'_{\mathrm{R}}\neq\boldsymbol{0}$，又主矩 $\boldsymbol{M}_O\neq\boldsymbol{0}$，且 $\boldsymbol{F}'_{\mathrm{R}}\perp\boldsymbol{M}_O$，如图 3-18a 所示。这时，力 $\boldsymbol{F}'_{\mathrm{R}}$ 和力偶矩矢为 $\boldsymbol{M}_O$ 的力偶（$\boldsymbol{F}''_{\mathrm{R}}$，$\boldsymbol{F}_{\mathrm{R}}$）在同一平面内，如图 3-18b 所示，如平面任意力系简化那样，可将力 $\boldsymbol{F}'_{\mathrm{R}}$ 与力偶（$\boldsymbol{F}''_{\mathrm{R}}$，$\boldsymbol{F}_{\mathrm{R}}$）进一步简化，得作用于点 O' 的一个力 $\boldsymbol{F}_{\mathrm{R}}$，如图 3-18c 所示。此力即为原力系的合力，其大

小和方向等于原力系的主矢，其作用线离简化中心 O 的距离为

$$d=\frac{|\boldsymbol{M}_O|}{F'_{\mathrm{R}}} \tag{3-24}$$

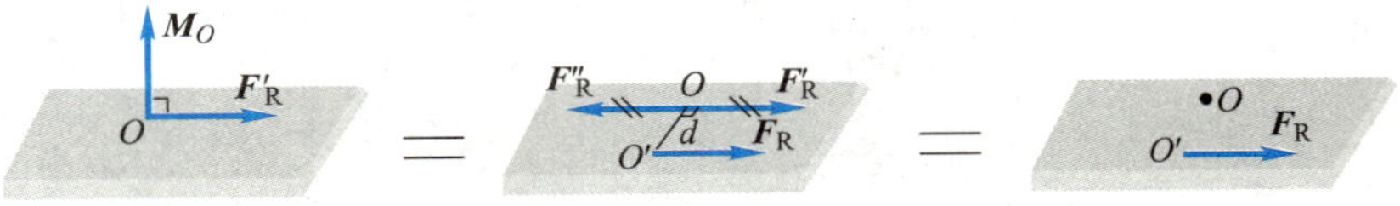

(a) (b) (c)

图 3-18

由图 3-18c 可知，合力 $\boldsymbol{F}_{\mathrm{R}}$ 对点 O 的力矩矢 $\boldsymbol{M}_O$，等于图 3-18a 中的主矩 $\boldsymbol{M}_O$，即

$$\boldsymbol{M}_O(\boldsymbol{F}_{\mathrm{R}})=\boldsymbol{M}_O=\sum \boldsymbol{r}_i\times\boldsymbol{F}_i=\sum \boldsymbol{M}_O(\boldsymbol{F}_i) \tag{3-25}$$

即空间任意力系的合力对于任一点的力矩矢等于各分力对同一点的力矩矢的矢量和。这就是空间任意力系的合力矩定理。再由空间力对点的矩与力对轴的矩的关系，得空间任意力系的合力对于任一轴的矩等于各分力对同一轴的矩的代数和。

（3）空间任意力系简化为力螺旋的情形

如果空间任意力系向一点简化后，主矢和主矩都不等于零，且 $\boldsymbol{F}'_{\mathrm{R}}/\!/\boldsymbol{M}_O$，这种结果被称为**力螺旋**，如图 3-19 所示。所谓力螺旋是由一力和一力偶组成的力系，其中力的作用线垂直于力偶的作用面。例如，钻孔时的钻头对工件的作用，以及拧螺钉时螺丝刀对螺钉的作用都是力螺旋。

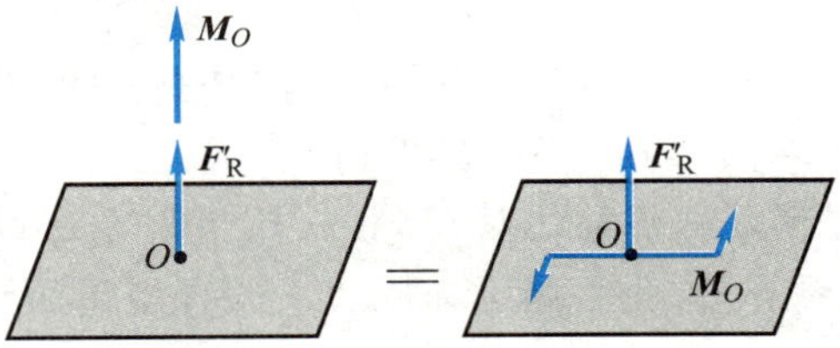

(a)

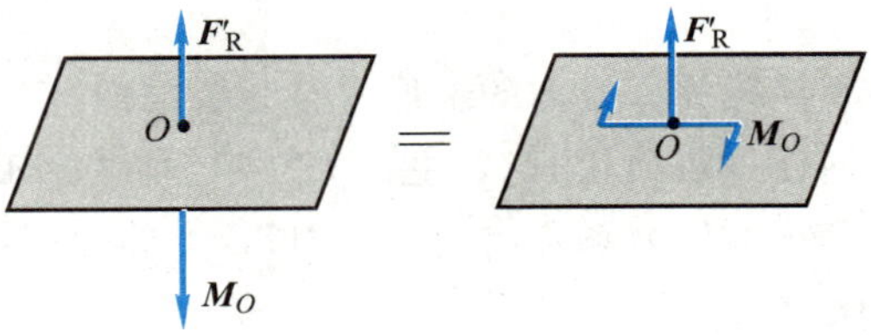

(b)

图 3-19

力螺旋是由静力学的两个基本要素力和力偶组成的最简单的力系，不能再进一步合成。力偶的转向和力的指向符合右手螺旋法则的称为**右螺旋**（图 3-19a），

否则称为左螺旋(图 3-19b)。力螺旋的力作用线称为该力螺旋的中心轴。在上述情形下,中心轴通过简化中心。

如果 $\boldsymbol{F}'_{\mathrm{R}}\neq\mathbf{0}$,$\boldsymbol{M}_O\neq\mathbf{0}$,且两者既不平行,又不垂直,如图 3-20a 所示。此时可将 $\boldsymbol{M}_O$ 分解为两个分力偶矩矢 $\boldsymbol{M}'_O$ 与 $\boldsymbol{M}''_O$,它们分别平行于 $\boldsymbol{F}'_{\mathrm{R}}$ 和垂直于 $\boldsymbol{F}'_{\mathrm{R}}$,如图 3-20b 所示,则 $\boldsymbol{M}''_O$ 和 $\boldsymbol{F}'_{\mathrm{R}}$ 可用作用于点 O' 的力 $\boldsymbol{F}_{\mathrm{R}}$ 来代替。由于力偶矩矢是自由矢量,故可将 $\boldsymbol{M}'_O$ 平行移动,使之与 $\boldsymbol{F}_{\mathrm{R}}$ 共线。这样便得一力螺旋,其中心轴不在简化中心 O,而是通过另一点 O',如图 3-20c 所示。O 和 O' 两点间的距离为

$$d=\frac{|\boldsymbol{M}''_O|}{F'_{\mathrm{R}}}=\frac{M_O\sin\theta}{F'_{\mathrm{R}}} \tag{3-26}$$

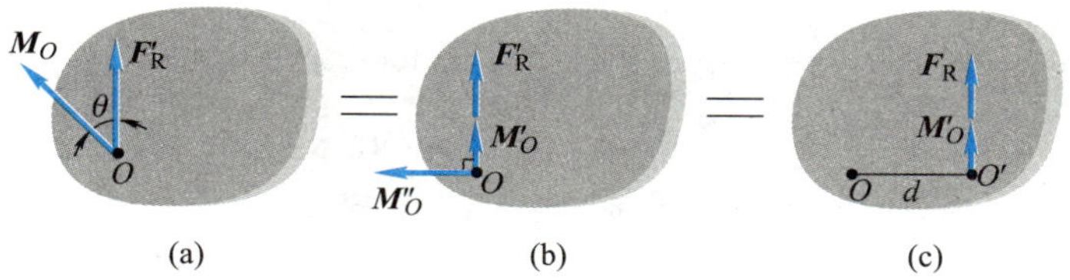

图 3-20

(4) 空间任意力系简化为平衡力系的情形

当空间任意力系向任一点简化时,若主矢 $\boldsymbol{F}'_{\mathrm{R}}=\mathbf{0}$,主矩 $\boldsymbol{M}_O=\mathbf{0}$,力系和零力系等效,空间任意力系平衡,将在下节详细讨论。

例 3-5 图 3-21a 所示空间力系可简化为一力螺旋。试求力螺旋中力偶的力偶矩矢及力作用线与 Oxz 平面交点 P 的坐标。

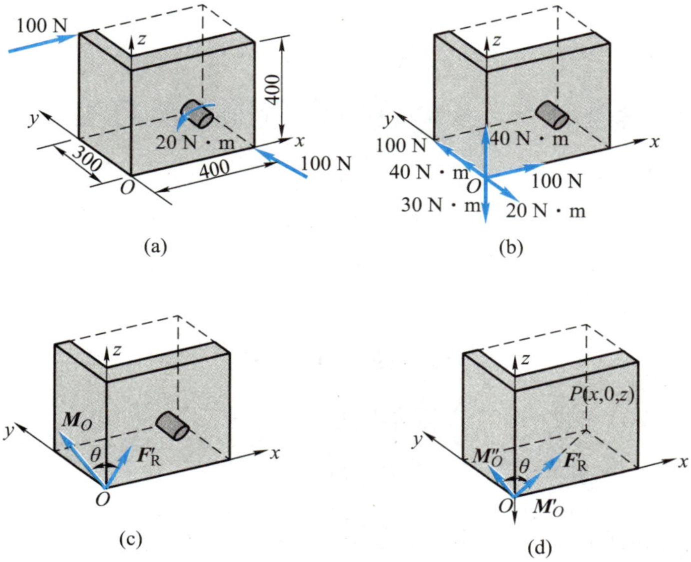

图 3-21

解：(1) 先用力的平移定理，将力系向点 O 简化，求得其主矢 $\boldsymbol{F}_R'$ 和主矩 $\boldsymbol{M}_O$，皆用投影表示，如图 3-21b 所示，则有

$$\boldsymbol{F}_R' = (100\boldsymbol{i}+100\boldsymbol{j})\ \text{N}$$

$$\boldsymbol{M}_O = (20\boldsymbol{j}+10\boldsymbol{k})\ \text{N}\cdot\text{m}$$

可见将主矢和主矩均用合矢量表示，二者之间的夹角为 θ，如图 3-21c 所示。根据矢积的意义，有 $\boldsymbol{F}_R'\cdot\boldsymbol{M}_O$ 或 $\boldsymbol{F}_R'\times\boldsymbol{M}_O$ 皆不为零，因此主矢和主矩既不垂直也不平行，可以简化为一力螺旋。

$$|\boldsymbol{F}_R'\times\boldsymbol{M}_O| = |\boldsymbol{F}_R'|\cdot|\boldsymbol{M}_O|\sin\theta$$

得 $\sin\theta=\sqrt{\dfrac{3}{5}}$，$\cos\theta=\sqrt{\dfrac{2}{5}}$。

将主矩 $\boldsymbol{M}_O$ 进行分解，得到平行于主矢的分量 $\boldsymbol{M}_O'$ 和垂直于主矢的分量 $\boldsymbol{M}_O''$，如图 3-21d 所示，二者分别为

$$\boldsymbol{M}_O' = |\boldsymbol{M}_O|\cos\theta\cdot\frac{\boldsymbol{F}_R'}{|\boldsymbol{F}_R'|} = (10\boldsymbol{i}+10\boldsymbol{j})\ \text{N}\cdot\text{m}$$

$$\boldsymbol{M}_O'' = \boldsymbol{M}_O-\boldsymbol{M}_O' = (-10\boldsymbol{i}+10\boldsymbol{j}+10\boldsymbol{k})\ \text{N}\cdot\text{m} \tag{a}$$

显然有 $\boldsymbol{F}_R'\cdot\boldsymbol{M}_O''=0$，因此 $\boldsymbol{M}_O''$ 与主矢垂直，可以继续简化得到一力螺旋，其中力偶的力偶矩矢为 $\boldsymbol{M}_O'$。

(2) 假设点 P 为主矢平移后使得 $\boldsymbol{M}_O''=\boldsymbol{0}$ 时的作用线与 Oxz 平面的交点，亦即最后的力螺旋的中心轴与该平面的交点，设点 P 的坐标为 $(x,0,z)$，如图 3-21d 所示。根据空间力对点的力矩的计算公式，记点 O 到点 P 的矢径为 $\boldsymbol{r}$，则平移后的主矢 $\boldsymbol{F}_R'$ 对点 O 的力矩矢（也就是 $\boldsymbol{M}_O''$）为

$$\boldsymbol{M}_O''=\boldsymbol{r}\times\boldsymbol{F}_R'=\begin{vmatrix}\boldsymbol{i} & \boldsymbol{j} & \boldsymbol{k}\\ x & 0 & z\\ 100\ \text{N} & 100\ \text{N} & 0\end{vmatrix}=-100\ \text{N}\cdot z\boldsymbol{i}+100\ \text{N}\cdot z\boldsymbol{j}+100\ \text{N}\cdot x\boldsymbol{k} \tag{b}$$

由式(a)、式(b)两式相等得到 $x=0.1$ m，$z=0.1$ m，统一成图示单位，得点 P 的坐标为(100 mm，0，100 mm)。

§3-5 空间任意力系的平衡方程

1. 空间任意力系的平衡方程

由上节知，当主矢 $\boldsymbol{F}_R'=\boldsymbol{0}$，主矩 $\boldsymbol{M}_O=\boldsymbol{0}$，力系和零力系等效，空间任意力系平衡，由此可得空间任意力系处于平衡的必要和充分条件是：该力系的主矢和对于任一点的主矩都等于零。即

$$\boldsymbol{F}_R'=\boldsymbol{0},\quad \boldsymbol{M}_O=\boldsymbol{0}$$

根据式(3-20)和式(3-22)，可将上述条件写为

$$\left.\begin{aligned}&\sum F_x=0, && \sum F_y=0, && \sum F_z=0\\ &\sum M_x(\boldsymbol{F})=0, && \sum M_y(\boldsymbol{F})=0, && \sum M_z(\boldsymbol{F})=0\end{aligned}\right\} \tag{3-27}$$

式(3-27)称为空间任意力系的平衡方程。即空间任意力系平衡的必要和充分条

件是：所有各力在三个坐标轴中每一个轴上的投影的代数和等于零，各力对于每一个坐标轴的矩的代数和也等于零。

空间任意力系是最普遍的力系，其平衡方程包含了其他力系的平衡规律，从中可导出其他特殊情况的平衡方程，例如，空间平行力系、空间汇交力系和平面任意力系等。现以空间平行力系为例，导出空间平行力系的平衡方程，其他情况读者可自行推导。

空间任意力系的独立平衡方程有 6 个，只能求解 6 个未知量，如果未知量多于 6 个，就是静不定问题。

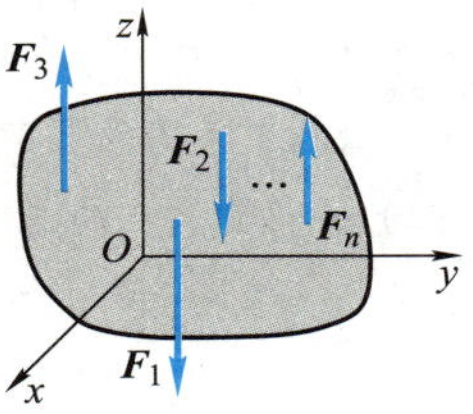

图 3-22

如图 3-22 所示，物体受一空间平行力系作用，设 z 轴与这些力平行，则各力对 z 轴的矩等于零。又由于 x 轴和 y 轴都与这些力垂直，各力在 x 轴和 y 轴上的投影也等于零。所以方程组(3-27)中，第一、第二和第六个方程成了恒等式。因此，空间平行力系只有 3 个平衡方程，即

$$\sum F_z=0,\quad \sum M_x(\boldsymbol{F})=0,\quad \sum M_y(\boldsymbol{F})=0 \tag{3-28}$$

2. 空间力系平衡问题举例

例 3-6 在图 3-23a 中，带的拉力 $F_2=2F_1$，曲柄上作用有铅垂力 $F=2\ 000$ N。带轮的直径 $D=400$ mm，曲柄长 $R=300$ mm，带 1 和带 2 与铅垂线间夹角分别为 $\theta=30°$，$\beta=60°$（图 3-23b），其他尺寸如图所示。求带的拉力和轴承约束力。

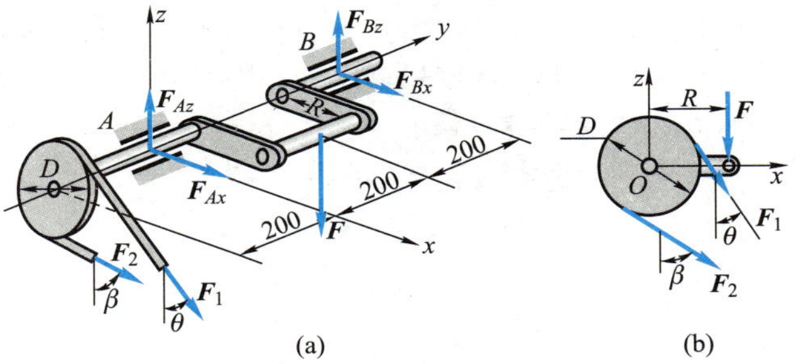

图 3-23

解： 取整体为研究对象，受力如图 3-23a 所示。轴受空间任意力系作用，选坐标系如图所示，列平衡方程：

$$\sum F_x=0,\quad F_1\sin 30°+F_2\sin 60°+F_{Ax}+F_{Bx}=0$$

$$\sum F_y=0,\quad 0=0$$

$$\sum F_z=0,\quad -F_1\cos 30°-F_2\cos 60°-F+F_{Az}+F_{Bz}=0$$

$$\sum M_x(\boldsymbol{F})=0,\quad 0.2\ \text{m}\cdot F_1\cos 30°+0.2\ \text{m}\cdot F_2\cos 60°-0.2\ \text{m}\cdot F+0.4\ \text{m}\cdot F_{Bz}=0$$

$$\sum M_y(\boldsymbol{F})=0,\quad 0.3\ \text{m}\cdot F-0.2\ \text{m}\cdot(F_2-F_1)=0$$

$$\sum M_z(\boldsymbol{F})=0,\quad 0.2\ \text{m}\cdot F_1\sin 30°+0.2\ \text{m}\cdot F_2\sin 60°-0.4\ \text{m}\cdot F_{Bx}=0$$

又有

$$F_2=2F_1$$

联立上述方程，解得

$$F_1=3\ 000\ \mathrm{N},\quad F_2=6\ 000\ \mathrm{N}$$

$$F_{Ax}=-10\ 044\ \mathrm{N},\quad F_{Az}=9\ 397\ \mathrm{N}$$

$$F_{Bx}=3\ 348\ \mathrm{N},\quad F_{Bz}=-1\ 799\ \mathrm{N}$$

例 3-7 车床主轴如图 3-24 所示，已知车刀对工件的径向切削力 $F_x=4.25\ \mathrm{kN}$，纵向切削力 $F_y=6.8\ \mathrm{kN}$，主切削力(切向) $F_z=17\ \mathrm{kN}$，方向如图所示。$\boldsymbol{F}_t$ 与 $\boldsymbol{F}_r$ 分别为作用在直齿轮 C 上的切向力和径向力，且 $F_r=0.36F_t$。齿轮 C 的节圆半径 $R=50\ \mathrm{mm}$，被切削工件的半径 $r=30\ \mathrm{mm}$。不考虑卡盘和工件等的自重，其余尺寸如图所示。系统处于平衡状态。求：(1) 齿轮啮合力 $\boldsymbol{F}_t$ 与 $\boldsymbol{F}_r$；(2) 径向轴承 A 和止推轴承 B 的约束力；(3) 三爪卡盘 E 在 O 处对工件的约束力。

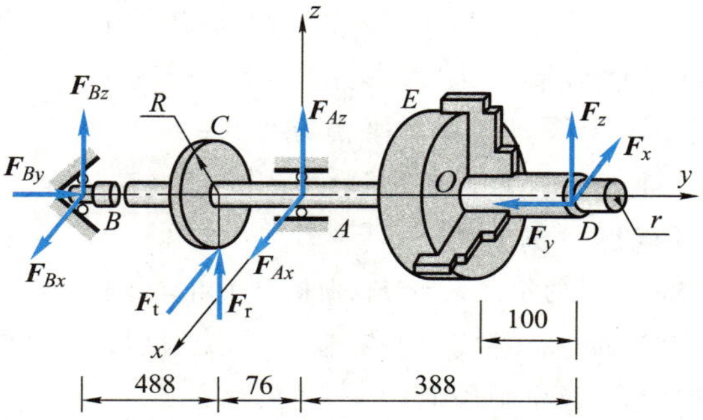

图 3-24

解： 先取整体为研究对象，受力如图 3-24 所示，为一空间任意力系，选坐标系如图所示。

(1) 求齿轮啮合力 $\boldsymbol{F}_t$ 与 $\boldsymbol{F}_r$，列平衡方程：

$$\sum M_y=0,\quad F_t\cdot R-F_z\cdot r=0$$

又

$$F_r=0.36F_t$$

解得

$$F_t=10.2\ \mathrm{kN},\quad F_r=3.67\ \mathrm{kN}$$

(2) 求径向轴承 A 和止推轴承 B 的约束力，列平衡方程：

$$\sum F_x=0,\quad F_{Ax}+F_{Bx}-F_t-F_x=0$$

$$\sum F_y=0,\quad F_{By}-F_y=0$$

$$\sum F_z=0,\quad F_{Az}+F_{Bz}+F_r+F_z=0$$

$$\sum M_x=0,\quad -F_{Bz}\cdot(488+76)\ \mathrm{mm}-F_r\cdot 76\ \mathrm{mm}+F_z\cdot 388\ \mathrm{mm}=0$$

$$\sum M_z=0,\quad F_{Bx}\cdot(488+76)\ \mathrm{mm}-F_t\cdot 76\ \mathrm{mm}-F_y\cdot 30\ \mathrm{mm}+F_x\cdot 388\ \mathrm{mm}=0$$

解得

$$F_{Ax}=15.64\ \mathrm{kN},\quad F_{Az}=-31.87\ \mathrm{kN}$$

$$F_{Bx}=-1.19\ \mathrm{kN},\quad F_{By}=6.8\ \mathrm{kN},\quad F_{Bz}=11.2\ \mathrm{kN}$$

（3）求三爪卡盘 E 在 O 处对工件的约束力。取工件，画出其受力图如图 3-25 所示。

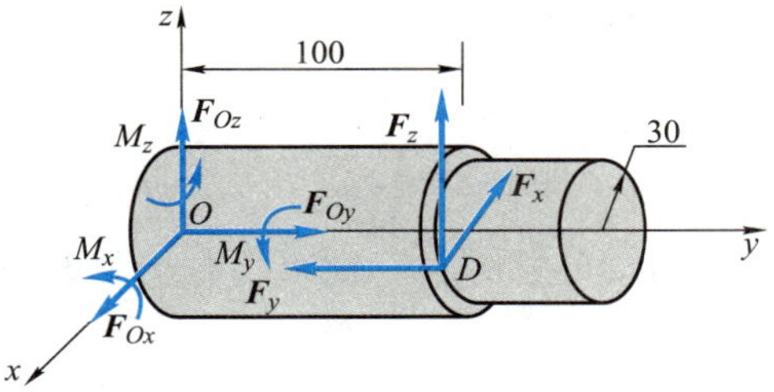

图 3-25

$$\sum F_x = 0,\quad F_{Ox} - F_x = 0$$

$$\sum F_y = 0,\quad F_{Oy} - F_y = 0$$

$$\sum F_z = 0,\quad F_{Oz} + F_z = 0$$

$$\sum M_x = 0,\quad M_x + 100\ \text{mm} \cdot F_z = 0$$

$$\sum M_y = 0,\quad M_y - 30\ \text{mm} \cdot F_z = 0$$

$$\sum M_z = 0,\quad M_z + 100\ \text{mm} \cdot F_x - 30\ \text{mm} \cdot F_y = 0$$

解得

$$F_{Ox} = 4.25\ \text{kN},\quad F_{Oy} = 6.8\ \text{kN},\quad F_{Oz} = -17\ \text{kN}$$

$$M_x = -1.7\ \text{kN} \cdot \text{m},\quad M_y = 0.51\ \text{kN} \cdot \text{m},\quad M_z = -0.22\ \text{kN} \cdot \text{m}$$

空间任意力系有 6 个独立的平衡方程，可求解 6 个未知量。如同平面任意力系，其平衡方程不局限于式（3-27）所示的一种形式。为使解题简便，每个方程中最好只包含一个未知量。为此，在选投影轴时应尽量与其余未知力垂直，在选择取矩的轴时应尽量与其余的未知力平行或相交。投影轴不必相互垂直，取矩的轴也不必与投影轴重合。空间任意力系的力矩方程的数目可取 3 个至 6 个。现举例如下。

例 3-8 图 3-26 所示均质长方形板由 6 根直杆支持于水平位置，直杆两端分别用球铰链与板和地面连接。板重为 P，在 A 处作用一水平力 $\boldsymbol{F}$，力 $\boldsymbol{F}$ 平行于 y 轴，且 $F=2P$。求 6 根杆的内力。

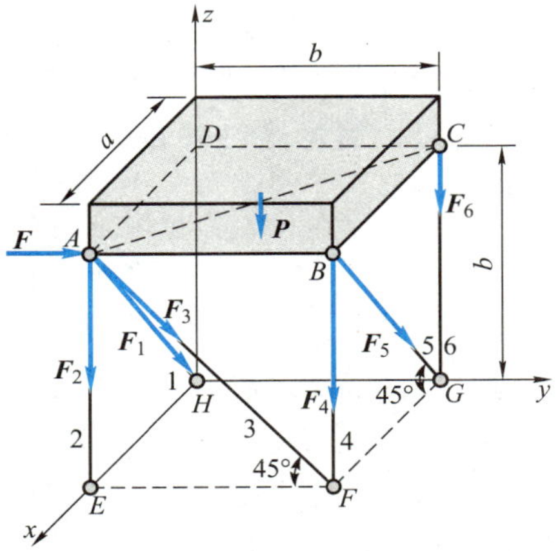

图 3-26

解： 取板为研究对象，各支杆均为二力杆，设它们均受拉力，板的受力图如图 3-26 所示。按列一个方程求一个未知数的原则，列 6 个力矩平衡方程求解。力矩方程中 M 的下标，第一个字母表示坐标轴的坐标原点，第二个字母表示坐标轴的正向。

$$\sum M_{EA} = 0,\quad F_5 \cos 45° \cdot b = 0,\quad 得\quad F_5 = 0$$

$$\sum M_{FB} = 0,\quad -F_1 \cos 45° \cdot b = 0,\quad 得\quad F_1 = 0$$

$$\sum M_{AC}=0,\quad F_4\cdot\frac{ab}{\sqrt{a^2+b^2}}=0,\quad 得\quad F_4=0$$

$$\sum M_{AB}=0,\quad -F_6\cdot a-P\cdot\frac{a}{2}=0,\quad 得\quad F_6=-\frac{P}{2}(压力)$$

$$\sum M_{HD}=0,\quad F_3\cos 45^\circ\cdot a+F\cdot a=0,\quad 得\quad F_3=-2\sqrt{2}P(压力)$$

$$\sum M_{CB}=0,\quad F_2\cdot b+P\cdot\frac{b}{2}+F_3\sin 45^\circ\cdot b=0,\quad 得\quad F_2=1.5P(拉力)$$

§3-6 物体的重心

1. 平行力系中心

前面分析了力系向一点简化的最终结果,可能为合力偶、合力、力螺旋和平衡力系四种情况。那么一个空间平行力系简化的最终结果是什么呢?假设有一个空间平行力系 $\boldsymbol{F}_1,\boldsymbol{F}_2,\cdots,\boldsymbol{F}_n$,如图 3-27 所示。定义一个与各力平行的单位矢量 $\boldsymbol{a}$,则平行力系可用该单位矢量表示成 $F_1\boldsymbol{a},F_2\boldsymbol{a},\cdots,F_n\boldsymbol{a}$。现将该力系向空间中任意一点 O 简化,根据力系简化理论,将会得到一个主矢 $\boldsymbol{F}'_R$ 和一个主矩 $\boldsymbol{M}_O$,其中

$$\boldsymbol{F}'_R=\sum\boldsymbol{F}_i=F_1\boldsymbol{a}+F_2\boldsymbol{a}+\cdots+F_n\boldsymbol{a}=(\sum F_i)\boldsymbol{a}$$

表示主矢 $\boldsymbol{F}'_R$ 与平行力系中各力平行,如图 3-27 所示。而主矩 $\boldsymbol{M}_O$ 为各力对点 O 力矩矢的矢量和。从点 O 向各力的作用点引矢径 $\boldsymbol{r}_1,\boldsymbol{r}_2,\cdots,\boldsymbol{r}_n$,根据式(3-7),得到主矩的计算式为

$$\boldsymbol{M}_O=\sum(\boldsymbol{r}_i\times\boldsymbol{F}_i)=\boldsymbol{r}_1\times F_1\boldsymbol{a}+\boldsymbol{r}_2\times F_2\boldsymbol{a}+\cdots+\boldsymbol{r}_n\times F_n\boldsymbol{a}=(\sum F_i\boldsymbol{r}_i)\times\boldsymbol{a}$$

根据矢积的几何意义可知,主矩 $\boldsymbol{M}_O$ 垂直于单位矢量 $\boldsymbol{a}$,亦即主矩 $\boldsymbol{M}_O$ 垂直于主矢 $\boldsymbol{F}'_R$,如图 3-27 所示。这表明该力系还可以向另外一点继续简化得到一个合力 $\boldsymbol{F}_R$。前提是主矢 $\boldsymbol{F}'_R$ 不等于零。因此可以得出结论:如果空间平行力系的主矢不等于零,则该力系一定可以简化得到一个合力。合力到当前简化中心 O 的距离为

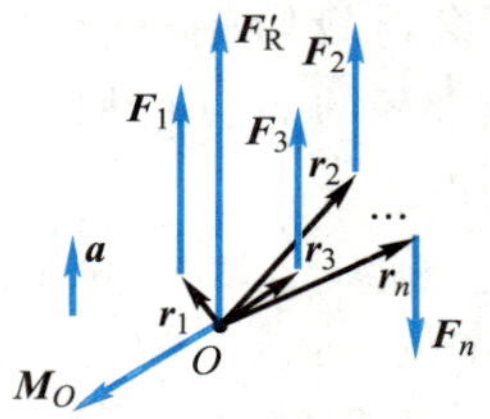

图 3-27

$$d=\frac{|\boldsymbol{M}_O|}{F'_R}$$

建立如图 3-28a 所示的坐标系,平行力系中各力的方向与 z 轴平行,设各力作用点的坐标分别为(x_i,y_i,z_i),$i=1,2,\cdots,n$。因为合力 $\boldsymbol{F}_R$ 与各力平行,所以合力 $\boldsymbol{F}_R$ 也与 z 轴平行,设其作用点为 C,称之为平行力系中心。其坐标设为(x_C,y_C,z_C),此即为平行力系中心的坐标。根据合力矩定理,力系中各力对一点(轴)的力矩之和等于合力对同一点(轴)的矩,因此合力对三根坐标轴的矩等于各力对三根坐标轴的力矩之和。分别对 x 轴和 y 轴应用合力矩定理,有

$$M_x(\boldsymbol{F}_R)=\sum M_x(\boldsymbol{F}_i),\quad M_y(\boldsymbol{F}_R)=\sum M_y(\boldsymbol{F}_i)$$

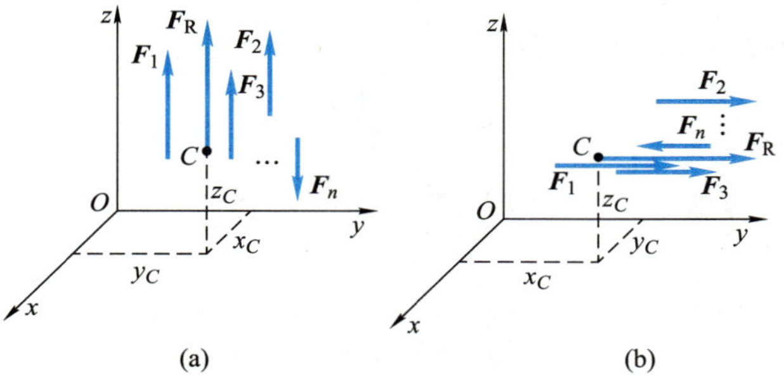

图 3-28

亦即

$$F_R \cdot y_C = \sum(F_i \cdot y_i), \quad -F_R \cdot x_C = \sum(-F_i \cdot x_i)$$

得到

$$y_C = \frac{\sum(F_i \cdot y_i)}{F_R}, \quad x_C = \frac{\sum(F_i \cdot x_i)}{F_R}$$

同时将各力绕着作用点在平行于 Oyz 的平面内顺时针旋转 90°，则合力也将在平行于 Oyz 的平面内顺时针旋转 90°，且作用点保持不变，此时各力均与 y 轴平行，如图 3-28b 所示。对 x 轴应用合力矩定理，有

$$-F_R \cdot z_C = \sum(-F_i \cdot z_i)$$

得到

$$z_C = \frac{\sum(F_i \cdot z_i)}{F_R}$$

于是得到平行力系中心的坐标的计算公式为

$$x_C = \frac{\sum(F_i \cdot x_i)}{F_R}, \quad y_C = \frac{\sum(F_i \cdot y_i)}{F_R}, \quad z_C = \frac{\sum(F_i \cdot z_i)}{F_R} \tag{3-29}$$

由式(3-29)可见，平行力系中心的坐标只与各力的大小及作用点有关，而与平行力系的方向无关。这是关于空间平行力系的另外一个结论，它是计算重心的基础。

式(3-29)还可以用一般的矢量表达式来推导。建立一个一般意义上的直角坐标系，设坐标原点 O 到平行力系中各力作用点的矢径分别为 $\boldsymbol{r}_i(i=1,2,\cdots,n)$，到合力 $\boldsymbol{F}_R$ 作用点 C(平行力系中心)的矢径为 $\boldsymbol{r}_C$。根据合力矩定理，平行力系中各力对点 O 的力矩矢的矢量和等于合力 $\boldsymbol{F}_R$ 对点 O 的力矩矢，也就是

$$\boldsymbol{r}_C \times \boldsymbol{F}_R = \sum(\boldsymbol{r}_i \times \boldsymbol{F}_i) = \sum(\boldsymbol{r}_i \times F_i \boldsymbol{a}) = \sum(F_i \boldsymbol{r}_i) \times \boldsymbol{a}$$

考虑到合力 $\boldsymbol{F}_R = F_R \cdot \boldsymbol{a}$，于是上式可写成

$$\boldsymbol{r}_C \times F_R \boldsymbol{a} = F_R \boldsymbol{r}_C \times \boldsymbol{a} = \sum(F_i \boldsymbol{r}_i) \times \boldsymbol{a}$$

得到

$$F_R \boldsymbol{r}_C = \sum (F_i \boldsymbol{r}_i)$$

由此得到平行力系中心的矢径为

$$\boldsymbol{r}_C = \frac{\sum (F_i \boldsymbol{r}_i)}{F_R} \tag{3-30}$$

式(3-30)在各坐标轴上的投影即为式(3-29),也就是平行力系中心的直角坐标。

2. 物体的重心

在地球表面附近的空间中,任何物体的各个质点都受到铅垂向下的地球引力作用,习惯称之为重力。这些力严格说来组成一个空间汇交力系,力系的汇交点在地球中心附近。但是,工程中的物体尺寸都远较地球为小,离地心又很远,若把地球看作为球,可以算出,在地球表面一个长约 31 m 的物体,其两端重力之间的夹角不超过 1″。因此,在工程中,把物体各微小部分的重力视为空间平行力系是足够精确的。

物体各质点的重力组成一个空间平行力系,此平行力系的合力的大小称为物体的重量,此平行力系的中心称为**物体的重心**,也即物体重力合力的作用点称为物体的重心。如果把物体看作刚体,则此物体的重心相对物体本身来说是一个固定的点,不因物体的放置方位而改变。

物体的重心是力学和工程中一个重要的概念,在许多工程问题中,物体重心的位置对物体的平衡或运动状态起着重要的作用。如起重机重心的位置若超出某一范围,起重机工作时就要出事故。高速旋转的轴及其上各部件的重心如不在转轴轴线上,将引起剧烈振动而影响机器的寿命甚至发生事故。而飞机、轮船及车辆的重心位置对它们运动的稳定性和可操控性也有极大的关系。因此,测定或计算物体重心的位置,在工程中有着重要的意义。下面介绍几种常见的确(测)定或计算物体重心的方法。本节所说的物体均是固体。

对称确定法

对均质物体,若此物体具有几何对称面、对称轴或对称点,则此物体的重心必定在此对称面、对称轴或对称点上。这种确定物体重心的方法虽然简单,但是方便实用。此时,物体的重心也称为物体的**形心(几何中心)**。

实验测定法

工程中经常遇到形状复杂或非均质的物体,此时其重心的位置可用实验方法确定。另外,虽然设计时重心的位置计算得很精确,但是由于在制造和装配时产生误差等原因,待产品制成后,其重心在不在设计的范围内,也可以用实验的方法来进行重心的测定。下面介绍两种常用的实验方法。

(1) 悬挂法

对于薄板形物体或具有对称面的薄零件,可将该物体悬挂于任一点 A,如图 3-29a 所示。待平衡时,设法标出线段 AB,据二力平衡条件,重心必在此线上。再将该物体悬挂于任一点 D(图 3-29b),待平衡时,设法标出线段 DE,则两线段的

交点 C 就是该物体的重心。

（2）称重法

对于形状复杂、体积庞大的物体或由许多零部件构成的物体系，常用称重法测定重心的位置。下面以汽车为例，说明测定重心的称重法。

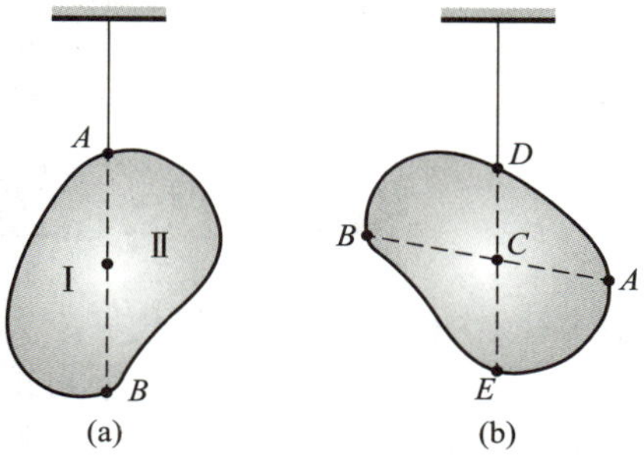

图 3-29

首先称量出汽车的重量 P，测量出汽车前后轮距 l 和车轮半径 r。汽车重心为一个点，为确定其位置，需要 3 个参数，如离前（或后）轮的距离、距地面的高度和离左（或右）轮的距离。确定了这 3 个参数，则汽车重心的位置就已确定。

现在先测定汽车重心离后轮的距离，设为 x_C。为了测定 x_C，将汽车后轮放在地面上，前轮放在磅秤上，车身保持水平，如图 3-30a 所示。读出磅秤上的读数，设以 F_1 表示。设汽车后轮与地面接触点为点 A，因系统是平衡的，由 $\sum M_A=0$，有

$$P\cdot x_C-F_1\cdot l=0$$

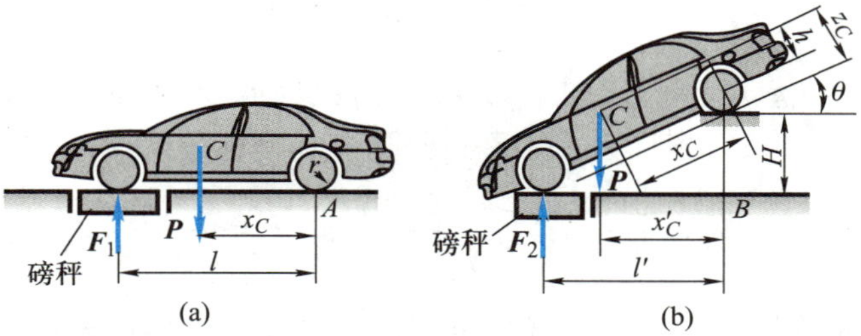

图 3-30

得

$$x_C=\frac{F_1}{P}l$$

再测定汽车重心离地面的高度，设为 z_C。欲测定 z_C，将车后轮抬到适当高度 H，如图 3-30b 所示。读出磅秤上的读数，设以 F_2 表示。因系统是平衡的，由 $\sum M_B=0$，有

$$P\cdot x'_C-F_2\cdot l'=0$$

得到

$$x'_C=\frac{F_2}{P}l'$$

由图中的几何关系知

$$l'=\sqrt{l^2-H^2}$$

$$x'_C=x_C\cos\theta+h\sin\theta=\frac{x_C}{l}\sqrt{l^2-H^2}+(z_C-r)\frac{H}{l}$$

整理以后得

$$z_C=r+\frac{F_2-F_1}{P}\frac{l}{H}\sqrt{l^2-H^2}$$

式中等号右边均为已测定的数据。

请读者考虑，因汽车左、右不对称，如何测出汽车重心距左轮（或右轮）的距离。

解析计算法

重心是物体在空间的一个点，在空间中确定一个点需要 3 个坐标。下面给出在坐标系下计算物体重心坐标的公式，称这种方法为解析计算法。对固体来说，重心有确定的位置，与物体在空间的位置无关。

（1）有限分割法

设物体由若干部分组成，第 i 部分的重量为 P_i，其重心坐标为 (x_i,y_i,z_i)，则由式(3-30)得计算物体重心坐标的公式为

$$x_C=\frac{\sum P_ix_i}{P},\quad y_C=\frac{\sum P_iy_i}{P},\quad z_C=\frac{\sum P_iz_i}{P} \tag{3-31}$$

考虑到 $P_i=m_ig$，$P=mg$，式中 g 为重力加速度，m_i 为微体的质量，m 为物体的质量，代入式(3-31)，得到计算物体重心（质心）的坐标公式为

$$x_C=\frac{\sum m_ix_i}{m},\quad y_C=\frac{\sum m_iy_i}{m},\quad z_C=\frac{\sum m_iz_i}{m} \tag{3-32}$$

如果物体是均质的，又有 $m_i=V_i\rho$，$m=V\rho$，式中 ρ 为物体的密度，V_i 为微体的体积，V 为物体的体积，代入式(3-31)，又得到计算物体重心（形心）的坐标公式为

$$x_C=\frac{\sum V_ix_i}{V},\quad y_C=\frac{\sum V_iy_i}{V},\quad z_C=\frac{\sum V_iz_i}{V} \tag{3-33}$$

如果物体为等厚均质板或薄壳，又有 $V_i=A_ih$，$V=Ah$，式中 h 为板或壳的厚度，A_i 为微体的面积，A 为物体的面积，又有计算物体重心（形心）的坐标公式为

$$x_C=\frac{\sum A_ix_i}{A},\quad y_C=\frac{\sum A_iy_i}{A},\quad z_C=\frac{\sum A_iz_i}{A} \tag{3-34}$$

下面举一例，说明有限分割法的应用。

例 3-9 图示为一等厚度均质 Z 形板，其尺寸如图 3-31 所示，求其重心位置。

解：用有限分割法，将该图形分割为三个矩形（例如用 ab 和 cd 两线分割），则每个矩形的面积和其重心位置为已知，用式(3-34)计算即可。以 C_1、C_2、C_3 分别表示这三个矩形的重心，以 A_1、A_2、A_3 分别表示其面积，则三个矩形的面积和其重心 C_1、C_2、C_3 的坐标分别为

$A_1=300\ \text{mm}^2,\quad x_1=-15\ \text{mm},\quad y_1=45\ \text{mm}$

$A_2=400\ \text{mm}^2,\quad x_2=5\ \text{mm},\quad y_2=30\ \text{mm}$

$A_3=300\ \text{mm}^2,\quad x_3=15\ \text{mm},\quad y_3=5\ \text{mm}$

由公式

$$x_C=\frac{A_1x_1+A_2x_2+A_3x_3}{A_1+A_2+A_3}$$

$$y_C=\frac{A_1y_1+A_2y_2+A_3y_3}{A_1+A_2+A_3}$$

计算后得

$$x_C=2\ \text{mm},\quad y_C=27\ \text{mm}$$

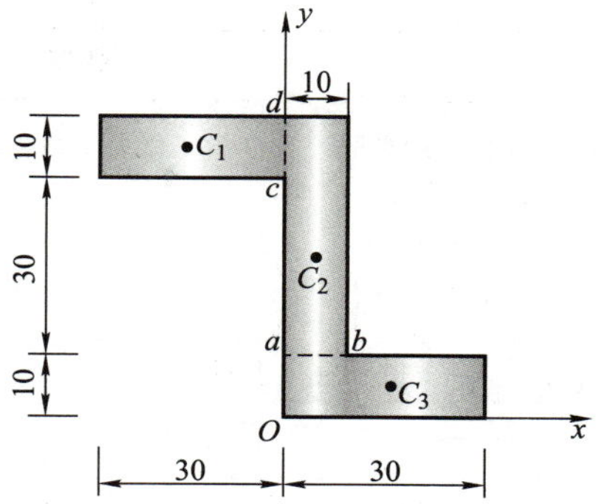

图 3-31

在实际应用中，许多物体重心的位置可从工程手册上查到，工程中常用的型钢（如工字钢、角钢、槽钢等）截面的重（形）心，也可以从型钢规格表中查到。表 3-2 列出了几种常见的简单均质几何形体及其重心位置。

表 3-2　简单均质几何形体及其重心位置

几何形体	重心位置	几何形体	重心位置
三角形面 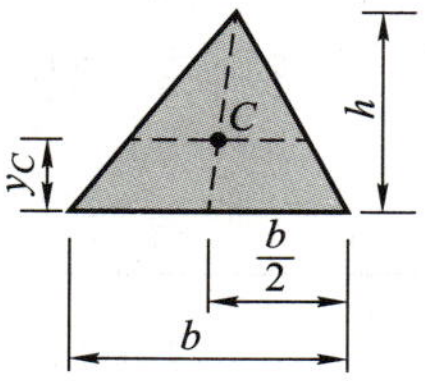	在中线的交点 $y_C=\frac{1}{3}h$	梯形面 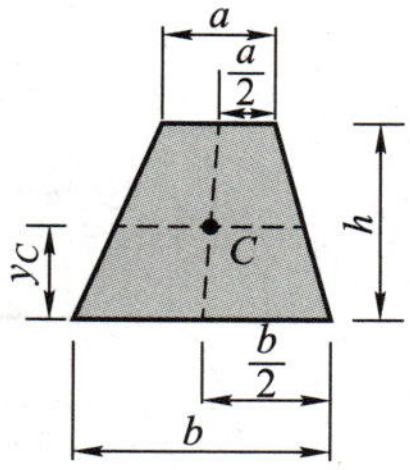	$y_C=\frac{h(2a+b)}{3(a+b)}$
圆弧 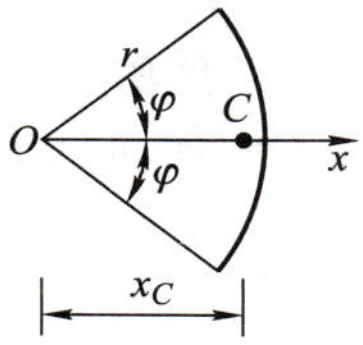	$x_C=\frac{r\sin\varphi}{\varphi}$ 对于半圆弧 $x_C=\frac{2r}{\pi}$	弓形面 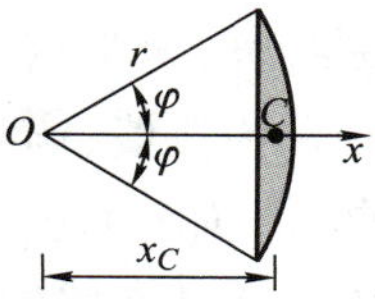	$x_C=\frac{2}{3}\frac{r^3\sin^3\varphi}{A}$ 面积 $A=\frac{r^2(2\varphi-\sin 2\varphi)}{2}$
扇形面 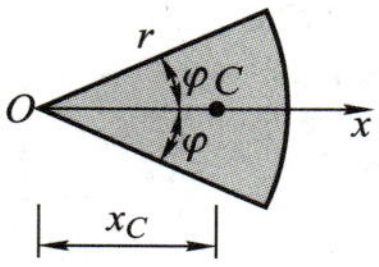	$x_C=\frac{2}{3}\frac{r\sin\varphi}{\varphi}$ 对于半圆 $x_C=\frac{4r}{3\pi}$	部分圆环面 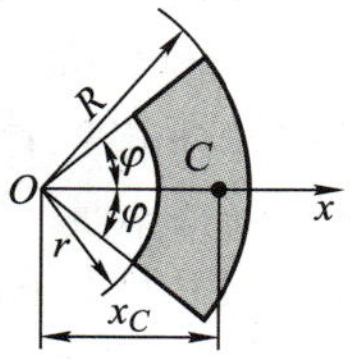	$x_C=\frac{2}{3}\frac{R^3-r^3}{R^2-r^2}\frac{\sin\varphi}{\varphi}$

续表

几何形体	重心位置	几何形体	重心位置
二次抛物线面 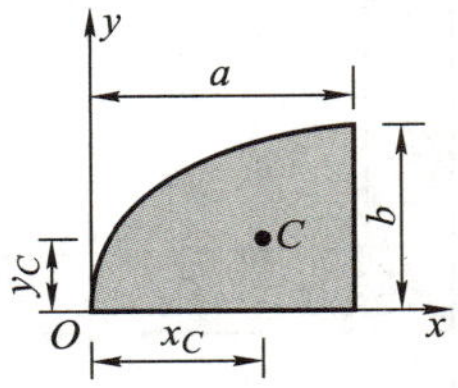	$x_C=\frac{3}{5}a$ $y_C=\frac{3}{8}b$	二次抛物线面 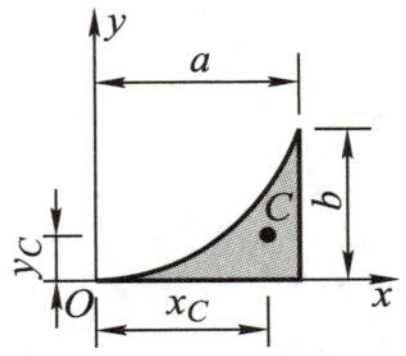	$x_C=\frac{3}{4}a$ $y_C=\frac{3}{10}b$
正圆锥体 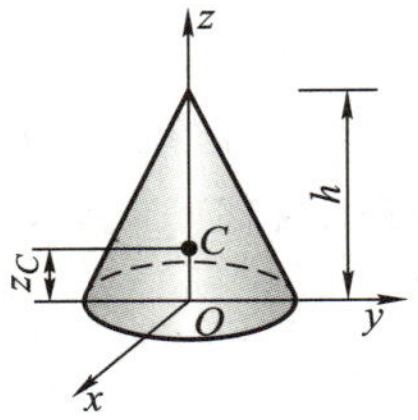	$z_C=\frac{1}{4}h$	正角锥体 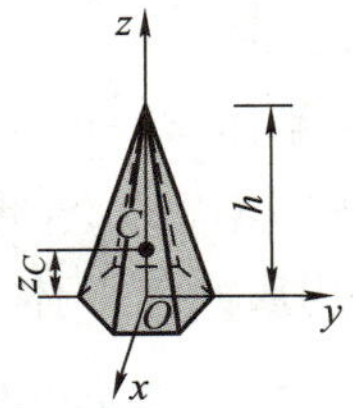	$z_C=\frac{1}{4}h$
半球 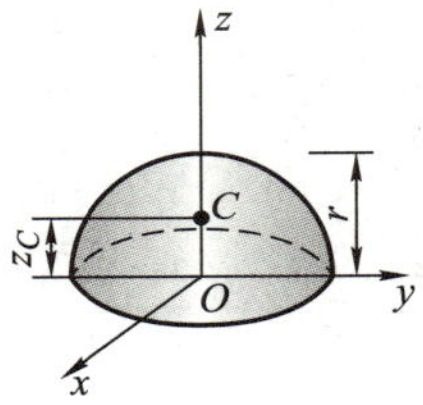	$z_C=\frac{3}{8}r$	锥形筒体 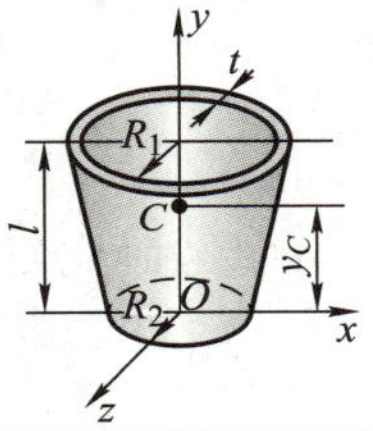	$y_C=\frac{4R_1+2R_2-3t}{6(R_1+R_2-t)}l$

（2）负重量（体积、面积）法

在实际问题中常常要在物体内切（挖）去一部分，例如，要开些孔或槽、挖有空穴等，对这类物体的重心，也可按有限分割法计算。但区别是，先按没有这些孔、槽、空穴用有限分割法来计算，再把这些孔、槽、空穴去掉。计算时，把这些孔、槽、空穴的重量、体积或面积取为负值，作为额外部分按有限分割法公式计算即可。一般称此方法为负重量（体积、面积）法。

请读者考虑，这种方法为什么能够成立。

举下面一例说明负面积法的应用。

例 3-10 求图 3-32 所示振动沉桩器中的偏心块的重心。已知 $R=100$ mm，$r=17$ mm，$b=13$ mm。

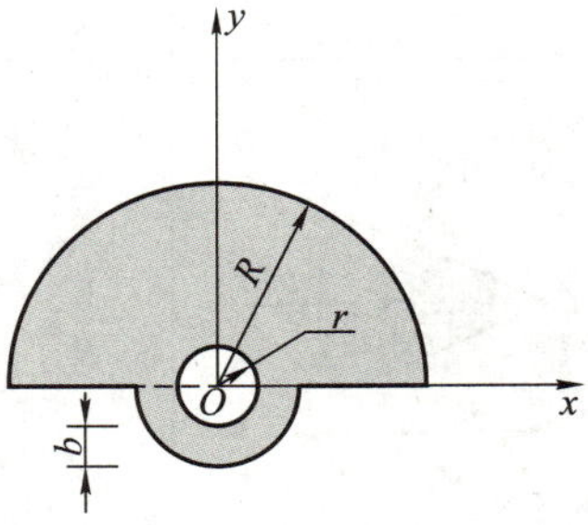

图 3-32

解： 将偏心块看成是由三部分组成，即半径为 R 的半圆，半径为 $r+b$ 的半圆和半径为 r 的小圆。因为半径为 r 的小圆是切去的部分，所以面积应取负值。建立坐标系如图所示，则有 $x_C=0$。设 y_1、y_2、y_3 分别是三部分重心的坐标，查本章给出的表 3-2，可知

$$y_1=\frac{4R}{3\pi},\quad y_2=-\frac{4(r+b)}{3\pi},\quad y_3=0$$

而

$$A_1=\frac{\pi}{2}R^2,\quad A_2=\frac{\pi}{2}(r+b)^2,\quad A_3=-\pi r^2$$

于是，偏心块重心的坐标为

$$y_C=\frac{A_1y_1+A_2y_2+A_3y_3}{A_1+A_2+A_3}$$

计算可得

$$y_C=40.01\ \text{mm}$$

思考题

3-1 如图 3-33 所示，空间力系向点 A 简化得到主矢 $\boldsymbol{F}'_R$和主矩 $\boldsymbol{M}_A$，写出该力系向点 B 简化的结果。

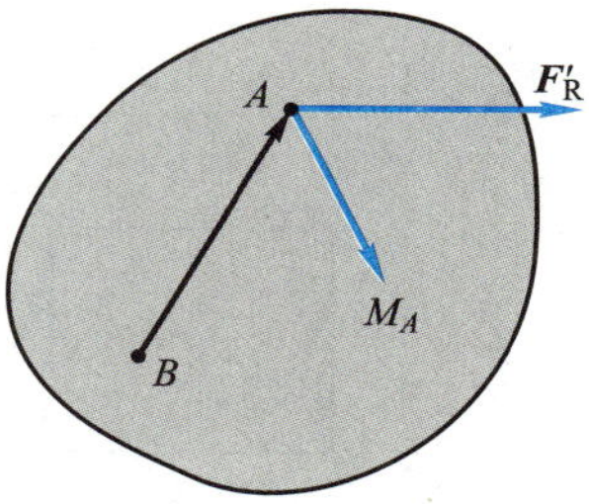

图 3-33

3-2 分析在下述各种情况下，空间力系最多能有几个独立的平衡方程。

(1) 某力系中各力的作用线都与某直线垂直。

(2) 某力系中各力的作用线都与某直线相交。

(3) 某力系中各力的作用线都与某直线垂直且相交。

(4) 某力系中各力的作用线都与某固定平面平行。

(5) 某力系中各力的作用线都在两平行平面之间。

(6) 某力系中各力的作用线都在两固定的平行平面上。

(7) 某力系中各力的作用线都垂直于某固定平面。

(8) 某力系中各力的作用线分别汇交于两点。

(9) 某力系中各力的作用线都平行于某一固定平面，并且分别汇交于两个固定点。

(10) 某力系中各力的作用线都与某一直线相交，并且分别汇交于此直线外的两个固定点。

(11) 某力系中各力的作用线分别通过不共线的三点。

3-3 传动轴用两个止推轴承支持，每个轴承有 3 个未知力，共 6 个未知量。而空间任意力系的平衡方程恰好有 6 个，传动轴是否为静定问题?

3-4 空间任意力系总可以用两个力来平衡，为什么?

3-5 空间任意力系的平衡方程中，三根坐标轴是否一定要相互垂直? 力矩轴是否一定要与坐标轴重合?

3-6 某一空间力系对不共线的三个点的主矩都等于零，此力系是否一定平衡?

3-7 空间任意力系向两个不同的点简化，试问下述情况是否可能：(1) 主矢相等，主矩也相等；(2) 主矢不相等，主矩相等；(3) 主矢相等，主矩不相等；(4) 主矢、主矩都不相等。

3-8 在图 3-34 所示正方体上点 A 作用一力 $\boldsymbol{F}$，沿一棱方向，问：

(1) 能否在点 B 加上一个不为零的力，使力系向点 A 简化的主矩为零？

(2) 能否在点 B 加上一个不为零的力，使力系向点 B 简化的主矩为零？

(3) 能否在点 B、C 各加上一个不为零的力，使力系平衡？

(4) 能否在点 B 加上一个力螺旋，使力系平衡？

(5) 能否在点 B、C 两处各加上一个力偶，使力系平衡？

(6) 能否在点 B 处加一个力，在点 C 处加一个力偶，使力系平衡？

3-9 图 3-35 所示为一边长为 a 的正方体，已知某力系向点 B 简化得到一合力，向点 C' 简化也得到一合力。问：

(1) 力系向点 A 和点 A' 简化所得主矩是否相等？

(2) 力系向点 A 和点 O' 简化所得主矩是否相等？

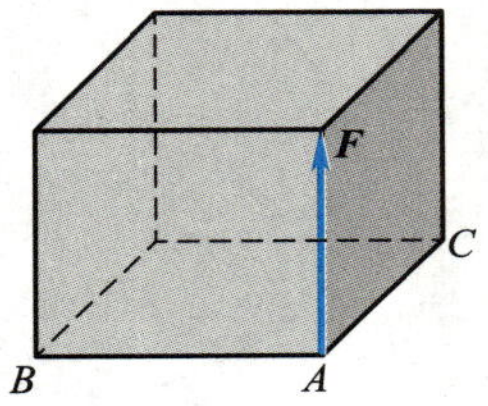

图 3-34

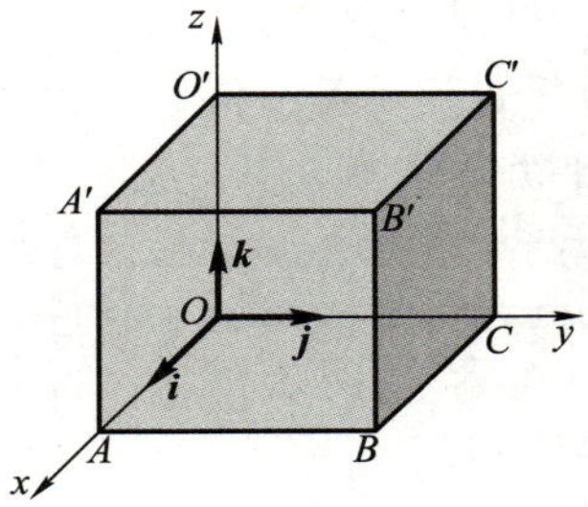

图 3-35

3-10 在题 3-9 图中，若空间力系向点 A 和点 B 简化有 $\boldsymbol{M}_A=\boldsymbol{M}_B$，下列说法是否正确？

(1) 若力系向点 C 简化的主矩为 $\boldsymbol{M}_C$，则必有 $\boldsymbol{M}_C=\boldsymbol{M}_B$。

(2) 若力系向点 O 简化的主矩为 $\boldsymbol{M}_O$，则必有 $\boldsymbol{M}_O=\boldsymbol{M}_C$。

(3) 若力系向点 O 简化的主矩为 $\boldsymbol{M}_C$，正向沿 z 轴，则此力系简化的最终结果可能是力螺旋。

(4) 若力系向点 O 简化的主矩为 $\boldsymbol{M}_C$，正向沿 z 轴，且主矢不为零，则此力系简化的最终结果一定是一个力。

3-11 图 3-36 所示长方体上沿三个不相交又不平行的棱分别作用有三个力 $\boldsymbol{F}_1$、$\boldsymbol{F}_2$、$\boldsymbol{F}_3$，长方体三条棱长分别是 a、b、c，问：

(1) 若 $F_1=F_2=F_3$，适当选择三条棱的长度，能否使力系合成为一个合力？

(2) 若适当选择棱长，并适当选择三个力的大小(但不能取为零)，能否使力系平衡？

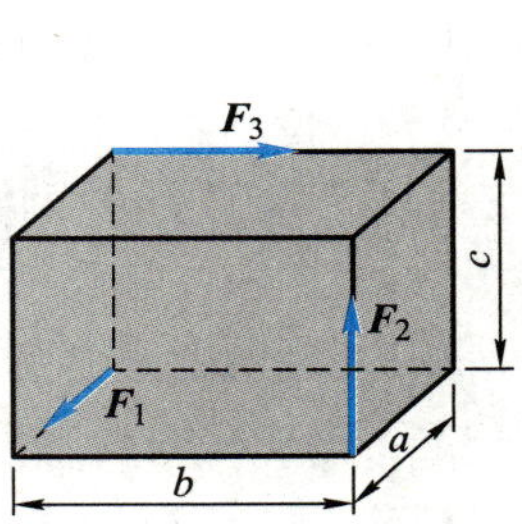

图 3-36

（3）若 $a=b=c\neq 0, F_1=F_2=F_3\neq 0$，力系简化的最终结果是什么？

3-12 一均质等截面直杆的重心在哪里？若把它弯成半圆形，重心的位置是否改变？

习 题

习题：第三章 空间力系

3-1 物重 $P=420$ N，为撑杆 AB 和链条 AC 与 AD 所支持，如图所示。已知 $AB=1\ 450$ mm，$AC=800$ mm，$AD=600$ mm，平面 $CADE$ 为水平面，点 B 是球铰链支座。求杆 AB 与链条 AC 和 AD 的内力。

3-2 四个半径为 r 的均质球在光滑的水平面上堆成锥形，如图所示。下面的三个球 A、B、C 用绳缚住，绳与三个球心在同一水平面内。如各球的重量均为 P，求绳子的张力 $\boldsymbol{F}_T$。设当上面的球未放上时，绳内不存在初始内力。

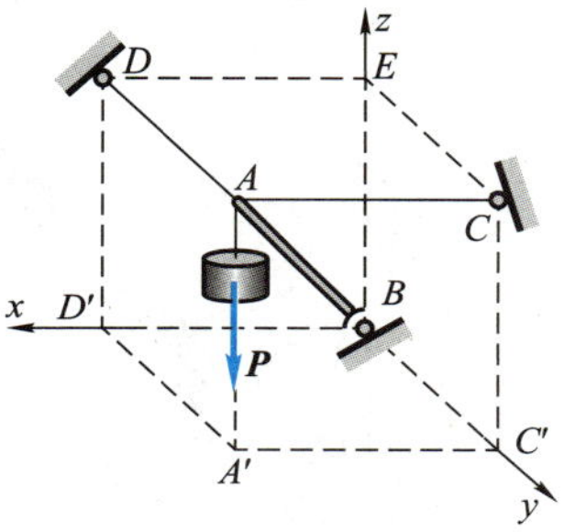

题 3-1 图

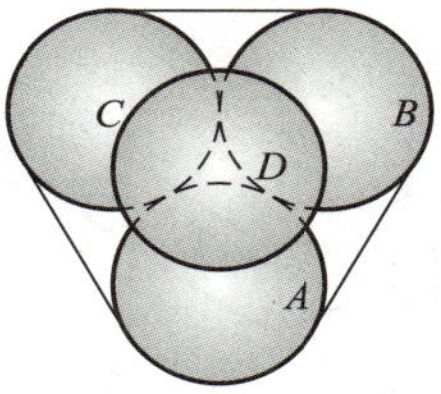

题 3-2 图

3-3 图示简易起重机中，已知 $AB=BC=AD=AE$，A、B、D、E 处均为球铰链连接，三角形 ABC 的投影为 AF 线，AF 线与 y 轴的夹角为 θ，不计各杆件重量，起吊重物的重量为 P。起重机在图示位置平衡时，求各杆所受的力。

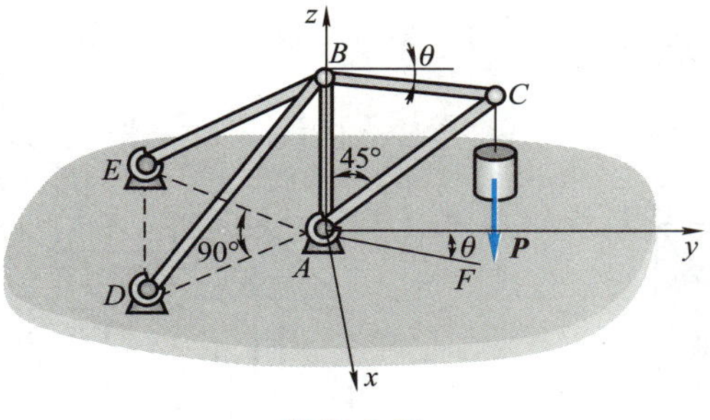

题 3-3 图

3-4 图示空间桁架由六根杆 1、2、3、4、5 和 6 构成。在节点 A 上作用一力 $\boldsymbol{F}$，此力作用在矩形 $ABCD$ 平面内，与铅垂线成 45° 角。$\triangle AEK$ 与 $\triangle BFM$ 均为等腰三角形，且 $\triangle AEK\cong\triangle BFM$。已知 $\triangle EAK$、$\triangle FBM$、$\triangle BDN$ 在顶点 A、B、D 处均为直角，$EC=CK=FD=DM$，力 $F=10$ kN。求各杆所受的力。

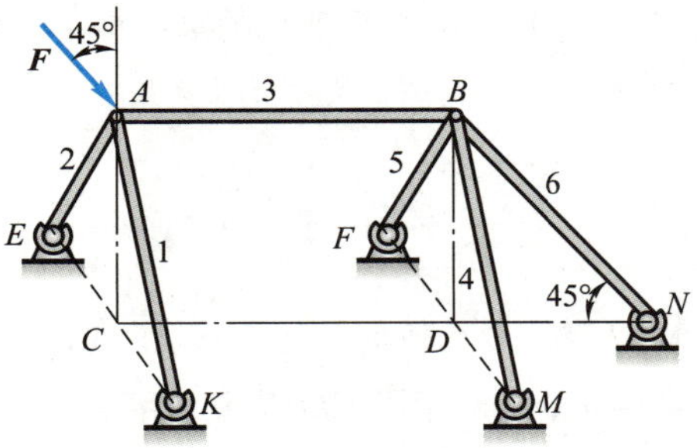

题 3-4 图

3-5 求图示力 $F=1\ 000$ N 对于 z 轴的力矩 M_z。

3-6 图示轴 AB 与铅垂线成 β 角，悬臂 CD 垂直地固定在轴上，其长度为 a，并与铅垂面 zAB 成 θ 角，在点 D 作用一铅垂向下的力 $\boldsymbol{F}$，求此力对轴 AB 的矩。

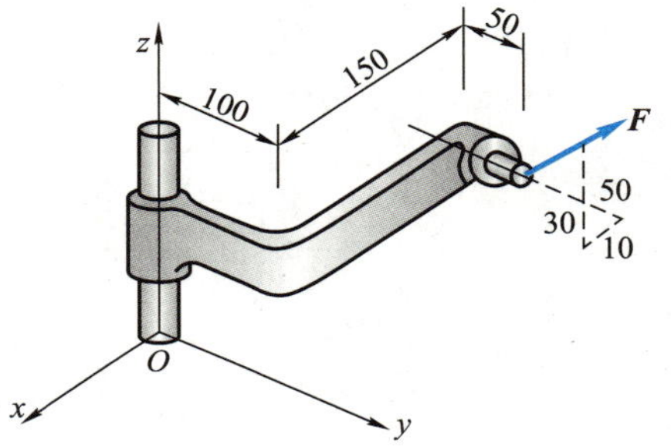

题 3-5 图

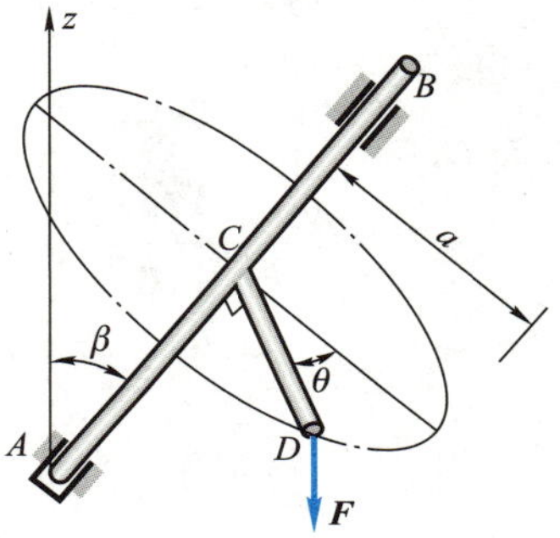

题 3-6 图

3-7 已知沿边长为 a 的正方体的棱连 BB_1 作用一力 $\boldsymbol{F}$，如图所示。求力 $\boldsymbol{F}$ 对点 O 的矩及对对角线 OC 轴的矩。

3-8 截面为工字形的立柱受力如图所示，求此力向截面形心简化的结果。

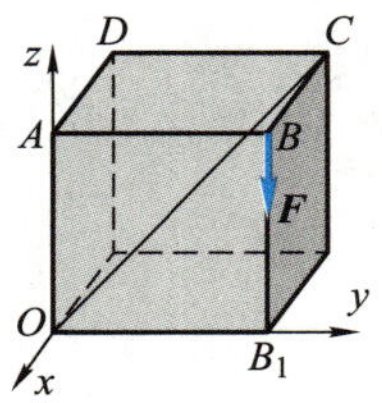

题 3-7 图

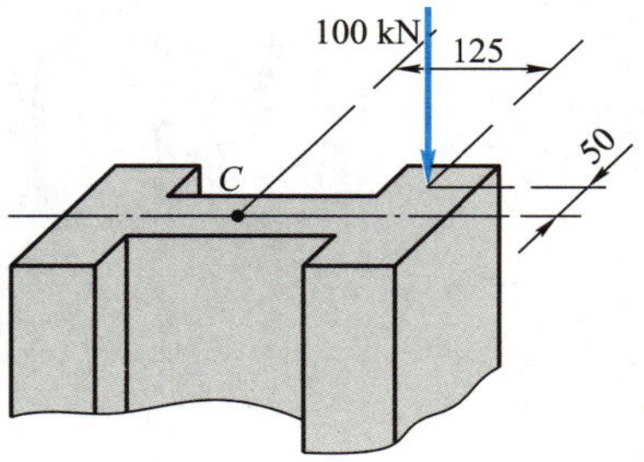

题 3-8 图

3-9 正方体边长 $a=0.2$ m，在顶点 A 和 B 处沿各棱边分别作用有六个大小都等于 100 N 的力，方向如图所示。求力系向点 O 的简化结果。

3-10 空间力系如图所示。其中 $\boldsymbol{M}_1$、$\boldsymbol{M}_2$ 分别在平面 Oxy、Oxz 内，已知 $F_1=F_2=$

$\sqrt{2}$ kN, $M_1=\sqrt{2}$ kN·m, $M_2=2\sqrt{2}$ kN·m, $AB=BC=1$ m。该求该力系向点 O 简化的主矢和主矩及该力系简化的最后结果，并表示在图上。

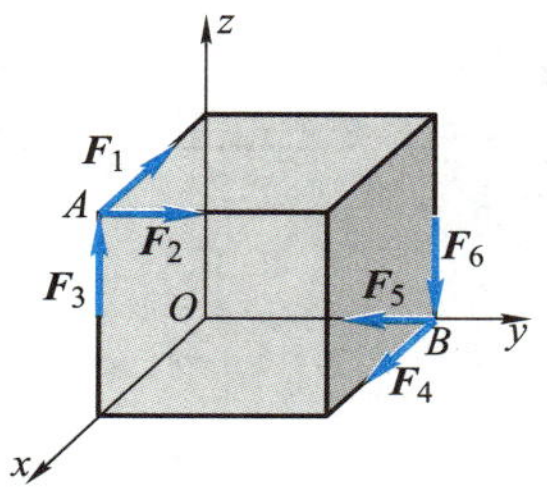

题 3-9 图

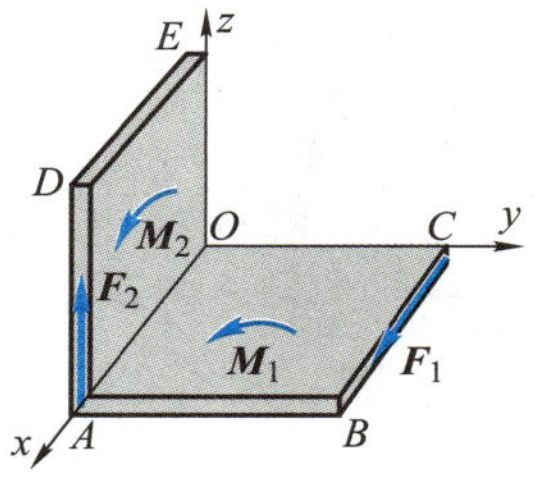

题 3-10 图

3-11 图示三圆盘 A、B、C 的半径分别为 150 mm、100 mm 和 50 mm，三轴 OA、OB、OC 在同一平面内，$\angle AOB$ 为直角。在三圆盘上分别作用有力偶，组成各力偶的力作用在轮缘上，它们的大小分别等于 10 N、20 N 和 F。三圆盘所构成的物系是自由的，不计系统重量。求能使此物系平衡的力 F 的大小和角 θ。

3-12 无重曲杆 $ABCD$ 有两个直角，且平面 ABC 与平面 BCD 垂直。杆的 D 端为球铰链支座，另一端 A 由径向轴承支撑，如图所示。在曲杆的 AB、BC、CD 上作用三个力偶，力偶所在平面分别垂直于 AB、BC、CD 三线段。已知力偶矩 M_2 和 M_3，求使曲杆处于平衡状态的支座约束力和力偶矩 M_1。

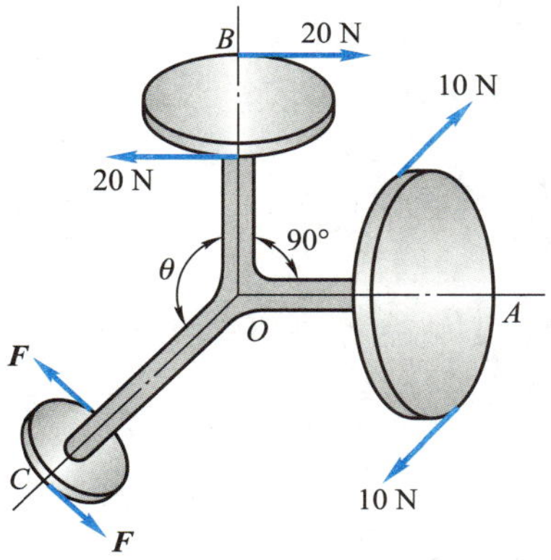

题 3-11 图

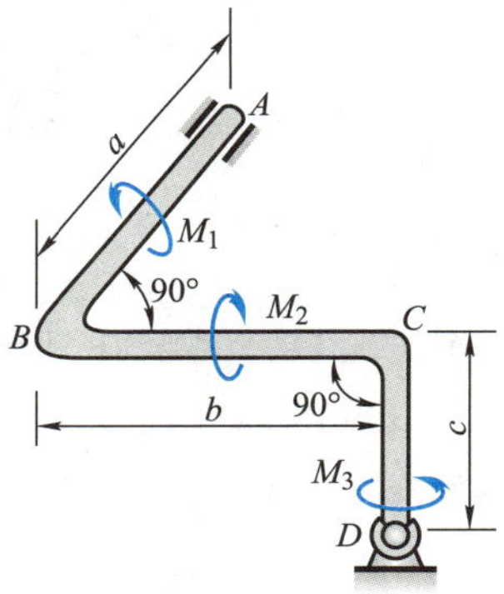

题 3-12 图

3-13 蜗轮箱用螺栓 A、B 安装在基础上，如图所示。蜗杆轴上作用一输入力偶，其力偶矩 $M_1=10$ N·m，蜗轮轴上受到工作阻力偶作用，其力偶矩 $M_2=400$ N·m。蜗杆和蜗轮按图示虚线箭头方向等速转动。不考虑箱底和基础间的摩擦，求螺栓和基础对蜗轮箱的作用力。

3-14 绞车的卷筒 AB 上绕有绳子，绳子挂一重物。轮 C 固连在轴上，轮的半径为卷筒半径的 6 倍，其他尺寸如图所示。绕在轮 C 上的绳子沿轮与水平线成 30°角的切线引出，绳跨过定滑轮 D 后挂一重为 $P_1=60$ kN 的重物。各轮和轴的重量均略去不计。

求平衡时悬挂于卷筒上的重物的重量 P_2，以及轴承 A、B 处的约束力。

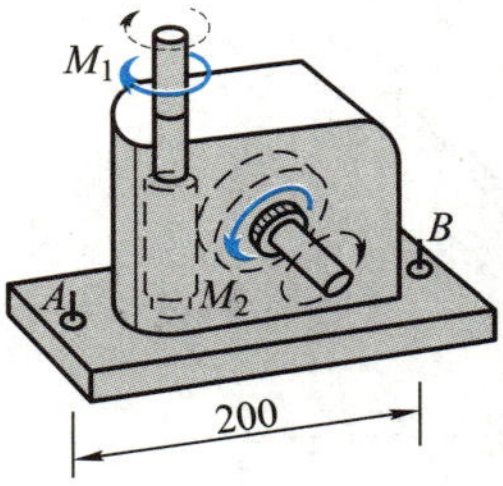

题 3-13 图

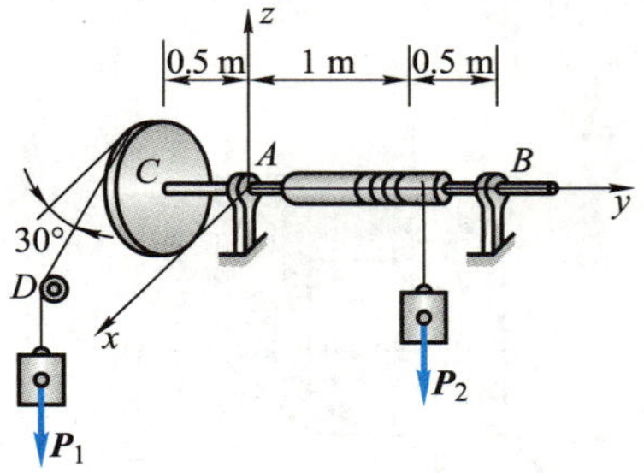

题 3-14 图

3-15 图示起重装置中，已知重物 M 重 $P=1\ 000\ \mathrm{N}$，鼓轮的半径 $R=50\ \mathrm{mm}$，手柄长 $KD=400\ \mathrm{mm}$，$DA=300\ \mathrm{mm}$，$AC=400\ \mathrm{mm}$，$CB=600\ \mathrm{mm}$；绕在鼓轮上的绳子与鼓轮的水平切线成 60°角，并和鼓轮在同一铅垂平面内；又 $KD\perp DA$。求当手柄 KD 的位置为水平时，手柄上的压力 $\boldsymbol{F}$ 及支座 A 和 B 的约束力。

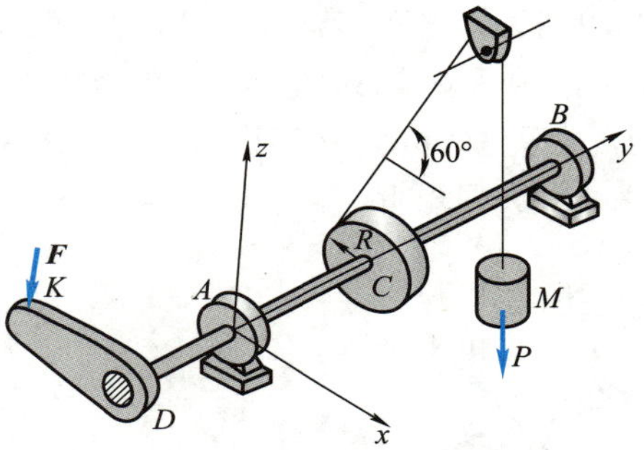

题 3-15 图

3-16 图示某减速箱由三根轴组成，动力由Ⅰ轴输入，在Ⅰ轴上作用转矩 $M_1=697\ \mathrm{N\cdot m}$。齿轮节圆直径为 $D_1=160\ \mathrm{mm}$，$D_2=632\ \mathrm{mm}$，$D_3=204\ \mathrm{mm}$，齿轮压力角为 20°，不计摩擦与轮、轴重量。求等速转动时轴承 A、B、C、D 处的约束力。

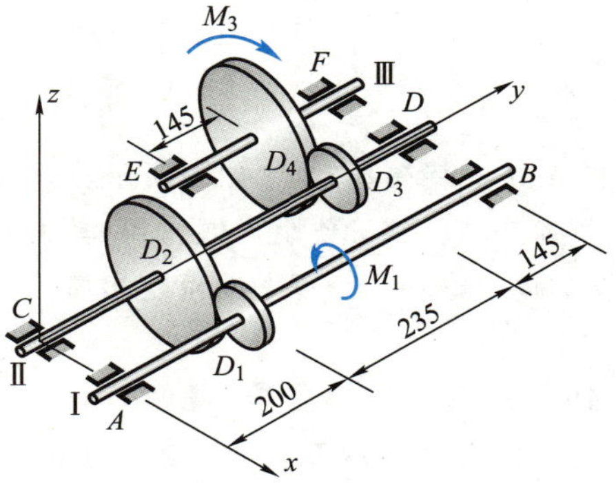

题 3-16 图

3-17 使水涡轮转动的力偶矩 $M=1\ 200\ \mathrm{N\cdot m}$。在锥齿轮 B 处受到的力分解为 3 个分力：圆周力 $\boldsymbol{F}_t$、轴向力 $\boldsymbol{F}_a$ 和径向力 $\boldsymbol{F}_r$。这 3 个力的比例为 $F_t:F_a:F_r=1:0.32:0.17$。水涡轮连同轴和锥齿轮的总重为 $P=12\ \mathrm{kN}$，作用线沿 z 轴，锥齿轮的平均半径 $OB=0.6\ \mathrm{m}$，其余尺寸如图示。当系统处于平衡状态时，求轴承 A、C 处的约束力。

3-18 图示均质长方形薄板重 $P=200\ \mathrm{N}$，用球铰链 A 和蝶铰链 B 固定在墙上，并用绳子 CE 维持在水平位置。求绳子的拉力和支座约束力。

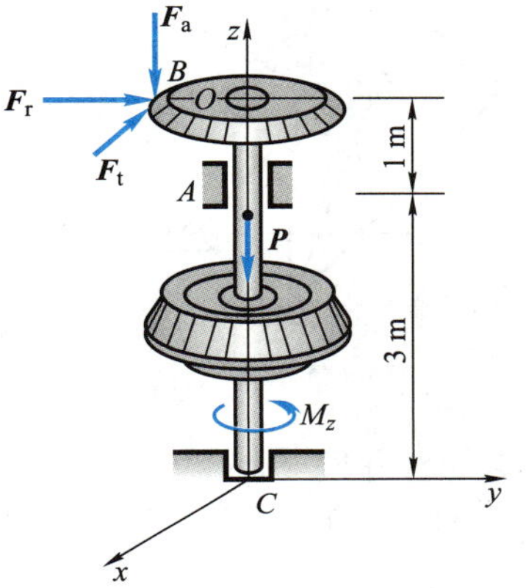

题 3-17 图

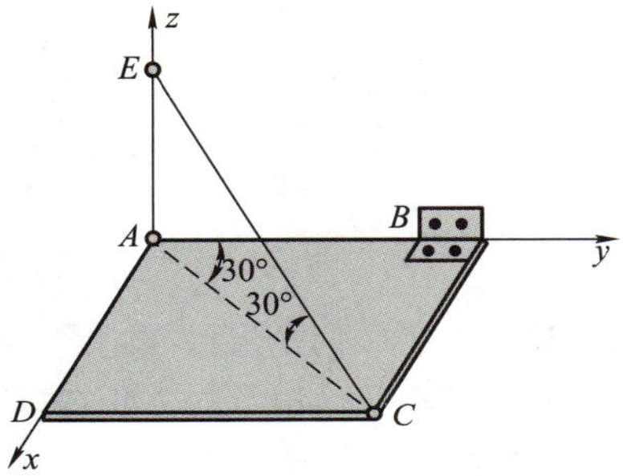

题 3-18 图

3-19 手摇钻是由支点 B、钻头 A 和一个弯曲的手柄组成的，如图所示。当手柄加力 $\boldsymbol{F}$ 后，即可带动钻头绕 AB 轴转动而切削材料，此时支点 B 不动。已知手加压力 $F_z=50\ \mathrm{N}$，$F=150\ \mathrm{N}$。求：

（1）切削材料的阻抗力偶矩；

（2）材料给钻头的反作用力；

（3）手在 x 和 y 方向所施加的力 F_x 和 F_y。

3-20 图示六根杆支撑一水平板，在板角处受铅垂力 $\boldsymbol{F}$ 作用，不计板和杆的自重，求各杆的内力。

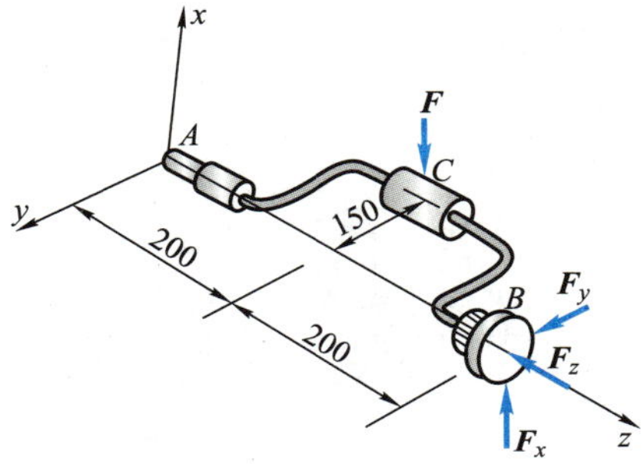

题 3-19 图

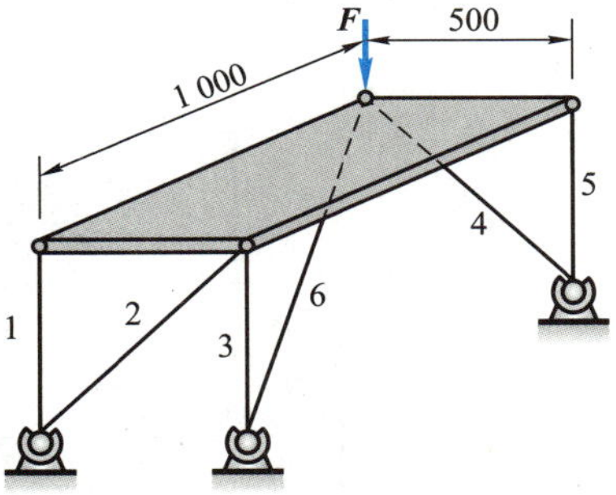

题 3-20 图

3-21 如图所示，三条腿圆桌的半径为 $r=500\ \mathrm{mm}$，重为 $P=600\ \mathrm{N}$。圆桌的三条腿

A、B、C 形成一等边三角形。若在中线 CD 上距圆心为 a 的点 M 处作用一铅垂力 $F=$ 1 500 N，求使圆桌不致翻倒的最大距离 a。

3-22 图示均质正方形薄板 $ABCD$ 的重量为 P，板面上作用一力偶，其力偶矩为 M，板的顶点 A 用球铰链支座支撑，且借助于用球铰链固定在点 E 和点 H 的无重杆 BE、BH 和 CH 维持在水平位置；点 E 和点 H 分别位于过点 A 和点 D 的垂线上。已知 $DH=AE=AD=a$。求球铰链 A 处的约束力及各杆的内力。

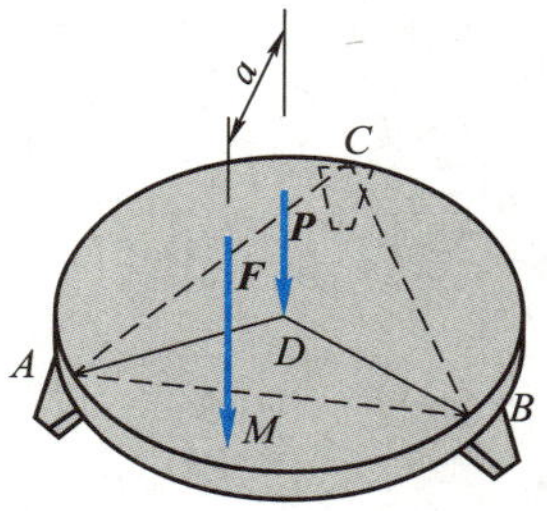

题 3-21 图

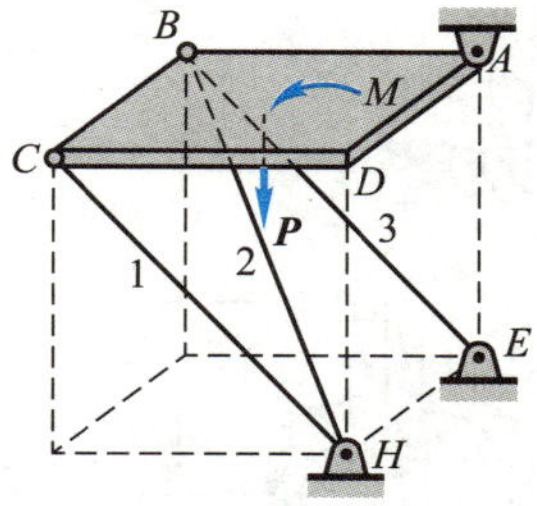

题 3-22 图

3-23 工字形钢截面尺寸如图所示，求此截面的重心（几何中心）。

3-24 图示薄板由形状为矩形、三角形和四分之一圆形的三块等厚板组成，尺寸如图所示。求此薄板重心的位置。

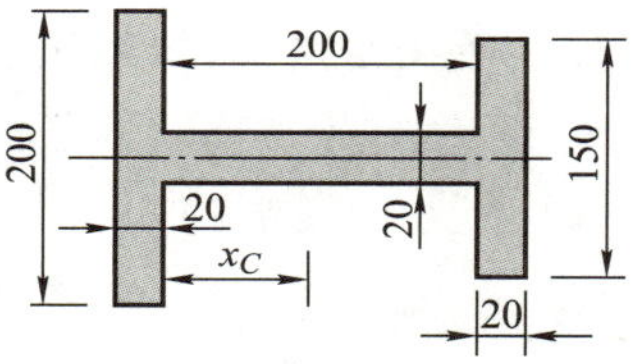

题 3-23 图

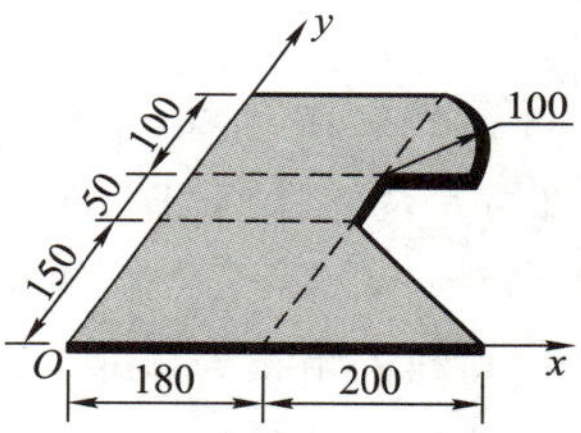

题 3-24 图

3-25 图示平面图形中每一方格的边长为 20 mm，求挖去一圆后剩余部分面积的重心位置。

3-26 求图示半太极图重心位置，其大圆半径为 R。

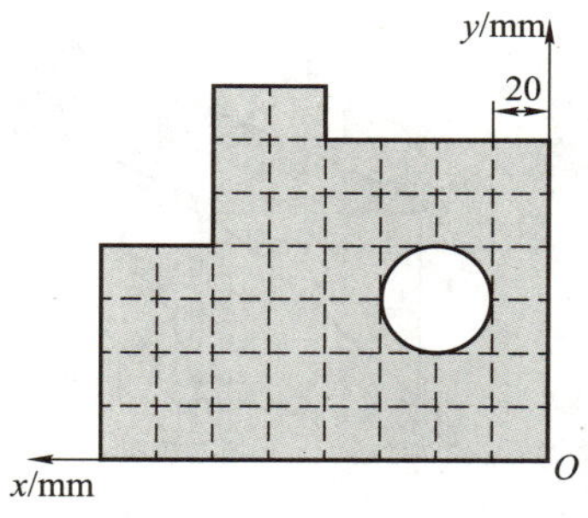

题 3-25 图

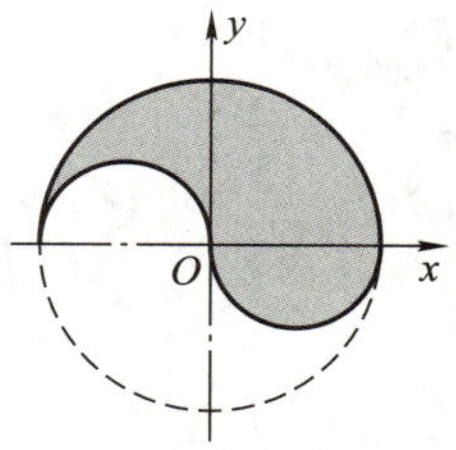

题 3-26 图

3-27 均质块尺寸如图所示,求其重心的位置。

3-28 均质圆台如图所示,求其重心的位置。

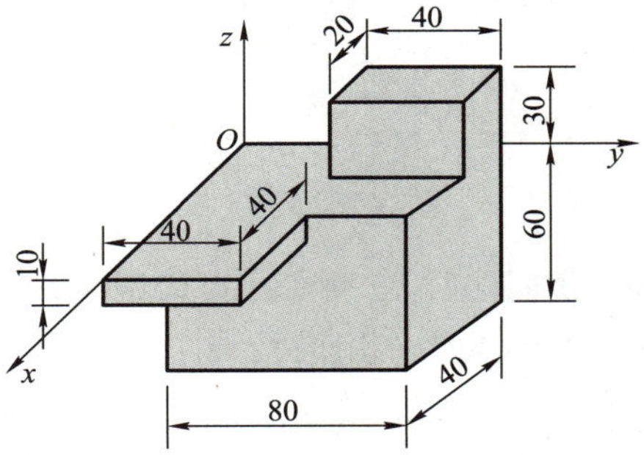

题 3-27 图

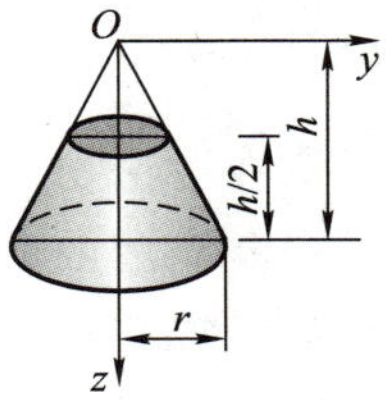

题 3-28 图

第四章 摩擦

前面几章在讨论物体受力分析和平衡问题时,忽略了摩擦的影响,把物体之间的接触都看作是光滑的,这是在摩擦力不起重要作用的情况下而做的一种简化。这样处理可使计算简单,并且一般情况下所得到的结果也能被工程实际所接受。但并不是在所有的情况下都可以忽略摩擦的影响。例如,重力水坝依靠摩擦力来防止坝体的滑动,带传动也依靠摩擦等。没有摩擦,人就不能走路,车辆就不能行驶,人类就不能维持正常的生活。在这些情况下,摩擦是重要甚至是决定性的因素,必须加以考虑。

按照接触物体之间相对运动的情况,摩擦可分为**滑动摩擦**与**滚动摩擦**。当两物体接触处有相对滑动或有相对滑动趋势时,在接触处的公切面内所受到的阻碍称为滑动摩擦。当两相互接触物体有相对滚动或相对滚动趋势时,物体间产生的对滚动的阻碍称为滚动摩擦。

摩擦是一种比较复杂的物理现象,本教材所介绍的关于摩擦的计算是建立在古典摩擦理论基础上的一种粗略计算,其结论和公式基本上都是在实验基础上建立的,具有近似性。但这些方法在许多工程应用中,仍有很高的实用价值。而且由于其结论和公式简单,计算方便,因此仍被广泛使用。

本章介绍静滑动摩擦和动滑动摩擦的性质、摩擦定律、摩擦角和自锁的概念,重点研究有滑动摩擦存在时物体的平衡问题,对滚动摩擦也给以适当讨论。

§4-1 滑动摩擦

两个相互接触,表面粗糙的物体有相对滑动趋势或产生相对滑动时,在接触处的公切面内有一种阻碍现象发生,此种现象称为**滑动摩擦**,彼此间作用的阻碍相对滑动的阻力,称为**滑动摩擦力**。前者称为**静滑动摩擦**,对应的摩擦力为**静滑动摩擦力**(简称**静摩擦力**),常以 $\boldsymbol{F}_s$ 表示;后者称为**动滑动摩擦**,对应的摩擦力为**动滑动摩擦力**(简称**动摩擦力**),常以 $\boldsymbol{F}_d$ 表示。

1. 静摩擦力和静滑动摩擦定律

对滑动摩擦的讨论一般建立在如下简单实验的基础上,在水平平面上放一重量为 P 的物块,然后用一根重量可以不计的细绳跨过一小滑轮,绳的一端系在物块上,另一端悬挂一可放砝码的平盘,如图 4-1 所示。显然,当物块平衡时,绳对物块

的拉力大小 F_T 等于平盘与砝码的重量。当 F_T 等于零时，物块处于静止状态，当 F_T 逐渐增大（盘中砝码增加）时，物块仍可处于静止状态。但当 F_T 增大到某值时，物块将开始运动，此时已为动滑动摩擦。现研究静滑动摩擦。取静止时的物块为研究对象，其受力图如图 4-1 所示，由平衡方程

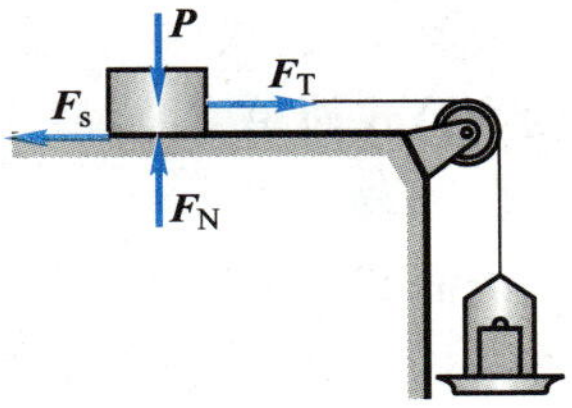

图 4-1

$$\sum F_x=0,\quad F_T-F_s=0$$

得 $F_s=F_T$。由此可得静摩擦力的几个特点：

（1）方向　静摩擦力沿着接触处的公切线，与相对滑动趋势反向。

（2）大小　静摩擦力有一取值范围，为

$$0\leqslant F_s\leqslant F_{smax} \tag{4-1}$$

F_{smax}称为**临界静摩擦力**或**最大静摩擦力**，为物体处于临界平衡状态时的摩擦力，超过此值，物体将开始运动。

（3）临界静摩擦力是一个很重要的量，大量实验和实践表明，F_{smax}的大小与物体接触处的正压力（法向约束力）F_N 成正比，即

$$F_{smax}=f_sF_N \tag{4-2}$$

一般称之为**静滑动摩擦定律**（或**库仑摩擦定律**），是法国科学家库仑在做了大量实验的基础上得出的结论。式中的 f_s 称为**静摩擦因数**。f_s 是一个量纲一的量，需由实验来确定，它与接触物体的材料、接触处的粗糙程度、湿度、温度、润滑情况等因素有关。静摩擦因数的数值可在工程手册中查到，表 4-1 列出了部分常用材料的摩擦因数，但这是在常规情况下的，若需要较准确的数值，可在具体条件下由实验测定。

表 4-1　部分常用材料的摩擦因数

材料名称	静摩擦因数		动摩擦因数	
	无润滑	有润滑	无润滑	有润滑
钢-钢	0.15	0.1~0.2	0.15	0.05~0.1
钢-软钢			0.2	0.1~0.2
钢-铸铁	0.3		0.18	0.05~0.15
钢-青铜	0.15	0.1~0.15	0.15	0.1~0.15
软钢-铸铁	0.2		0.18	0.05~0.15
软钢-青铜	0.2		0.18	0.07~0.15
铸铁-铸铁		0.18	0.15	0.07~0.12
铸铁-青铜			0.15~0.2	0.07~0.15
青铜-青铜		0.1	0.2	0.07~0.1
皮革-铸铁	0.3~0.5	0.15	0.6	0.15
橡皮-铸铁			0.8	0.5
木材-木材	0.4~0.6	0.1	0.2~0.5	0.07~0.15

应该指出，式(4-2)是近似的，它不能完全反映出静滑动摩擦的复杂现象。但是因为公式简单，计算简便，且有一定的精度，所以在工程中仍被广泛使用。

2. 动摩擦力

当静摩擦力已达到最大值时，若主动力 $\boldsymbol{F}$ 再继续加大，则接触面之间将出现相对滑动。此时，接触物体之间仍作用有阻碍相对滑动的阻力，这种阻力称为**动滑动摩擦力**，简称**动摩擦力**，以 $\boldsymbol{F}_d$ 表示。实验表明：动摩擦力的大小与接触物体间的正压力成正比，即

$$F_d = fF_N \tag{4-3}$$

式中，f 是**动摩擦因数**，它与接触物体的材料和表面情况有关。

一般情况下，动摩擦因数小于静摩擦因数，即 $f<f_s$。

实际上动摩擦因数还与接触物体间相对滑动的速度大小有关。对于不同材料的物体，动摩擦因数随相对滑动的速度变化规律也不同。多数情况下，动摩擦因数随相对滑动速度的增大而稍减小。但当相对滑动速度不大时，可近似地认为动摩擦因数是个常数，参阅表 4-1。

在机器中，往往用降低接触表面的粗糙度或加入润滑剂等方法，使动摩擦因数 f 降低，以减小摩擦和磨损。

§4-2 摩擦角和自锁现象

1. 全约束力与摩擦角

当有静滑动摩擦时，支承面对物体的约束力包含法向约束力 $\boldsymbol{F}_N$ 和切向约束力 $\boldsymbol{F}_s$(即静摩擦力)。为讨论问题的方便，在某些情况下，把这两个力合起来，即 $\boldsymbol{F}_{RA} = \boldsymbol{F}_N + \boldsymbol{F}_s$，称之为**全约束力**。全约束力的作用线与接触处的公法线间有一夹角 φ，如图 4-2a 所示。当物块处于临界平衡状态时，静摩擦力达到由式(4-2)确定的最大值，偏角 φ 也达到最大值 φ_f，如图 4-2b 所示。全约束力与法线间的夹角的最大值称为**摩擦角**。由图 4-2b 可得

$$\tan \varphi_f = F_{smax}/F_N = f_s F_N/F_N = f_s \tag{4-4}$$

即摩擦角的正切等于静摩擦因数。可见，摩擦角与摩擦因数一样，都是表示摩擦的一个重要物理量。

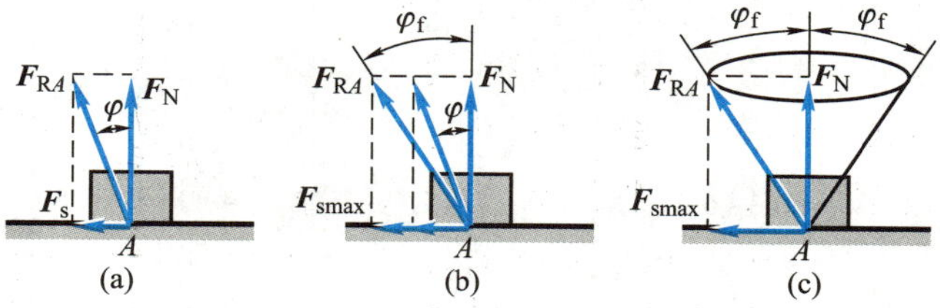

图 4-2

当物块的滑动趋势任意改变时，全约束力作用线的方位也随之任意改变。$\boldsymbol{F}_{RA}$ 的作用线将画出一个以接触点为顶点的锥面。在临界状态下，如图 4-2c 所示，此时的锥体称为**摩擦锥**。若物块与支承面沿任何方向的摩擦因数都相同，则摩擦锥是一个顶角为 $2\varphi_f$ 的圆锥。

2. 自锁现象

物块平衡时，静摩擦力不一定达到最大值，在零与最大值 F_{smax} 之间变化，所以全约束力的作用线与法线间的夹角 φ 在零与摩擦角 φ_f 之间变化，即

$$0 \leqslant \varphi \leqslant \varphi_f \tag{4-5}$$

因为静摩擦力不能超过最大值 F_{smax}，所以全约束力的作用线也不能超出摩擦角（锥）之外，即全约束力的作用线必在摩擦角（锥）之内。由此可知：

（1）如果作用在物体上的全部主动力的合力 $\boldsymbol{F}_R$ 的作用线在摩擦角 φ_f 之内，且指向支承面，则无论这个力多么大，物体必保持静止，这种现象称为**自锁现象**。在这种情况下，主动力的合力 $\boldsymbol{F}_R$ 与法线间的夹角 $\theta<\varphi_f$，由二力平衡条件，全约束力 $\boldsymbol{F}_{RA}$ 可以和主动力的合力 $\boldsymbol{F}_R$ 等值、反向、共线，且和主动力的大小无关，如图 4-3a 所示。工程中常应用自锁条件设计一些机构或夹具，如千斤顶、压榨机、圆锥销等，使它们始终保持在平衡状态下工作。

（2）如果全部主动力的合力 $\boldsymbol{F}_R$ 的作用线在摩擦角 φ_f 之外，则无论这个力多么小，物体一定会滑动。在这种情况下 $\theta>\varphi_f$，全约束力 $\boldsymbol{F}_{RA}$ 的作用线只有在摩擦角之外才可能与主动力的作用线共线，这是不可能的，如图 4-3b 所示。应用这个道理，可以设法避免自锁现象，如各种传动机构。

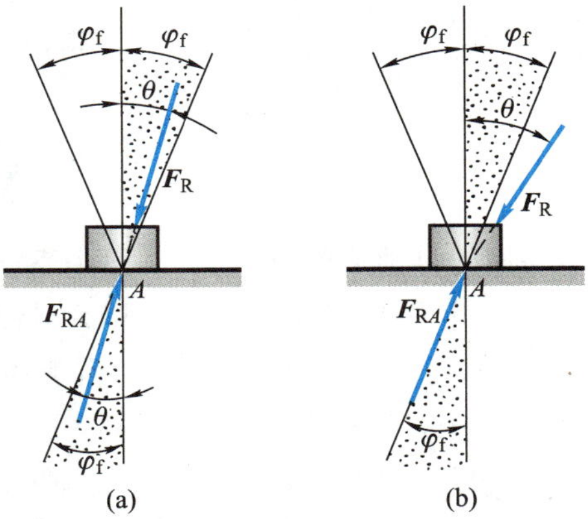

图 4-3

3. 摩擦角应用举例

（1）测定静摩擦因数的一种简易方法

利用摩擦角的概念，可用简单的实验方法，因时因地测定静摩擦因数。如图 4-4 所示，把要测定静摩擦因数的同种材料或不同种材料分别做成板状与物块（在能做成板状与物块的情况下），把物块放在板状物体上，使板的倾角从零（水平位置）开始逐渐增大至 θ，直到物块即将向下滑动时为止，测出此时板的倾角

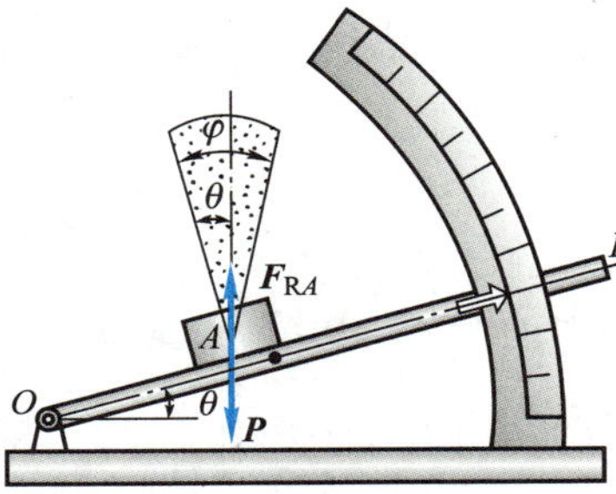

图 4-4

θ，则 θ 就是物体间的摩擦角，其正切就是要测定的静摩擦因数 f_s。理由如下：由于物块仅受重力 $\boldsymbol{P}$ 和全约束力 $\boldsymbol{F}_{RA}$ 作用而平衡，此两力必等值、反向、共线，则 $\boldsymbol{F}_{RA}$ 必沿铅垂线。当物块处于临界平衡状态时，全约束力与板法线间的夹角为摩擦角，而此角正好就是板的倾角。

（2）斜面与螺纹自锁条件

由上面测定静摩擦因数的方法知，物块在铅垂载荷 $\boldsymbol{P}$ 作用下沿斜面不下滑的条件是 $\theta \leqslant \varphi_f$，这就是斜面的自锁条件，如图 4-5a 所示。即斜面自锁的条件是：斜面的倾角小于或等于材料的摩擦角。在交通领域修建各种坡路时，车轮与路面间的摩擦因数是确定的，因而摩擦角也是确定的值，为保证各种车辆在坡路上因各种原因刹车而静止不动，对坡路的倾角就有一定的要求，这是斜面自锁的一个实例。

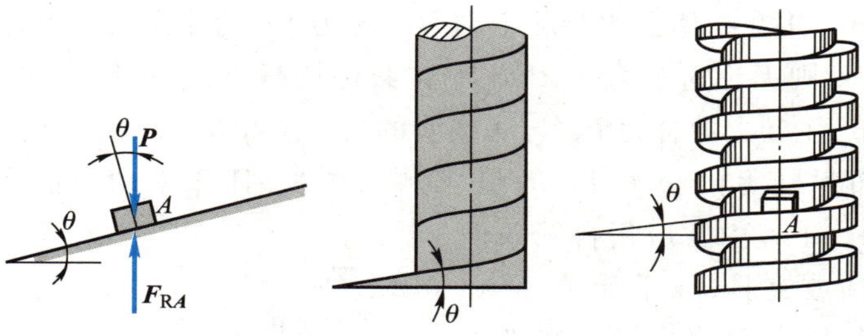

图 4-5

斜面的自锁条件也是螺旋（图 4-5c）的自锁条件，因为螺旋可以看做是绕在圆柱体上的斜面，如图 4-5b 所示，螺旋升角就是斜面的倾角，取微段考虑，螺母相当于物块 A，加于螺母的轴向载荷相当于物块的重力。要使螺旋自锁，必须使螺旋的升角 θ 小于或等于摩擦角 φ_f，螺旋的自锁条件和斜面的自锁条件相同。如螺旋千斤顶的螺杆与螺母间的静摩擦因数为 $f_s=0.1$，则 $\tan\varphi_f=f_s=0.1$，得 $\varphi_f=5°43'$，为保证螺旋千斤顶自锁，一般取螺纹升角 $\theta=4°\sim4°30'$。

堆放粮食、沙子、煤等颗粒状物体所形成的锥形的倾斜角度，铁路、公路路基斜坡的角度，自动卸货车翻斗抬起的角度等均可用自锁与非自锁的条件来讨论。同时，在一些情况下，用摩擦角求解平衡问题也比较方便。

§4-3　考虑摩擦时物体的平衡问题

考虑滑动摩擦时，求解物体平衡问题的步骤与前几章基本相同，但有如下几个新特点：

（1）分析物体受力且画受力图时，必须考虑接触处沿切向的摩擦力。在滑动趋势（或方向）已知的情况下，摩擦力应和滑动趋势（或方向）反向画出。在滑动趋势未知的情况下，摩擦力的方向可以沿切线方位假设。因此时摩擦力为未知，一般就增加了未知量的数目。

（2）严格区分物体是处于非临界平衡状态还是临界平衡状态。在非临界平衡状态，静摩擦力 $\boldsymbol{F}_s$ 由平衡条件来确定，其应满足方程 $F_s<f_sF_N$；在临界平衡状态，静摩擦力达到临界值，此时方可使用方程 $F_s=F_{smax}=f_sF_N$。

（3）由于静摩擦力 F_s 的值可以随主动力而变化，即 $0\leqslant F_s\leqslant f_sF_N$，因此在考虑摩擦的平衡问题中，求出的值有时也有一个变化范围。

（4）考虑摩擦的平衡问题一般可分为两类：一类为在载荷或其他条件已知的情况下，判断系统是否平衡的问题；另一类为求系统处于平衡（或非平衡）状态所需满足的条件。第一类问题一般假设系统平衡，此时的摩擦力为静摩擦力，如果静摩擦力的方向不易判断，也可以假设方向，根据计算结果是否满足平衡条件（静摩擦力不得大于最大静摩擦力、物体不得翻倒等）来判断系统是否平衡。第二类问题一般考虑临界平衡状态，包括临界滑动和临界翻倒（有时涉及）等。临界滑动时的摩擦力对应的是最大静摩擦力，并且方向确定，求得的解为考虑临界滑动时的极限解，也可以列不等式求解。临界翻倒时一般列力矩方程得到此时的极限解。将两种情况综合考虑得到系统应满足的条件。

下面举例说明考虑滑动摩擦时物体的平衡问题。

例 4-1 物块重 $P=1\ 500$ N，放于倾角为 30° 的斜面上，它与斜面间的静摩擦因数 $f_s=0.2$，动摩擦因数 $f=0.18$。物块受水平力 $F=400$ N 作用，如图 4-6 所示。物块是否保持静止？并求此时摩擦力的大小与方向。

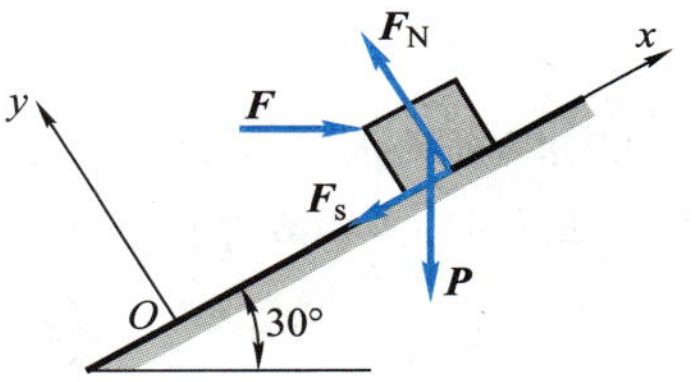

图 4-6

解：物块是否静止未知，摩擦力大小和方向也未知，该问题属于第一类平衡问题。此题可以先假设物块静止，假设静摩擦力方向，求出静摩擦力，与最大静摩擦力比较，可判定物块是否静止，然后求出摩擦力。

取物块为研究对象，设静摩擦力沿斜面向下，物块平衡，受力如图 4-6 所示。在图示坐标系下列平衡方程：

$$\sum F_x=0,\quad -P\sin 30°+F\cos 30°-F_s=0$$

$$\sum F_y=0,\quad -P\cos 30°-F\sin 30°+F_N=0$$

把 P 与 F 的值代入，得静摩擦力与法向约束力分别为

$$F_s=-403.6\ \text{N},\quad F_N=1\ 499\ \text{N}$$

静摩擦力为负值，说明平衡时静摩擦力与所假设的方向相反，即沿斜面向上。而最大静摩擦力为

$$F_{smax}=f_sF_N=299.8\ \text{N}$$

此计算表明，物块若平衡，静摩擦力大于最大静摩擦力，这是不可能的，物块不可能在斜面上静止，而是向下滑动。因此，此时的摩擦力应为动摩擦力，方向沿斜面向上，其大小为

$$F_d=fF_N=269.8\ \text{N}$$

例 4-2 物体重为 P，放在倾角为 θ 的斜面上，与斜面间的静摩擦因数为 f_s，如图 4-7a 所示。

忽略物块的尺寸，当物体处于平衡状态时，求水平力 $\boldsymbol{F}$ 的大小。

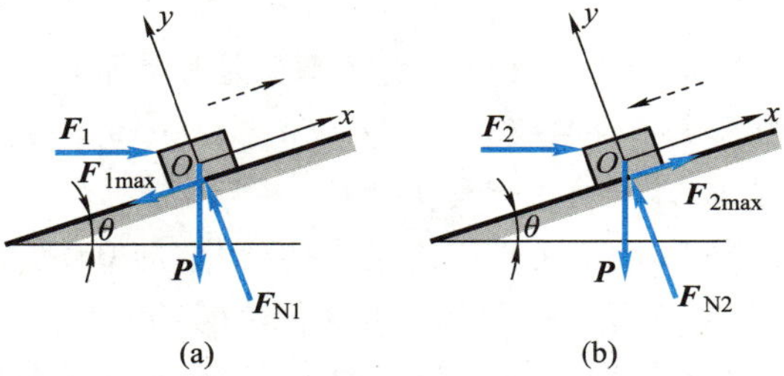

图 4-7

解：该问题属于第二类平衡问题。由经验知，当力 $\boldsymbol{F}$ 大于某值时，物块将上滑；当力 $\boldsymbol{F}$ 小于某值时，物块将下滑。因此力 $\boldsymbol{F}$ 的值在某一范围内，只需求出其两端的值，力 $\boldsymbol{F}$ 的值在此之间即可。

设水平推力的大小为 F_1 时，物体处于将要向上滑动的临界状态，物体的受力图如图 4-7a 所示，建立坐标系如图所示，列平衡方程，为

$$\sum F_x=0,\quad F_1\cos\theta-P\sin\theta-F_{1max}=0 \tag{1}$$

$$\sum F_y=0,\quad F_{N1}-F_1\sin\theta-P\cos\theta=0 \tag{2}$$

此时有

$$F_{1max}=f_sF_{N1} \tag{3}$$

联立求解 3 个方程，得

$$F_1=\frac{\sin\theta+f_s\cos\theta}{\cos\theta-f_s\sin\theta}P$$

设水平推力的大小为 F_2 时，物体处于将要向下滑动的临界状态，物体的受力图如图 4-7b 所示，建立坐标系如图所示，列平衡方程，为

$$\sum F_x=0,\quad F_2\cos\theta-P\sin\theta+F_{2max}=0 \tag{4}$$

$$\sum F_y=0,\quad F_{N2}-F_2\sin\theta-P\cos\theta=0 \tag{5}$$

此时有

$$F_{2max}=f_sF_{N2} \tag{6}$$

联立求解 3 个方程，得

$$F_2=\frac{\sin\theta-f_s\cos\theta}{\cos\theta+f_s\sin\theta}P$$

则使物体静止时，水平推力 $\boldsymbol{F}$ 的大小为

$$\frac{\sin\theta-f_s\cos\theta}{\cos\theta+f_s\sin\theta}P\leqslant F\leqslant\frac{\sin\theta+f_s\cos\theta}{\cos\theta-f_s\sin\theta}P$$

此题如不计摩擦，即 $f_s=0$，平衡时应有 $F=P\tan\theta$，其值是唯一的。

注意：在临界状态下求解有摩擦的平衡问题时，必须根据相对滑动的趋势，正确判定并画出摩擦力的方向，不能像例 4-1 一样任意假设。这是因为解题中引用了补充方程 $F_{smax}=f_sF_N$，由于 f_s 为正值，F_{smax} 与 F_N 有相同的符号。法向约束力 F_N 的方向总是确定的，F_N 值为正，因而 F_{smax} 也始终为正值，这反映不出摩擦力的方向。所以 $\boldsymbol{F}_{smax}$ 的方向不能假定，必须按真实方向画出。

此题也可用摩擦角概念，用几何法求解。

当水平推力的大小为 F_1 时，把摩擦力和法向约束力合起来考虑，画出受力图如图 4-8a 所示。因为不计物块尺寸，可视为平面汇交力系，画出封闭力三角形如图 4-8b 所示，可直接解得

$$F_1=P\tan(\theta+\varphi_f)$$

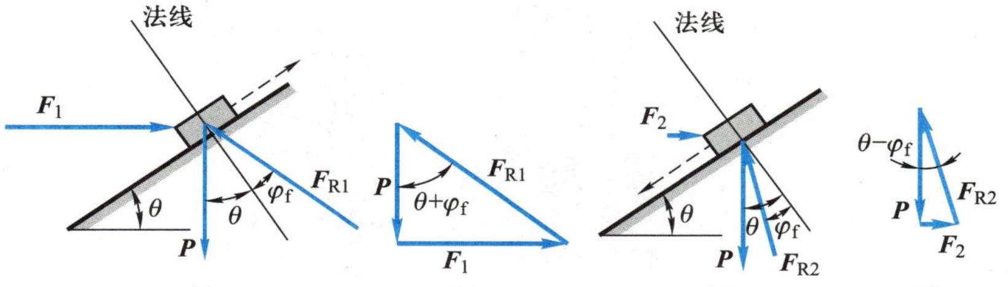

图 4-8

当水平推力的大小为 F_2 时，把摩擦力和法向约束力合起来考虑，画出受力图如图 4-8c 所示，画出封闭力三角形如图 4-8d 所示，可直接解得

$$F_2=P\tan(\theta-\varphi_f)$$

则使物体静止时，水平推力 $\boldsymbol{F}$ 的大小为

$$P\tan(\theta-\varphi_f)\leqslant F\leqslant P\tan(\theta+\varphi_f)$$

按三角公式展开上式中的 $\tan(\theta-\varphi_f)$ 和 $\tan(\theta+\varphi_f)$，得

$$P\frac{\tan\theta-\tan\varphi_f}{1+\tan\theta\tan\varphi_f}\leqslant F\leqslant P\frac{\tan\theta+\tan\varphi_f}{1-\tan\theta\tan\varphi_f}$$

由摩擦角定义，$\tan\varphi_f=f_s$，代入上式，得

$$\frac{\sin\theta-f_s\cos\theta}{\cos\theta+f_s\sin\theta}P\leqslant F\leqslant\frac{\sin\theta+f_s\cos\theta}{\cos\theta-f_s\sin\theta}P$$

结果完全相同。

对图 4-8a、c，也可建立如图 4-9 所示坐标系列平衡方程，不画出封闭力三角形，用解析法求解，求解略。

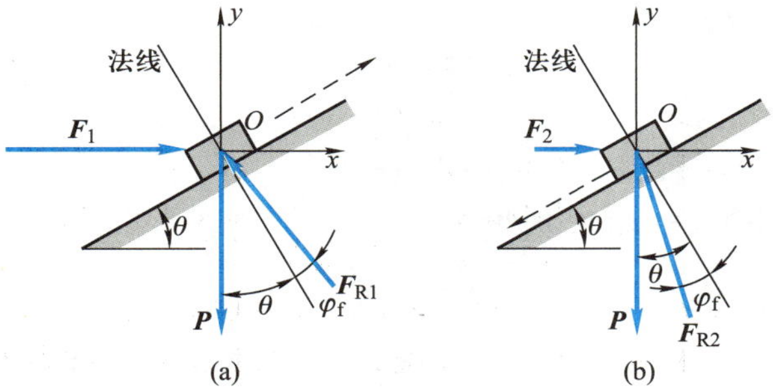

图 4-9

例 4-3 图 4-10a 所示为凸轮挺杆机构。已知不计自重的挺杆与滑道间的静摩擦因数为 f_s，滑道宽度为 b，凸轮与挺杆接触处的摩擦忽略不计。问 a 为多大时，挺杆不至于被卡住？

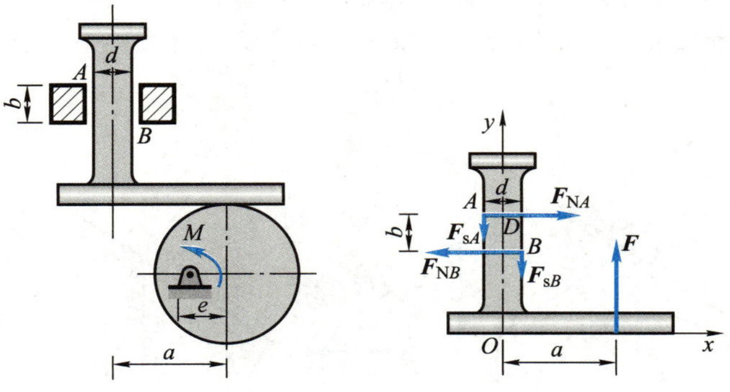

图 4-10

解: 此题属于第二类平衡问题。取挺杆为研究对象,其受力图如图 4-10b 所示,挺杆除受凸轮推力 $\boldsymbol{F}$ 作用外,在滑道 A、B 处还受法向约束力 $\boldsymbol{F}_{NA}$ 与 $\boldsymbol{F}_{NB}$ 作用,由于挺杆有向上滑动趋势,静摩擦力 $\boldsymbol{F}_{sA}$ 与 $\boldsymbol{F}_{sB}$ 的方向向下。

列平衡方程

$$\sum F_x=0,\quad F_{NA}-F_{NB}=0 \tag{a}$$

$$\sum F_y=0,\quad -F_{sA}-F_{sB}+F=0 \tag{b}$$

$$\sum M_D(\boldsymbol{F}),\quad Fa-F_{NB}b-F_{sB}\frac{d}{2}+F_{sA}\frac{d}{2}=0 \tag{c}$$

考虑平衡的临界情况(即挺杆将动而尚未动时),A、B 处的静摩擦力都达到最大值,列出两个补充方程:

$$F_{sA}=f_sF_{NA} \tag{d}$$

$$F_{sB}=f_sF_{NB} \tag{e}$$

由式(a)得

$$F_{NA}=F_{NB}=F_N$$

代入式(d)和式(e),得

$$F_{sA}=F_{sB}=F_{smax}=f_sF_N$$

代入式(b),得

$$F=2F_{smax}$$

最后代入式(c),注意 $F_{NB}=F_{smax}/f_s$,解得

$$a_{极限}=\frac{b}{2f_s}$$

保持 F 和 b 不变,由式(c)可见,当 a 减小时,$F_{NB}(=F_{NA})$亦减小,因而最大静摩擦力减小,式(b)不成立,因而当 $a<\frac{b}{2f_s}$时,挺杆不能平衡,即挺杆不会被卡住。

本题还可以用几何法求解。取挺杆为研究对象,将 A、B 处的摩擦力和法向力分别合成为全约束力 $\boldsymbol{F}_{RA}$ 和 $\boldsymbol{F}_{RB}$。于是,挺杆在 $\boldsymbol{F}$、$\boldsymbol{F}_{RA}$ 和 $\boldsymbol{F}_{RB}$ 三个力作用下平衡。

在图上画出挺杆的几何尺寸，并在 A、B 两点画出摩擦角 φ_f，两直线交于点 C，如图 4-11 所示，点 C 至挺杆中心线的距离即为所求的临界值 $a_{极限}$，计算得

$$a_{极限}=\frac{b}{2}\cot\varphi_f=\frac{b}{2f_s}$$

由摩擦力的性质可知，A、B 处的全约束力只能在摩擦角以内，也就是两个力的作用线的交点只可能在点 C 或点 C 的右侧（阴影部分内）。根据三力平衡汇交定理，只有 $\boldsymbol{F}$、$\boldsymbol{F}_{RA}$ 和 $\boldsymbol{F}_{RB}$ 三个力汇交于一点时推杆才能平衡。由于 $\boldsymbol{F}_{RA}$ 和 $\boldsymbol{F}_{RB}$ 在点 C 左侧不可能相交，因此当 $a<a_{极限}$ 或 $a<\frac{b}{2f_s}$ 时，三个力不可能汇交，即推杆不能被卡住。而当 $a\geqslant\frac{b}{2f_s}$ 时，三个力将汇交于一点而平衡，此时无论推力 $\boldsymbol{F}$ 多大也不能推动推杆，推杆将被卡住（自锁）。

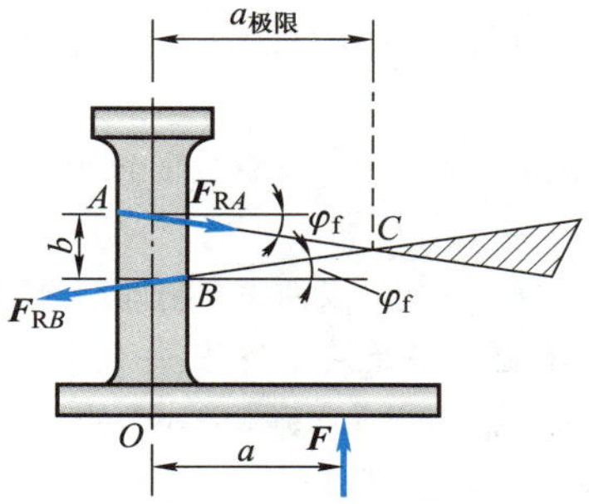

图 4-11

例 4-4 如图 4-12a 所示，梯子 AB 靠在墙上，其重量 $P=200$ N，梯子长度为 l，与水平面的夹角 $\theta=60°$。已知梯子与地面和墙壁间的静摩擦因数 f_s 均为 0.25。今有一重量为 $P_1=650$ N 的人沿梯子上爬，求人能达到的最高点 C 到点 A 的距离 s；若人能爬到顶点，则静摩擦因数至少需要多大？

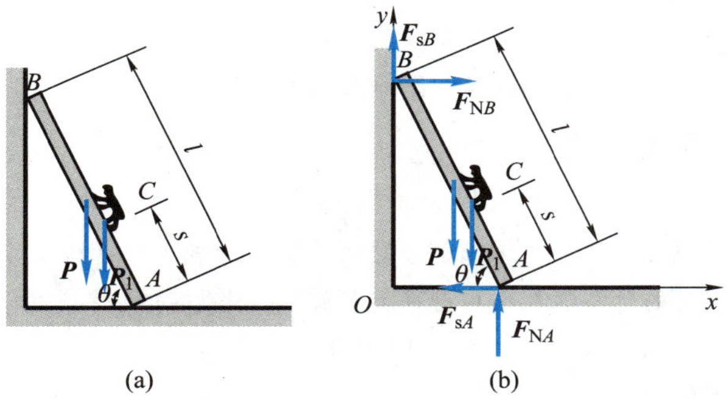

图 4-12

解： 此题属于考虑摩擦的第二类平衡问题。人越往上爬，其重力 $\boldsymbol{P}_1$ 对点 A 的力矩越大，梯子越容易滑倒。当人到达能达到的最高点 C 时，梯子处于将要滑动的临界状态。取此临界状态进行分析，此时梯子的受力图如图 4-12b 所示。建立图示坐标系，列平衡方程，有

$$\sum F_x=0,\quad F_{NB}-F_{sA}=0$$

$$\sum F_y=0,\quad F_{NA}+F_{sB}-P-P_1=0$$

$$\sum M_A=0,\quad P\cdot\frac{l}{2}\cos 60°+P_1\cdot s\cdot\cos 60°-F_{NB}\cdot l\sin 60°-F_{sB}\cdot l\cos 60°=0$$

因为梯子处于临界状态，所以此时 A、B 两点对应的静摩擦力均为最大静摩擦力，补充库仑摩擦定律方程：

$$F_{sA}=f_sF_{NA},\quad F_{sB}=f_sF_{NB}$$

联立上述 5 个方程，解得

$$s=\frac{l}{325}\left(\frac{425(\sqrt{3}+f_s)+1}{f_s}-50\right)=0.456l$$

因此，人能达到的最高点 C 到点 A 的距离 $s=0.456l$。

若人能爬到顶点，则 $s=l$，代入上式解得 $f_s=0.433$，即静摩擦因数至少为 0.433。此题若不计梯子重力，则梯子仅受三个力的作用，可用摩擦角来求解。

例 4-5 图 4-13 所示的均质木箱重 $P=5$ kN，与地面间的静摩擦因数 $f_s=0.4$。图中 $h=2a=2$ m，$\theta=30°$。（1）当 D 处的拉力 $F=1$ kN 时，木箱是否平衡？（2）求能保持木箱平衡的最大拉力。

解： 此例涉及两类平衡问题，且需考虑翻倒情况。欲保持木箱平衡，必须满足两个条件：一是木箱不发生滑动，即要求静摩擦力 $F_s \leqslant F_{smax}=f_sF_N$；二是木箱不绕点 A 翻倒，这时法向力 $\boldsymbol{F}_N$ 的作用线应在木箱内，即 $d>0$。

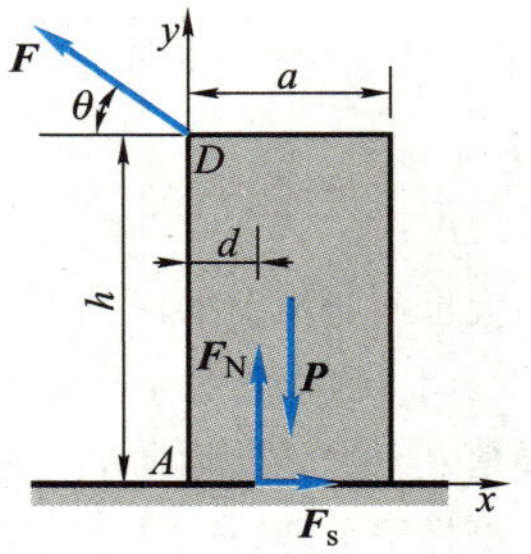

图 4-13

（1）取木箱为研究对象，受力图如图 4-13 所示，列平衡方程：

$$\sum F_x=0,\quad F_s-F\cos\theta=0 \tag{a}$$

$$\sum F_y=0,\quad F_N-P+F\sin\theta=0 \tag{b}$$

$$\sum M_A(\boldsymbol{F})=0,\quad F\cos\theta\cdot h-P\cdot\frac{a}{2}+F_N\cdot d=0 \tag{c}$$

求解以上方程，得

$$F_s=0.866\ \text{kN},\quad F_N=4.5\ \text{kN},\quad d=0.171\ \text{m}$$

此时木箱与地面间的最大静摩擦力

$$F_{smax}=f_sF_N=1.8\ \text{kN}$$

可见，$F_s<F_{smax}$，木箱不滑动；又 $d>0$，木箱不会翻倒。因此，木箱保持平衡。

（2）为求保持平衡的最大拉力 F，可分别求出木箱将滑动时的临界拉力 $F_{滑}$ 和木箱将绕点 A 翻倒的临界拉力 $F_{翻}$。二者中取其较小者，即为所求。

木箱将滑动的条件为

$$F_s=F_{smax}=f_sF_N \tag{d}$$

联立式(a)、式(b)、式(d)解得

$$F_{滑}=\frac{f_sP}{\cos\theta+f_s\sin\theta}=1.876\ \text{kN}$$

木箱将绕点 A 翻倒的条件为 $d=0$，代入式(c)，得

$$F_{翻}=\frac{Pa}{2h\cos\theta}=1.443\ \text{kN}$$

因为 $F_{翻}<F_{滑}$，所以保持木箱平衡的最大拉力为

$$F=F_{翻}=1.443\ \text{kN}$$

这说明，当拉力 F 逐渐增大时，木箱将先翻倒而失去平衡。

§4-4 滚动摩擦的概念

由实践可知,使滚子滚动比使它滑动省力。所以在工程中,为了提高效率,减轻劳动强度,常利用物体的滚动代替物体的滑动。当物体滚动时,存在什么阻力?它有什么特性?下面通过简单的实例来分析这些问题。设在水平面上有一滚子,重量为 $\boldsymbol{P}$,半径为 r,在其中心 O 上作用一水平力 $\boldsymbol{F}$,如图 4-14 所示。当力 $\boldsymbol{F}$ 不大时,滚子仍保持静止。分析滚子的受力情况可知,在滚子与平面的接触点 A 有法向约束力 $\boldsymbol{F}_N$,它与 $\boldsymbol{P}$ 等值反向。另外,还有静摩擦力 $\boldsymbol{F}_s$ 阻止滚子滑动,它与 $\boldsymbol{F}$ 等值反向。则图 4-14 所示滚子不可能保持平衡,因为静摩擦力 $\boldsymbol{F}_s$ 与力 $\boldsymbol{F}$ 组成一力偶,将使滚子发生滚动。但是,实际上当力 $\boldsymbol{F}$ 不大时,滚子是可以平衡的。这是因为滚子和平面实际上并不是刚体,它们在力的作用下都会发生变形,有一个接触面,如图 4-15a 所示。在接触面上,物体受分布力的作用,这些力向点 A 简化,得到一个力 $\boldsymbol{F}_R$ 和一个力偶,力偶的力偶矩为 M_f,如图 4-15b 所示。力 $\boldsymbol{F}_R$ 可分解为静摩擦力 $\boldsymbol{F}_s$ 和正压力 $\boldsymbol{F}_N$,力偶矩为 M_f 的力偶称为**滚动摩擦力偶**,它与力偶($\boldsymbol{F}$,$\boldsymbol{F}_s$)平衡,它的转向与滚动的趋向相反,如图 4-15c 所示。

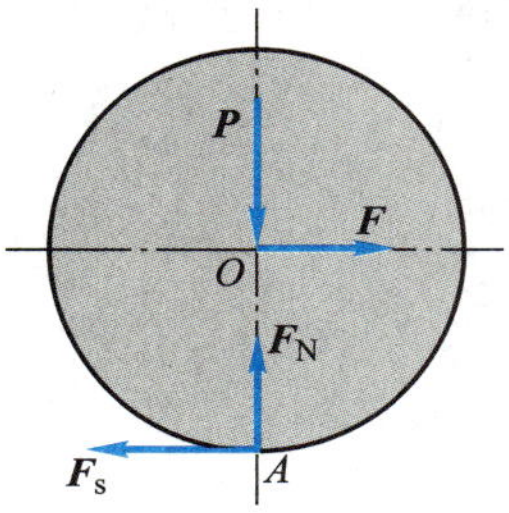

图 4-14

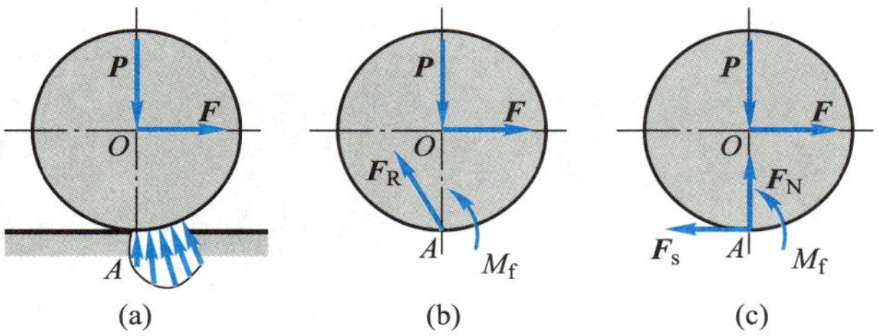

图 4-15

与静摩擦力相似,滚动摩擦力偶矩 M_f 随着主动力偶矩的增加而增大,当力 $\boldsymbol{F}$ 增加到某个值时,滚子处于将滚未滚的临界平衡状态,这时,滚动摩擦力偶矩达到最大值,称之为**最大滚动摩擦力偶矩**,用 M_{max} 表示。若力 $\boldsymbol{F}$ 再增大一点,轮子就会滚动。与滑动不同,轮子在滚动过程中,滚动摩擦力偶矩近似等于 M_{max}。

由此可知,滚动摩擦力偶矩 M_f 的大小介于零与最大值之间,即

$$0 \leqslant M_f \leqslant M_{max} \tag{4-6}$$

实验表明:最大滚动摩擦力偶矩 M_{max} 与滚子半径无关,与支承面的正压力(法向约束力)$\boldsymbol{F}_N$ 的大小成正比,即

$$M_{max} = \delta F_N \tag{4-7}$$

称此为**滚动摩擦定律**,其中 δ 是比例常数,称为**滚动摩擦系数**。由上式知,滚动摩

擦系数具有长度的量纲,单位一般为 mm。

滚动摩擦系数由实验测定,它与滚子和支承面的材料的硬度和湿度等有关,与滚子的半径无关。表 4-2 是几种材料的滚动摩擦系数。

表 4-2　几种材料的滚动摩擦系数

材料名称	δ/mm	材料名称	δ/mm
铸铁与铸铁	0.5	软钢与钢	0.5
钢质车轮与钢轨	0.05	有滚珠轴承的料车与钢轨	0.09
木与钢	0.3~0.4	无滚珠轴承的料车与钢轨	0.21
木与木	0.5~0.8	钢质车轮与木面	1.5~2.5
软木与软木	1.5	轮胎与路面	2~10
淬火钢珠与钢	0.01		

滚动摩擦系数的物理意义如下:滚子在即将滚动的临界平衡状态时,其受力图如图 4-16a 所示。根据力的平移定理,可将其中的法向约束力 $\boldsymbol{F}_{\mathrm{N}}$ 与最大滚动摩擦力偶 $M_{\max}$ 合成为一个力 $\boldsymbol{F}'_{\mathrm{N}}$,且 $F'_{\mathrm{N}}=F_{\mathrm{N}}$。力 $\boldsymbol{F}'_{\mathrm{N}}$ 的作用线距中心线的距离为 d,如图 4-16b 所示。而

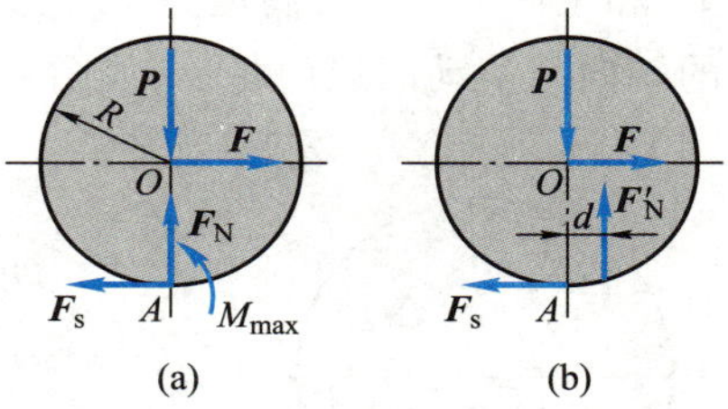

图 4-16

$$d=\frac{M_{\max}}{F_{\mathrm{N}}}$$

与式(4-7)比较,得

$$\delta=d$$

因而滚动摩擦系数 δ 可看成轮在即将滚动时,法向约束力 $\boldsymbol{F}'_{\mathrm{N}}$ 离中心线的最远距离,也就是最大滚动摩擦力偶($\boldsymbol{F}'_{\mathrm{N}}$,$\boldsymbol{P}$)的力偶臂,故它具有长度的量纲。它的意义是,在主动力的作用下,接触面间发生的微小变形所引起的等效支持力向前移动的距离。因为这个变形量一般非常小,所以其单位一般为 mm。

由于滚动摩擦系数较小,因此,在大多数情况下滚动摩擦忽略不计。

由图 4-16a,可以分别计算出使滚子滚动或滑动所需要的水平拉力 $\boldsymbol{F}$,以分析究竟是使滚子滚动省力还是使滚子滑动省力。

由平衡方程 $\sum M_A(\boldsymbol{F})=0$,可以求得

$$F_{滚}=\frac{M_{\max}}{R}=\frac{\delta F_{\mathrm{N}}}{R}=\frac{\delta}{R}P$$

由平衡方程 $\sum F_x=0$,可以求得

$$F_{滑}=F_{\mathrm{s}\max}=f_{\mathrm{s}}F_{\mathrm{N}}=f_{\mathrm{s}}P$$

一般情况下，有

$$\frac{\delta}{R} \ll f_s$$

因而使滚子滚动比滑动省力得多。

例 4-6 半径为 R 的滑轮 B 上作用有力偶，轮上绕有细绳拉住半径为 R、重量为 P 的圆柱，如图 4-17a 所示。斜面倾角为 θ，圆柱与斜面间的滚动摩擦系数为 δ。求保持圆柱平衡时，力偶矩 M_B 的最大与最小值。

解： 取圆柱为研究对象，先求绳子拉力。圆柱在即将滚动的临界状态下，滚动摩擦力偶矩达最大值，即 $M_{\max}=\delta F_N$，转向与滚动趋势相反。当绳拉力为最小值时，圆柱有向下滚动的趋势，当绳拉力为最大值时，圆柱有向上滚动的趋势。

（1）先求最小拉力 $\boldsymbol{F}_{T1}$，受力如图 4-17b 所示，列平衡方程：

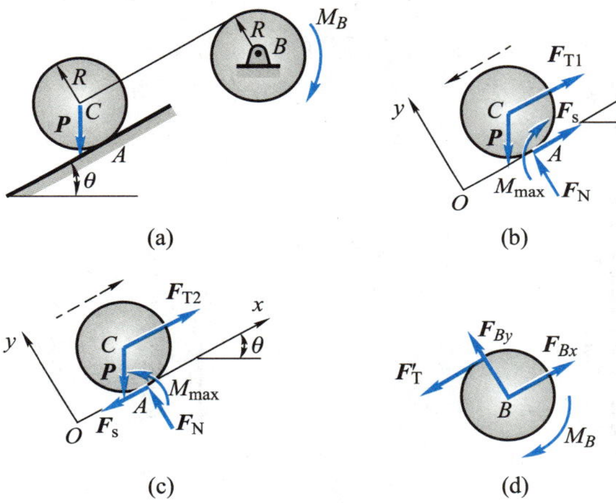

图 4-17

$$\sum M_A(\boldsymbol{F})=0,\quad P\sin\theta\cdot R-F_{T1}\cdot R-M_{\max}=0 \tag{a}$$

$$\sum F_y=0,\quad F_N-P\cos\theta=0 \tag{b}$$

临界状态的补充方程为

$$M_{\max}=\delta F_N \tag{c}$$

联立求得最小拉力值为

$$F_{T1}=P\left(\sin\theta-\frac{\delta}{R}\cos\theta\right)$$

（2）再求最大拉力 $\boldsymbol{F}_{T2}$，受力图如图 4-17c 所示，列平衡方程：

$$\sum M_A(\boldsymbol{F})=0,\quad P\sin\theta\cdot R-F_{T2}\cdot R+M_{\max}=0 \tag{d}$$

$$\sum F_y=0,\quad F_N-P\cos\theta=0 \tag{e}$$

临界状态的补充方程为

$$M_{\max}=\delta F_N \tag{f}$$

联立求得最大拉力值为

$$F_{T2}=P\left(\sin\theta+\frac{\delta}{R}\cos\theta\right)$$

(3) 以滑轮 B 为研究对象，受力图如图 4-17d 所示，列平衡方程：

$$\sum M_B(\boldsymbol{F})=0,\quad F'_T\cdot R-M_B=0$$

当绳拉力分别为 $\boldsymbol{F}_{T1}$ 与 $\boldsymbol{F}_{T2}$ 时，得力偶矩 M_B 的最大值与最小值为

$$M_{B\max}=F_{T2}R=P(R\sin\theta+\delta\cos\theta)$$

$$M_{B\min}=F_{T1}R=P(R\sin\theta-\delta\cos\theta)$$

即力偶矩 M_B 的范围为

$$P(R\sin\theta-\delta\cos\theta)\leqslant M_B\leqslant P(R\sin\theta+\delta\cos\theta)$$

思考题

4-1 已知一物块重 $P=100$ N，用水平力 $F=500$ N 压在一铅垂表面上，如图 4-18 所示，其静摩擦因数 $f_s=0.3$，问此时物块所受的摩擦力等于多少？

4-2 如图 4-19 所示，A 处存在摩擦，图中物体的平衡位置是否是唯一的？如在图示位置平衡，画出点 A 全约束力的确切方向。

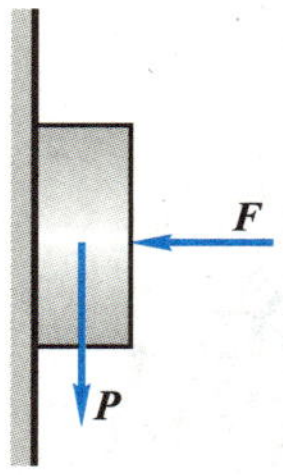

图 4-18

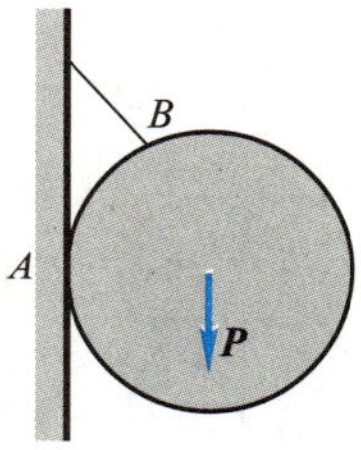

图 4-19

4-3 四本相同的书，每本重为 P，设书与书之间的静摩擦因数 $f_{s1}=0.1$，书与手之间的静摩擦因数 $f_{s2}=0.25$。欲将图 4-20 所示的四本书一起提起，则两侧应施加的力 $\boldsymbol{F}$ 应至少为多大？

4-4 如图 4-21 所示，试比较用同样材料、在相同的光洁度和相同的带压力 $\boldsymbol{F}$ 作用下，平带与 V 带所能传递的最大拉力。

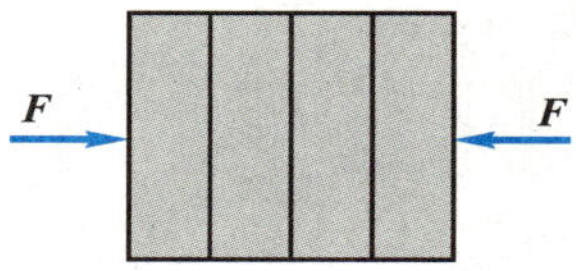

图 4-20

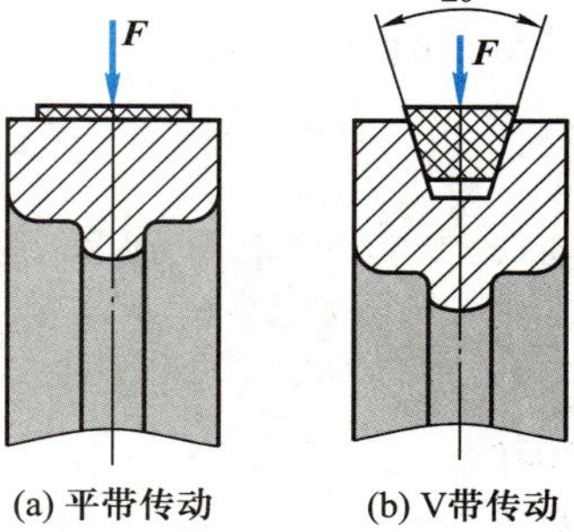

图 4-21

4-5 为什么传动螺纹多用方牙螺纹(如丝杠)?而锁紧螺纹多用三角螺纹?

4-6 如图 4-22 所示,砂石与输送带间的静摩擦因数 $f_s=0.5$,求输送带的最大倾角 θ。

4-7 图 4-23 所示系统中,A 为光滑铰链约束,若略去杆 AB 与物块 C 的重量,且物块与杆 AB 及地面间的静摩擦因数均为 f_s。在不改变力 $\boldsymbol{F}$ 方向的情况下,若想拉动物块,则 f_s 应满足什么条件?

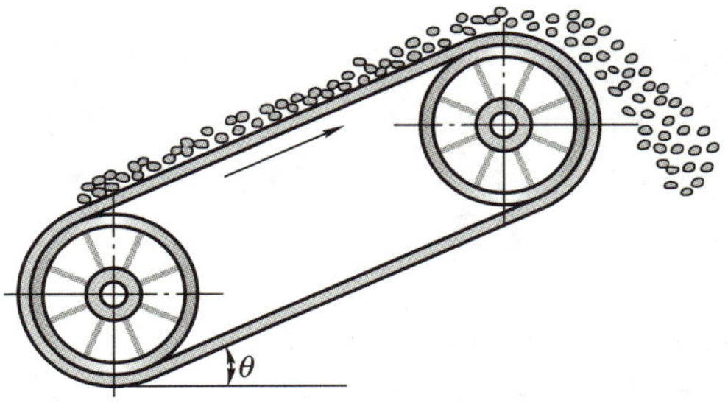

图 4-22

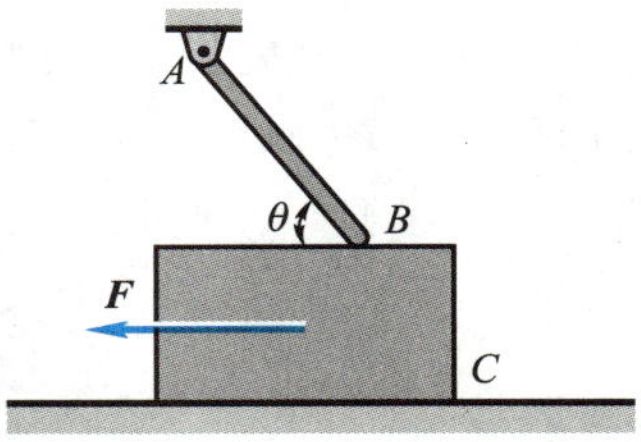

图 4-23

4-8 如图 4-24 所示,用钢楔劈物,接触面间的摩擦角为 φ_f。劈入后欲使钢楔不滑出,问钢楔两个平面间的夹角应为多大?钢楔重不计。

4-9 水平梯子放在直角 V 形槽内,如图 4-25 所示。略去梯重,梯子与两个槽面间的摩擦角均为 φ_f。如人在梯子上走动,试分析不使梯子滑动,人的活动应限制在什么范围。

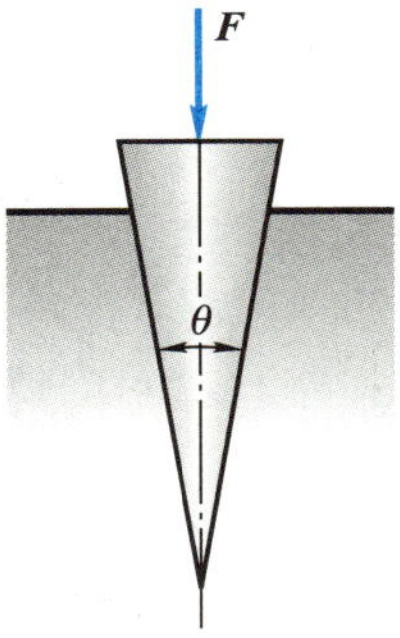

图 4-24

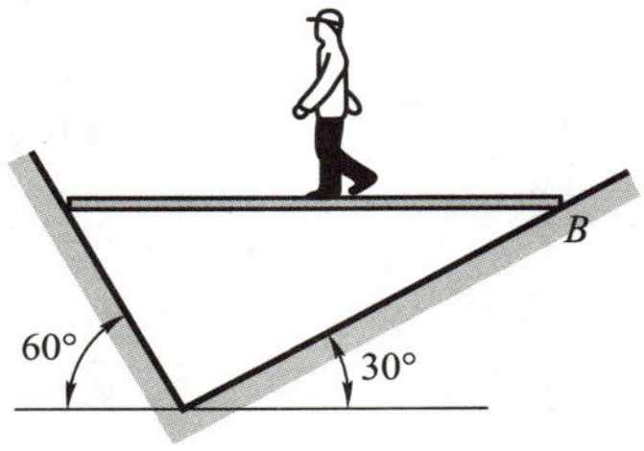

图 4-25

4-10 已知 π 形物体重为 P,尺寸如图 4-26 所示。现以水平力 $\boldsymbol{F}$ 拉此物体,当刚开始拉动时,A、B 两处的摩擦力是否都达到最大值?如 A、B 两处的静摩擦因数均为 f_s,此二处最大静摩擦力是否相等?又如力 $\boldsymbol{F}$ 较小而未能拉动物体时,能否分别求出 A、B 两处的静摩擦力?

4-11 如图 4-27 所示,重量分别为 P_A 和 P_B 的物体重叠放置在粗糙的水平面上,水平力 $\boldsymbol{F}$ 作用于物体 A 上,设 A、B 间的摩擦力的最大值为 $F_{A\max}$,B 与水平面间的摩擦

力的最大值为 $F_{B\max}$，若 A、B 能各自保持平衡，则三力之间的关系应满足什么条件？

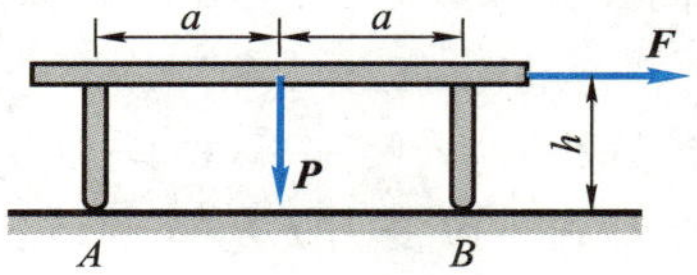

图 4-26

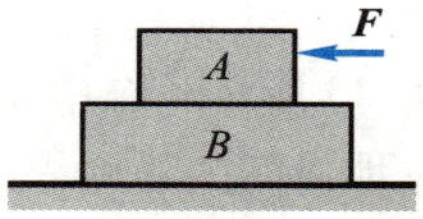

图 4-27

4-12 汽车匀速水平行驶时，地面对车轮有滑动摩擦也有滚动摩擦，车轮只滚不滑。汽车前轮受车身施加的一个向前推力 $\boldsymbol{F}_1$ 作用（图 4-28a），而后轮受一驱动力偶 M 及车身向后的力 $\boldsymbol{F}_2$ 作用（图 4-28b）。试画全前、后轮的受力图。又如何求其摩擦力？其摩擦力是否等于其动摩擦力？是否等于其最大静摩擦力？

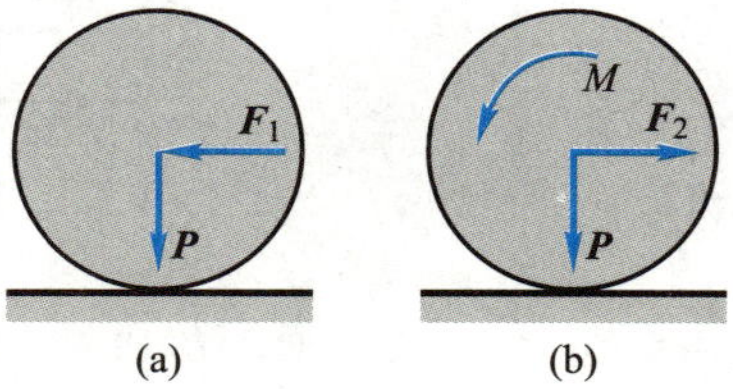

图 4-28

习题：第四章
摩擦

习　题

4-1 如图所示，在一叠书的两端加一压力 $F=225\ \text{N}$，如每本书的质量为 0.95 kg，手与书之间的静摩擦因数 $f_{s1}=0.45$，书与书之间的静摩擦因数 $f_{s2}=0.40$。求能水平执持书的最大数目。

4-2 重为 P 的物体放在倾角为 β 的斜面上，物体与斜面间的摩擦角为 φ_f，如图所示。在物体上作用力 $\boldsymbol{F}$，此力与斜面的交角为 θ。求拉动物体时力 $\boldsymbol{F}$ 的值，并问当角 θ 为何值时，此力为极小？

题 4-1 图

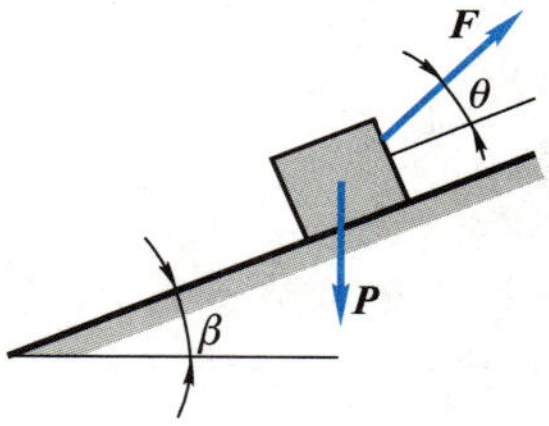

题 4-2 图

4-3 如图所示，置于 V 形槽中的棒料上作用一力偶，力偶的力偶矩 $M=15\ \text{N}\cdot\text{m}$ 时，刚好能转动此棒料。已知棒料重 $P=400\ \text{N}$，直径 $D=0.25\ \text{m}$，不计滚动摩擦。求棒料与 V 形槽间的静摩擦因数 f_s。

4-4 如图所示折梯由 AC 和 BC 在点 C 铰接而成，放在水平地面上，其两脚 A、B 与地面的静摩擦因数分别为 $f_{sA}=0.2$，$f_{sB}=0.6$，折梯一边 AC 的中点 D 上有一重为 $P=500\ \text{N}$ 的重物，折梯重量不计，问折梯能否平衡？若折梯平衡，试求出两脚与地面间的摩擦力。

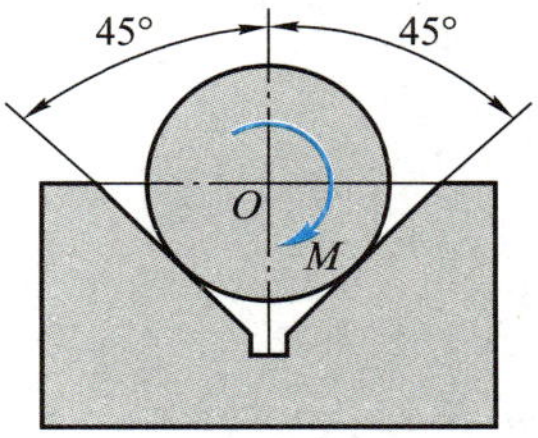

题 4-3 图

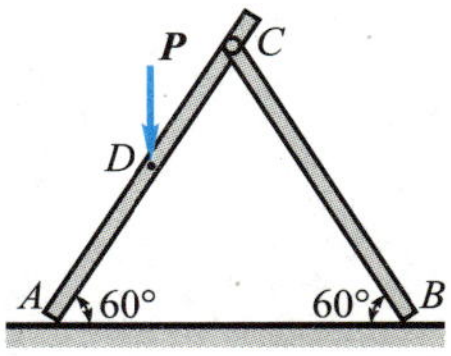

题 4-4 图

4-5 如图所示系统，A、B 处的静摩擦因数 $f_s=0.5$，试确定重力大小为 267 N、长为 2.44 m 的杆能否放在如图所示两个台阶上保持平衡。

4-6 攀登电线杆的脚套钩如图所示，电线杆的直径 $d=300\ \text{mm}$，A、B 间的铅垂距离 $b=100\ \text{mm}$。若脚套钩与电线杆之间的静摩擦因数 $f_s=0.25$。工人操作时为了安全，求站在脚套钩上的最小距离 l。

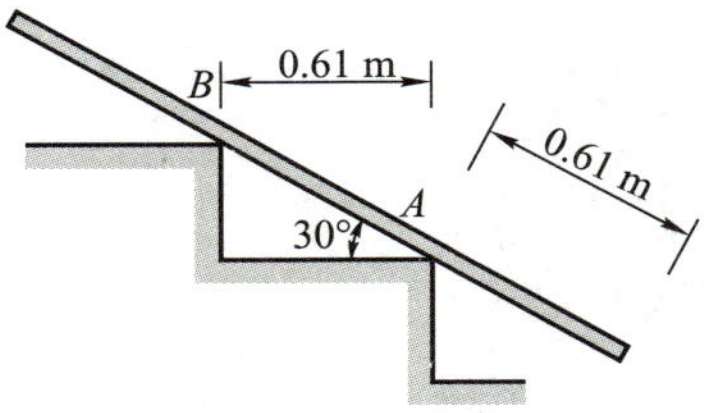

题 4-5 图

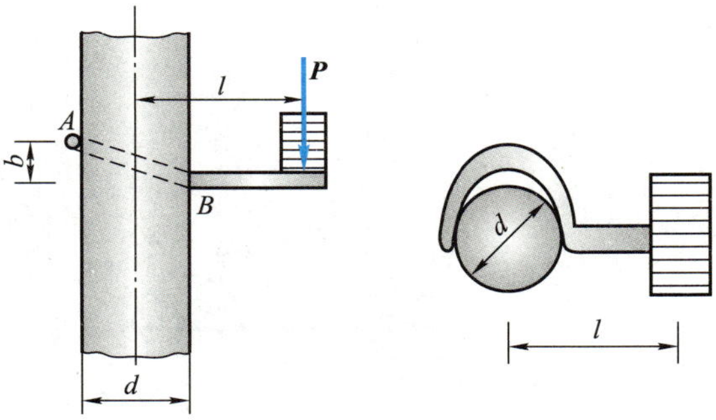

题 4-6 图

4-7 不计自重的拉门与上下滑道之间的静摩擦因数均为 f_s，门高为 h。若在门上 $\frac{2}{3}h$ 处用水平力 $\boldsymbol{F}$ 拉门而不会被卡住，求门宽 b 的最小值。并问门的自重与门不被卡住的门宽最小值是否有关？

4-8 鼓轮 B 重为 500 N，放在墙角里，如图所示。已知鼓轮与水平地板间的静摩擦因数为 0.25，铅垂墙壁绝对光滑。鼓轮上的绳索下端挂着重物。已知半径 $R=200\ \text{mm}$，$r=100\ \text{mm}$，不计滚动摩擦，求平衡时重物 A 的最大重量。

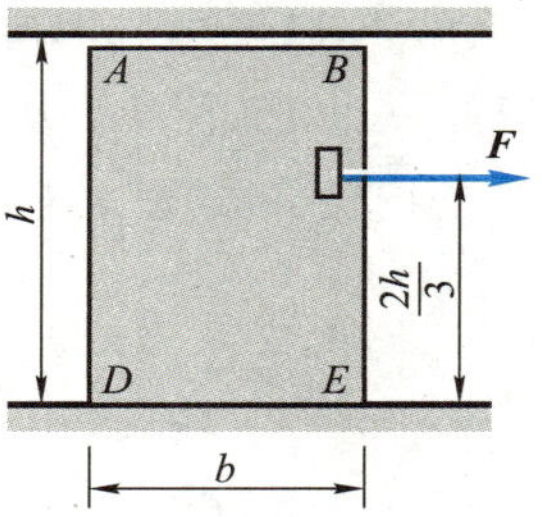

题 4-7 图

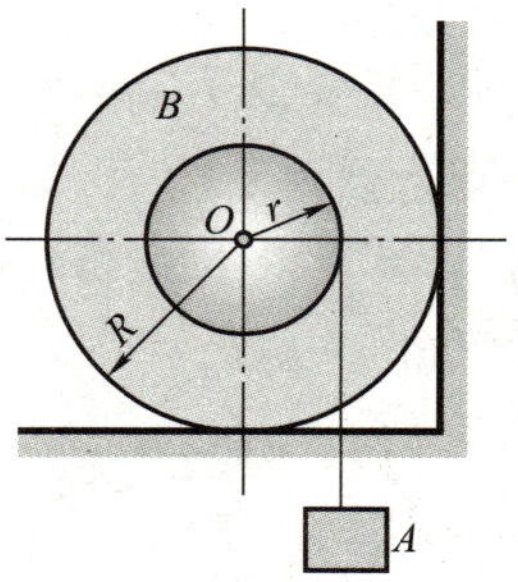

题 4-8 图

4-9 两个相同的光滑半球，半径均为 r，重量均为 $P/2$，放在静摩擦因数 $f_s=0.5$ 的水平面上。在两个半球上放置半径为 r、重量为 P 的球，如图所示。求在平衡状态下两个半球球心之间的最大距离 b。

4-10 轧压机由两轮构成，两轮的直径均为 $d=500$ mm，轮间的间隙为 $a=5$ mm，两轮反向转动，如图所示。已知烧红的铁板与铸铁轮间的静摩擦因数为 $f_s=0.1$，问能轧压的铁板的厚度 b 是多少?

提示：欲使机器工作，则铁板必须被两转轮带动，亦即作用在铁板 A、B 处的法向作用力和摩擦力的合力必须水平向右。

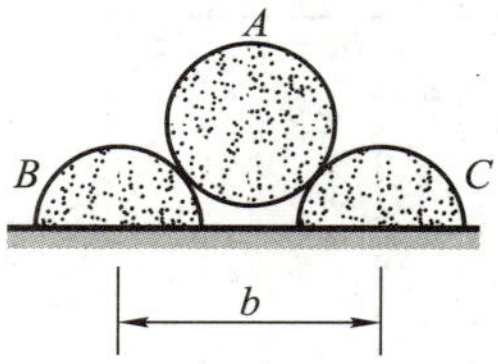

题 4-9 图

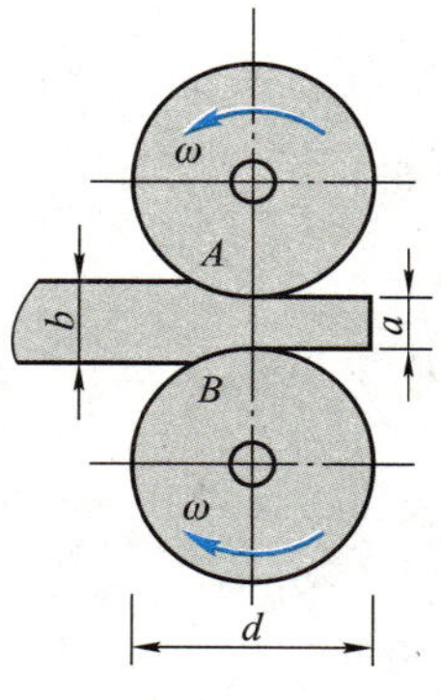

题 4-10 图

4-11 重量为 890 N 的圆柱体在如图所示位置处于静止状态，试求：

(1) A 处的静摩擦力；

(2) 当圆柱体将要开始滑动时 A 处的静摩擦因数。

4-12 鼓轮利用双闸块制动器制动，在杠杆的末端作用有大小为 200 N 的力 $\boldsymbol{F}$，方向与杠杆垂直，如图所示。尺寸 $2R=O_1O_2=KD=DC=O_1A=KL=O_2L=0.5$ m，$AC=O_1D=1$ m，$O_1B=0.75$ m，$ED=0.25$ m，闸块与鼓轮的静摩擦因数 $f_s=0.5$，自重不计。求作用于鼓轮上的制动力矩。

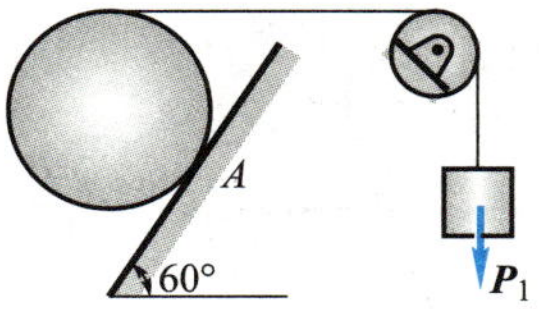

题 4-11 图

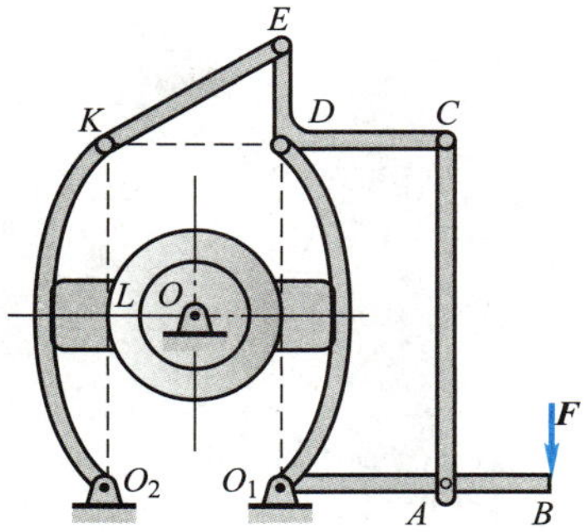

题 4-12 图

4-13 一起重用的夹具由 ABC 和 DEF 两个相同的弯杆组成，并由杆 BE 连接，B 和 E 处都是铰链，尺寸如图所示。不计夹具自重，问要能提起重为 P 的重物，夹具与重物接触面处的静摩擦因数 f_s 应为多大？

4-14 砖夹的宽度为 0.25 m，曲杆 AGB 与 $GCED$ 在点 G 铰接，尺寸如图所示。设砖重 $P=120$ N，提起砖的力 $\boldsymbol{F}$ 作用在砖夹的中心线上，砖夹与砖间的静摩擦因数 $f_s=0.5$。求距离 b 为多大才能把砖夹起。

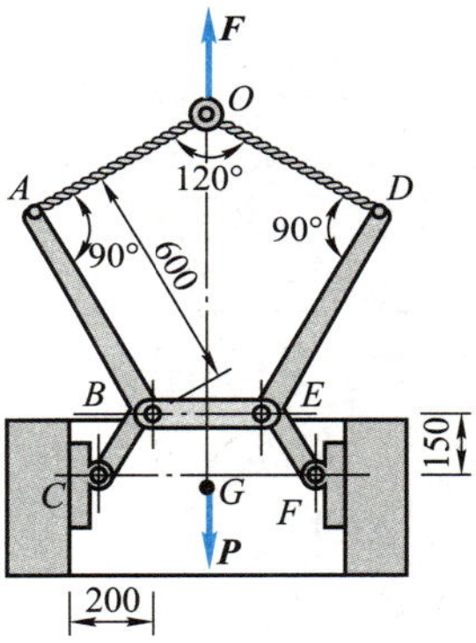

题 4-13 图

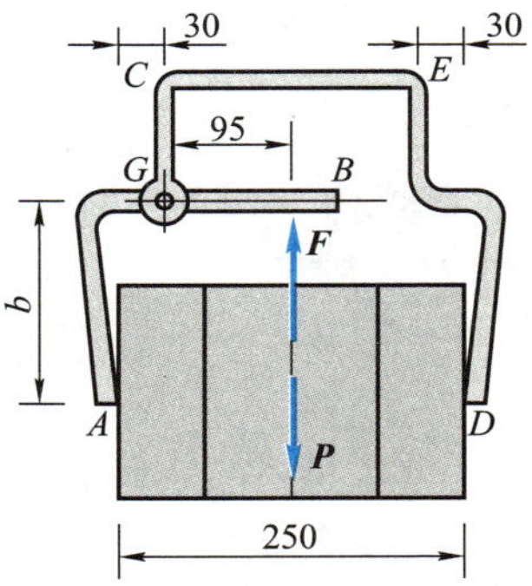

题 4-14 图

4-15 均质箱体 A 的宽度 $b=1$ m，高 $h=2$ m，重 $P=200$ kN，放在倾角 $\theta=20°$ 的斜面上。箱体与斜面之间的静摩擦因数 $f_s=0.2$。今在箱体的点 C 系一无重软绳，方向如图所示，绳的另一端绕过滑轮 D 挂一重物 E，尺寸 $BC=a=1.8$ m。求使箱体处于平衡状态的重物 E 的重量。

4-16 均质棱柱体 M，重量为 P，宽为 $2b$，置于水平地面。均质杆 AB，重量为 P_1，长为 $2l$，倾斜靠在棱柱体的侧面，其倾斜角为 α，如图所示。设杆与地面之间的静摩擦因数为 f_{s1}，棱柱体与地面之间的静摩擦因数为 f_{s2}，杆与棱柱体之间的摩擦可忽略不计。问为了使整个系统保持平衡，角 α 应满足什么条件？

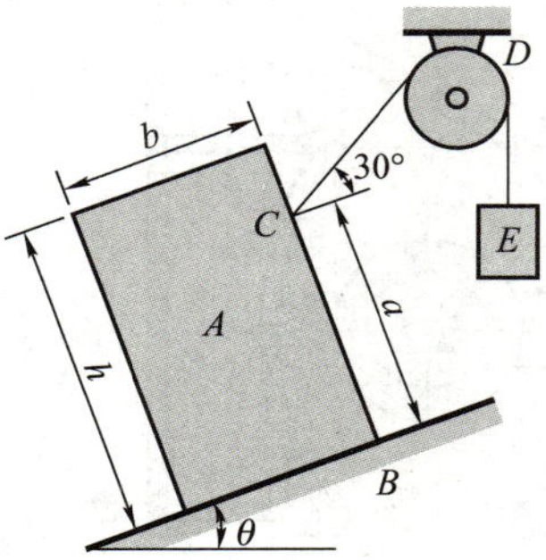

题 4-15 图

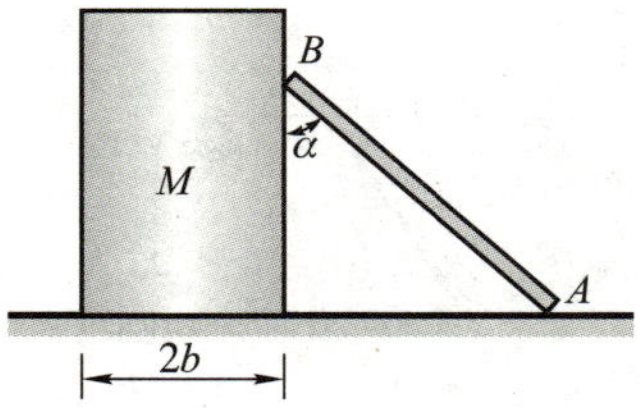

题 4-16 图

4-17 平面曲柄连杆滑块机构如图所示。$OA=l$，在曲柄 OA 上作用有一力偶矩为 M 的力偶，OA 水平。连杆 AB 与铅垂线的夹角为 θ，滑块与水平面之间的静摩擦因数为 f_s，不计各构件重量，$\tan\theta>f_s$。求机构在图示位置保持平衡时力 $\boldsymbol{F}$ 的值。

4-18 汽车重 $P=15$ kN，车轮的直径为 600 mm，轮自重不计。问发动机应给予后轮多大的力偶矩，方能使前轮越过高为 80 mm 的阻碍物？并问此时后轮与地面的静摩擦因数应为多大才不至打滑？不计滚动摩擦。

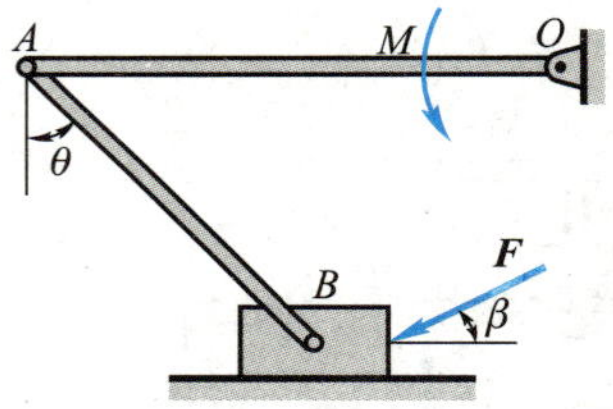

题 4-17 图

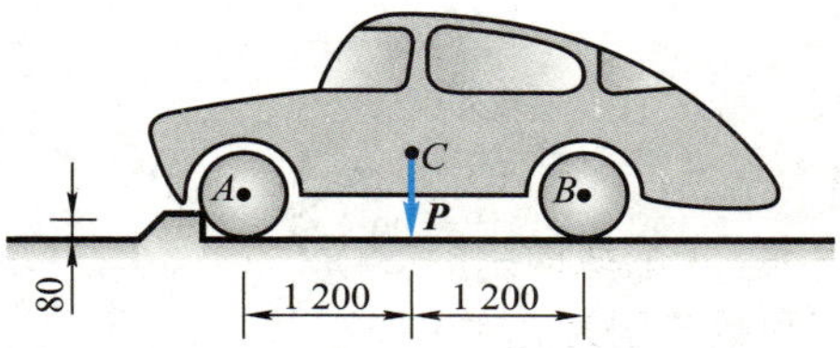

题 4-18 图

4-19 图示立柜重 $P=1$ kN，放置于水平地面上。$h=1.2$ m，$a=0.9$ m，滚轮直径可忽略。滚轮与地面的静摩擦因数 $f_s=0.3$，不计滚动摩擦。若：(1) 滚轮 A 不能自由转动；(2) 滚轮 B 不能自由转动；(3) 两轮都不能自由转动。求使立柜移动的最小水平推力并校核会不会翻倒。

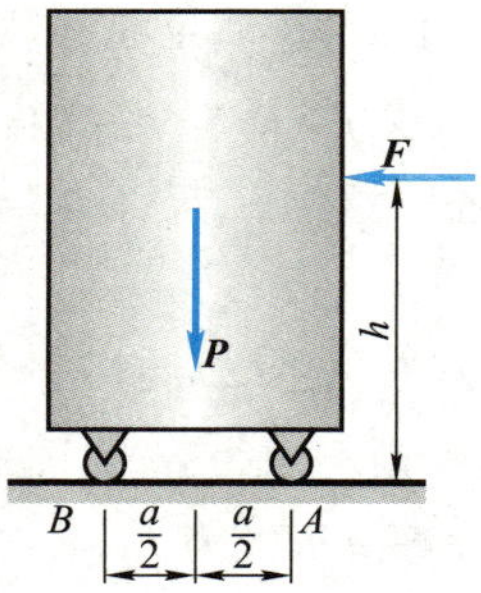

题 4-19 图

4-20 一运货升降箱重为 P_1,可以在滑道间上下滑动。一重为 P_2 的货物,放置于升降箱的一边,如图所示,由于货物偏于一边而使升降箱的两角与滑道靠紧。升降箱与滑道间的静摩擦因数为 f_s。求升降箱匀速上升和匀速下降不被卡住时,平衡物重 P_3 的值。

4-21 物块 A 和 B 用光滑铰链与无重水平杆 CD 连接,如图所示。物块 B 重为 200 N,与斜面的摩擦角 $\varphi=15°$,斜面与铅垂面之间的夹角为 30°。物块 A 放在水平面上,与水平面的静摩擦因数为 $f_s=0.4$,不计杆重。欲使物块 B 不下滑,求物块 A 的最小重量。

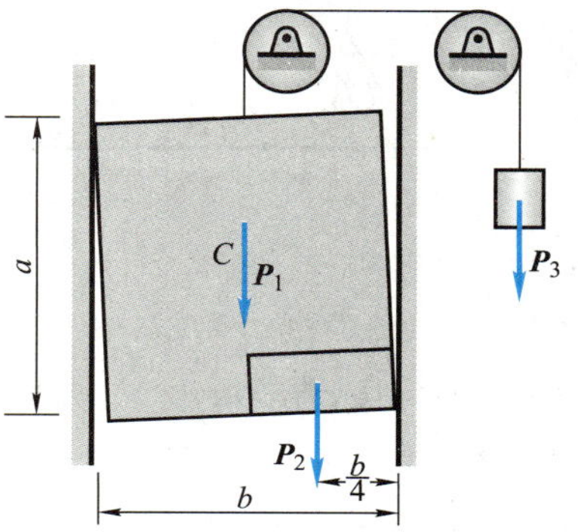

题 4-20 图

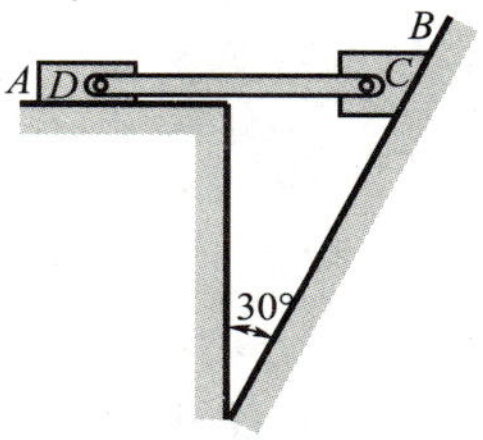

题 4-21 图

4-22 重量为 $P_1=450$ N 的均质梁 AB,梁的 A 端为固定铰链支座,另一端搁置在重 $P_2=343$ N 的线圈架的芯轴上,轮心 C 为线圈架的重心。线圈架与梁 AB 和地面间的静摩擦因数分别为 $f_{s1}=0.4$,$f_{s2}=0.2$,不计滚动摩擦,线圈架的半径 $R=0.3$ m,芯轴的半径 $r=0.1$ m。今在线圈架的芯轴上绕一不计重量的软绳,求使线圈架由静止而开始运动的水平拉力 $\boldsymbol{F}$ 的最小值。

4-23 如图所示为电梯升降安全装置的计算简图,电梯与载重总重量为 P,电梯井与滑块间的静摩擦因数 $f_s=0.5$,安全装置构件自重不计。问机构的尺寸比例应为多少方能确保安全制动?

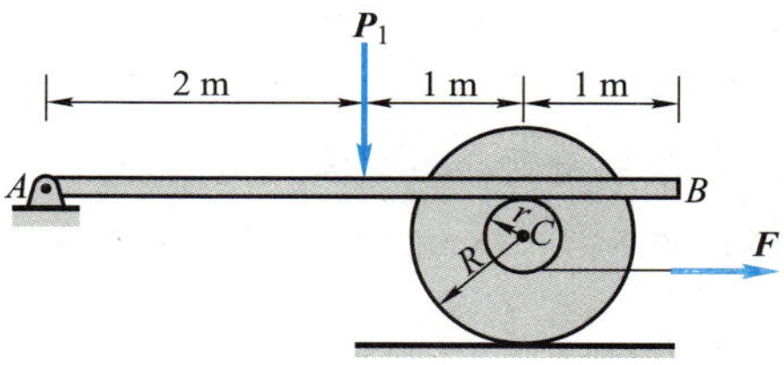

题 4-22 图

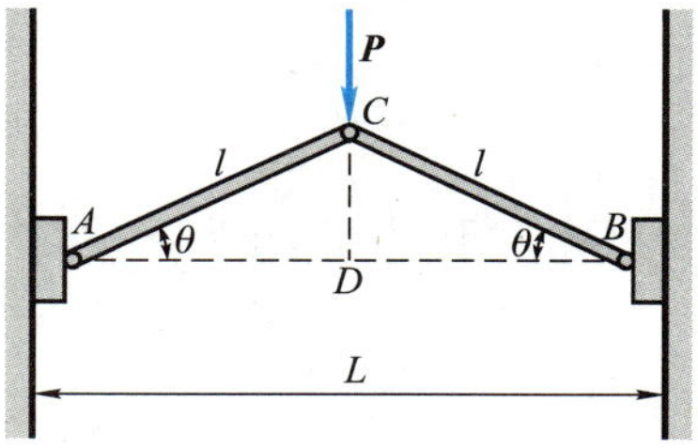

题 4-23 图

4-24 图示装置中,已知 $\gamma=15°$,各接触面的摩擦角均为 12°。如有一力 $\boldsymbol{F}_1$ 作用

于物块 C，恰与作用于物块 A 的力 $\boldsymbol{F}_2=1\ 000$ N 平衡，并使物块 C 开始向下滑动。不计各物块质量，求力 $\boldsymbol{F}_1$ 的大小。

4-25 均质长板 AD 重为 P，长为 4 m，用一不计自重的短板 BC 支撑，如图所示。已知 $AC=BC=AB=3$ m，求 A、B、C 处的摩擦角各为多大才能使之保持平衡。

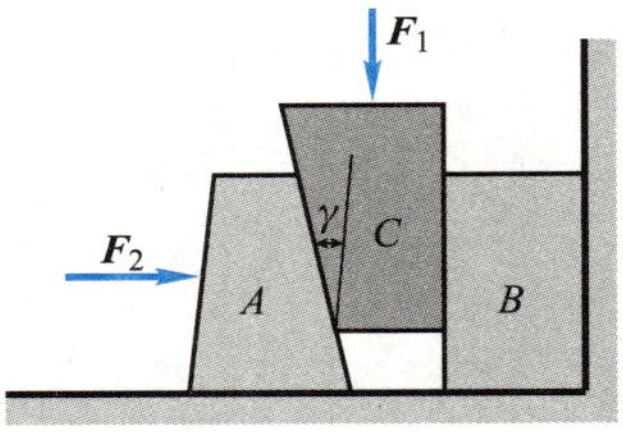

题 4-24 图

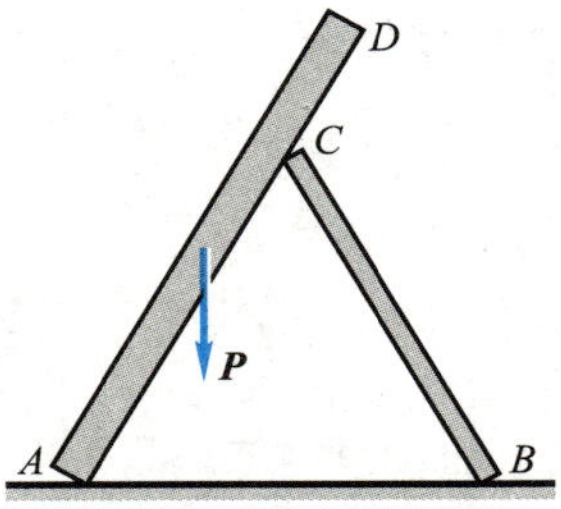

题 4-25 图

4-26 重为 50 N 的方块放在倾斜的粗糙面上，斜面的边 AB 与 BC 垂直，如图所示。如在方块上作用水平力 $\boldsymbol{F}$ 与 BC 边平行，此力由零逐渐增加，方块与斜面间的静摩擦因数为 0.6。(1) 保持方块平衡时，求水平力 $\boldsymbol{F}$ 的最大值；(2) 若方块与斜面的动摩擦因数为 0.55，当物块做匀速直线运动时，求水平力 $\boldsymbol{F}$ 的大小与物块滑动的方向。

4-27 一半径为 R、重为 P_1 的轮静止在水平面上，如图所示。在轮上半径为 r 的轴上缠有细绳，此细绳跨过滑轮 A，在端部系一重为 P_2 的物体。绳的 AB 部分与铅垂线成 θ 角。求轮与水平面接触点 C 处的滚动摩擦力偶矩、滑动摩擦力和法向约束力。

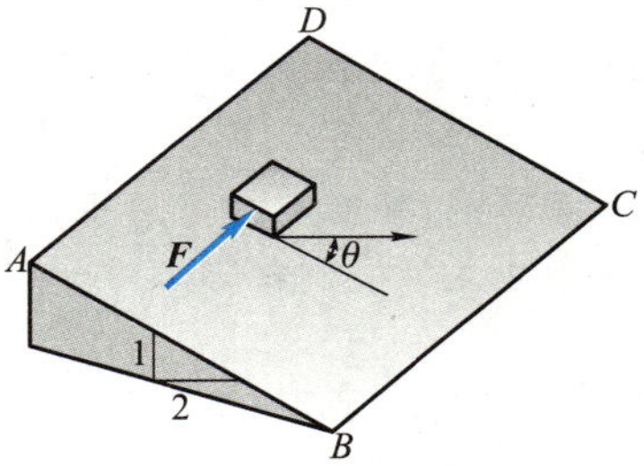

题 4-26 图

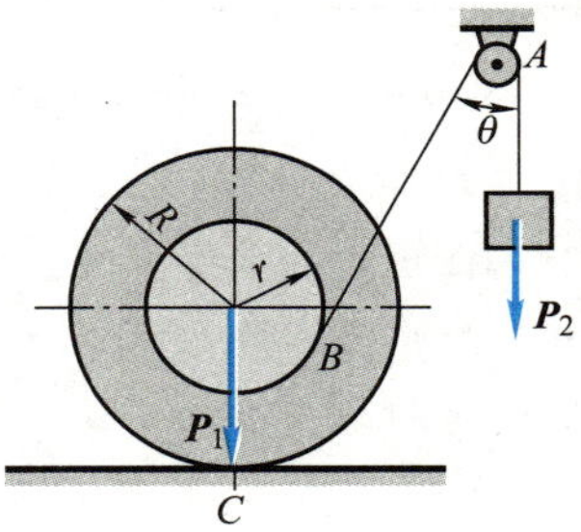

题 4-27 图

4-28 如图所示，钢管车间的钢管运转台架，依靠钢管自重缓慢无滑动地滚下，钢管直径为 50 mm。设钢管与台架间的滚动摩擦系数 $\delta=0.5$ mm。试确定台架的最小倾角 θ。

4-29 如图所示，在搬运重物时，常在板下面垫以滚子。已知重物重量为 P，滚子重量 $P_1=P_2$，半径为 r，滚子与重物间的滚动摩擦系数为 δ_1，与地面间的滚动摩擦系数为 δ_2。求拉动重物时水平力 $\boldsymbol{F}$ 的大小。

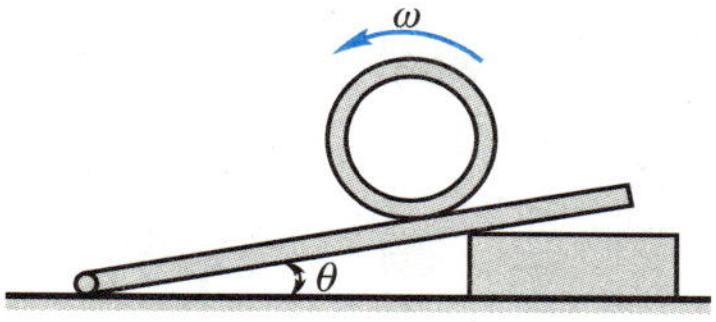

题 4-28 图

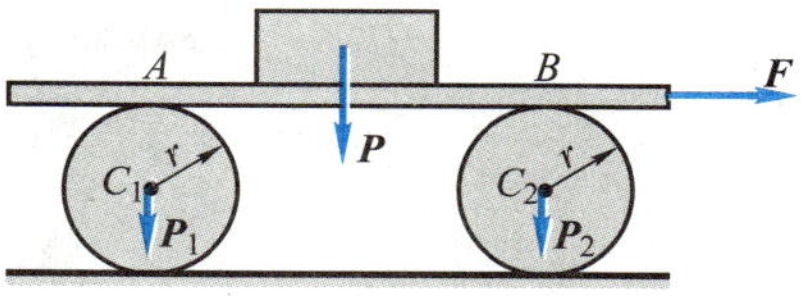

题 4-29 图

4-30 圆柱 C 的重量为 $P=30$ kN，半径 $r=40$ cm，板 AB 的重量为 $P_1=50$ kN，柱与板、板与地面之间的静摩擦因数均为 $f_s=0.2$，柱与板之间的滚动摩擦系数 $\delta=0.05$ cm，滑轮摩擦及绳重均不计。试求向左拉动和向右推动板 AB 所需的最小水平力 $\boldsymbol{F}_{\min}$ 的大小。

4-31 鼓轮与制动器机构的尺寸如图所示，已知：$l_1=20$ cm，$l_2=30$ cm，$h=3$ cm，$r=10$ cm，$R=15$ cm，摩擦块 B 与刹车轮间的静摩擦因数 $f_s=0.4$，滚子 M 的重量 $P=2$ kN，半径 $r_2=5$ cm，置于倾角为 $\alpha=30°$的粗糙斜面上，滚子与斜面间的静摩擦因数 $f_{s2}=0.1$，滚动摩擦系数 $\delta=0.05$ cm，且牵引绳与斜面平行。试求最小需要多大的力 F 才能把鼓轮刹住。

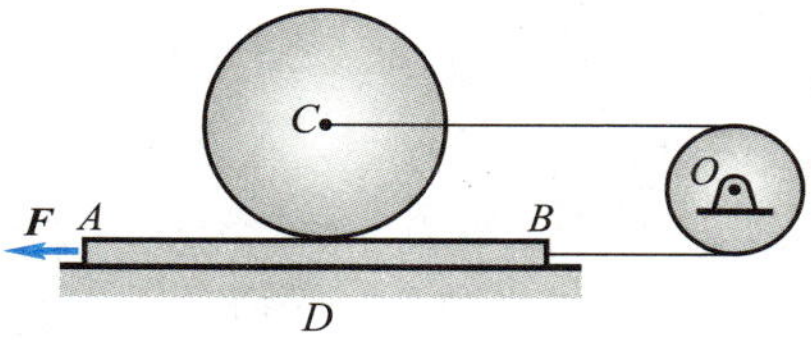

题 4-30 图

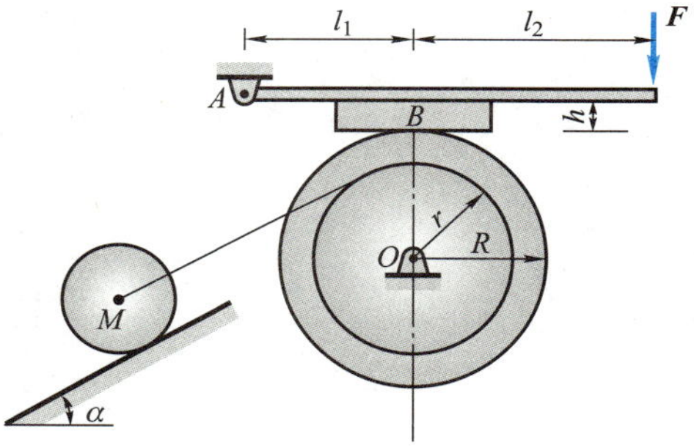

题 4-31 图

4-32 拉住轮船的绳子，绕固定在码头上的带缆桩两整圈，如图所示。设船作用于绳子的拉力为 7 500 N；为了保证两者之间无相对滑动，码头装卸工人必须用 150 N 的拉力拉住绳的另一端。

（1）求绳子与带缆桩间的静摩擦因数 f_s；

（2）如绳子绕在桩上三整圈，工人的拉力仍为 150 N，此船作用于绳的最大拉力为多少？

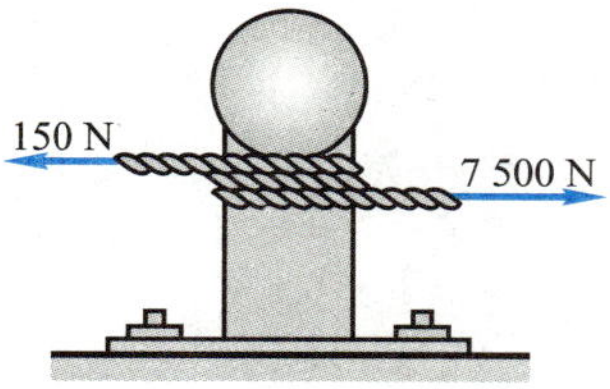

题 4-32 图

运动学

引言

静力学研究作用在物体上的力系的平衡条件。如果作用在物体上的力系不平衡，物体的运动状态将发生变化。物体的运动规律不仅与受力情况有关，而且与物体本身的惯性和原来的运动状态有关。总之，物体在力作用下的运动规律是一个比较复杂的问题。为了学习上的循序渐进，我们暂不考虑影响物体运动的物理因素，而单独研究物体运动的几何性质（运动轨迹、运动方程、速度和加速度等），这部分内容称为运动学。至于物体的运动规律与力、惯性等的关系将在动力学中研究。因此，运动学是研究物体运动的几何性质的科学。

学习运动学除了为学习动力学打基础外，又有独立的意义，即为分析机构的运动打好基础。因此，运动学作为理论力学中的独立部分也是很必要的。

研究一个物体的机械运动，必须选取另一个物体作为参考，这个参考的物体称为**参考体**。如果所选的参考体不同，那么物体相对于不同参考体的运动也不同。因此,在力学中,描述任何物体的运动都需要指明参考体。与参考体固连的坐标系称为**参考系**。一般工程问题中,都取与地面固连的坐标系为参考系。以后,如果不作特别说明,就应如此理解。对于特殊的问题,将根据需要另选参考系,并加以说明。

第五章
点的运动学

若在研究物体运动时，其大小和形状的影响可以忽略不计，则物体的运动可以简化为点的运动。点的运动学是研究一般物体运动的基础，又具有独立的应用意义。本章将研究点的简单运动，研究点相对某一个参考系的几何位置随时间变动的描述方法，包括点的运动方程、运动轨迹、速度和加速度等。

§5-1 矢 量 法

选取参考系上某确定点 O 为坐标原点，自点 O 向动点 M 作矢量 $\boldsymbol{r}$，$\boldsymbol{r}$ 称为点 M 相对原点 O 的**位置矢量**，也称**矢径**。当动点 M 运动时，矢径 $\boldsymbol{r}$ 随时间而变化，并且是时间的单值连续函数，即

$$\boldsymbol{r}=\boldsymbol{r}(t) \tag{5-1}$$

上式称为以矢量表示的点的运动方程。动点 M 在运动过程中，其矢径 $\boldsymbol{r}$ 的末端描绘出一条连续曲线，称之为矢端曲线。显然，矢径 $\boldsymbol{r}$ 的矢端曲线就是动点 M 的**运动轨迹**，如图 5-1 所示。

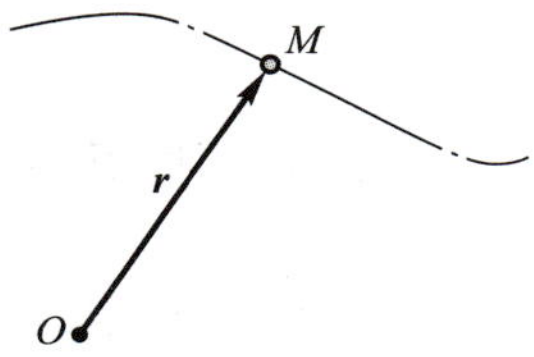

图 5-1

点的**速度**是矢量。动点的速度矢等于它的矢径 $\boldsymbol{r}$ 对时间的一阶导数，即

$$\boldsymbol{v}=\frac{\mathrm{d}\boldsymbol{r}}{\mathrm{d}t} \tag{5-2}$$

动点的速度矢沿着矢径 $\boldsymbol{r}$ 的矢端曲线的切线，即沿动点运动轨迹的切线，并与此点运动的方向一致。速度的大小，即速度矢 $\boldsymbol{v}$ 的模，表明点运动的快慢，在国际单位制中，速度 v 的单位为 m/s。

点的速度矢对时间的变化率称为**加速度**。点的加速度也是矢量，它表征了速度大小和方向的变化。动点的加速度矢等于该点的速度矢对时间的一阶导数，或等于矢径对时间的二阶导数，即

$$\boldsymbol{a}=\frac{\mathrm{d}\boldsymbol{v}}{\mathrm{d}t}=\frac{\mathrm{d}^2\boldsymbol{r}}{\mathrm{d}t^2} \tag{5-3}$$

有时为了方便，在字母上方加“·”表示该量对时间的一阶导数，加“¨”表示该量对时间的二阶导数。因此，式(5-2)、式(5-3)亦可记为

$$\boldsymbol{v}=\dot{\boldsymbol{r}},\quad \boldsymbol{a}=\dot{\boldsymbol{v}}=\ddot{\boldsymbol{r}}$$

在国际单位制中,加速度 $\boldsymbol{a}$ 的单位为 m/s^2。

如在空间任意取一点 O,把动点 M 在连续不同瞬时的速度矢 $\boldsymbol{v},\boldsymbol{v}',\boldsymbol{v}'',\cdots$ 都平行地移到点 O,连接各矢量的端点 $M,M',M'',\cdots$,就构成了矢量 $\boldsymbol{v}$ 端点的连续曲线,称为**速度矢端曲线**,如图 5-2a 所示。动点的加速度矢 $\boldsymbol{a}$ 的方向与速度矢端曲线在相应点 M 的切线相平行,如图 5-2b 所示。

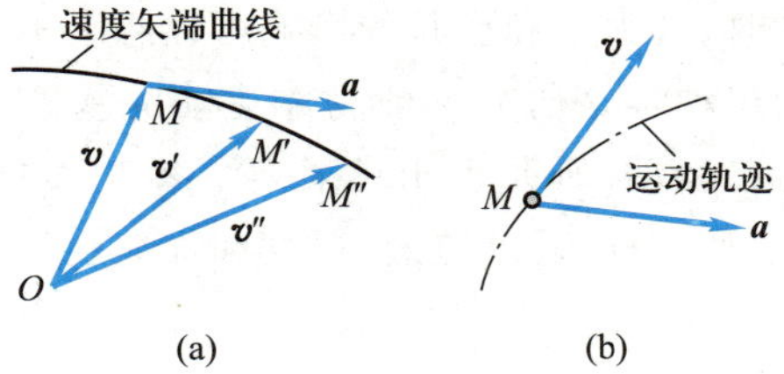

图 5-2

§5-2 直角坐标法

取一固定的直角坐标系 $Oxyz$,则动点 M 在任意瞬时的空间位置既可以用它相对于坐标原点 O 的矢径 $\boldsymbol{r}$ 表示,也可以用它的三个直角坐标 x、y、z 表示,如图 5-3 所示。

由于矢径的原点与直角坐标系的原点重合,因此有如下关系

$$\boldsymbol{r}=x\boldsymbol{i}+y\boldsymbol{j}+z\boldsymbol{k} \tag{5-4}$$

式中 $\boldsymbol{i}$、$\boldsymbol{j}$、$\boldsymbol{k}$ 分别为沿三个坐标轴的单位矢量,如图 5-3 所示。由于 $\boldsymbol{r}$ 是时间的单值连续函数,因此 x、y、z 也是时间的单值连续函数。利用式(5-4),可以将运动方程(5-1)写为

$$x=f_1(t),\quad y=f_2(t),\quad z=f_3(t) \tag{5-5}$$

这些方程称为**以直角坐标表示的点的运动方程**。如果知道了点的运动方程(5-5),就可以求出任一瞬时点的坐标 x、y、z 的值,也就完全确定了该瞬时动点的位置。

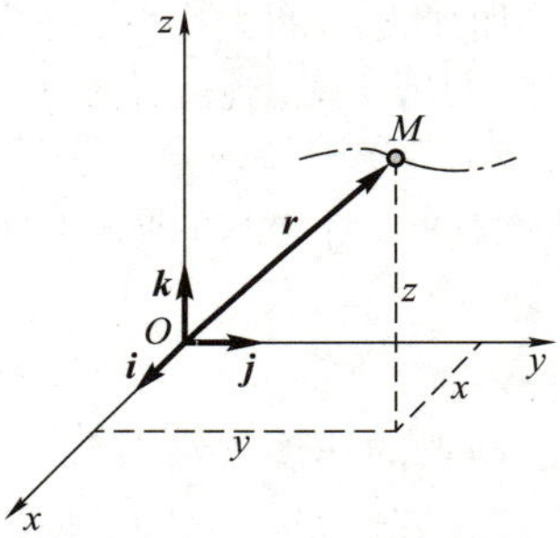

图 5-3

式(5-5)实际上也是点的运动轨迹的参数方程,只要给定时间 t 的不同数值,依次得出点的坐标 x、y、z 的相应数值,根据这些数值就可以描出动点的运动轨迹。

因为动点的运动轨迹与时间无关,如果需要求点的运动轨迹方程,可将运动方程中的时间 t 消去。

在工程中,经常遇到点在某平面内运动的情形,此时点的运动轨迹为一平面曲

线。取运动轨迹所在的平面为坐标平面 Oxy，则点的运动方程为

$$x=f_1(t),\quad y=f_2(t) \tag{5-6}$$

从上式中消去时间 t，即得运动轨迹方程为

$$f(x,y)=0 \tag{5-7}$$

将式(5-4)代入到式(5-2)中，由于 $\boldsymbol{i}$、$\boldsymbol{j}$ 和 $\boldsymbol{k}$ 为大小和方向都不变的常矢量，因此有

$$\boldsymbol{v}=\dot{\boldsymbol{r}}=\dot{x}\boldsymbol{i}+\dot{y}\boldsymbol{j}+\dot{z}\boldsymbol{k} \tag{5-8}$$

设动点 M 的速度 $\boldsymbol{v}$ 在直角坐标轴上的投影为 v_x、v_y 和 v_z，即

$$\boldsymbol{v}=v_x\boldsymbol{i}+v_y\boldsymbol{j}+v_z\boldsymbol{k} \tag{5-9}$$

比较式(5-8)和式(5-9)，得到

$$v_x=\dot{x},\quad v_y=\dot{y},\quad v_z=\dot{z} \tag{5-10}$$

因此，速度在各坐标轴上的投影等于动点的各对应坐标对时间的一阶导数。

由式(5-10)求得 v_x、v_y 及 v_z 后，速度 $\boldsymbol{v}$ 的大小和方向就可由它的这三个投影完全确定。

同理，设

$$\boldsymbol{a}=a_x\boldsymbol{i}+a_y\boldsymbol{j}+a_z\boldsymbol{k} \tag{5-11}$$

则有

$$a_x=\dot{v}_x=\ddot{x},\quad a_y=\dot{v}_y=\ddot{y},\quad a_z=\dot{v}_z=\ddot{z} \tag{5-12}$$

因此，加速度在直角坐标轴上的投影等于动点的各对应坐标对时间的二阶导数。

加速度 $\boldsymbol{a}$ 的大小和方向由它的三个投影 a_x、a_y 和 a_z 完全确定。

例 5-1 椭圆规的曲柄 OC 可绕定轴 O 转动，其端点 C 与规尺 AB 的中点以铰链相连接，而规尺 A、B 两端分别在相互垂直的滑槽中运动，如图 5-4 所示。已知：$OC=AC=BC=l$，$MC=a$，$\varphi=\omega t$。求规尺上点 M 的运动方程、运动轨迹方程、速度和加速度。

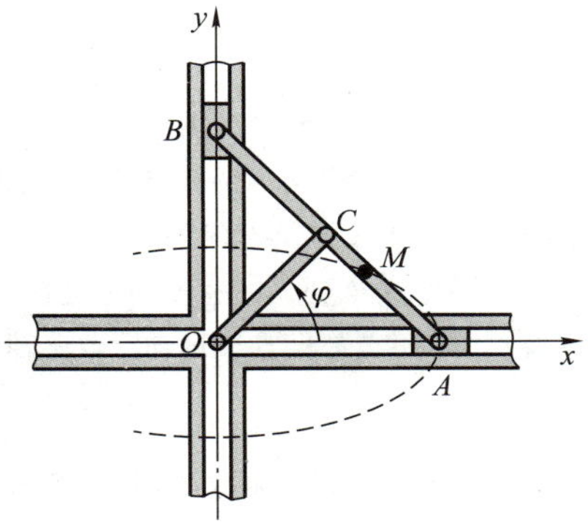

图 5-4

解： 欲求点 M 的运动轨迹方程，可以先用直角坐标法给出它的运动方程，然后从运动方程中消去时间 t，得到运动轨迹方程。为此，取坐标系 Oxy 如图 5-4 所示，点 M 的运动方程为

$$x=(OC+MC)\cos\varphi=(l+a)\cos\omega t$$

$$y=AM\cdot\sin\varphi=(l-a)\sin\omega t$$

消去时间 t，得运动轨迹方程为

$$\frac{x^2}{(l+a)^2}+\frac{y^2}{(l-a)^2}=1$$

由此可见，点 M 的运动轨迹是一个椭圆，长轴与 x 轴重合，短轴与 y 轴重合。

当点 M 在 BC 段上时，椭圆的长轴将与 y 轴重合。读者可自行推算。

为求点的速度，应将点的坐标对时间取一阶导数，得

$$v_x=\dot{x}=-(l+a)\omega\sin\omega t,\quad v_y=\dot{y}=(l-a)\omega\cos\omega t$$

故点 M 的速度大小为

$$v=\sqrt{v_x^2+v_y^2}=\sqrt{(l+a)^2\omega^2\sin^2\omega t+(l-a)^2\omega^2\cos^2\omega t}$$

$$=\omega\sqrt{l^2+a^2-2al\cos 2\omega t}$$

其方向余弦为

$$\cos(\boldsymbol{v},\boldsymbol{i})=\frac{v_x}{v}=\frac{-(l+a)\sin\omega t}{\sqrt{l^2+a^2-2al\cos 2\omega t}}$$

$$\cos(\boldsymbol{v},\boldsymbol{j})=\frac{v_y}{v}=\frac{(l-a)\cos\omega t}{\sqrt{l^2+a^2-2al\cos 2\omega t}}$$

为求点的加速度，应将点的坐标对时间取二阶导数，得

$$a_x=\dot{v}_x=\ddot{x}=-(l+a)\omega^2\cos\omega t$$

$$a_y=\dot{v}_y=\ddot{y}=-(l-a)\omega^2\sin\omega t$$

故点 M 的加速度大小为

$$a=\sqrt{a_x^2+a_y^2}=\sqrt{(l+a)^2\omega^4\cos^2\omega t+(l-a)^2\omega^4\sin^2\omega t}$$

$$=\omega^2\sqrt{l^2+a^2+2al\cos 2\omega t}$$

其方向余弦为

$$\cos(\boldsymbol{a},\boldsymbol{i})=\frac{a_x}{a}=\frac{-(l+a)\cos\omega t}{\sqrt{l^2+a^2+2al\cos 2\omega t}}$$

$$\cos(\boldsymbol{a},\boldsymbol{j})=\frac{a_y}{a}=\frac{-(l-a)\sin\omega t}{\sqrt{l^2+a^2+2al\cos 2\omega t}}$$

例 5-2 正弦机构如图 5-5 所示。曲柄 OM 长为 r，绕 O 轴匀速转动，它与水平线间的夹角为 $\varphi=\omega t+\theta$，其中 θ 为 $t=0$ 时的夹角，ω 为一常数。已知动杆上 A、B 两点的距离为 b。求点 A 和点 B 的运动方程及点 B 的速度和加速度。

解： A、B 两点都做直线运动。取 x 轴如图所示，于是 A、B 两点的坐标分别为

$$x_A=b+r\sin\varphi,\quad x_B=r\sin\varphi$$

将坐标写成时间的函数，即得 A、B 两点沿 x 轴的运动方程为

$$x_A=b+r\sin(\omega t+\theta),\quad x_B=r\sin(\omega t+\theta)$$

工程中，为了使点的运动情况一目了然，常常将点的坐标与时间的函数关系绘成图线，一般取横轴为时间轴，纵轴为点的坐标轴，绘出的图线称为**运动图线**。图 5-6 中的曲线分别为 A、B 两点的运动图线。

当点做直线往复运动，并且运动方程可写成时间的正弦函数或余弦函数时，这种运动称为**直线简谐振动**。往复运动的中心称为**振动中心**。动点偏离振动中心最远的距离 r 称为**振幅**。用

来确定动点位置的角 $\varphi=\omega t+\theta$ 称为**相位**,用来确定动点初始位置的角 θ 称为**初相位**。

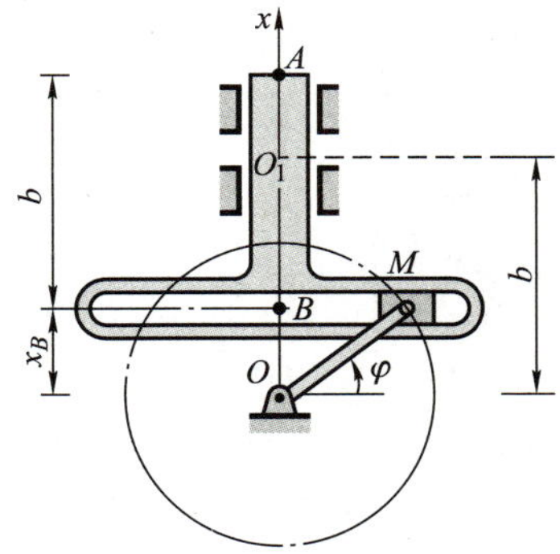

图 5-5

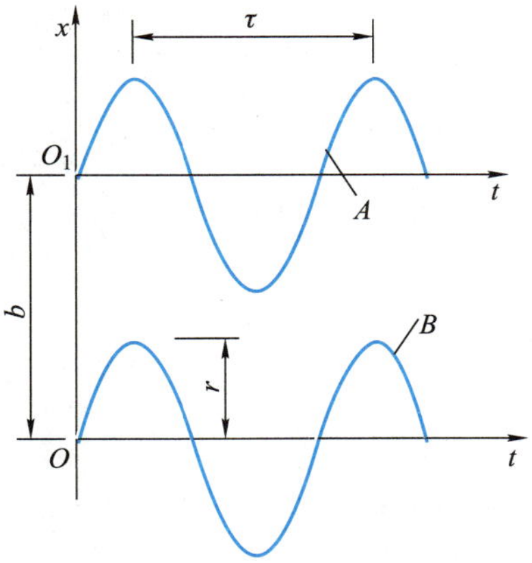

图 5-6

动点往复运动一次所需的时间 τ 称为振动的**周期**。由于时间经过一个周期,相位应增加 2π,即

$$\omega(t+\tau)+\theta=(\omega t+\theta)+2\pi$$

故得

$$\tau=\frac{2\pi}{\omega}$$

周期 τ 的倒数 $f=\dfrac{1}{\tau}$ 称为**频率**,表示每秒振动的次数,其单位为 s^{-1},或称为赫兹(Hz)。ω 称为振动的**角频率**,因为

$$\omega=\frac{2\pi}{\tau}=2\pi f$$

所以角频率表示在 2π 秒内振动的次数。

将点 B 的运动方程对时间取一阶导数,即得点 B 的速度为

$$v=\dot{x}_B=r\omega\cos(\omega t+\theta)$$

点 B 的加速度为

$$a=\ddot{x}_B=-r\omega^2\sin(\omega t+\theta)=-\omega^2 x_B$$

从上式看出,简谐振动的特征之一是加速度的大小与动点的位移成正比,而方向相反。

为了形象地表示动点的速度和加速度随时间变化的规律,将 v 和 a 随 t 变化的函数关系画成曲线,这些曲线分别称为**速度图线**和**加速度图线**。在图 5-7 中,表示出简谐振动的运动图线、速度图线和加速度图线。从图中可知,动点在振动中心时,速度值最大,加速度值为零;在两端位置时,加速度值最大,速度值为零;又知,点从振动中心向两端运动是减速运动,而从两端回到中心的运动是加速运动。

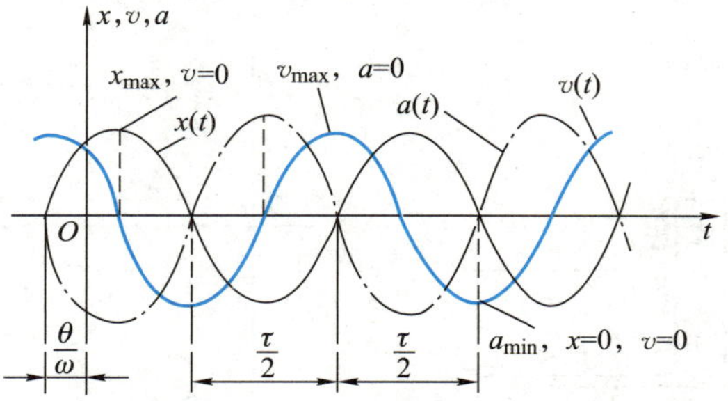

图 5-7

例 5-3 如图 5-8 所示，当液压减震器工作时，它的活塞在套筒内做直线往复运动。设活塞的加速度 $\boldsymbol{a}=-k\boldsymbol{v}$（$\boldsymbol{v}$ 为活塞的速度，k 为比例常数），初速度为 $\boldsymbol{v}_0$，求活塞的运动规律。

解： 活塞做直线运动，取 x 轴如图所示。因

$$\dot{v}=a$$

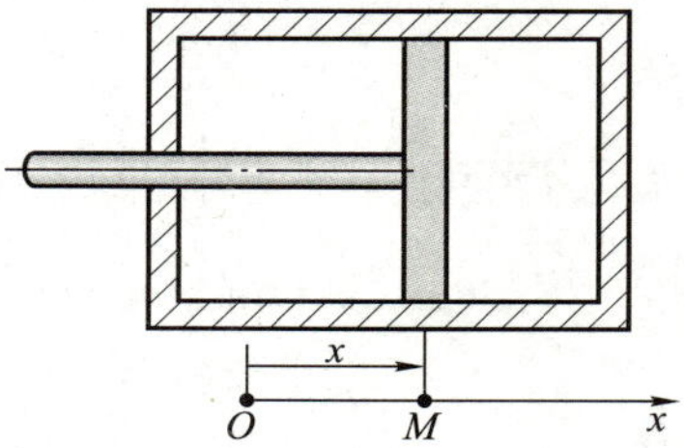

图 5-8

代入已知条件，得

$$\dot{v}=-kv$$

将变量分离后积分，得

$$\int_{v_0}^{v}\frac{\mathrm{d}v}{v}=-k\int_0^t \mathrm{d}t$$

得

$$\ln\frac{v}{v_0}=-kt$$

解得

$$v=v_0\mathrm{e}^{-kt}$$

又因

$$v=\dot{x}=v_0\mathrm{e}^{-kt}$$

对上式积分，即

$$\int_{x_0}^{x}\mathrm{d}x=v_0\int_0^t \mathrm{e}^{-kt}\,\mathrm{d}t$$

解得

$$x=x_0+\frac{v_0}{k}(1-\mathrm{e}^{-kt})$$

§5-3 自　然　法

利用点的运动轨迹建立弧坐标及自然轴系，并用它们来描述和分析点的运动的方法称为**自然法**。

1. 弧坐标

设动点 M 的运动轨迹为如图 5-9 所示的曲线，则动点 M 在运动轨迹上的位置

可以这样确定：在运动轨迹上任选一点 O 为参考点，并设点 O 的某一侧为正向，动点 M 在运动轨迹上的位置由弧长确定，视弧长 s 为代数量，称它为动点 M 在运动轨迹上的**弧坐标**。当动点 M 运动时，s 随着时间变化，它是时间的单值连续函数，即

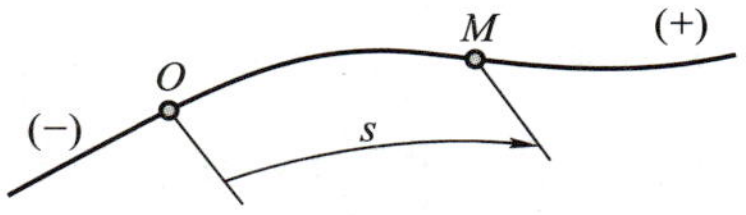

图 5-9

$$s=f(t) \tag{5-13}$$

上式称为点沿运动轨迹的运动方程，或以弧坐标表示的点的运动方程。如果已知点的运动方程式(5-13)，可以确定任一瞬时点的弧坐标 s 的值，也就确定了该瞬时动点在运动轨迹上的位置。

2. 速度的弧坐标表达式

将式(5-13)代入式(5-2)，得

$$\boldsymbol{v}=\frac{\mathrm{d}\boldsymbol{r}}{\mathrm{d}t}=\frac{\mathrm{d}\boldsymbol{r}}{\mathrm{d}s}\frac{\mathrm{d}s}{\mathrm{d}t}$$

当 $\Delta s\to 0$ 时，$\Delta\boldsymbol{r}$ 趋近于运动轨迹在点 M 的切线方向（图 5-10），且

$$\lim_{\Delta s\to 0}\left|\frac{\Delta\boldsymbol{r}}{\Delta s}\right|=1$$

引入

$$\boldsymbol{e}_{\mathrm{t}}=\lim_{\Delta s\to 0}\frac{\Delta\boldsymbol{r}}{\Delta s}=\frac{\mathrm{d}\boldsymbol{r}}{\mathrm{d}s} \tag{5-14}$$

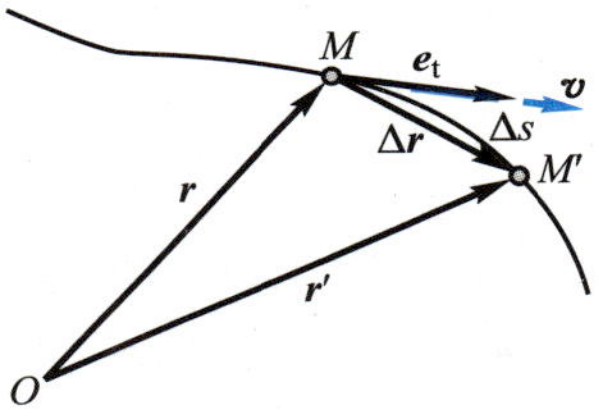

图 5-10

为沿运动轨迹切线方向的单位矢量，称之为**切线基矢量**，则

$$\boldsymbol{v}=\frac{\mathrm{d}s}{\mathrm{d}t}\boldsymbol{e}_{\mathrm{t}} \tag{5-15}$$

式(5-15)即为点的速度在弧坐标中的表达式。由此可得结论：速度的大小等于动点的弧坐标对时间的一阶导数的绝对值。

弧坐标对时间的导数是一个代数量，以 v 表示，称之为**速率**。

$$v=\frac{\mathrm{d}s}{\mathrm{d}t}$$

如 $\dot{s}>0$，则 s 随时间增加而增大，点沿运动轨迹的正向运动；如 $\dot{s}<0$，则点沿运动轨迹的负向运动。于是 v 的绝对值表示速度的大小，它的正负号表示点沿运动轨迹运动的方向，因此点的速度矢可写为

$$\boldsymbol{v}=v\boldsymbol{e}_{\mathrm{t}} \tag{5-16}$$

3. 加速度的弧坐标表达式

将式(5-16)代入式(5-3)，得

$$\boldsymbol{a}=\frac{\mathrm{d}\boldsymbol{v}}{\mathrm{d}t}=\frac{\mathrm{d}v}{\mathrm{d}t}\boldsymbol{e}_{\mathrm{t}}+v\frac{\mathrm{d}\boldsymbol{e}_{\mathrm{t}}}{\mathrm{d}t} \tag{5-17}$$

而

$$\frac{\mathrm{d}\boldsymbol{e}_{\mathrm{t}}}{\mathrm{d}t}=\frac{\mathrm{d}\boldsymbol{e}_{\mathrm{t}}}{\mathrm{d}s}\frac{\mathrm{d}s}{\mathrm{d}t}=v\frac{\mathrm{d}\boldsymbol{e}_{\mathrm{t}}}{\mathrm{d}s} \tag{5-18}$$

下面求 $\boldsymbol{e}_{\mathrm{t}}$ 对弧坐标的导数。在运动轨迹曲线上取极为接近的两点 M 和 M'，其间的弧长为 Δs，这两点切线的单位矢量分别为 $\boldsymbol{e}_{\mathrm{t}}$ 和 $\boldsymbol{e}'_{\mathrm{t}}$，其指向与弧坐标正向一致，如图 5-11 所示。将 $\boldsymbol{e}'_{\mathrm{t}}$平移至点 M，记为 $\boldsymbol{e}''_{\mathrm{t}}$，则 $\boldsymbol{e}_{\mathrm{t}}$ 和 $\boldsymbol{e}''_{\mathrm{t}}$决定一平面。令 M'无限趋近点 M，则此平面趋近于某一极限位置，此极限平面称为曲线在点 M 的密切面（图 5-12）。过点 M 并与切线垂直的平面称为法平面，法平面与密切面的交线称为主法线。令沿主法线的单位矢量为 $\boldsymbol{e}_{\mathrm{n}}$，指向曲线内凹一侧，并通过曲线在点 M 的曲率中心，称之为**主法线基矢量**。

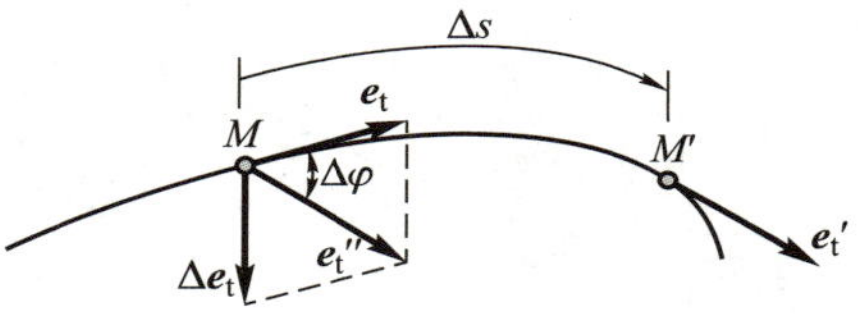

图 5-11

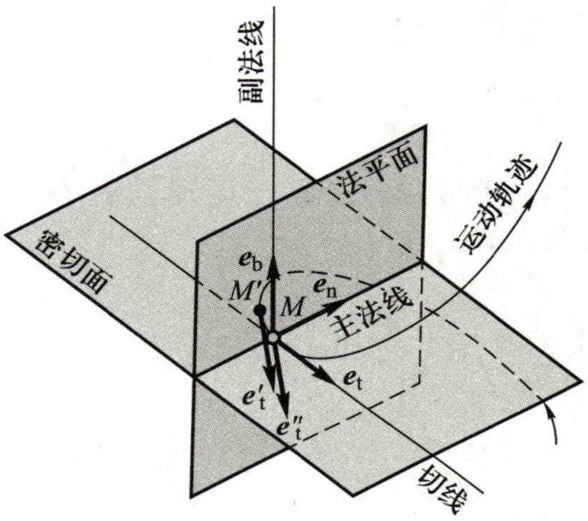

图 5-12

由图(5-11)，当 $\Delta s\to 0$ 时，$\Delta\varphi\to 0$，$\Delta\boldsymbol{e}_{\mathrm{t}}$ 的方向趋于 $\boldsymbol{e}_{\mathrm{n}}$ 的方向。由

$$|\Delta\boldsymbol{e}_{\mathrm{t}}|=2|\boldsymbol{e}_{\mathrm{t}}|\sin\frac{\Delta\varphi}{2}\approx\Delta\varphi$$

得

$$\left|\frac{\mathrm{d}\boldsymbol{e}_{\mathrm{t}}}{\mathrm{d}s}\right|=\lim_{\Delta s\to 0}\left|\frac{\Delta\boldsymbol{e}_{\mathrm{t}}}{\Delta s}\right|=\lim_{\Delta s\to 0}\frac{\Delta\varphi}{\Delta s}=\frac{1}{\rho}$$

其中 ρ 为运动轨迹在点 M 的曲率半径。从而有

$$\boldsymbol{e}_{\mathrm{n}}=\rho\frac{\mathrm{d}\boldsymbol{e}_{\mathrm{t}}}{\mathrm{d}s} \tag{5-19}$$

将式(5-18)、式(5-19)代入式(5-17)，得

$$\boldsymbol{a}=\frac{\mathrm{d}v}{\mathrm{d}t}\boldsymbol{e}_{\mathrm{t}}+\frac{v^2}{\rho}\boldsymbol{e}_{\mathrm{n}}=\boldsymbol{a}_{\mathrm{t}}+\boldsymbol{a}_{\mathrm{n}} \tag{5-20}$$

其中，第一项沿运动轨迹的切线方向，称之为**切向加速度**，记为 $\boldsymbol{a}_{\mathrm{t}}$；第二项沿运动轨迹的主法线方向，称之为**法向加速度**，记为 $\boldsymbol{a}_{\mathrm{n}}$。下面对它们分别作进一步的说明。

（1）切向加速度 $\boldsymbol{a}_t$

令

$$a_t = \dot{v} = \ddot{s} \tag{5-21}$$

则

$$\boldsymbol{a}_t = a_t \boldsymbol{e}_t \tag{5-22}$$

显然，a_t 即为 $\boldsymbol{a}_t$ 在切线基矢量 $\boldsymbol{e}_t$ 方向上的投影。当 $\dot{v}>0$，$\boldsymbol{a}_t$ 指向运动轨迹的正向；如 $\dot{v}<0$，$\boldsymbol{a}_t$ 指向运动轨迹的负向。由此可得结论：切向加速度反映点的速度值对时间的变化率，它的方向沿运动轨迹切线，它在切线基矢量方向上的投影等于速率对时间的一阶导数，或弧坐标对时间的二阶导数。

（2）法向加速度 $\boldsymbol{a}_n$

令

$$a_n = \frac{v^2}{\rho} \tag{5-23}$$

则

$$\boldsymbol{a}_n = a_n \boldsymbol{e}_n \tag{5-24}$$

由 $\boldsymbol{e}_n$ 的定义及 a_n 的表达式可知：法向加速度反映点的速度方向改变的快慢程度，它的大小等于点的速度的平方除以曲率半径，它的方向沿着主法线，指向曲率中心。

正如前面分析的那样，切向加速度表明速度大小的变化率，而法向加速度只反映速度方向的变化，因此，当速度 $\boldsymbol{v}$ 与切向加速度 $\boldsymbol{a}_t$ 的指向相同时，即 v 与 a_t 的符号相同时，速度的绝对值不断增加，点做加速运动，如图 5-13a 所示；当速度 $\boldsymbol{v}$ 与切向加速度 $\boldsymbol{a}_t$ 的指向相反时，即 v 与 a_t 的符号相反时，速度的绝对值不断减小，点做减速运动，如图 5-13b 所示。

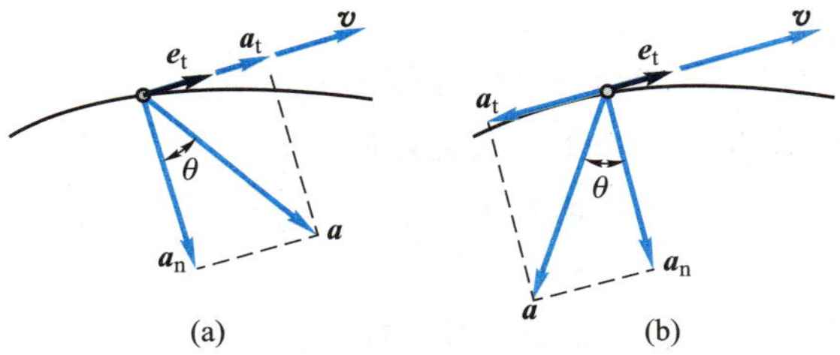

图 5-13

4. 自然轴系

由式(5-14)、式(5-19)，令

$$\boldsymbol{e}_b = \boldsymbol{e}_t \times \boldsymbol{e}_n \tag{5-25}$$

称之为运动轨迹在点 M 处的**副法线基矢量**，$\boldsymbol{e}_b$、$\boldsymbol{e}_t$ 和 $\boldsymbol{e}_n$ 构成右手坐标系。以点 M 为原点，以切线、主法线和副法线为坐标轴组成的正交坐标系称为曲线在点 M 的自然坐标系，这三个轴称为自然轴。注意，随着点 M 在运动轨迹上运动，$\boldsymbol{e}_b$、$\boldsymbol{e}_t$ 和 $\boldsymbol{e}_n$ 的方向也在不断变动，自然坐标系是沿曲线而变动的游动坐标系，又称之为局部坐标系或曲线坐标系（图 5-12），而式（5-15）和式（5-20）则分别是速度矢和加速度矢在自然坐标系中的表达式。

动画
自然轴系
几何性质

由于全加速度矢 $\boldsymbol{a}$ 在副法线轴上的投影等于零，因此 $\boldsymbol{a}$ 始终处于密切面内，其大小为

$$a=\sqrt{a_t^2+a_n^2} \tag{5-26}$$

它与主法线间的夹角的正切为

$$\tan\theta=\frac{a_t}{a_n} \tag{5-27}$$

当 $\boldsymbol{a}$ 与切线基矢量 $\boldsymbol{e}_t$ 的夹角为锐角时 θ 为正，否则为负（图 5-13b）。

如果动点的切向加速度的代数值保持不变，即 a_t 为常量，则动点的运动称为**曲线匀变速运动**。现在来求它的运动规律。

由

$$\mathrm{d}v=a_t\mathrm{d}t$$

积分得

$$v=v_0+a_t t \tag{5-28}$$

式中，v_0 是在 $t=0$ 时点的速度。

再积分，得

$$s=s_0+v_0t+\frac{1}{2}a_t t^2 \tag{5-29}$$

式中，s_0 是在 $t=0$ 时点的弧坐标。

式（5-28）和式（5-29）与物理学中点做匀变速直线运动的公式完全相似，只不过点做曲线运动时，式中的加速度应该是切向加速度 a_t，而不是全加速度 a。这是因为点做曲线运动时，反映运动速度大小变化的只是全加速度的一个分量——切向加速度。

了解上述关系后，容易得到曲线运动的运动规律。例如，所谓**曲线匀速运动**，即动点速度的代数值保持不变，与直线匀速运动的公式相比，即得

$$s=s_0+vt \tag{5-30}$$

应注意，在一般曲线运动中，除 $v=0$ 的瞬时外，点的法向加速度 a_n 总不等于零。直线运动为曲线运动的一种特殊情况，曲率半径 $\rho\to\infty$，任何瞬时点的法向加速度始终为零。

例 5-4 列车沿半径为 $R=800$ m 的圆弧轨道做匀加速运动。如初速度为零，经过 2 min 后，

速度达到 54 km/h。求列车在起点和终点的加速度。

解：由于列车沿圆弧轨道做匀加速运动，切向加速度 a_t 为常量。于是有方程

$$\frac{dv}{dt}=a_t$$

积分一次，得

$$v=a_t t$$

当 $t=2\ \text{min}=120\ \text{s}$ 时，$v=54\ \text{km/h}=15\ \text{m/s}$，代入上式，求得

$$a_t=\frac{15\ \text{m/s}}{120\ \text{s}}=0.125\ \text{m/s}^2$$

在起点，$v=0$，因此法向加速度等于零，列车只有切向加速度为

$$a_t=0.125\ \text{m/s}^2$$

在终点时速度不等于零，既有切向加速度，又有法向加速度，而

$$a_t=0.125\ \text{m/s}^2,\quad a_n=\frac{v^2}{R}=\frac{(15\ \text{m/s})^2}{800\ \text{m}}=0.281\ \text{m/s}^2$$

终点的全加速度大小为

$$a=\sqrt{a_t^2+a_n^2}=0.308\ \text{m/s}^2$$

终点的全加速度与法向的夹角 θ 为

$$\tan\theta=\frac{a_t}{a_n}=0.443,\quad \theta=23°54'$$

例 5-5 已知点的运动方程为 $x=2\sin 4t$，$y=2\cos 4t$，$z=4t$（其中 x、y、z 均以 m 计，t 以 s 计）。求点运动轨迹的曲率半径 ρ。

解：点的速度和加速度沿 x、y、z 轴的投影分别为

$$\begin{aligned}
\dot{x}&=8\cos 4t, & \ddot{x}&=-32\sin 4t\\
\dot{y}&=-8\sin 4t, & \ddot{y}&=-32\cos 4t\\
\dot{z}&=4, & \ddot{z}&=0
\end{aligned}$$

式中，$\dot{x}$、$\dot{y}$、$\dot{z}$ 以 m/s 计，$\ddot{x}$、$\ddot{y}$、$\ddot{z}$ 以 m/s^2 计，t 以 s 计。

点的速度和全加速度大小分别为

$$v=\sqrt{\dot{x}^2+\dot{y}^2+\dot{z}^2}=\sqrt{80}\ \text{m/s},\quad a=\sqrt{\ddot{x}^2+\ddot{y}^2+\ddot{z}^2}=32\ \text{m/s}^2$$

点的切向加速度与法向加速度大小分别为

$$a_t=\dot{v}=0,\quad a_n=\frac{v^2}{\rho}=\frac{(\sqrt{80}\ \text{m/s})^2}{\rho}$$

由于

$$a=\sqrt{a_t^2+a_n^2}=32\ \text{m/s}^2=a_n$$

因此

$$\rho=2.5\ \text{m}$$

这是在半径为 2 m 的圆柱面上的匀速螺旋线运动。点的加速度也是常量，指向此圆柱面的轴线。注意其运动轨迹的曲率半径并不等于圆柱面的半径。

例 5-6 半径为 r 的轮子沿直线轨道无滑动地滚动（称为纯滚动），设轮子转角 $\varphi=\omega t$（ω 为

常值)，如图 5-14 所示。求用直角坐标和弧坐标表示的轮缘上任一点 M 的运动方程，并求该点的速度、切向加速度及法向加速度。

动画
例 5-6

解： 取点 M 与直线轨道的接触点 O 为原点，建立直角坐标系 Oxy(图 5-14)。当轮子转过 φ 角时，轮子与直线轨道的接触点为 C。由于是纯滚动，有

$$OC=\widehat{MC}=r\varphi=r\omega t$$

则用直角坐标表示的点 M 的运动方程为

$$\left.\begin{aligned}x&=OC-O_1M\cdot\sin\varphi=r(\omega t-\sin\omega t)\\y&=O_1C-O_1M\cdot\cos\varphi=r(1-\cos\omega t)\end{aligned}\right\}\qquad(\text{a})$$

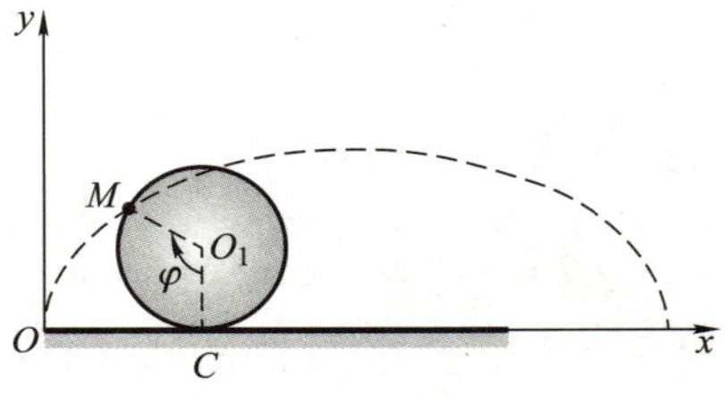

图 5-14

上式对时间求导，即得点 M 的速度沿坐标轴的投影为

$$v_x=\dot{x}=r\omega(1-\cos\omega t),\quad v_y=\dot{y}=r\omega\sin\omega t\qquad(\text{b})$$

点 M 的速度为

$$v=\sqrt{v_x^2+v_y^2}=r\omega\sqrt{2-2\cos\omega t}=2r\omega\sin\frac{\omega t}{2}\quad(0\leqslant\omega t\leqslant2\pi)\qquad(\text{c})$$

运动方程式(a)实际上也是点 M 运动轨迹的参数方程(以 t 为参变量)。这是一个摆线(或称旋轮线)方程，这表明点 M 的运动轨迹是摆线，如图 5-14 所示。

取点 M 的起始点 O 作为弧坐标原点，将式(c)的速度 v 积分，即得用弧坐标表示的运动方程：

$$s=\int_0^t 2r\omega\sin\frac{\omega t}{2}\mathrm{d}t=4r\left(1-\cos\frac{\omega t}{2}\right)\quad(0\leqslant\omega t\leqslant2\pi)$$

将式(b)再对时间求导，即得加速度在直角坐标轴上的投影：

$$a_x=\ddot{x}=r\omega^2\sin\omega t,\quad a_y=\ddot{y}=r\omega^2\cos\omega t\qquad(\text{d})$$

由此得到全加速度为

$$a=\sqrt{a_x^2+a_y^2}=r\omega^2$$

将式(c)对时间求导，即得点 M 的切向加速度为

$$a_{\mathrm{t}}=\dot{v}=r\omega^2\cos\frac{\omega t}{2}$$

法向加速度为

$$a_{\mathrm{n}}=\sqrt{a^2-a_{\mathrm{t}}^2}=r\omega^2\sin\frac{\omega t}{2}\qquad(\text{e})$$

由于 $a_{\mathrm{n}}=\dfrac{v^2}{\rho}$，于是还可由式(c)及式(e)求得运动轨迹的曲率半径为

$$\rho=\frac{v^2}{a_{\mathrm{n}}}=\frac{4r^2\omega^2\sin^2\dfrac{\omega t}{2}}{r\omega^2\sin\dfrac{\omega t}{2}}=4r\sin\frac{\omega t}{2}$$

再讨论一个特殊情况。当 $t=2\pi/\omega$ 时，$\varphi=2\pi$，这时点 M 运动到与地面相接触的位置。由式(c)知，此时点 M 的速度为零，这表明沿地面做纯滚动的轮子与地面接触点的速度为零。由于点 M 全加速度的大小恒为 $r\omega^2$，因此纯滚动的轮子与地面接触点的速度虽然为零，但是加速度却不为零。将 $t=2\pi/\omega$ 代入式(d)，得

$$a_x=0,\quad a_y=r\omega^2$$

即接触点的加速度方向向上。

*§5-4　点的速度和加速度在柱坐标及极坐标中的投影

如果动点的运动方程以柱坐标 ρ、φ 和 z 表示，则点的速度和加速度也可在柱坐标上投影。

设柱坐标的单位矢量为 $\boldsymbol{e}_\rho$、$\boldsymbol{e}_\varphi$ 和 $\boldsymbol{k}$，三个矢量相互垂直，组成右手坐标系，其中 $\boldsymbol{k}$ 沿 z 轴正向，$\boldsymbol{e}_\rho$ 和 $\boldsymbol{e}_\varphi$ 指向 ρ 和 φ 增大的方向，如图 5-15 所示。

动点 M 的矢径 $\boldsymbol{r}$ 可用柱坐标表示，即

$$\boldsymbol{r}=\rho\boldsymbol{e}_\rho+z\boldsymbol{k}$$

点 M 的速度为

$$\boldsymbol{v}=\frac{\mathrm{d}\boldsymbol{r}}{\mathrm{d}t}=\frac{\mathrm{d}\rho}{\mathrm{d}t}\boldsymbol{e}_\rho+\rho\frac{\mathrm{d}\boldsymbol{e}_\rho}{\mathrm{d}t}+\frac{\mathrm{d}z}{\mathrm{d}t}\boldsymbol{k}+z\frac{\mathrm{d}\boldsymbol{k}}{\mathrm{d}t}$$

因为 $\boldsymbol{k}$ 为常矢量，有

$$\frac{\mathrm{d}\boldsymbol{k}}{\mathrm{d}t}=\boldsymbol{0}$$

由于

$$\frac{\mathrm{d}\boldsymbol{e}_\rho}{\mathrm{d}t}=\lim_{\Delta t\to 0}\frac{\Delta\boldsymbol{e}_\rho}{\Delta t}$$

由图 5-16 可见，$\dfrac{\mathrm{d}\boldsymbol{e}_\rho}{\mathrm{d}t}$的大小为

$$\begin{aligned}\left|\frac{\mathrm{d}\boldsymbol{e}_\rho}{\mathrm{d}t}\right|&=\lim_{\Delta t\to 0}\left|\frac{\Delta\boldsymbol{e}_\rho}{\Delta t}\right|=\lim_{\Delta t\to 0}\frac{\left|2\sin\dfrac{\Delta\varphi}{2}\right|}{\Delta t}\\&=\lim_{\Delta t\to 0}\left|\frac{\sin\dfrac{\Delta\varphi}{2}}{\dfrac{\Delta\varphi}{2}}\cdot\frac{\Delta\varphi}{\Delta t}\right|=\lim_{\Delta t\to 0}\left|\frac{\Delta\varphi}{\Delta t}\right|=\left|\frac{\mathrm{d}\varphi}{\mathrm{d}t}\right|\end{aligned}$$

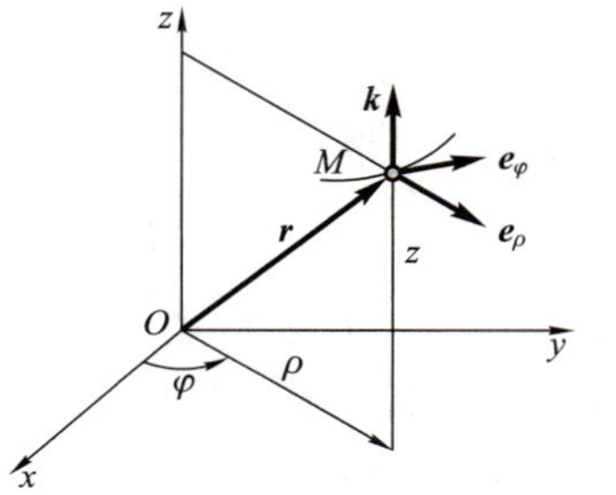

图 5-15

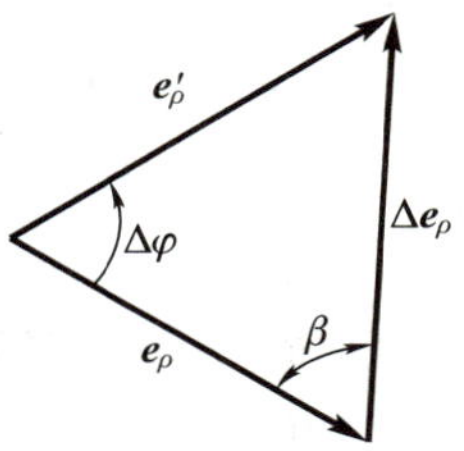

图 5-16

$\frac{\mathrm{d}\boldsymbol{e}_\rho}{\mathrm{d}t}$的方向为 $\Delta\boldsymbol{e}_\rho$ 的极限方向。当 $\Delta t\to 0$ 时，$\beta\to\frac{\pi}{2}$，即$\frac{\mathrm{d}\boldsymbol{e}_\rho}{\mathrm{d}t}$与 $\boldsymbol{e}_\rho$ 垂直，指向旋转的方向，即 $\boldsymbol{e}_\varphi$ 的方向。因此有

$$\frac{\mathrm{d}\boldsymbol{e}_\rho}{\mathrm{d}t}=\frac{\mathrm{d}\varphi}{\mathrm{d}t}\boldsymbol{e}_\varphi$$

对于在平面内旋转的单位矢量都有相同的结论：单位矢量对时间的一阶导数是在旋转平面内的另一矢量，它的大小等于矢量的转角对时间的一阶导数的绝对值，它的方向与原矢量垂直，指向旋转方向。

于是，点 M 的速度为

$$\boldsymbol{v}=\frac{\mathrm{d}\rho}{\mathrm{d}t}\boldsymbol{e}_\rho+\rho\frac{\mathrm{d}\varphi}{\mathrm{d}t}\boldsymbol{e}_\varphi+\frac{\mathrm{d}z}{\mathrm{d}t}\boldsymbol{k} \tag{5-31}$$

点的速度在柱坐标中的投影为

$$v_\rho=\frac{\mathrm{d}\rho}{\mathrm{d}t},\quad v_\varphi=\rho\frac{\mathrm{d}\varphi}{\mathrm{d}t},\quad v_z=\frac{\mathrm{d}z}{\mathrm{d}t} \tag{5-32}$$

点的加速度等于速度矢对时间的一阶导数，即

$$\begin{aligned}\boldsymbol{a}=\frac{\mathrm{d}\boldsymbol{v}}{\mathrm{d}t}=&\left(\frac{\mathrm{d}^2\rho}{\mathrm{d}t^2}\boldsymbol{e}_\rho+\frac{\mathrm{d}\rho}{\mathrm{d}t}\frac{\mathrm{d}\boldsymbol{e}_\rho}{\mathrm{d}t}\right)+\\&\left(\frac{\mathrm{d}\rho}{\mathrm{d}t}\frac{\mathrm{d}\varphi}{\mathrm{d}t}\boldsymbol{e}_\varphi+\rho\frac{\mathrm{d}^2\varphi}{\mathrm{d}t^2}\boldsymbol{e}_\varphi+\rho\frac{\mathrm{d}\varphi}{\mathrm{d}t}\frac{\mathrm{d}\boldsymbol{e}_\varphi}{\mathrm{d}t}\right)+\\&\left(\frac{\mathrm{d}^2z}{\mathrm{d}t^2}\boldsymbol{k}+\frac{\mathrm{d}z}{\mathrm{d}t}\frac{\mathrm{d}\boldsymbol{k}}{\mathrm{d}t}\right)\end{aligned}$$

根据在平面内旋转的单位矢量对时间取一阶导数的结论，有

$$\frac{\mathrm{d}\boldsymbol{e}_\varphi}{\mathrm{d}t}=-\frac{\mathrm{d}\varphi}{\mathrm{d}t}\boldsymbol{e}_\rho,\quad \frac{\mathrm{d}\boldsymbol{e}_\rho}{\mathrm{d}t}=\frac{\mathrm{d}\varphi}{\mathrm{d}t}\boldsymbol{e}_\varphi$$

将上式代入前式中，整理后可写成

$$\boldsymbol{a}=\left[\frac{\mathrm{d}^2\rho}{\mathrm{d}t^2}-\rho\left(\frac{\mathrm{d}\varphi}{\mathrm{d}t}\right)^2\right]\boldsymbol{e}_\rho+\left(2\frac{\mathrm{d}\rho}{\mathrm{d}t}\frac{\mathrm{d}\varphi}{\mathrm{d}t}+\rho\frac{\mathrm{d}^2\varphi}{\mathrm{d}t^2}\right)\boldsymbol{e}_\varphi+\frac{\mathrm{d}^2z}{\mathrm{d}t^2}\boldsymbol{k} \tag{5-33}$$

于是点的加速度在柱坐标中的投影为

$$a_\rho=\frac{\mathrm{d}^2\rho}{\mathrm{d}t^2}-\rho\left(\frac{\mathrm{d}\varphi}{\mathrm{d}t}\right)^2,\quad a_\varphi=2\frac{\mathrm{d}\rho}{\mathrm{d}t}\frac{\mathrm{d}\varphi}{\mathrm{d}t}+\rho\frac{\mathrm{d}^2\varphi}{\mathrm{d}t^2},\quad a_z=\frac{\mathrm{d}^2z}{\mathrm{d}t^2} \tag{5-34}$$

当动点 M 的运动轨迹为平面曲线时，$v_z=0$，$a_z=0$，于是式（5-32）和式（5-34）中的前两式就是点的速度和加速度在极坐标中的投影式。

例 5-7　图 5-17 中的凸轮绕 O 轴匀速转动，使杆 AB 升降。欲使杆 AB 匀速上升，凸轮上的 CD 段轮廓线应是什么曲线？

解：以凸轮为参考系，取极坐标研究杆 AB 上点 A 的运动。

根据题意有

$$\frac{\mathrm{d}\varphi}{\mathrm{d}t}=\omega(\text{常值}),\quad \frac{\mathrm{d}\rho}{\mathrm{d}t}=v(\text{常值})$$

将上式对时间积分一次，并设点 C 为动点 A 在 $t=0$ 时的初始位置，于是得以极坐标表示的点 A 相对于凸轮的运动方程为

$$\varphi=\omega t,\quad \rho=R+vt$$

消去时间 t，得点 A 在凸轮上的轨迹方程为

$$\rho=R+\frac{v\varphi}{\omega}$$

凸轮转动，杆 AB 匀速上升，v、ω 为常值，上式为阿基米德螺旋线。

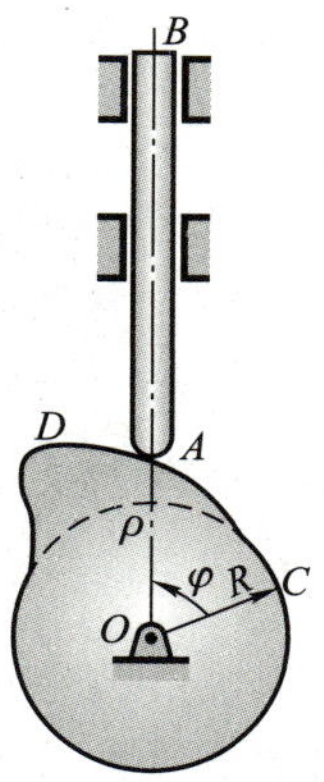

图 5-17

*§5-5 点的速度和加速度在球坐标中的投影

当动点的运动方程以球坐标表示时，则点的速度和加速度可向球坐标投影。

设球坐标的单位矢量为 $\boldsymbol{e}_r$、$\boldsymbol{e}_\theta$ 和 $\boldsymbol{e}_\varphi$，三个矢量相互垂直形成右手坐标系，其中 $\boldsymbol{e}_r$ 沿矢径 $\boldsymbol{r}$ 的方向，$\boldsymbol{e}_\theta$ 和 $\boldsymbol{e}_\varphi$ 分别指向角 θ 和 φ 增大的方向，如图 5-18 所示。

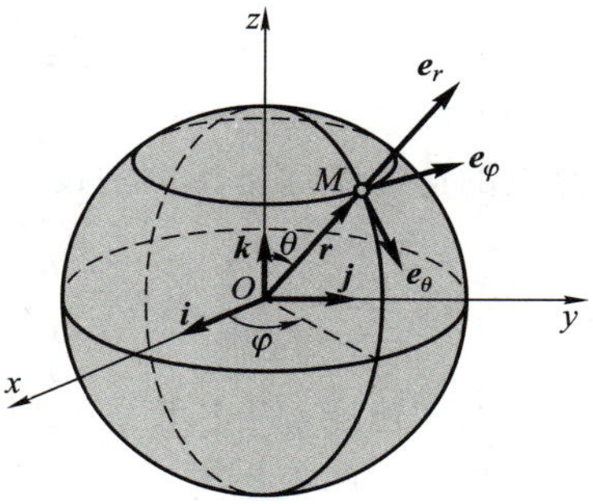

图 5-18

因为在推导速度和加速度的公式时都将遇到单位矢量的导数，所以先求出 $\boldsymbol{e}_r$、$\boldsymbol{e}_\theta$ 和 $\boldsymbol{e}_\varphi$ 对时间的一阶导数。

从图中易见：

$$\left.\begin{aligned}&\boldsymbol{e}_r=\sin\theta\cos\varphi\boldsymbol{i}+\sin\theta\sin\varphi\boldsymbol{j}+\cos\theta\boldsymbol{k}\\&\boldsymbol{e}_\varphi=-\sin\varphi\boldsymbol{i}+\cos\varphi\boldsymbol{j}\\&\boldsymbol{e}_\theta=\boldsymbol{e}_\varphi\times\boldsymbol{e}_r=\cos\theta\cos\varphi\boldsymbol{i}+\cos\theta\sin\varphi\boldsymbol{j}-\sin\theta\boldsymbol{k}\end{aligned}\right\}\tag{5-35}$$

将它们对时间取一阶导数，得

$$\frac{\mathrm{d}\boldsymbol{e}_r}{\mathrm{d}t}=(\cos\theta\cos\varphi\boldsymbol{i}+\cos\theta\sin\varphi\boldsymbol{j}-\sin\theta\boldsymbol{k})\frac{\mathrm{d}\theta}{\mathrm{d}t}+$$
$$(-\sin\theta\sin\varphi\boldsymbol{i}+\sin\theta\cos\varphi\boldsymbol{j})\frac{\mathrm{d}\varphi}{\mathrm{d}t}$$

由式(5-35)知，上式第一个括号内为 $\boldsymbol{e}_\theta$，第二个括号内为 $\sin\theta\cdot\boldsymbol{e}_\varphi$，于是得

$$\frac{\mathrm{d}\boldsymbol{e}_r}{\mathrm{d}t}=\frac{\mathrm{d}\theta}{\mathrm{d}t}\boldsymbol{e}_\theta+\sin\theta\frac{\mathrm{d}\varphi}{\mathrm{d}t}\boldsymbol{e}_\varphi\tag{5-36}$$

同样可求得

$$\frac{\mathrm{d}\boldsymbol{e}_\theta}{\mathrm{d}t}=-\frac{\mathrm{d}\theta}{\mathrm{d}t}\boldsymbol{e}_r+\frac{\mathrm{d}\varphi}{\mathrm{d}t}\cos\theta\boldsymbol{e}_\varphi \tag{5-37}$$

$$\frac{\mathrm{d}\boldsymbol{e}_\varphi}{\mathrm{d}t}=-\frac{\mathrm{d}\varphi}{\mathrm{d}t}\sin\theta\boldsymbol{e}_r-\frac{\mathrm{d}\varphi}{\mathrm{d}t}\cos\theta\boldsymbol{e}_\theta \tag{5-38}$$

现在来推导速度和加速度的公式。

动点 M 的速度等于矢径 $\boldsymbol{r}$ 对时间的一阶导数，即

$$\boldsymbol{v}=\frac{\mathrm{d}\boldsymbol{r}}{\mathrm{d}t}$$

用球坐标表示矢径 $\boldsymbol{r}$ 为

$$\boldsymbol{r}=r\boldsymbol{e}_r$$

于是有

$$\boldsymbol{v}=\frac{\mathrm{d}r}{\mathrm{d}t}\boldsymbol{e}_r+r\frac{\mathrm{d}\boldsymbol{e}_r}{\mathrm{d}t}$$

将式(5-36)代入上式中，得

$$\boldsymbol{v}=\frac{\mathrm{d}r}{\mathrm{d}t}\boldsymbol{e}_r+r\frac{\mathrm{d}\theta}{\mathrm{d}t}\boldsymbol{e}_\theta+r\sin\theta\frac{\mathrm{d}\varphi}{\mathrm{d}t}\boldsymbol{e}_\varphi \tag{5-39}$$

于是点的速度在球坐标中的投影为

$$v_r=\frac{\mathrm{d}r}{\mathrm{d}t},\quad v_\theta=r\frac{\mathrm{d}\theta}{\mathrm{d}t},\quad v_\varphi=r\sin\theta\frac{\mathrm{d}\varphi}{\mathrm{d}t} \tag{5-40}$$

点的加速度等于速度矢对时间的一阶导数。仿照上述推导过程，得点的加速度在球坐标中的投影为

$$\left.\begin{aligned}
a_r&=\frac{\mathrm{d}^2r}{\mathrm{d}t^2}-r\left(\frac{\mathrm{d}\theta}{\mathrm{d}t}\right)^2-r\left(\frac{\mathrm{d}\varphi}{\mathrm{d}t}\right)^2\sin^2\theta\\
a_\theta&=r\frac{\mathrm{d}^2\theta}{\mathrm{d}t^2}+2\frac{\mathrm{d}r}{\mathrm{d}t}\frac{\mathrm{d}\theta}{\mathrm{d}t}-r\left(\frac{\mathrm{d}\varphi}{\mathrm{d}t}\right)^2\sin\theta\cos\theta\\
a_\varphi&=r\frac{\mathrm{d}^2\varphi}{\mathrm{d}t^2}\sin\theta+2\frac{\mathrm{d}r}{\mathrm{d}t}\frac{\mathrm{d}\varphi}{\mathrm{d}t}\sin\theta+2r\frac{\mathrm{d}\varphi}{\mathrm{d}t}\frac{\mathrm{d}\theta}{\mathrm{d}t}\cos\theta
\end{aligned}\right\} \tag{5-41}$$

思考题

5-1 $\dfrac{\mathrm{d}\boldsymbol{v}}{\mathrm{d}t}$和$\dfrac{\mathrm{d}v}{\mathrm{d}t}$，$\dfrac{\mathrm{d}\boldsymbol{r}}{\mathrm{d}t}$和$\dfrac{\mathrm{d}r}{\mathrm{d}t}$是否相同？

5-2 点沿曲线运动，图 5-19 所示各点所给出的速度 $\boldsymbol{v}$ 和加速度 $\boldsymbol{a}$ 哪些是可能

的？哪些是不可能的？

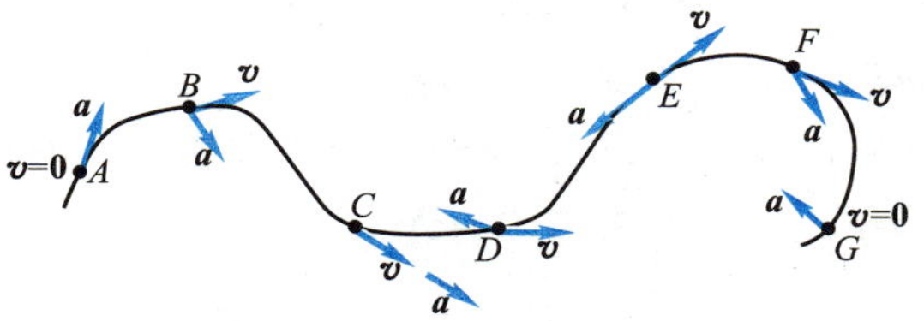

图 5-19

5-3 点 M 沿螺旋线自外向内运动，如图 5-20 所示。它走过的弧长与时间的一次方成正比，问点的加速度是越来越大，还是越来越小？点 M 越跑越快，还是越跑越慢？

5-4 当点做曲线运动时，点的加速度 $\boldsymbol{a}$ 是常矢量，如图 5-21 所示。问点是否做匀变速运动？

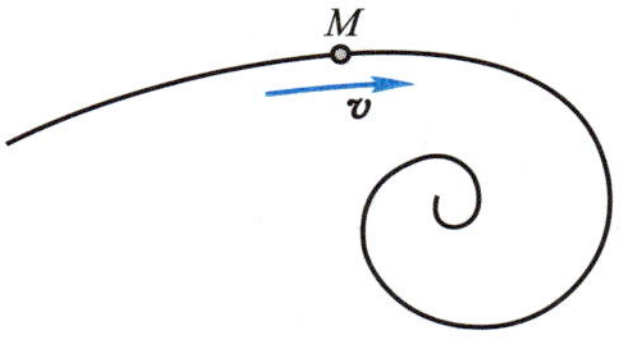

图 5-20

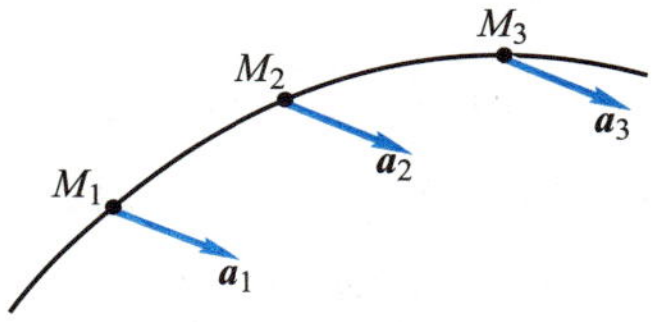

图 5-21

5-5 做曲线运动的两个动点，初速度相同、运动轨迹相同、运动中两点的法向加速度也相同。判断下述说法是否正确：

（1）任一瞬时两动点的切向加速度必相同；

（2）任一瞬时两动点的速度必相同；

（3）两动点的运动方程必相同。

5-6 动点在平面内运动，已知其运动轨迹方程 $y=f(x)$ 及其速度在 x 轴方向的分量 v_x。判断下述说法是否正确：

（1）动点的速度 $\boldsymbol{v}$ 可完全确定；

（2）动点的加速度在 x 轴方向的分量 a_x 可完全确定；

（3）当 $v_x \neq 0$ 时，一定能确定动点的速度 $\boldsymbol{v}$、切向加速度 $\boldsymbol{a}_t$、法向加速度 $\boldsymbol{a}_n$ 及全加速度 $\boldsymbol{a}$。

5-7 下述各种情况下，动点的全加速度 $\boldsymbol{a}$、切向加速度 $\boldsymbol{a}_t$ 和法向加速度 $\boldsymbol{a}_n$ 三个矢量之间有何关系？

（1）点沿曲线做匀速运动；

（2）点沿曲线运动，在该瞬时其速度为零；

（3）点沿直线做变速运动；

（4）点沿曲线做变速运动。

5-8 点做曲线运动时，下述说法是否正确：

(1) 若切向加速度为正，则点做加速运动；

(2) 若切向加速度与速度符号相同，则点做加速运动；

(3) 若切向加速度为零，则速度为常矢量。

5-9 在极坐标中，$v_\rho=\dot{\rho}$，$v_\varphi=\rho\dot{\varphi}$ 分别代表在极径方向及与极径垂直方向（极角 φ 方向）的速度。但为什么沿这两个方向的加速度为

$$a_\rho=\ddot{\rho}-\rho\dot{\varphi}^2,\quad a_\varphi=\rho\ddot{\varphi}+2\dot{\rho}\dot{\varphi}$$

试分析 a_ρ 中的 $-\rho\dot{\varphi}^2$ 和 a_φ 中的 $\dot{\rho}\dot{\varphi}$ 出现的原因和它们的几何意义。

习题：第五章
点的运动学

习 题

5-1 图示曲线规尺的各杆，长为 $OA=AB=200$ mm，$CD=DE=AC=AE=50$ mm。如杆 OA 以匀角速度 $\omega=\dfrac{\pi}{5}$ rad/s 绕 O 轴转动，并且当运动开始时，杆 OA 水平向右。求规尺上点 D 的运动方程和运动轨迹方程。

5-2 如图所示，杆 AB 长为 l，以匀角速度 ω 绕点 B 转动，其转动方程为 $\varphi=\omega t$。而与杆 AB 连接的滑块 B 按规律 $s=a+b\sin\omega t$ 沿水平线做简谐振动，其中 a 和 b 均为常数。求点 A 的运动轨迹方程。

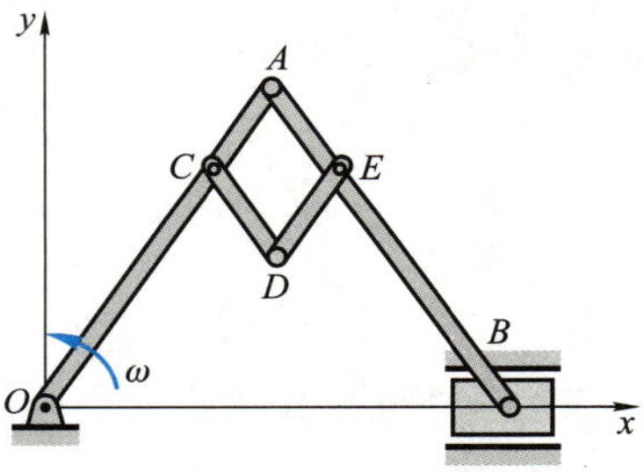

题 5-1 图

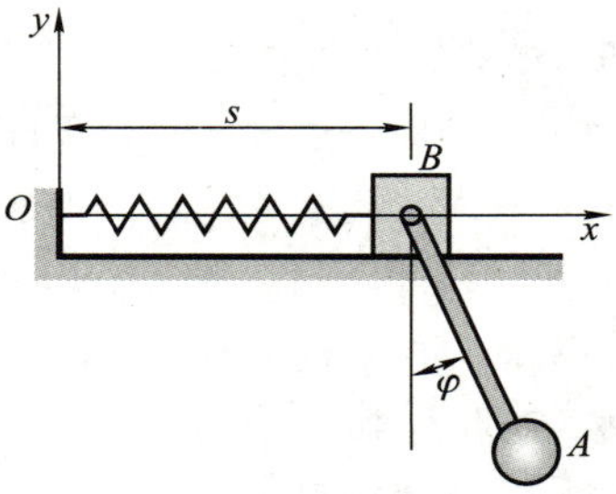

题 5-2 图

5-3 如图所示，半圆形凸轮以等速 $v_0=0.01$ m/s 沿水平方向向左运动，而使活塞杆 AB 沿铅垂方向运动。当运动开始时，活塞杆 A 端在凸轮的最高点上。如凸轮的半径 $R=80$ mm，求活塞 B 相对于地面和相对于凸轮的运动方程和速度。

5-4 图示杆 AB 和杆 BC 的长度均为 $2a$，在点 B 铰接，并在包含固定点 A 的平面内运动。角 θ 和 φ 分别为杆 AB 和杆 BC 与铅垂线的夹角。已知 $\theta=\theta(t)$，$\varphi=\varphi(t)$。试给出点 B 和点 C 速度大小的表达式。

5-5 套管 A 由绕过定滑轮 B 的绳索牵引而沿导轨上升，滑轮中心到导轨的距离为 l，如图所示。设绳索以等速 $\boldsymbol{v}_0$ 拉下，忽略滑轮尺寸。求套管 A 的速度和加速度分别与距离 x 的关系式。

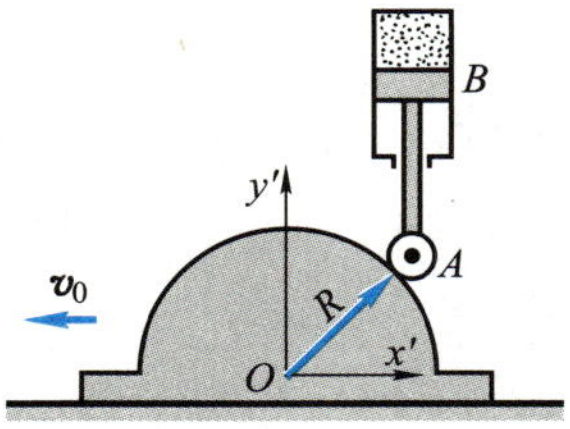

题 5-3 图

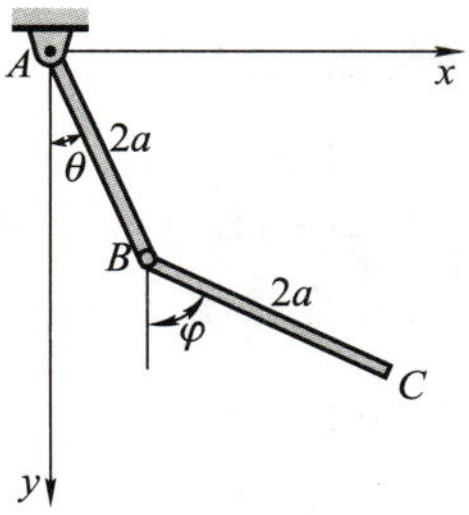

题 5-4 图

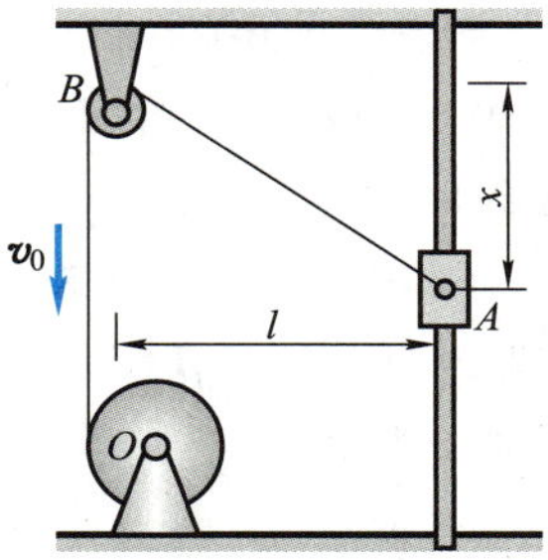

题 5-5 图

5-6 如图所示，偏心轮半径为 R，绕 O 轴转动，转角 $\varphi=\omega t$（ω 为常量），偏心距 $OC=e$，偏心轮带动顶杆 AB 沿铅垂线做往复运动。求顶杆 AB 的运动方程和速度。

5-7 图示摇杆滑道机构中的滑块 M 同时在固定的圆弧槽 BC 和摇杆 OA 的滑道中滑动。如圆弧槽 BC 的半径为 R，摇杆 OA 的 O 轴在圆弧槽 BC 的圆周上。摇杆 OA 绕 O 轴以匀角速度 ω 转动，当运动开始时，摇杆 OA 在水平位置。分别用直角坐标法和自然法给出点 M 的运动方程，并求其速度和加速度。

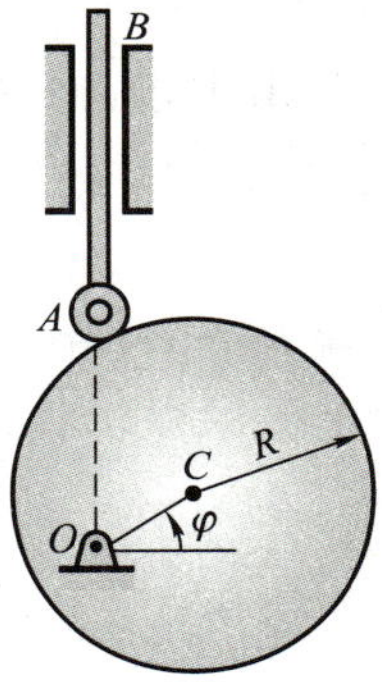

题 5-6 图

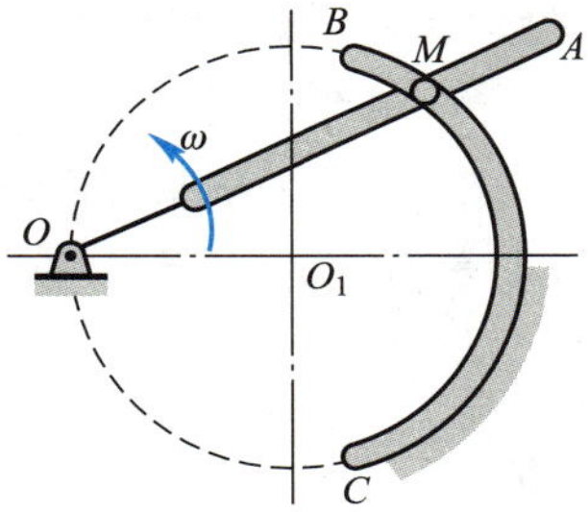

题 5-7 图

5-8 如图所示，杆 OA 和杆 O_1B 分别绕 O 轴和 O_1 轴转动，用十字形滑块 D 将两杆连接。在运动过程中，两杆保持相交成直角。已知：$OO_1=a$，$\varphi=kt$，其中 k 为常数。求滑块 D 的速度和相对于杆 OA 的速度。

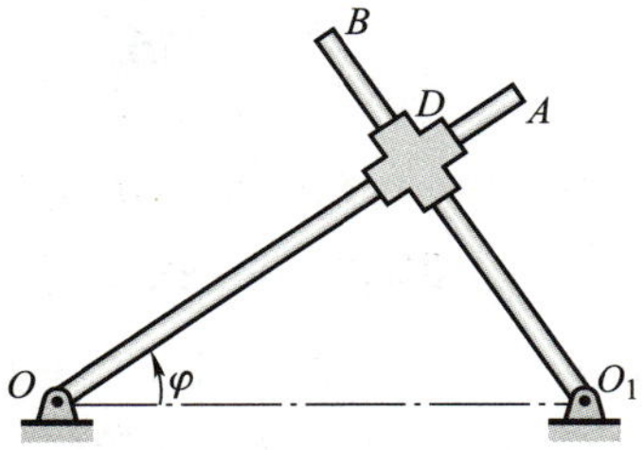

题 5-8 图

5-9 曲柄 OA 长为 r，在平面内绕 O 轴转动，如图所示。杆 AB 通过固定于点 N 的套筒与曲柄 OA 铰接于点 A。设 $\varphi=\omega t$，杆 AB 长 $l=2r$，求点 B 的运动方程、速度和加速度。

5-10 点沿空间曲线运动，在点 M 处其速度为 $\boldsymbol{v}=(4\ \text{m/s})\boldsymbol{i}+(3\ \text{m/s})\boldsymbol{j}$，加速度 $\boldsymbol{a}$ 与速度 $\boldsymbol{v}$ 的夹角 $\beta=30°$，且 $a=10\ \text{m/s}^2$。求运动轨迹在该点密切面内的曲率半径 ρ 和切向加速度 a_t。

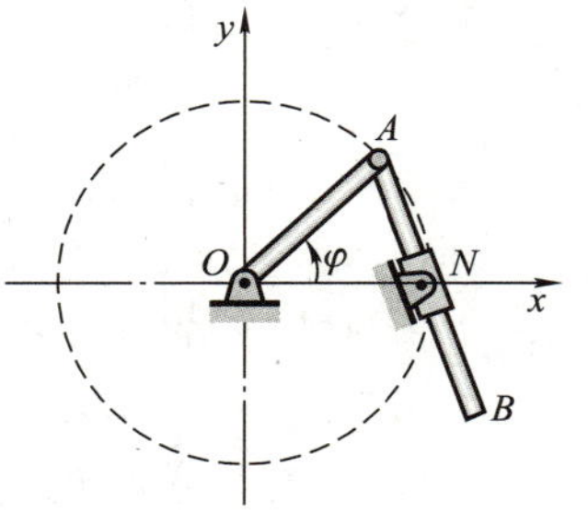

题 5-9 图

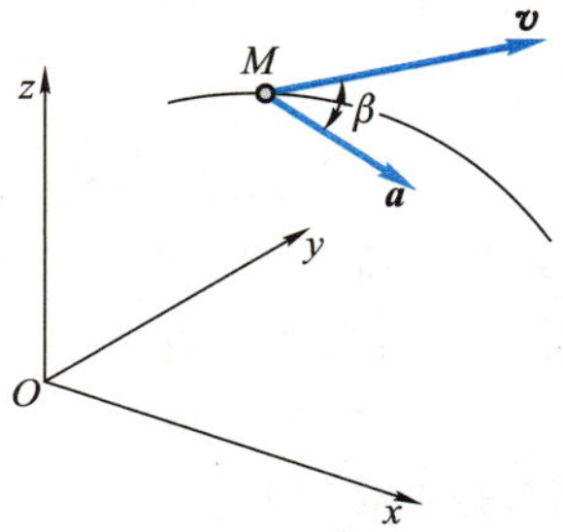

题 5-10 图

5-11 小环 M 由做平移的丁字形杆 ABC 带动，沿着图示曲线轨道运动。设杆 ABC 以速度 v（为常数）向左运动，曲线方程为 $y^2=2px$。求小环 M 的速度和加速度的大小（写成杆 ABC 的位移 x 的函数）。

****5-12** 如图所示，一直杆以匀角速度 ω_0 绕其固定端 O 转动，沿此杆有一滑块以匀速度 $\boldsymbol{v}_0$ 滑动。设运动开始时，杆在水平位置，滑块在点 O。求滑块的运动轨迹方程（以极坐标表示）。

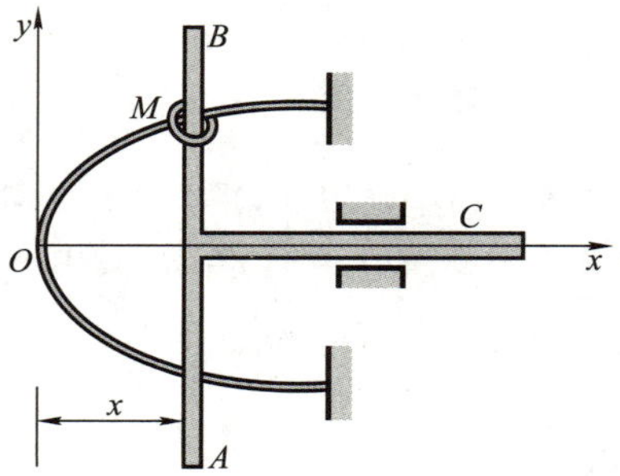

题 5-11 图

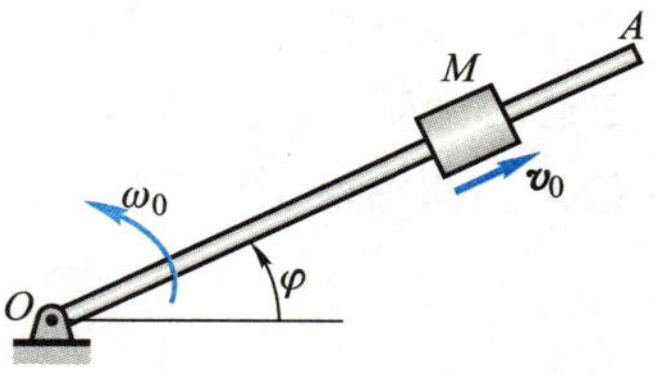

题 5-12 图

****5-13** 如果上题中的滑块 M 沿杆 OA 运动的速度与距离 OM 成正比，比例常数为 k。求滑块的运动轨迹方程（以极坐标 ρ、φ 表示，假定 $\varphi=0$ 时 $\rho=\rho_0$）。

****5-14** 螺旋线画规如图所示，杆 QQ' 和曲柄 OA 铰接，并穿过固定于点 B 的套筒。

注：带**的习题表示与带*的章节相对应。

取点 B 为极坐标系的极点，直线 BO 为极轴，已知极角 $\varphi=kt$（k 为常数），$BO=AO=a$，$AM=b$。求点 M 的极坐标形式的运动方程、运动轨迹方程及速度和加速度的大小。

****5-15** 搅拌器沿 z 轴做周期性的上下运动，$z=z_0\sin 2\pi ft$，并绕 z 轴转动，转角 $\varphi=\omega t$。设搅拌轮半径为 r，求轮缘上点 A 的最大加速度。

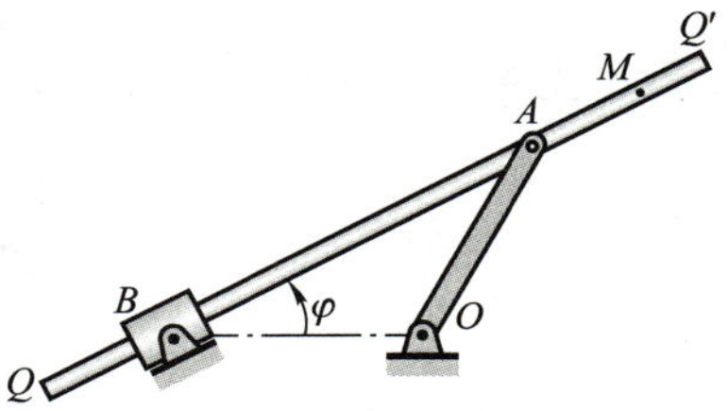

题 5-14 图

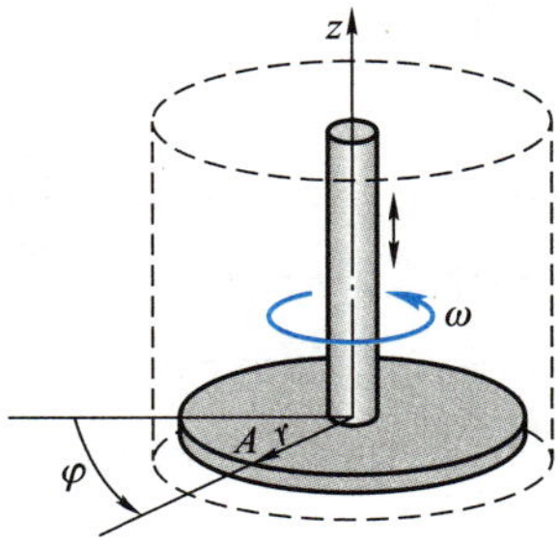

题 5-15 图

****5-16** 点 M 沿正圆锥面上的螺旋线轨道向下运动。正圆锥的底面半径为 b，高为 h，半顶角为 θ，如图所示。螺旋线上任意点的切线与该点圆锥面的水平切线的夹角 γ 是常数，且点 M 运动时，其柱坐标角对时间的导数 $\dot{\varphi}$ 保持为常数。求在任意角 φ 时，加速度在柱坐标中的投影 a_ρ。

****5-17** 公园游戏车 M 固结在长为 R 的臂杆 OM 上，臂杆 OM 绕铅垂轴 z 以恒定的角速度 $\dot{\varphi}=\omega$ 转动，游戏车 M 的高度 z 与转角 φ 的关系为 $z=\dfrac{h}{2}(1-\cos 2\varphi)$。求 $\varphi=\dfrac{\pi}{4}$ 时，游戏车 M 在球坐标中的各速度分量 v_r、v_θ、v_φ。

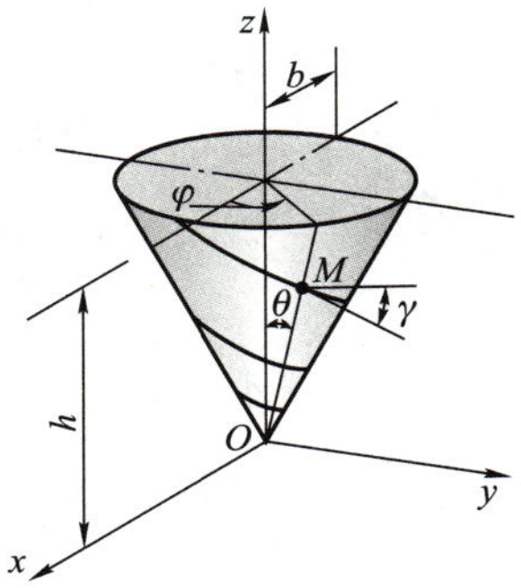

题 5-16 图

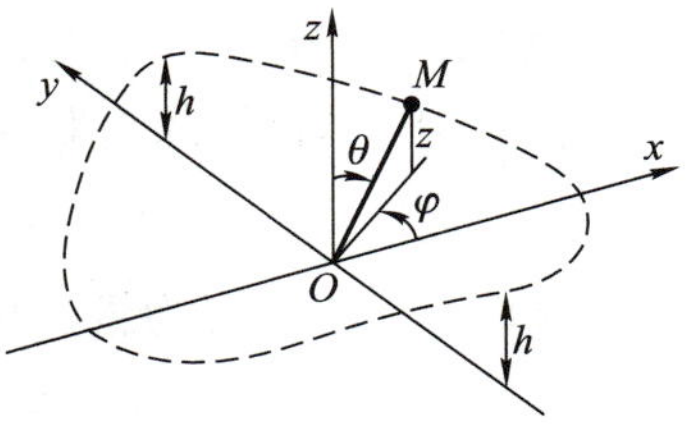

题 5-17 图

第六章 刚体的简单运动

刚体是由无数点组成的，在点的运动学基础上可研究刚体的运动，研究刚体整体的运动及其与刚体上各点运动之间的关系。

本章将研究刚体的两种简单运动——平移和定轴转动。这是工程中最常见的运动，也是研究复杂运动的基础。

§6-1 刚体的平行移动

工程中某些物体的运动，例如，汽缸内活塞的运动、车床上刀架的运动等，它们有一个共同的特点，即如果在物体内任取一直线段，在运动过程中这条直线段始终与它的最初位置平行，这种运动称为平行移动，简称**平移**。

设刚体做平移。如图 6-1 所示，在刚体内任选两点 A 和 B，令点 A 的矢径为 $\boldsymbol{r}_A$，点 B 的矢径为 $\boldsymbol{r}_B$，则两条矢端曲线就是两点的运动轨迹。由图可知

$$\boldsymbol{r}_A=\boldsymbol{r}_B+\overrightarrow{BA}$$

当刚体平移时，线段 BA 的长度和方向都不改变，所以$\overrightarrow{BA}$是常矢量。因此只要把点 B 的运动轨迹沿$\overrightarrow{BA}$方向平行搬移一段距离 BA，就能与点 A 的运动轨迹完全重合。刚体平移时，其上各点的运动轨迹不一定是直线，也可能是曲线，但是它们的形状是完全相同的。

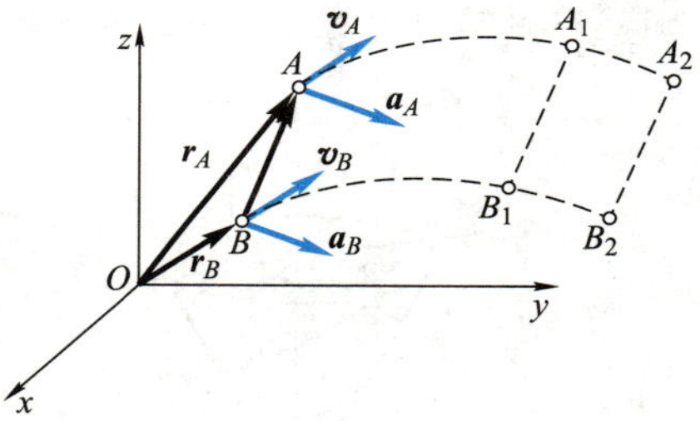

图 6-1

把上式对时间 t 求导数，因为常矢量$\overrightarrow{BA}$的导数等于零，于是得

$$\boldsymbol{v}_A=\boldsymbol{v}_B,\quad \boldsymbol{a}_A=\boldsymbol{a}_B$$

其中，$\boldsymbol{v}_A$ 和 $\boldsymbol{v}_B$ 分别表示点 A 和点 B 的速度，$\boldsymbol{a}_A$ 和 $\boldsymbol{a}_B$ 分别表示它们的加速度。因为点 A 和点 B 是任意选择的，因此可得结论：当刚体平移时，其上各点的运动轨迹形状相同；在每一瞬时，各点的速度相同，加速度也相同。

因此，研究刚体的平移，可以归结为研究刚体内任一点（如质心）的运动，也就是归结为前一章里所研究过的点的运动学问题。

§6-2 刚体绕定轴的转动

工程中最常见的齿轮、机床的主轴、电机的转子等，它们都有一条固定的轴线，物体绕此固定轴转动。显然，只要轴线上有两点是不动的，这条轴线就是固定的。刚体在运动时，其上或其扩展部分有两点保持不动，则这种运动称为刚体绕定轴的转动，简称刚体的**转动**。通过这两个固定点的一条不动的直线，称为刚体的**转轴**或轴线，简称轴。

为确定转动刚体的位置，取其转轴为 z 轴，正向如图 6-2 所示。通过轴线做一固定平面 A，此外，通过轴线再做一动平面 B，这个平面与刚体固结，一起转动。两个平面间的夹角用 φ 表示，称为刚体的**转角**。转角 φ 是一个代数量，它确定了刚体的位置，它的符号规定如下：自 z 轴的正端往负端看，从固定面起按逆时针转向计算角 φ，取正值；按顺时针转向计算角 φ，取负值，并用弧度(rad)表示。当刚体转动时，转角 φ 是时间 t 的单值连续函数，即

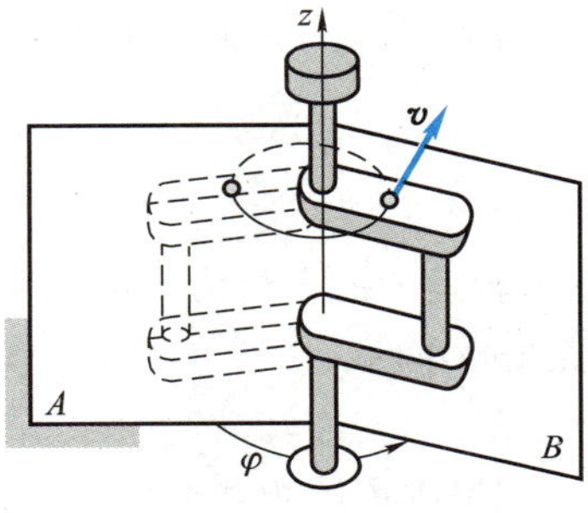

图 6-2

$$\varphi=f(t) \tag{6-1}$$

这个方程称为**刚体绕定轴转动的运动方程**。绕定轴转动的刚体，只要用一个参变量(转角 φ)就可以决定它的位置，这样的刚体，称它具有一个**自由度**。

转角 φ 对时间的一阶导数，称之为刚体的**瞬时角速度**，并用字母 ω 表示，即

$$\omega=\frac{\mathrm{d}\varphi}{\mathrm{d}t} \tag{6-2}$$

角速度表征刚体转动的快慢和方向，其单位一般为 rad/s。

角速度是代数量。从轴的正端向负端看，刚体逆时针转动时，角速度取正值，反之取负值。

角速度对时间的一阶导数，称之为刚体的**瞬时角加速度**，用字母 α 表示，即

$$\alpha=\frac{\mathrm{d}\omega}{\mathrm{d}t}=\frac{\mathrm{d}^2\varphi}{\mathrm{d}t^2} \tag{6-3}$$

角加速度表征角速度变化的快慢，其单位一般为 rad/s^2。

角加速度也是代数量。

如果 ω 与 α 同号，则转动是加速的；如果 ω 与 α 异号，则转动是减速的。

现在讨论两种特殊情形。

(1) 匀速转动

如果刚体的角速度不变，即 ω 为常量，这种转动称为**匀速转动**。仿照点的匀速运动公式，可得

$$\varphi=\varphi_0+\omega t \tag{6-4}$$

其中，φ_0 是 $t=0$ 时转角 φ 的值。

机器中的转动部件或零件，一般都在匀速转动情况下工作。转动的快慢常用每分钟转数 n 来表示，其单位为 r/min，称为**转速**。例如，车床主轴的转速为 12.5～1 200 r/min，汽轮机的转速约为 3 000 r/min 等。

角速度 ω 与转速 n 的关系为

$$\omega=\frac{2\pi n}{60}=\frac{\pi n}{30} \tag{6-5}$$

式中，转速 n 的单位为 r/min，ω 的单位为 rad/s。在粗略的近似计算中，可取 $\pi\approx3$，于是 $\omega\approx0.1n$。

(2) 匀变速转动

如果刚体的角加速度不变，即 α 为常量，这种转动称为**匀变速转动**。仿照点的匀变速运动公式，可得

$$\omega=\omega_0+\alpha t \tag{6-6}$$

$$\varphi=\varphi_0+\omega_0 t+\frac{1}{2}\alpha t^2 \tag{6-7}$$

式中，ω_0 和 φ_0 分别是 $t=0$ 时的角速度和转角。

由上面一些公式可知：匀变速转动时，刚体的角速度、转角和时间之间的关系与点在匀变速运动中的速度、坐标和时间之间的关系相似。

§6-3 转动刚体内各点的速度和加速度

当刚体绕定轴转动时，刚体内任意一点都做圆周运动，圆心在轴线上，圆周所在的平面与轴线垂直，圆周的半径 R 等于该点到轴线的垂直距离，对此，宜采用自然法研究各点的运动。

设刚体由定平面 A 绕定轴 O 转动任一角度 φ 到达 B 位置，其上任一点由点 O' 运动到点 M，如图 6-3 所示。以固定点 O' 为弧坐标 s 的原点，按 φ 角的正向规定弧坐标 s 的正向，于是，有

$$s=R\varphi$$

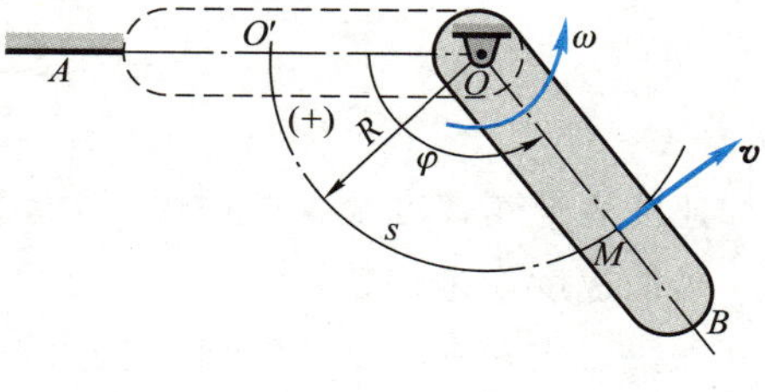

图 6-3

式中,R 为点 M 到轴心 O 的距离。

将上式对 t 取一阶导数,得

$$\frac{\mathrm{d}s}{\mathrm{d}t}=R\frac{\mathrm{d}\varphi}{\mathrm{d}t}$$

由于 $\frac{\mathrm{d}\varphi}{\mathrm{d}t}=\omega$,$\frac{\mathrm{d}s}{\mathrm{d}t}=v$,因此,上式可写成

$$v=R\omega \tag{6-8}$$

即转动刚体内任一点的速度的大小,等于刚体的角速度与该点到轴线的垂直距离的乘积,它的方向沿圆周的切线而指向转动的一方。

用一垂直于轴线的平面横截刚体,得一截面。根据上述结论,在该截面上的任一条通过轴心的直线上,各点的速度按线性规律分布,如图 6-4b 所示。将速度矢的端点连成直线,此直线通过轴心。在该截面上,不在一条直线上的各点的速度方向,如图 6-4a 所示。

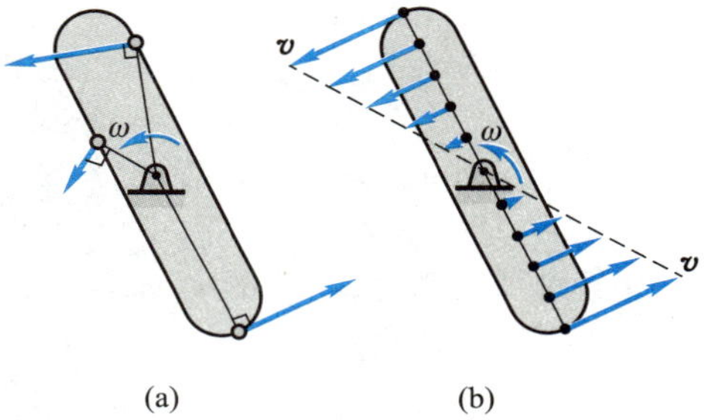

图 6-4

现在求点 M 的加速度。由于点做圆周运动,因此应求切向加速度和法向加速度。根据上一章式(5-21)和弧长 s 与转角 φ 的关系,得

$$a_{t}=\ddot{s}=R\ddot{\varphi}$$

由于 $\ddot{\varphi}=\alpha$,因此,有

$$a_{t}=R\alpha \tag{6-9}$$

即转动刚体内任一点的切向加速度(又称转动加速度)的大小,等于刚体的角加速度与该点到轴线垂直距离的乘积,它的方向由角加速度的符号决定。当 α 是正值时,它沿圆周的切线并指向角 φ 的正向;否则相反。

法向加速度为

$$a_{n}=\frac{v^{2}}{\rho}=\frac{(R\omega)^{2}}{\rho}$$

式中,ρ 是曲率半径,对于圆,$\rho=R$,因此,有

$$a_{n}=R\omega^{2} \tag{6-10}$$

即转动刚体内任一点的法向加速度(又称向心加速度)的大小,等于刚体角速度的平方与该点到轴线的垂直距离的乘积,它的方向与速度垂直并指向轴线。

如果 ω 与 α 同号,角速度的绝对值增加,刚体做加速转动,这时点的切向加速度 $\boldsymbol{a}_{t}$ 与速度 $\boldsymbol{v}$ 的指向相同;如果 ω 与 α 异号,刚体做减速转动,$\boldsymbol{a}_{t}$ 与 $\boldsymbol{v}$ 的指向相反。这两种情况分别如图 6-5a、b 所示。

点 M 的加速度 $\boldsymbol{a}$ 的大小可从下式求出：

$$a=\sqrt{a_{\mathrm{t}}^{2}+a_{\mathrm{n}}^{2}}=\sqrt{R^{2}\alpha^{2}+R^{2}\omega^{4}}=R\sqrt{\alpha^{2}+\omega^{4}} \tag{6-11}$$

要确定加速度 $\boldsymbol{a}$ 的方向，只需求出 $\boldsymbol{a}$ 与半径 MO 所成的交角 θ 即可(图 6-5)。由直角三角形的关系式得

$$\tan\theta=\frac{a_{\mathrm{t}}}{a_{\mathrm{n}}}=\frac{R\alpha}{R\omega^{2}}=\frac{\alpha}{\omega^{2}} \tag{6-12}$$

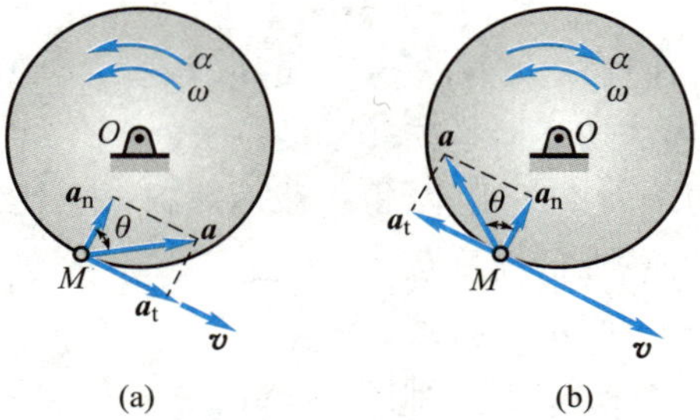

图 6-5

由于在每一瞬时，刚体的 ω 和 α 都只有一个确定的数值，因此从式(6-8)、式(6-11)和式(6-12)得知：

（1）在每一瞬时，转动刚体内所有各点的速度和加速度的大小，分别与这些点到轴线的垂直距离成正比；

（2）在每一瞬时，刚体内所有各点的加速度 $\boldsymbol{a}$ 与半径间的夹角 θ 都有相同的值。

用一垂直于轴线的平面横截刚体，得一截面。根据上述结论，可画出该截面上各点的加速度，如图 6-6a 所示。在通过轴心的直线上各点的加速度按线性分布，将加速度矢的端点连成直线，此直线通过轴心，如图 6-6b 所示。

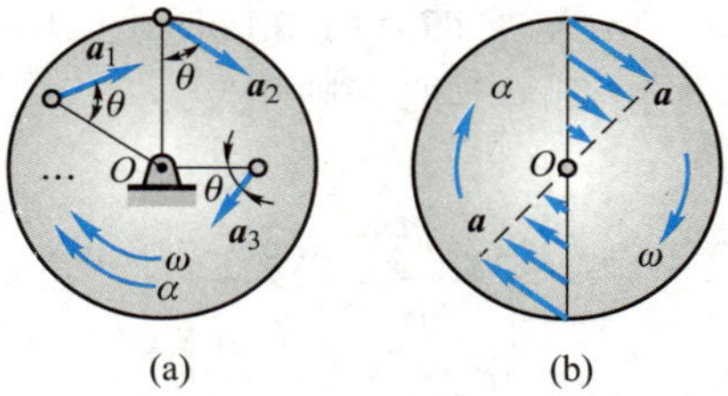

图 6-6

§6-4　轮系的传动比

工程中，常利用轮系传动提高或降低机械的转速，最常见的有齿轮系和带轮系。

1. 齿轮传动

机械中常用齿轮作为传动部件，例如，为了要将电动机的转动传到机床的主轴，通常用变速箱降低转速，多数变速箱是由齿轮系组成的。

现以一对啮合的圆柱齿轮为例。圆柱齿轮传动分为外啮合（图 6-7）和内啮合（图 6-8）两种。

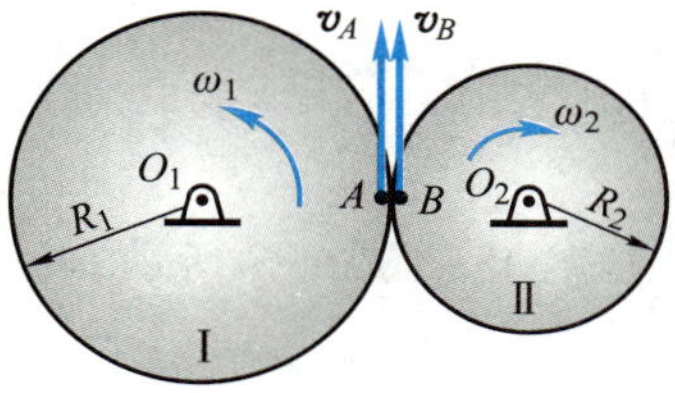

图 6-7

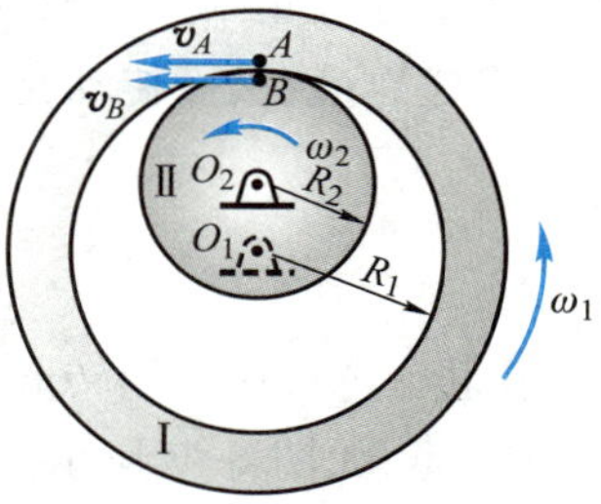

图 6-8

设两个圆柱齿轮分别绕固定轴 O_1 和 O_2 转动。已知其啮合圆半径分别为 R_1 和 R_2；齿数分别为 z_1 和 z_2；角速度分别为 ω_1 和 ω_2。令点 A 和点 B 分别是两个圆柱齿轮啮合圆的接触点，因两圆之间没有相对滑动，故有

$$v_B = v_A$$

并且速度方向也相同。但 $v_B = R_2\omega_2$，$v_A = R_1\omega_1$，因此，有

$$R_2\omega_2 = R_1\omega_1$$

或

$$\frac{\omega_1}{\omega_2} = \frac{R_2}{R_1}$$

由于圆柱齿轮在啮合圆上的齿距相等，它们的齿数与半径成正比，故有

$$\frac{\omega_1}{\omega_2} = \frac{R_2}{R_1} = \frac{z_2}{z_1} \tag{6-13}$$

由此可知：处于啮合中的两个定轴齿轮的角速度与两齿轮的齿数成反比（或与两轮的啮合圆半径成反比）。

设轮 I 是主动轮，轮 II 是从动轮。在机械工程中，常常把主动轮和从动轮的两个角速度的比值称为**传动比**，用附有下标的符号表示，即

$$i_{12} = \frac{\omega_1}{\omega_2}$$

把式（6-13）代入上式，得计算传动比的基本公式为

$$i_{12}=\frac{\omega_1}{\omega_2}=\frac{R_2}{R_1}=\frac{z_2}{z_1} \tag{6-14}$$

式(6-14)定义的传动比是两个角速度大小的比值，与转动方向无关，因此不仅适用于圆柱齿轮传动，也适用于传动轴成任意角度的圆锥齿轮传动、摩擦轮传动等。

有些场合为了区分轮系中各轮的转向，对各轮都规定统一的转动正向，这时各轮的角速度可取代数值，从而传动比也取代数值，即

$$i_{12}=\frac{\omega_1}{\omega_2}=\pm\frac{R_2}{R_1}=\pm\frac{z_2}{z_1}$$

式中，正号表示主动轮与从动轮转向相同（内啮合），如图 6-8 所示；负号表示二者转向相反（外啮合），如图 6-7 所示。

2. 带传动

在机床中，常用电动机通过传动带使变速箱的轴转动。如图 6-9 所示的带轮装置中，主动轮和从动轮的半径分别为 r_1 和 r_2，角速度分别为 ω_1 和 ω_2。如不考虑传动带的厚度，并假定传动带与带轮间无相对滑动，则应用绕定轴转动的刚体上各点速度的公式，可得到下列关系式：

$$r_1\omega_1=r_2\omega_2$$

于是带轮的传动比公式为

$$i_{12}=\frac{\omega_1}{\omega_2}=\frac{r_2}{r_1} \tag{6-15}$$

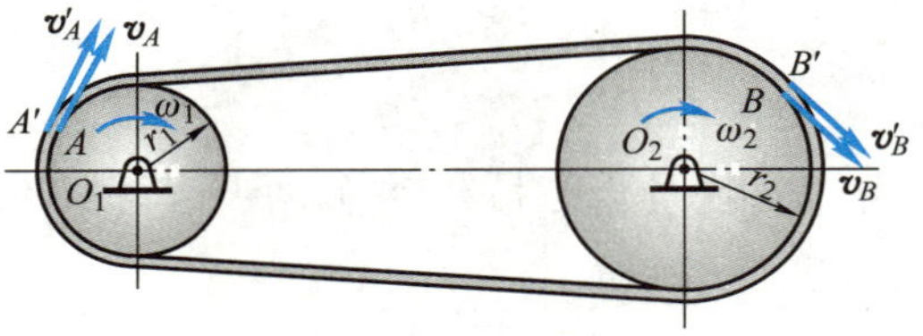

图 6-9

即两带轮的角速度与其半径成反比。

§6-5　以矢量表示角速度和角加速度·以矢积表示点的速度和加速度

绕定轴转动刚体的角速度可以用矢量表示。角速度矢 $\boldsymbol{\omega}$ 的大小等于角速度的绝对值，即

$$|\boldsymbol{\omega}| = |\omega| = \left|\frac{\mathrm{d}\varphi}{\mathrm{d}t}\right| \tag{6-16}$$

角速度矢 $\boldsymbol{\omega}$ 沿轴线，它的指向表示刚体转动的方向；如果从角速度矢 $\boldsymbol{\omega}$ 的末端向始端看，则看到刚体做逆时针转向的转动，如图 6-10a 所示；或按照右手螺旋法则确定：右手的四指代表转动的方向，拇指代表角速度矢 $\boldsymbol{\omega}$ 的指向，如图 6-10b 所示。至于角速度矢 $\boldsymbol{\omega}$ 的起点，可在轴线上任意选取，也就是说，角速度矢 $\boldsymbol{\omega}$ 是滑动矢。

如取转轴为 z 轴，它的正向用单位矢量 $\boldsymbol{k}$ 的方向表示（图 6-11）。于是刚体绕定轴转动的角速度矢 $\boldsymbol{\omega}$ 可写成

$$\boldsymbol{\omega} = \omega\boldsymbol{k} \tag{6-17}$$

式中，ω 是角速度的代数值，它等于 $\dot{\varphi}$。

同样，刚体绕定轴转动的角加速度也可用一个沿轴线的滑动矢量表示

$$\boldsymbol{\alpha} = \alpha\boldsymbol{k} \tag{6-18}$$

其中，α 是角加速度的代数值，它等于 $\dot{\omega}$ 或 $\ddot{\varphi}$。于是，有

$$\boldsymbol{\alpha} = \frac{\mathrm{d}\omega}{\mathrm{d}t}\boldsymbol{k} = \frac{\mathrm{d}}{\mathrm{d}t}(\omega\boldsymbol{k})$$

或

$$\boldsymbol{\alpha} = \frac{\mathrm{d}\boldsymbol{\omega}}{\mathrm{d}t} \tag{6-19}$$

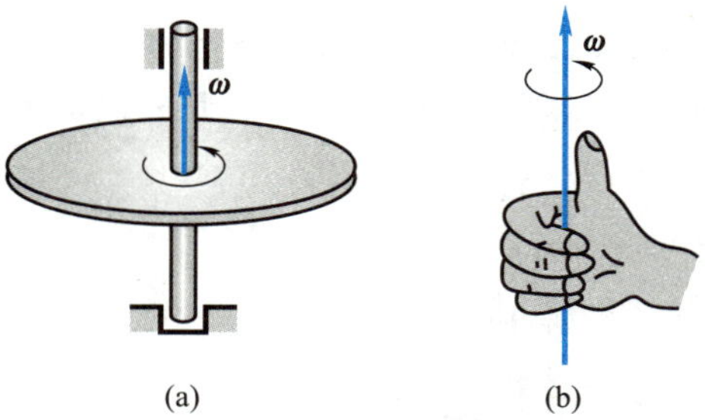

图 6-10

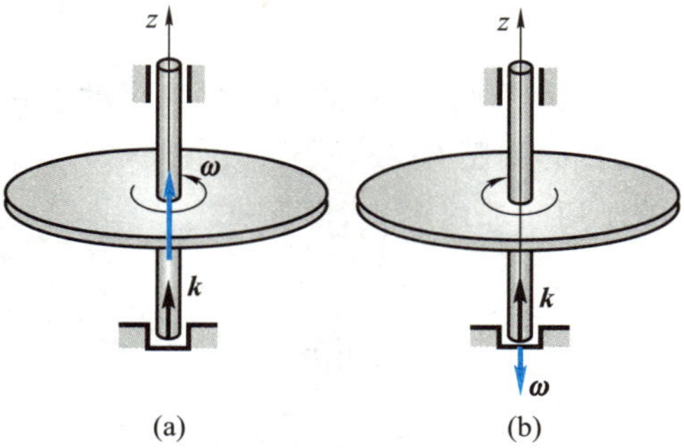

图 6-11

即角加速度矢 $\boldsymbol{\alpha}$ 为角速度矢 $\boldsymbol{\omega}$ 对时间的一阶导数。

根据上述角速度和角加速度的矢量表示法，刚体内任一点的速度可以用矢积表示。

如在轴线上任选一点 O 为原点，点 M 的矢径以 $\boldsymbol{r}$ 表示，如图 6-12 所示。那么，点 M 的速度可以用角速度矢与它的矢径的矢积表示，即

$$\boldsymbol{v}=\boldsymbol{\omega}\times\boldsymbol{r} \tag{6-20}$$

为了证明这一点,需证明矢积 $\boldsymbol{\omega}\times\boldsymbol{r}$ 确实表示点 M 的速度矢的大小和方向。

根据矢积的定义知,$\boldsymbol{\omega}\times\boldsymbol{r}$ 仍是一个矢量,它的大小是

$$|\boldsymbol{\omega}\times\boldsymbol{r}|=|\boldsymbol{\omega}|\cdot|\boldsymbol{r}|\sin\theta=|\boldsymbol{\omega}|\cdot R=|\boldsymbol{v}|$$

式中,θ 是角速度矢 $\boldsymbol{\omega}$ 与矢径 $\boldsymbol{r}$ 间的夹角。于是证明了矢积 $\boldsymbol{\omega}\times\boldsymbol{r}$ 的大小等于速度的大小。

矢积 $\boldsymbol{\omega}\times\boldsymbol{r}$ 的方向垂直于 $\boldsymbol{\omega}$ 和 $\boldsymbol{r}$ 所组成的平面(即图 6-12 中 OMO_1 平面),从矢量 $\boldsymbol{v}$ 的末端向始端看,则见 $\boldsymbol{\omega}$ 按逆时针转向转过角 θ 与 $\boldsymbol{r}$ 重合,由图容易看出,矢积 $\boldsymbol{\omega}\times\boldsymbol{r}$ 的方向正好与点 M 的速度方向相同。

于是可得结论:绕定轴转动的刚体上任一点的速度矢等于刚体的角速度矢与该点矢径的矢积。

绕定轴转动的刚体上任一点的加速度矢也可用矢积表示。

因为点 M 的加速度为

$$\boldsymbol{a}=\frac{\mathrm{d}\boldsymbol{v}}{\mathrm{d}t}$$

把速度的矢积表达式(6-20)代入,得

$$\boldsymbol{a}=\frac{\mathrm{d}}{\mathrm{d}t}(\boldsymbol{\omega}\times\boldsymbol{r})=\frac{\mathrm{d}\boldsymbol{\omega}}{\mathrm{d}t}\times\boldsymbol{r}+\boldsymbol{\omega}\times\frac{\mathrm{d}\boldsymbol{r}}{\mathrm{d}t}$$

已知$\dfrac{\mathrm{d}\boldsymbol{\omega}}{\mathrm{d}t}=\boldsymbol{\alpha}$,$\dfrac{\mathrm{d}\boldsymbol{r}}{\mathrm{d}t}=\boldsymbol{v}$,于是得

$$\boldsymbol{a}=\boldsymbol{\alpha}\times\boldsymbol{r}+\boldsymbol{\omega}\times\boldsymbol{v} \tag{6-21}$$

式中等号右端第一项的大小为

$$|\boldsymbol{\alpha}\times\boldsymbol{r}|=|\boldsymbol{\alpha}|\cdot|\boldsymbol{r}|\sin\theta=|\boldsymbol{\alpha}|\cdot R$$

这结果恰等于点 M 的切向加速度的大小。而 $\boldsymbol{\alpha}\times\boldsymbol{r}$ 的方向垂直于 $\boldsymbol{\alpha}$ 和 $\boldsymbol{r}$ 所构成的平面,指向如图 6-13 所示,该方向恰与点 M 的切向加速度的方向一致,因此矢积 $\boldsymbol{\alpha}\times\boldsymbol{r}$ 等于切向加速度 $\boldsymbol{a}_t$,即

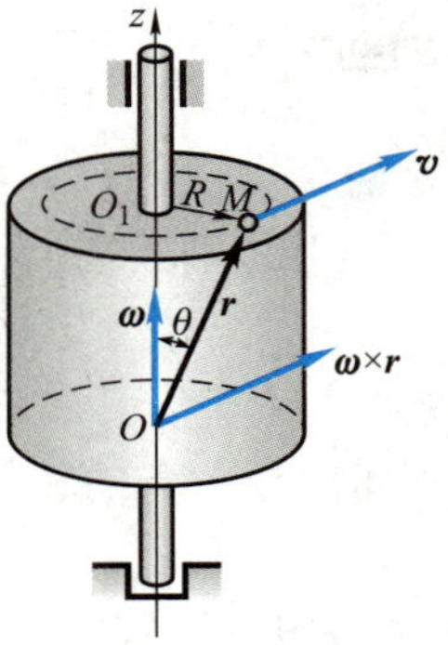

图 6-12

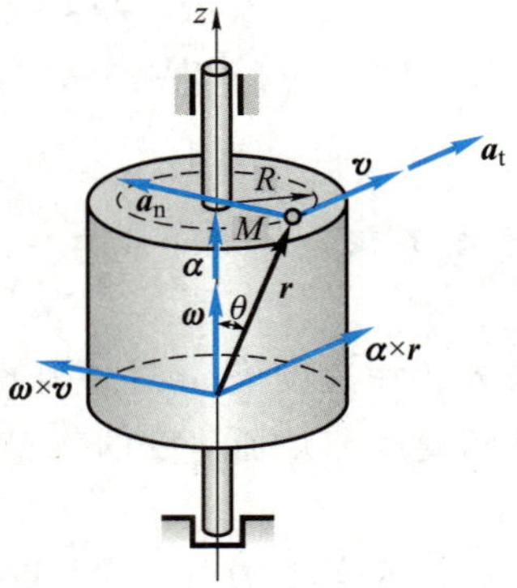

图 6-13

$$a_t = \alpha \times r \tag{6-22}$$

同理可知，式(6-21)等号右端的第二项等于点 M 的法向加速度，即

$$a_n = \omega \times v \tag{6-23}$$

于是可得结论：转动刚体内任一点的切向加速度等于刚体的角加速度矢与该点矢径的矢积；法向加速度等于刚体的角速度矢与该点的速度矢的矢积。

例 6-1 刚体绕定轴转动，已知转轴通过坐标原点 O，角速度矢为 $\boldsymbol{\omega}=5\sin\dfrac{\pi t}{2}(\boldsymbol{i}+\sqrt{3}\boldsymbol{k})$ rad/s。求当 $t=1$ s 时，刚体上点 $M(0,2,3)$ 的速度矢及加速度矢。

解：

$$\boldsymbol{v}=\boldsymbol{\omega}\times\boldsymbol{r}=5\begin{vmatrix} \boldsymbol{i} & \boldsymbol{j} & \boldsymbol{k} \\ 1 & 0 & \sqrt{3} \\ 0 & 2 & 3 \end{vmatrix} \text{ m/s}$$

$$=(-10\sqrt{3}\boldsymbol{i}-15\boldsymbol{j}+10\boldsymbol{k}) \text{ m/s}$$

$$\boldsymbol{a}=\boldsymbol{\alpha}\times\boldsymbol{r}+\boldsymbol{\omega}\times\boldsymbol{v}=\frac{\mathrm{d}\boldsymbol{\omega}}{\mathrm{d}t}\times\boldsymbol{r}+\boldsymbol{\omega}\times\boldsymbol{v}$$

$$=(75\sqrt{3}\boldsymbol{i}-200\boldsymbol{j}-75\boldsymbol{k}) \text{ m/s}^2$$

例 6-2 某定轴转动刚体的转轴通过点 $M_0(2,1,3)$，其角速度矢 $\boldsymbol{\omega}$ 的方向余弦为0.6、0.48、0.64，角速度的大小为 $\omega=25$ rad/s。求刚体上点 $M(10,7,11)$ 的速度矢。

解： 设原坐标系为 $Ox'y'z'$，取新坐标系以 M_0 为原点，记为 M_0xyz，且 x、y、z 轴分别平行于原坐标系的 x'、y'、z'轴。在新坐标系中有

$$\boldsymbol{\omega}=\omega(0.6\boldsymbol{i}+0.48\boldsymbol{j}+0.64\boldsymbol{k})=(15\boldsymbol{i}+12\boldsymbol{j}+16\boldsymbol{k}) \text{ rad/s}$$

点 M 在新坐标系中的矢径为 $\boldsymbol{r}=(10-2)\text{ m}\cdot\boldsymbol{i}+(7-1)\text{ m}\cdot\boldsymbol{j}+(11-3)\text{ m}\cdot\boldsymbol{k}$，于是有

$$\boldsymbol{v}=\boldsymbol{\omega}\times\boldsymbol{r}=\begin{vmatrix} \boldsymbol{i} & \boldsymbol{j} & \boldsymbol{k} \\ 15 & 12 & 16 \\ 8 & 6 & 8 \end{vmatrix} \text{ m/s}=(8\boldsymbol{j}-6\boldsymbol{k}) \text{ m/s}$$

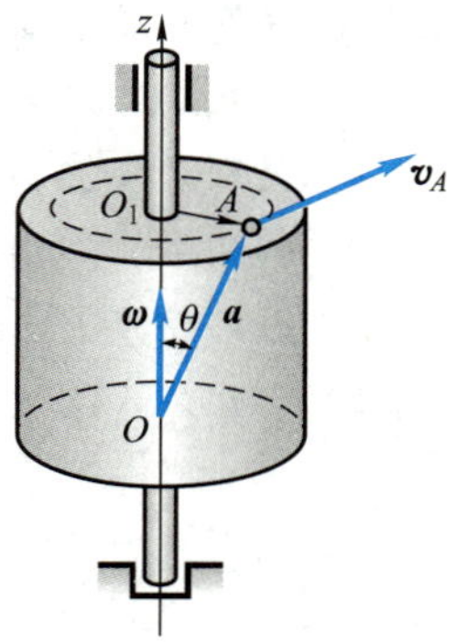

图 6-14

例 6-3 如图 6-14 所示，一矢量 $\boldsymbol{a}$ 绕 z 轴以角速度 ω 转动，若 $\boldsymbol{a}$ 的大小始终保持不变，试求$\dfrac{\mathrm{d}\boldsymbol{a}}{\mathrm{d}t}$。

解： 将矢量 $\boldsymbol{a}$ 的端点 A 看成是绕 z 轴做定轴转动刚体上的一点，则

$$\boldsymbol{r}_A=\boldsymbol{a}$$

从而

$$\frac{\mathrm{d}\boldsymbol{a}}{\mathrm{d}t}=\frac{\mathrm{d}\boldsymbol{r}_A}{\mathrm{d}t}=\boldsymbol{v}_A=\boldsymbol{\omega}\times\boldsymbol{r}_A=\boldsymbol{\omega}\times\boldsymbol{a} \tag{6-24}$$

思考题

6-1 “刚体做平移时，各点的运动轨迹一定是直线或平面曲线；刚体绕定轴转动时，各点的运动轨迹一定是圆”。这种说法对吗？

6-2 各点都做圆周运动的刚体一定是做定轴转动吗？

6-3 满足下述哪些条件的刚体运动一定是平移？

（1）刚体运动时，其上有不在一条直线上的三点始终做直线运动。

（2）刚体运动时，其上所有点到某固定平面的距离始终保持不变。

（3）刚体运动时，其上有两条相交直线始终与各自初始位置保持平行。

（4）刚体运动时，其上有不在一条直线上的三点的速度大小、方向始终相同。

6-4 试推导刚体做匀速转动和匀加速转动的转动方程。

6-5 试画出图 6-15a、b 中标有字母的各点的速度方向和加速度方向。

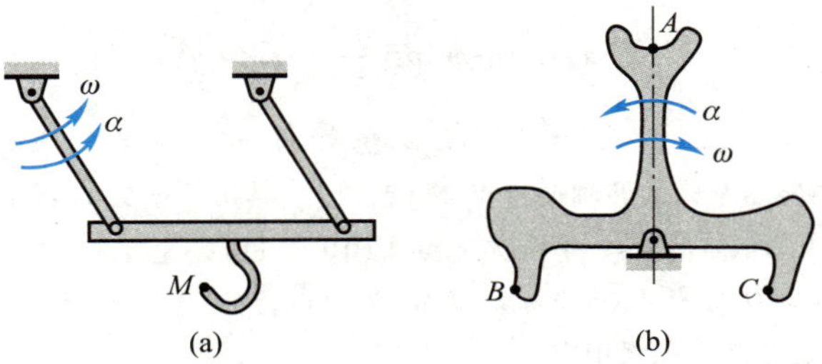

图 6-15

6-6 刚体做定轴转动，其上某点 A 到转轴距离为 R。为求出刚体上任意点在某一瞬时的速度和加速度的大小，下述哪组条件是充分的？

（1）已知点 A 的速度及该点的全加速度方向。

（2）已知点 A 的切向加速度及法向加速度。

（3）已知点 A 的切向加速度及该点的全加速度方向。

（4）已知点 A 的法向加速度及该点的速度。

（5）已知点 A 的法向加速度及该点全加速度的方向。

习　题

习题：第六章

刚体的简单运动

6-1 图示曲柄滑杆机构中，滑杆上有一圆弧形滑道，其半径 $R=100$ mm，圆心 O_1 在导杆 BC 上。曲柄 OA 长为 100 mm，以匀角速度 $\omega=4$ rad/s 绕 O 轴转动。求导杆 BC 的运动规律及当曲柄 OA 与水平线间的交角 φ 为 30°时，导杆 BC 的速度和加速度。

6-2 图示为把工件送入干燥炉内的机构，叉杆 OA 长为 1.5 m，在铅垂面内转动，杆 AB 长为 0.8 m，A 端为铰链，B 端有放置工件的框架。在机构运动时，工件的速度恒为 0.05 m/s，杆 AB 始终铅垂。设运动开始时，角 $\varphi=0$。求机构运动过程中角 φ 与时间的关系，以及点 B 的运动轨迹方程。

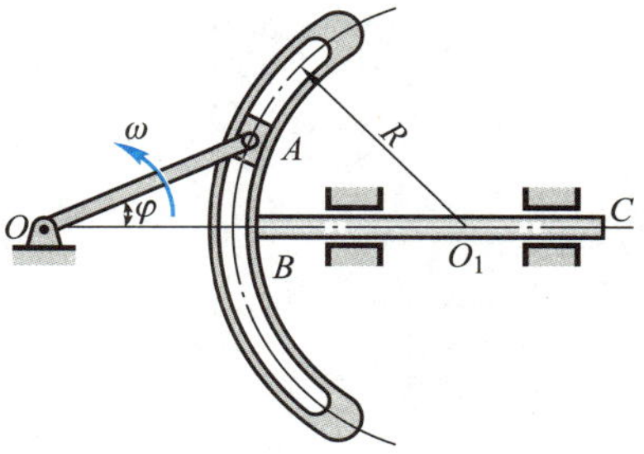

题 6-1 图

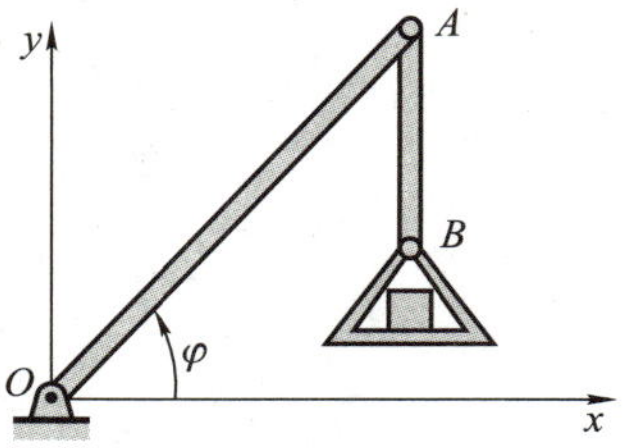

题 6-2 图

6-3 已知搅拌机的主动齿轮 O_1 以 $n=950$ r/min 的转速转动。搅杆 ABC 分别用销 A、B 与齿轮 O_2、O_3 相连，如图所示。又已知 $AB=O_2O_3$，$O_3A=O_2B=0.25$ m，各齿轮齿数分别为 $z_1=20$，$z_2=50$，$z_3=50$。求搅杆 ABC 端点 C 的速度和运动轨迹方程。

6-4 机构如图所示，假定杆 AB 以匀速度 $\boldsymbol{v}$ 运动，开始时 $\varphi=0$。求当 $\varphi=\frac{\pi}{4}$ 时，摇杆 OC 的角速度和角加速度。

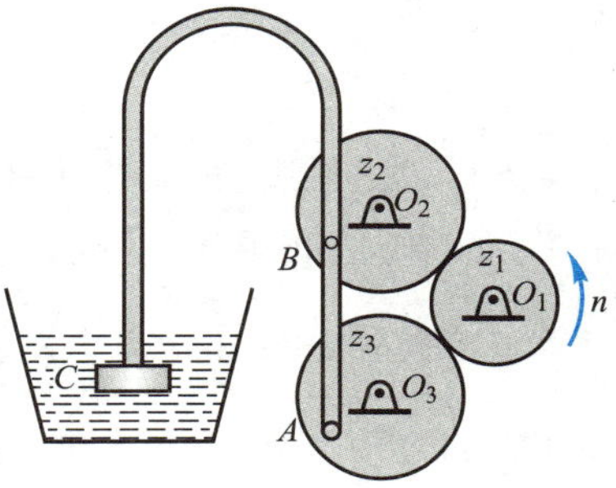

题 6-3 图

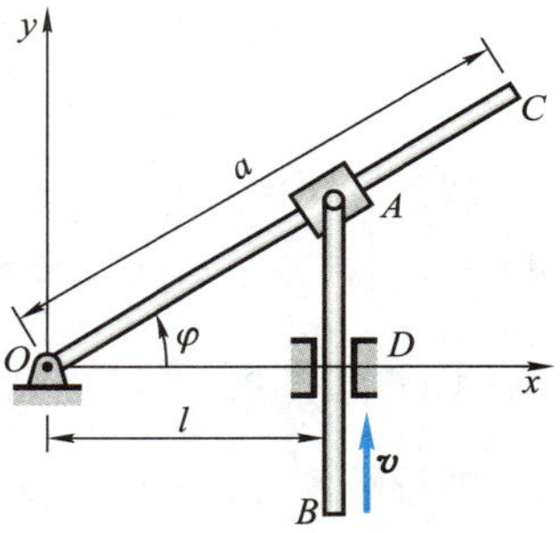

题 6-4 图

6-5 如图所示，曲柄 CB 以匀角速度 ω_0 绕 C 轴转动，其转动方程为 $\varphi=\omega_0 t$。滑块 B 带动摇杆 OA 绕 O 轴转动。设 $OC=h$，$CB=r$。求摇杆 OA 的转动方程。

6-6 升降机装置由半径为 R 的鼓轮带动，如图所示。轮与绳子之间无滑动，被升降物体的运动方程为 $x=at^2$。求任意瞬时，鼓轮轮缘上点 M 的全加速度的大小。

6-7 如图所示，摩擦传动机构的主动轴 Ⅰ 的转速为 $n=600$ r/min。轴 Ⅰ 的轮盘与轴 Ⅱ 的轮盘接触，接触点按箭头 A 所示的方向移动。距离 d 的变化规律为 $d=100-5t$（其中 d 以 mm 计，t 以 s 计）。已知 $r=50$ mm，$R=150$ mm。求：(1) 以距离 d 表示轴 Ⅱ 的角加速度；(2) 当 $d=r$ 时，轮 B 边缘上一点的全加速度。

6-8 车床的传动装置如图所示。已知各齿轮的齿数分别为 $z_1=40$，$z_2=84$，$z_3=28$，$z_4=80$；带动刀具的丝杠的螺距为 $h_4=12$ mm。求车刀切削工件的螺距 h_1。

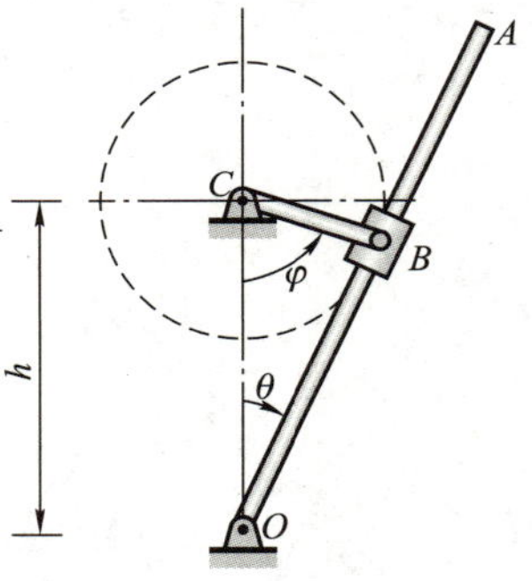

题 6-5 图

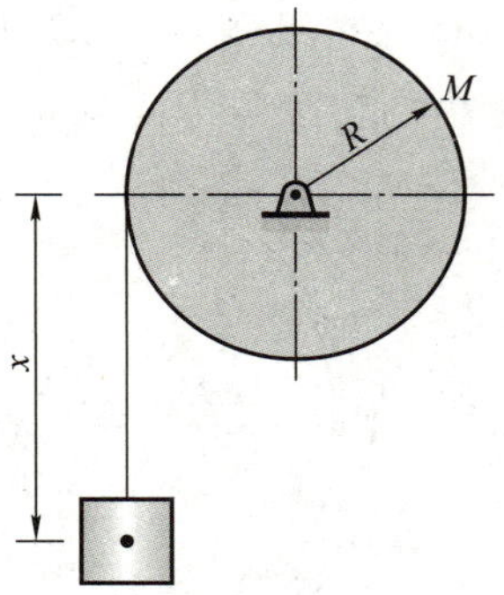

题 6-6 图

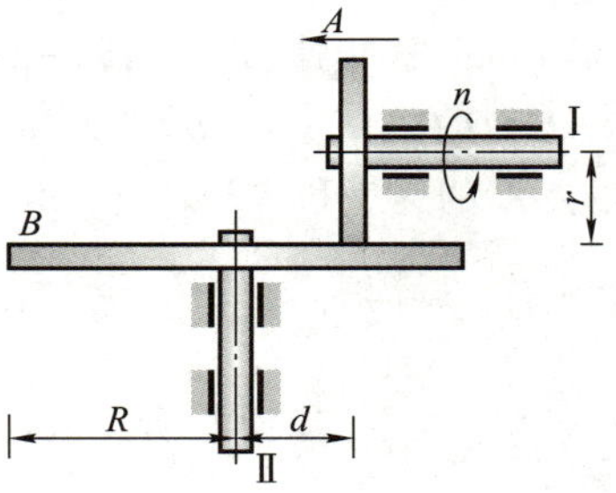

题 6-7 图

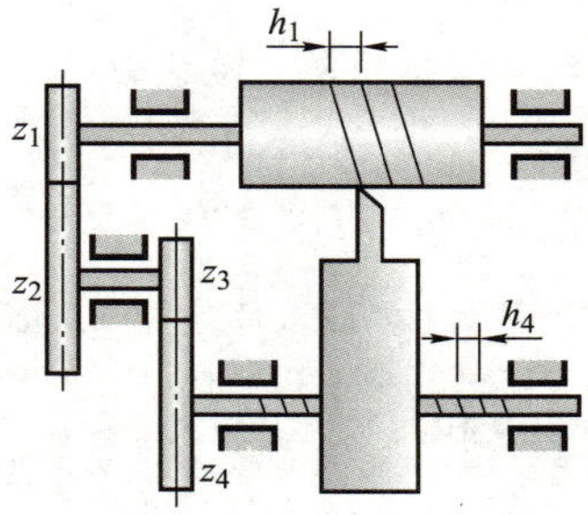

题 6-8 图

6-9 钢球无级变速器可简化为如图所示模型。与轴 Ⅰ 固连的圆盘 H 靠摩擦带动钢球绕轴 AA' 转动，再通过圆盘 K 带动轴 Ⅱ 转动，改变轴 AA' 的倾角就可以改变轴 Ⅱ 的转速。设轴 Ⅰ 的转速为 n_1，圆盘与钢球接触点 B、C 至转轴 Ⅰ 、Ⅱ 的距离均为$\dfrac{D}{2}$，钢球的直径为 d，$\varphi=90°$；圆盘与钢球间无滑动。当轴 AA' 的倾角为 θ 时，求轴 Ⅱ 的转速 n_2。

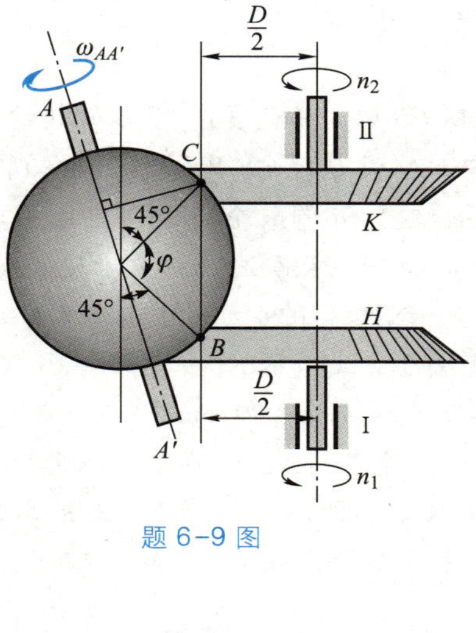

题 6-9 图

6-10 纸盘由厚度为 a 的纸条卷成，令纸盘的中心不动，而以匀速度 $\boldsymbol{v}$ 水平拉纸条，如图所示。求纸盘的角加速度(以半径 r 的函数表示)。

6-11 图示机构中齿轮 1 紧固在杆 AC 上，$AB=O_1O_2$，齿轮 1 和半径为 r_2 的齿轮 2 啮合，齿轮 2 可绕 O_2 轴转动且和曲柄 O_2B 没有联系。设 $O_1A=O_2B=l$，$\varphi=b\sin\omega t$，试确定 $t=\dfrac{\pi}{2\omega}$时，轮 2 的角速度和角加速度。

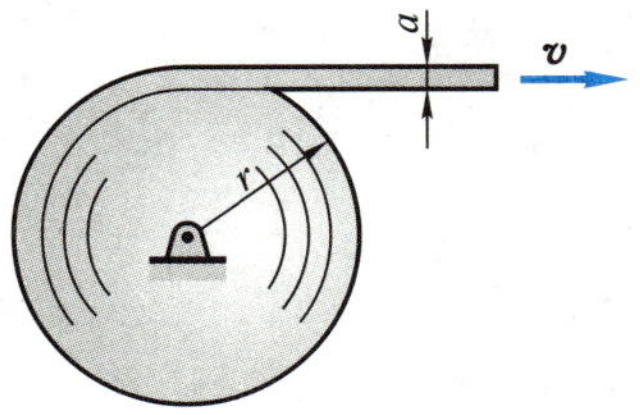

题 6-10 图

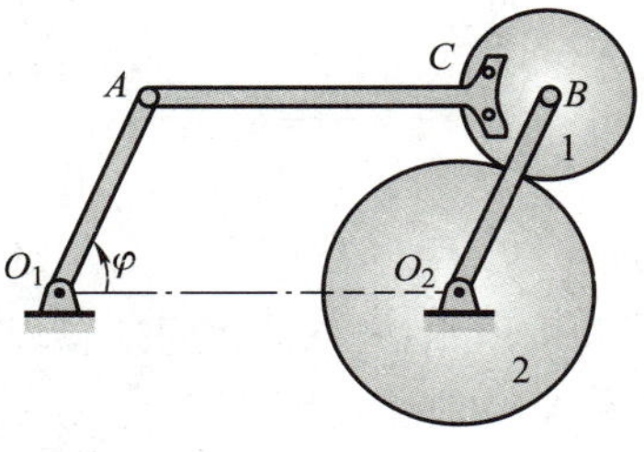

题 6-11 图

6-12 卷纸机的驱动轮 A 具有不变角速度 ω_A，在某瞬时缠绕在鼓轮 B 上的纸带盘的半径为 r_B，驱动轮 A 半径为 r_A，如图所示。若纸带的厚度为 δ，设纸带既不伸长也不缩短，求鼓轮 B 的角速度 ω_B 和角加速率 α_B。

6-13 凸轮以匀速度 $\boldsymbol{v}_0$ 自右向左平移，如图所示。对于固连于凸轮的坐标系 $O\xi\eta$ 而言，凸轮外形的轮廓方程为 $\eta=f(\xi)$。直杆 AM 长为 l，其一端以铰链固定于定轴 A，另一端置于凸轮上。

(1) 求杆 AM 的角速度 ω；

(2) 若要求杆 AM 以匀角速度 ω_0 转动，求凸轮外形的轮廓方程。

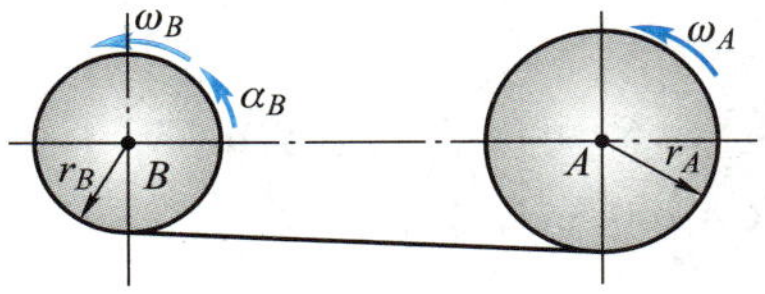

题 6-12 图

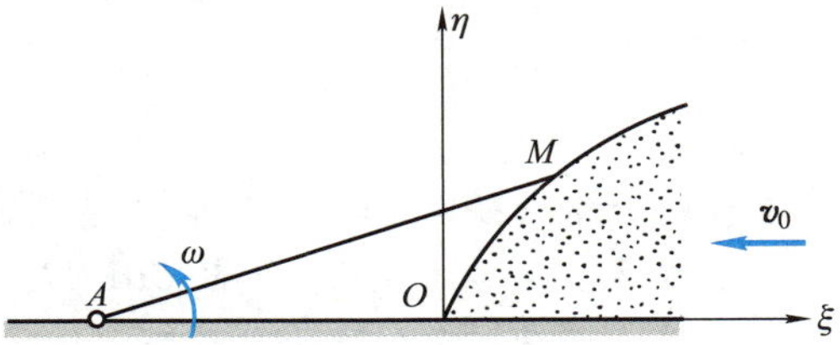

题 6-13 图

6-14 如图所示，液压缸的柱塞伸臂时，通过销 A 可以带动具有滑槽的曲柄 OD 绕 O 轴转动。已知柱塞以匀速度 $v=2$ m/s 沿其轴线向上运动，求当 $\theta=30°$时，曲柄 OD 的角加速度。

6-15 杆 AB 在铅垂方向以匀速度 $\boldsymbol{v}$ 向下运动，并由 B 端的小轮带着半径为 R 的圆弧杆 OC 绕 O 轴转动，如图所示。设运动开始时，$\varphi=\dfrac{\pi}{4}$，求此后任意瞬时 t 圆弧杆 OC 的角速度 ω 和点 C 的速度。

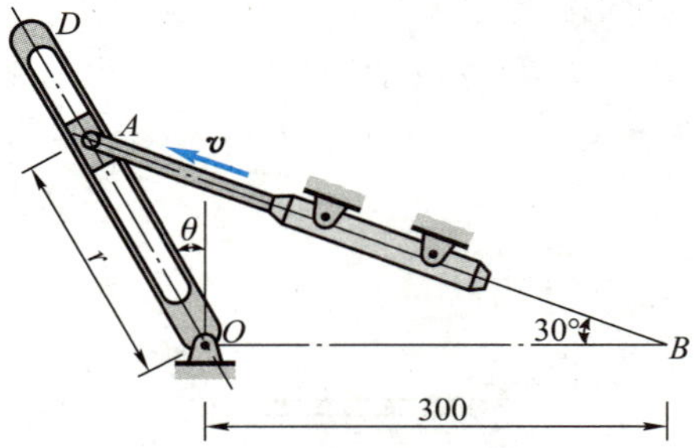

题 6-14 图

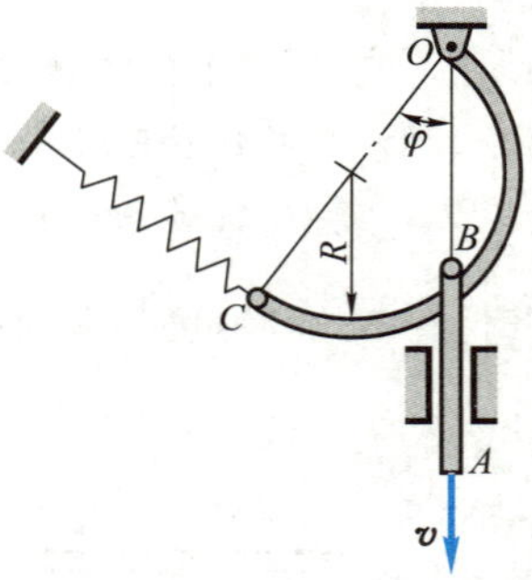

题 6-15 图

6-16 如图所示，一飞轮绕固定轴 O 转动，其轮缘上任一点的全加速度在某段运动过程中与轮半径的交角恒为 60°。当运动开始时，其转角 φ_0 等于零，角速度为 ω_0。求飞轮的转动方程，以及角速度与转角的关系。

6-17 半径 $R=100$ mm 的圆盘绕其圆心 O 转动，图示瞬时，点 A 的速度为 $\boldsymbol{v}_A=200\boldsymbol{j}$ mm/s，点 B 的切向加速度 $\boldsymbol{a}_B^{\mathrm{t}}=150\boldsymbol{i}$ mm/s^2。求角速度 $\boldsymbol{\omega}$ 和角加速度 $\boldsymbol{\alpha}$，并进一步写出点 C 的加速度的矢量表达式。

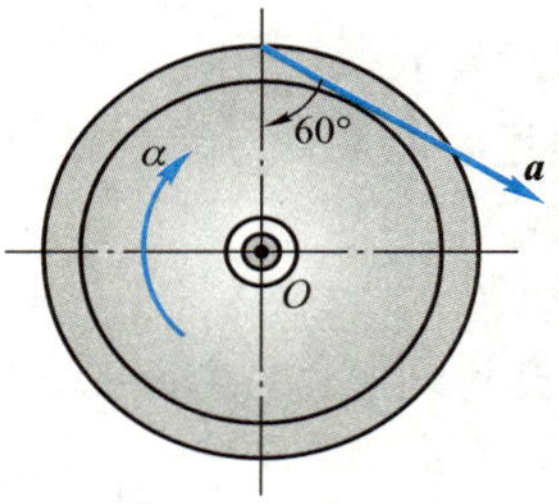

题 6-16 图

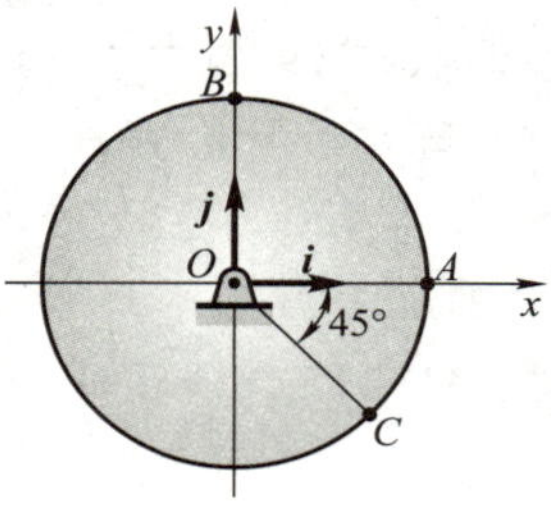

题 6-17 图

6-18 长方体绕固定轴 AB 转动，某瞬时的角速度 $\omega=6$ rad/s，角加速度 $\alpha=3$ rad/s^2，转向如图所示。点 B 为长方体顶面 $CDEF$ 的中心，$EG=100$ mm，求此瞬时：

（1）点 G 速度的矢量表达式及其大小；

（2）点 G 法向加速度的矢量表达式及其大小；

（3）点 G 切向加速度的矢量表达式及其大小；

（4）点 G 全加速度的矢量表达式及其大小。

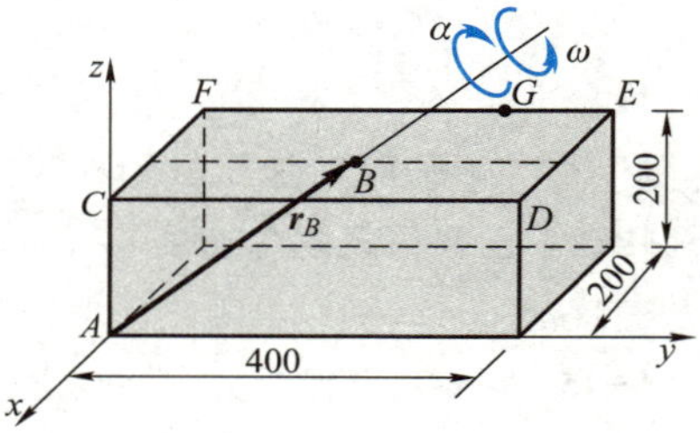

题 6-18 图

第七章
点的合成运动

前两章分析的点或刚体相对一个定参考系的运动,可称之为简单运动。物体相对于不同参考系的运动是不相同的。研究物体相对于不同参考系的运动,分析物体相对于不同参考系运动之间的关系,可称之为复杂运动或合成运动。

本章分析点的合成运动。分析运动中某一瞬时点的速度合成和加速度合成的规律。

§7-1 相对运动·牵连运动·绝对运动

物体的运动对于不同的参考体来说是不同的。如图 7-1 所示,沿直线轨道滚动的车轮,其轮缘上点 M 的运动,对于地面上的观察者来说,点的运动轨迹是旋轮线,但是对于车上的观察者来说,点的运动轨迹则是一个圆。又如图 7-2 所示,车床在工作时,车刀刀尖 M 相对于地面是直线运动,但是它相对于旋转的工件来说,却是圆柱面螺旋运动,因此,车刀在工件的表面上切出螺旋线。显然,在上述各例中,动点 M 相对于两个参考体的速度和加速度也都不同。

动画
车刀切削工件

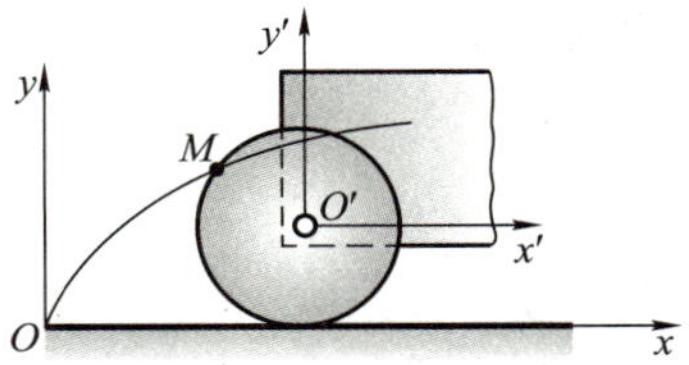

图 7-1

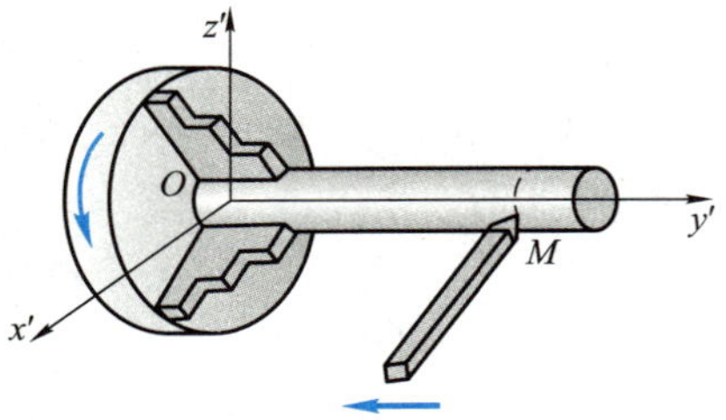

图 7-2

通过观察可以发现,物体对一参考体的运动可以由几个运动组合而成。例如,在上述的例子中,车轮上的点 M 是沿旋轮线运动,但是如果以车厢作为参考体,则点 M 相对于车厢的运动是简单的圆周运动,车厢相对于地面的运动是简单的平移。这样,轮缘上一点的运动就可以看成为两个简单运动的合成,即点 M 相对于车厢做圆周运动,同时车厢相对地面做平移。于是,相对于某一参考体的运动可由相对于其他参考体的几个运动组合而成,这种运动称为**合成运动**。

习惯上把固定在地球上的坐标系称为**定参考系**,简称**定系**,以 $Oxyz$ 坐标系表示；固定在其他相对于地球运动的参考体上的坐标系称为**动参考系**，简称**动系**，以$O'x'y'z'$坐标系表示。在上述的前一例中，动参考系固定在车厢上；在后一例中，动参考系则固定在工件上。

用点的合成运动理论分析点的运动时，必须选定两个参考系以区分三种运动：(1) 动点相对于定参考系的运动，称为**绝对运动**；(2) 动点相对于动参考系的运动，称为**相对运动**；(3) 动参考系相对于定参考系的运动，称为**牵连运动**。仍以滚动的车轮为例，取轮缘上的一点 M 为动点，固结于车厢的坐标系为动参考系，则车厢相对于地面的平移是牵连运动；在车厢上看到点做圆周运动，这是相对运动；在地面上看到点沿旋轮线运动，这是绝对运动。注意，在分析这三种运动时，必须明确：(1) 站在什么地方看物体的运动；(2) 看什么物体的运动。

应该指出，动点的绝对运动和相对运动都是指点的运动，它可能做直线运动或曲线运动；而牵连运动则是参考体的运动，实际上是刚体的运动，它可能做平移、转动或其他较复杂的运动。

下面介绍一下三种运动的数学描述方法。

(1) 绝对运动

图 7-3 中，动点 M 的绝对运动可以用它在定参考系 $Oxyz$ 的运动方程来描述，即

$$\left.\begin{aligned} x&=f_1(t)\\ y&=f_2(t)\\ z&=f_3(t)\end{aligned}\right\} \tag{7-1}$$

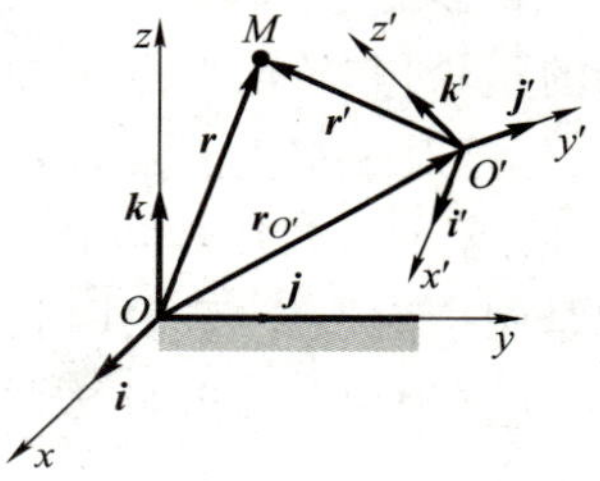

图 7-3

式(7-1)称为**绝对运动方程**。消去时间 t，得到点 M 在定参考系中的运动轨迹，称为**绝对运动轨迹**。

设 $\boldsymbol{i}$、$\boldsymbol{j}$、$\boldsymbol{k}$ 是沿 x、y、z 轴正向的三个单位矢量（基矢量），$\boldsymbol{r}$ 为动点 M 在定参考系中的矢径，于是有

$$\boldsymbol{r}=x\boldsymbol{i}+y\boldsymbol{j}+z\boldsymbol{k} \tag{7-2}$$

则绝对运动方程也可以写成

$$\boldsymbol{r}=\boldsymbol{r}(t)$$

动点 M 相对于定参考系的速度为

$$\boldsymbol{v}_{\mathrm{a}}=\frac{\mathrm{d}\boldsymbol{r}}{\mathrm{d}t}=\dot{x}\boldsymbol{i}+\dot{y}\boldsymbol{j}+\dot{z}\boldsymbol{k} \tag{7-3}$$

式(7-3)称为动点 M 的**绝对速度**，其中下标“a”表示“绝对”。动点 M 的**绝对加速度**为

$$\boldsymbol{a}_{\mathrm{a}}=\frac{\mathrm{d}\boldsymbol{v}_{\mathrm{a}}}{\mathrm{d}t}=\ddot{x}\boldsymbol{i}+\ddot{y}\boldsymbol{j}+\ddot{z}\boldsymbol{k} \tag{7-4}$$

(2) 相对运动

动点 M 的相对运动可以用它在动参考系 $O'x'y'z'$ 中的运动方程来描述，即

$$\left.\begin{aligned} x' &= g_1(t) \\ y' &= g_2(t) \\ z' &= g_3(t) \end{aligned}\right\} \tag{7-5}$$

式(7-5)称为**相对运动方程**。消去时间 t，得到动点 M 在动参考系中的运动轨迹，称为**相对运动轨迹**。

设 i'、j'、k'是沿 x'、y'、z'轴正向的三个单位矢量(基矢量)，$\boldsymbol{r}'$为动点 M 在动参考系中的矢径，从而有

$$\boldsymbol{r}' = x'\boldsymbol{i}' + y'\boldsymbol{j}' + z'\boldsymbol{k}' \tag{7-6}$$

动点 M 的**相对速度**为

$$\boldsymbol{v}_{\mathrm{r}} = \dot{x}'\boldsymbol{i}' + \dot{y}'\boldsymbol{j}' + \dot{z}'\boldsymbol{k}' = \frac{\tilde{\mathrm{d}}\boldsymbol{r}'}{\mathrm{d}t} \tag{7-7}$$

其中下标“r”表示“相对”。由于在动参考系中只能观察到动点 M 相对于动参考系的运动，也就是动点 M 在动参考系中的坐标随时间的变化，因此上式在对时间求导数时将动参考系的三个基矢量 $\boldsymbol{i}'$、$\boldsymbol{j}'$、$\boldsymbol{k}'$视为常矢量，这种导数称为**相对导数**，在导数符号上加“~”表示。今后凡是在导数符号上加上这一符号均代表相对导数，它反映了在动参考系中所观察到的对应物理量随时间的变化情况。动点 M 的**相对加速度**为

$$\boldsymbol{a}_{\mathrm{r}} = \frac{\tilde{\mathrm{d}}\boldsymbol{v}_{\mathrm{r}}}{\mathrm{d}t} = \ddot{x}'\boldsymbol{i}' + \ddot{y}'\boldsymbol{j}' + \ddot{z}'\boldsymbol{k}' \tag{7-8}$$

(3) 牵连运动

牵连运动是动参考系相对于定参考系的运动，是刚体的运动，其运动可以用刚体的运动方程来描述。例如，若动参考系做定轴转动，其运动方程可以写为

$$\varphi = f(t)$$

其中 φ 为刚体的转角。

由于动参考系的运动是刚体的运动而不是一个点的运动，所以除非动参考系做平移，否则其上各点的运动都不完全相同。因为动参考系与动点直接相关的是该瞬时动参考系上与动点相重合的那一点，因此定义 t 瞬时动参考系上与动点相重合的那一点为该瞬时动点的**牵连点**，牵连点的速度和加速度分别称为该瞬时动点的**牵连速度**和**牵连加速度**，分别用 $\boldsymbol{v}_{\mathrm{e}}$ 和 $\boldsymbol{a}_{\mathrm{e}}$ 来表示，其中下标“e”表示“牵连”。

现在举例说明牵连速度和牵连加速度的概念。设水从喷管射出，喷管又绕 O 轴转动，转动角速度为 ω，角加速度为 α，如图 7-4 所示。将动参考系固定在喷管上，取水滴 M 为动点。显然，动点相对于喷管的运动为直线运动，因此，相对运动轨迹为直线 OA，相对速度 $\boldsymbol{v}_{\mathrm{r}}$和相对加速度

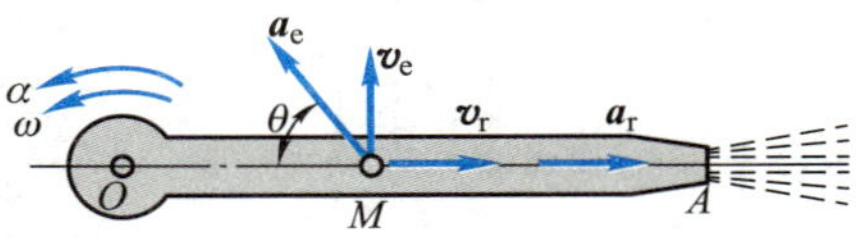

图 7-4

$\boldsymbol{a}_r$ 都沿喷管 OA 方向。至于牵连速度 $\boldsymbol{v}_e$ 和牵连加速度 $\boldsymbol{a}_e$，则是喷管上与动点 M 重合的那一点(牵连点)的速度和加速度。喷管绕 O 轴转动,因此,牵连速度 $\boldsymbol{v}_e$ 的大小为

$$v_e = OM \cdot \omega$$

方向垂直于喷管,指向转动的一方。牵连加速度 $\boldsymbol{a}_e$ 的大小为

$$a_e = OM \cdot \sqrt{\alpha^2+\omega^4}$$

它的方向与喷管之间的夹角为

$$\theta = \arctan \frac{\alpha}{\omega^2}$$

偏向 α 所指的一边。

(4) 点的绝对运动与相对运动之间的关系

点的绝对运动与相对运动是动点相对于不同参考系的运动,可以利用坐标变换来建立两者之间的关系。以平面问题为例,设 Oxy 是定参考系,$O'x'y'$ 是动参考系,M 是动点,如图 7-5 所示。动点 M 的绝对运动方程为

$$x = x(t), \quad y = y(t)$$

动点 M 的相对运动方程为

$$x' = x'(t), \quad y' = y'(t)$$

动参考系相对于定参考系的运动可以由如下三个方程完全描述:

$$x_{O'} = x_{O'}(t), \quad y_{O'} = y_{O'}(t), \quad \varphi = \varphi(t)$$

这三个方程称为牵连运动方程(刚体运动方程),其中 φ 角是从 x 轴到 x' 轴的转角,以逆时针方向为正。由图 7-5 可得动参考系 $O'x'y'$ 与定参考系 Oxy 之间的坐标变换关系为

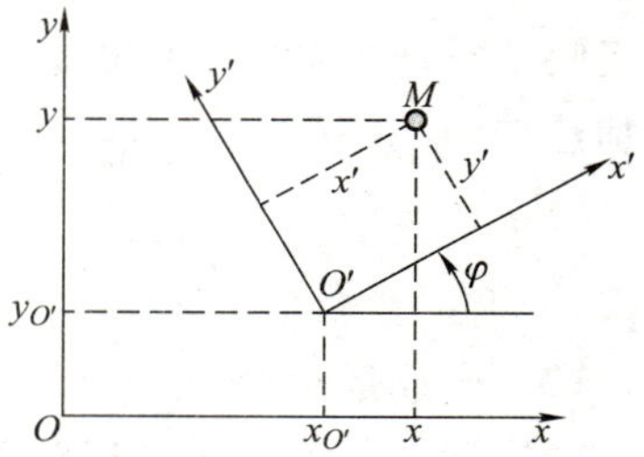

图 7-5

$$\left.\begin{aligned} x &= x_{O'} + x'\cos\varphi - y'\sin\varphi \\ y &= y_{O'} + x'\sin\varphi + y'\cos\varphi \end{aligned}\right\} \tag{7-9}$$

动画
例 7-1

例 7-1 点 M 相对于动参考系 $Ox'y'$ 沿半径为 r 的圆周以速度 $\boldsymbol{v}$ 做匀速圆周运动(圆心为 O_1),动参考系 $Ox'y'$ 相对于定参考系 Oxy 以匀角速度 ω 绕点 O 做定轴转动,如图 7-6 所示。初始时 $Ox'y'$ 与 Oxy 重合,点 M 与点 O 重合。求点 M 的绝对运动方程。

解: 连接 O_1M,由图 7-6 可知

$$\psi = \frac{vt}{r}$$

于是得点 M 的相对运动方程为

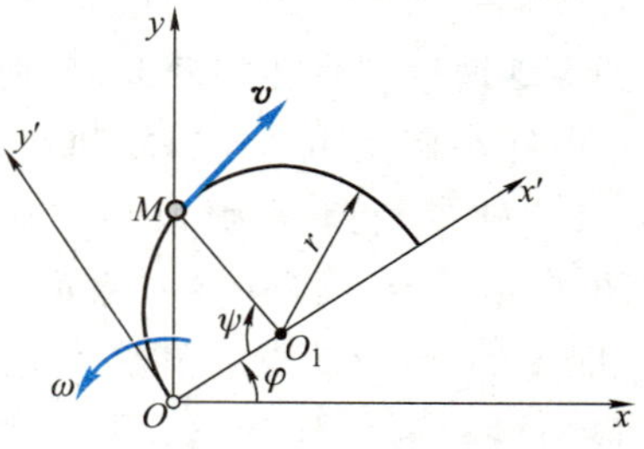

图 7-6

$$x' = OO_1 - O_1M \cdot \cos\psi = r\left(1-\cos\frac{vt}{r}\right)$$

$$y' = O_1M \cdot \sin\psi = r\sin\frac{vt}{r}$$

牵连运动方程为

$$x_{O'} = x_O = 0, \quad y_{O'} = y_O = 0, \quad \varphi = \omega t$$

利用坐标变换关系式(7-9),得点 M 的绝对运动方程为

$$x = r\left(1-\cos\frac{vt}{r}\right)\cos\omega t - r\sin\frac{vt}{r}\sin\omega t$$

$$y = r\left(1-\cos\frac{vt}{r}\right)\sin\omega t + r\sin\frac{vt}{r}\cos\omega t$$

例 7-2 已知点 M 在平面内运动,其绝对运动方程为

$$x = 5t^2 + 2t\cos 4t - 6t^2\sin 4t, \quad y = 3t + 2t\sin 4t + 6t^2\cos 4t$$

点 M 相对于动参考系 $O'x'y'$ 的相对运动方程为

$$x' = 2t, \quad y' = 6t^2$$

求动参考系原点 O' 的运动方程和动参考系坐标轴的转动方程(牵连运动方程)。

解: 将 x、y 和 x'、y' 代入坐标变换关系式(7-9),得

$$5t^2 + 2t\cos 4t - 6t^2\sin 4t = x_{O'} + 2t\cos\varphi - 6t^2\sin\varphi$$

$$3t + 2t\sin 4t + 6t^2\cos 4t = y_{O'} + 2t\sin\varphi + 6t^2\cos\varphi$$

比较上式等号两端,可知牵连运动方程为

$$x_{O'} = 5t^2, \quad y_{O'} = 3t, \quad \varphi = 4t$$

本例各式中,位移以 m 计,时间以 s 计,角度以 rad 计。

例 7-3 用车刀切削工件的直径端面,车刀刀尖 M 沿水平轴 x 做往复运动,如图 7-7 所示。设 Oxy 为定参考系,刀尖的运动方程为 $x = b\sin\omega t$。工件以匀角速度 ω 逆时针转向转动。求车刀在工件圆端面上切出的痕迹。

解: 根据题意,需求车刀刀尖 M 相对于工件的运动轨迹方程。

设刀尖 M 为动点,动参考系固定在工件上。则动点 M 在动参考系 $Ox'y'$ 和定参考系 Oxy 中的坐标关系为

$$x' = x\cos\omega t, \quad y' = -x\sin\omega t$$

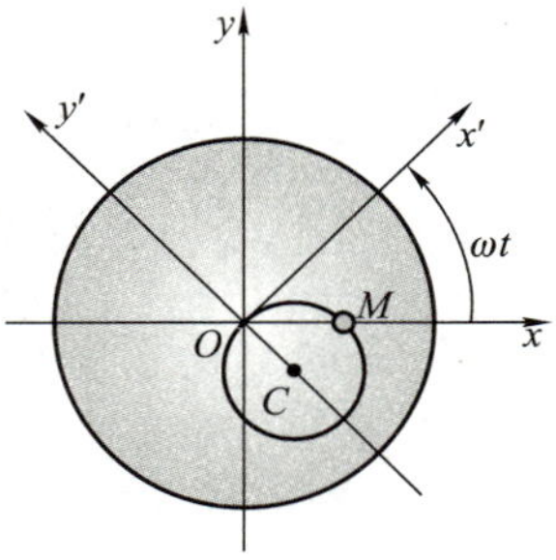

图 7-7

动画
例 7-3

将点 M 的绝对运动方程代入上式中,得

$$x' = b\sin\omega t\cos\omega t = \frac{b}{2}\sin 2\omega t$$

$$y' = -b\sin^2\omega t = -\frac{b}{2}(1-\cos 2\omega t)$$

上式就是车刀相对于工件的运动方程。

从上式中消去时间 t,得刀尖的相对运动轨迹方程为

$$(x')^2 + \left(y' + \frac{b}{2}\right)^2 = \frac{b^2}{4}$$

可见，车刀在工件上切出的痕迹是一个半径为$\dfrac{b}{2}$的圆，该圆的圆心 C 在动坐标轴 y' 轴上，圆周通过工件的中心 O。

§7-2　点的速度合成定理

下面研究点的相对速度、牵连速度和绝对速度三者之间的关系。设动点 M 的相对运动轨迹为曲线 AB，为了容易理解，设想 AB 为一金属线，动参考系即固定在此线上，而将动点看成是沿金属线滑动的一极小圆环，如图 7-8 所示。

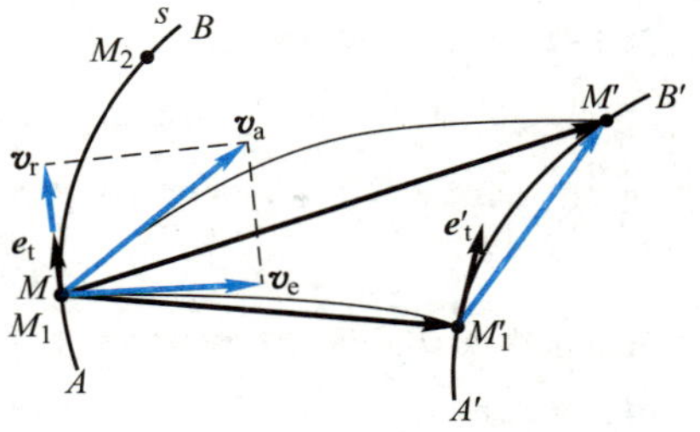

图 7-8

动画
金属丝+小环模型

在瞬时 t，动点与曲线 AB 上的点 M_1 重合，点 M_1 也称为该瞬时动点的牵连点。经过极短的时间间隔 Δt 后，曲线 AB 运动到新位置 $A'B'$；同时，动点沿弧$\overset{\frown}{MM'}$运动到点 M'，而点 M_1 则随动参考系运动到点 M'_1。

由图中的几何关系，有

$$\overrightarrow{MM'}=\overrightarrow{M_1M'_1}+\overrightarrow{M'_1M'} \tag{7-10}$$

式(7-10)通过引入牵连点 M_1，建立了动点绝对运动与相对运动之间的联系。以 Δt 除上式两端，并令 $\Delta t\to 0$，取极限，得

$$\lim_{\Delta t\to 0}\frac{\overrightarrow{MM'}}{\Delta t}=\lim_{\Delta t\to 0}\frac{\overrightarrow{M_1M'_1}}{\Delta t}+\lim_{\Delta t\to 0}\frac{\overrightarrow{M'_1M'}}{\Delta t} \tag{7-11}$$

根据速度的定义，动点 M 在瞬时 t 的绝对速度为

$$\boldsymbol{v}_a=\lim_{\Delta t\to 0}\frac{\overrightarrow{MM'}}{\Delta t} \tag{7-12}$$

而瞬时 t 动点 M 的牵连速度为

$$\boldsymbol{v}_e=\lim_{\Delta t\to 0}\frac{\overrightarrow{M_1M'_1}}{\Delta t} \tag{7-13}$$

显然下一步推导的关键在于

$$\lim_{\Delta t\to 0}\frac{\overrightarrow{M'_1M'}}{\Delta t}$$

与瞬时 t 动点 M 的相对速度之间的关系。

由于金属线就是动点 M 的相对运动轨迹，因此相对运动方程可用定义在金属线上的弧坐标来表示

$$s=s(t)$$

由于弧坐标是定义在运动轨迹上的代数量，因此在不同参考系下其运动方程具有

相同的形式。

设瞬时 t，金属线在点 M_1 的切向基矢量为 $\boldsymbol{e}_t$，则由第五章有关点的速度在自然轴系中的表达式，相对速度可以写为

$$\boldsymbol{v}_r=\dot{s}\,\boldsymbol{e}_t \tag{7-14}$$

经过极短的时间间隔 Δt 后，点 M_1 则随金属线运动到点 M_1'，此时点 M_1'沿曲线的切向基矢量为 $\boldsymbol{e}_t'$。设弧长$\widehat{M_1'M'}=\Delta s$，而基矢量 $\boldsymbol{e}_t$ 与 $\boldsymbol{e}_t'$之间的夹角为 $\Delta\theta$，显然有

$$\lim_{\Delta t\to 0}\left|\boldsymbol{e}_t'-\boldsymbol{e}_t\right|=\lim_{\Delta t\to 0}1\cdot\Delta\theta=0$$

从而有

$$\lim_{\Delta t\to 0}\frac{\overrightarrow{M_1'M'}}{\Delta t}=\lim_{\Delta t\to 0}\frac{\Delta s}{\Delta t}\boldsymbol{e}_t'=\lim_{\Delta t\to 0}\frac{\Delta s}{\Delta t}\boldsymbol{e}_t=\boldsymbol{v}_r \tag{7-15}$$

将式(7-12)、式(7-13)和式(7-15)代入式(7-11)，得到

$$\boldsymbol{v}_a=\boldsymbol{v}_e+\boldsymbol{v}_r \tag{7-16}$$

由此得到**点的速度合成定理**：动点在某瞬时的绝对速度等于它在该瞬时的牵连速度与相对速度的矢量和。即动点的绝对速度可以由牵连速度与相对速度所构成的平行四边形的对角线来确定。这个平行四边形称为速度平行四边形。

上述证明虽然研究的是特定的动点与动参考系，但是其结论很容易推广到一般运动的情况，只要把动点看成小环，动点的相对运动轨迹看成金属线，推导过程完全相同。

通过引入牵连点来建立动点绝对运动与相对运动之间的联系是点的合成运动的一种主要的分析方法。下面结合图 7-3，对这种分析方法做进一步的介绍。设动参考系的坐标原点 O'在定参考系中的矢径为 $\boldsymbol{r}_{O'}$，沿动参考系坐标轴的三个单位矢量分别为 $\boldsymbol{i}'$、$\boldsymbol{j}'$、$\boldsymbol{k}'$，动点 M 在定参考系中的矢径为 $\boldsymbol{r}$，在动参考系中的矢径为 $\boldsymbol{r}'$，由图中几何关系，有

$$\boldsymbol{r}=\boldsymbol{r}_{O'}+\boldsymbol{r}'=\boldsymbol{r}_{O'}+x'\boldsymbol{i}'+y'\boldsymbol{j}'+z'\boldsymbol{k}' \tag{7-17}$$

记瞬时 t 动点 M 的牵连点为 M_1，由于该瞬时点 M_1 与动点 M 相重合，因此点 M_1 在动参考系中的坐标即为该瞬时动点在动参考系中的坐标 x'、y'、z'。注意到点 M_1 是动参考系上的一点，它在动参考系中的坐标是常数，故点 M_1 在定参考系中的运动方程为

$$\boldsymbol{r}_1=\boldsymbol{r}\big|_{x',y',z'=C}=\boldsymbol{r}_{O'}+\boldsymbol{r}_1' \tag{7-18}$$

其中，$\boldsymbol{r}_1$ 表示点 M_1 在定参考系中的矢径，$\boldsymbol{r}_1'$表示点 M_1 在动参考系中的矢径，下标 C 表示“常数”，由此得到牵连速度的表达式为

$$\begin{aligned}\boldsymbol{v}_e&=\frac{\mathrm{d}\boldsymbol{r}_1}{\mathrm{d}t}=\frac{\mathrm{d}\boldsymbol{r}_{O'}}{\mathrm{d}t}+\frac{\mathrm{d}\boldsymbol{r}_1'}{\mathrm{d}t}\\&=\frac{\mathrm{d}\boldsymbol{r}_{O'}}{\mathrm{d}t}+x'\frac{\mathrm{d}\boldsymbol{i}'}{\mathrm{d}t}+y'\frac{\mathrm{d}\boldsymbol{j}'}{\mathrm{d}t}+z'\frac{\mathrm{d}\boldsymbol{k}'}{\mathrm{d}t}\end{aligned} \tag{7-19}$$

将式(7-17)两边对 t 求导数，并代入式(7-3)、式(7-7)和式(7-19)，就得到式(7-16)的结果。同样，上述推导过程中并未限制动参考系做什么样的运动，因此点的速度合成定理适用于牵连运动是任何运动的情况，即动参考系可做平移、转动或其他任何较复杂的运动。

下面举例说明点的速度合成定理的应用。

动画
例 7-4

例 7-4 刨床的急回机构如图 7-9 所示。曲柄 OA 的一端 A 与滑块用铰链连接。当曲柄 OA 以匀角速度 ω 绕固定轴 O 转动时，滑块在摇杆 O_1B 上滑动，并带动摇杆 O_1B 绕固定轴 O_1 摆动。设曲柄 OA 长为 r，两轴间距离 $OO_1=l$。求当曲柄 OA 在水平位置时摇杆 O_1B 的角速度 ω_1。

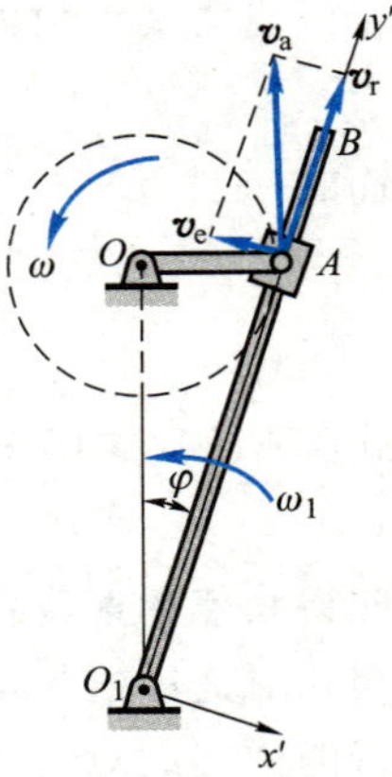

图 7-9

解： 在本题中应选取曲柄 OA 端点 A 作为研究的动点，把动参考系 $O_1x'y'$ 固定在摇杆 O_1B 上，并与摇杆 O_1B 一起绕 O_1 轴摆动。

点 A 的绝对运动是以点 O 为圆心的圆周运动，相对运动是沿摇杆 O_1B 方向的直线运动，而牵连运动则是摇杆 O_1B 绕 O_1 轴的摆动。

于是，绝对速度 $\boldsymbol{v}_a$ 的大小和方向都是已知的，它的大小等于 $r\omega$，方向与曲柄 OA 垂直；相对速度 $\boldsymbol{v}_r$ 的方向是已知的，即沿 O_1B；而牵连速度 $\boldsymbol{v}_e$ 是摇杆 O_1B 上与点 A 重合的那一点的速度，它的方向垂直于摇杆 O_1B，也是已知的。共计有四个要素已知。由于 $\boldsymbol{v}_a$ 的大小和方向都已知，因此，这是一个速度分解的问题。

根据点的速度合成定理，做出速度平行四边形，如图 7-9 所示。由其中的三角关系可求得

$$v_e = v_a \sin\varphi$$

又 $\sin\varphi = \dfrac{r}{\sqrt{l^2+r^2}}$，且 $v_a = r\omega$，所以有

$$v_e = \frac{r^2\omega}{\sqrt{l^2+r^2}}$$

设摇杆 O_1B 在此瞬时的角速度为 ω_1，则

$$v_e = O_1A \cdot \omega_1 = \frac{r^2\omega}{\sqrt{l^2+r^2}}$$

其中 $O_1A = \sqrt{l^2+r^2}$。

由此得出此瞬时摇杆 O_1B 的角速度为

$$\omega_1 = \frac{r^2\omega}{l^2+r^2}$$

方向如图所示。

动画
例 7-5

例 7-5 如图 7-10 所示，半径为 R、偏心距为 e 的凸轮，以匀角速度 ω 绕 O 轴转动，杆 AB 能在滑槽中上下平移，杆的端点 A 始终与凸轮接触，且 OAB 成一直线。求在图示位置时，杆 AB 的速度。

解： 因为杆 AB 做平移，各点速度相同，所以只要求出其上任一点的速度即可。选取杆 AB

的端点 A 作为研究的动点，动参考系随凸轮一起绕 O 轴转动。

点 A 的绝对运动是直线运动，相对运动是以凸轮中心 C 为圆心的圆周运动，牵连运动则是凸轮绕 O 轴的转动。

于是，绝对速度方向沿杆 AB，相对速度方向沿凸轮圆周的切线，而牵连速度为凸轮上与杆 AB 端点 A 重合的那一点的速度，它的方向垂直于 OA，它的大小为 $v_e=\omega \cdot OA$。根据点的速度合成定理，已知四个要素，即可做出速度平行四边形，如图 7-10 所示。由三角关系求得杆 AB 的绝对速度为

$$v_a=v_e \cot \theta=\omega \cdot OA \frac{e}{OA}=\omega e$$

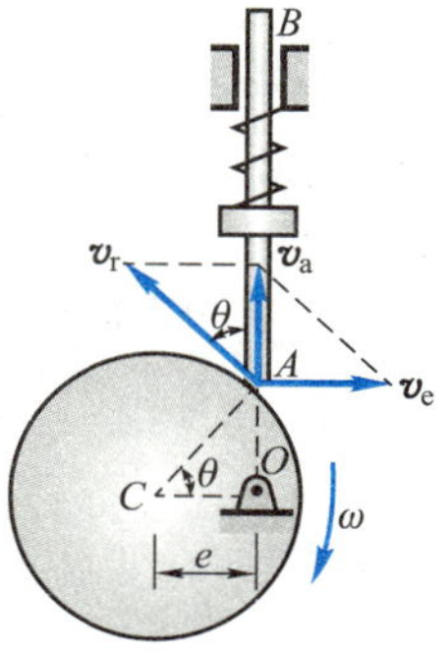

图 7-10

例 7-6 矿砂从传送带 A 落到另一传送带 B 上，如图 7-11a 所示。站在地面上观察矿砂下落的速度为 $v_1=4\ \mathrm{m/s}$，方向与铅垂线成 30°角。已知传送带 B 的水平传动速度 $v_2=3\ \mathrm{m/s}$。求矿砂相对于传送带 B 的速度。

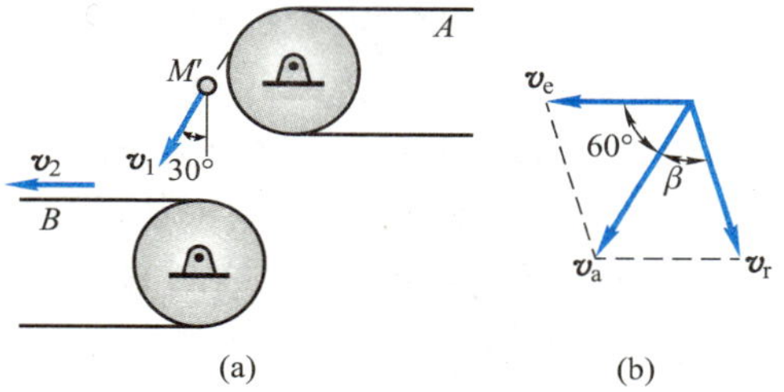

图 7-11

解：以矿砂 M 为动点，动参考系固定在传送带 B 上。矿砂相对地面的速度 $\boldsymbol{v}_1$ 为绝对速度；牵连速度应为动参考系上与动点相重合的那一点的速度。由于动参考系为无限大，且作平移，因此各点速度都等于 $\boldsymbol{v}_2$。于是 $\boldsymbol{v}_2$ 等于动点 M 的牵连速度。

由点的速度合成定理知，三种速度形成平行四边形，绝对速度必须沿对角线，因此作出的速度平行四边形如图 7-11b 所示。根据几何关系求得

$$v_r=\sqrt{v_e^2+v_a^2-2v_e v_a \cos 60^\circ}=3.6\ \mathrm{m/s}$$

$\boldsymbol{v}_r$ 与 $\boldsymbol{v}_a$ 间的夹角为

$$\beta=\arcsin\left(\frac{v_e}{v_r}\sin 60^\circ\right)=46^\circ 12'$$

例 7-7 圆盘半径为 R，以角速度 ω_1 绕水平轴 CD 转动，支承 CD 的框架又以角速度 ω_2 绕铅垂的 AB 轴转动，如图 7-12 所示。圆盘垂直于 CD 轴，圆心在 CD 轴与 AB 轴的交点 O 处。求当连线 OM 在水平位置时，圆盘边缘上的点 M 的绝对速度。

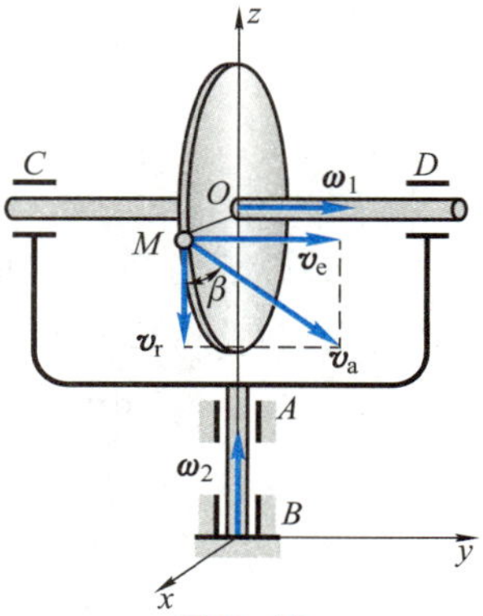

图 7-12

动画
例 7-7

解：以点 M 为动点，动参考系与框架固结。点 M 的相对运动是以点 O 为圆心、在铅垂平面内的圆周运动，相对速度垂直于 OM，方向朝下，大小为

$$v_r = R\omega_1$$

点 M 的牵连速度应为动参考系上与动点 M 相重合的那一点的速度，是绕 z 轴以角速度 ω_2 转动的动参考系上该点的速度，因此，有

$$v_e = R\omega_2$$

速度矢 $\boldsymbol{v}_e$ 在水平面内，垂直于半径 OM，于是 $\boldsymbol{v}_e$ 垂直 $\boldsymbol{v}_r$。根据点的速度合成定理，即

$$\boldsymbol{v}_a = \boldsymbol{v}_e + \boldsymbol{v}_r$$

得

$$v_a = \sqrt{v_e^2 + v_r^2} = R\sqrt{\omega_2^2 + \omega_1^2}$$

$$\tan\beta = \frac{v_e}{v_r} = \frac{\omega_2}{\omega_1}$$

式中的 β 为 $\boldsymbol{v}_a$ 与铅垂线间的夹角。

总结以上各例的解题步骤如下：

(1) 选取动点、动参考系和定参考系。所选的动参考系应能将动点的运动分解成为相对运动和牵连运动。因此，动点和动参考系不能选在同一个物体上，一般应使相对运动易于看清。

(2) 分析三种运动和三种速度。相对运动是怎样的一种运动(直线运动、圆周运动、或其他某种曲线运动)？牵连运动是怎样的一种运动(平移、转动、或其他某一种刚体运动)？绝对运动是怎样的一种运动(直线运动、圆周运动、或其他某一种曲线运动)？各种运动的速度都有大小和方向两个要素，只有已知四个要素时才能画出速度平行四边形。

(3) 应用点的速度合成定理，做出速度平行四边形。必须注意，做图时要使绝对速度成为平行四边形的对角线。

(4) 利用速度平行四边形中的几何关系解出未知数。

§7-3　点的加速度合成定理

式(7-18)通过分析牵连点运动来建立点的绝对运动与相对运动的关系，这一分析方法可进一步用于点的加速度合成定理的推导。将式(7-16)两边对时间 t 求导数，得

$$\boldsymbol{a}_a = \frac{d\boldsymbol{v}_a}{dt} = \frac{d\boldsymbol{v}_r}{dt} + \frac{d\boldsymbol{v}_e}{dt} \tag{7-20}$$

下面分别计算相对速度和牵连速度对时间的导数。将式(7-7)两边对时间 t 求导数，并代入式(7-8)，得

$$\begin{aligned}\frac{d\boldsymbol{v}_r}{dt} &= \ddot{x}'\boldsymbol{i}' + \ddot{y}'\boldsymbol{j}' + \ddot{z}'\boldsymbol{k}' + \left(\dot{x}'\frac{d\boldsymbol{i}'}{dt} + \dot{y}'\frac{d\boldsymbol{j}'}{dt} + \dot{z}'\frac{d\boldsymbol{k}'}{dt}\right) \\ &= \boldsymbol{a}_r + \left(\dot{x}'\frac{d\boldsymbol{i}'}{dt} + \dot{y}'\frac{d\boldsymbol{j}'}{dt} + \dot{z}'\frac{d\boldsymbol{k}'}{dt}\right)\end{aligned} \tag{7-21}$$

将牵连点 M_1 的矢径坐标[式(7-18)]对时间求二阶导数,注意式中坐标 x'、y'、z'均为常数,得到牵连点加速度的表达式为

$$\begin{aligned}\boldsymbol{a}_{e}&=\frac{\mathrm{d}^2\boldsymbol{r}_1}{\mathrm{d}t^2}=\frac{\mathrm{d}^2\boldsymbol{r}_{O'}}{\mathrm{d}t^2}+\frac{\mathrm{d}^2\boldsymbol{r}_1'}{\mathrm{d}t^2}\\&=\frac{\mathrm{d}^2\boldsymbol{r}_{O'}}{\mathrm{d}t^2}+x'\frac{\mathrm{d}^2\boldsymbol{i}'}{\mathrm{d}t^2}+y'\frac{\mathrm{d}^2\boldsymbol{j}'}{\mathrm{d}t^2}+z'\frac{\mathrm{d}^2\boldsymbol{k}'}{\mathrm{d}t^2}\end{aligned}\tag{7-22}$$

下面求动点牵连速度对时间的导数。由于动参考系上的牵连点随时间不断改变,因此式(7-19)两端对时间求导数时,x'、y'、z'不再是常数,由此得

$$\frac{\mathrm{d}\boldsymbol{v}_{e}}{\mathrm{d}t}=\frac{\mathrm{d}^2\boldsymbol{r}_{O'}}{\mathrm{d}t^2}+\frac{\mathrm{d}}{\mathrm{d}t}\left(x'(t)\frac{\mathrm{d}\boldsymbol{i}'}{\mathrm{d}t}+y'(t)\frac{\mathrm{d}\boldsymbol{j}'}{\mathrm{d}t}+z'(t)\frac{\mathrm{d}\boldsymbol{k}'}{\mathrm{d}t}\right)$$

其中 $x'(t)$、$y'(t)$和 $z'(t)$反映了动参考系上的牵连点随时间的变化,而牵连点随时间的变化关系就是动点的相对运动方程。将式中等号右边第二项对时间的导数展开,并代入式(7-22),得

$$\frac{\mathrm{d}\boldsymbol{v}_{e}}{\mathrm{d}t}=\boldsymbol{a}_{e}+\dot{x}'\frac{\mathrm{d}\boldsymbol{i}'}{\mathrm{d}t}+\dot{y}'\frac{\mathrm{d}\boldsymbol{j}'}{\mathrm{d}t}+\dot{z}'\frac{\mathrm{d}\boldsymbol{k}'}{\mathrm{d}t}\tag{7-23}$$

将式(7-21)和式(7-23)代入式(7-20),得到

$$\boldsymbol{a}_{a}=\boldsymbol{a}_{r}+\boldsymbol{a}_{e}+2\left(\dot{x}'\frac{\mathrm{d}\boldsymbol{i}'}{\mathrm{d}t}+\dot{y}'\frac{\mathrm{d}\boldsymbol{j}'}{\mathrm{d}t}+\dot{z}'\frac{\mathrm{d}\boldsymbol{k}'}{\mathrm{d}t}\right)$$

令

$$\boldsymbol{a}_{C}=2\left(\dot{x}'\frac{\mathrm{d}\boldsymbol{i}'}{\mathrm{d}t}+\dot{y}'\frac{\mathrm{d}\boldsymbol{j}'}{\mathrm{d}t}+\dot{z}'\frac{\mathrm{d}\boldsymbol{k}'}{\mathrm{d}t}\right)\tag{7-24}$$

表示相对运动与牵连运动的耦合作用,称为**耦合加速度**或**科氏加速度**,从而得到点的加速度合成定理为

$$\boldsymbol{a}_{a}=\boldsymbol{a}_{r}+\boldsymbol{a}_{e}+\boldsymbol{a}_{C}\tag{7-25}$$

即动点在某瞬时的绝对加速度等于该瞬时它的牵连加速度、相对加速度与科氏加速度的矢量和。

参考文献
基于“金属丝+小环”案例的点的合成运动分析方法

参考文献
运动学中点的合成运动分析方法

在上一节中,曾采用金属线+小环的模型推导了点的速度合成定理。事实上,在这个模型的基础上也可以推导点的加速度合成定理,有兴趣的读者可以阅读相关参考文献。

下面研究一下动参考系做两种简单运动时点的加速度合成定理的具体形式。

1. 牵连运动是平移时点的加速度合成定理

设图 7-3 中动参考系 $O'x'y'z'$做平移。由于 x'、y'、z'轴方向不变,故有

$$\frac{\mathrm{d}\boldsymbol{i}'}{\mathrm{d}t}=\frac{\mathrm{d}\boldsymbol{j}'}{\mathrm{d}t}=\frac{\mathrm{d}\boldsymbol{k}'}{\mathrm{d}t}=\boldsymbol{0}$$

代入式(7-24),得到 $\boldsymbol{a}_C=\mathbf{0}$,式(7-25)可写成

$$\boldsymbol{a}_a=\boldsymbol{a}_r+\boldsymbol{a}_e \tag{7-26}$$

上式表示:当牵连运动为平移时,动点在某瞬时的绝对加速度等于该瞬时它的相对加速度与牵连加速度的矢量和。

2. 牵连运动是定轴转动时点的加速度合成定理

设图 7-3 中的动参考系做定轴转动,转轴通过点 O',则有 $\boldsymbol{v}_{O'}=\mathbf{0}$。设其角速度矢量为 $\boldsymbol{\omega}$,由例 6-3 中的式(6-24),动参考系的三个单位矢量 $\boldsymbol{i}'$、$\boldsymbol{j}'$、$\boldsymbol{k}'$对时间的导数为

$$\frac{\mathrm{d}\boldsymbol{i}'}{\mathrm{d}t}=\boldsymbol{\omega}\times\boldsymbol{i}',\quad \frac{\mathrm{d}\boldsymbol{j}'}{\mathrm{d}t}=\boldsymbol{\omega}\times\boldsymbol{j}',\quad \frac{\mathrm{d}\boldsymbol{k}'}{\mathrm{d}t}=\boldsymbol{\omega}\times\boldsymbol{k}' \tag{7-27}$$

代入式(7-19),得到

$$\begin{aligned}\boldsymbol{v}_e&=\frac{\mathrm{d}\boldsymbol{r}_1'}{\mathrm{d}t}=x'\frac{\mathrm{d}\boldsymbol{i}'}{\mathrm{d}t}+y'\frac{\mathrm{d}\boldsymbol{j}'}{\mathrm{d}t}+z'\frac{\mathrm{d}\boldsymbol{k}'}{\mathrm{d}t}\\&=\boldsymbol{\omega}\times(x'\boldsymbol{i}'+y'\boldsymbol{j}'+z'\boldsymbol{k}')=\boldsymbol{\omega}\times\boldsymbol{r}_1'\end{aligned} \tag{7-28}$$

而

$$\begin{aligned}\boldsymbol{a}_e&=\frac{\mathrm{d}^2\boldsymbol{r}_1'}{\mathrm{d}t^2}=\frac{\mathrm{d}}{\mathrm{d}t}(\boldsymbol{\omega}\times\boldsymbol{r}_1')\\&=\boldsymbol{\alpha}\times\boldsymbol{r}_1'+\boldsymbol{\omega}\times\left(x'\frac{\mathrm{d}\boldsymbol{i}'}{\mathrm{d}t}+y'\frac{\mathrm{d}\boldsymbol{j}'}{\mathrm{d}t}\right)=\boldsymbol{\alpha}\times\boldsymbol{r}_1'+\boldsymbol{\omega}\times(\boldsymbol{\omega}\times\boldsymbol{r}_1')\end{aligned} \tag{7-29}$$

由牵连点的定义,对于任一瞬时 t,动点与此瞬时的牵连点重合,从而有

$$\boldsymbol{r}'=\boldsymbol{r}_1'$$

牵连速度和牵连加速度的表达式可以写为

$$\boldsymbol{v}_e=\boldsymbol{\omega}\times\boldsymbol{r}' \tag{7-30}$$

$$\boldsymbol{a}_e=\boldsymbol{\alpha}\times\boldsymbol{r}'+\boldsymbol{\omega}\times(\boldsymbol{\omega}\times\boldsymbol{r}') \tag{7-31}$$

上两式与式(6-20)和式(6-21)一致。这里需要指出的是,虽然对瞬时 t 有 $\boldsymbol{r}'=\boldsymbol{r}_1'$,但是动点在不同瞬时的牵连点对应动参考系上不同的点。设 $t+\Delta t$ 瞬时动点的牵连点为 M_2,其在动参考系中的矢径为 $\boldsymbol{r}_2'$,显然有

$$\frac{\mathrm{d}\boldsymbol{r}'}{\mathrm{d}t}=\lim_{\Delta t\to 0}\left(\frac{\boldsymbol{r}_2'(t+\Delta t)-\boldsymbol{r}_1'(t)}{\Delta t}\right)\neq\frac{\mathrm{d}\boldsymbol{r}_1'}{\mathrm{d}t}$$

将(7-27)代入式(7-24),得到

$$\boldsymbol{a}_C=2\boldsymbol{\omega}\times(\dot{x}'\boldsymbol{i}'+\dot{y}'\boldsymbol{j}'+\dot{z}'\boldsymbol{k}')=2\boldsymbol{\omega}\times\boldsymbol{v}_r \tag{7-32}$$

式(7-32)即为物理学中科氏加速度的标准表达式。

科氏加速度是由于动参考系为转动时,牵连运动与相对运动相互影响而产生

的。现通过一例给以形象说明。

在图 7-13a 中，动点沿杆 AB 运动，而杆 AB 又绕 A 轴匀速转动。设动参考系固结在杆 AB 上。在瞬时 t，动点在点 M 处，它的相对速度和牵连速度分别为 $\boldsymbol{v}_{\mathrm{r}}$ 和 $\boldsymbol{v}_{\mathrm{e}}$。经过时间间隔 Δt 后，杆 AB 转到位置 AB'，动点移动到点 M_3，这时它的相对速度为 $\boldsymbol{v}_{\mathrm{r}}'$，牵连速度为 $\boldsymbol{v}_{\mathrm{e}}'$。

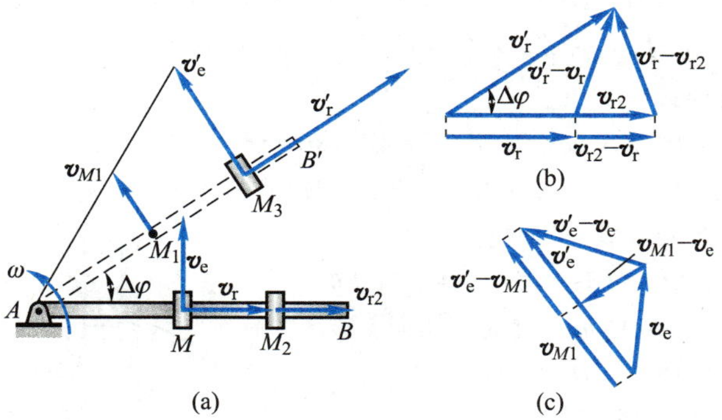

图 7-13

如果杆 AB 不转动，则 $t+\Delta t$ 时刻动点的相对速度是图中的 $\boldsymbol{v}_{\mathrm{r2}}$；由于牵连运动是转动，使 $t+\Delta t$ 时刻动点的相对速度的方向又发生变化，变为图中的 $\boldsymbol{v}_{\mathrm{r}}'$。相对加速度是在动参考系 AB 上观察的，只反映出由 $\boldsymbol{v}_{\mathrm{r}}$ 到 $\boldsymbol{v}_{\mathrm{r2}}$ 的速度变化，而由 $\boldsymbol{v}_{\mathrm{r2}}$ 变为 $\boldsymbol{v}_{\mathrm{r}}'$，则反映为科氏加速度的一部分（图 7-13b）。

如果没有相对运动，则 $t+\Delta t$ 时刻点 M 移到点 M_1，牵连速度应为图中的 $\boldsymbol{v}_{M1}$；由于有相对运动，使 $t+\Delta t$ 时刻的牵连速度不同于 $\boldsymbol{v}_{M1}$ 而变为图中的 $\boldsymbol{v}_{\mathrm{e}}'$。牵连加速度是动参考系上点 M 的加速度，只反映出由 $\boldsymbol{v}_{\mathrm{e}}$ 到 $\boldsymbol{v}_{M1}$ 的速度变化，而由 $\boldsymbol{v}_{M1}$ 变为 $\boldsymbol{v}_{\mathrm{e}}'$，则反映为科氏加速度的另一部分（图 7-13c）。

上面的分析表明（图 7-13）：

$$\boldsymbol{a}_{\mathrm{e}}=\lim_{\Delta t\to 0}\frac{\boldsymbol{v}_{M1}-\boldsymbol{v}_{\mathrm{e}}}{\Delta t},\quad \frac{\mathrm{d}\boldsymbol{v}_{\mathrm{e}}}{\mathrm{d}t}=\lim_{\Delta t\to 0}\frac{\boldsymbol{v}_{\mathrm{e}}'-\boldsymbol{v}_{\mathrm{e}}}{\Delta t}$$

$$\boldsymbol{a}_{\mathrm{r}}=\lim_{\Delta t\to 0}\frac{\boldsymbol{v}_{\mathrm{r2}}-\boldsymbol{v}_{\mathrm{r}}}{\Delta t},\quad \frac{\mathrm{d}\boldsymbol{v}_{\mathrm{r}}}{\mathrm{d}t}=\lim_{\Delta t\to 0}\frac{\boldsymbol{v}_{\mathrm{r}}'-\boldsymbol{v}_{\mathrm{r}}}{\Delta t}$$

科氏加速度 $\boldsymbol{a}_{\mathrm{C}}$ 正是由此产生的。下面两个等式读者可自行证明：

$$\frac{\mathrm{d}\boldsymbol{v}_{\mathrm{r}}}{\mathrm{d}t}=\boldsymbol{a}_{\mathrm{r}}+\boldsymbol{\omega}_{\mathrm{e}}\times\boldsymbol{v}_{\mathrm{r}},\quad \frac{\mathrm{d}\boldsymbol{v}_{\mathrm{e}}}{\mathrm{d}t}=\boldsymbol{a}_{\mathrm{e}}+\boldsymbol{\omega}_{\mathrm{e}}\times\boldsymbol{v}_{\mathrm{r}}$$

科氏加速度是 1832 年由科里奥利发现的，因而命名为科里奥利加速度，简称科氏加速度。科氏加速度在自然现象中是有所表现的。

地球绕地轴转动，地球上物体相对于地球运动，这都是牵连运动为转动的合成运动。地球自转角速度很小，一般情况下其自转的影响可略去不计；但是在某些情况下，却必须给予考虑。

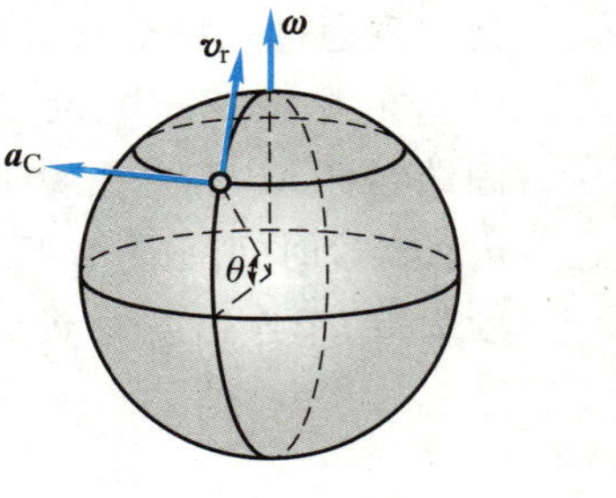

图 7-14

动画
科氏加速度（右岸冲刷）

例如，在北半球，河水向北流动时，河水的科氏加速度 $\boldsymbol{a}_C$ 向西，即指向左侧，如图 7-14 所示。由动力学可知，有向左的加速度，河水必受有右岸对水的向左的作用力。根据作用与反作用定律，河水必对右岸有反作用力。北半球的江河，其右岸都受有较明显的冲刷，这是地理学中的一项规律。

例 7-8 曲柄 OA 绕固定轴 O 转动，丁字形杆 BC 沿水平方向往复平移，如图 7-15 所示。铰接在曲柄 OA 端 A 的滑块可在丁字形杆 BC 的铅垂槽 DE 内滑动。设曲柄 OA 以角速度 ω 做匀速转动，$OA=r$，试求丁字形杆 BC 的加速度。

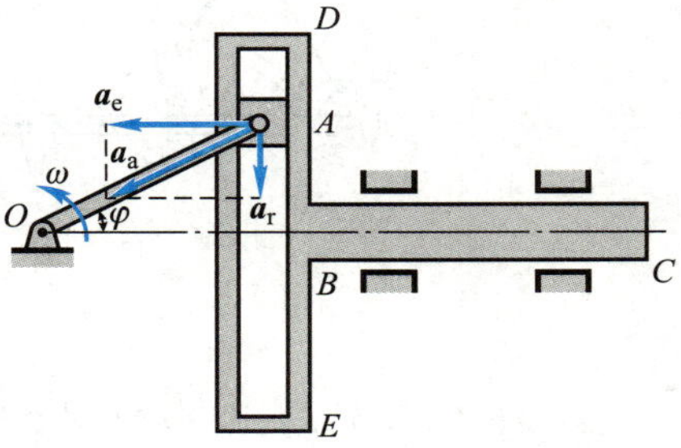

图 7-15

解： 因丁字形杆 BC 做平移，故丁字形杆 BC 及铅垂槽 DE 上所有各点的加速度完全相同。显然，只要求出该瞬时铅垂槽 DE 上与曲柄 OA 端 A 相重合的那一点的加速度即可。

选取曲柄 OA 端 A 作为研究的动点，动参考系固定在丁字形杆 BC 上，于是动参考系做平移，可以应用点的加速度合成定理式(7-26)。

动点 A 的绝对运动是以点 O 为圆心的圆周运动，因曲柄 OA 做匀速转动，故动点 A 的绝对加速度 $\boldsymbol{a}_a$ 只有法向分量，大小为 $r\omega^2$，方向由点 A 指向点 O；相对运动为沿槽 DE 的直线运动，相对加速度 $\boldsymbol{a}_r$ 的方向沿铅垂槽 DE；因动参考系做平移，各点轨迹为水平直线，故牵连加速度 $\boldsymbol{a}_e$ 沿水平方向。共有四个要素是已知的，可做出加速度平行四边形如图 7-15 所示。由图中三角关系求得

$$a_e=a_a\cos\varphi=r\omega^2\cos\varphi$$

这就是丁字形杆 BC 的加速度。

动画
例 7-9

例 7-9 图 7-16a 所示平面机构中，曲柄 OA 的长为 r，以匀速度 ω_O 转动。套筒 A 可沿杆 BC 滑动。已知 $BC=DE$，且 $BD=CE=l$。求图示位置时，杆 BD 的角速度和角加速度。

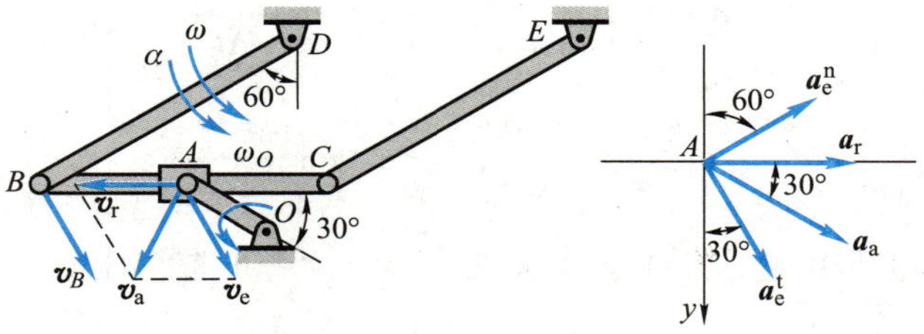

(a) (b)

图 7-16

解： 由于 $DBCE$ 为平行四边形，因而杆 BC 做平移。以套筒 A 为动点，绝对速度 $v_a=r\omega_O$。以杆 BC 为动参考系，牵连速度 $\boldsymbol{v}_e$ 等于点 B 速度 $\boldsymbol{v}_B$。其速度合成关系如图 7-16a 所示。

由图示几何关系解出

$$v_e = v_r = v_a = r\omega_O$$

因而杆 BD 的角速度 ω 方向如图 7-16a 所示，大小为

$$\omega = \frac{v_B}{l} = \frac{v_e}{l} = \frac{r\omega_O}{l} \tag{a}$$

动参考系杆 BC 为曲线平移，牵连加速度与点 B 加速度相同，应分解为 $\boldsymbol{a}_e^t$ 和 $\boldsymbol{a}_e^n$ 两项。由点的加速度合成定理，有

$$\boldsymbol{a}_a = \boldsymbol{a}_e + \boldsymbol{a}_r = \boldsymbol{a}_e^t + \boldsymbol{a}_e^n + \boldsymbol{a}_r \tag{b}$$

其中

$$a_a = \omega_O^2 r, \quad a_e^n = \omega^2 l = \frac{\omega_O^2 r^2}{l}$$

而 a_e^t 和 a_r 为未知量，暂设 $\boldsymbol{a}_e^t$ 和 $\boldsymbol{a}_r$ 的指向如图 7-16b 所示。

将式(b)向 y 轴投影，得

$$a_a \sin 30° = a_e^t \cos 30° - a_e^n \sin 30°$$

解出

$$a_e^t = \frac{(a_a + a_e^n)\sin 30°}{\cos 30°} = \frac{\sqrt{3}\,\omega_O^2 r(l+r)}{3l}$$

解得 a_e^t 为正，表明所设 $\boldsymbol{a}_e^t$ 指向正确。

动参考系做平移，点 B 的加速度等于牵连加速度，因而杆 BD 的角加速度方向如图 7-16a 所示，其值为

$$\alpha = \frac{a_e^t}{l} = \frac{\sqrt{3}\,\omega_O^2 r(l+r)}{3l^2}$$

例 7-10 空气压缩机的工作轮以角速度 ω 绕垂直于图面的 O 轴匀速转动，空气以相对速度 $\boldsymbol{v}_r$ 沿弯曲的叶片匀速流动，如图 7-17 所示。如曲线 AB 在点 C 的曲率半径为 ρ，通过点 C 的法线与半径间的夹角为 φ，$CO=r$，求气体微团在点 C 的绝对加速度 $\boldsymbol{a}_a$。

解： 取气体微团为动点，动参考系固定在工作轮上，定参考系固定于地面。因动参考系做转动，故气体微团在点 C 的绝对加速度为相对加速度、牵连加速度和科氏加速度三项的合成。现分别求这三项加速度。

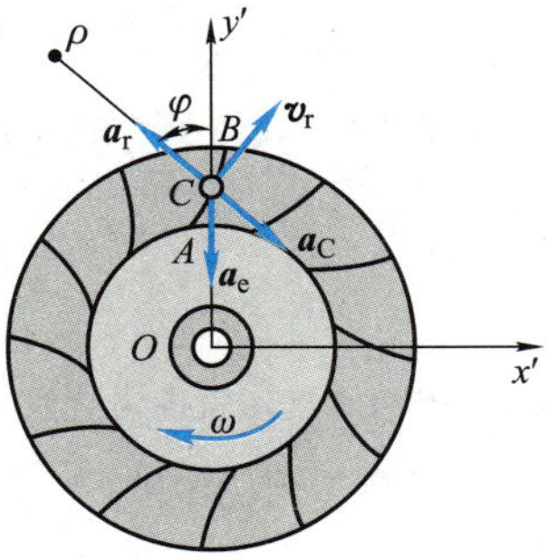

图 7-17

$\boldsymbol{a}_e$：等于动参考系上的点 C 的加速度。因工作轮匀速转动，故只有向心加速度，即

$$a_e = \omega^2 r$$

方向如图所示。

$\boldsymbol{a}_r$：由于气体微团相对于叶片做匀速曲线运动，故只有法向加速度，即

$$a_r = \frac{v_r^2}{\rho}$$

方向如图所示。

$\boldsymbol{a}_C$:由 $\boldsymbol{a}_C=2\boldsymbol{\omega}_e\times\boldsymbol{v}_r$ 可确定 $\boldsymbol{a}_C$ 在图示平面内,并与 $\boldsymbol{v}_r$ 垂直,指向如图所示。它的大小为

$$a_C=2\omega v_r\sin 90^\circ=2\omega v_r$$

根据点的加速度合成定理:

$$\boldsymbol{a}_a=\boldsymbol{a}_e+\boldsymbol{a}_r+\boldsymbol{a}_C$$

将其分别投影到 x' 轴及 y' 轴上,得

$$a_{ax'}=a_{ex'}+a_{rx'}+a_{Cx'}=0-\frac{v_r^2}{\rho}\sin\varphi+2\omega v_r\sin\varphi=\left(2\omega v_r-\frac{v_r^2}{\rho}\right)\sin\varphi$$

$$a_{ay'}=a_{ey'}+a_{ry'}+a_{Cy'}=-r\omega^2+\frac{v_r^2}{\rho}\cos\varphi-2\omega v_r\cos\varphi=\left(\frac{v_r^2}{\rho}-2\omega v_r\right)\cos\varphi-r\omega^2$$

于是,绝对加速度的大小可按下式求得

$$a_a=\sqrt{a_{ax'}^2+a_{ay'}^2}$$

$\boldsymbol{a}_a$ 的方向可由其方向余弦确定。

例 7-11 求例 7-4 中摇杆 O_1B 在图 7-18 所示位置时的角加速度。

解: 动点和动参考系选择同例 7-4。因为动参考系做转动,因此点的加速度合成定理为

$$\boldsymbol{a}_a=\boldsymbol{a}_e+\boldsymbol{a}_r+\boldsymbol{a}_C$$

由于 $a_e^t=\alpha\cdot O_1A$,欲求摇杆 O_1B 的角加速度 α,只需求出 a_e^t 即可。

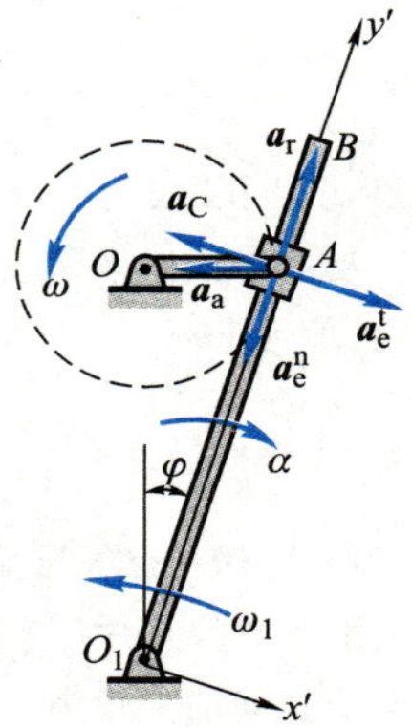

图 7-18

现在分别分析上式中的各项。

$\boldsymbol{a}_a$:因为动点的绝对运动是以点 O 为圆心的匀速圆周运动,故只有法向加速度,方向如图所示,大小为

$$a_a=r\omega^2$$

$\boldsymbol{a}_e$:摇杆 O_1B 上与动点相重合的那一点的加速度。摇杆 O_1B 摆动,其上点 A 的切向加速度 $\boldsymbol{a}_e^t$ 垂直于杆 O_1A,假设指向如图所示;法向加速度为 $\boldsymbol{a}_e^n$,它的大小为

$$a_e^n=\omega_1^2\cdot O_1A$$

方向如图所示。在例 7-4 中已求得 $\omega_1=\dfrac{r^2\omega}{l^2+r^2}$,且 $O_1A=\sqrt{l^2+r^2}$,故有

$$a_e^n=\frac{r^4\omega^2}{(l^2+r^2)^{3/2}}$$

$\boldsymbol{a}_r$:因相对运动轨迹为直线,故 $\boldsymbol{a}_r$ 沿杆 O_1A,大小未知。

$\boldsymbol{a}_C$:由 $\boldsymbol{a}_C=2\boldsymbol{\omega}_e\times\boldsymbol{v}_r$ 知

$$a_C=2\omega_1 v_r\sin 90^\circ$$

由例 7-4 知

$$v_r=v_a\cos\varphi=\frac{\omega rl}{\sqrt{l^2+r^2}}$$

于是有

$$a_C=\frac{2\omega^2r^3l}{(l^2+r^2)^{3/2}}$$

方向如图所示。

为了求得 $\boldsymbol{a}_e^t$,应将点的加速度合成定理公式向 x' 轴投影,即

$$a_{ax'}=a_{ex'}+a_{rx'}+a_{Cx'}$$

或

$$-a_a\cos\varphi=a_e^t-a_C$$

解得

$$a_e^t=-\frac{rl(l^2-r^2)}{(l^2+r^2)^{3/2}}\omega^2$$

式中,$l^2-r^2>0$,故 a_e^t 为负值。负号表示 $\boldsymbol{a}_e^t$ 的真实方向与图中假设的指向相反。

杆 O_1A 的角加速度为

$$\alpha=\frac{a_e^t}{O_1A}=-\frac{rl(l^2-r^2)}{(l^2+r^2)^2}\omega^2$$

负号表示角加速度 α 的真实转向与图示方向相反,应为逆时针转向。

例 7-12 图 7-19a 所示凸轮机构中,凸轮以匀角速度 ω 绕水平 O 轴转动,带动杆 AB 沿铅垂线上、下运动,且点 O、A、B 共线。凸轮上与点 A 接触的点为 A',图示瞬时凸轮轮缘线上点 A' 的曲率半径为 ρ_A,点 A' 的法线与 OA 夹角为 θ,$OA=l$。求该瞬时杆 AB 的速度及加速度。

动画
例 7-12

解: 如果取凸轮上点 A' 作为动点,动参考系固结在杆 AB 上,所看到的相对运动轨迹是不清楚的。因此取杆 AB 上的点 A 为动点,动参考系固结在凸轮上。绝对运动是点 A 的直线运动,牵连运动是凸轮绕 O 轴的定轴转动,相对运动是点 A 沿凸轮轮缘的运动。各速度方向很容易画出,如图 7-19a 所示。由点的速度合成定理,有

$$\boldsymbol{v}_a=\boldsymbol{v}_e+\boldsymbol{v}_r$$

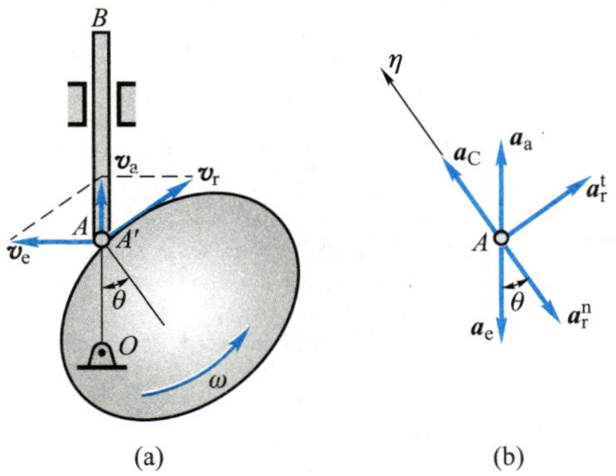

图 7-19

其中 $v_e=\omega l$,可求得

$$v_a=\omega l\tan\theta,\quad v_r=\omega l/\cos\theta$$

绝对运动是直线运动,因此 $\boldsymbol{a}_a$ 沿直线 AB 方向;牵连运动是匀速定轴转动,因此 $\boldsymbol{a}_e$ 指向点 O;相对加速度由切向加速度 $\boldsymbol{a}_r^t$ 及法向加速度 $\boldsymbol{a}_r^n$ 两项组成。其中

$$a_e = l\omega^2,\quad a_r^n = \frac{v_r^2}{\rho_A} = \frac{\omega^2 l^2}{\rho_A \cos^2\theta}$$

由于牵连运动为匀速定轴转动，因此科氏加速度 $\boldsymbol{a}_C$ 为

$$\boldsymbol{a}_C = 2\boldsymbol{\omega}_e \times \boldsymbol{v}_r$$

大小为

$$a_C = 2\omega v_r = 2\omega^2 l/\cos\theta$$

各加速度方向如图 7-19b 所示。点的加速度合成定理为

$$\boldsymbol{a}_a = \boldsymbol{a}_e + \boldsymbol{a}_r^t + \boldsymbol{a}_r^n + \boldsymbol{a}_C$$

在此矢量方程中，只有 $\boldsymbol{a}_a$ 的大小及 $\boldsymbol{a}_r^t$ 的大小未知。欲求 a_a，可将此矢量方程向垂直于 $\boldsymbol{a}_r^t$ 的 η 轴上投影，即

$$a_a \cos\theta = -a_e \cos\theta - a_r^n + a_C$$

解得

$$a_a = -\omega^2 l\left(1 + \frac{l}{\rho_A \cos^3\theta} - \frac{2}{\cos^2\theta}\right)$$

例 7-13 圆盘半径 $R=50$ mm，以匀角速度 ω_1 绕水平轴 CD 转动，同时框架和 CD 轴一起以匀角速度 ω_2 绕通过圆盘中心 O 的铅垂轴 AB 转动，如图 7-20 所示。如 $\omega_1 = 5$ rad/s，$\omega_2 = 3$ rad/s，求圆盘上点 1 和点 2 的绝对加速度。

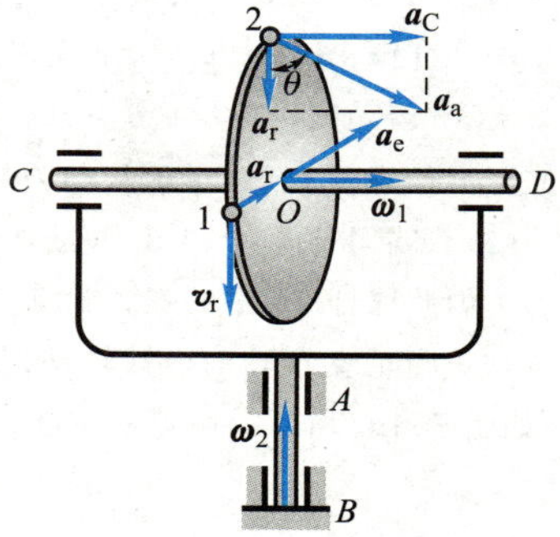

图 7-20

解： 首先计算点 1 的加速度。

取圆盘上的点 1 为动点，动参考系与框架固结，则动参考系绕 AB 轴转动。应用点的加速度合成定理，有

$$\boldsymbol{a}_a = \boldsymbol{a}_e + \boldsymbol{a}_r + \boldsymbol{a}_C$$

$\boldsymbol{a}_e$：是动参考系上与动点相重合的那一点（牵连点）的加速度。动参考系为无限大，其上与动点相重合的点以点 O 为圆心在水平面内做匀速圆周运动，因此该点只有法向加速度，它的大小为

$$a_e = \omega_2^2 R = (3\ \text{rad/s})^2 \times 50\ \text{mm} = 450\ \text{mm/s}^2$$

方向如图所示。

$\boldsymbol{a}_r$：动点的相对运动以点 O 为圆心，在铅垂平面内做匀速圆周运动，因此也只有法向加速度，它的大小为

$$a_r = \omega_1^2 R = (5\ \text{rad/s})^2 \times 50\ \text{mm} = 1\ 250\ \text{mm/s}^2$$

方向如图所示。

$\boldsymbol{a}_C$：由 $\boldsymbol{a}_C = 2\boldsymbol{\omega}_e \times \boldsymbol{v}_r$ 确定 $\boldsymbol{a}_C$ 的大小为

$$a_C = 2\omega_2 v_r \sin 180° = 0$$

于是点 1 的绝对加速度的大小为

$$a_a = a_e + a_r = 1\ 700\ \text{mm/s}^2$$

它的方向与 $\boldsymbol{a}_e$、$\boldsymbol{a}_r$ 的同向，指向轮心 O。

现在计算点 2 的加速度。仍将动参考系固结在框架上。

$\boldsymbol{a}_e$：因动参考系上与点 2 相重合的点是轴线上的一个点，该点的加速度等于零，因此 $a_e = 0$。

$\boldsymbol{a}_r$:相对加速度的大小为

$$a_r = R\omega_1^2 = 50\ \text{mm}\times(5\ \text{rad/s})^2 = 1\ 250\ \text{mm/s}^2$$

方向指向轮心 O。

$\boldsymbol{a}_C$:

$$\begin{aligned} a_C &= 2\omega_e v_r \sin 90° = 2\omega_2\omega_1 R = 2\times(3\ \text{rad/s})\times(5\ \text{rad/s})\times 50\ \text{mm} \\ &= 1\ 500\ \text{mm/s}^2 \end{aligned}$$

$\boldsymbol{a}_C$ 垂直于圆盘平面,方向如图所示。

于是,点 2 的绝对加速度的大小为

$$a_a = \sqrt{a_r^2 + a_C^2} = 1\ 953\ \text{mm/s}^2$$

它与铅垂线形成的夹角为

$$\theta = \arctan\frac{a_C}{a_r} = 50°12'$$

总结以上各例的解题步骤可见,应用加速度合成定理求解点的加速度,其步骤基本上与应用速度合成定理求解点的速度相同,但要注意以下几点:

(1) 选取动点和动参考系后,应根据动参考系有无转动,确定是否有科氏加速度。

(2) 因为点的绝对运动轨迹和相对运动轨迹可能都是曲线,因此点的加速度合成定理一般可写成如下形式:

$$\boldsymbol{a}_a^t + \boldsymbol{a}_a^n = \boldsymbol{a}_e^t + \boldsymbol{a}_e^n + \boldsymbol{a}_r^t + \boldsymbol{a}_r^n + \boldsymbol{a}_C$$

式中每一项都有大小和方向两个要素,必须认真分析每一项,才可能正确地解决问题。在平面问题中,一个矢量方程相当于两个代数方程,因而可求解两个未知量。上式中各项法向加速度的方向总是指向相应曲线的曲率中心,它们的大小总是可以根据相应的速度大小和曲率半径求出。因此在应用加速度合成定理时,一般应先进行速度分析,这样各项法向加速度都是已知量。科氏加速度 $\boldsymbol{a}_C$ 的大小和方向由牵连角速度 $\boldsymbol{\omega}_e$ 和相对速度 $\boldsymbol{v}_r$ 确定,它们也完全可通过速度分析求出,因此 $\boldsymbol{a}_C$ 的大小和方向两个要素也是已知的。这样,在点的加速度合成定理中只有三项切向加速度的六个要素可能是待求量,若知其中的四个要素,则余下的两个要素就完全可求了。

在应用点的加速度合成定理时,正确选取动点和动参考系是很重要的。动点相对于动参考系是运动的,因此它们不能处于同一刚体上。选择动点、动参考系时还要注意相对运动轨迹是否清楚。若相对运动轨迹不清楚,则相对加速度 $\boldsymbol{a}_r^t$、$\boldsymbol{a}_r^n$ 的方向就难以确定,从而使待求量个数增加,致使求解困难。

思考题

7-1 如何选择动点和动参考系?在例 7-4 中以滑块 A 为动点,为什么不宜以曲

柄 OA 为动参考系？若以摇杆 O_1B 上的点 A 为动点，以曲柄 OA 为动参考系，是否可求出摇杆 O_1B 的角速度、角加速度？

7-2 图 7-21 中的速度平行四边形如有错误？错在哪里？

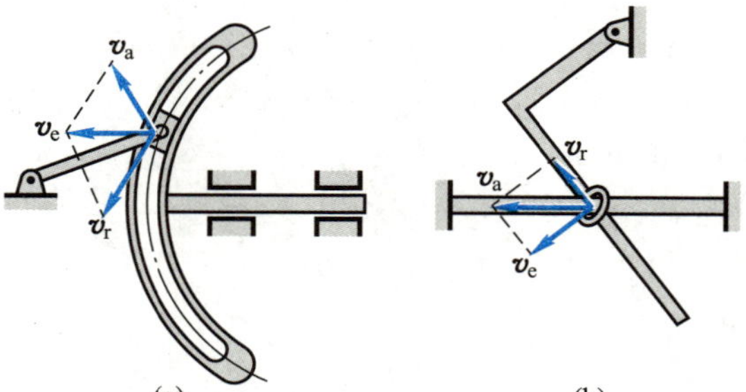

图 7-21

7-3 如下计算对不对？如不对，错在哪里？

（a）图 7-22 中，取动点为滑块 A，动参考系为杆 OC，则 $v_e=\omega\cdot OA$，$v_a=v_e\cos\varphi$。

（b）图 7-23 中，$v_{BC}=v_e=v_a\cos 60°$，$v_a=\omega r$。因为 ω 为常量，所以 v_{BC} 为常量，$a_{BC}=\dfrac{dv_{BC}}{dt}=0$。

（c）图 7-24 中，为了求 $\boldsymbol{a}_a$ 的大小，取加速度在 $\boldsymbol{\eta}$ 轴上的投影式：

$$a_a\cos\varphi-a_C=0$$

所以

$$a_a=\frac{a_C}{\cos\varphi}$$

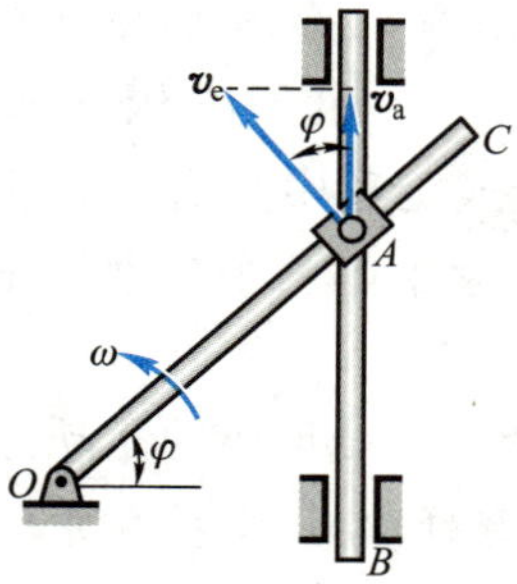

图 7-22

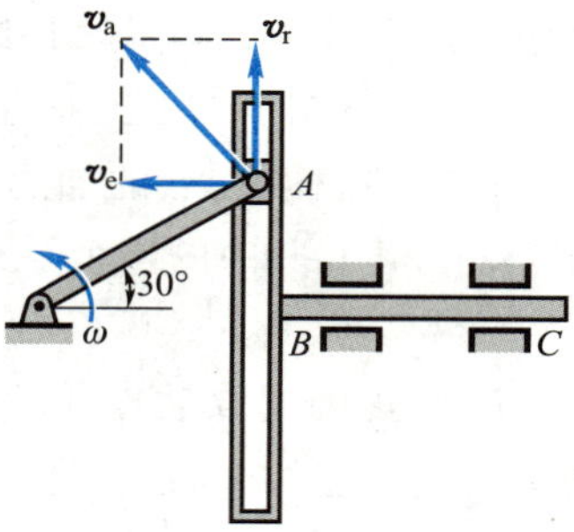

图 7-23

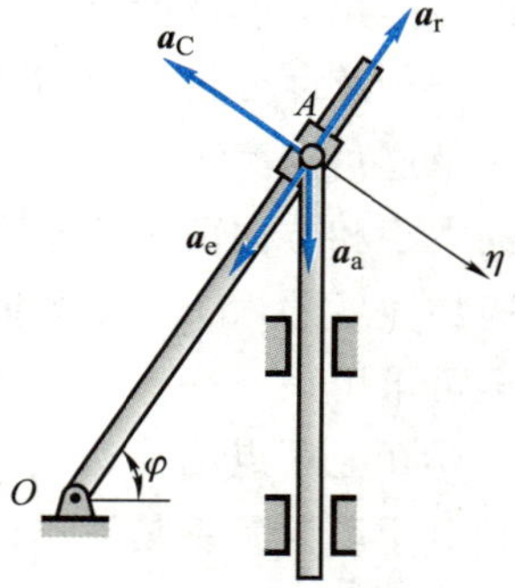

图 7-24

7-4 由点的速度合成定理有 $\boldsymbol{v}_a=\boldsymbol{v}_e+\boldsymbol{v}_r$，将其两端对时间 t 求导，得

$$\frac{d\boldsymbol{v}_a}{dt}=\frac{d\boldsymbol{v}_e}{dt}+\frac{d\boldsymbol{v}_r}{dt}$$

从而有

$$\boldsymbol{a}_a=\boldsymbol{a}_e+\boldsymbol{a}_r$$

此式对牵连运动是平移或定轴转动都应该成立。试指出上面的推导错在哪里？上式中 $\mathrm{d}\boldsymbol{v}_e/\mathrm{d}t$，$\mathrm{d}\boldsymbol{v}_r/\mathrm{d}t$ 与 $\boldsymbol{a}_e$、$\boldsymbol{a}_r$ 之间是否相等，在什么条件下相等？

7-5 如下计算对吗？

$$a_a^t=\frac{\mathrm{d}v_a}{\mathrm{d}t},\quad a_a^n=\frac{v_a^2}{\rho_a};\quad a_e^t=\frac{\mathrm{d}v_e}{\mathrm{d}t},\quad a_e^n=\frac{v_e^2}{\rho_e};\quad a_r^t=\frac{\mathrm{d}v_r}{\mathrm{d}t},\quad a_r^n=\frac{v_r^2}{\rho_r}$$

式中，ρ_a、ρ_r 分别是绝对运动轨迹、相对运动轨迹上该处的曲率半径，ρ_e 为动参考系上与动点相重合的那一点的轨迹在重合位置的曲率半径。

7-6 图 7-25 中曲柄 OA 以匀角速度转动，图 a、b 中哪一种分析对？

（a）以曲柄 OA 上的点 A 为动点，以杆 BC 为动参考体；

（b）以杆 BC 上的点 A 为动点，以曲柄 OA 为动参考体。

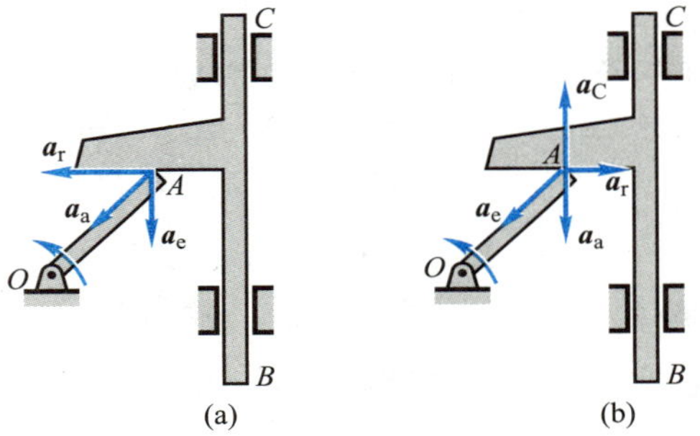

图 7-25

7-7 按点的合成运动理论导出点的速度合成定理及点的加速度合成定理时，定参考系是固定不动的。如果定参考系本身也在运动（平移或转动），对这类问题该如何求解？

7-8 试引用点的合成运动的概念，证明在极坐标中点的加速度公式为

$$a_\rho=\ddot{\rho}-\rho\dot{\varphi}^2,\quad a_\varphi=\ddot{\varphi}\rho+2\dot{\varphi}\dot{\rho}$$

其中，ρ 和 φ 是用极坐标表示的点的运动方程，a_ρ 和 a_φ 是点的加速度沿极径和其垂直方向的投影。

习 题

习题：第七章
点的合成运动

7-1 如图所示，光点 M 沿 y 轴做简谐振动，其运动方程为

$$x=0,\quad y=a\cos(kt+\beta)$$

如将光点 M 投影到感光记录纸上，此纸以匀速度 $\boldsymbol{v}_e$ 向左运动。求光点 M 在记录纸上的轨迹。

7-2 如图所示，点 M 在平面 $Ox'y'$ 中运动，运动方程为

$$x'=40(1-\cos t),\quad y'=40\sin t$$

式中，t 以 s 计，x'和 y'以 mm 计。平面 $Ox'y'$又绕垂直于该平面的 O 轴转动，转动方程为 $\varphi=t$（φ 以 rad 计，t 以 s 计），式中角 φ 为动参考系的 x'轴与定参考系的 x 轴间的交角。求点 M 的相对运动轨迹和绝对运动轨迹。

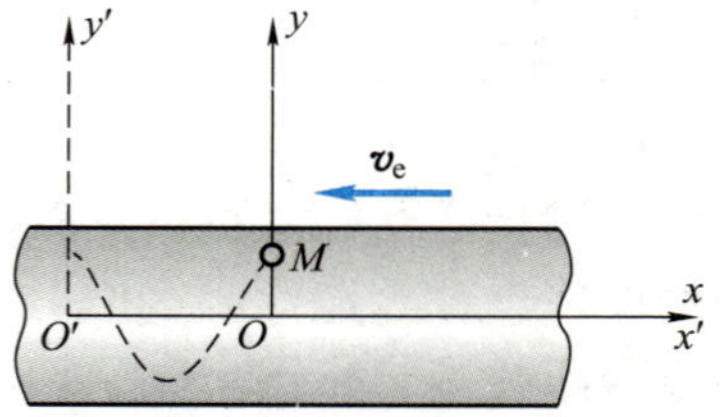

题 7-1 图

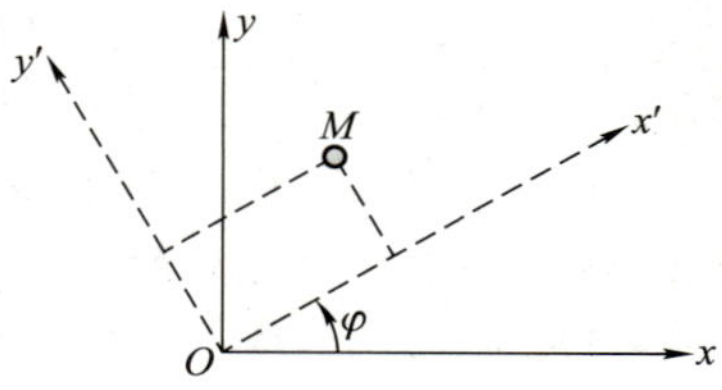

题 7-2 图

7-3 水流在水轮机工作轮入口处的绝对速度 $v_a=15$ m/s，并与直径成 60°角，如图所示。工作轮的外缘半径 $R=2$ m，转速 $n=30$ r/min。为避免水流与工作轮叶片相冲击，叶片应恰当地安装，以使水流对工作轮的相对速度与叶片相切。求在工作轮外缘处水流对工作轮的相对速度的大小和方向。

7-4 如图所示，瓦特离心调速器以角速度 ω 绕铅垂轴转动。由于机器负荷的变化，调速器重球以角速度 ω_1 向外张开。如 $\omega=10$ rad/s，$\omega_1=1.2$ rad/s，球柄长 $l=500$ mm，悬挂球柄的支点到铅垂轴的距离为 $e=50$ mm，球柄与铅垂轴间所成的交角 $\beta=30°$。求此时调速器重球的绝对速度。

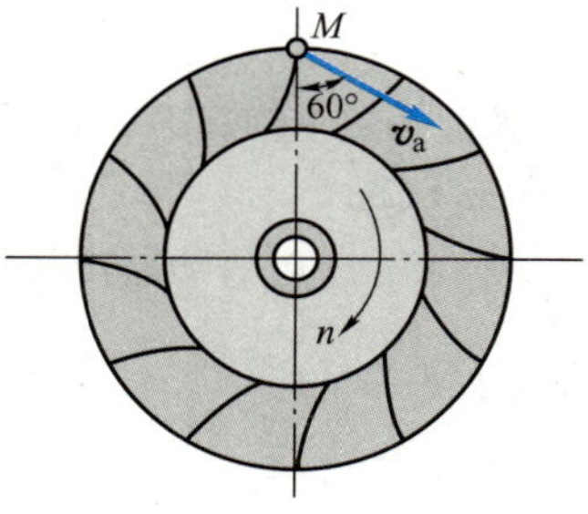

题 7-3 图

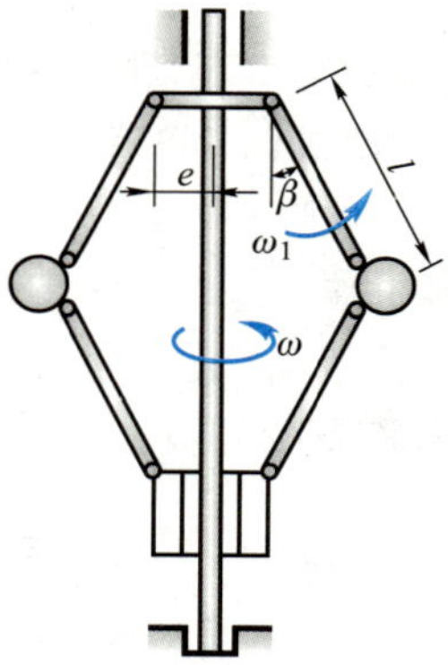

题 7-4 图

7-5 杆 OA 长为 l，由推杆推动而在图面内绕点 O 转动，如图所示。假定推杆的速度为 $\boldsymbol{v}$，其弯头高为 a。求杆 OA 端 A 的速度的大小（表示为 x 的函数）。

7-6 车床主轴的转速 $n=30$ r/min，工件的直径 $d=40$ mm，如图所示。如车刀横向走刀速度为 $v=10$ mm/s，证明车刀对工件的相对运动轨迹为螺旋线，并求出该螺旋线的螺距。

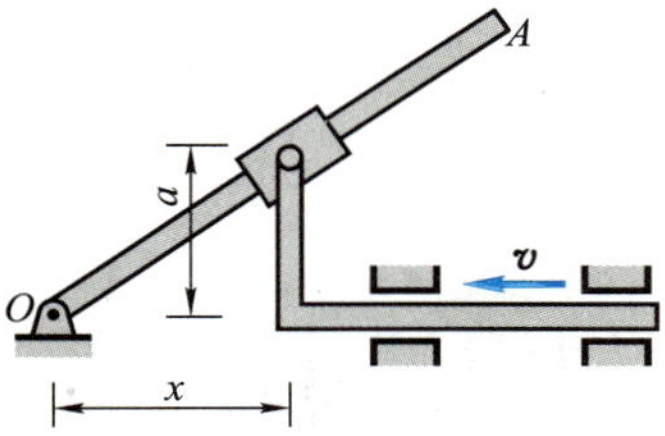

题 7-5 图

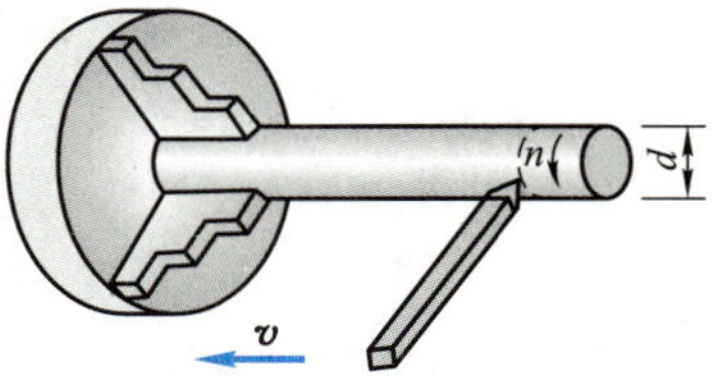

题 7-6 图

7-7 在图 a 和图 b 所示的两种机构中，已知 $O_1O_2=a=200\ \mathrm{mm}$，$\omega_1=3\ \mathrm{rad/s}$。求图示位置时杆 O_2A 的角速度。

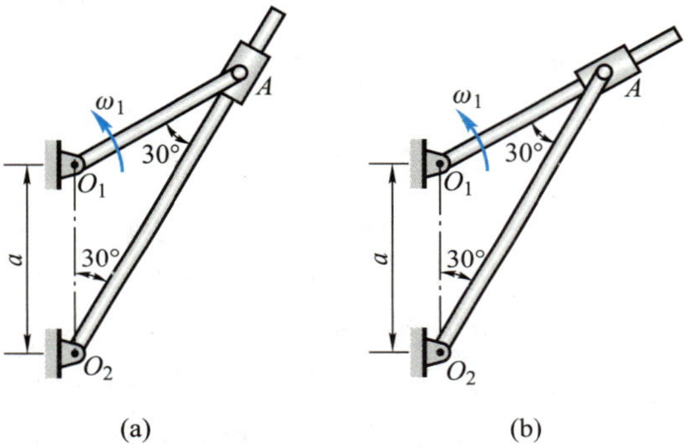

题 7-7 图

7-8 图示曲柄滑道机构中，曲柄 OA 的长为 r，并以匀角速度 ω 绕 O 轴转动。装在水平杆 BC 上的滑槽 DE 与水平线成 60°角。求当曲柄 OA 与水平线的交角分别为 $\varphi=0°$、30°、60°时，杆 BC 的速度。

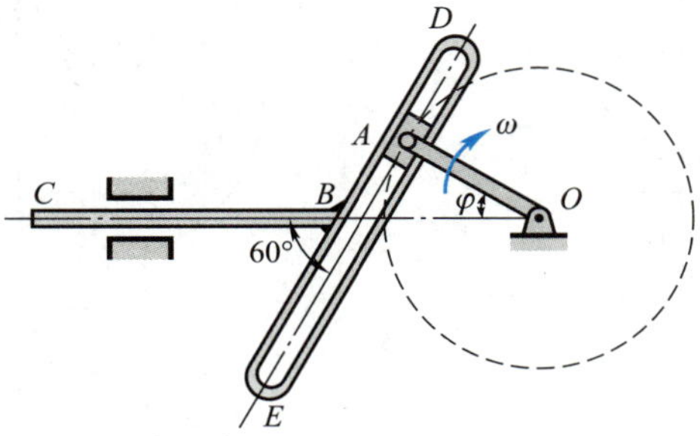

题 7-8 图

7-9 如图所示，摇杆机构的滑杆 AB 以匀速度 $\boldsymbol{v}$ 向上运动，初瞬时摇杆 OC 水平。摇杆 OC 长为 a，距离 $OD=l$。求当 $\varphi=\dfrac{\pi}{4}$时，点 C 的速度的大小。

7-10 平底顶杆凸轮机构如图所示，顶杆 AB 可沿导槽上下移动，凸轮绕 O 轴转动，O 轴位于顶杆 AB 的轴线上。工作时顶杆 AB 的平底始终接触凸轮表面。该凸轮半径为 R，偏心距 $OC=e$，凸轮绕 O 轴转动的角速度为 ω，OC 与水平线成夹角 φ。求当 $\varphi=0°$时，顶杆 AB 的速度。

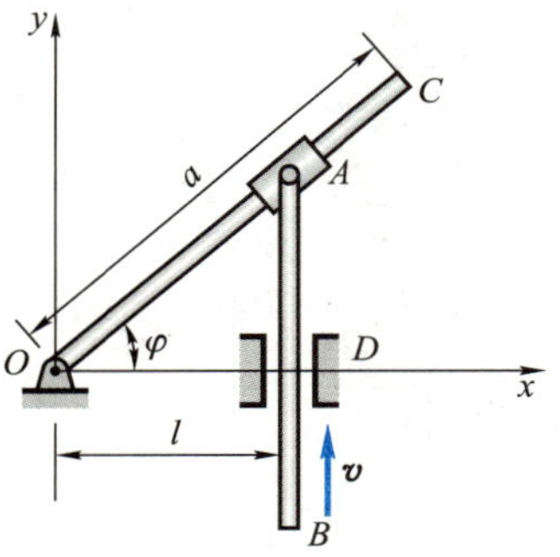

题 7-9 图

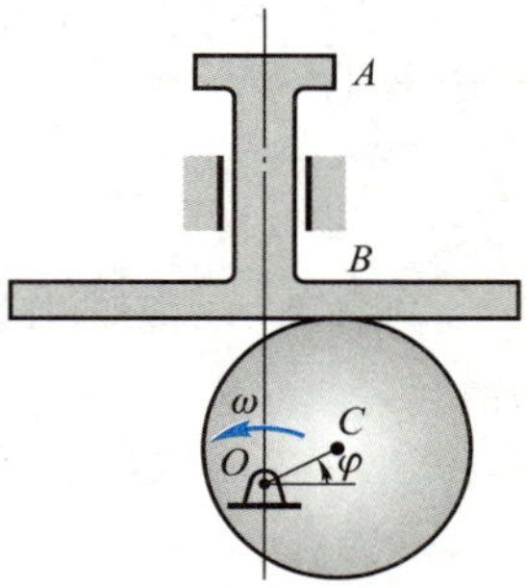

题 7-10 图

7-11 图示摇杆 OC 绕 O 轴转动，通过固定于齿条 AB 上的销 K 带动齿条平移，而齿条又带动半径为 0.1 m 的齿轮 D 绕固定轴 O_1 转动。如 $l=0.4$ m，摇杆 OC 的角速度 $\omega=0.5$ rad/s，求当 $\varphi=30°$时齿轮 D 的角速度。

7-12 绕 O 轴转动的圆盘及直杆 OA 上均有一导槽，两导槽间有一活动销 M，如图所示。已知 $b=0.1$ m。设在图示位置时，圆盘及直杆 OA 的角速度分别为 $\omega_1=9$ rad/s 和 $\omega_2=3$ rad/s。求此瞬时销 M 的速度。

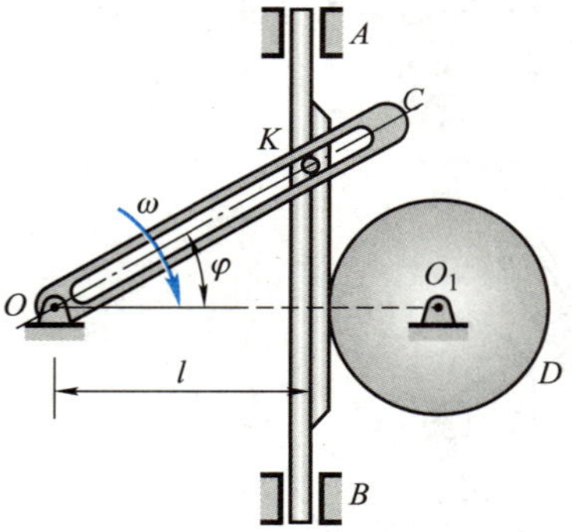

题 7-11 图

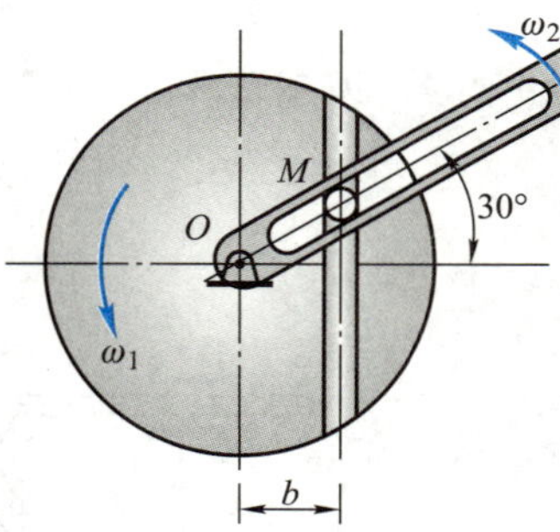

题 7-12 图

7-13 直线 AB 以大小为 v_1 的速度沿垂直于 AB 的方向向上移动；直线 CD 以大小为 v_2 的速度沿垂直于 CD 的方向向左上方移动，如图所示。如两直线间的交角为 θ，求两直线交点 M 的速度。

7-14 如图所示，点 P 以相对于支架 AB 的速度 v_r 向外运动，支架 AB 以匀角速度 ω_2 绕轴 OA 旋转，OA 长为 b，绕定轴 z 以角速度 ω_1 旋转，且 OA 垂直于支架 AB，在图示位置，OA 位于 x 轴上，支架 AB 与水平面夹角为 θ，点 P 与点 A 相距为 d。设沿 x、y、z 轴正向的单位矢量分别为 $\boldsymbol{i}$、$\boldsymbol{j}$、$\boldsymbol{k}$，求此时点 P 绝对速度的矢量表达式。

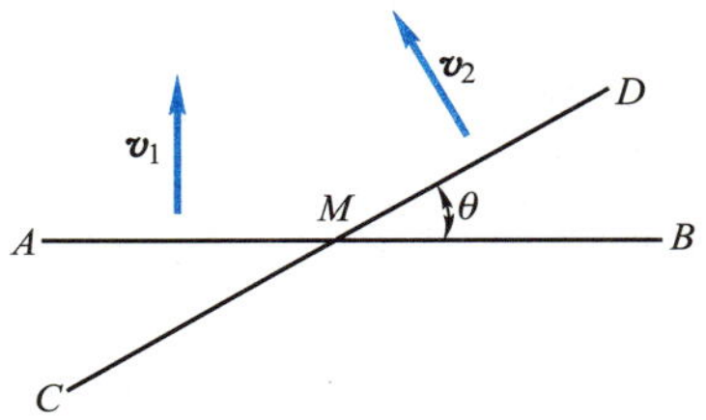

题 7-13 图

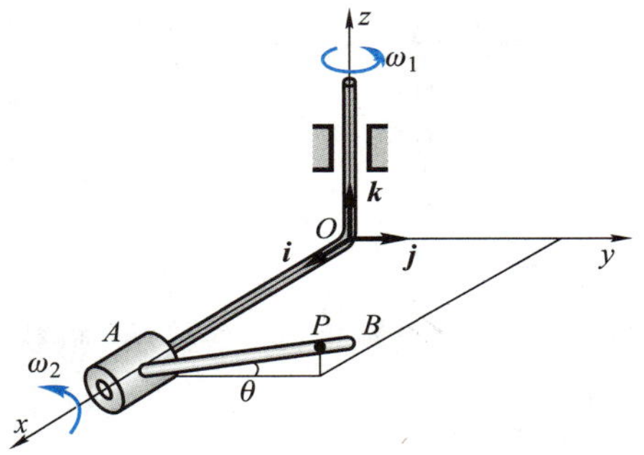

题 7-14 图

7-15 如图所示，已知小球 P 在圆弧形管内以相对速度 $\boldsymbol{v}$ 运动，圆弧形管与圆盘 O 刚性连接，并以角速度 ω 绕 O 轴转动，$BC=2AB=2OA=2r$。在图示瞬时，$\theta=60°$。试求该瞬时小球 P 的速度和加速度。

7-16 图示公路上行驶的两车速度都恒为 72 km/h。图示瞬时，在 B 车中的观察者看来，A 车的速度、加速度为多大？

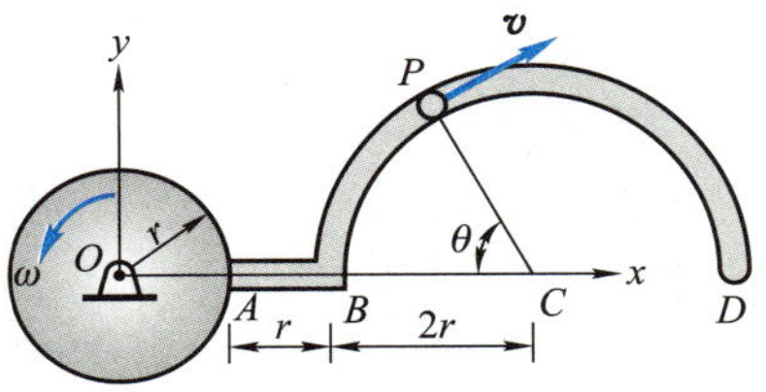

题 7-15 图

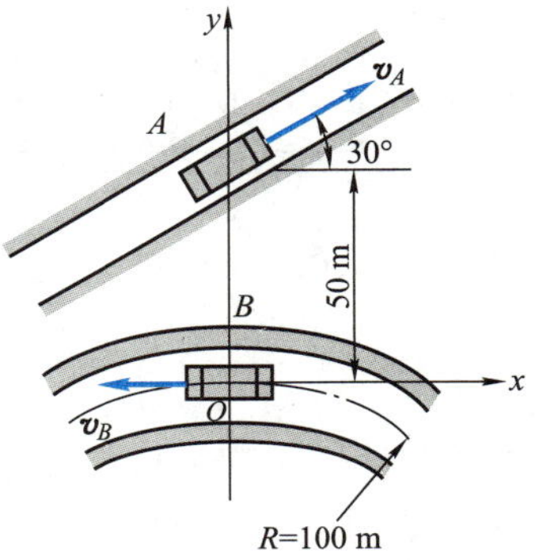

题 7-16 图

7-17 图示十字形滑块 K 连接固定杆 AB 和与杆 AB 垂直的杆 CD，杆 CD 带有滑块 D，其运动方程为 $s=80\left(5+4\sin\dfrac{t}{2}\right)$，式中 s 以 mm 计，t 以 s 计。设 $\theta=60°$，求当 $t=\dfrac{\pi}{3}$ s 时，滑块 K 的绝对加速度和相对于杆 CD 的加速度。

7-18 图示铰接四边形机构中，$O_1A=O_2B=100$ mm，又 $O_1O_2=AB$，杆 O_1A 以匀角速度 $\omega=2$ rad/s 绕 O_1 轴转动。杆 AB 上有一套筒 C，此套筒与杆 CD 相铰接。机构的各部件都在同一铅垂面内。求当 $\varphi=60°$时，杆 CD 的速度和加速度。

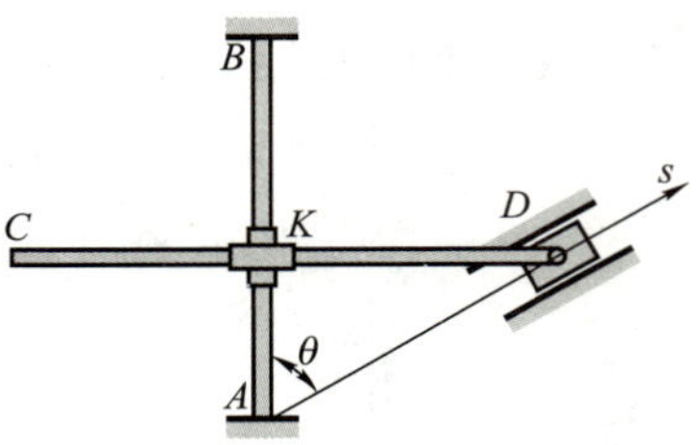

题 7-17 图

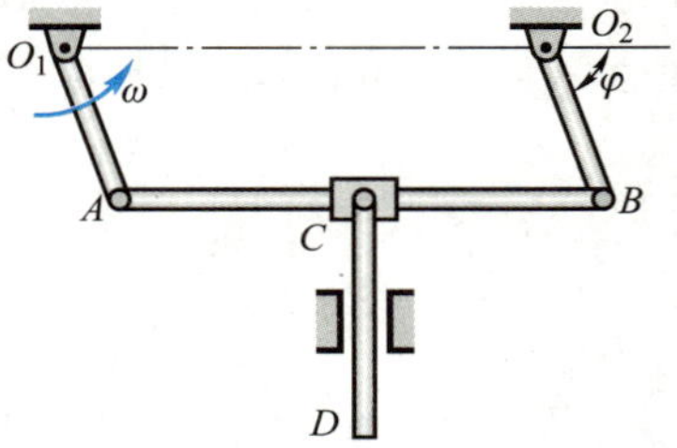

题 7-18 图

7-19 剪切金属板的"飞剪机"机构如图所示。工作台 AB 的移动规律是 $s=0.2\sin\dfrac{\pi}{6}t$（式中 s 以 m 计，t 以 s 计），滑块 C 带动上刀片 E 沿导柱运动以切断工件 D，下刀片 F 固定在工作台上。设曲柄 OC 的长为 0.6 m，$t=1$ s 时，$\varphi=60°$。求该瞬时刀片 E 相对于工作台运动的速度和加速度，并求曲柄 OC 转动的角速度及角加速度。

7-20 如图所示，曲柄 OA 长为 0.4 m，以匀角速度 $\omega=0.5$ rad/s 绕 O 轴沿逆时针转向转动。由于曲柄 OA 的 A 端推动水平板 B 而使滑杆 C 沿铅垂方向上升。求当曲柄 OA 与水平线间的夹角 $\theta=30°$时，滑杆 C 的速度和加速度。

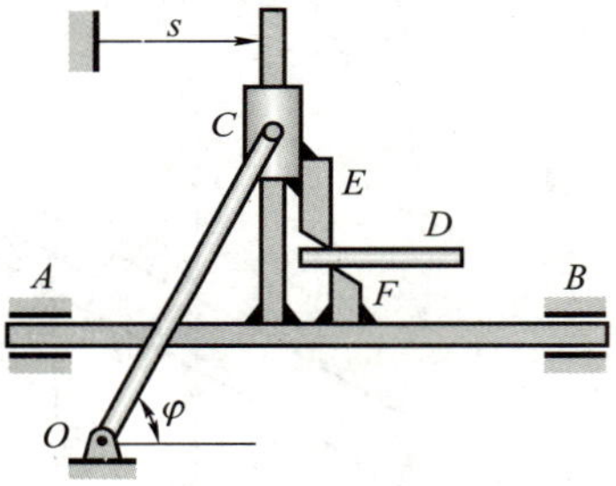

题 7-19 图

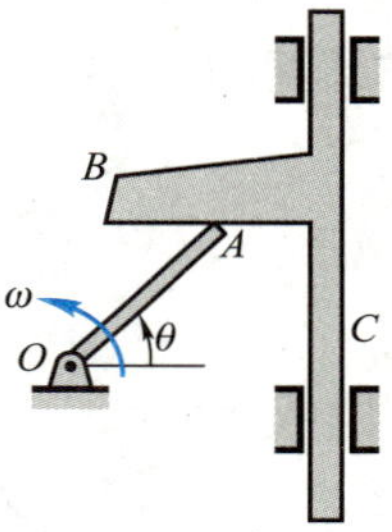

题 7-20 图

7-21 传动机构如图所示，齿轮 B 以匀角速度 ω_0 转动，通过销 P 和轮 A 上的滑槽带动轮 A 运动，滑槽外缘到轮 A 中心的距离为 r。求图示瞬时轮 A 的角速度和角加速度。

7-22 图示平面机构中，$O_1A=O_2B=0.2$ m，半圆凸轮的半径 $R=0.2$ m，曲柄 O_1A 以匀角速度 $\omega=2$ rad/s 转动。求图示瞬时顶杆 DE 的速度和加速度。

7-23 如图所示，斜面 AB 与水平面间成 45°角，以 0.1 m/s^2 的加速度沿 x 轴向右运动。物块 M 以匀相对加速度 $0.1\sqrt{2}$ m/s^2 沿斜面滑下，斜面 AB 与物块 M 的初速度都是零。物块 M 的初始位置为 $x=0, y=h$。求物块 M 的绝对运动方程、运动轨迹方程、速度和加速度。

7-24 图示倾角 $\varphi=30°$的尖劈以匀速 $v=200$ mm/s 沿水平面向右运动，使杆 OB 绕定轴 O 转动。已知 $r=200\sqrt{3}$ mm。求当 $\theta=\varphi$ 时，杆 OB 的角速度和角加速度。

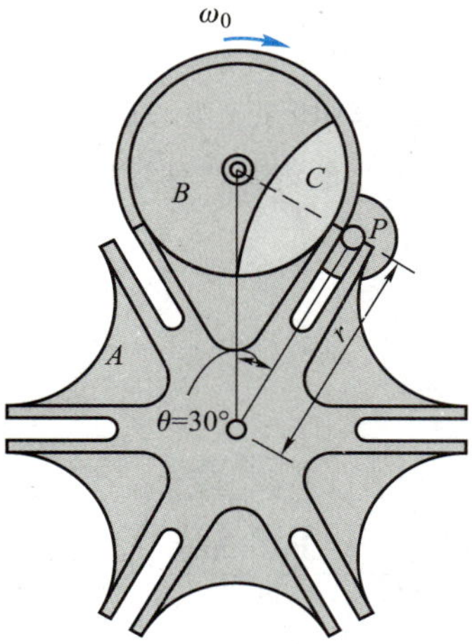

题 7-21 图

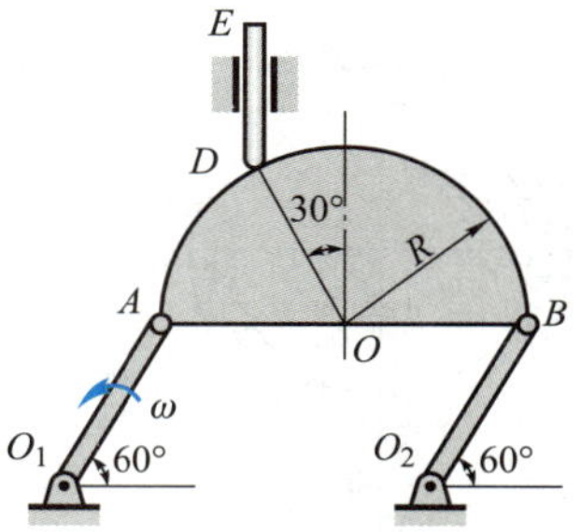

题 7-22 图

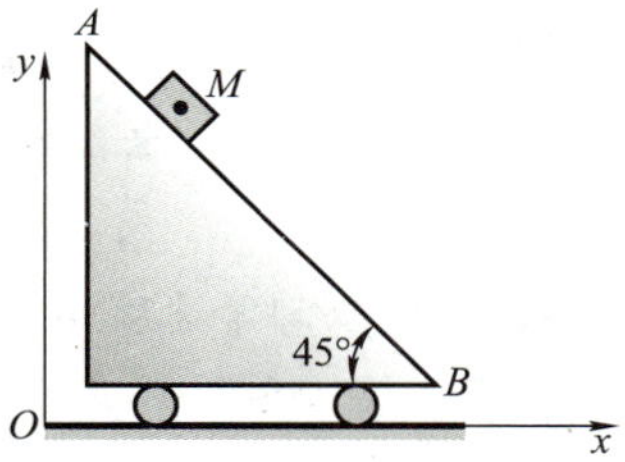

题 7-23 图

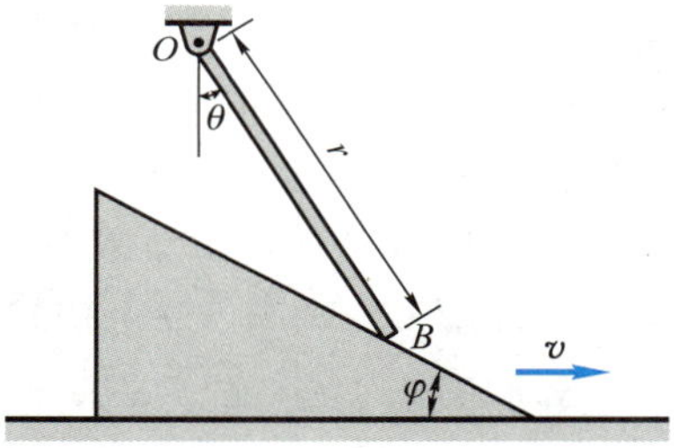

题 7-24 图

7-25　小车沿水平方向向右做加速运动，其加速度 $a=0.493\ \mathrm{m/s^2}$。在小车上有一轮绕 O 轴转动，转动的规律为 $\varphi=t^2$（式中 t 以 s 计，φ 以 rad 计）。当 $t=1$ s 时，轮缘上点 A 的位置如图所示。如轮的半径 $r=0.2$ m，求此时点 A 的绝对加速度。

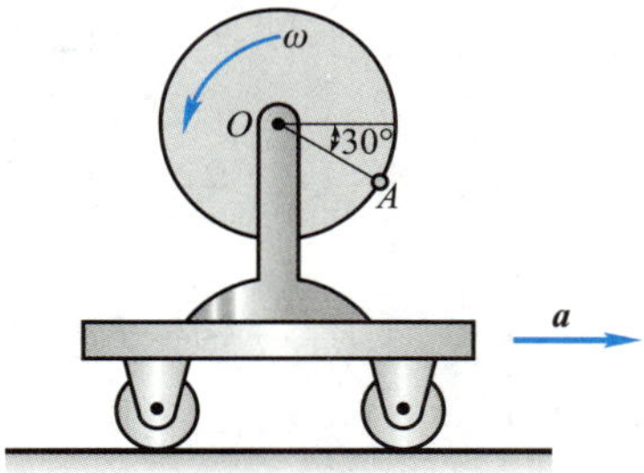

题 7-25 图

7-26　如图所示，半径为 r 的圆环内充满液体，液体按箭头方向以相对速度 $\boldsymbol{v}$ 在圆环内做匀速运动。如圆环以匀角速度 ω 绕 O 轴转动，求在圆环内点 1 和点 2 处液体的绝对加速度的大小。

7-27 图示圆盘绕 AB 轴转动，其角速度 $\omega=2t$（式中 ω 以 rad/s 计，t 以 s 计）。点 M 沿圆盘直径离开中心向外缘运动，其运动规律为 $OM=40t^2$（式中 OM 以 mm 计，t 以 s 计）。半径 OM 与 AB 轴间成 60°角。求当 $t=1$ s 时点 M 的绝对加速度的大小。

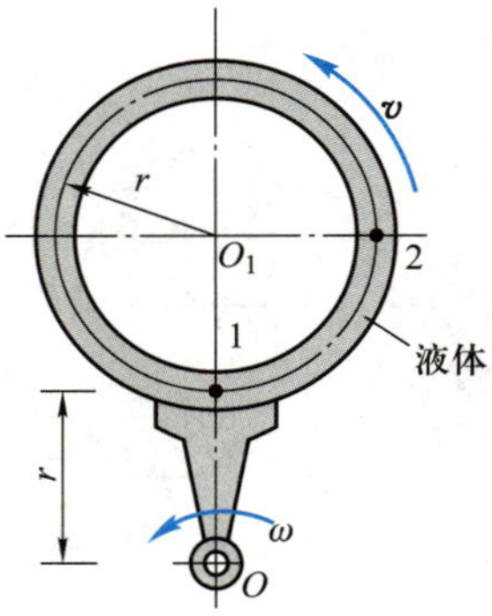

题 7-26 图

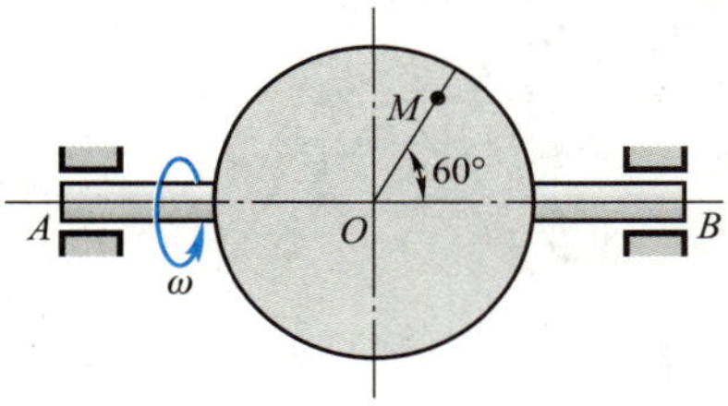

题 7-27 图

7-28 图示直角曲杆 OBC 绕 O 轴转动，使套在其上的小环 M 沿固定直杆 OA 滑动。已知：$OB=0.1$ m，OB 与 BC 垂直，曲杆 OBC 的角速度 $\omega=0.5$ rad/s，角加速度为零。求当 $\varphi=60°$时，小环 M 的速度和加速度。

7-29 直杆 AB 与一半径为 r 的圆环同在一平面内，圆环以匀角速度 ω 绕圆环上的固定点 O 转动，圆环与直杆的另一交点为点 M，如图所示。求：

（1）点 M 相对于直杆 AB 的速度和加速度；

（2）点 M 相对于圆环的速度和加速度。

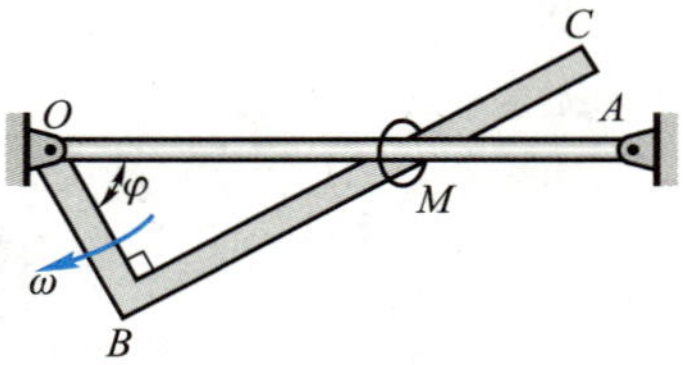

题 7-28 图

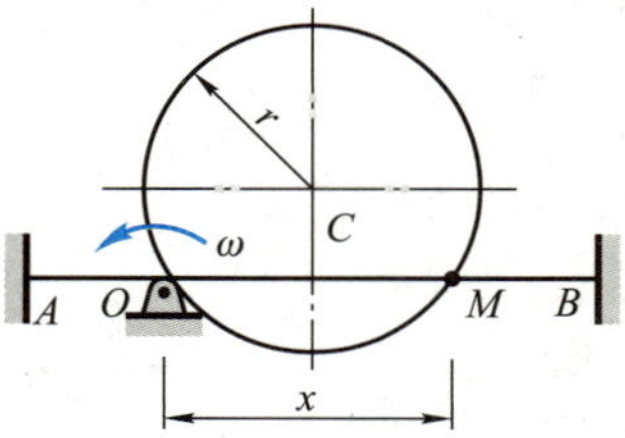

题 7-29 图

7-30 图示固定大圆环半径为 R，杆 OA 以匀角速度 ω 绕 O 轴转动，在杆 OA 与大圆环上套一小圆环 M。已知 $\varphi=30°$时，$OM=2R$，求此时小圆环 M 的绝对速度和绝对加速度。

7-31 如图所示，半径为 r 的移动凸轮以匀速度 $\boldsymbol{v}$ 沿水平面向左移动，推动杆 AB 绕 A 轴转动。图示瞬时杆 AB 与水平线的夹角为 θ，试求该瞬时杆 AB 的角速度和角加速度。

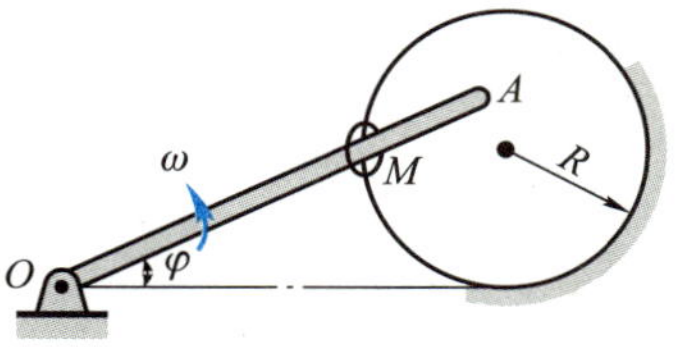

题 7-30 图

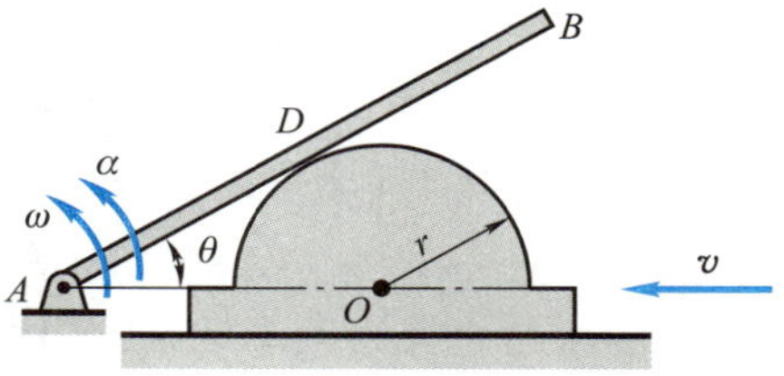

题 7-31 图

7-32 图示偏心轮摇杆机构中，摇杆 O_1A 借助弹簧压在半径为 R 的偏心轮 C 上。偏心轮 C 绕 O 轴往复摆动，从而带动摇杆绕 O_1 轴摆动。设 $OC\perp OO_1$ 时，偏心轮 C 的角速度为 ω，角加速度为零，$\theta=60°$。求此时摇杆 O_1A 的角速度 ω_1 和角加速度 α_1。

7-33 销 M 能在 DBE 的竖直槽内滑动，同时又能在杆 OA 的槽内滑动，杆 DBE 以匀速度 $\boldsymbol{v}_1$ 向右运动，杆 OA 以匀角速度 ω 顺时针转动。设某瞬时杆 OA 与水平线夹角为 $\theta=30°$，$OM=l$。求点 M 分别相对于杆 OA 和杆 DBE 的加速度。

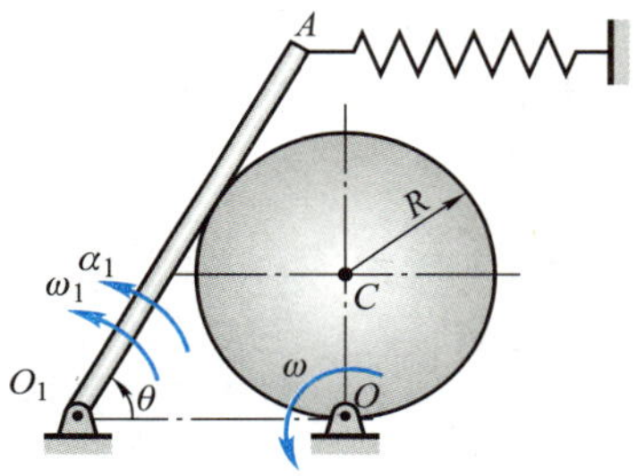

题 7-32 图

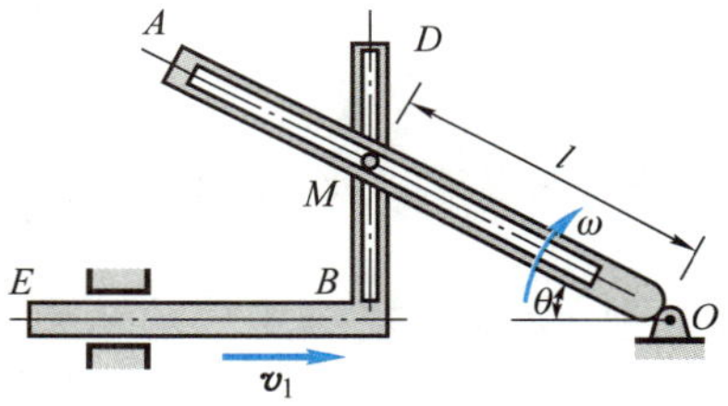

题 7-33 图

7-34 牛头刨床机构如图所示。已知 $O_1A=200\ \mathrm{mm}$，角速度 $\omega_1=2\ \mathrm{rad/s}$，角加速度 $\alpha_1=0$。求图示位置滑枕 CD 的速度和加速度。

7-35 如图所示，点 M 以不变的相对速度 $\boldsymbol{v}_r$ 沿圆锥体的母线向下运动。此圆锥体以角速度 ω 绕 OA 轴做匀速转动。如 $\angle MOA=\theta$，且当 $t=0$ 时点 M 在 M_0 处，此时距离 $OM_0=b$。求在瞬时 t 点 M 的绝对加速度的大小。

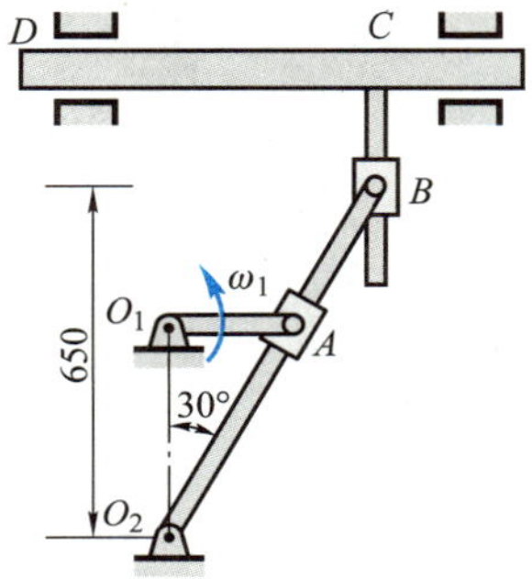

题 7-34 图

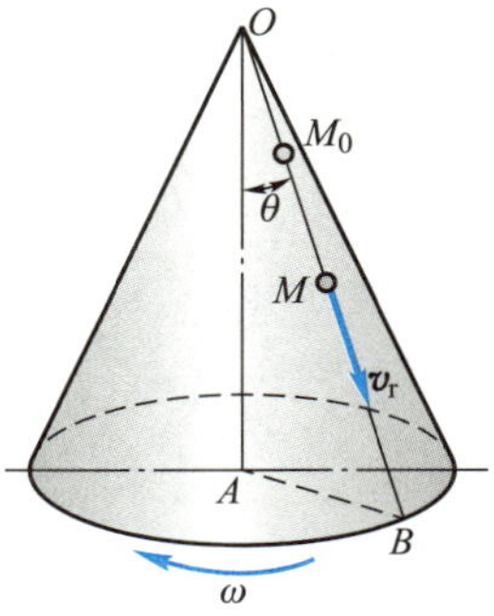

题 7-35 图

7-36 已知半径为 R 的圆盘平面与铅垂轴成 30°角，以匀角速度 ω 转动。轮缘上有一点 M，以相对于圆盘的速度 v_r 沿圆盘边缘运动。求点 M 经过水平直径 AB 的端点 A 时的绝对速度和绝对加速度。

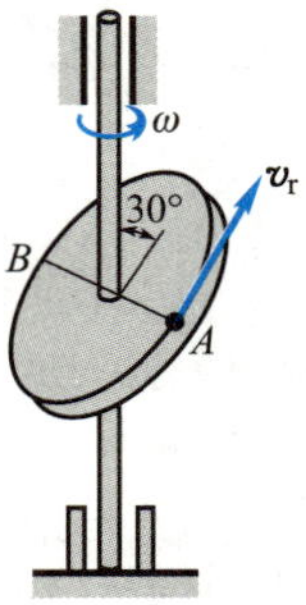

题 7-36 图

7-37 图示电机托架 OB 以匀角速度 $\omega = 3$ rad/s 绕 z 轴转动，电机轴带着半径为 120 mm 的圆盘以恒定的角速度 $\dot{\varphi} = 8$ rad/s 自转，$\gamma = 30°$。求图示瞬时圆盘上点 A 的速度、加速度。

7-38 图示雷达天线绕铅垂轴以角速度 $\omega = \dfrac{\pi}{15}$ rad/s 转动，而 θ 角则按 $\theta = \dfrac{\pi}{6} + \dfrac{\pi}{3}\sin \pi t$ 规律摆动。当 $t = 0.25$ s 时，求尖端点 M 的速度和加速度在与雷达系统固结的 $Ox'y'z'$ 坐标轴上的投影。

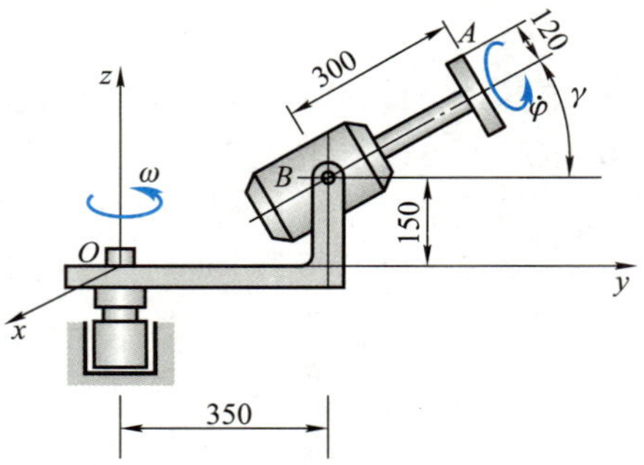

题 7-37 图

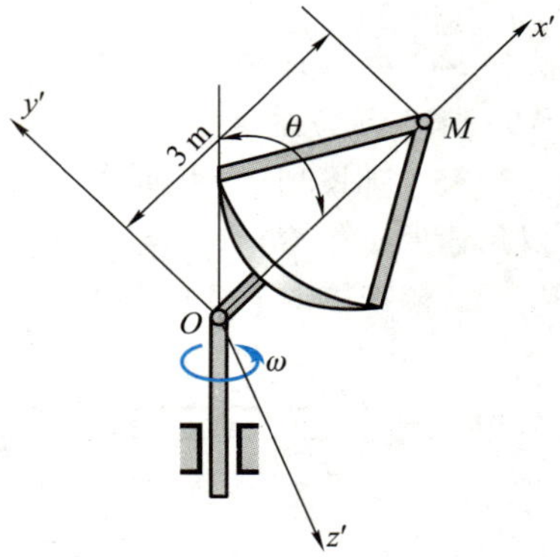

题 7-38 图

第八章 刚体的平面运动

第六章讨论的刚体平移与定轴转动是最常见的、简单的刚体运动。刚体还可以有更复杂的运动形式，其中，刚体的平面运动是工程机械中较为常见的一种刚体运动，它可以看作为平移与转动的合成，也可以看作为绕不断运动的轴的转动。

本章将分析刚体平面运动的分解，刚体平面运动的角速度、角加速度，以及刚体上各点的速度和加速度。

§8-1 刚体平面运动的概述和运动分解

工程中有很多零件的运动，例如，行星齿轮机构中动齿轮 A 的运动（图 8-1）、曲柄连杆机构中连杆 AB 的运动（图 8-2），以及沿直线轨道滚动的轮子的运动等，这些刚体的运动既不是平移，又不是绕定轴的转动，但它们有一个共同的特点，即在运动中，刚体上的任意一点与某一固定平面始终保持相等的距离，这种运动称为**平面运动**。平面运动刚体上的各点都在平行于某一固定平面的平面内运动。

图 8-1

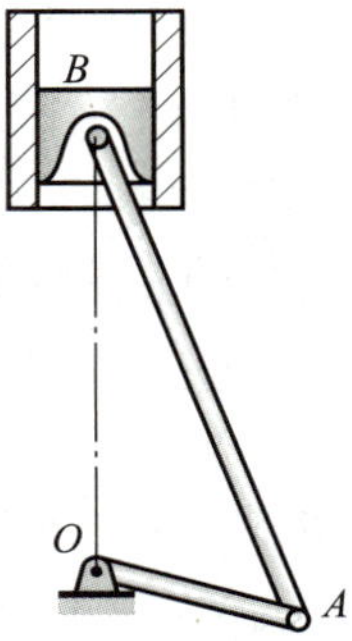

图 8-2

动画
刚体平面运动简化模型

图 8-3a 所示为一连杆的简图，用一个平行于固定平面的平面截割连杆，得截面 S，它是一个平面图形（图 8-3b）。当连杆运动时，图形内任意一点始终在自身平面内运动。若通过图形上任一点做垂直于图形的直线，则当刚体做平面运动时，该直线做平移，因此，平面图形上的这一点与直线上各点的运动完全相同。由此可知，平面图形上各点的运动可以代表刚体内所有点的运动。因此，刚体的平面运动可简化为平面图形在它自身平面内的运动。

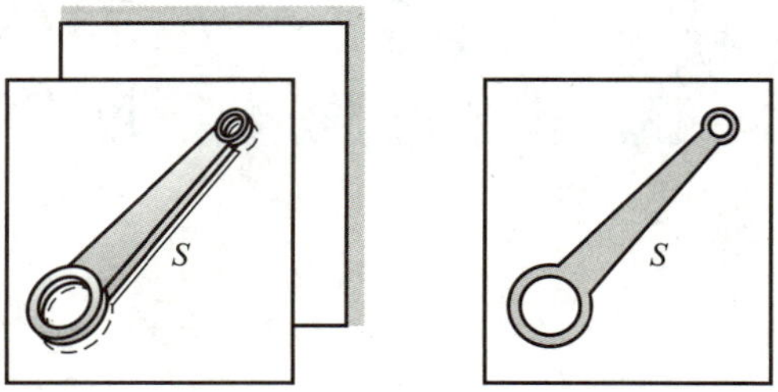

(a) (b)

图 8-3

动画
刚体平面运动分解

平面图形在其平面上的位置完全可由图形内任意线段 $O'M$ 的位置来确定(图 8-4),而要确定此线段在平面内的位置,只要确定线段上任一点 O' 的位置和线段 $O'M$ 与定坐标轴 x 轴间的夹角 φ 即可。给定了点 O' 的坐标及夹角 φ 随时间的变化规律,也就给定了平面图形的运动,而这些参数随时间变化的关系式为

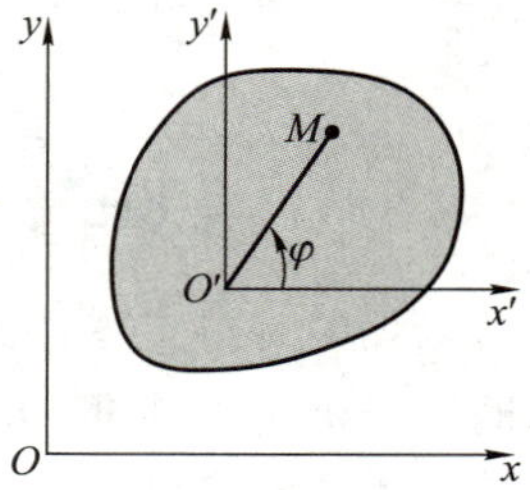

图 8-4

$$\left.\begin{aligned} x_{O'} &= f_1(t) \\ y_{O'} &= f_2(t) \\ \varphi &= f_3(t) \end{aligned}\right\} \tag{8-1}$$

式(8-1)称为平面图形的**运动方程**。上述描述平面图形运动的方法称为**基点法**,其中点 O' 称为**基点**,夹角 φ 称为**平面图形的转角**。

运动方程式(8-1)的含义也可以用上一章合成运动的观点加以解释。假想在点 O' 安上一个平移参考系 $O'x'y'$,当平面图形运动时,动坐标轴方向保持不变,始终平行于定坐标轴 x 轴和 y 轴,如图 8-4 所示。于是平面图形的运动可看成为随点 O' 的平移[$x_{O'}=f_1(t)$,$y_{O'}=f_2(t)$]和绕点 O' 的转动[$\varphi=f_3(t)$]这两部分运动的合成。

以沿直线轨道滚动的车轮为例(图 8-5a),取车厢为动参考体,以轮心点 O' 为原点取动参考系 $O'x'y'$,则车厢的平移是牵连运动,车轮绕平移参考系原点 O' 的转动是相对运动,二者的合成就是车轮的平面运动(绝对运动)。轮子单独做平面运动时,可以轮心 O' 为原点,建立一个平移参考系 $O'x'y'$(图 8-5b),同样可把轮子这种较为复杂的平面运动分解为平移和转动两种简单的运动。

图 8-6 所示的曲柄连杆机构中,曲柄 OA 为定轴转动,滑块 B 为直线平移,而连杆 AB 则做平面运动。如以点 B 为基点,即在滑块 B 上建立一个平移参考系,以 $Bx'y'$ 表示,则杆 AB 的平面运动可分解为随同基点 B 的直线平移和在动参考系 $Bx'y'$ 内绕基点 B 的转动。同样,还可以点 A 为基点,在点 A 安上一个平移参考系 $Ax''y''$,杆 AB 的平面运动又可分解为随同基点 A 的平移和绕基点 A 的转动。

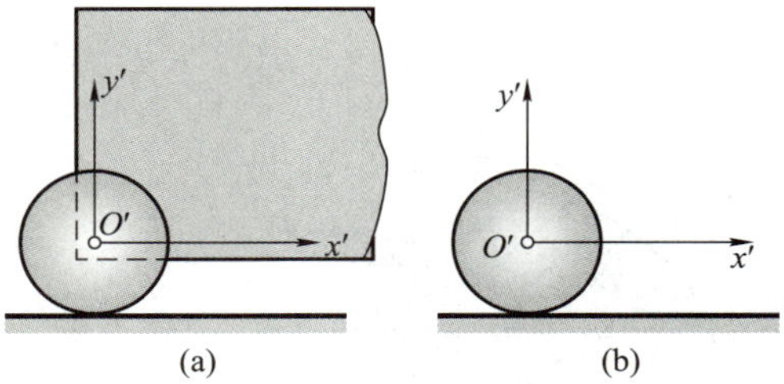

图 8-5

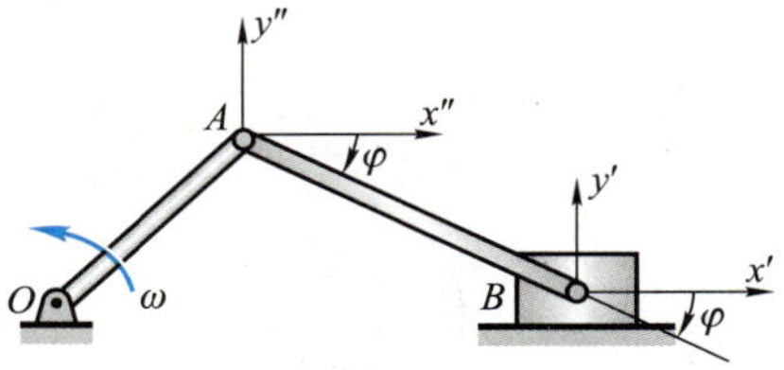

图 8-6

必须指出，上述分解中，总是以选定的基点为原点，建立一个平移参考系（实际机构中可以不存在这个平移物体），所谓绕基点的转动，是指相对于这个平移参考系的转动。

研究平面运动时，可以选择不同的点作为基点。一般平面图形上各点的运动情况是不相同的，例如，图 8-6 所示连杆 AB 上的点 B 做直线运动，点 A 做圆周运动。因此，在平面图形上选取不同的基点，其动参考系的平移是不一样的，其速度和加速度是不相同的。由图 8-6 还可以看出：如果运动起始时杆 OA 和杆 AB 都位于水平位置，运动中的任一时刻，AB 连线绕点 A 或绕点 B 的转角，相对于各自的平移参考系 $Ax''y''$或 $Bx'y'$，都是一样的，都等于相对于定参考系的转角 φ。由于任一时刻的转角相同，其角速度、角加速度也必然相同。于是可得结论：平面运动可取任意基点而分解为平移和转动，其中平移的速度和加速度与基点的选择有关，而平面图形绕基点转动的角速度和角加速度与基点的选择无关。这里所谓的角速度和角加速度是相对于各基点处的平移参考系而言的。平面图形相对于各平移参考系（包括定参考系），其转动运动都是一样的，角速度、角加速度都是共同的，无须标明绕哪一点转动或选哪一点为基点。

§8-2　求平面图形内各点速度的基点法

给定了平面图形的运动方程，就可以进一步确定图形内各点的速度分布。设点 M 是平面图形上任意一点，取点 M 为动点，动参考系为在点 O'安装的平移参考系 $O'x'y'$。因为牵连运动为平移，所以点 M 的牵连速度等于基点的速度，$\boldsymbol{v}_e=\boldsymbol{v}_{O'}$，而点 M 的相对运动是绕基点的圆周运动，相对速度等于平面图形绕基点转动时点 M 的速度，以 $\boldsymbol{v}_{MO'}$表示，它垂直于 $O'M$ 并指向图形转动的方向，大小为

$$v_{O'M}=O'M\cdot\omega$$

式中，ω 为平面图形角速度的绝对值（以下同）。由点的速度合成公式，有

$$\boldsymbol{v}_M=\boldsymbol{v}_e+\boldsymbol{v}_r=\boldsymbol{v}_{O'}+\boldsymbol{v}_{MO'}\tag{8-2}$$

上式是平面图形内任意点 M 的速度分解式（图 8-7）。根据此式，可做出平面图形

内直线 $O'M$ 上各点速度的分布图，如图 8-8 所示。

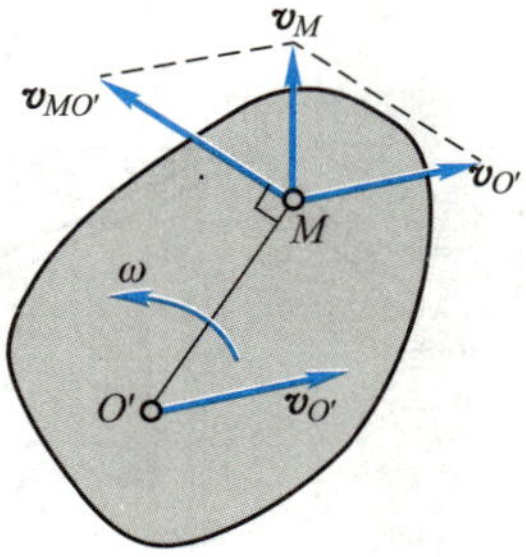

图 8-7

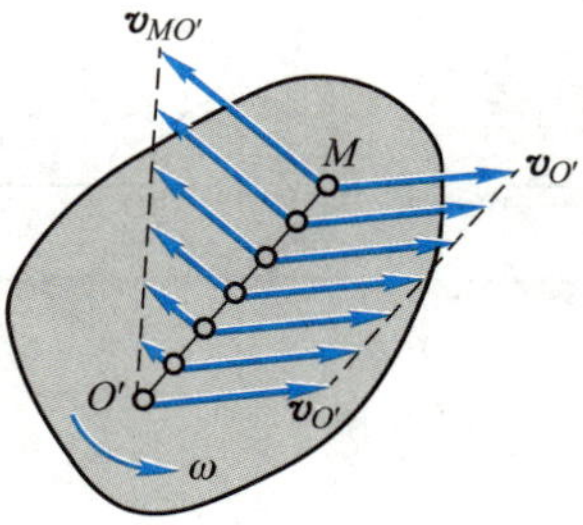

图 8-8

于是得结论：平面图形内任一点的速度等于基点的速度与该点随图形绕基点转动速度的矢量和。

根据这个结论，平面图形内任意两点 A 和 B 的速度 $\boldsymbol{v}_A$ 和 $\boldsymbol{v}_B$ 必存在一定的关系。如果选取点 A 为基点，以 $\boldsymbol{v}_{BA}$ 表示点 B 相对点 A 的相对速度，根据上述结论，得

$$\boldsymbol{v}_B=\boldsymbol{v}_A+\boldsymbol{v}_{BA} \tag{8-3}$$

式中，相对速度 $\boldsymbol{v}_{BA}$ 的大小为

$$v_{BA}=AB\cdot\omega$$

它的方向垂直于 AB，且朝向图形转动的一方。

在解题时，我们常会用到式(8-3)。与前一章的分析相同，在这里 $\boldsymbol{v}_A$、$\boldsymbol{v}_B$ 和 $\boldsymbol{v}_{BA}$ 均有大小和方向两个要素，共计 6 个要素，要使问题可解，一般应有 4 个要素是已知的。在平面图形的运动中，点的相对速度 $\boldsymbol{v}_{BA}$ 的方向总是已知的，它垂直于线段 AB。于是，只需知道任何其他 3 个要素，便可作出速度平行四边形。

例 8-1 椭圆规尺的 A 端以速度 $\boldsymbol{v}_A$ 沿 x 轴的负向运动，如图 8-9 所示，$AB=l$。求 B 端的速度及尺 AB 的角速度。

动画
例 8-1

解： 尺 AB 做平面运动，因而可用公式

$$\boldsymbol{v}_B=\boldsymbol{v}_A+\boldsymbol{v}_{BA}$$

在本题中 $\boldsymbol{v}_A$ 的大小和方向，以及 $\boldsymbol{v}_B$ 的方向都是已知的(因 B 端在 y 轴上做直线运动)。共计有三个要素是已知的，再加上 $\boldsymbol{v}_{BA}$ 的方向垂直于 AB 这一要素，可以做出速度平行四边形如图 8-9 所示。做图时，应注意使 $\boldsymbol{v}_B$ 位于平行四边形的对角线上。

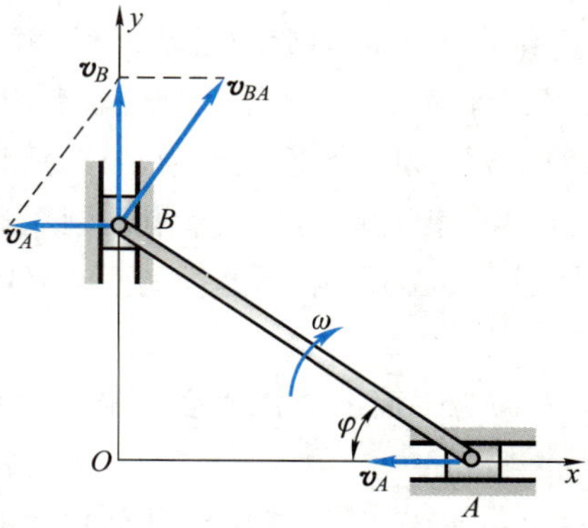

图 8-9

由图中的几何关系可得

$$v_B=v_A\cot\varphi$$

此外，有

$$v_{BA}=\frac{v_A}{\sin\varphi}$$

但另一方面，$v_{BA}=AB\cdot\omega$，此处 ω 是尺 AB 的角速度，由此得

$$\omega=\frac{v_{BA}}{AB}=\frac{v_{BA}}{l}=\frac{v_A}{l\sin\varphi}$$

例 8-2 图 8-10 所示平面机构中，$AB=BD=DE=l=300$ mm。在图示位置时，$BD\parallel AE$，杆 AB 的角速度为 $\omega=5$ rad/s。求此瞬时杆 DE 的角速度和杆 BD 中点 C 的速度。

动画
例 8-2

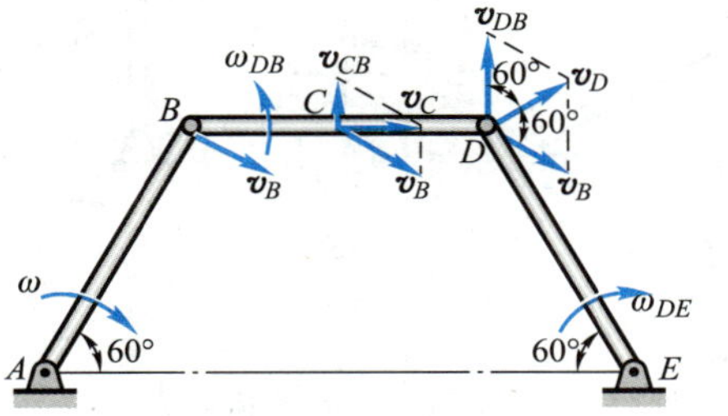

图 8-10

解：杆 DE 绕点 E 转动，为求其角速度可先求点 D 的速度。杆 BD 做平面运动，而点 B 也是转动刚体杆 AB 上一点，其速度为

$$v_B=\omega l=300\ \text{mm}\times5\ \text{rad/s}=1.5\ \text{m/s}$$

方向如图所示。

对平面运动的杆 BD，可以点 B 为基点，按式(8-3)得

$$\boldsymbol{v}_D=\boldsymbol{v}_B+\boldsymbol{v}_{DB}$$

其中，$\boldsymbol{v}_B$ 大小和方向均为已知，相对速度 $\boldsymbol{v}_{DB}$ 的方向与杆 BD 垂直，点 D 的速度 $\boldsymbol{v}_D$ 与杆 DE 垂直。由于上式中四个要素是已知的，可以做出其速度平行四边形如图所示，其中 $\boldsymbol{v}_D$ 位于平行四边形的对角线。由此瞬时的几何关系，得知

$$v_D=v_{DB}=v_B=1.5\ \text{m/s}$$

于是解出此瞬时杆 DE 的角速度为

$$\omega_{DE}=\frac{v_D}{l}=\frac{1.5\ \text{m/s}}{0.3\ \text{m}}=5\ \text{rad/s}$$

方向如图所示。

$\boldsymbol{v}_{DB}$ 为点 D 相对点 B 的速度，应有

$$v_{DB}=\omega_{BD}\cdot BD$$

由此可得此瞬时杆 BD 的角速度为

$$\omega_{BD}=\frac{v_{DB}}{l}=\frac{1.5\ \text{m/s}}{0.3\ \text{m}}=5\ \text{rad/s}$$

方向如图所示。在求得杆 BD 角速度的基础上，可以点 B 或点 D 为基点，求出杆 BD 上任一点的速度。如仍以点 B 为基点，杆 BD 中点 C 的速度为

$$\boldsymbol{v}_C=\boldsymbol{v}_B+\boldsymbol{v}_{CB}$$

其中，$\boldsymbol{v}_B$ 的大小和方向均为已知，$\boldsymbol{v}_{CB}$ 方向与杆 BD 垂直，大小为 $v_{CB}=\omega_{BD}\cdot\dfrac{l}{2}=0.75$ m/s。已知四个要素，可做出上式的速度平行四边形如图所示。由此瞬时速度矢的几何关系，得出此时 $\boldsymbol{v}_C$

的方向恰好沿杆 BD,大小为

$$v_C=\sqrt{v_B^2-v_{CB}^2}\approx 1.299\ \text{m/s}$$

例 8-3 曲柄连杆机构如图 8-11a 所示,$OA=r$,$AB=\sqrt{3}\,r$。如曲柄 OA 以匀角速度 ω 转动,求当 $\varphi=60°$、$0°$和 $90°$时点 B 的速度。

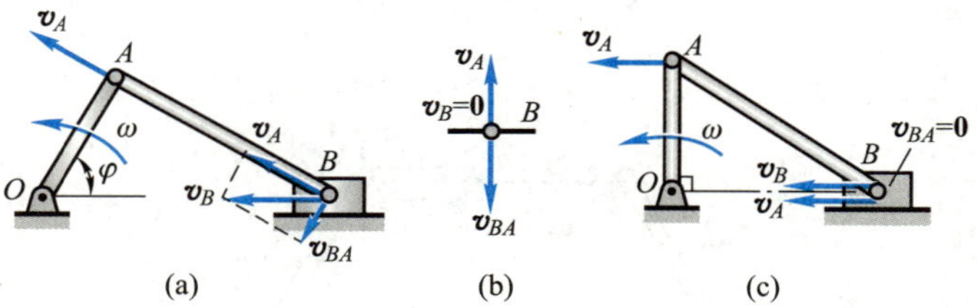

图 8-11

解: 连杆 AB 做平面运动,以点 A 为基点,点 B 的速度为

$$\boldsymbol{v}_B=\boldsymbol{v}_A+\boldsymbol{v}_{BA}$$

其中,$v_A=\omega r$,方向与杆 OA 垂直,$\boldsymbol{v}_B$ 沿 OB 方向,$\boldsymbol{v}_{BA}$与杆 AB 垂直。上式中四个要素是已知的,可以做出其速度平行四边形。

当 $\varphi=60°$时,由于 $AB=\sqrt{3}\,OA$,杆 OA 恰与杆 AB 垂直,其速度平行四边形如图 8-11a 所示,解出

$$v_B=\frac{v_A}{\cos 30°}=\frac{2\sqrt{3}}{3}\,\omega r$$

当 $\varphi=0°$时,$\boldsymbol{v}_A$ 与 $\boldsymbol{v}_{BA}$均垂直于杆 OB,也垂直于 $\boldsymbol{v}_B$,按速度平行四边形合成法则,应有 $v_B=0$(图 8-11b)。

当 $\varphi=90°$时,$\boldsymbol{v}_A$ 与 $\boldsymbol{v}_B$ 方向一致,而 $\boldsymbol{v}_{BA}$又垂直于杆 AB,其速度平行四边形应为一直线段,如图 8-11c 所示,显然有

$$v_B=v_A=\omega r$$

而 $v_{BA}=0$。此时杆 AB 的角速度为零,A、B 两点的速度大小与方向都相同,杆 AB 具有平移刚体的特征。但杆 AB 只在此瞬时有 $\boldsymbol{v}_B=\boldsymbol{v}_A$,其他时刻则不然,因而称此时的杆 AB 做**瞬时平移**。

动画
例 8-4

例 8-4 图 8-12 所示的行星轮系中,大齿轮 Ⅰ 固定,半径为 r_1;行星齿轮 Ⅱ 沿齿轮 Ⅰ 只滚动而不滑动,半径为 r_2。系杆 OA 角速度为 ω_O。求齿轮 Ⅱ 的角速度 $\omega_{\text{Ⅱ}}$ 及其上 B、C 两点的速度。

解: 行星齿轮 Ⅱ 做平面运动,其上点 A 的速度可由系杆 OA 的转动求得,即

$$v_A=\omega_O\cdot OA=\omega_O(r_1+r_2)$$

方向如图所示。

以点 A 为基点,齿轮 Ⅱ 上与齿轮 Ⅰ 接触的点 D 的速度应为

$$\boldsymbol{v}_D=\boldsymbol{v}_A+\boldsymbol{v}_{DA}$$

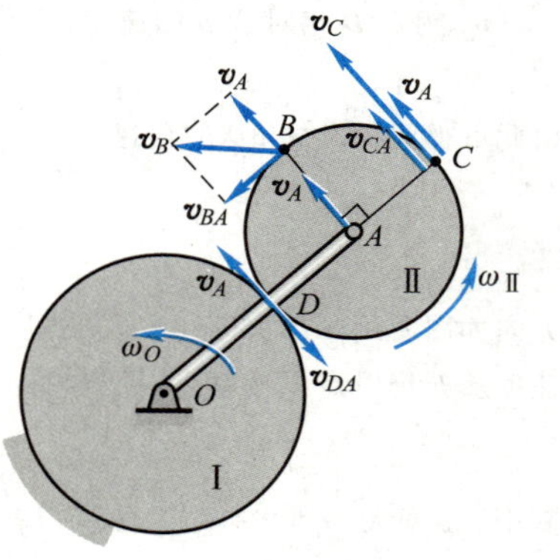

图 8-12

由于齿轮Ⅰ固定不动，接触点 D 不滑动，显然 $v_D=0$，因而有 $v_{DA}=v_A=\omega_O(r_1+r_2)$，方向与 $\boldsymbol{v}_A$ 相反，如图所示。$\boldsymbol{v}_{DA}$ 为点 D 相对基点 A 的速度，应有 $v_{DA}=\omega_{\text{II}}\cdot DA$。由此可得

$$\omega_{\text{II}}=\frac{v_{DA}}{DA}=\frac{\omega_O(r_1+r_2)}{r_2}$$

为逆时针转向，如图所示。

以点 A 为基点，点 B 的速度为

$$\boldsymbol{v}_B=\boldsymbol{v}_A+\boldsymbol{v}_{BA}$$

而 $v_{BA}=\omega_{\text{II}}\cdot BA=\omega_O(r_1+r_2)=v_A$，方向与 $\boldsymbol{v}_A$ 垂直，如图所示。因此，$\boldsymbol{v}_B$ 与 $\boldsymbol{v}_A$ 的夹角为 45°，指向如图所示，大小为

$$v_B=\sqrt{2}v_A=\sqrt{2}\omega_O(r_1+r_2)$$

以点 A 为基点，点 C 的速度为

$$\boldsymbol{v}_C=\boldsymbol{v}_A+\boldsymbol{v}_{CA}$$

而 $v_{CA}=\omega_{\text{II}}\cdot AC=\omega_O(r_1+r_2)=v_A$，方向与 $\boldsymbol{v}_A$ 一致，由此可得

$$v_C=v_A+v_{CA}=2\omega_O(r_1+r_2)$$

总结以上各例的解题步骤如下：

（1）分析题中各物体的运动，哪些物体做平移，哪些物体做转动，哪些物体做平面运动。

（2）研究做平面运动的物体上哪一点的速度大小和方向是已知的，哪一点的速度的某一要素（一般是速度方向）是已知的。

（3）选定基点（设为点 A），而另一点（设为点 B）可应用公式 $\boldsymbol{v}_B=\boldsymbol{v}_A+\boldsymbol{v}_{BA}$，做速度平行四边形。必须注意，做图时要使 $\boldsymbol{v}_B$ 成为平行四边形的对角线。

（4）利用几何关系，求解平行四边形中的未知量。

（5）如果需要再研究另一个做平面运动的物体，可按上述步骤继续进行。

根据式（8-3）容易导出**速度投影定理**：同一平面图形上任意两点的速度在这两点连线上的投影相等。

证明：在图形上任取两点 A 和 B，它们的速度分别为 $\boldsymbol{v}_A$ 和 $\boldsymbol{v}_B$，参考图 8-7，则两点的速度必须符合如下关系：

$$\boldsymbol{v}_B=\boldsymbol{v}_A+\boldsymbol{v}_{BA}$$

将上式等号两端投影到直线 AB 上，并分别用 $(\boldsymbol{v}_B)_{AB}$，$(\boldsymbol{v}_A)_{AB}$，$(\boldsymbol{v}_{BA})_{AB}$ 表示 $\boldsymbol{v}_B$、$\boldsymbol{v}_A$、$\boldsymbol{v}_{BA}$ 在线段 AB 上的投影，则

$$(\boldsymbol{v}_B)_{AB}=(\boldsymbol{v}_A)_{AB}+(\boldsymbol{v}_{BA})_{AB}$$

由于 $\boldsymbol{v}_{BA}$ 垂直于线段 AB，因此 $(\boldsymbol{v}_{BA})_{AB}=0$。于是得到

$$(\boldsymbol{v}_B)_{AB}=(\boldsymbol{v}_A)_{AB} \tag{8-4}$$

这就证明了上述定理。

这个定理也可以由下面的理由来说明：因为点 A 和点 B 是刚体上的两点，它们之间的距离应保持不变，所以两点的速度在 AB 方向的分量必须相同。否则，线段 AB 不是伸长，便是缩短。因此，速度投影定理不仅适用于刚体做平面运动，也适合

于刚体做其他任意的运动。

例 8-5 图 8-13 所示的平面机构中,曲柄 OA 长为 100 mm,以角速度 $\omega=2$ rad/s 转动。连杆 AB 带动摇杆 CD,并拖动轮 E 沿水平面滚动。已知 $CD=3CB$,在图示位置时 A、B、E 三点恰在一水平线上,且 $CD\perp ED$。求此瞬时点 E 的速度。

动画
例 8-5

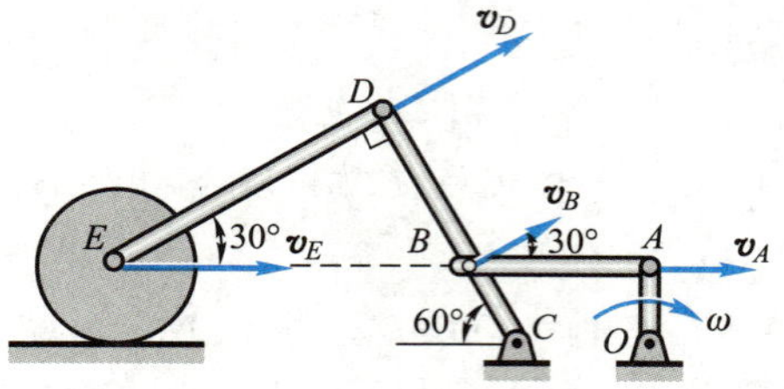

图 8-13

解:

$$v_A=\omega\cdot OA=2\ \text{rad/s}\times100\ \text{mm}=0.2\ \text{m/s}$$

由速度投影定理,杆 AB 上点 A 和点 B 的速度在 AB 线上投影相等,即

$$v_B\cos30^\circ=v_A$$

解出

$$v_B=0.230\ 9\ \text{m/s}$$

摇杆 CD 绕点 C 转动,有

$$v_D=\frac{v_B}{CB}\cdot CD=3v_B=0.692\ 8\ \text{m/s}$$

轮 E 沿水平面滚动,轮心 E 的速度方向为水平,由速度投影定理,D、E 两点的速度关系为

$$v_E\cos30^\circ=v_D$$

解出

$$v_E=0.8\ \text{m/s}$$

§8-3 求平面图形内各点速度的瞬心法

研究平面图形上各点的速度,还可以采用瞬心法。求解问题时,瞬心法形象性更好,有时更为方便。

1. 定理

一般情况,在每一瞬时,平面图形上都唯一地存在一个速度为零的点。

证明: 设有一个平面图形 S,如图 8-14 所示。取图形上的点 A 为基点,它的速度为 $\boldsymbol{v}_A$,图形的角速度的绝对值为 ω,转向如图所示。图形上任一点 M 的速度可按下式计算:

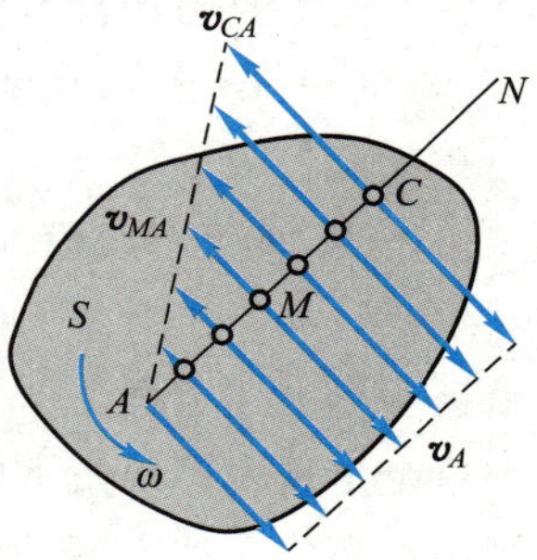

图 8-14

$$\boldsymbol{v}_M=\boldsymbol{v}_A+\boldsymbol{v}_{MA}$$

如果点 M 在 $\boldsymbol{v}_A$ 的垂线 AN 上(由 $\boldsymbol{v}_A$ 到 AN 的转向与图形的转向一致),由图中看出,$\boldsymbol{v}_A$ 和 $\boldsymbol{v}_{MA}$ 在同一直线上,而方向相反,故 $\boldsymbol{v}_M$ 的大小为

$$v_M=v_A-\omega\cdot AM$$

由上式可知,随着点 M 在垂线 AN 上的位置不同,$\boldsymbol{v}_M$ 的大小也不同,因此只要角速度 ω 不等于零,总可以找到一点 C,该点的瞬时速度等于零。如令

$$AC=\frac{v_A}{\omega}$$

则

$$v_C=v_A-AC\cdot\omega=0$$

于是定理得到证明。在某一瞬时,平面图形内速度等于零的点称为**瞬时速度中心**,或称为**速度瞬心**。

2. 平面图形内各点的速度及其分布

根据上述定理,每一瞬时在平面图形内都存在速度等于零的一点 C,即 $v_C=0$。选取点 C 作为基点,图 8-15a 中 A、B、D 等各点的速度为

$$\boldsymbol{v}_A=\boldsymbol{v}_C+\boldsymbol{v}_{AC}=\boldsymbol{v}_{AC}$$

$$\boldsymbol{v}_B=\boldsymbol{v}_C+\boldsymbol{v}_{BC}=\boldsymbol{v}_{BC}$$

$$\boldsymbol{v}_D=\boldsymbol{v}_C+\boldsymbol{v}_{DC}=\boldsymbol{v}_{DC}$$

由此得结论:平面图形内任一点的速度等于该点随图形绕瞬时速度中心转动的速度。

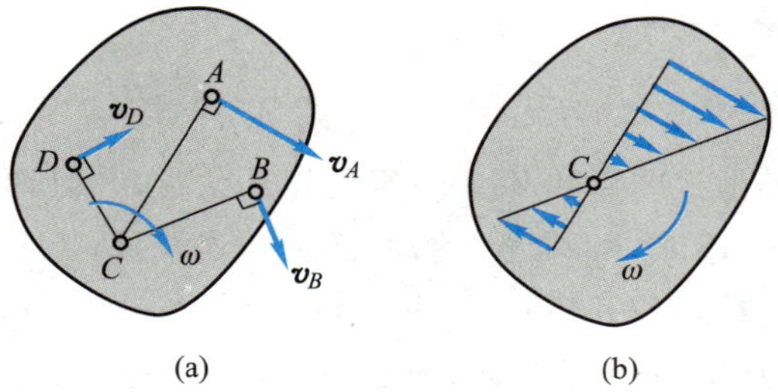

图 8-15

由于平面图形绕任意点转动的角速度都相等(参看 §8-1),因此平面图形绕速度瞬心 C 转动的角速度等于图形绕任一基点转动的角速度,以 ω 表示这个角速度,于是有

$$v_A=v_{AC}=\omega\cdot AC,\quad v_B=v_{BC}=\omega\cdot BC,\quad v_D=v_{DC}=\omega\cdot DC$$

由此可见,平面图形内各点速度的大小与该点到速度瞬心的距离成正比。速度的方向垂直于该点到速度瞬心的连线,指向图形转动的一方,如图 8-15a 所示。这样求出的速度的分布情况,可使我们得到一个简单而清晰的概念。

平面图形上各点速度在某瞬时的分布情况，与图形绕定轴转动时各点速度的分布情况相类似（图 8-15b）。于是，平面图形的运动可看成围绕速度瞬心的瞬时转动。

应该强调指出，刚体做平面运动时，一般情况下在每一瞬时，图形内必有一点成为速度瞬心；但是，在不同的瞬时，速度瞬心在图形内的位置是不同的。

综上所述可知，如果已知平面图形在某一瞬时的速度瞬心位置和角速度，则在该瞬时，图形内任一点的速度可以完全确定。在解题时，根据机构的几何条件，确定速度瞬心位置的方法有下列几种：

（1）平面图形沿一固定表面做无滑动的滚动，如图 8-16 所示。图形与固定面的接触点 C 就是图形的速度瞬心，因为在这一瞬时，点 C 相对于固定面的速度为零，所以它的绝对速度等于零。车轮滚动的过程中，轮缘上的各点相继与地面接触而成为车轮在不同时刻的速度瞬心。

（2）已知平面图形内任意两点 A 和 B 的速度的方向，如图 8-17 所示，速度瞬心 C 的位置必在每一点速度的垂线上。因此在图 8-17 中，通过点 A 做垂直于 $\boldsymbol{v}_A$ 方向的直线 Aa；再通过点 B 做垂直于 $\boldsymbol{v}_B$ 方向的直线 Bb，设两条直线交于点 C，则点 C 就是平面图形的速度瞬心。

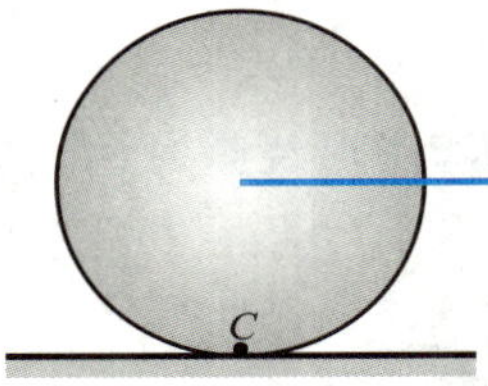

图 8-16

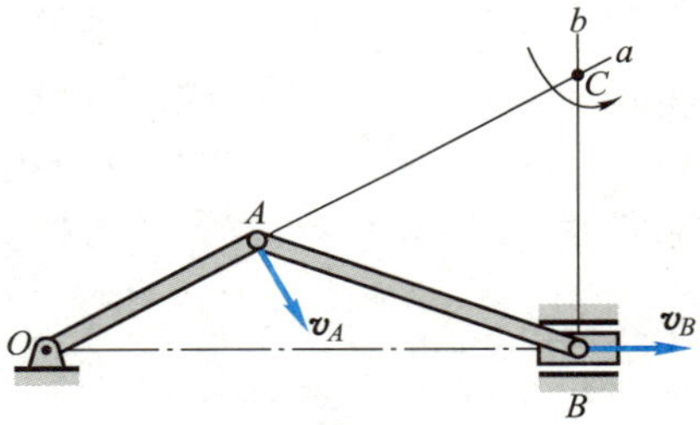

图 8-17

（3）已知平面图形上两点 A 和 B 的速度相互平行，并且速度的方向垂直于两点的连线 AB，如图 8-18 所示，则速度瞬心必定在连线 AB 与速度矢 $\boldsymbol{v}_A$ 和 $\boldsymbol{v}_B$ 端点连线的交点 C 上（参看图 8-15b）。因此，欲确定图 8-18 所示齿轮的速度瞬心 C 的位置，不仅需要知道 $\boldsymbol{v}_A$ 和 $\boldsymbol{v}_B$ 的方向，而且还需要知道它们的大小。

当 $\boldsymbol{v}_A$ 和 $\boldsymbol{v}_B$ 同向时，图形的速度瞬心 C 在 AB 的延长线上（图 8-18a）；当 $\boldsymbol{v}_A$ 和 $\boldsymbol{v}_B$ 反向时，图形的速度瞬心 C 在 A、B 两点之间（图 8-18b）。

（4）某一瞬时，平面图形上 A、B 两点的速度相等，即 $\boldsymbol{v}_A=\boldsymbol{v}_B$ 时，如图 8-19 所示，图形的速度瞬心在无限远处。在该瞬时，图形上各点的速度分布如同图形做平移的情形一样，故称为**瞬时平移**。必须注意，此瞬时各点的速度虽然相同，但是加速度不同。

例 8-6 车厢的轮子沿直线轨道滚动而无滑动，如图 8-20 所示。已知车轮中心 O 的速度为 $\boldsymbol{v}_O$。如半径 R 和 r 都是已知的，求车轮上 A_1、A_2、A_3、A_4 各点的速度，其中点 A_2、O、A_4 三点在同一水平线上，点 A_1、O、A_3 三点在同一铅垂直线上。

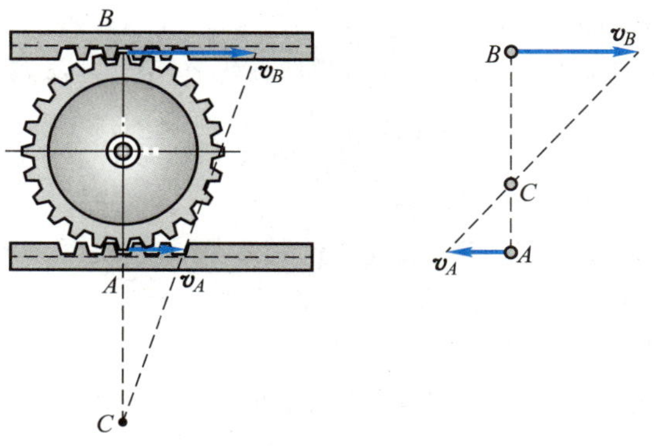

图 8-18

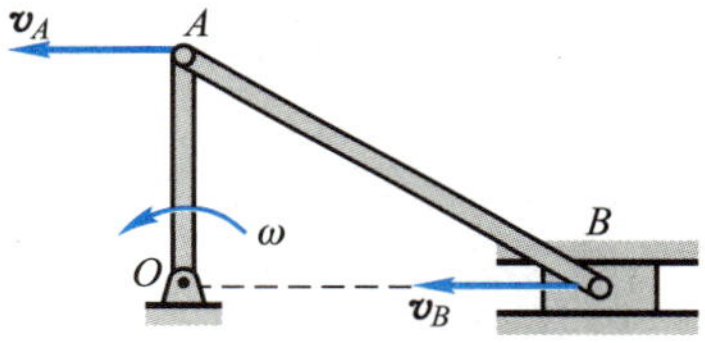

图 8-19

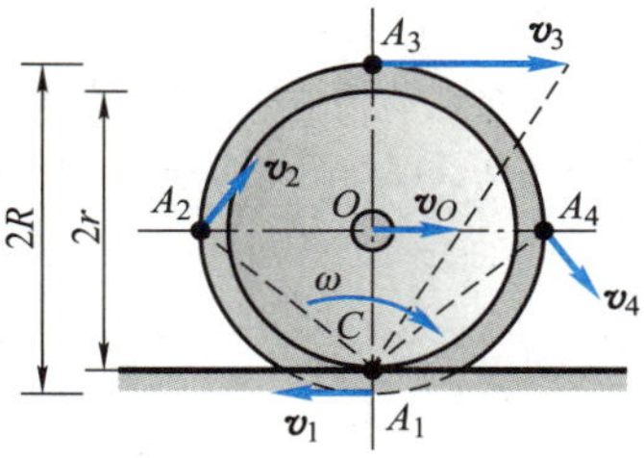

图 8-20

解： 因为车轮只滚动无滑动，故车轮与轨道的接触点 C 就是车轮的速度瞬心。令 ω 为车轮绕速度瞬心转动的角速度，因 $v_O=r\omega$，从而求得车轮的角速度的转向如图所示，大小为

$$\omega=\frac{v_O}{r}$$

图 8-20 中各点的速度分别计算如下：

$$v_1=A_1C\cdot\omega=\frac{R-r}{r}v_O,\quad v_2=A_2C\cdot\omega=\frac{\sqrt{R^2+r^2}}{r}v_O$$

$$v_3=A_3C\cdot\omega=\frac{R+r}{r}v_O,\quad v_4=A_4C\cdot\omega=\frac{\sqrt{R^2+r^2}}{r}v_O$$

这些速度的方向分别垂直于 A_1C、A_2C、A_3C 和 A_4C，指向如图所示。

例 8-7 用瞬心法解例 8-1。

解： 分别做点 A 和点 B 速度的垂线，两条直线的交点 C 就是平面图形 AB 的速度瞬心，如图 8-21 所示。于是平面图形的角速度为

$$\omega=\frac{v_A}{AC}=\frac{v_A}{l\sin\varphi}$$

点 B 的速度为

$$v_B=BC\cdot\omega=\frac{BC}{AC}v_A=v_A\cot\varphi$$

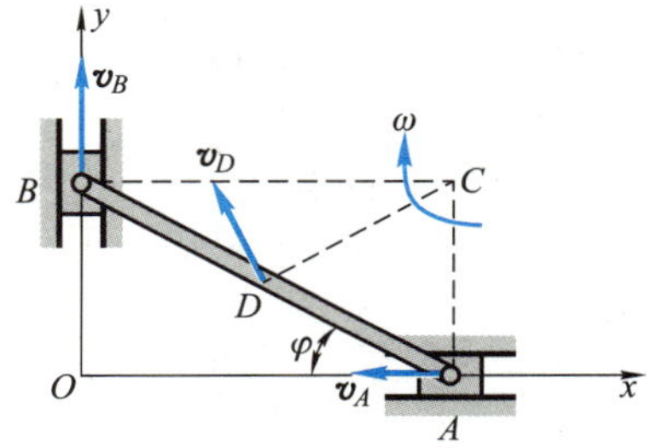

图 8-21

以上结果与例 8-1 求得的完全一样。

用瞬心法也可以求平面图形内任一点的速度。例如，杆 AB 中点 D 的速度为

$$v_D = DC \cdot \omega = \frac{l}{2} \cdot \frac{v_A}{l\sin\varphi} = \frac{v_A}{2\sin\varphi}$$

它的方向垂直于 DC，且朝向图形转动的一方。

由以上各例可以看出，用瞬心法解题，其步骤与基点法类似。前两步完全相同，只是第三步要根据已知条件，求出平面图形的速度瞬心的位置和平面图形转动的角速度，最后求出各点的速度。

如果需要研究由几个平面图形组成的平面机构，则可依次对每一个平面图形按上述步骤进行，直到求出所需的全部未知量为止。应该注意，每一个平面图形有它自己的速度瞬心和角速度，因此，每求出一个速度瞬心和角速度，应明确标出它是哪一个平面图形的速度瞬心和角速度，决不可混淆。

例 8-8 矿石轧碎机的活动夹板 AB 长为 600 mm，由曲柄 OE 借连杆组带动，使它绕 A 轴摆动，如图 8-22 所示。曲柄 OE 长为 100 mm，角速度为 10 rad/s。连杆组由杆 BG、GD 和杆 GE 组成，杆 BG 和杆 GD 长度均为 500 mm。求当机构在图示位置时，夹板 AB 的角速度。

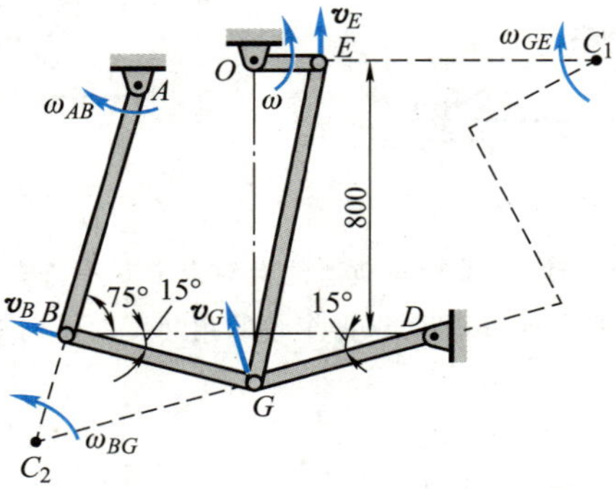

图 8-22

解： 此机构由五个刚体组成，杆 OE、GD 和杆 AB 绕固定轴转动，杆 GE 和杆 BG 做平面运动。

欲求杆 AB 的角速度 ω_{AB}，必须先求出点 B 的速度大小，因为 $\omega_{AB} = \dfrac{v_B}{AB}$；而欲求 v_B，则应先求点 G 的速度。

杆 GE 做平面运动，点 E 的速度方向垂直于杆 OE，点 G 在以点 D 为圆心的圆弧上运动，因此速度方向垂直于杆 GD。作点 G、E 两点速度矢量的垂线，得交点 C_1，这就是在图示瞬时杆 GE 的速度瞬心。

由图中几何关系知

$$OG = 800\ \text{mm} + 500\ \text{mm} \cdot \sin 15° = 929.4\ \text{mm}$$

$$EC_1 = OC_1 - OE = OG \cdot \cot 15° - OE = 3\ 369\ \text{mm}$$

$$GC_1 = \frac{OG}{\sin 15°} = 3\ 591\ \text{mm}$$

于是，杆 GE 的角速度为

$$\omega_{GE}=\frac{v_E}{EC_1}=\frac{\omega\cdot OE}{EC_1}=0.296\ 8\ \mathrm{rad/s}$$

点 G 的速度为

$$v_G=\omega_{GE}\cdot GC_1=1.066\ \mathrm{m/s}$$

杆 BG 也做平面运动，已知点 G 的速度大小和方向，并知点 B 的速度必垂直于杆 AB，做两速度矢量的垂线交于点 C_2，该点就是杆 BG 在图示瞬时的速度瞬心。按照上面的计算方法可求得

$$\omega_{BG}=\frac{v_G}{GC_2}$$

$$v_B=\omega_{BG}\cdot BC_2=v_G\frac{BC_2}{GC_2}=v_G\cos 60^\circ$$

$$\omega_{AB}=\frac{v_B}{AB}=\frac{v_G\cos 60^\circ}{AB}=0.888\ \mathrm{rad/s}$$

由此可以看出：

（1）机构的运动都是通过各部件的连接点来传递的；

（2）在每一瞬时，机构中做平面运动的各刚体有各自的速度瞬心和角速度。

§8-4　用基点法求平面图形内各点的加速度

现在讨论平面图形内各点的加速度。

根据§8-1所述，如图8-23所示平面图形 S 的运动可分解为两部分：（1）随同基点 A 的平移（牵连运动）；（2）绕基点 A 的转动（相对运动）。于是，平面图形内任一点 B 的运动也由两个运动合成，它的加速度可以用加速度合成定理求出。因为牵连运动为平移，点 B 的绝对加速度等于牵连加速度与相对加速度的矢量和。

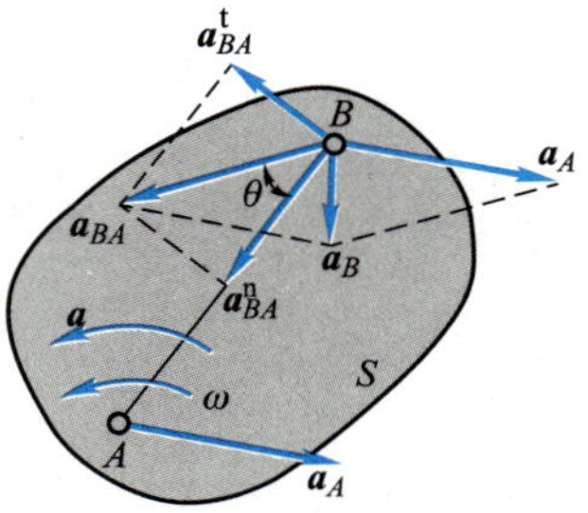

图 8-23

由于牵连运动为平移，点 B 的牵连加速度等于基点 A 的加速度 $\boldsymbol{a}_A$；点 B 的相对加速度 $\boldsymbol{a}_{BA}$ 是该点随平面图形绕基点 A 转动的加速度，可分为切向加速度与法向加速度两部分。于是用基点法求点的加速度合成公式为

$$\boldsymbol{a}_B=\boldsymbol{a}_A+\boldsymbol{a}^{\mathrm{t}}_{BA}+\boldsymbol{a}^{\mathrm{n}}_{BA} \tag{8-5}$$

即平面图形内任一点的加速度等于基点的加速度与该点随平面图形绕基点转动的切向加速度和法向加速度的矢量和。

式(8-5)中，$\boldsymbol{a}^{\mathrm{t}}_{BA}$ 为点 B 绕基点 A 转动的切向加速度，方向与 AB 垂直，大小为

$$a^{\mathrm{t}}_{BA}=AB\cdot\alpha$$

α 为平面图形的角加速度。$\boldsymbol{a}^{\mathrm{n}}_{BA}$ 为点 B 绕基点 A 转动的法向加速度，指向基点 A，大小为

$$a_{BA}^{n}=AB\cdot\omega^{2}$$

ω 为平面图形的角速度。

式(8-5)为平面内的矢量等式，通常可向两个相交的坐标轴投影，得到两个代数方程，用以求解两个未知量。

例 8-9 如图 8-24 所示，在外啮合行星齿轮机构中，系杆 $O_1O=l$，以匀角速度 ω_1 绕 O_1 轴转动。大齿轮Ⅱ固定，行星齿轮Ⅰ半径为 r，在齿轮Ⅱ上只滚不滑。设点 A 和点 B 是轮缘上的两点，点 A 在 O_1O 的延长线上，而点 B 则在垂直于 O_1O 的半径上。求点 A 和点 B 的加速度。

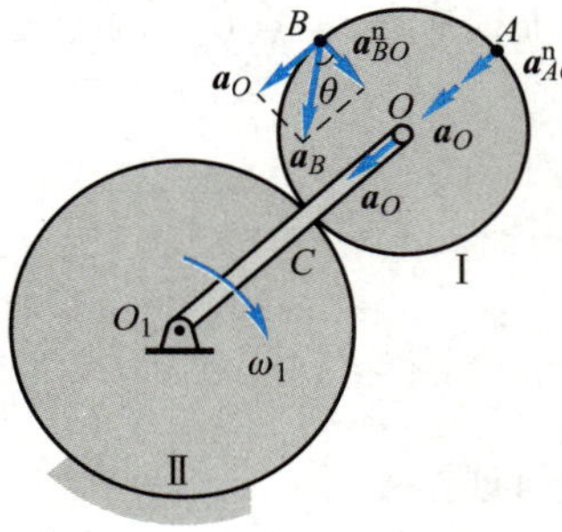

图 8-24

解： 齿轮Ⅰ做平面运动，其中心 O 的速度和加速度分别为

$$v_O=l\omega_1,\quad a_O=l\omega_1^2$$

选点 O 作为基点。由题意知，齿轮Ⅰ的瞬心在两齿轮的接触点 C 处。设齿轮Ⅰ的角速度为 ω，有

$$\omega=\frac{v_O}{r}=\frac{l}{r}\omega_1$$

因为 ω_1 为不变的常量，所以 ω 也是常量，则齿轮Ⅰ的角加速度等于零，于是有

$$a_{AO}^{t}=a_{BO}^{t}=0$$

A、B 两点相对于基点 O 的法向加速度分别沿半径 OA 和半径 OB，指向中心 O，它们的大小为

$$a_{AO}^{n}=a_{BO}^{n}=r\omega^{2}=\frac{l^{2}}{r}\omega_1^{2}$$

按照式(8-5)将这些加速度与 $\boldsymbol{a}_O$ 合成，得点 A 的加速度的方向沿 OA，指向中心 O，它的大小为

$$a_A=a_O+a_{AO}^{n}=l\omega_1^{2}+\frac{l^{2}}{r}\omega_1^{2}=l\omega_1^{2}\left(1+\frac{l}{r}\right)$$

点 B 的加速度大小为

$$a_B=\sqrt{a_O^{2}+(a_{BO}^{n})^{2}}=l\omega_1^{2}\sqrt{1+\left(\frac{l}{r}\right)^{2}}$$

它与半径 OB 间的夹角为

$$\theta=\arctan\frac{a_O}{a_{BO}^{n}}=\arctan\frac{l\omega_1^{2}}{\frac{l^{2}}{r}\omega_1^{2}}=\arctan\frac{r}{l}$$

例 8-10 如图 8-25 所示，在椭圆规机构中，曲柄 OD 以匀角速度 ω 绕 O 轴转动，$OD=AD=BD=l$。求当 $\varphi=60°$ 时，尺 AB 的角加速度和点 A 的加速度。

动画

例 8-10

解： 先分析机构各部分的运动：曲柄 OD 绕 O 轴转动，尺 AB 做平面运动。

取尺 AB 上的点 D 为基点，其加速度为

$$a_D=l\omega^{2}$$

它的方向沿 OD 指向点 O。

点 A 的加速度为

$$\boldsymbol{a}_A=\boldsymbol{a}_D+\boldsymbol{a}_{AD}^{\mathrm{t}}+\boldsymbol{a}_{AD}^{\mathrm{n}}$$

其中，$\boldsymbol{a}_D$ 的大小和方向及 $\boldsymbol{a}_{AD}^{\mathrm{n}}$ 的大小和方向都是已知的。因为点 A 做直线运动，可设 $\boldsymbol{a}_A$ 的方向如图所示；$\boldsymbol{a}_{AD}^{\mathrm{t}}$ 垂直于 AD，其方向暂设如图所示。$\boldsymbol{a}_{AD}^{\mathrm{n}}$ 沿 AD 指向点 D，它的大小为

$$a_{AD}^{\mathrm{n}}=\omega_{AB}^2\cdot AD$$

其中，ω_{AB} 为尺 AB 的角速度，可用基点法或瞬心法求得

$$\omega_{AB}=\omega$$

则

$$a_{AD}^{\mathrm{n}}=\omega^2\cdot AD=l\omega^2$$

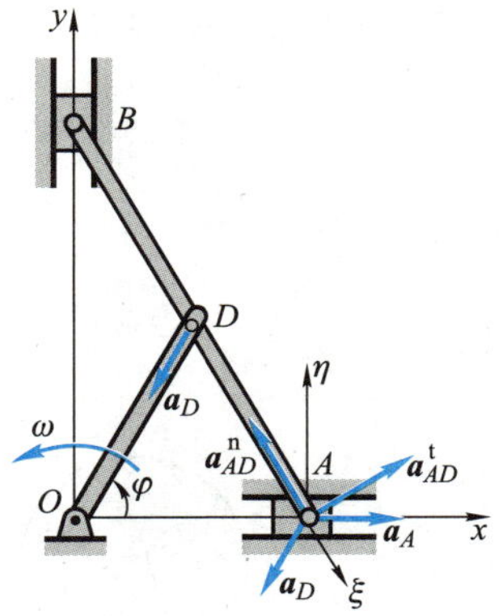

图 8-25

现在求两个未知量 $\boldsymbol{a}_A$ 和 $\boldsymbol{a}_{AD}^{\mathrm{t}}$ 的大小。取 ξ 轴垂直于 $\boldsymbol{a}_{AD}^{\mathrm{t}}$，取 η 轴垂直于 $\boldsymbol{a}_A$，η 和 ξ 的正方向如图所示。将 $\boldsymbol{a}_A$ 的矢量合成式分别在 ξ 轴和 η 轴上投影，得

$$a_A\cos\varphi=a_D\cos(\pi-2\varphi)-a_{AD}^{\mathrm{n}}$$

$$0=-a_D\sin\varphi+a_{AD}^{\mathrm{t}}\cos\varphi+a_{AD}^{\mathrm{n}}\sin\varphi$$

解得

$$a_A=\frac{a_D\cos(\pi-2\varphi)-a_{AD}^{\mathrm{n}}}{\cos\varphi}=\frac{\omega^2 l\cos 60^\circ-\omega^2 l}{\cos 60^\circ}=-l\omega^2$$

$$a_{AD}^{\mathrm{t}}=\frac{a_D\sin\varphi-a_{AD}^{\mathrm{n}}\sin\varphi}{\cos\varphi}=\frac{(\omega^2 l-\omega^2 l)\sin\varphi}{\cos\varphi}=0$$

于是有

$$\alpha_{AB}=\frac{a_{AD}^{\mathrm{t}}}{AD}=0$$

由于 a_A 为负值，故 $\boldsymbol{a}_A$ 的实际方向与原假设的方向相反。

例 8-11 车轮沿直线滚动，如图 8-26a 所示。已知车轮半径为 R，轮心 O 的速度为 $\boldsymbol{v}_O$，加速度为 $\boldsymbol{a}_O$。设车轮与地面接触无相对滑动。求车轮上速度瞬心的加速度。

解： 只滚不滑时，车轮的角速度可按下式计算：

$$\omega=\frac{v_O}{R}$$

车轮的角加速度 α 等于角速度对时间的一阶导数。上式对任何瞬时均成立，故可对时间求导，得

$$\alpha=\frac{\mathrm{d}\omega}{\mathrm{d}t}=\frac{\mathrm{d}}{\mathrm{d}t}\left(\frac{v_O}{R}\right)$$

因为 R 是常量，所以有

$$\alpha=\frac{1}{R}\frac{\mathrm{d}v_O}{\mathrm{d}t}$$

因为轮心 O 做直线运动，所以它的速度 v_O 对时间的一阶导数等于这一点的加速度 a_O。于是有

$$\alpha=\frac{a_O}{R}$$

车轮做平面运动。取轮心 O 为基点,按照式(8-5)求点 C 的加速度,即

$$\boldsymbol{a}_C=\boldsymbol{a}_O+\boldsymbol{a}_{CO}^{\mathrm{t}}+\boldsymbol{a}_{CO}^{\mathrm{n}}$$

式中

$$a_{CO}^{\mathrm{t}}=R\alpha=a_O\,,\quad a_{CO}^{\mathrm{n}}=R\omega^2=\frac{v_O^2}{R}$$

它们的方向如图 8-26b 所示。

动画
例 8-11

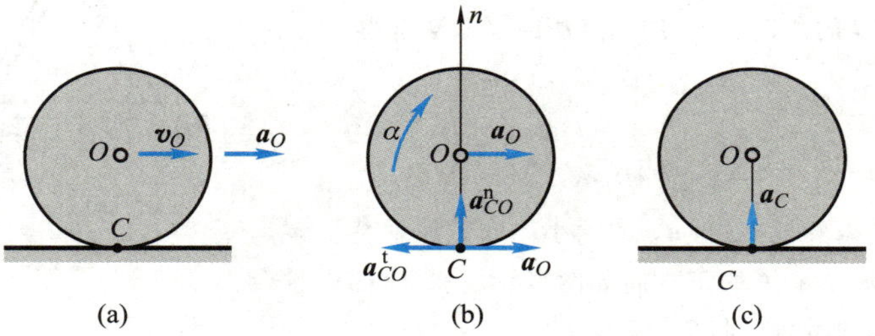

图 8-26

由于 $\boldsymbol{a}_O$ 与 $\boldsymbol{a}_{CO}^{\mathrm{t}}$ 的大小相等,方向相反,于是有

$$a_C=a_{CO}^{\mathrm{n}}$$

由此可知,速度瞬心 C 的加速度不等于零。当车轮在地面上只滚不滑时,速度瞬心 C 的加速度指向轮心 O,如图 8-26c 所示。

由以上各例可见,用基点法求平面图形上点的加速度的步骤与用基点法求点的速度的步骤相同。但由于在公式 $\boldsymbol{a}_B=\boldsymbol{a}_A+\boldsymbol{a}_{BA}^{\mathrm{t}}+\boldsymbol{a}_{BA}^{\mathrm{n}}$ 中有 8 个要素,因此必须已知其中 6 个,问题才是可解的。

动画
例 8-12

例 8-12 图 8-27a 所示机构,滑块 B 通过连杆 AB 带动半径为 r 的齿轮 O 在固定齿条上做纯滚动。已知 $OA=b$,$AB=2b$,图示瞬时 OB 水平,滑块 B 的速度 $v_B=v_0$(向上),加速度 $a_B=a_0$(向下)。求该瞬时齿轮 O 的角速度和角加速度。

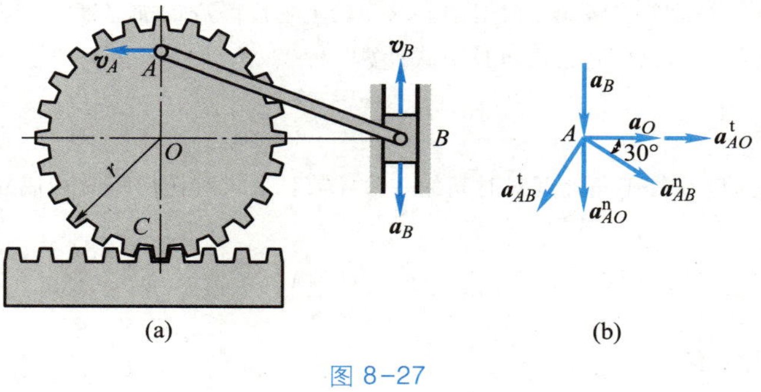

图 8-27

解: 齿轮 O 做平面运动,并通过连杆 AB 与滑块 B 相连,而连杆 AB 做平面运动。通过分析连杆 AB 的运动,由点 B 的已知条件求出点 A 的速度和加速度,就可以求得齿轮 O 的角速度和角加速度。

由于齿轮 O 沿固定齿条做纯滚动,其速度瞬心在接触点 C,因而点 A 的速度沿水平方向,由此确定点 O 为连杆 AB 的速度瞬心,从而有

$$\omega_{AB}=\frac{v_B}{OB}=\frac{\sqrt{3}v_0}{3b},\quad v_A=b\omega_{AB}=\frac{\sqrt{3}v_0}{3}$$

齿轮 O 的角速度为

$$\omega_0=\frac{v_A}{b+r}=\frac{\sqrt{3}v_0}{3(b+r)}\quad (\text{逆时针}) \tag{a}$$

以点 B 为基点，写出点 A 的加速度表达式为

$$\boldsymbol{a}_A=\boldsymbol{a}_B+\boldsymbol{a}_{AB}^{\mathrm{n}}+\boldsymbol{a}_{AB}^{\mathrm{t}} \tag{b}$$

上式中包含 $\boldsymbol{a}_A$ 的大小、方向和 $\boldsymbol{a}_{AB}^{\mathrm{t}}$ 的大小共 3 个未知量，还需要增加一个补充方程才能求解。

由例 8-11 可知，齿轮中心点 O 的加速度与齿轮角加速度之间满足关系式：

$$\alpha=\frac{a_O}{r}$$

选点 O 为基点，点 A 的加速度可以写成

$$\boldsymbol{a}_A=\boldsymbol{a}_O+\boldsymbol{a}_{AO}^{\mathrm{n}}+\boldsymbol{a}_{AO}^{\mathrm{t}} \tag{c}$$

式(c)等号右端只有齿轮角加速度 α 大小未知，将其代入式(b)，有

$$\boldsymbol{a}_B+\boldsymbol{a}_{AB}^{\mathrm{n}}+\boldsymbol{a}_{AB}^{\mathrm{t}}=\boldsymbol{a}_O+\boldsymbol{a}_{AO}^{\mathrm{n}}+\boldsymbol{a}_{AO}^{\mathrm{t}}$$

将上式沿 AB 方向投影(图 8-27b)得

$$a_B\sin 30^\circ+a_{AB}^{\mathrm{n}}=(a_{AO}^{\mathrm{t}}+a_O)\cos 30^\circ+a_{AO}^{\mathrm{n}}\sin 30^\circ$$

注意

$$a_O=\alpha r,\quad a_{AO}^{\mathrm{t}}=\alpha\cdot AO=\alpha b$$

$$a_{AB}^{\mathrm{n}}=\omega_{AB}^2\cdot AB=\frac{2}{3}\frac{v_0^2}{b},\quad a_{AO}^{\mathrm{n}}=\omega_O^2\cdot AO=\frac{bv_0^2}{3(b+r)^2}$$

解得

$$\alpha=\frac{\sqrt{3}}{3(r+b)}\left[a_0+\frac{4}{3}\frac{v_0^2}{b}-\frac{bv_0^2}{3(b+r)^2}\right]\quad (\text{顺时针})$$

§8-5 运动学综合应用举例

工程中的机构都是由数个物体(简称构件)组成的，各构件间通过联接点而传递运动。为分析机构的运动，首先要分清各构件都做什么运动，分清已知运动构件与所求运动构件之间运动的传递关系，然后通过计算运动关联点(许多情况下等同于联接点)的速度和加速度来建立两者之间的联系。

在分析关联点的运动时，如能找出其位置与时间的函数关系，则可直接建立运动方程，用解析方法求其运动全过程的速度和加速度。当难以建立点的运动方程，或只对机构某些瞬时位置的运动参数感兴趣时，可根据刚体各种不同运动的形式，确定此刚体的运动与其上一点运动的关系，并常用合成运动或平面运动的理论来分析相关的两个点在某瞬时的速度和加速度的联系。

平面运动理论用来分析同一平面运动刚体上两个不同点间的速度和加速度联系。当两个刚体相接触而有相对滑动时，则需用合成运动的理论分析这两个不同

刚体上关联点的速度和加速度联系。两物体间有相互运动，虽不接触，但其关联点的运动也符合合成运动的关系。

复杂的机构中，可能同时有平面运动和点的合成运动问题，应注意分别分析、综合应用有关理论。有时同一问题可用不同的方法分析，则应经过分析、比较后，选用较简便的方法求解。

下面通过几个例题说明这些方法的综合应用。

动画
例 8-13

例 8-13 图 8-28 所示平面机构，滑块 B 可沿杆 OA 滑动。杆 BE 与杆 BD 分别与滑块 B 铰接，杆 BD 可沿水平导轨运动。滑块 E 以匀速度 $\boldsymbol{v}$ 沿铅垂导轨向上运动，杆 BE 长为$\sqrt{2}l$。图示瞬时杆 OA 铅垂，且与杆 BE 的夹角为 45°。求该瞬时杆 OA 的角速度与角加速度。

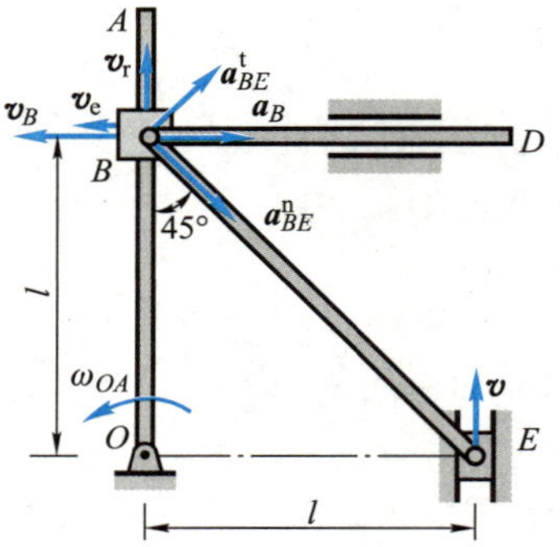

图 8-28

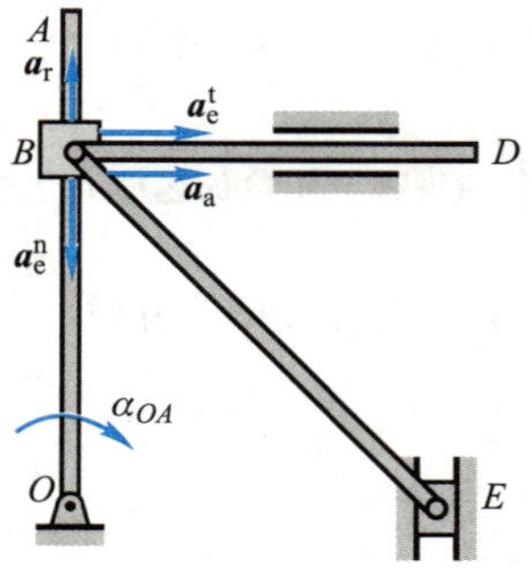

图 8-29

解： 杆 BE 做平面运动，可先求出点 B 的速度和加速度。点 B 连同滑块在杆 OA 上滑动，并带动杆 OA 转动，可按合成运动方法求解杆 OA 的角速度和角加速度。

杆 BE 做平面运动，在图 8-28 中，由 $\boldsymbol{v}$ 及 $\boldsymbol{v}_B$ 方向可知此瞬时点 O 为杆 BE 的速度瞬心，因此，有

$$\omega_{BE}=\frac{v}{OE}=\frac{v}{l},\quad v_B=\omega_{BE}\cdot OB=v$$

以点 E 为基点，点 B 的加速度为

$$\boldsymbol{a}_B=\boldsymbol{a}_E+\boldsymbol{a}_{BE}^{\mathrm{t}}+\boldsymbol{a}_{BE}^{\mathrm{n}} \tag{a}$$

式中，各矢量方向如图 8-28 所示。由于点 E 做匀速直线运动，故 $a_E=0$。$\boldsymbol{a}_{BE}^{\mathrm{n}}$ 的大小为

$$a_{BE}^{\mathrm{n}}=\omega_{BE}^2\cdot BE=\frac{\sqrt{2}v^2}{l}$$

将式(a)投影到沿 BE 方向的轴上，得

$$a_B\cos 45°=a_{BE}^{\mathrm{n}}$$

因此，有

$$a_B=\frac{a_{BE}^{\mathrm{n}}}{\cos 45°}=\frac{2v^2}{l}$$

上面用刚体平面运动方法求得了滑块 B 的速度和加速度。由于滑块 B 可以沿杆 OA 滑动，因此应利用点的合成运动方法求杆 OA 的角速度及角加速度。

取滑块 B 为动点，动参考系固结在杆 OA 上，点的速度合成定理为

$$\boldsymbol{v}_a=\boldsymbol{v}_e+\boldsymbol{v}_r$$

式中，$\boldsymbol{v}_a=\boldsymbol{v}_B$；牵连速度 $\boldsymbol{v}_e$ 是杆 OA 上与滑块 B 重合那一点的速度，其方向垂直于杆 OA，因此与 $\boldsymbol{v}_a$ 同向；相对速度 $\boldsymbol{v}_r$ 沿杆 OA，即垂直于 $\boldsymbol{v}_a$。显然有

$$\boldsymbol{v}_a=\boldsymbol{v}_e,\quad v_r=0$$

即

$$v_e=v_B=v$$

于是得杆 OA 的角速度为

$$\omega_{OA}=\frac{v_e}{OB}=\frac{v}{l}$$

其转向如图 8-28 所示。

滑块 B 的绝对加速度 $\boldsymbol{a}_a=\boldsymbol{a}_B$，其牵连加速度有法向及切向两项，其法向部分为

$$a_e^n=\omega_{OA}^2\cdot OB=\frac{v^2}{l}$$

由于滑块 B 的相对运动是沿杆 OA 的直线运动，因此其相对加速度 $\boldsymbol{a}_r$ 也沿 OA 方向。这样，有

$$\boldsymbol{a}_a=\boldsymbol{a}_e^t+\boldsymbol{a}_e^n+\boldsymbol{a}_r+\boldsymbol{a}_C \tag{b}$$

因为此瞬时 $v_r=0$，故 $a_C=0$。在此矢量式中，各矢量方向已知，如图 8-29 所示；未知量为 $\boldsymbol{a}_r$ 的大小及 $\boldsymbol{a}_e^t$ 的大小，共两个。将式(b)投影到与 $\boldsymbol{a}_r$ 垂直的 BD 线上，得

$$a_a=a_e^t$$

因此，有

$$a_e^t=a_B=\frac{2v^2}{l}$$

杆 OA 的角加速度为

$$\alpha_{OA}=\frac{a_e^t}{OB}=\frac{2v^2}{l^2}$$

角加速度方向如图 8-29 所示。

上面的求解方法是依次应用刚体平面运动方法及点的合成运动方法求解，这是机构运动分析中较常用的方法。

例 8-14 图 8-30a 所示平面机构，圆盘 C 半径为 R，沿水平面做纯滚动，杆 BC 水平，杆 OB 铅垂，且 $BC=OB=2R$，O、B、C、O_1 均为铰链，杆 O_1A 保持和圆盘 C 光滑接触。图示瞬时杆 O_1A 与水平线夹角 $\varphi=60°$，角速度为 ω，角加速度为 α，皆为顺时针转向。求此瞬时圆盘 C 的角加速度 α_C 和杆 OB 的角加速度 α_{OB}。

解： 先分析机构各构件之间的运动传递关系。杆 O_1A 通过光滑接触推动圆盘 C 运动，而圆盘 C 则通过杆 BC 将运动传递到杆 OB。

对于杆 O_1A 和圆盘 C 之间的接触传动，可采用点的合成运动方法分析。注意圆盘 C 和杆 O_1A 之间接触点的相对运动轨迹复杂，故而取圆盘中心 C 为动点，杆 O_1A 为动参考系，相对运动为沿与杆 O_1A 平行方向的直线运动。由点的速度合成定理：

$$\boldsymbol{v}_C=\boldsymbol{v}_e+\boldsymbol{v}_r$$

得

$$v_C=v_r=v_e=2\omega R$$

动画

例 8-14

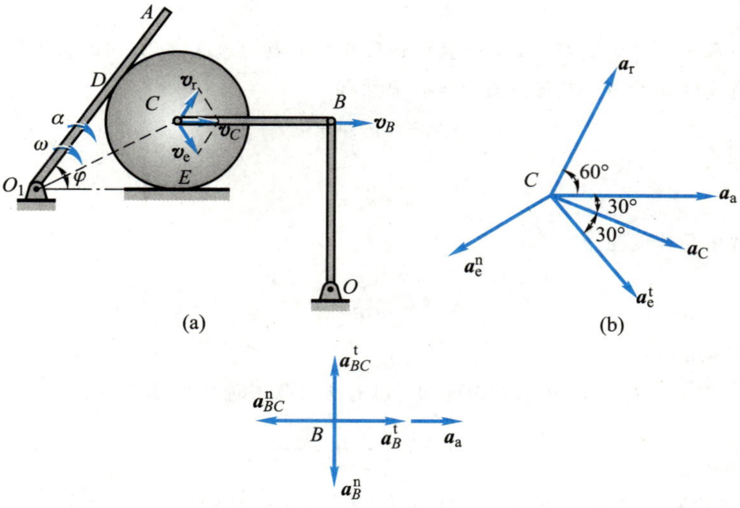

图 8-30

由加速度合成定理，点 C 的绝对加速度为

$$\boldsymbol{a}_a=\boldsymbol{a}_e^t+\boldsymbol{a}_e^n+\boldsymbol{a}_r+\boldsymbol{a}_C$$

向 $\boldsymbol{a}_C$ 方向投影（图 8-30b），得

$$a_a\cos 30°=a_e^t\cos 30°-a_e^n\sin 30°+2\omega v_r$$

从而有

$$a_a=2\alpha R+2\sqrt{3}\omega^2R$$

圆盘 C 的角加速度为

$$\alpha_C=\frac{a_a}{R}=2\alpha+2\sqrt{3}\omega^2\quad（顺时针）$$

杆 BC 做平面运动，在图示瞬时，点 B 与点 C 的速度方向均沿水平方向，因此该瞬时杆 BC 做瞬时平移，有

$$\omega_{BC}=0,\quad v_B=v_C=2\omega R$$

得

$$\omega_{OB}=\frac{v_B}{2R}=\omega$$

以点 C 为基点，分析点 B 的加速度：

$$\boldsymbol{a}_B^t+\boldsymbol{a}_B^n=\boldsymbol{a}_a+\boldsymbol{a}_{BC}^t+\boldsymbol{a}_{BC}^n$$

其中只有 $\boldsymbol{a}_B^t$ 的大小和 $\boldsymbol{a}_{BC}^t$ 的大小未知。注意 $\boldsymbol{a}_{BC}^n=0$，沿 $\boldsymbol{a}_a$ 方向投影（图 8-30c），有

$$a_B^t=a_a=2\alpha R+2\sqrt{3}\omega^2R$$

从而有

$$\alpha_{OB}=\frac{a_B^t}{2R}=\alpha+\sqrt{3}\omega^2\quad（顺时针）$$

例 8-15 在图 8-31a 所示平面机构中，杆 AC 在导轨中以匀速度 $\boldsymbol{v}$ 平移，通过铰链 A 带动杆 AB 沿导套 O 运动，导套 O 与杆 AC 的距离为 l。图示瞬时杆 AB 与杆 AC 的夹角 $\varphi=60°$，求此瞬时杆 AB 的角速度及角加速度。

解： 本题可以用几种方法求解。

方法 1：

以点 A 为动点，动参考系固结在导套 O 上，牵连运动为绕 O 轴的转动。点 A 的绝对运动为以匀速度 $\boldsymbol{v}$ 沿杆 AC 方向的运动，相对运动是点 A 沿导套 O 的运动，各速度矢如图 8-31b 所示。由

$$\boldsymbol{v}_a=\boldsymbol{v}_e+\boldsymbol{v}_r=\boldsymbol{v}$$

可得

$$v_e=v_a\sin 60°=\frac{\sqrt{3}}{2}v,\quad v_r=v_a\cos 60°=\frac{v}{2}$$

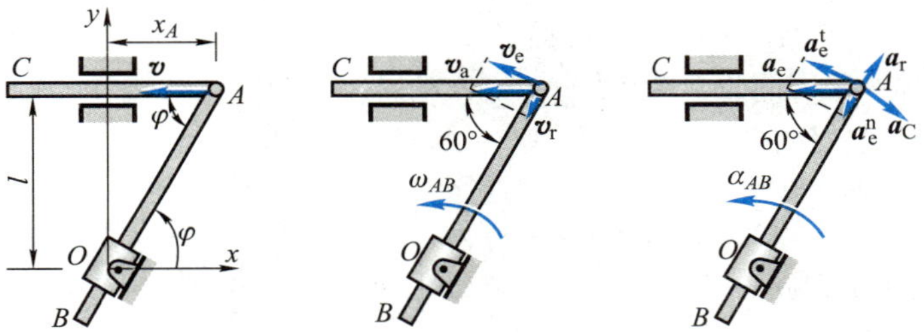

图 8-31

动画
例 8-15

由于杆 AB 在导套 O 中滑动，因此杆 AB 与导套 O 具有相同的角速度及角加速度。其角速度为

$$\omega_{AB}=\frac{v_e}{AO}=\frac{3v}{4l}$$

由于点 A 为匀速直线运动，故绝对加速度为零。点 A 的相对运动为沿导套 O 的直线运动，因此 $\boldsymbol{a}_r$ 沿杆 AB 方向，故有

$$\boldsymbol{0}=\boldsymbol{a}_e^t+\boldsymbol{a}_e^n+\boldsymbol{a}_r+\boldsymbol{a}_C \tag{a}$$

式中 $\boldsymbol{a}_C=2\boldsymbol{\omega}_e\times\boldsymbol{v}_r$，其方向如图 8-31c 所示，大小为

$$a_C=2\omega_e v_r=\frac{3v^2}{4l}$$

$\boldsymbol{a}_e^t$、$\boldsymbol{a}_e^n$ 及 $\boldsymbol{a}_r$ 的方向如图 8-31c 所示。将矢量方程式(a)投影到 $\boldsymbol{a}_e^t$ 方向，得

$$a_e^t=a_C=\frac{3v^2}{4l}$$

杆 AB 的角加速度方向如图 8-31c 所示，大小为

$$\alpha_{AB}=\frac{a_e^t}{AO}=\frac{3\sqrt{3}v^2}{8l^2}$$

方法 2：

以点 O 为坐标原点，建立如图 8-31a 所示的直角坐标系。由图可知

$$x_A=l\cot\varphi$$

将其两端对时间 t 求导，并注意到 $\dot{x}_A=-v$，得

$$\dot{\varphi}=\frac{v}{l}\sin^2\varphi \tag{b}$$

将其再对时间 t 求导，得

$$\ddot{\varphi}=\frac{v\dot{\varphi}}{l}\sin 2\varphi=\frac{v^2}{l^2}\sin^2\varphi\ \sin 2\varphi \tag{c}$$

式(b)及式(c)为杆 AB 的角速度 $\dot{\varphi}$ 及角加速度 $\ddot{\varphi}$ 与角 φ 之间的关系式。当 $\varphi=60°$ 时，得

$$\omega_{AB}=\dot{\varphi}=\frac{3v}{4l},\quad \alpha_{AB}=\ddot{\varphi}=\frac{3\sqrt{3}v^2}{8l^2}$$

两种解法结果相同。

此题中，杆 AB 做平面运动，杆 AB 上与点 O 相重合一点的速度应沿杆 AB 方向。因此，也可应用瞬心法求解杆 AB 的角速度。然而，再用平面运动基点法求解杆 AB 的角加速度就不如前两种方法方便了。

例 8-16 图 8-32 所示平面机构，杆 AB 长为 l，滑块 A 可沿摇杆 OC 的导槽滑动。摇杆 OC 以匀角速度 ω 绕轴 O 转动，滑块 B 以匀速 $v=l\omega$ 沿水平导轨滑动。图示瞬时摇杆 OC 铅垂，杆 AB 与水平线 OB 的夹角为 30°。求此瞬时杆 AB 的角速度及角加速度。

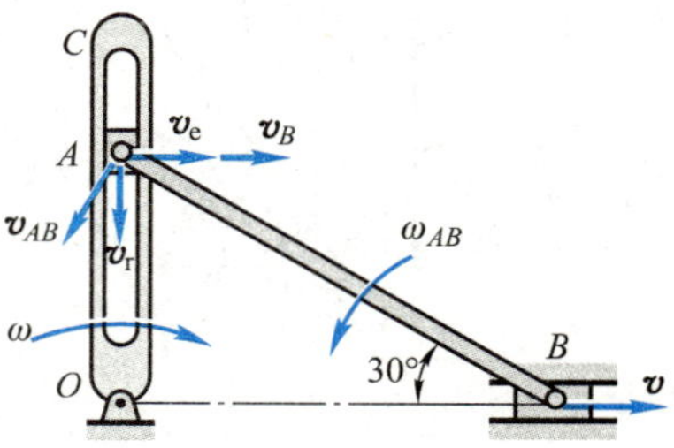

图 8-32

动画
例 8-16

解： 杆 AB 做平面运动，点 A 又在摇杆 OC 内有相对运动，这是一种应用刚体平面运动方法和点的合成运动方法联合求解的问题，而且是一种含 ω 和 $\boldsymbol{v}$ 两个运动输入量的较复杂的机构运动问题。

杆 AB 做平面运动，以点 B 为基点，有

$$\boldsymbol{v}_A=\boldsymbol{v}_B+\boldsymbol{v}_{AB} \tag{a}$$

点 A 在摇杆 OC 内滑动，因此需用点的合成运动方法求解。取点 A 为动点，动参考系固结在摇杆 OC 上，有

$$\boldsymbol{v}_a=\boldsymbol{v}_e+\boldsymbol{v}_r \tag{b}$$

其中绝对速度 $\boldsymbol{v}_a=\boldsymbol{v}_A$，而牵连速度 $v_e=OA\cdot\omega=\dfrac{l\omega}{2}$，相对速度 $\boldsymbol{v}_r$ 大小未知，各速度矢方向如图 8-32 所示。

由式(a)和式(b)，得

$$\boldsymbol{v}_B+\boldsymbol{v}_{AB}=\boldsymbol{v}_e+\boldsymbol{v}_r \tag{c}$$

其中 $\boldsymbol{v}_B=\boldsymbol{v}$ 为已知，$\boldsymbol{v}_e$ 已求得，且 $\boldsymbol{v}_{AB}$ 和 $\boldsymbol{v}_r$ 方向已知，仅有 $\boldsymbol{v}_{AB}$ 及 $\boldsymbol{v}_r$ 两个量的大小未知，故可解。将矢量方程式(c)沿 $\boldsymbol{v}_B$ 方向投影，得

$$v_B-v_{AB}\sin 30°=v_e$$

故

$$v_{AB}=2(v_B-v_e)=l\omega$$

杆 AB 的角速度方向如图 8-32 所示，大小为

$$\omega_{AB}=\frac{v_{AB}}{AB}=\omega$$

将式(c)沿 $\boldsymbol{v}_r$ 方向投影，得

$$v_{AB}\cos 30° = v_r$$

故

$$v_r = \frac{\sqrt{3}}{2} l\omega$$

以点 B 为基点，则点 A 的加速度为

$$\boldsymbol{a}_A = \boldsymbol{a}_B + \boldsymbol{a}_{AB}^t + \boldsymbol{a}_{AB}^n \tag{d}$$

因为 $\boldsymbol{v}_B$ 为常量，所以 $a_B = 0$，而

$$a_{AB}^n = \omega_{AB}^2 \cdot AB = l\omega^2$$

仍以点 A 为动点，动参考系固结于摇杆 OC 上，则有

$$\boldsymbol{a}_a = \boldsymbol{a}_e^n + \boldsymbol{a}_e^t + \boldsymbol{a}_r + \boldsymbol{a}_C \tag{e}$$

式中

$$\boldsymbol{a}_a = \boldsymbol{a}_A, \quad a_e^t = 0$$

$$a_e^n = \omega^2 \cdot OA = \frac{l\omega^2}{2}, \quad a_C = 2\omega v_r = \sqrt{3} l\omega^2$$

由式(d)、式(e)，得

$$\boldsymbol{a}_{AB}^t + \boldsymbol{a}_{AB}^n = \boldsymbol{a}_e^n + \boldsymbol{a}_r + \boldsymbol{a}_C \tag{f}$$

其中各矢量方向已知，如图 8-33 所示，仅有两个未知量 $\boldsymbol{a}_r$ 及 $\boldsymbol{a}_{AB}^t$ 的大小待求。取投影轴垂直于 $\boldsymbol{a}_r$，沿 $\boldsymbol{a}_C$ 方向，将矢量方程式(f)在此轴上投影，得

$$a_{AB}^t \sin 30° - a_{AB}^n \cos 30° = a_C$$

因此，有

$$a_{AB}^t = 3\sqrt{3} l\omega^2$$

由此得杆 AB 的角加速度为

$$\alpha_{AB} = \frac{a_{AB}^t}{AB} = 3\sqrt{3}\omega^2$$

方向如图 8-33 所示。

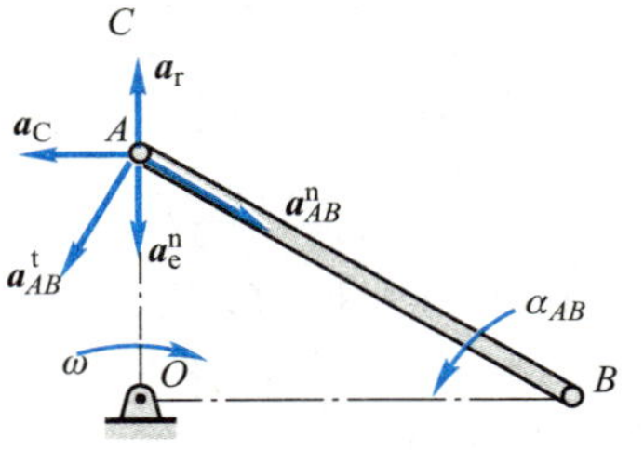

图 8-33

例 8-17 在图 8-34 所示平面机构中，杆 AC 沿铅垂方向运动，杆 BD 沿水平方向运动，A 为铰链，滑块 B 可沿杆 AE 中的导槽滑动。图示瞬时，$AB = 60$ mm，$\theta = 30°$，$v_A = 10\sqrt{3}$ mm/s，$a_A = 10\sqrt{3}$ mm/s^2，$v_B = 50$ mm/s，$a_B = 10$ mm/s^2。求该瞬时杆 AE 的角速度、角加速度及滑块 B 相对杆 AE 的加速度。

动画
例 8-17

解： 以滑块 B 为动点，动参考系固结在杆 AE 上，有

$$\boldsymbol{v}_a = \boldsymbol{v}_e + \boldsymbol{v}_r \tag{a}$$

式中，$\boldsymbol{v}_a = \boldsymbol{v}_B$；$\boldsymbol{v}_r$ 方向沿杆 AE，大小未知；$\boldsymbol{v}_e$ 为杆 AE 上与滑块 B 重合的点 B' 的速度，$\boldsymbol{v}_e = \boldsymbol{v}_{B'}$，其大小和方向均未知。可见，式(a)中有三个待求量，无法做出速度平行四边形。

杆 AE 做平面运动，以点 A 为基点，点 B' 的速度为

$$\boldsymbol{v}_{B'} = \boldsymbol{v}_A + \boldsymbol{v}_{B'A} \tag{b}$$

其中，$\boldsymbol{v}_A$ 已知；$\boldsymbol{v}_{B'A}$ 方向垂直于杆 AE，大小未知；$\boldsymbol{v}_{B'}$ 大小、方向均未知。显然，仅用式(b)也无法求解。由于 $\boldsymbol{v}_{B'} = \boldsymbol{v}_e$，因此将式(a)、式(b)联立即可求解。将式(b)代入式(a)，得

$$\boldsymbol{v}_B = \boldsymbol{v}_A + \boldsymbol{v}_{B'A} + \boldsymbol{v}_r \tag{c}$$

其中只有 $\boldsymbol{v}_{B'A}$ 及 $\boldsymbol{v}_r$ 两个量的大小未知，可解。各速度矢如图 8-35a 所示。将式(c)分别投影到

图中 $\boldsymbol{v}_{B'A}$ 及 $\boldsymbol{v}_{\mathrm{r}}$ 方向，得

$$v_B\cos 30^\circ=-v_A\cos 60^\circ+v_{B'A}$$
$$v_B\sin 30^\circ=v_A\sin 60^\circ+v_{\mathrm{r}}$$

解得

$$v_{B'A}=30\sqrt{3}\ \mathrm{mm/s},\quad v_{\mathrm{r}}=10\ \mathrm{mm/s}$$

从而得杆 AE 的角速度为

$$\omega_{AE}=\frac{v_{B'A}}{AB}=\frac{30\sqrt{3}\ \mathrm{mm/s}}{60\ \mathrm{mm}}=0.866\ \mathrm{rad/s}$$

其方向如图 8-35a 所示。

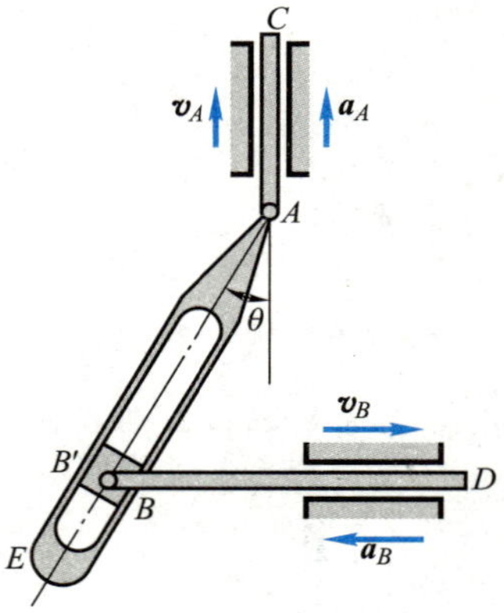

图 8-34

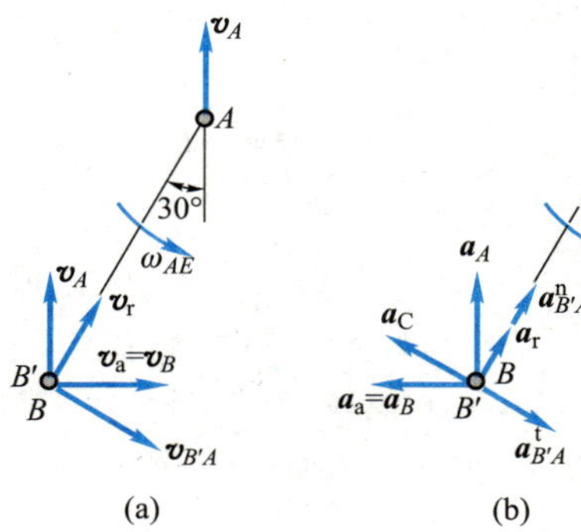

图 8-35

选用与上面相同的动点、动参考系，由点的合成运动加速度合成定理，有

$$\boldsymbol{a}_{\mathrm{a}}=\boldsymbol{a}_{\mathrm{e}}+\boldsymbol{a}_{\mathrm{r}}+\boldsymbol{a}_{\mathrm{C}}\tag{d}$$

其中，$\boldsymbol{a}_{\mathrm{a}}=\boldsymbol{a}_B$；$\boldsymbol{a}_{\mathrm{e}}$ 为杆 AE 上与滑块 B 重合的点 B' 的加速度，$\boldsymbol{a}_{\mathrm{e}}=\boldsymbol{a}_{B'}$，其大小和方向均未知；$\boldsymbol{a}_{\mathrm{r}}$ 方向沿杆 AE，大小未知；$\boldsymbol{a}_{\mathrm{C}}=2\boldsymbol{\omega}_{\mathrm{e}}\times\boldsymbol{v}_{\mathrm{r}}$，方向如图 8-35b 所示，大小为

$$a_{\mathrm{C}}=2\omega_{AE}v_{\mathrm{r}}=2\times\frac{\sqrt{3}}{2}\ \mathrm{rad/s}\times 10\ \mathrm{mm/s}=17.32\ \mathrm{mm/s^2}$$

可见式(d)有三个待求量，不能求解。

杆 AE 做平面运动，以点 A 为基点，有

$$\boldsymbol{a}_{B'}=\boldsymbol{a}_A+\boldsymbol{a}^{\mathrm{t}}_{B'A}+\boldsymbol{a}^{\mathrm{n}}_{B'A}\tag{e}$$

式中

$$a^{\mathrm{n}}_{B'A}=\omega^2_{AE}\cdot AB=\left(\frac{\sqrt{3}}{2}\ \mathrm{rad/s}\right)^2\times 60\ \mathrm{mm}=45\ \mathrm{mm/s^2}$$

由于 $\boldsymbol{a}_{B'}=\boldsymbol{a}_{\mathrm{e}}$，将式(e)代入式(d)，得

$$\boldsymbol{a}_B=\boldsymbol{a}_A+\boldsymbol{a}^{\mathrm{t}}_{B'A}+\boldsymbol{a}^{\mathrm{n}}_{B'A}+\boldsymbol{a}_{\mathrm{r}}+\boldsymbol{a}_{\mathrm{C}}\tag{f}$$

各加速度矢量如图 8-35b 所示。式(f)中只有 $\boldsymbol{a}^{\mathrm{t}}_{B'A}$ 及 $\boldsymbol{a}_{\mathrm{r}}$ 两个加速度的大小未知，可求。将式(f)分别投影到 $\boldsymbol{a}^{\mathrm{t}}_{B'A}$ 及 $\boldsymbol{a}_{\mathrm{r}}$ 两个方向上，得

$$-a_B\cos 30^\circ=-a_A\sin 30^\circ+a^{\mathrm{t}}_{B'A}-a_{\mathrm{C}}$$
$$-a_B\sin 30^\circ=a_A\cos 30^\circ+a^{\mathrm{n}}_{B'A}+a_{\mathrm{r}}$$

由此得

$$a_{B'A}^{t}=17.32\ \mathrm{mm/s^2},\quad a_{r}=-65\ \mathrm{mm/s^2}$$

杆 AE 的角加速度为

$$\alpha_{AE}=\frac{a_{B'A}^{t}}{AB}=0.288\ 7\ \mathrm{rad/s^2}$$

其方向如图 8-35b 所示。

从上面的例题可以看出：某些问题可以用多种方法求解，某些问题必须同时采用几种方法联合求解。解题时应该注意，只有已知条件适用于运动全过程时，才能建立点的运动方程，进行微积分运算，用解析法求解。在例 8-15 中杆 AC 以匀速度 $\boldsymbol{v}$ 平移是适用于运动全过程的条件，因此可以用点的运动学方法，通过运动方程及微分运算求解。在例 8-17 中，所给已知条件是图示瞬时的，不是全过程的条件，因此无法用点的运动学方法求解。例 8-16 所给条件也适用于全过程，因此也可以用点的运动学方法求解，读者可自行求解。

思考题

8-1 如图 8-36 所示，平面图形上两点 A、B 的速度方向可能是这样的吗？为什么？

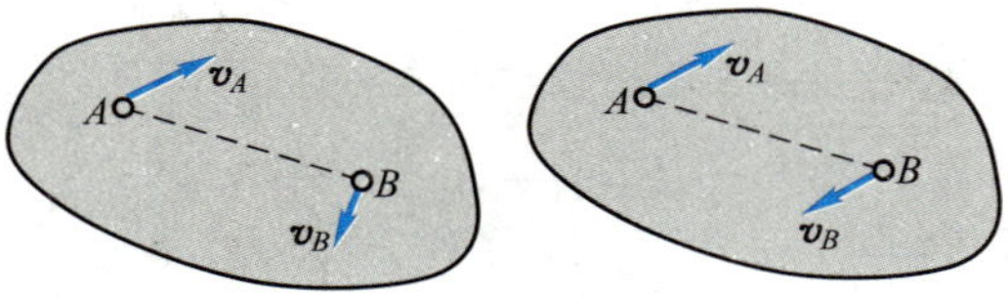

图 8-36

8-2 如图 8-37 所示，已知 $v_A=\omega_1\cdot O_1A$，方向如图所示，$\boldsymbol{v}_D$ 垂直于杆 O_2D。于是可确定速度瞬心 C 的位置，求得：

$$v_D=\frac{v_A}{AC}\cdot CD,\quad \omega_2=\frac{v_D}{O_2D}=\frac{v_A}{AC}\cdot\frac{CD}{O_2D}$$

这样做对吗？为什么？

8-3 如图 8-38 所示，杆 O_1A 的角速度为 ω_1，板 ABC 和杆 O_1A 铰接。问图中杆 O_1A 和 AC 上各点的速度分布规律对不对？

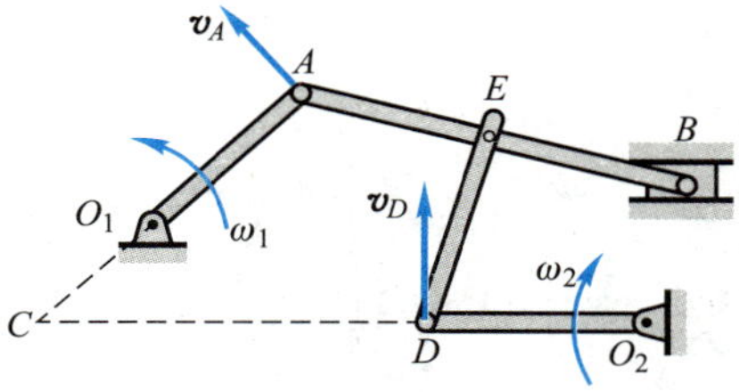

图 8-37

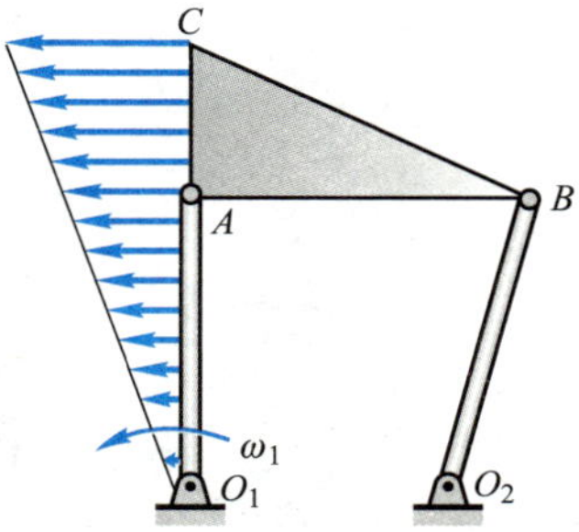

图 8-38

8-4 平面图形在其平面内运动，某瞬时其上有两点的加速度矢相同。试判断下

述说法是否正确:

(1) 其上各点速度在该瞬时一定都相等;

(2) 其上各点加速度在该瞬时一定都相等。

8-5 在图 8-39 所示瞬时,已知 $O_1A \underline{\underline{/\!/}} O_2B$,问 ω_1 与 ω_2,α_1 与 α_2 是否相等?

8-6 如图 8-40 所示,车轮沿曲面滚动。已知轮心 O 在某一瞬时的速度 $\boldsymbol{v}_O$ 和加速度 $\boldsymbol{a}_O$。问车轮的角加速度是否等于 $a_O\cos\beta/R$? 速度瞬心 C 的加速度大小和方向如何确定?

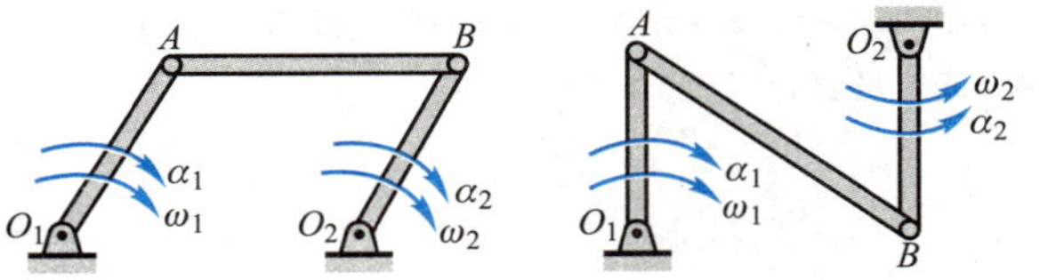

图 8-39

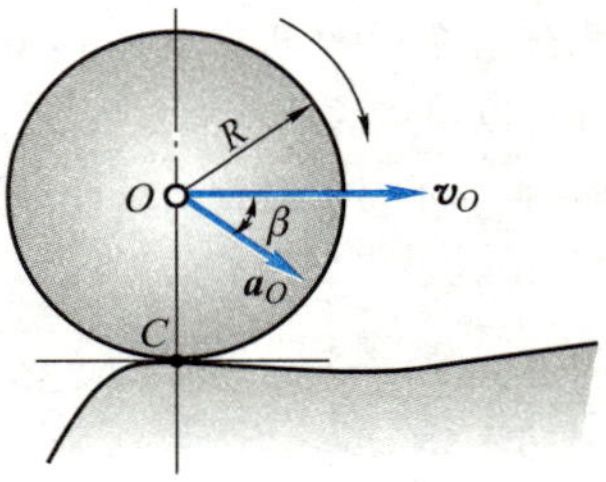

图 8-40

8-7 试证:当 $\omega=0$ 时,平面图形上两点的加速度在此两点连线上的投影相等。

8-8 如图 8-41 所示,各平面图形均做平面运动,问图示各种运动状态是否可能?

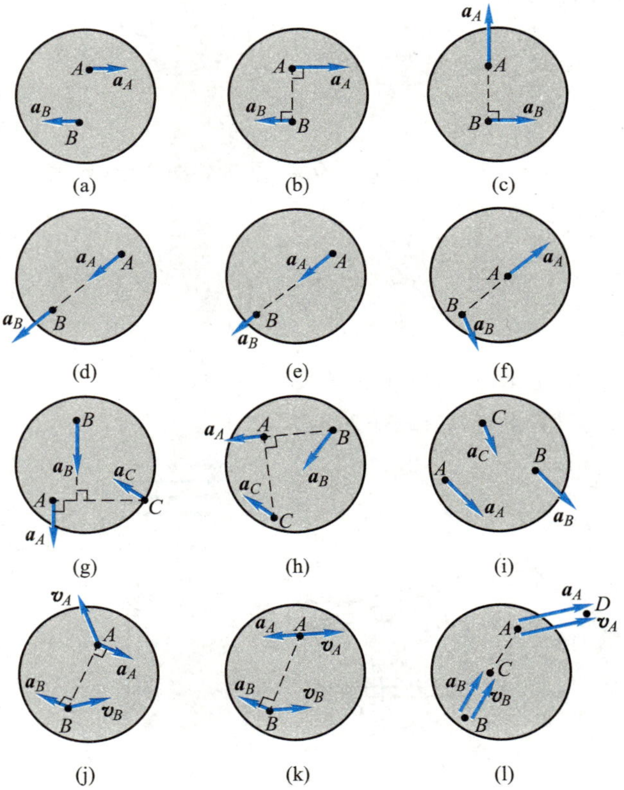

图 8-41

图 a 中，$\boldsymbol{a}_A$ 与 $\boldsymbol{a}_B$ 平行，且 $\boldsymbol{a}_A=-\boldsymbol{a}_B$；

图 b 中，$\boldsymbol{a}_A$ 与 $\boldsymbol{a}_B$ 都与 A、B 连线垂直，且 $\boldsymbol{a}_A$、$\boldsymbol{a}_B$ 反向；

图 c 中，$\boldsymbol{a}_A$ 沿 A、B 连线，$\boldsymbol{a}_B$ 与 A、B 连线垂直；

图 d 中，$\boldsymbol{a}_A$、$\boldsymbol{a}_B$ 都沿 A、B 连线，且 $a_B>a_A$；

图 e 中，$\boldsymbol{a}_A$、$\boldsymbol{a}_B$ 都沿 A、B 连线，且 $a_A>a_B$；

图 f 中，$\boldsymbol{a}_A$ 沿 A、B 连线；

图 g 中，$\boldsymbol{a}_A$、$\boldsymbol{a}_B$ 都与 A、C 连线垂直，且 $a_B>a_A$；

图 h 中，$AB\perp AC$，$\boldsymbol{a}_A$ 沿 A、B 连线，$\boldsymbol{a}_B$ 在 A、B 连线上的投影与 a_A 相等；

图 i 中，$\boldsymbol{a}_A$ 与 $\boldsymbol{a}_B$ 平行且相等，即 $\boldsymbol{a}_A=\boldsymbol{a}_B$；

图 j 中，$\boldsymbol{a}_A$、$\boldsymbol{a}_B$ 都与 A、B 连线垂直，且 $\boldsymbol{v}_A$、$\boldsymbol{v}_B$ 在 A、B 连线上的投影相等；

图 k 中，$\boldsymbol{v}_A$ 与 $\boldsymbol{v}_B$ 平行且相等，$\boldsymbol{a}_B$ 与 A、B 连线垂直，$\boldsymbol{a}_A$ 与 $\boldsymbol{v}_A$ 共线；

图 l 中，矢量 $\overrightarrow{BC}$ 与 $\overrightarrow{AD}$ 在 A、B 连线上的投影相等，$\overrightarrow{BC}$ 在 A、B 连线上，$\boldsymbol{a}_B=\boldsymbol{v}_B=\overrightarrow{BC}$，$\boldsymbol{a}_A=\boldsymbol{v}_A=\overrightarrow{AD}$。

8-9 图 8-42 所示各平面机构中，各部分尺寸及图示瞬时的位置已知。凡图上标出的角速度或速度皆为已知，且为常量。欲求出各图中点 C 的速度和加速度，可采用什么方法？写出解题的步骤及所用公式。

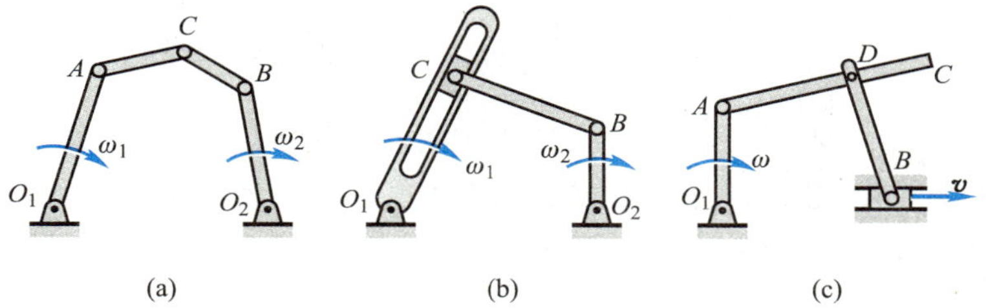

图 8-42

8-10 杆 AB 做平面运动，图示瞬时 A、B 两点的速度 $\boldsymbol{v}_A$、$\boldsymbol{v}_B$ 的大小、方向均为已知，C、D 两点分别是 $\boldsymbol{v}_A$、$\boldsymbol{v}_B$ 的矢端，如图 8-43 所示。

(1) 杆 AB 上各点速度矢的端点是否都在直线 CD 上？

(2) 对杆 AB 上任意一点 E，设其速度矢端为 H，那么点 H 在什么位置？

(3) 设杆 AB 为无限长，它与 CD 的延长线交于点 P。试判断下述说法是否正确。

① 点 P 的瞬时速度为零；

② 点 P 的瞬时速度必不为零，其速度矢端必在直线 AB 上；

③ 点 P 的瞬时速度必不为零，其速度矢端必在 CD 的延长线上。

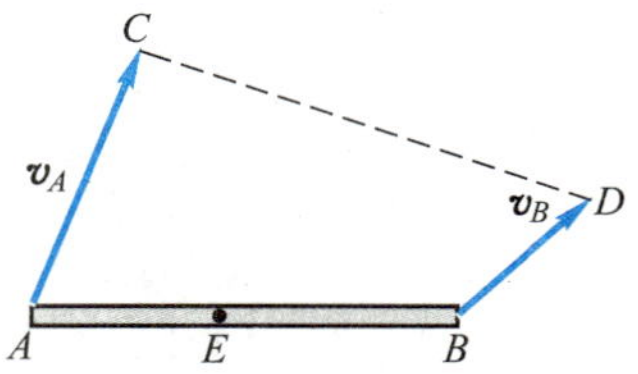

图 8-43

习题：第八章
刚体的平面运动

习　题

8-1　椭圆规尺 AB 由曲柄 OC 带动，曲柄 OC 以角速度 ω_O 绕 O 轴匀速转动，如图所示。如 $OC=BC=AC=r$，并取点 C 为基点，求椭圆规尺 AB 的运动方程。

8-2　如图所示，圆柱 A 缠以细绳，绳的 B 端固定在天花板上。圆柱 A 自静止落下，其轴心的速度为 $v=\frac{2}{3}\sqrt{3gh}$，其中 g 为常量，h 为圆柱轴心到初始位置的距离。如圆柱 A 的半径为 r，求圆柱 A 的运动方程。

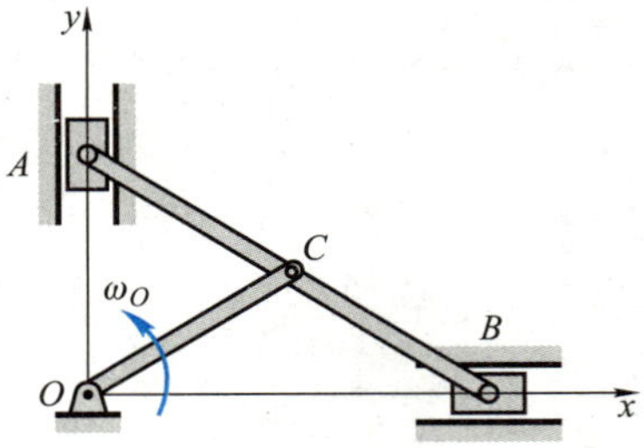

题 8-1 图

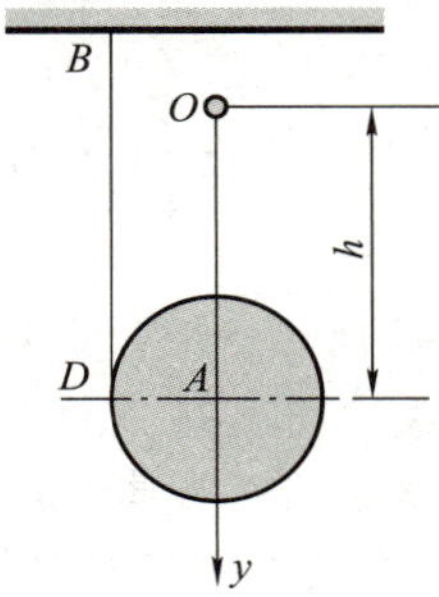

题 8-2 图

8-3　半径为 r 的齿轮由曲柄 OA 带动，沿半径为 R 的固定齿轮滚动，如图所示。如曲柄 OA 以等角加速度 α 绕 O 轴转动，当运动开始时，角速度 $\omega_O=0$，转角 $\varphi=0$。求动齿轮以中心 A 为基点的运动方程。

8-4　图示平面机构中，曲柄 OC 绕 O 轴转动时，带动滑块 A 和滑块 B 在同一水平槽内运动。如 $AC=CB$，试证：

$$v_A : v_B = OA : OB$$

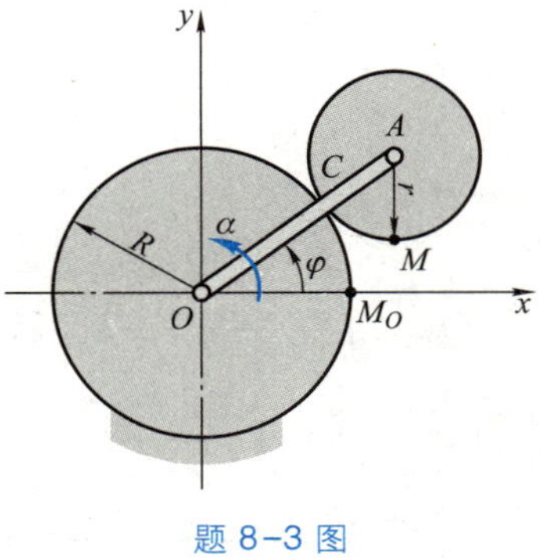

题 8-3 图

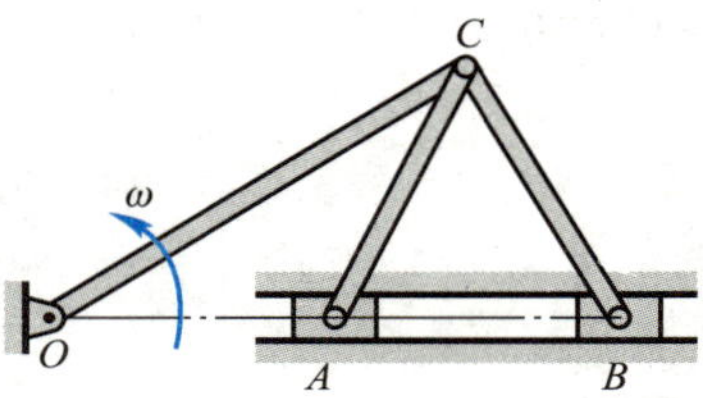

题 8-4 图

8-5　如图所示，在筛动机构中，筛子 BC 的摆动是由曲柄连杆机构所带动。已知

曲柄 OA 的转速 $n_{OA}=40\ \text{r/min}$，$OA=0.3\ \text{m}$。当筛子 BC 运动到与点 O 在同一水平线上时，$\angle BAO=90°$。求此瞬时筛子 BC 的速度。

8-6 四连杆机构中，连杆 AB 上固连一块三角板 ABD，如图所示。机构由曲柄 O_1A 带动。已知：曲柄的角速度 $\omega_{O_1A}=2\ \text{rad/s}$；曲柄 $O_1A=0.1\ \text{m}$，水平距离 $O_1O_2=0.05\ \text{m}$，$AD=0.05\ \text{m}$；当 $O_1A\perp O_1O_2$ 时，连杆 AB 平行于 O_1O_2，且 AD 与曲柄 AO_1 在同一直线上；角 $\varphi=30°$。求三角板 ABD 的角速度和点 D 的速度。

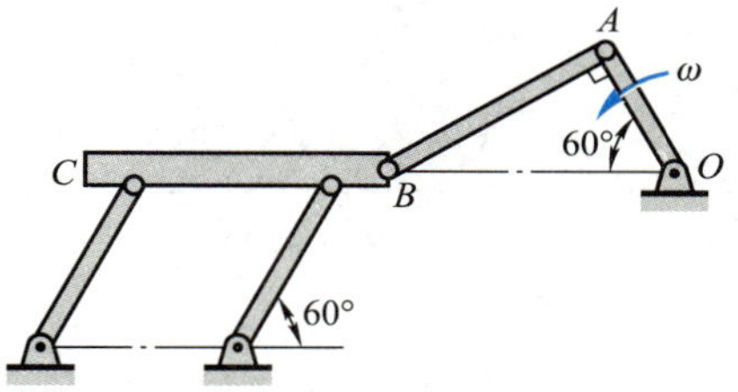

题 8-5 图

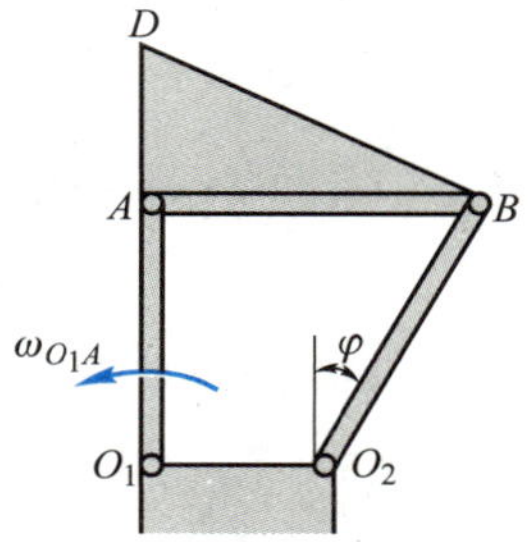

题 8-6 图

8-7 插齿机由曲柄 OA 通过连杆 AB 带动摆杆 O_1B 绕 O_1 轴摆动，与摆杆 O_1B 连成一体的扇齿轮带动齿条使插刀 M 上下运动，如图所示。已知曲柄 OA 的转动角速度为 ω，$OA=r$，扇齿轮半径为 b。求当点 B、O 位于同一铅垂直线上且 O_1B 处于水平瞬时，插刀 M 的速度。

8-8 图示机构中，已知：$OA=0.1\ \text{m}$，$BD=0.1\ \text{m}$，$DE=0.1\ \text{m}$，$EF=0.1\sqrt{3}\ \text{m}$；曲柄 OA 的角速度 $\omega=4\ \text{rad/s}$。在图示位置时，曲柄 OA 与水平线 OB 垂直，且点 B、D 和 F 在同一铅垂直线上，又 DE 垂直于 EF。求杆 EF 的角速度和滑块 F 的速度。

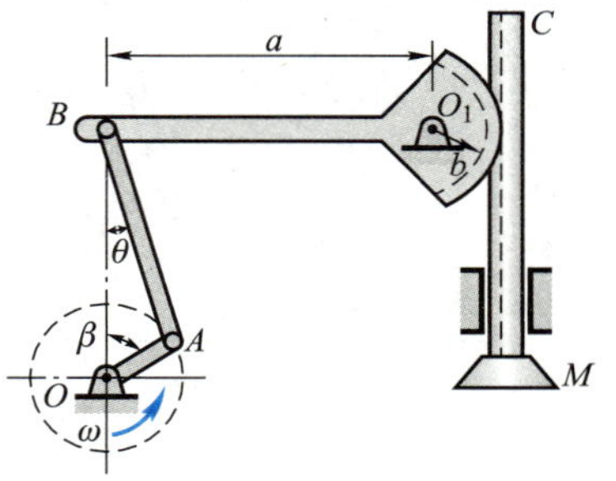

题 8-7 图

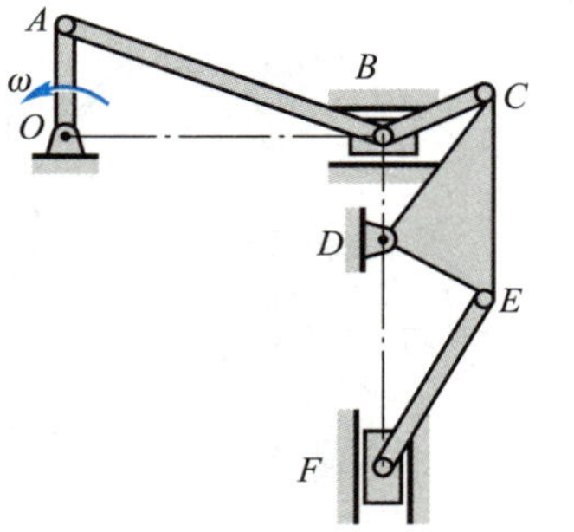

题 8-8 图

8-9 图示配气机构中，曲柄 OA 的角速度 $\omega=20\ \text{rad/s}$ 为常量。已知 $OA=0.4\ \text{m}$，$AC=BC=0.2\sqrt{37}\ \text{m}$。求当曲柄 OA 在两铅垂直线位置和两水平位置时，配气机构中气阀推杆 DE 的速度。

8-10 在瓦特行星传动机构中，平衡杆 O_1A 绕 O_1 轴转动，并借连杆 AB 带动曲柄

OB 运动；而曲柄 OB 活动地装在 O 轴上，如图所示。在 O 轴上装有齿轮 Ⅰ，齿轮 Ⅱ 与连杆 AB 固连于一体。已知：$r_1 = r_2 = 0.3\sqrt{3}$ m，$O_1A = 0.75$ m，$AB = 1.5$ m；又平衡杆 O_1A 的角速度 $\omega = 6$ rad/s。求当 $\gamma = 60°$ 且 $\beta = 90°$ 时，曲柄 OB 和齿轮 Ⅰ 的角速度。

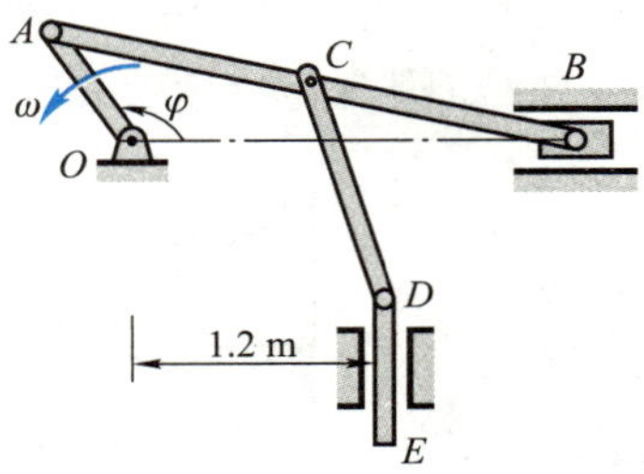

题 8-9 图

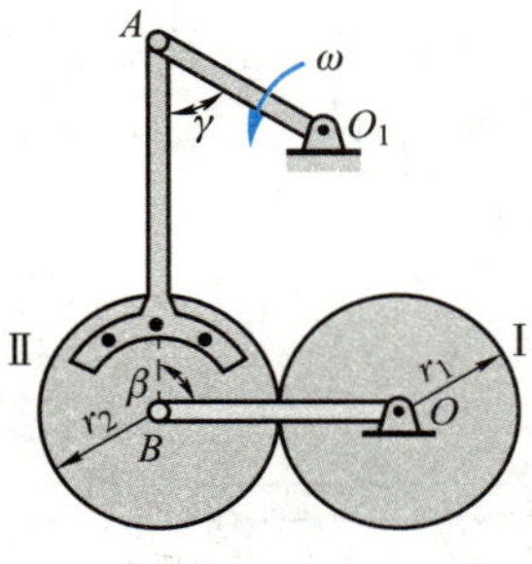

题 8-10 图

8-11 使砂轮高速转动的装置如图所示。杆 O_1O_2 绕 O_1 轴转动，转速为 n_4。O_2 处用铰链连接一半径为 r_2 的活动齿轮 Ⅱ，杆 O_1O_2 转动时齿轮 Ⅱ 在半径为 r_3 的固定内齿轮 Ⅲ 上滚动，并使半径为 r_1 的齿轮 Ⅰ 绕 O_1 轴转动。齿轮 Ⅰ 上装有砂轮，随同齿轮 Ⅰ 高速转动。已知 $\dfrac{r_3}{r_1} = 11$，$n_4 = 900$ r/min，求砂轮的转速。

8-12 图示小型精压机的传动机构，$OA = O_1B = r = 0.1$ m，$EB = BD = AD = l = 0.4$ m。在图示瞬时，$OA \perp AD$，$O_1B \perp ED$，O_1D 在水平位置，OD 和 EF 在铅垂位置。已知曲柄 OA 的转速 $n = 120$ r/min，求此时压头 F 的速度。

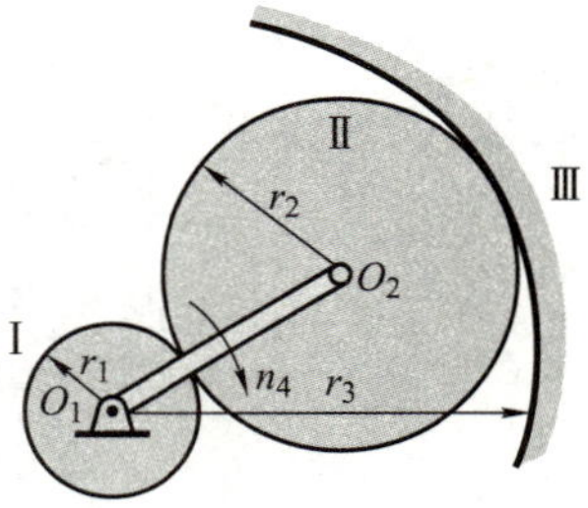

题 8-11 图

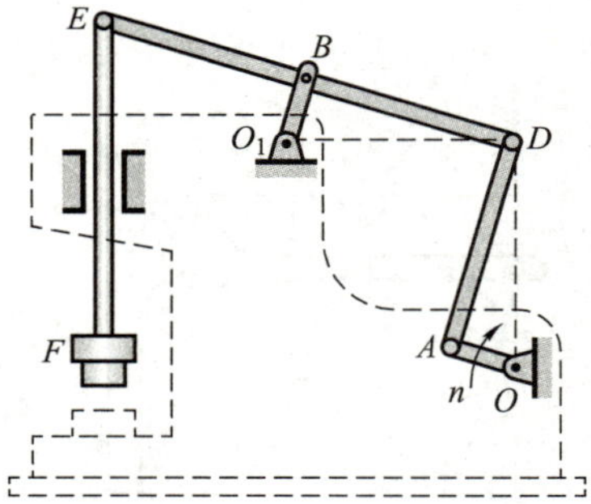

题 8-12 图

8-13 图示蒸汽机传动机构中，已知：活塞的速度为 $\boldsymbol{v}$；$O_1A_1 = a_1$，$O_2A_2 = a_2$，$CB_1 = b_1$，$CB_2 = b_2$；两齿轮半径分别为 r_1 和 r_2，且有 $a_1b_2r_2 \neq a_2b_1r_1$。当杆 EC 水平，杆 B_1B_2 铅垂，A_1、A_2 和 O_1、O_2 都在同一条铅垂直线上时，求齿轮 O_1 的角速度。

8-14 边长为 a 的正方形板在其所在平面内运动，某瞬时点 A、B 和点 D 的速度大小相同，$v_A = v_B = v_D = v_0$，而点 B 和点 D 的加速度大小相同，方向如图所示。求此时正方形板的角速度和角加速度。

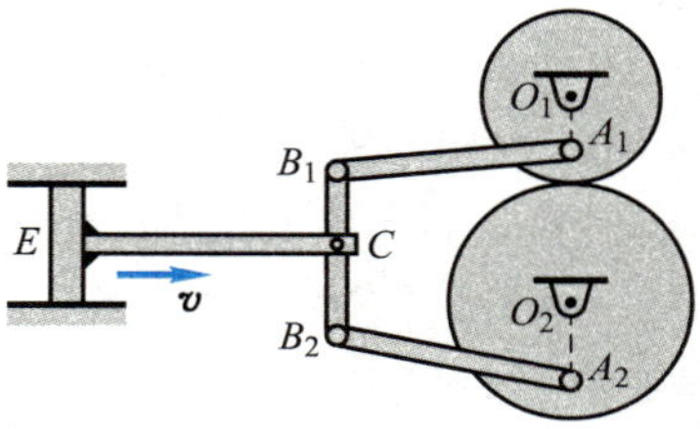

题 8-13 图

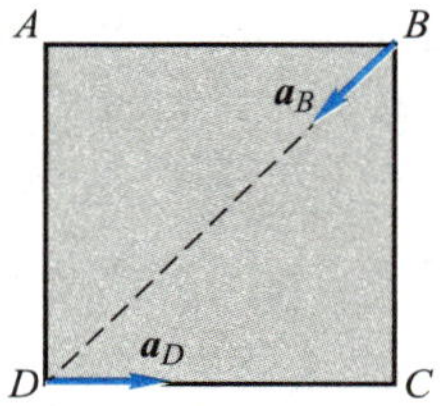

题 8-14 图

8-15 三角板在滑动过程中，其顶点 A 和 B 始终与铅垂墙面及水平地面相接触。已知 $AB=BC=AC=b$，$v_B=v_0$ 为常数。在图示位置 AC 水平。求此时顶点 C 的加速度。

8-16 曲柄 OA 以恒定的角速度 $\omega=2$ rad/s 绕 O 轴转动，并借助连杆 AB 驱动半径为 r 的轮子在半径为 R 的圆弧槽中做无滑动的滚动。设 $OA=AB=R=2r=1$ m，求图示瞬时点 B 和点 C 的速度与加速度。

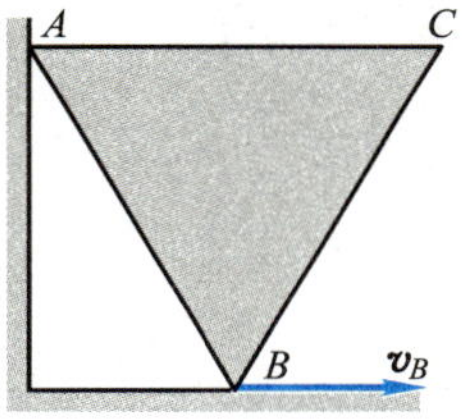

题 8-15 图

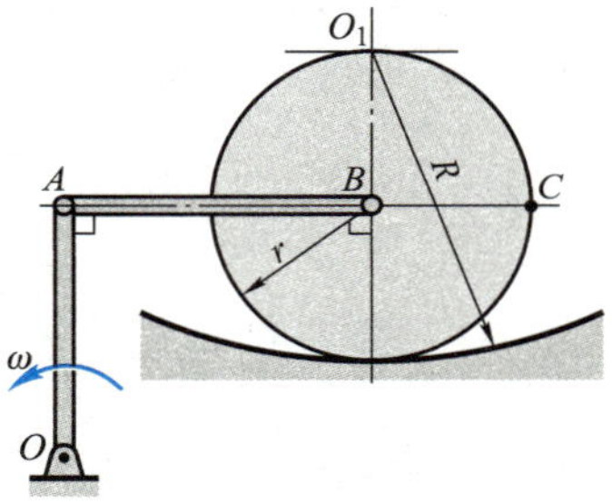

题 8-16 图

8-17 在曲柄齿轮椭圆规中，齿轮 A 和曲柄 O_1A 固结为一体，齿轮 C 和齿轮 A 半径均为 r 并互相啮合，如图所示。图中 $AB=O_1O_2$，$O_1A=O_2B=0.4$ m。O_1A 以恒定的角速度 ω 绕 O_1 轴转动，$\omega=0.2$ rad/s。M 为齿轮 C 上一点，$CM=0.1$ m。在图示瞬时，CM 铅垂，求此时点 M 的速度和加速度。

8-18 在图示曲柄连杆机构中，曲柄 OA 绕 O 轴转动，其角速度为 ω_O，角加速度为 α_O。在某瞬时曲柄 OA 与水平线间成 60°角，而连杆 AB 与曲柄 OA 垂直。滑块 B 在圆形槽内滑动，此时半径 O_1B 与连杆 AB 间成 30°角。如 $OA=r$，$AB=2\sqrt{3}r$，$O_1B=2r$，求在该瞬时，滑块 B 的切向和法向加速度。

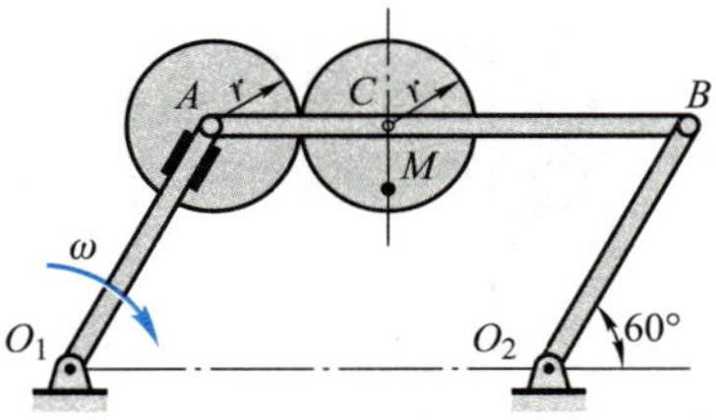

题 8-17 图

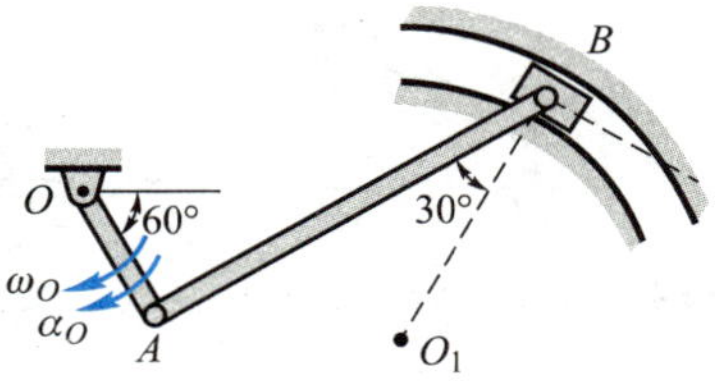

题 8-18 图

8-19 平面机构如图所示。已知：半径 $r=5\ \text{cm}$ 的圆轮在半径为 $3r$ 的圆弧轨道上做纯滚动，并通过铰接在轮缘上点 B 的连杆 AB 带动杆 OA 转动。已知 $AB=OA=20\ \text{cm}$，圆轮转动的角速度 $\omega=2\ \text{rad/s}$，角加速度 $\alpha=0$。在图示时刻，圆轮处于圆弧轨道的顶点，BC 平行于杆 OA，且均处于水平，$\varphi=60°$。试求该瞬时杆 OA 的角速度和角加速度。

8-20 图示塔轮 1 半径为 $r=0.1\ \text{m}$ 和 $R=0.2\ \text{m}$，绕 O 轴转动的规律是 $\varphi=t^2-3t$（式中 φ 以 rad 计，t 以 s 计），并通过不可伸长的绳子带动动滑轮 2，动滑轮 2 的半径为 $r_2=0.15\ \text{m}$。设绳子与各轮之间无相对滑动，求 $t=1\ \text{s}$ 时，动滑轮 2 的角速度和角加速度；并求该瞬时水平直径上点 C、D、E 的速度和加速度。

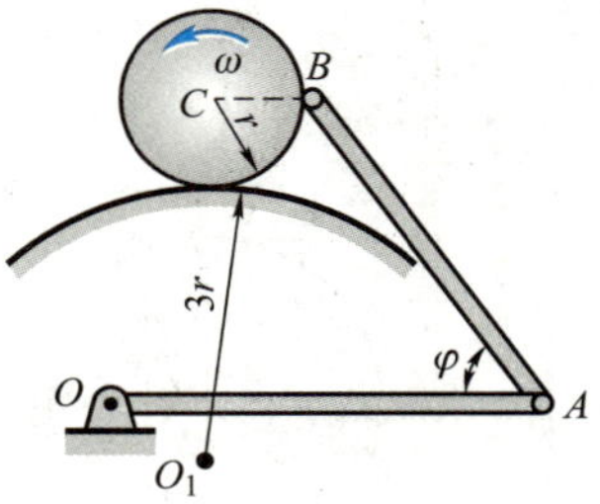

题 8-19 图

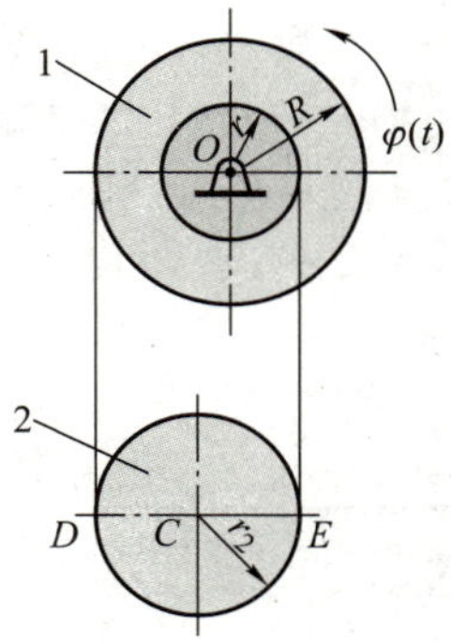

题 8-20 图

8-21 如图所示，曲柄 OA 长为 r，杆 AB 长为 a，杆 BO_1 长为 b，圆轮半径为 R，曲柄 OA 以匀角速度 ω_0 转动。若 $\theta=45°$，$\beta=30°$，求圆轮的角速度及角加速度。

8-22 平面机构如图所示。滚子 A 沿固定圆弧纯滚动时，铰接在滚子边缘的齿条 BC 带动齿轮绕 O 轴转动。滚子和齿轮半径均为 r。已知：$r=10\ \text{cm}$，$R=40\ \text{cm}$。在图示位置时，杆 OA 与齿条 BC 均处于水平位置，杆 OA 的角速度 $\omega=2\ \text{rad/s}$，角加速度为零。试求该瞬时齿轮的角速度和角加速度。

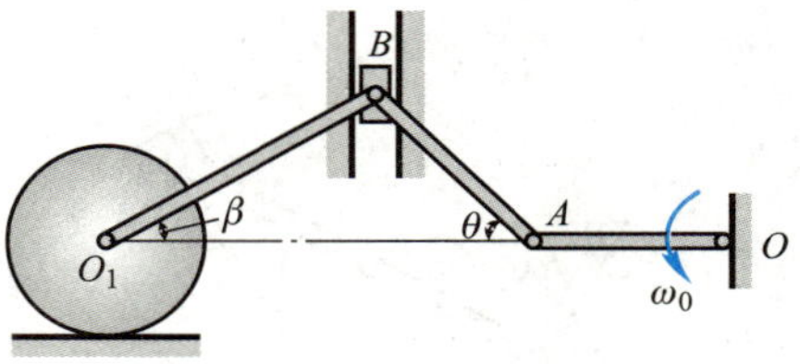

题 8-21 图

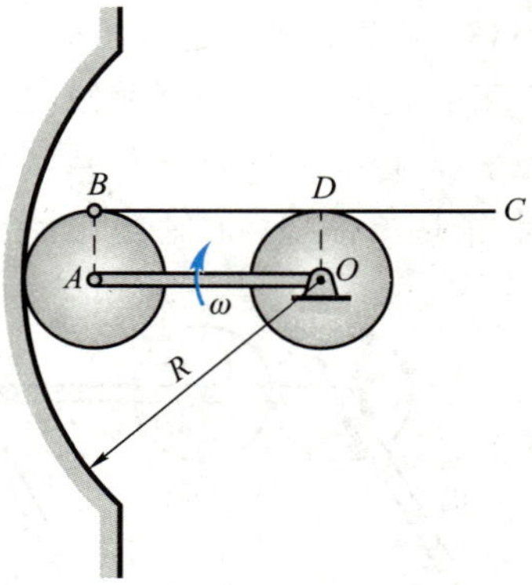

题 8-22 图

8–23 在图示平面机构中，主动件 O_1A 长为 l，以匀角速度 ω_1 绕 O_1 轴转动。ABC 为三角板，尺寸如图所示。在图示位置时，BC、DE 与 O_1A 水平，AB 与杆 O_3D 铅直，杆 CED 为一直角弯杆。试求该瞬时杆 O_3D 的角速度与角加速度。

8–24 曲柄 OA 以角速度 $\omega=2$ rad/s 绕 O 轴转动，并带动等边三角形板 ABC 做平面运动。板上点 B 与杆 O_1B 铰接，点 C 与套管铰接，而套管可在绕 O_2 轴转动的杆 O_2D 上滑动，如图所示。已知 $OA=AB=O_2C=1$ m，当曲柄 OA 水平、AB 与杆 O_2D 铅垂、杆 O_1B 与 BC 在同一直线上时，求杆 O_2D 的角速度。

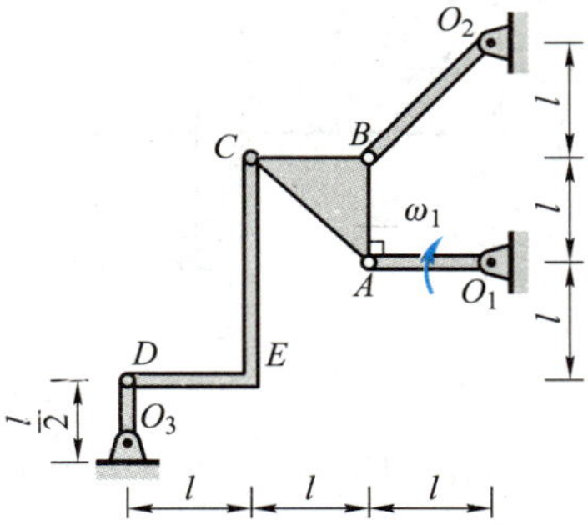

题 8–23 图

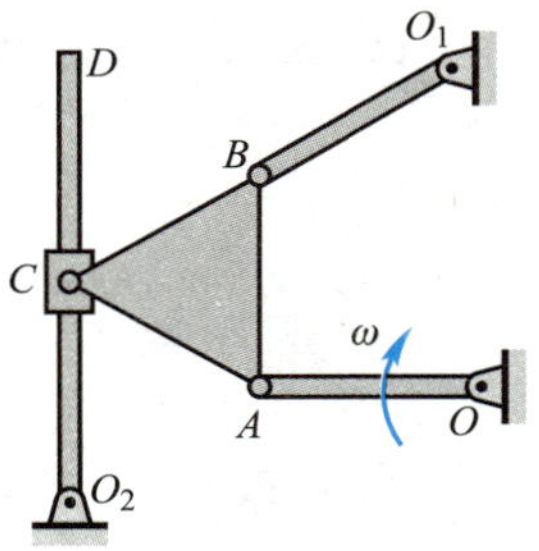

题 8–24 图

8–25 图示曲柄连杆机构带动摇杆 O_1C 绕 O_1 轴摆动。在连杆 AB 上装有两个滑块，滑块 B 在水平槽内滑动，而滑块 D 则在摇杆 O_1C 的槽内滑动。已知：曲柄 OA 长为 50 mm，绕 O 轴匀速转动，角速度为 $\omega=10$ rad/s。在图示位置时，曲柄 OA 与水平线间成 90°角，$\angle OAB=60°$，摇杆 O_1C 与水平线间成 60°角，距离 $O_1D=70$ mm。求摇杆 O_1C 的角速度和角加速度。

8–26 如图所示，轮 O 在水平面上滚动而不滑动，轮心以匀速 $v_O=0.2$ m/s 运动。轮缘上固连销 B，销 B 在摇杆 O_1A 的槽内滑动，并带动摇杆 O_1A 绕 O_1 轴转动。已知轮的半径 $R=0.5$ m，在图示位置时，AO_1 是轮的切线，摇杆 O_1A 与水平面间的交角为 60°。求摇杆 O_1A 在该瞬时的角速度和角加速度。

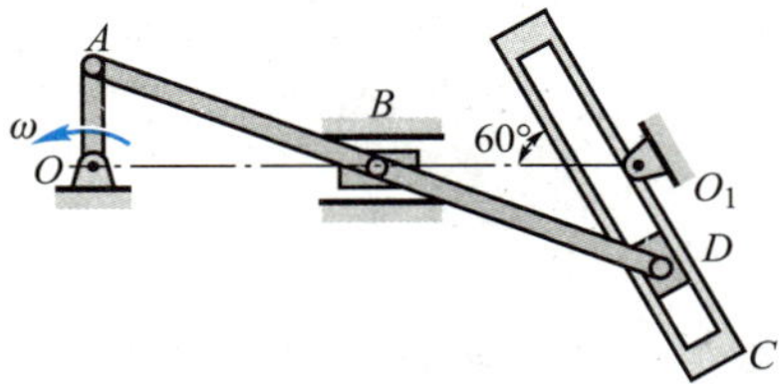

题 8–25 图

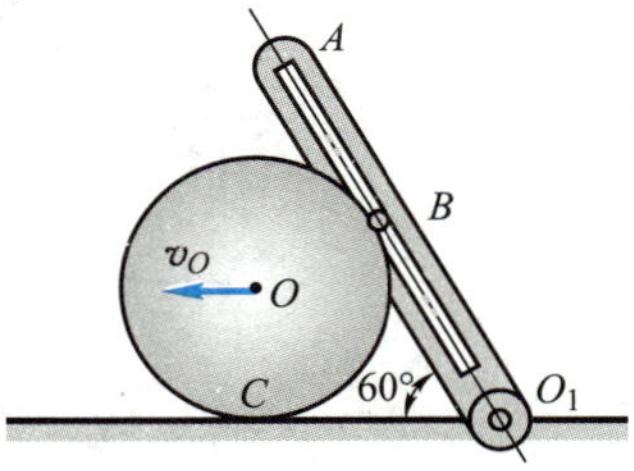

题 8–26 图

8–27 平面机构的曲柄 OA 长为 $2l$，以匀角速度 ω_O 绕 O 轴转动。在图示位置时，$AB=BO$，并且 $\angle OAD=90°$。求此时套筒 D 相对于杆 BC 的速度和加速度。

8-28 为使货车车厢减速，在轨道上装有液压减速顶，如图所示。半径为 R 的车轮滚过时将压下减速顶的顶帽 AB 而消耗能量，降低速度。如轮心的速度为 $\boldsymbol{v}$，加速度为 $\boldsymbol{a}$，试求顶帽 AB 的下降速度、加速度和减速顶对于车轮的相对滑动速度与角 θ 的关系（设车轮与轨道之间无相对滑动）。

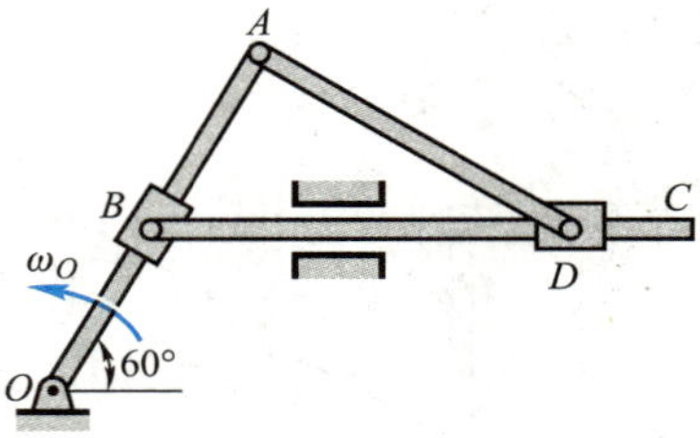

题 8-27 图

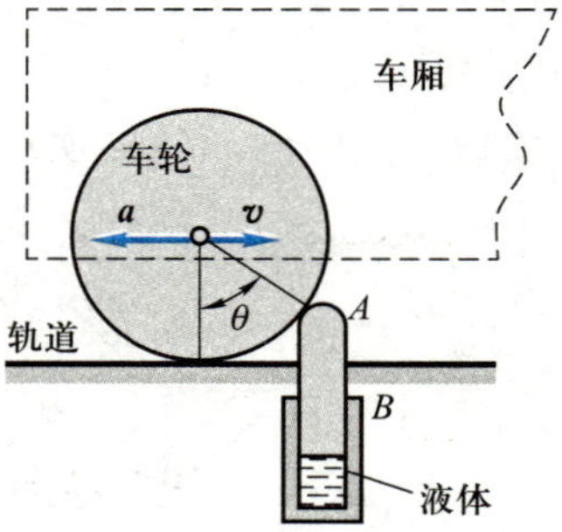

题 8-28 图

8-29 已知图示机构中滑块 A 的速度为常值，$v_A = 0.2$ m/s，$AB = 0.4$ m。求当 $AC = CB$，$\theta = 30°$时杆 CD 的速度和加速度。

8-30 轻型杠杆式推钢机，曲柄 OA 借连杆 AB 带动摇杆 O_1B 绕 O_1 轴摆动，杆 EC 以铰链与滑块 C 相连，滑块 C 可沿杆摇 O_1B 滑动；摇杆 O_1B 摆动时带动杆 EC 推动钢材，如图所示。已知 $OA = r$，$AB = \sqrt{3}r$，$O_1B = \dfrac{2}{3}l$（$r = 0.2$ m，$l = 1$ m），$\omega_{OA} = \dfrac{1}{2}$ rad/s，$\alpha_{OA} = 0$。在图示位置时，$BC = \dfrac{4}{3}l$。求：(1) 滑块 C 的绝对速度和相对于摇杆 O_1B 的速度；(2) 滑块 C 的绝对加速度和相对于摇杆 O_1B 的加速度。

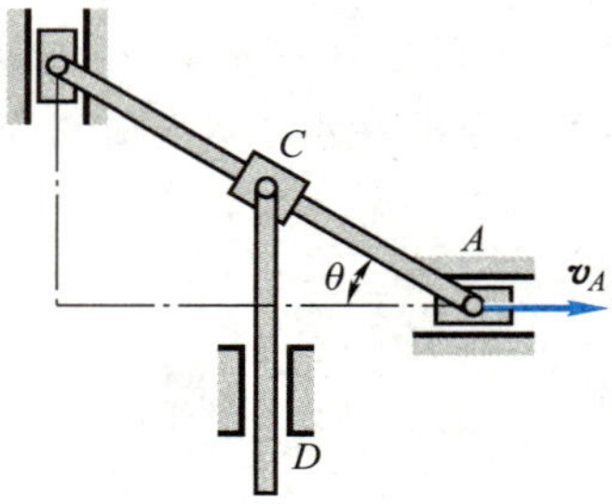

题 8-29 图

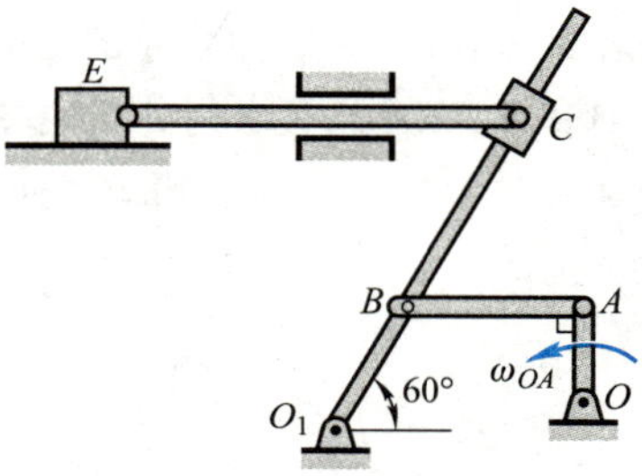

题 8-30 图

8-31 曲柄 OB 以匀角速度 $\omega_0 = 1$ rad/s 顺时针绕 O 轴转动，通过连杆 AD 带动滑块 A 在铅垂导槽内做直线运动，并通过连杆 AD 另一端的销 D 带动有径向滑槽的圆盘 E 也绕 O 轴转动。已知在图示位置时 $\angle AOB = 90°$，$OB = BD = 50$ mm，$AB = 100$ mm。试求此瞬时圆盘 E 的角速度和角加速度。

8-32 如图所示机构，套筒的销 D 沿半径为 R 的固定圆弧槽以速度 $\boldsymbol{v}_1$ 做匀速圆周运动，另有一杆 AB 穿过套筒而运动。杆 AB 的 A 端沿水平直线槽以匀速度 $\boldsymbol{v}_2$ 运动。在图示位置，销 D 恰在圆弧槽的顶点，而杆 AB 与铅垂线的夹角为 θ，试求此时杆 AB 的角速度与角加速度。

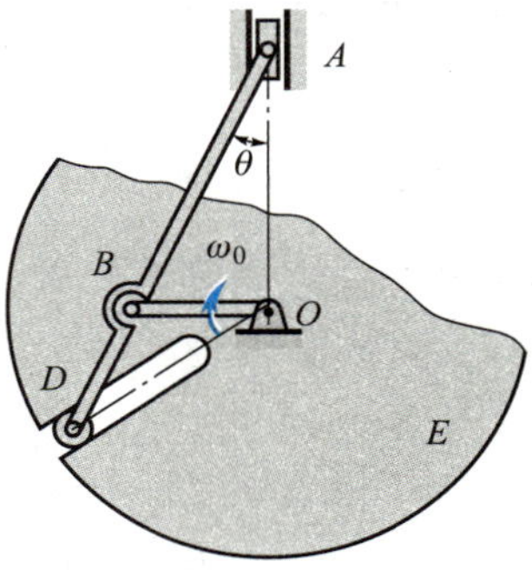

题 8-31 图

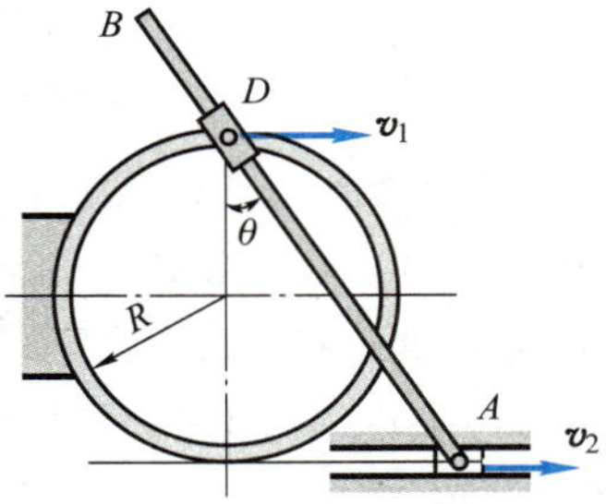

题 8-32 图

8-33 图中滑块 A、B、C 分别与连杆 AB、AC 相铰接。滑块 B、C 在水平槽中相对运动的速度恒为 $\dot{s}=1.6\ \mathrm{m/s}$。求当 $x=50\ \mathrm{mm}$ 时滑块 B 的速度和加速度。

8-34 图示行星齿轮传动机构中，曲柄 OA 以匀角速度 ω_O 绕 O 轴转动，使与齿轮 A 固结在一起的杆 BD 运动。杆 BE 与杆 BD 在点 B 铰接，并且杆 BE 在运动时始终通过固定铰链支座的套筒 C。如定齿轮的半径为 $2r$，动齿轮半径为 r，且 $AB=\sqrt{5}r$。图示瞬时，曲柄 OA 在铅垂位置，BDA 在水平位置，杆 BE 与水平线间的夹角 $\varphi=45°$。求此时杆 BE 上与点 C 相重合一点的速度和加速度。

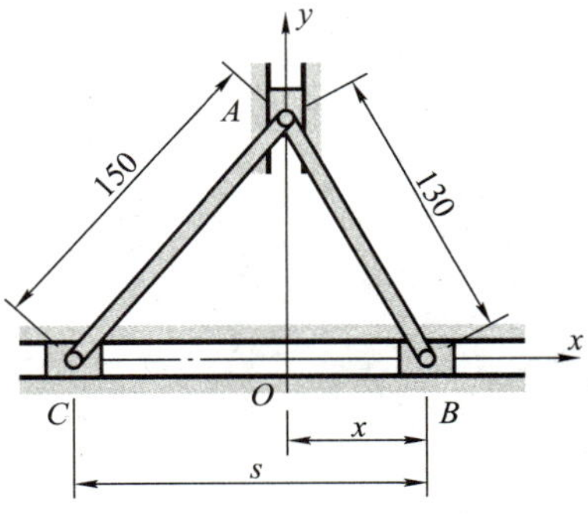

题 8-33 图

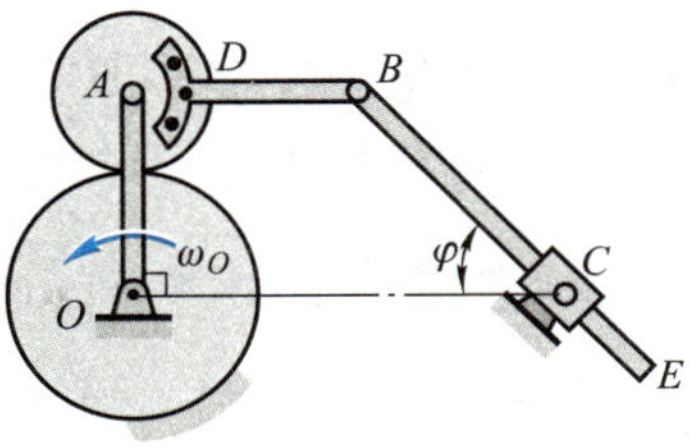

题 8-34 图

8-35 杆 OC 与轮 Ⅰ 在轮心 O 处铰接并以匀速度 $\boldsymbol{v}$ 水平向左平移，如图所示。起始时点 O 与点 A 相距 l，杆 AB 可绕 A 轴定轴转动，与轮 Ⅰ 在点 D 接触，接触处有足够大的摩擦使之不打滑，轮 Ⅰ 的半径为 r。求当 $\theta=30°$ 时，轮 Ⅰ 的角速度 ω_1 和杆 AB 的角速度。

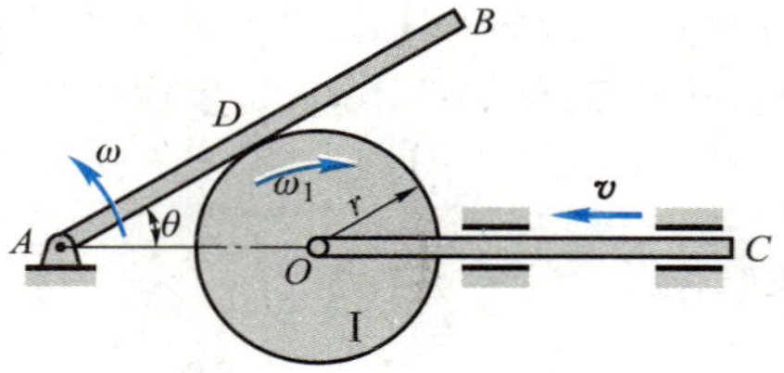

题 8-35 图

8-36 在半径为 r 的半圆槽的边缘上，装有一可绕点 C 转动的套管，其内穿有一直杆 AB。令杆的一端 A 以匀速度 $\boldsymbol{v}_A$ 沿半圆槽运动，图示位置 $\angle OCA=\theta$。求该瞬时杆 AB 与套管上的点 C 重合的一点的速度与加速度。

8-37 已知半径 $r=10$ cm 的滚子相对于杆 OA 做无滑动的滚动，$l=10$ cm。在图示位置时，$\varphi=30°$，杆 OA 的角速度为 $\omega_O=2$ rad/s、角加速度为 $\alpha_O=0$。试求该瞬时：

（1）杆 CD 的速度、加速度；

（2）滚子的角速度、角加速度。

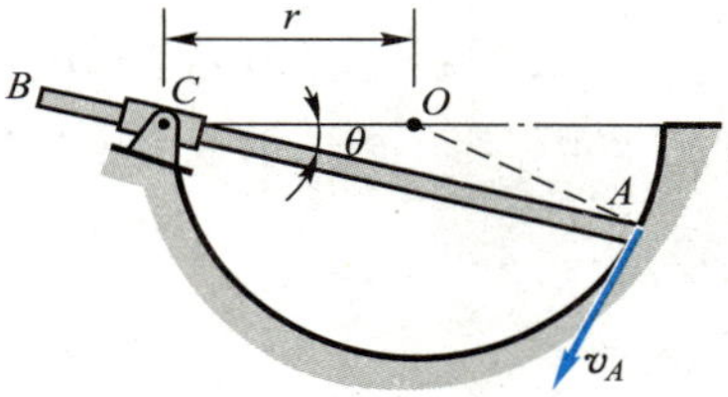

题 8-36 图

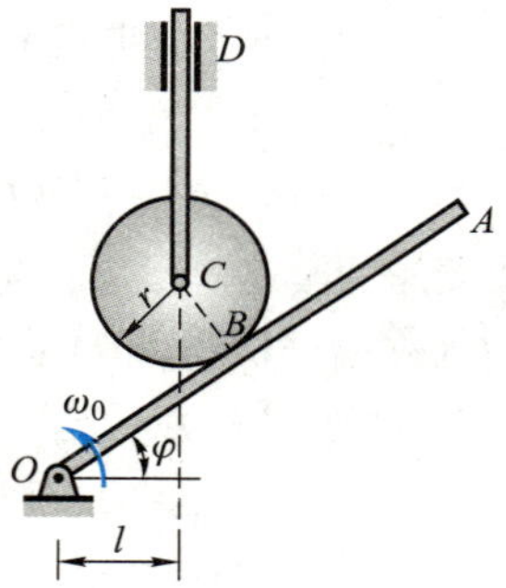

题 8-37 图

8-38 在图示平面机构中，滑块 A 可沿杆 OD 滑动，杆 AE 和杆 AB 通过铰链与滑块 A 相连。圆柱体 B 半径为 r，在半径为 $R=2r$ 的圆弧槽内做纯滚动。图示瞬时圆柱体 B 位于圆弧槽的最低点，其角速度为 ω_1，角加速度为 α_1，$AB=\dfrac{3}{2}\sqrt{3}\,r$，求图示瞬时杆 AE 的速度和加速度，以及杆 OD 的角速度和角加速度。

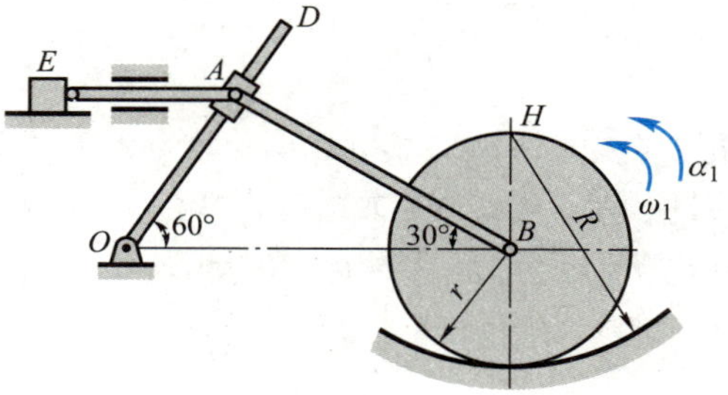

题 8-38 图

8-39 在图示放大机构中，杆Ⅰ和杆Ⅱ分别以速度 $\boldsymbol{v}_1$ 和 $\boldsymbol{v}_2$ 沿箭头方向运动，其位移分别以 x 和 y 表示。如杆Ⅱ与杆Ⅲ平行，其间距离为 a，求杆Ⅲ的速度和滑道Ⅳ的角速度。

8-40 半径 $R=0.2$ m 的两个相同的大圆环沿地面向相反方向无滑动地滚动，环心的速度为常数；$v_A=0.1$ m/s，$v_B=0.4$ m/s 。当 $\angle MAB=30°$ 时，求套在这两个大圆环上的小圆环 M 相对于每个大圆环的速度和加速度，以及小圆环 M 的绝对速度和绝对加速度。

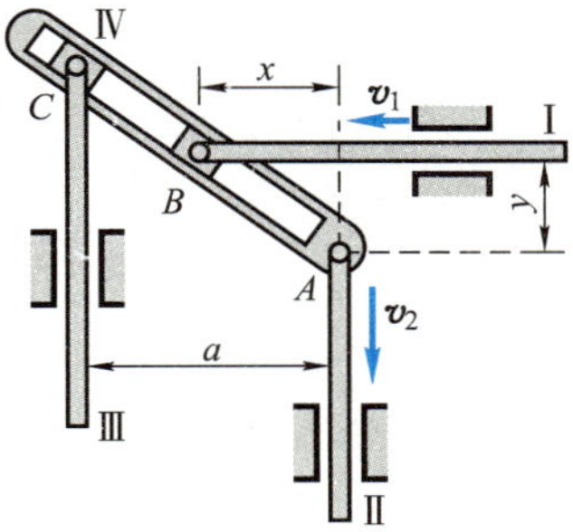

题 8-39 图

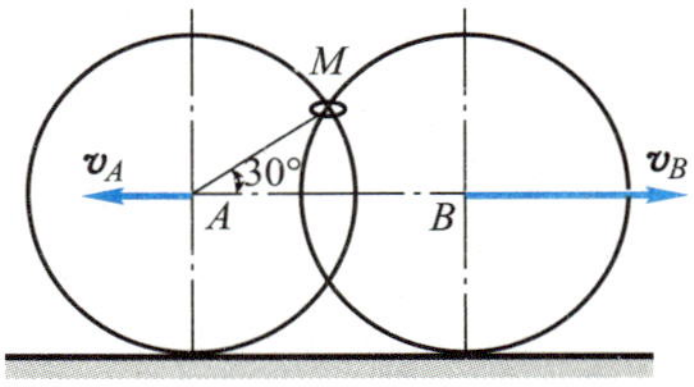

题 8-40 图

8-41 图示四种刨床机构，已知曲柄 $O_1A=r$，以匀角速度 ω 转动，$b=4r$。求在图示位置时，滑枕 CD 平移的速度。

8-42 求题 8-41 各图中滑枕 CD 平移的加速度。

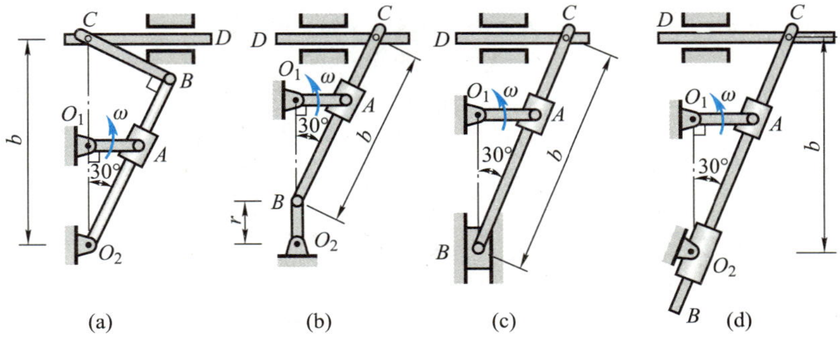

题 8-41 图

动力学

引言

动力学研究物体的机械运动与作用力之间的关系。

在静力学中，我们分析了作用于物体的力，并研究了物体在力系作用下的平衡问题。在运动学中，我们仅从几何方面分析了物体的运动，而不涉及作用力。动力学则对物体的机械运动进行全面的分析，研究作用于物体的力与物体运动状态变化之间的关系，建立物体机械运动的普遍规律。

动力学的形成和发展是与生产的发展密切联系的，特别是在现代工业和科学技术迅速发展的今天，对动力学提出了更加复杂的课题。例如，高速运转机械的动力计算、高层结构受风载及地震的影响、宇宙飞行及火箭推进技术，以及机器人的动态特性等，都需要应用动力学的理论。

动力学中物体的抽象模型有质点和质点系。**质点**是具有一定质量而几何形状和尺寸大小可以忽略不计的物体。例如，在研究人造地球卫星的轨道时，卫星的形状和大小对所研究的问题没有什么影响,可将卫星抽象为一个质量集中在质心的质点。刚体做平移时,因刚体内各点的运动情况完全相同,故可以不考虑这个刚体的形状和大小,而将它抽象为一个质点来研究。

如果物体的形状和大小在所研究的问题中不可忽略,则物体应抽象为质点系。所谓**质点系**是由几个或无限个相互有联系的质点所组成的系统。我们常见的固体、流体、由几个物体组成的机构,以及太阳系等都是质点系。**刚体**是质点系的一种特殊情形,其中任意两个质点间的距离保持不变,也称为不变的质点系。例如,在研究人造地球卫星的运动姿态时,就要把它抽象为质点系的力学模型。

动力学可分为质点动力学和质点系动力学,前者是后者的基础。我们在各章中都从质点动力学入手,然后再研究质点系动力学。

第九章 质点动力学的基本方程

质点是经典力学中最简单、最基本的模型,是构成复杂物体系统的基础。质点动力学的基本方程给出了质点受力与其运动状态变化之间的联系。

本章根据动力学基本定律得出质点动力学的基本方程,建立质点的运动微分方程,运用微积分方法求解质点的动力学问题。

§9-1 动力学的基本定律

质点动力学的基础是三个基本定律,这些定律是牛顿(1643—1727)在总结前人、特别是伽利略研究成果的基础上提出来的,称为**牛顿三定律**。

牛顿第一定律(惯性定律)

不受力作用的质点,将保持静止或做匀速直线运动。不受力作用的质点(包括受平衡力系作用的质点),不是处于静止状态,就是保持其原有的速度(包括大小和方向)不变,这种性质称为**惯性**。

牛顿第二定律(力与加速度之间的关系定律)

牛顿第二定律可以表示为

$$\frac{\mathrm{d}}{\mathrm{d}t}(m\boldsymbol{v})=\boldsymbol{F} \tag{9-1}$$

式(9-1)中 m 为质点的质量,$\boldsymbol{v}$ 为质点的速度,而 $\boldsymbol{F}$ 为质点所受的力。在经典力学范围内,质点的质量是守恒的,上式可写为

$$m\boldsymbol{a}=\boldsymbol{F} \tag{9-2}$$

即质点的质量与加速度的乘积,等于作用于质点的力,加速度的方向与力的方向相同。

式(9-2)是牛顿第二定律常用的数学表达式,它是质点动力学的基本方程,建立了质点的加速度、质量与作用力之间的定量关系。当质点上受到多个力作用时,式(9-2)中的 $\boldsymbol{F}$ 应为此汇交力系的合力。

式(9-2)表明,质点的质量越大,其运动状态越不容易改变,也就是质点的惯性越大。因此,**质量**是质点惯性的度量。

在地球表面,任何物体都受到重力 $\boldsymbol{P}$ 的作用。在重力作用下得到的加速度称为**重力加速度**,用 $\boldsymbol{g}$ 表示。根据牛顿第二定律有

$$P=mg \quad 或 \quad m=\frac{P}{g}$$

根据国际计量委员会规定的标准，重力加速度的数值为9.806 65 m/s^2，一般取9.80 m/s^2。实际上在不同的地区，g 的数值有些微小的差别。

在国际单位制(SI)中，长度、质量和时间的单位是基本单位，分别取为 m(米)、kg(千克)和 s(秒)；力的单位是导出单位。质量为 1 kg 的质点，获得1 m/s^2的加速度时，作用于该质点的力为 1 N(单位名称：牛[顿])，即

$$1\ N=1\ kg\times 1\ m/s^2$$

在精密仪器工业中，也用厘米克秒制(CGS)。在厘米克秒制中，长度、质量和时间是基本单位，分别取为 cm(厘米)、g(克)和 s(秒)；力是导出单位。1 g 质量的质点，获得的加速度为 1 cm/s^2 时，作用于该质点的力为 1 dyn(达因)，即

$$1\ dyn=1\ g\times 1\ cm/s^2$$

牛顿和达因的换算关系为

$$1\ N=10^5\ dyn$$

牛顿第三定律(作用与反作用定律)

两个物体间的作用力与反作用力总是大小相等，方向相反，沿着同一直线，且同时分别作用在这两个物体上。这一定律就是静力学的公理四，它不仅适用于平衡的物体，而且也适用于任何运动的物体，并且与参考系的选择无关。

质点动力学的三个基本定律是在观察天体运动和生产实践中的一般机械运动的基础上总结出来的，因此只在一定范围内适用。三个定律适用的参考系称为**惯性参考系**。在一般的工程问题中，把固定于地面的坐标系或相对于地面做匀速直线平移的坐标系作为惯性参考系，可以得到相当精确的结果。在研究人造地球卫星的轨道、洲际导弹的弹道等问题时，地球自转的影响不可忽略，则应选取以地心为原点，三轴指向三个恒星的坐标系作为惯性参考系。在研究行星的运动时，地心运动的影响不可忽略，需取太阳为中心，三轴指向三个恒星的坐标系作为惯性参考系。在本书中，如无特别说明，均取固定在地球表面的坐标系为惯性参考系。

以牛顿三定律为基础的力学，称为**古典力学**(又称**经典力学**)。在古典力学范畴内，认为质量是不变的量，空间和时间是“绝对的”，与物体的运动无关。近代物理已经证明，质量、时间和空间都与物体运动的速度有关，但当物体的运动速度远小于光速时，物体的运动对于质量、时间和空间的影响是微不足道的，对于一般工程中的机械运动问题，应用古典力学都可得到足够精确的结果。

§9-2 质点的运动微分方程

质点受到 n 个力 $\boldsymbol{F}_1,\boldsymbol{F}_2,\cdots,\boldsymbol{F}_n$ 作用时，由牛顿第二定律，有

$$m\boldsymbol{a}=\sum \boldsymbol{F}_i \tag{9-3}$$

或

$$m\frac{\mathrm{d}^2\boldsymbol{r}}{\mathrm{d}t^2}=\sum\boldsymbol{F}_i \tag{9-3'}$$

式(9-3′)是矢量形式的质点运动微分方程，在计算实际问题时，需应用它的投影形式。

1. 质点运动微分方程在直角坐标轴上投影

设矢径 $\boldsymbol{r}$ 在直角坐标轴上的投影分别为 x、y、z，力 $\boldsymbol{F}_i$ 在直角坐标轴上的投影分别为 F_{ix}、F_{iy}、F_{iz}，则式(9-3′)在直角坐标轴上的投影形式为

$$m\frac{\mathrm{d}^2x}{\mathrm{d}t^2}=\sum F_{ix},\quad m\frac{\mathrm{d}^2y}{\mathrm{d}t^2}=\sum F_{iy},\quad m\frac{\mathrm{d}^2z}{\mathrm{d}t^2}=\sum F_{iz} \tag{9-4}$$

2. 质点运动微分方程在自然轴上投影

由点的运动学可知，点的全加速度 $\boldsymbol{a}$ 在切线与主法线构成的密切面内，点的加速度在副法线上的投影等于零，即

$$\boldsymbol{a}=a_{\mathrm{t}}\boldsymbol{e}_{\mathrm{t}}+a_{\mathrm{n}}\boldsymbol{e}_{\mathrm{n}},\quad a_{\mathrm{b}}=0$$

式中，$\boldsymbol{e}_{\mathrm{t}}$ 和 $\boldsymbol{e}_{\mathrm{n}}$ 分别为沿轨迹切线和主法线的单位矢量，如图 9-1 所示。式(9-3′)在自然轴上的投影式为

$$m\frac{\mathrm{d}v}{\mathrm{d}t}=\sum F_{i\mathrm{t}},\quad m\frac{v^2}{\rho}=\sum F_{i\mathrm{n}},\quad 0=\sum F_{i\mathrm{b}} \tag{9-5}$$

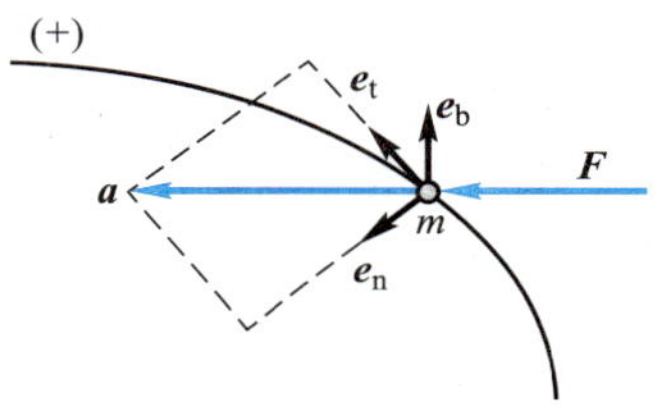

图 9-1

式中，$F_{i\mathrm{t}}$、$F_{i\mathrm{n}}$ 和 $F_{i\mathrm{b}}$ 分别是作用于质点的各力在切线、主法线和副法线上的投影，而 ρ 为轨迹的曲率半径。

式(9-4)和式(9-5)是两种常用的质点运动微分方程。

式(9-3)为矢量形式，可根据需要向任一轴投影，得到相应的投影形式，如向极坐标系的径向投影或周向投影等。

3. 质点动力学的两类基本问题

质点动力学的问题可分为两类：一是已知质点的运动，求作用于质点的力；二是已知作用于质点的力，求质点的运动。这称为质点动力学的两类基本问题。第一类基本问题比较简单，例如已知质点的运动方程，只需求两次导数得到质点的加速度，代入质点的运动微分方程中，即可求解。第二类基本问题，从数学的角度看，是解微分方程或求积分的问题，对此，需按作用力的函数规律进行积分，并根据具体问题的运动条件确定积分常数。

例 9-1　曲柄连杆机构如图 9-2a 所示。曲柄 OA 以匀角速度 ω 转动，$OA=r$，$AB=l$，当$\lambda=r/l$ 比较小时，以点 O 为坐标原点，滑块 B 的运动方程可近似写为

动画
例 9-1

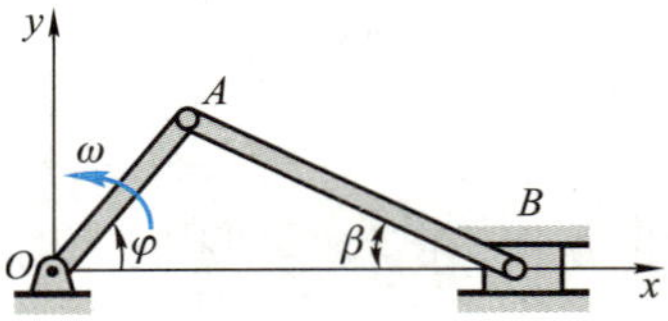

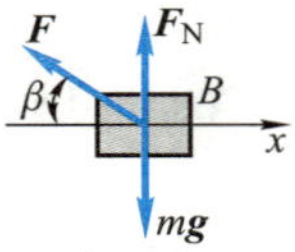

图 9-2

$$x=l\left(1-\frac{\lambda^2}{4}\right)+r\left(\cos\omega t+\frac{\lambda}{4}\cos 2\omega t\right)$$

如滑块 B 的质量为 m，忽略摩擦及连杆 AB 的质量，试求当 $\varphi=\omega t=0$ 和 $\frac{\pi}{2}$ 时，连杆 AB 所受的力。

解：以滑块 B 为研究对象，当 $\varphi=\omega t$ 时，受力如图 9-2b 所示。由于不计连杆 AB 质量，连杆 AB 应受平衡力系作用，则连杆 AB 为二力杆，它对滑块 B 的力 $\boldsymbol{F}$ 沿 AB 方向。写出滑块 B 沿 x 轴的运动微分方程为

$$ma_x=-F\cos\beta$$

由运动方程，可以求得

$$a_x=\frac{\mathrm{d}^2x}{\mathrm{d}t^2}=-r\omega^2(\cos\omega t+\lambda\cos 2\omega t)$$

当 $\omega t=0$ 时，$a_x=-r\omega^2(1+\lambda)$，且 $\beta=0$，得

$$F=mr\omega^2(1+\lambda)$$

连杆 AB 受拉力。

当 $\omega t=\frac{\pi}{2}$ 时，$a_x=r\omega^2\lambda$，而 $\cos\beta=\sqrt{l^2-r^2}/l$，则有

$$mr\omega^2\lambda=-F\sqrt{l^2-r^2}/l$$

得

$$F=-mr^2\omega^2/\sqrt{l^2-r^2}$$

连杆 AB 受压力。

上例属于质点动力学的第一类基本问题。

例 9-2 质量为 m 的小球，在无风的天空中水平抛出，初速度为 $\boldsymbol{v}_0$，如图 9-3 所示。试求小球在重力和空气阻力共同作用下的运动速度和运动规律。

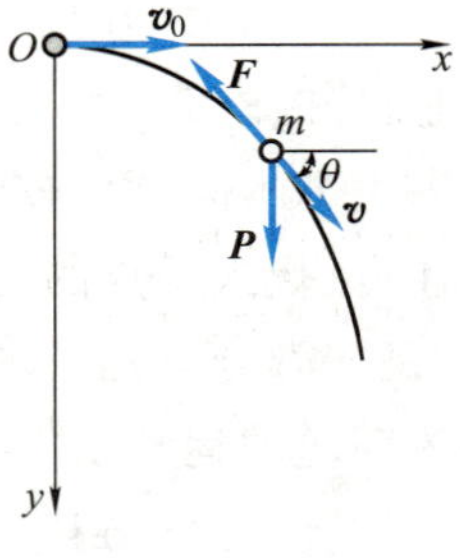

图 9-3

解：求解实际的动力学问题与静力学问题一样，都要先建立力学模型。小球可以简化为质点，空气的浮力可以略去不计。本题要求考虑空气阻力，因此要建立空气阻力与速度之间关系的模型。这一模型可以通过大量的实验来获得。实际上，人们已经发现，当物体运动速度较小时，阻力大小与速度大小成正比；当物体运动速度较大时，阻力大小与速度大小的平方成正比。空气阻力的方向总是与速

度方向相反。这样，就有了如下两种关系：

（1）当速度较小时，$F=\mu v$。

（2）当速度较大时，$F=\mu v^2$。

其中，μ 为阻力系数。

我们分别对这两种情况进行求解。

（1）当小球运动速度较小时，空气阻力与速度大小呈线性关系。小球受力如图 9-3 所示。在小球运动的铅垂面内建立直角坐标系 Oxy，以小球初始位置点 O 为坐标原点，y 轴向下为正。

将小球的运动微分方程投影到这一直角坐标系中，有

$$m\frac{\mathrm{d}^2x}{\mathrm{d}t^2}=m\frac{\mathrm{d}v_x}{\mathrm{d}t}=-F_x=-\mu\frac{\mathrm{d}x}{\mathrm{d}t}=-\mu v_x \tag{a}$$

$$m\frac{\mathrm{d}^2y}{\mathrm{d}t^2}=m\frac{\mathrm{d}v_y}{\mathrm{d}t}=mg-F_y=mg-\mu\frac{\mathrm{d}y}{\mathrm{d}t}=mg-\mu v_y \tag{b}$$

按题意，$t=0$ 时，$v_x=v_0$，$v_y=0$。式(a)、式(b)的定积分分别为

$$\int_{v_0}^{v_x}\frac{1}{v_x}\mathrm{d}v_x=-\int_0^t\frac{\mu}{m}\mathrm{d}t \tag{c}$$

$$\int_0^{v_y}\frac{1}{\dfrac{mg}{\mu}-v_y}\mathrm{d}v_y=\int_0^t\frac{\mu}{m}\mathrm{d}t \tag{d}$$

解得小球速度随时间的变化规律为

$$v_x=v_0\mathrm{e}^{-\frac{\mu}{m}t},\quad v_y=\frac{mg}{\mu}\left(1-\mathrm{e}^{-\frac{\mu}{m}t}\right) \tag{e}$$

按题意，$t=0$ 时，$x=0$，$y=0$。取式(e)的定积分，有

$$\int_0^x\mathrm{d}x=\int_0^t v_0\mathrm{e}^{-\frac{\mu}{m}t}\mathrm{d}t,\quad \int_0^y\mathrm{d}y=\int_0^t\frac{mg}{\mu}\left(1-\mathrm{e}^{-\frac{\mu}{m}t}\right)\mathrm{d}t$$

解得小球的运动方程为

$$x=v_0\frac{m}{\mu}\left(1-\mathrm{e}^{-\frac{\mu}{m}t}\right),\quad y=\frac{mg}{\mu}t-\frac{m^2g}{\mu^2}\left(1-\mathrm{e}^{-\frac{\mu}{m}t}\right) \tag{f}$$

这是质点动力学的第二类基本问题。求解过程一般需要积分，还要分析题意，合理应用运动初始条件确定积分常数，使问题得到确定的解。

（2）当质点运动速度较大时，$F=\mu v^2$，空气阻力与速度大小的关系是非线性的。这时如果不画受力图，就很可能列出如下沿 x、y 轴两个投影方向的方程：

$$\left.\begin{aligned}m\frac{\mathrm{d}^2x}{\mathrm{d}t^2}&=-\mu v_x^2\\ m\frac{\mathrm{d}^2y}{\mathrm{d}t^2}&=mg-\mu v_y^2\end{aligned}\right\} \tag{g}$$

仔细分析一下，这两个方程对吗？下面用正确的方法来求解这一问题。

首先，要进行受力分析，画出受力图，如图 9-3 所示。然后列质点运动微分方程，特别要注意阻力 $\boldsymbol{F}$ 的投影。

$$\left.\begin{aligned}m\frac{\mathrm{d}^2x}{\mathrm{d}t^2}&=-\mu v^2\cos\theta=-\mu vv_x\\ m\frac{\mathrm{d}^2y}{\mathrm{d}t^2}&=mg-\mu v^2\sin\theta=mg-\mu vv_y\end{aligned}\right\} \tag{h}$$

式中，角 θ 是速度 $\boldsymbol{v}$ 与 x 轴的夹角，$\tan\theta=\frac{\mathrm{d}y}{\mathrm{d}x}$。式(h)与式(g)是不同的，显然式(g)是错误的。通过这一事实可知，在求解动力学问题时要先进行受力分析(画受力图)，再列方程，哪怕是很简单的受力图也要画出来。

式(h)是非线性的微分方程组，只能求数值解。非线性问题不仅方程复杂，而且通常只能求数值解。现在完全可以利用计算机对各类非线性问题求数值解，对本题有兴趣的读者可以去进行数值求解。从式(h)还可以看到，这一非线性问题的水平和铅垂运动不是独立的，它们通过速度 $\boldsymbol{v}$ 互相影响，这与线性问题有本质的不同。

有的工程问题既需要求质点的运动规律，又需要求未知的约束力，是质点动力学的第一类基本问题与第二类基本问题综合在一起的动力学问题，称为混合问题。下面举例说明这类问题求解的方法。

动画 例 9-3

例 9-3 一圆锥摆，如图 9-4 所示。质量 $m=0.1$ kg的小球系于长 $l=0.3$ m 的绳上，绳的另一端系在固定点 O，并与铅垂线成 $\theta=60°$角。如小球在水平面内做匀速圆周运动，求小球的速度 $\boldsymbol{v}$ 与绳的张力的大小。

解： 以小球为研究的质点，作用于质点的力有重力 $m\boldsymbol{g}$ 和绳的拉力 $\boldsymbol{F}$。选取在自然轴上投影的运动微分方程，得

$$m\frac{v^2}{\rho}=F\sin\theta,\quad 0=F\cos\theta-mg$$

因 $\rho=l\sin\theta$，于是解得

$$F=\frac{mg}{\cos\theta}=\frac{0.1\ \mathrm{kg}\times9.8\ \mathrm{m/s^2}}{\frac{1}{2}}=1.96\ \mathrm{N}$$

$$v=\sqrt{\frac{Fl\sin^2\theta}{m}}=\sqrt{\frac{1.96\ \mathrm{N}\times0.3\ \mathrm{m}\times\left(\frac{\sqrt{3}}{2}\right)^2}{0.1\ \mathrm{kg}}}=2.1\ \mathrm{m/s}$$

绳的张力与拉力 $\boldsymbol{F}$ 的大小相等。

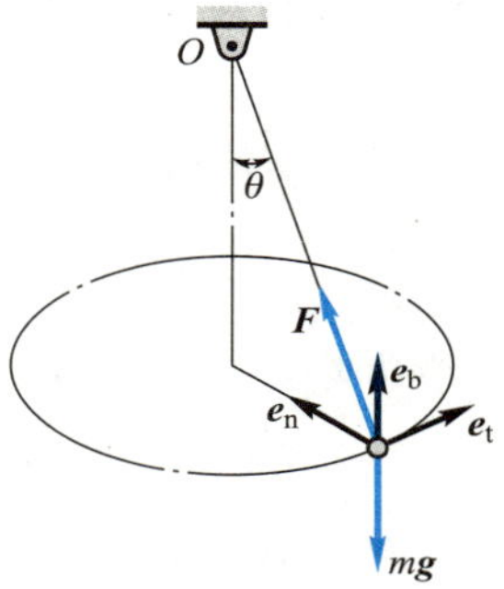

图 9-4

此例表明：对某些混合问题，向自然轴投影，可使质点动力学的两类基本问题分开求解。

动画 例 9-4

例 9-4 粉碎机滚筒半径为 R，绕通过中心的水平轴匀速转动，筒内铁球由筒壁上的凸棱带着上升。为了使铁球获得粉碎矿石的能量，铁球应在 $\theta=\theta_0$ 时(图 9-5a)才掉下来。求滚筒每分钟的转数 n。

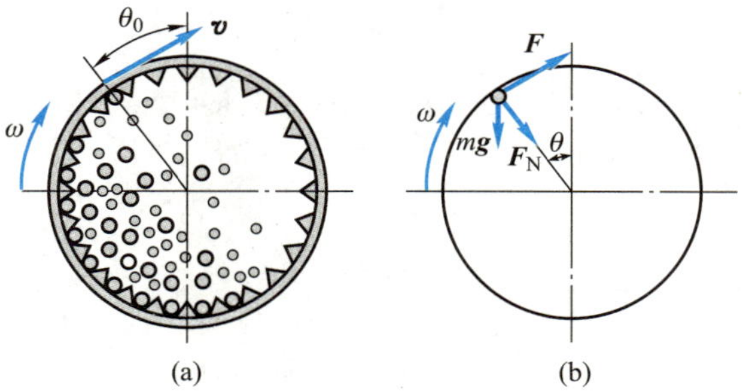

图 9-5

解： 首先建立这一问题的力学模型。滚筒是三维的，但按题意可以简化为二维问题。滚筒为刚体，几何形状为圆形，绕几何中心转动，角速度看作为常量。由于铁球的直径比滚筒直径小很多，因此可将铁球视为质点。筒壁上的凸棱不仅带动铁球上升，还限制了铁球沿筒壁切线方向的位移。真实的情况很复杂，铁球在脱离筒壁前很可能沿凸棱有所滑动，但滑动很小。因此这一问题的力学模型如同增加了一个约束，即铁球在脱离筒壁前与筒壁之间无相对滑动。这对解题很重要。由此建立的力学模型及铁球的受力图如图 9-5b 所示。

列出铁球的运动微分方程在主法线上的投影式为

$$m\frac{v^2}{R}=F_N+mg\cos\theta$$

质点在未离开筒壁前的速度等于筒壁的速度，即

$$v=\frac{\pi n}{30}R$$

于是解得

$$n=\frac{30}{\pi R}\left[\frac{R}{m}(F_N+mg\cos\theta)\right]^{\frac{1}{2}}$$

当 $\theta=\theta_0$ 时，铁球将落下，这时 $F_N=0$，于是得

$$n=9.549\sqrt{\frac{g}{R}\cos\theta_0}$$

显然，θ_0 越小，要求 n 越大。当 $n=9.549\sqrt{\frac{g}{R}}$ 时，$\theta_0=0$，铁球就会紧贴筒壁转过最高点而不脱离筒壁落下，起不到粉碎矿石的作用。

如果筒壁上没有凸棱，则铁球的上升完全靠它与筒壁间的摩擦，例如洗衣机等。这时也可用上面的力学模型，但误差稍大些。精确一些可建立这样的力学模型：给出铁球与筒壁之间的静、动摩擦因数，最初铁球靠它与筒壁间的静摩擦力带动上升。此时铁球的受力图仍如图 9-5b 所示，但切向约束力 $\boldsymbol{F}$ 是静摩擦力，其最大值为 $F_{smax}=f_sF_N$。在铁球离开筒壁前，即 F_N 趋于零的过程中，F_{smax} 也趋于零。从而使重力 $m\boldsymbol{g}$ 的切向分量大于 F_{smax}，于是铁球沿切向产生逆时针方向的加速度。显然，由此时开始铁球与筒壁间有了相对滑动，这时切向约束力 $\boldsymbol{F}$ 变为动摩擦力 $F_d=fF_N$，直至铁球脱离筒壁时为零。这一模型虽然比前一力学模型精确些，但是其求解过程较复杂。更何况这一力学模型中将铁球尺寸忽略而视为质点，又忽略了铁球相互之间的作用，由此产生的误差可能不小于将凸棱换作摩擦而产生的误差。因此在工程中不要求很精确时，用前一模型即可。

思考题

9-1 质点的运动方程和运动微分方程有何区别？

9-2 已知月球表面上重力加速度为地球表面重力加速度的 $\frac{1}{6}$。在地球上体重为

600 N 的人，在月球表面上使用地球上用的天平和砝码称得其体重是多少？用弹簧秤称呢？

9-3 如图9-6所示，绳拉力 $F=2\ \text{kN}$，物块Ⅱ重为 1 kN，物块Ⅰ重为 2 kN。若滑轮质量不计，问在图 a、b 两种情况下，重物Ⅱ的加速度是否相同？两根绳中的张力是否相同？

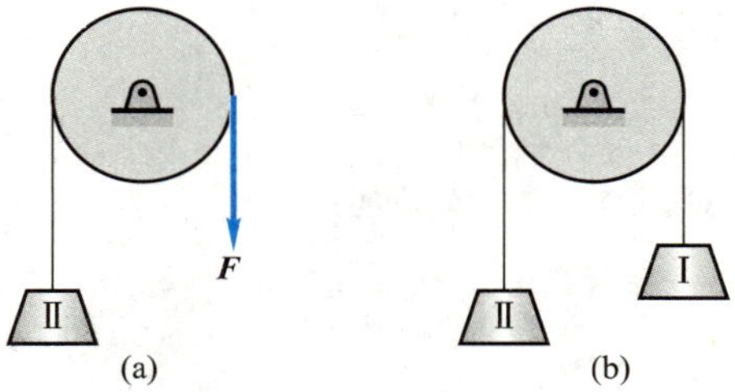

图 9-6

9-4 质点在空间运动，已知作用力，为求质点的运动方程需要几个运动初始条件？若质点在平面内运动呢？若质点沿给定的轨道运动呢？

9-5 图 9-7 中小球 C 重为 P，由绳 AC、BC 悬挂处于静止。此时由静力学可求得绳的张力 $F_{AC}=F_{BC}=P$。现将绳 BC 突然剪断，试判断在刚剪断瞬时，绳 AC 的张力与重力是否还是相等的？如不相等，哪一根绳的张力大？

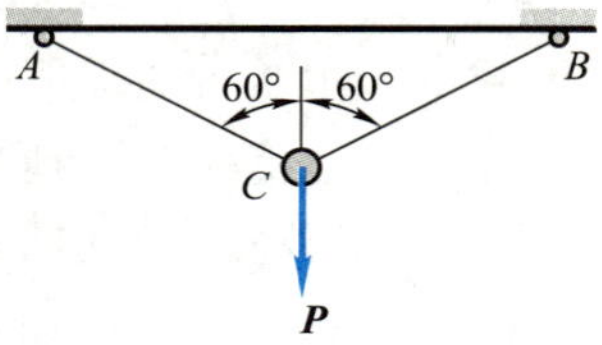

图 9-7

9-6 火车在加速运动时，水箱中的水面是否保持水平？应该是什么形状？试说明将水箱分成许多隔层的优点。

习　题

习题：第九章

质点动力学的基本方程

9-1 如图所示，在曲柄连杆滑道机构中，活塞和活塞杆的总质量为 50 kg，曲柄 OA 长为 30 cm，绕 O 轴匀速转动，转速为 $n=120\ \text{r/min}$。各处摩擦忽略不计。求当 $\varphi=0°$ 和 $\varphi=90°$ 时，作用在滑道 BD 上的水平力。

9-2 图示半圆形凸轮以匀速 $v=0.1\ \text{m/s}$ 向右运动，通过杆 CD 使重物 M 上下运动。已知凸轮半径 $R=100\ \text{mm}$，重物 M 的质量为 $m=10\ \text{kg}$，轮 C 半径不计。求当 $\varphi=45°$ 时重物 M 对杆 CD 的压力。

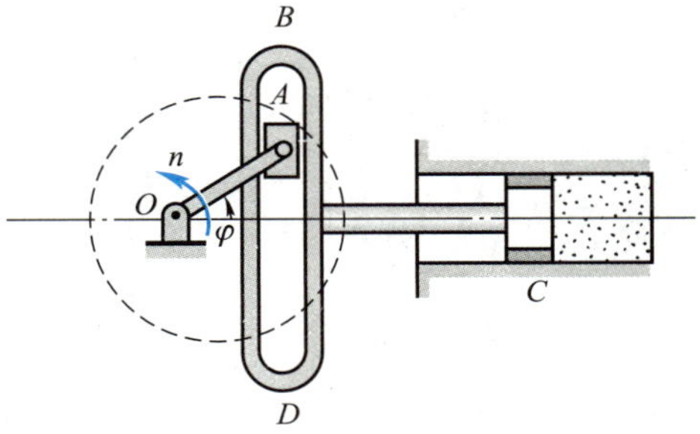

题 9-1 图

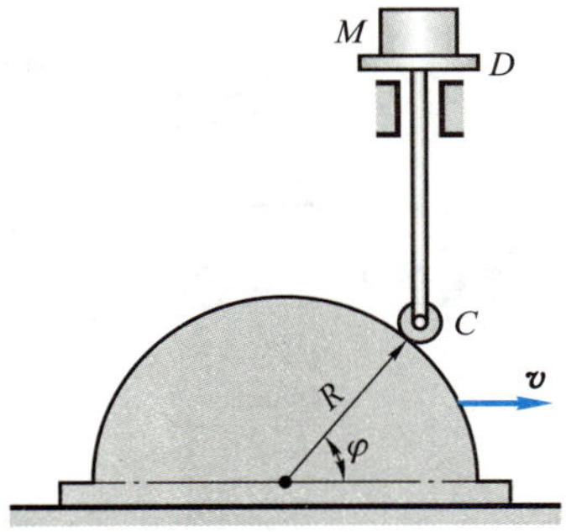

题 9-2 图

9-3 在图示离心浇注装置中，电机带动支承轮 A、B 做同向转动，管模放在两轮上靠摩擦传动而旋转。铁水浇入后均匀地紧贴管模的内壁而自动成型，从而可得到质量密实的管形铸件。如已知管模内径 $D=400$ mm，试求管模的最低转速 n。

9-4 车轮的质量为 m，沿水平路面做匀速运动，如图所示。路面有一凹坑，其形状由方程 $y=\dfrac{\delta}{2}\left(1-\cos\dfrac{2\pi}{l}x\right)$ 确定。路面和车轮均看成刚体。车厢通过弹簧给车轮以压力 $\boldsymbol{F}$，求车子经过凹坑时，路面对车轮的最大和最小约束力。

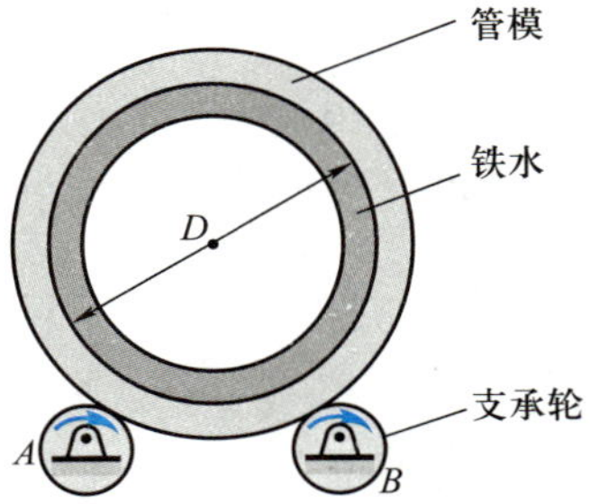

题 9-3 图

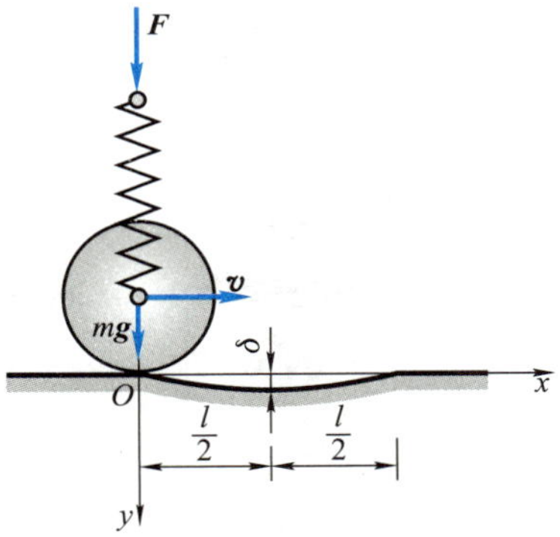

题 9-4 图

9-5 图示筛矿砂的筛体按 $x=50\sin\omega t$（x 的单位为 mm），$y=50\cos\omega t$（y 的单位为 mm）的规律做简谐运动。为使筛体上的矿砂砂粒与筛体分开而被抛起，求曲柄转动角速度 ω 的最小值。

9-6 一飞机水平飞行，空气阻力与速度大小的平方成正比，当速度为 1 m/s 时，阻力等于 0.5 N。推进力为常量，等于 30.8 kN，且与飞行方向向上成 10° 角。求飞机的最大飞行速度。

9-7 图示质量为10 t 的物体随同跑车以 $v_0=1$ m/s 的速度沿桥式吊车的桥架移动。今因故急刹车，物体由于惯性绕悬挂点 C 向前摆动，绳长 $l=5$ m。求：(1) 刹车时绳子的张力;(2) 最大摆角 φ 的大小。

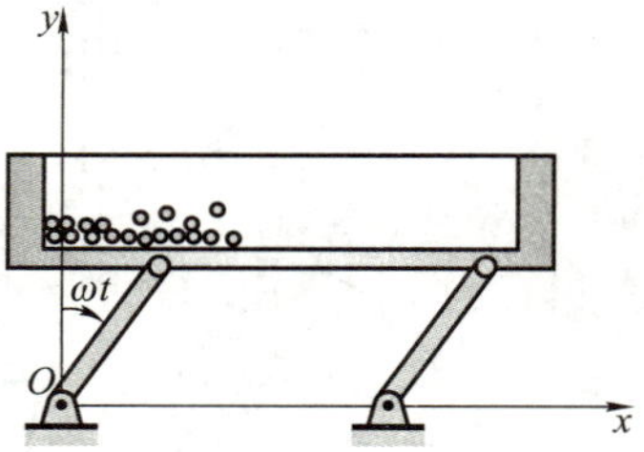

题 9-5 图

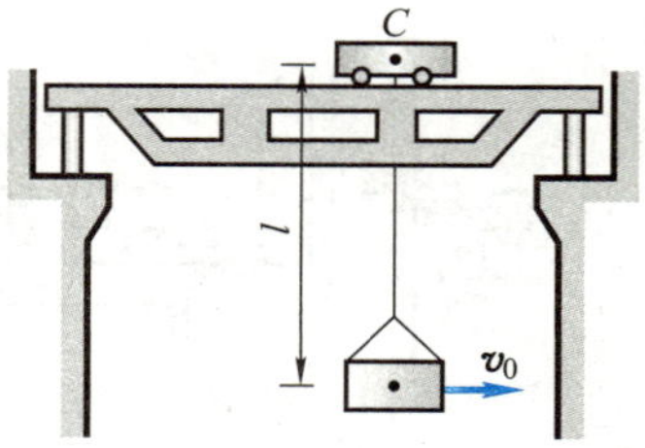

题 9-7 图

9-8 卷扬机使质量为 m 的重物 M 以匀速度 $\boldsymbol{v}$ 下降,若钢索的刚度系数为 k,求当卷筒突然刹车时,钢索的最大伸长量。

9-9 不前进的潜水艇重为 P,受到较小的沉力 $\boldsymbol{F}$ 向水底下沉。在沉力 $\boldsymbol{F}$ 不大时,水的阻力可视为与速度的一次方成正比,等于 $kA\boldsymbol{v}$,其中 k 为常数,A 为潜水艇的水平投影面积,$\boldsymbol{v}$ 为下沉速度,水的阻力方向与速度方向相反。如当 $t=0$ 时,$v=0$,求下沉速度和时间 T 内下沉的路程 s。

9-10 铅垂发射的火箭由一雷达跟踪,如图所示。当 $r=10\ 000\ \text{m}$, $\theta=60°$, $\dot{\theta}=0.02\ \text{rad/s}$, $\ddot{\theta}=0.003\ \text{rad/s}^2$ 时,火箭的质量为 5 000 kg。求此时的喷射反推力 $\boldsymbol{F}$。

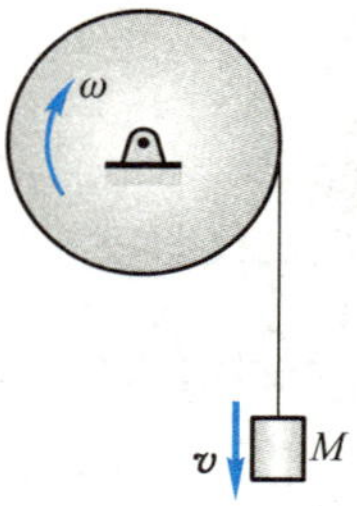

题 9-8 图

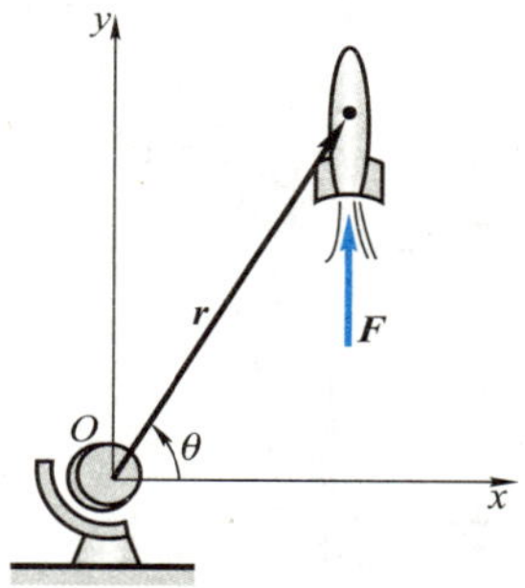

题 9-10 图

9-11 一物体质量 $m=10$ kg,在变力 $F=100(1-t)$ (F 的单位为 N,t 的单位为 s)作用下运动。设物体初速度为 $v_0=0.2$ m/s,开始时,力的方向与速度方向相同。问经过多长时间后物体速度为零? 此前走了多少路程?

9-12 质量为 m 的质点带有电荷 e,被放在一均匀电场中,电场强度 $E=A\sin kt$,其中 A 和 k 均为常数。若已知质点在电场中所受的力为 $F=eE$,其方向与 E 相同。又质点的初速度为零,取坐标原点为质点的起始位置,重力的影响不计。求质点的运动方程。

9-13 图示质点的质量为 m,受指向原点 O 的力 $F=kr$ 作用,力与质点到点 O 的距离成正比。如初瞬时质点的坐标为 $x=x_0$, $y=0$,速度的分量为 $v_x=0$, $v_y=v_0$。求质点的运动轨迹。

9-14 质量为 m 的质点在介质中以初速度 $\boldsymbol{v}_0$ 与水平成仰角 φ 抛出，在重力和介质阻力的作用下运动。设介质阻力可视为与速度的一次方成正比，即 $\boldsymbol{F}=-kmg\boldsymbol{v}$，$k$ 为常数。试求该质点的运动方程和运动轨迹。

9-15 质量为 0.5 kg 的套筒，被一跨过滑轮的绳子牵引，在铅垂平面内沿光滑水平杆 AB 从右向左运动。若绳的拉力为一常数，套筒经过点 C 和点 D 时速度分别为 6 m/s和 1 m/s，方向均向左。试求绳的拉力及套筒经过点 D 时杆 AB 的约束力。

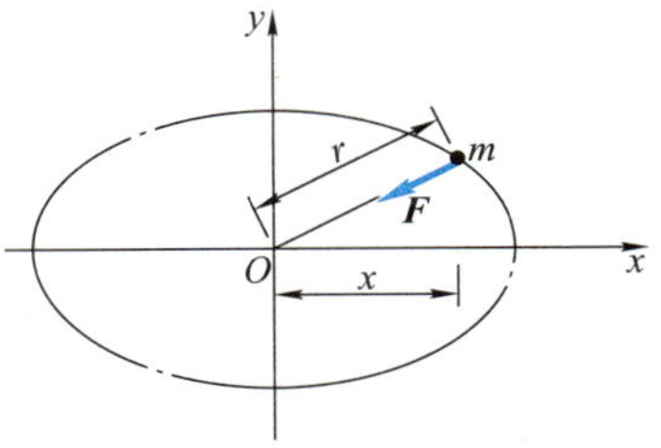

题 9-13 图

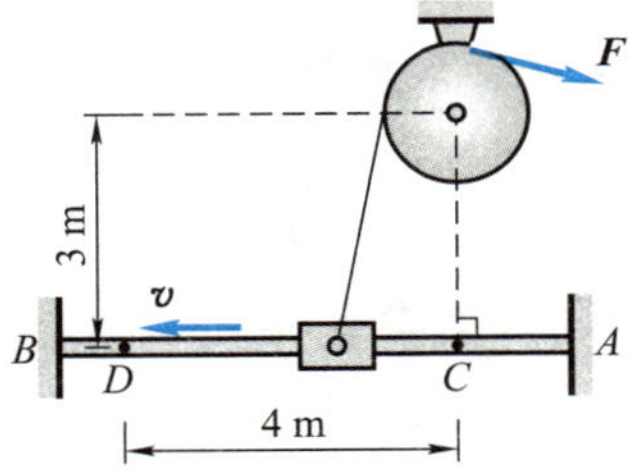

题 9-15 图

9-16 销 M 的质量为 0.2 kg，由水平槽杆带动，使其在半径为 $r=200$ mm 的固定半圆槽内运动。设水平槽杆以匀速 $v=400$ mm/s 向上运动，不计摩擦。求在图示位置时半圆槽对销 M 的作用力。

9-17 质量皆为 m 的 A、B 两物块以无重杆光滑铰接，置于光滑的水平及铅垂面上，如图所示。当 $\theta=60°$时自由释放，求此瞬时杆 AB 所受的力。

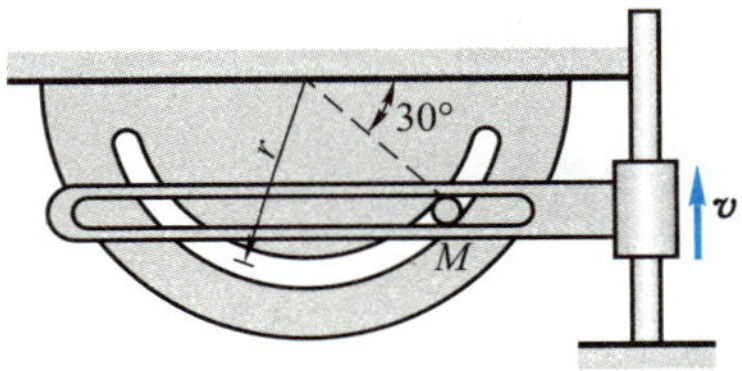

题 9-16 图

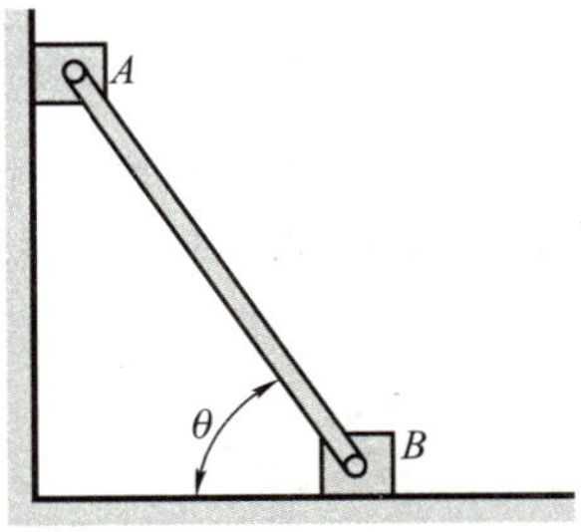

题 9-17 图

第十章 动量定理

对于由 n 个质点组成的质点系，可以列出 $3n$ 个运动微分方程进行动力学分析，但其求解会很复杂，而且也没有必要，因为一般需要的是质点系的某些整体的运动特征。动量定理、动量矩定理和动能定理从不同的侧面揭示了质点和质点系整体的运动变化与作用量之间的关系，可用以求解质点系动力学问题。动量定理、动量矩定理和动能定理统称为动力学普遍定理。本章将阐明及应用动量定理。

§10-1 动量与冲量

1. 动量

物体之间往往有机械运动的相互传递，在传递机械运动时产生的相互作用力不仅与物体的速度变化有关，而且与它们的质量有关。例如，枪弹质量虽小，但速度很大，击中目标时，产生很大的冲击力；轮船靠岸时，速度虽小，但质量很大，操纵稍有疏忽，足以将船撞坏。据此，可以用质点的质量与速度的乘积，来表征质点的这种运动量。

质点的质量与速度的乘积称为质点的**动量**，记为 $m\boldsymbol{v}$。质点的动量是矢量，它的方向与质点速度的方向一致。

在国际单位制中，动量的单位为 kg · m/s。

质点系内各质点动量的矢量和称为**质点系的动量**，即

$$\boldsymbol{p}=\sum_{i=1}^{n} m_i\boldsymbol{v}_i=\sum m_i\boldsymbol{v}_i \tag{10-1}$$

式中，n 为质点系内的质点数，m_i 为第 i 个质点的质量，$\boldsymbol{v}_i$ 为该质点的速度。质点系的动量是矢量。

如质点系中任一质点 i 的矢径为 $\boldsymbol{r}_i$，则其速度为 $\boldsymbol{v}_i=\dfrac{\mathrm{d}\boldsymbol{r}_i}{\mathrm{d}t}$，代入式(10-1)，注意到质量 m_i 是不变的，则有

$$\boldsymbol{p}=\sum m_i\boldsymbol{v}_i=\sum m_i\frac{\mathrm{d}\boldsymbol{r}_i}{\mathrm{d}t}=\frac{\mathrm{d}}{\mathrm{d}t}\sum m_i\boldsymbol{r}_i$$

令 $m=\sum m_i$ 为质点系的总质量，与重心坐标相似，定义质点系**质量中心**(简称**质心**) C 的矢径为

$$\boldsymbol{r}_C=\frac{\sum m_i\boldsymbol{r}_i}{m} \tag{10-2}$$

代入前式，得

$$\boldsymbol{p}=\frac{\mathrm{d}}{\mathrm{d}t}\sum m_i\boldsymbol{r}_i=\frac{\mathrm{d}}{\mathrm{d}t}(m\boldsymbol{r}_C)=m\boldsymbol{v}_C \tag{10-3}$$

其中，$\boldsymbol{v}_C=\frac{\mathrm{d}\boldsymbol{r}_C}{\mathrm{d}t}$为质点系质心 C 的速度。式(10-3)表明，质点系的动量等于质心速度与其全部质量的乘积。这表明质点系的动量是描述质心运动的一个物理量。

刚体是由无限多个质点组成的不变质点系，质心是刚体内某一确定点(这一点也可能在刚体外部)。对于质量均匀分布的规则刚体，质心就是几何中心，用式(10-3)计算刚体的动量是非常方便的。例如，长为 l、质量为 m 的均质细杆，在平面内绕点 O 转动，角速度为 ω，如图 10-1a 所示。细杆质心的速度 $v_C=\frac{l}{2}\omega$，则细杆的动量大小为 $m\frac{l}{2}\omega$，方向与$\boldsymbol{v}_C$相同。又如图 10-1b 所示的均质滚轮，质量为 m，轮心速度为$\boldsymbol{v}_C$，则其动量为 $m\boldsymbol{v}_C$。而如图 10-1c 所示的绕中心转动的均质轮，无论有多大的角速度和质量，由于其质心不动，其动量总是零。

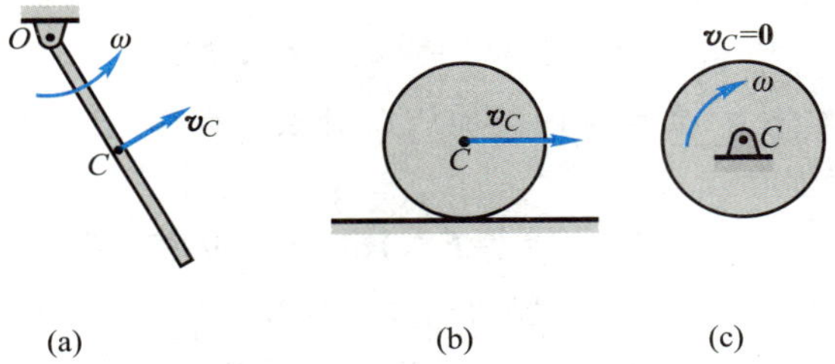

图 10-1

2. 冲量

物体在力的作用下引起的运动变化，不仅与力的大小和方向有关，还与力作用时间的长短有关。例如，人力推动车厢沿铁轨运动，经过一段时间，可使车厢得到一定的速度；如改用机车牵引车厢，只需很短的时间便能达到同样的速度。如果作用力是常量，我们用力与作用时间的乘积来衡量力在这段时间内积累的作用效果。作用力与作用时间的乘积称为常力的冲量。以 $\boldsymbol{F}$ 表示此常力，作用的时间为 t，则此力的冲量为

$$\boldsymbol{I}=\boldsymbol{F}t \tag{10-4}$$

冲量是矢量，它的方向与常力的方向一致。

如果作用力 $\boldsymbol{F}$ 是变量，在微小时间间隔 $\mathrm{d}t$ 内，力 $\boldsymbol{F}$ 的冲量称为元冲量，即

$$\mathrm{d}\boldsymbol{I}=\boldsymbol{F}\mathrm{d}t$$

而力 $\boldsymbol{F}$ 在作用时间 $t_1 \sim t_2$ 内的冲量是矢量积分

$$\boldsymbol{I}=\int_{t_1}^{t_2} \boldsymbol{F} \mathrm{d} t \tag{10-5}$$

在国际单位制中，冲量的单位是 N · s。

§10-2 动量定理

1. 质点的动量定理

由前一章的式(9-1)有

$$\mathrm{d}(m \boldsymbol{v})=\boldsymbol{F} \mathrm{d} t \tag{10-6}$$

式(10-6)是质点动量定理的微分形式，即质点动量的增量等于作用于质点上的力的元冲量。

对式(10-6)积分，如时间由 t_1 到 t_2，速度由 $\boldsymbol{v}_1$ 变为 $\boldsymbol{v}_2$，得

$$m \boldsymbol{v}_2-m \boldsymbol{v}_1=\int_{t_1}^{t_2} \boldsymbol{F} \mathrm{d} t=\boldsymbol{I} \tag{10-7}$$

式(10-7)是质点动量定理的积分形式，即在某一时间间隔内，质点动量的变化量等于作用于质点的力在此段时间内的冲量。

2. 质点系的动量定理

设质点系有 n 个质点，第 i 个质点的质量为 m_i，速度为 $\boldsymbol{v}_i$；外界物体对该质点作用的力为 $\boldsymbol{F}_i^{(\mathrm{e})}$，称为外力，质点系内其他质点对该质点作用的力为 $\boldsymbol{F}_i^{(\mathrm{i})}$，称为内力。根据质点的动量定理有

$$\mathrm{d}(m_i \boldsymbol{v}_i)=(\boldsymbol{F}_i^{(\mathrm{e})}+\boldsymbol{F}_i^{(\mathrm{i})}) \mathrm{d} t=\boldsymbol{F}_i^{(\mathrm{e})} \mathrm{d} t+\boldsymbol{F}_i^{(\mathrm{i})} \mathrm{d} t$$

这样的方程共有 n 个，将这 n 个方程两端分别相加，得

$$\sum \mathrm{d}(m_i \boldsymbol{v}_i)=\sum \boldsymbol{F}_i^{(\mathrm{e})} \mathrm{d} t+\sum \boldsymbol{F}_i^{(\mathrm{i})} \mathrm{d} t$$

因为质点系内质点相互作用的内力总是大小相等、方向相反地成对出现，所以内力冲量的矢量和等于零，即

$$\sum \boldsymbol{F}_i^{(\mathrm{i})} \mathrm{d} t=\mathbf{0}$$

又因 $\sum \mathrm{d}(m_i \boldsymbol{v}_i)=\mathrm{d} \sum(m_i \boldsymbol{v}_i)=\mathrm{d} \boldsymbol{p}$，是质点系动量的增量，于是得质点系动量定理的微分形式为

$$\mathrm{d} \boldsymbol{p}=\sum \boldsymbol{F}_i^{(\mathrm{e})} \mathrm{d} t=\sum \mathrm{d} \boldsymbol{I}_i^{(\mathrm{e})} \tag{10-8}$$

即质点系动量的增量等于作用于质点系的外力元冲量的矢量和。

式(10-8)也可写成

$$\frac{\mathrm{d} \boldsymbol{p}}{\mathrm{d} t}=\sum \boldsymbol{F}_i^{(\mathrm{e})} \tag{10-9}$$

即质点系的动量对时间的导数等于作用于质点系的外力的矢量和(外力的主矢)。

设 $t=t_1$ 时，质点系的动量为 $\boldsymbol{p}_1$，$t=t_2$ 时，动量为 $\boldsymbol{p}_2$，将式(10-8)积分，得

$$\int_{p_1}^{p_2} \mathrm{d}\boldsymbol{p} = \sum \int_{t_1}^{t_2} \boldsymbol{F}_i^{(e)} \mathrm{d}t$$

或

$$\boldsymbol{p}_2 - \boldsymbol{p}_1 = \sum \boldsymbol{I}_i^{(e)} \tag{10-10}$$

式(10-10)为质点系动量定理的积分形式,即在某一时间间隔内,质点系动量的改变量等于在这段时间内作用于质点系外力冲量的矢量和。

由质点系的动量定理可知,质点系的内力不能改变质点系的动量。

动量定理是矢量式,在应用时常取投影形式,如式(10-9)和式(10-10)在直角坐标系的投影式为

$$\frac{\mathrm{d}p_x}{\mathrm{d}t} = \sum F_x^{(e)}, \quad \frac{\mathrm{d}p_y}{\mathrm{d}t} = \sum F_y^{(e)}, \quad \frac{\mathrm{d}p_z}{\mathrm{d}t} = \sum F_z^{(e)} \tag{10-11}$$

和

$$p_{2x} - p_{1x} = \sum I_x^{(e)}, \quad p_{2y} - p_{1y} = \sum I_y^{(e)}, \quad p_{2z} - p_{1z} = \sum I_z^{(e)} \tag{10-12}$$

例 10-1 电机的外壳固定在水平基础上,定子和机壳的总质量为 m_1,转子质量为 m_2,如图 10-2所示。设定子的质心位于转轴的中心 O_1,但由于制造误差,转子的质心 O_2 到 O_1 的距离为 e。已知转子匀速转动,角速度为 ω。求基础的水平及铅垂约束力。

动画
例 10-1

解: 取电机外壳与转子组成质点系,外力有重力 $m_1\boldsymbol{g}$、$m_2\boldsymbol{g}$,基础的约束力 $\boldsymbol{F}_x$、$\boldsymbol{F}_y$ 和约束力偶 M_O。机壳不动,质点系的动量就是转子的动量,由式(10-3),其大小为

$$p = m_2\omega e$$

方向如图所示。设 $t=0$ 时,O_1O_2 铅垂,有 $\varphi=\omega t$。由动量定理的投影式(10-11),得

$$\frac{\mathrm{d}p_x}{\mathrm{d}t} = F_x, \quad \frac{\mathrm{d}p_y}{\mathrm{d}t} = F_y - m_1 g - m_2 g$$

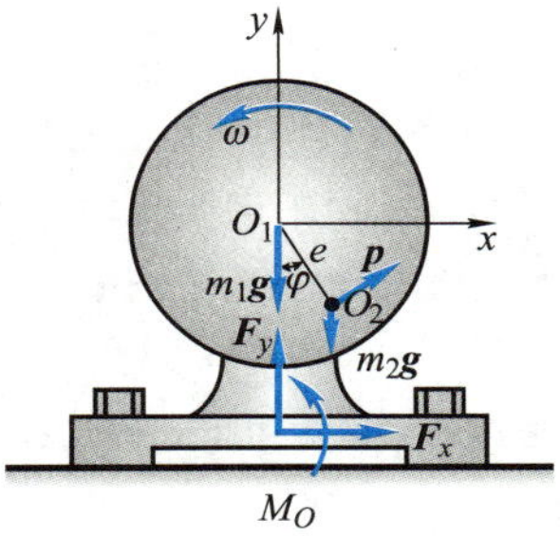

图 10-2

而

$$p_x = m_2\omega e\cos\omega t, \quad p_y = m_2\omega e\sin\omega t$$

代入上式,解出基础约束力为

$$F_x = -m_2 e\omega^2 \sin\omega t, \quad F_y = (m_1+m_2)g + m_2 e\omega^2\cos\omega t$$

电机静止不转时,基础的约束力 $(m_1+m_2)g$ 称为**静约束力**;电机转动时的基础约束力可称为**动约束力**。动约束力与静约束力的差值是由于系统运动而产生的,可称为**附加动约束力**。此例中,由于转子偏心而引起的在 x 轴方向附加动约束力 $-m_2 e\omega^2\sin\omega t$ 和 y 轴方向附加动约束力 $m_2 e\omega^2\cos\omega t$ 都是简谐力,将会引起电机和基础的振动。

关于约束力偶 M_O,可利用后面将要学到的动量矩定理或达朗贝尔原理进行求解。

例 10-2 图10-3表示水流流经变截面弯管的示意图。设流体是不可压缩的,流动是稳定的。求管壁的附加动约束力。

解: 从管中取出所研究的两个截面 aa 与 bb 之间的流体作为质点系。经过时间 $\mathrm{d}t$,这一部分流体流到两个截面 a_1a_1 与 b_1b_1 之间。令 q_V 为流体在单位时间内流过截面的体积流量,ρ 为密度,则质点系在时间 $\mathrm{d}t$ 内流过截面的质量为

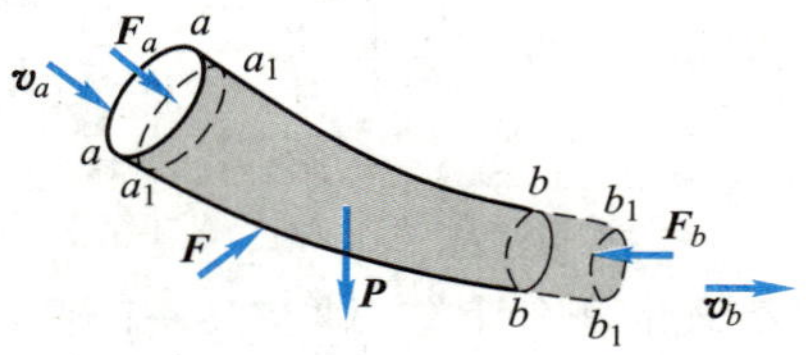

图 10-3

$$\mathrm{d}m = q_V \rho \mathrm{d}t$$

在时间间隔 dt 内质点系动量的变化为

$$\boldsymbol{p}-\boldsymbol{p}_0 = \boldsymbol{p}_{a_1b_1}-\boldsymbol{p}_{ab} = (\boldsymbol{p}_{bb_1}+\boldsymbol{p}_{a_1b})-(\boldsymbol{p}'_{a_1b}+\boldsymbol{p}_{aa_1})$$

因为管内流动是稳定的，有 $\boldsymbol{p}_{a_1b}=\boldsymbol{p}'_{a_1b}$，于是，有

$$\boldsymbol{p}-\boldsymbol{p}_0 = \boldsymbol{p}_{bb_1}-\boldsymbol{p}_{aa_1}$$

dt 为极小时间，可认为在截面 aa 与 a_1a_1 之间各质点的速度相同，设为 $\boldsymbol{v}_a$，截面 b_1b_1 与 bb 之间各质点的速度相同，设为 $\boldsymbol{v}_b$，于是得

$$\boldsymbol{p}-\boldsymbol{p}_0 = q_V\rho \mathrm{d}t(\boldsymbol{v}_b-\boldsymbol{v}_a)$$

作用于质点系上的外力包括：均匀分布于体积 $aabb$ 内的重力 $\boldsymbol{P}$，管壁对于此质点系的作用力 $\boldsymbol{F}$，以及两截面 aa 和 bb 上受到的相邻流体的压力 $\boldsymbol{F}_a$ 和 $\boldsymbol{F}_b$。

将动量定理应用于所研究的质点系，则有

$$q_V\rho \mathrm{d}t(\boldsymbol{v}_b-\boldsymbol{v}_a) = (\boldsymbol{P}+\boldsymbol{F}_a+\boldsymbol{F}_b+\boldsymbol{F})\mathrm{d}t$$

消去时间 dt，得

$$q_V\rho(\boldsymbol{v}_b-\boldsymbol{v}_a) = \boldsymbol{P}+\boldsymbol{F}_a+\boldsymbol{F}_b+\boldsymbol{F}$$

若将管壁对于质点系的作用力 $\boldsymbol{F}$ 分为 $\boldsymbol{F}'$和 $\boldsymbol{F}''$两部分：$\boldsymbol{F}'$为与外力 $\boldsymbol{P}$、$\boldsymbol{F}_a$ 和 $\boldsymbol{F}_b$ 相平衡的管壁静约束力，$\boldsymbol{F}''$为由于流体的动量发生变化而产生的附加动约束力。则 $\boldsymbol{F}'$满足平衡方程

$$\boldsymbol{P}+\boldsymbol{F}_a+\boldsymbol{F}_b+\boldsymbol{F}' = \boldsymbol{0}$$

而附加动约束力由下式确定：

$$\boldsymbol{F}'' = q_V\rho(\boldsymbol{v}_b-\boldsymbol{v}_a)$$

设截面 aa 和 bb 的面积分别为 A_a 和 A_b，由不可压缩流体的连续性定律知

$$q_V = A_a v_a = A_b v_b$$

因此，只要知道流速和弯管的尺寸，即可求得附加动约束力。流体对管壁的附加动约束力大小等于此附加动约束力，但方向相反。

图 10-4 为一水平等截面直角弯管。当流体被迫改变流动方向时，对管壁施加有附加的作用力，它的大小等于管壁对流体作用的附加动约束力，即

$$F''_x = q_V\rho(v_2-0) = \rho A_2 v_2^2,\quad F''_y = q_V\rho(0+v_1) = \rho A_1 v_1^2$$

由此可见，当流速很高或管子截面面积很大时，附加动约束力很大，在管子的弯头处应该安装支座。

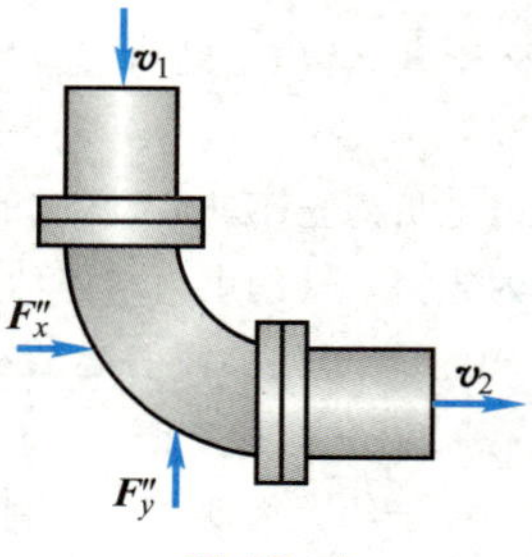

图 10-4

3. 质点系动量守恒定律

如果作用于质点系的外力的主矢恒等于零，根据式(10-9)或式(10-10)，质点系的动量保持不变，为常矢量，即

$$\boldsymbol{p}_2=\boldsymbol{p}_1$$

如果作用于质点系的外力主矢在某一坐标轴上的投影恒等于零，则根据式(10-11)或式(10-12)，质点系的动量在该坐标轴上的投影保持不变，为常量。例如$\sum F_x^{(e)}=0$，则

$$p_{2x}=p_{1x}$$

以上结论称为**质点系动量守恒定律**。

应注意，内力虽不能改变质点系的动量，但是可改变质点系中各质点的动量。例如，水平运动的火箭壳体与燃料组成质点系，虽然燃料燃烧产生的气体压力是内力，不能改变整体的动量，但是当气体向后喷出获得动量时，气体压力使火箭获得向前的动量，使火箭以不断增加的速度前进，而质点系整体的动量是守恒的。

例 10-3 物块 A 可沿光滑水平面自由滑动，其质量为 m_A；小球 B 的质量为 m_B，以细杆与物块铰接，如图 10-5 所示。设细杆长为 l，质量不计，初始时系统静止，并有初始摆角 φ_0，释放后，细杆近似以 $\varphi=\varphi_0\cos\omega t$ 规律摆动（ω 为已知常数），求物块 A 的最大速度。

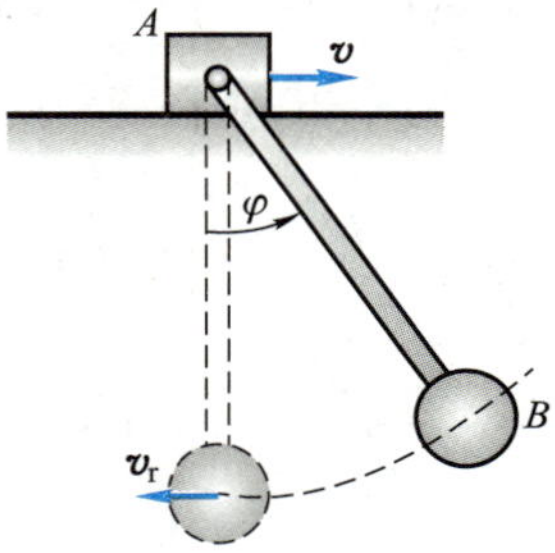

图 10-5

解： 取物块和小球为研究对象，此系统水平方向不受外力作用，则沿水平方向动量守恒。

细杆角速度为 $\dot{\varphi}=-\omega\varphi_0\sin\omega t$，当 $\sin\omega t=1$ 时，其绝对值最大，此时应有$\cos\omega t=0$，即 $\varphi=0$。由此，当细杆铅垂时小球相对于物块有最大的水平速度，其值为

$$v_r=l\dot{\varphi}_{\max}=l\omega\varphi_0$$

当此速度$\boldsymbol{v}_r$ 向左时，物块应有向右的绝对速度，设为$\boldsymbol{v}$，而小球向左的绝对速度大小为 $v_a=v_r-v$。根据质点系动量守恒定律，有

$$m_Av-m_B(v_r-v)=0$$

解出物块的最大速度为

$$v=\frac{m_Bv_r}{m_A+m_B}=\frac{m_Bl\omega\varphi_0}{m_A+m_B}$$

当 $\sin\omega t=-1$ 时，也有 $\varphi=0$。此时物块有向左的最大速度$\dfrac{m_Bl\omega\varphi_0}{m_A+m_B}$。

§10-3 质心运动定理

1. 质量中心

质点系在力的作用下，其运动状态与各质点的质量及其相互的位置都有关系，即与质点系的质量分布状况有关。由式(10-2)，即

$$\boldsymbol{r}_C=\frac{\sum m_i\boldsymbol{r}_i}{\sum m_i}=\frac{\sum m_i\boldsymbol{r}_i}{m}$$

该式所定义的质心位置反映出质点系质量分布的一种特征。质心的概念及质心运

动在质点系(特别是刚体)动力学中具有重要地位。计算质心位置时,常用上式在直角坐标系的投影形式,即

$$\left.\begin{aligned}x_C&=\frac{\sum m_i x_i}{\sum m_i}=\frac{\sum m_i x_i}{m}\\y_C&=\frac{\sum m_i y_i}{\sum m_i}=\frac{\sum m_i y_i}{m}\\z_C&=\frac{\sum m_i z_i}{\sum m_i}=\frac{\sum m_i z_i}{m}\end{aligned}\right\}\tag{10-13}$$

动画

例 10-4

例 10-4 图10-6所示的曲柄滑块机构中,设曲柄 OA 受力偶作用以匀角速度 ω 转动,滑块 B 沿 x 轴滑动。若 $OA=AB=l$,杆 OA 及杆 AB 皆为均质杆,质量皆为 m_1,滑块 B 的质量为 m_2。求此系统的质心运动方程、运动轨迹及此系统的动量。

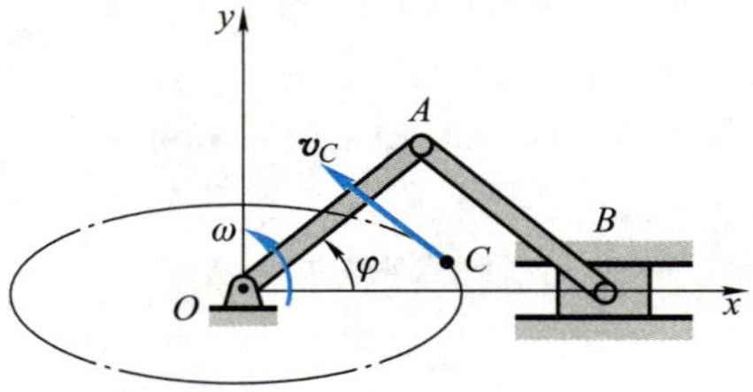

图 10-6

解: 建立如图所示直角坐标系 Oxy,设 $t=0$ 时,杆 OA 水平,则有 $\varphi=\omega t$。由式(10-13)得质心 C 的坐标为

$$\left.\begin{aligned}x_C&=\frac{m_1\dfrac{l}{2}+m_1\dfrac{3l}{2}+2m_2 l}{2m_1+m_2}\cos\omega t=\frac{2(m_1+m_2)}{2m_1+m_2}l\cos\omega t\\y_C&=\frac{2m_1\dfrac{l}{2}}{2m_1+m_2}\sin\omega t=\frac{m_1}{2m_1+m_2}l\sin\omega t\end{aligned}\right\}\tag{a}$$

式(a)为此系统质心 C 的运动方程,消去时间 t,得

$$\left[\frac{x_C}{\dfrac{2(m_1+m_2)l}{2m_1+m_2}}\right]^2+\left(\frac{y_C}{\dfrac{m_1 l}{2m_1+m_2}}\right)^2=1\tag{b}$$

即质心 C 的运动轨迹为一椭圆,如图中点画线所示。应该指出,系统的质心一般不在其中某一物体上,而是空间的某一特定点。

为求系统的动量,可将式(10-3)沿 x、y 轴投影,即

$$p_x=mv_{Cx},\quad p_y=mv_{Cy}$$

此例中 $m=\sum m_i=2m_1+m_2$。由式(a)得

$$v_{Cx}=\dot{x}_C=\frac{-2(m_1+m_2)}{2m_1+m_2}l\omega\sin\omega t,\quad v_{Cy}=\dot{y}_C=\frac{m_1}{2m_1+m_2}l\omega\cos\omega t$$

则得系统动量沿 x、y 轴的投影为

$$p_x=-2(m_1+m_2)l\omega\sin\ \omega t,\quad p_y=m_1 l\omega\cos\ \omega t$$

系统动量的大小为

$$p=\sqrt{p_x^2+p_y^2}=l\omega\sqrt{4(m_1+m_2)^2\sin^2\omega t+m_1^2\cos^2\omega t}$$

系统动量的方向沿质心运动轨迹的切线方向，可用其方向余弦表示。

2. 质心运动定理

由于质点系的动量等于质点系的质量与质心速度的乘积，因此动量定理的微分形式可写成

$$\frac{\mathrm{d}}{\mathrm{d}t}(m\boldsymbol{v}_C)=\sum\boldsymbol{F}_i^{(\mathrm{e})}$$

对于质量不变的质点系，上式可改写为

$$m\frac{\mathrm{d}\boldsymbol{v}_C}{\mathrm{d}t}=\sum\boldsymbol{F}_i^{(\mathrm{e})}$$

或

$$m\boldsymbol{a}_C=\sum\boldsymbol{F}_i^{(\mathrm{e})}\tag{10-14}$$

式中 $\boldsymbol{a}_C$ 为质心的加速度。式(10-14)表明，质点系的质量与质心加速度的乘积等于作用于质点系外力的矢量和(即等于外力的主矢)。这种规律称为**质心运动定理**。

式(10-14)与质点动力学的基本方程 $m\boldsymbol{a}=\boldsymbol{F}$ 相似，因此质心运动定理也可叙述如下：质点系质心的运动，可以看成为一个质点的运动，设想此质点集中了整个质点系的质量及其所受的外力。

例如在爆破山石时，土石碎块向各处飞落，如图 10-7 所示。在尚无碎石落地前，全部土石碎块的质心运动与一个抛射质点的运动一样，设想这个质点的质量等于质点系的全部质量，作用在这个质点上的力是质点系中各质点重力的总和。根据质心的运动轨迹，可以在定向爆破时，预先估计大部分土石块堆落的地方。

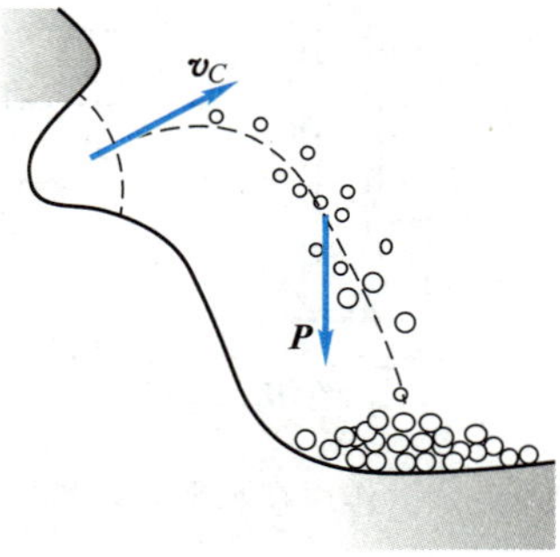

图 10-7

但质心运动定理与质点动力学的基本方程又是不同的。$m\boldsymbol{a}=\boldsymbol{F}$ 是公理，它描述质点运动状态变化的规律。$m\boldsymbol{a}_C=\sum\boldsymbol{F}_i^{(\mathrm{e})}$ 是导出的定理，它描述质点系质心运动

状态变化的规律。例如，在图 10-8 中，均质杆 AB 仅在 A 端受力 $\boldsymbol{F}$ 作用，但 $\boldsymbol{a}_A \neq \boldsymbol{F}/m$，这是由于杆 AB 不是质量集中于点 A 的质点，因此不能应用质点动力学的基本方程。由质心运动定理可以确定杆 AB 的质心点 C 的加速度 $\boldsymbol{a}_C=\boldsymbol{F}/m$。尽管力 $\boldsymbol{F}$ 作用于点 A，但可直接得到点 C 的加速度。

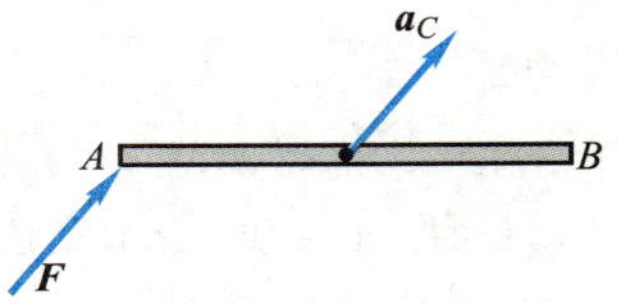

图 10-8

由质心运动定理可知，质点系的内力不影响质心的运动状态，只有外力才能改变质心的运动状态。例如，在汽车的发动机中，气体的压力是内力，虽然这个力是汽车行驶的原动力，但是它不能使汽车的质心运动。这种气体压力推动气缸内的活塞，经过一套机构转动车轮，靠车轮与地面的摩擦力推动汽车前进。

质心运动定理是矢量式，应用时常取投影形式。

直角坐标轴上的投影式为

$$ma_{Cx}=\sum F_x^{(e)},\quad ma_{Cy}=\sum F_y^{(e)},\quad ma_{Cz}=\sum F_z^{(e)} \tag{10-15}$$

自然轴上的投影式为

$$ma_C^{t}=\sum F_t^{(e)},\quad ma_C^{n}=\sum F_n^{(e)},\quad \sum F_b^{(e)}=0 \tag{10-16}$$

下面举例说明质心运动定理的应用。

动画
例 10-5

例 10-5 均质曲柄 AB 长为 r，质量为 m_1，初始位于水平位置，假设受力偶作用以不变的角速度 ω 转动，并带动滑槽、连杆及与连杆固连的活塞 D，如图 10-9 所示。滑槽、连杆、活塞总质量为 m_2，质心在点 E。在活塞上作用一恒力 $\boldsymbol{F}$。不计摩擦及滑块 B 的质量，求作用在曲柄 AB 轴 A 处的最大水平约束力 $\boldsymbol{F}_x$。

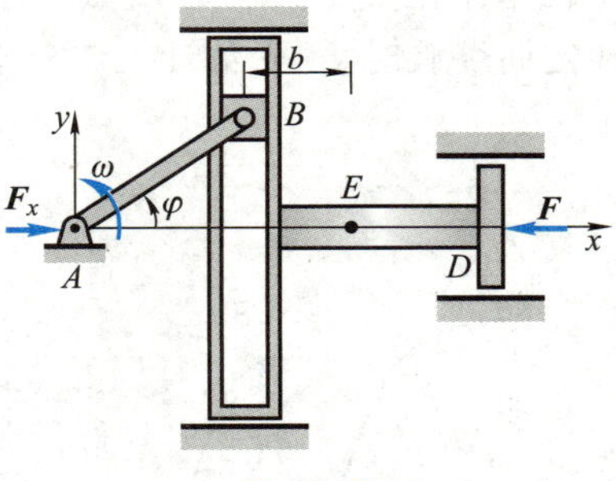

图 10-9

解： 选取整个机构为研究的质点系。作用在水平方向的外力有 $\boldsymbol{F}$ 和 $\boldsymbol{F}_x$，且力偶不影响质心运动。

列出质心运动定理在 x 轴上的投影式：

$$(m_1+m_2)a_{Cx}=F_x-F$$

为求质心的加速度在 x 轴上的投影，先计算质心的坐标，然后把它对时间取二阶导数，即

$$x_C=\left[m_1\frac{r}{2}\cos\varphi+m_2(r\cos\varphi+b)\right]\cdot\frac{1}{m_1+m_2}$$

其中 $\varphi=\omega t$，则

$$a_{Cx}=\frac{\mathrm{d}^2x_C}{\mathrm{d}t^2}=\frac{-r\omega^2}{m_1+m_2}\left(\frac{m_1}{2}+m_2\right)\cos\omega t$$

应用质心运动定理，解得

$$F_x=F-r\omega^2\left(\frac{m_1}{2}+m_2\right)\cos\omega t$$

显然，最大水平约束力为

$$F_{x\max}=F+r\omega^2\left(\frac{m_1}{2}+m_2\right)$$

3. 质心运动守恒定律

由质心运动定理知：如果作用于质点系的外力主矢恒等于零，则质心做匀速直线运动；若初始静止，则质心位置始终保持不变。如果作用于质点系的所有外力在某轴上投影的代数和恒等于零，则质心速度在该轴上的投影保持不变；若初始时速度投影等于零，则质心沿该轴的坐标保持不变。

以上结论，称为**质心运动守恒定律**。

例 10-6 如图10-10所示，设例 10-1 中的电机没用螺栓固定，各处摩擦不计，初始时电机静止，求转子以匀角速度 ω 转动时电机外壳的运动规律。

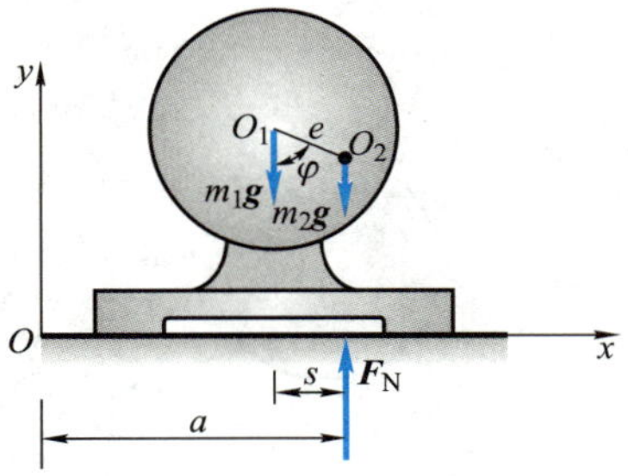

图 10-10

解： 电机在水平方向没有受到外力作用，且初始为静止，因此系统质心的坐标 x_C 保持不变。

取坐标系如图所示。转子在静止时其质心 O_2 在最低点，设 $x_{C1}=a$。当转子转过角度 φ 时，定子应向左移动，设移动距离为 s，则质心坐标为

$$x_{C2}=\frac{m_1(a-s)+m_2(a+e\sin\varphi-s)}{m_1+m_2}$$

在水平方向运用质心运动守恒定律，有 $x_{C1}=x_{C2}$，解得

$$s=\frac{m_2}{m_1+m_2}e\sin\varphi$$

电机在水平面上往复运动。

顺便指出，支承面的法向约束力的最小值可由例 10-1 的结果求得为

$$F_{y\min}=(m_1+m_2)g-m_2e\omega^2$$

当 $\omega>\sqrt{\dfrac{m_1+m_2}{m_2 e}g}$ 时，有 $F_{y\min}<0$，如果电机未用螺栓固定，将会跳起来。

思考题

10-1 质量为 m 的质点 A 以匀速度 $\boldsymbol{v}$ 沿圆周运动，如图 10-11 所示。求在下列过程中质点所受合力的冲量。

(1) 质点由点 A_1 运动到点 A_2(四分之一圆周)；

(2) 质点由点 A_1 运动到点 A_3(二分之一圆周)；

(3) 质点由点 A_1 运动一周后又返回到点 A_1。

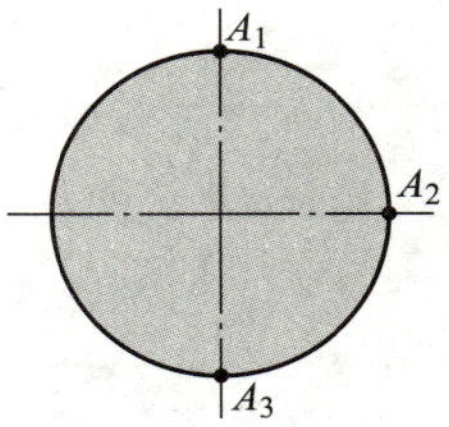

图 10-11

10-2 求图 10-12 所示各均质物体的动量。设各物体质量皆为 m。

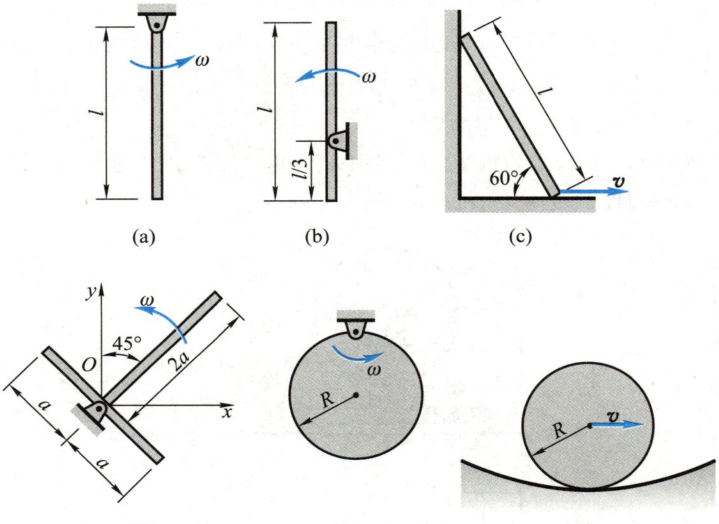

图 10-12

10-3 三根相同的均质杆分别用细绳悬挂，使质心在同一水平线上，且使一杆水平，一杆铅垂，一杆倾斜。若同时剪断三根绳，使杆自由下落，不计空气阻力，问三根杆质心的运动规律是否相同？为什么？

10-4 质点系动量定理的导数形式是 $\dfrac{\mathrm{d}\boldsymbol{p}}{\mathrm{d}t}=\sum \boldsymbol{F}_i^{\mathrm{e}}$，是否可以在自然轴上投影？积分形式是 $\boldsymbol{p}_1-\boldsymbol{p}_2=\sum\int_{t_1}^{t_2}\boldsymbol{F}\mathrm{d}t$，是否可以在自然轴上投影？

10-5 “质点系动量通过质心”，这种说法是否恰当？

10-6 刚体受有一群力作用，不论各力作用点如何，此刚体质心的加速度都一样吗?

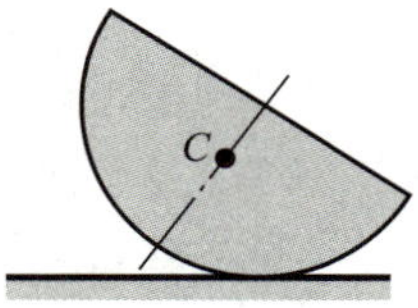

图 10-13

10-7 如图 10-13 所示半圆柱的质心位于点 C,放在水平面上。将其在图示位置无初速释放后,在下述两种情况下,质心将如何运动?(1)圆柱与水平面间无摩擦;(2)圆柱与水平面间的摩擦因数较大。

习 题

习题:第十章 动量定理

10-1 汽车以36 km/h 的速度在水平直道上行驶。设车轮在制动后立即停止转动。问车轮对地面的动摩擦因数 f 应为多大方能使汽车在制动后 6 s 停止。

10-2 跳伞者质量为60 kg,自停留在高空中的直升机中跳出,落下 100 m 后,将降落伞打开。设开伞前的空气阻力略去不计,伞重不计,开伞后所受的阻力不变,经 5 s 后跳伞者的速度减为 4.3 m/s。求阻力的大小。

10-3 求图示各系统的动量。

(1)带及带轮都是均质的。

(2)曲柄连杆机构中,曲柄、连杆和滑块的质量分别为 m_1、m_2、m_3,均质曲柄 OA 长为 r,以角速度 ω 绕 O 轴匀速转动,均质连杆 AB 长为 l。求 $\varphi=0°$及 90°两瞬时系统的动量。

(3)椭圆规尺 AB 的质量为 $2m_1$,曲柄 OC 的质量为 m_1,滑块 A、B 的质量均为 m_2。$OC=AC=CB=l$,椭圆规尺 AB 及曲柄 OC 为均质杆,曲柄 OC 以角速度 ω 绕 O 轴匀速转动。求 $\varphi=30°$瞬时系统的动量。

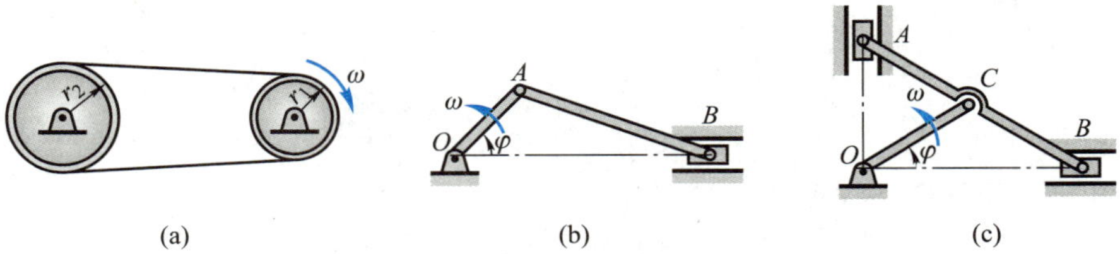

题 10-3 图

10-4 如图所示,均质杆 AB 长为 l,直立在光滑的水平面上。求它从铅垂位置无初速地倒下时,端点 A 相对图示坐标系的轨迹。

10-5 平板车重 $P_1=4.9$ kN,可沿水平光滑轨道运动,平板车上站有一人,重 $P_2=686$ N。平板车与人以共同速度 $\boldsymbol{v}_0$ 向右方运动。如人相对于平板车以速度 2 m/s 向左方跳出,求平板车增加的速度是多少?

10-6 如图所示,已知水的体积流量为 q_V,密度为 ρ,水柱打在叶片上的速度为 $\boldsymbol{v}_1$,方向沿水平向左,水流出叶片的速度为 $\boldsymbol{v}_2$,与水平成 θ 角。求水柱对涡轮固定叶片的水平压力。

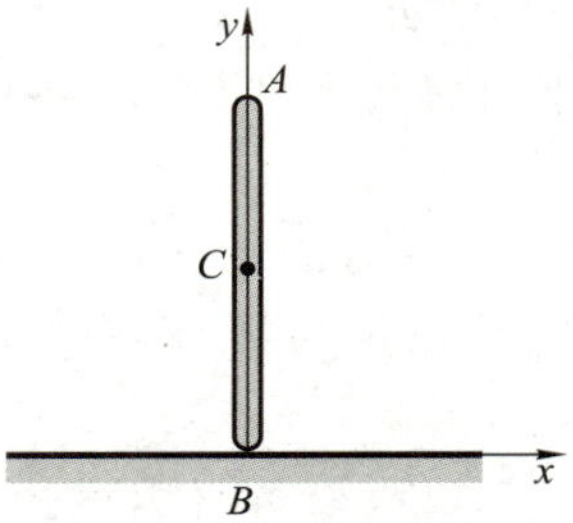

题 10-4 图

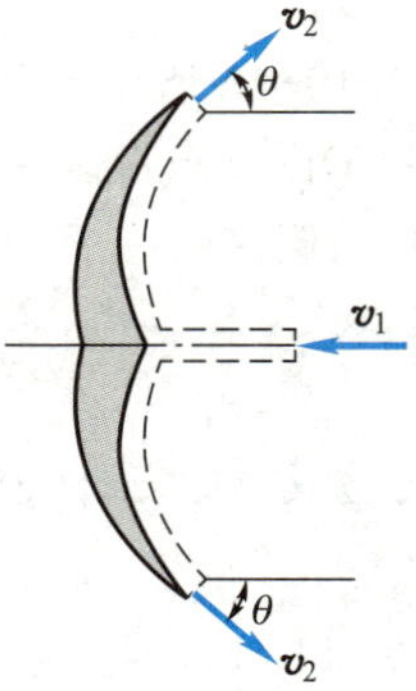

题 10-6 图

10-7 如图所示，水力采煤是利用水枪在高压下喷射的强力水流采煤。已知水枪水柱直径为 30 mm，水流的速度为 56 m/s，求煤层受到的动水压力。

10-8 如图所示，质量为 m 的滑块 A，可以在水平光滑槽中运动，具有刚度系数为 k 的弹簧一端与滑块相连接，另一端固定。杆 AB 长度为 l，质量忽略不计，A 端与滑块 A 铰接，B 端装有质量为 m_1 的质量块，在铅垂平面内可绕点 A 旋转。设在力偶 M 作用下转动角速度 ω 为常数。求滑块 A 的运动微分方程。

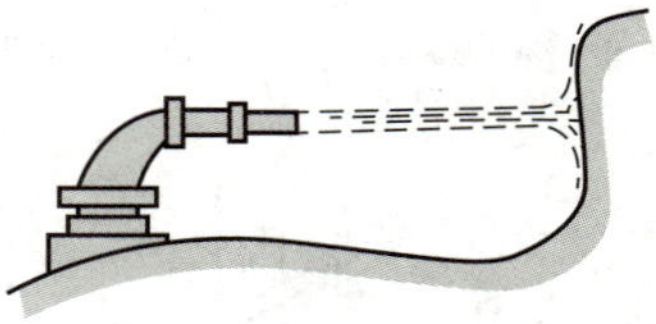

题 10-7 图

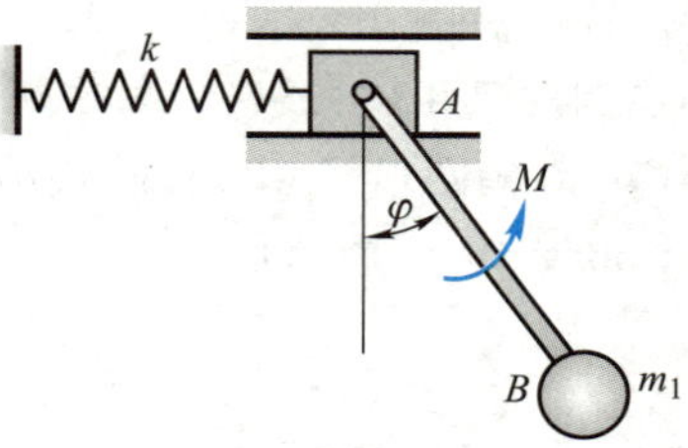

题 10-8 图

10-9 图示均质曲柄 OA 质量为 m_1，长为 r，以匀角速度 ω 转动，带动质量为 m_3 的滑杆沿铅垂方向运动，滑块 A 的质量为 m_2，点 E 为滑杆质心，$DE=b$；$t=0$ 时，$\theta=0$。试求 $\theta=30°$时，(1) 系统质心坐标；(2) 系统的动量；(3) 点 O 处铅垂方向的约束力。

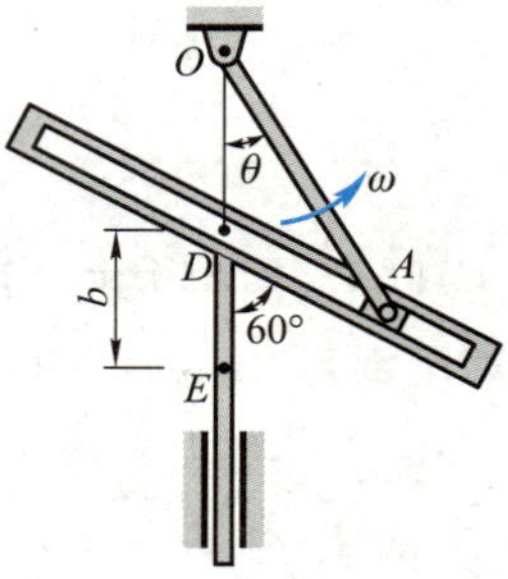

题 10-9 图

10-10 图示凸轮机构中，凸轮以匀角速度 ω 绕定轴 O 转动。重为 P 的滑杆借助右端弹簧的推力而顶在凸轮上，当凸轮转动时，带动滑杆做往复运动。设凸轮为一均质圆盘，重为 Q，半径为 r，偏心距为 e。求在任一瞬时机座螺钉受到的水平和铅垂方向的附加动约束力。

10-11 如图所示，重为 P_1 的电机放在光滑的水平地基上，长为 $2l$、重为 P_2 的均质杆的一端与电机的轴垂直地固结，另一端则焊上一重为 P_3 的重物。如电机转动的

角速度为 ω。(1) 求电机的水平运动方程;(2) 如电机外壳用螺栓固定在基础上,则作用于螺栓的最大水平力为多少?

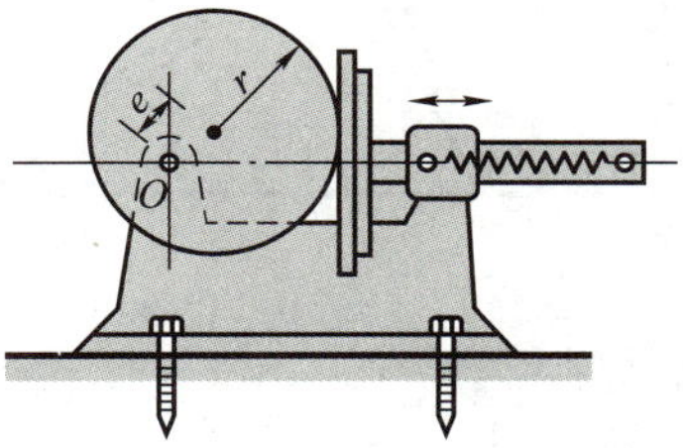

题 10-10 图

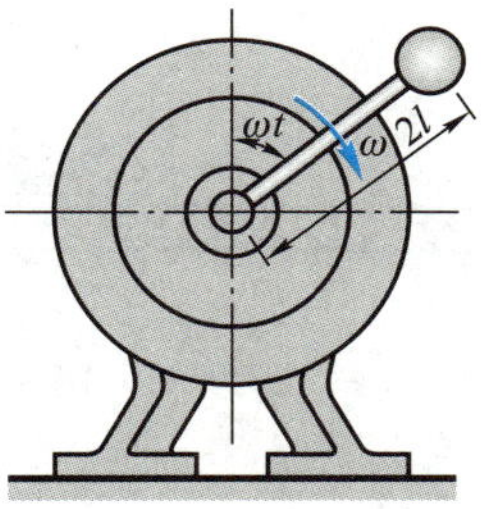

题 10-11 图

10-12 在立式发动机中,其气缸、机架和轴承的质量共为 10×10^3 kg,活塞的质量为980 kg,其重心在十字头 B 处。活塞的冲程为 0.6 m,曲柄 OA 长为 r,转速为 300 r/min,连杆 AB 长为 l,又$\frac{r}{l}=\frac{1}{6}$。曲柄 OA 和连杆 AB 的质量可忽略不计。发动机用螺杆固定在基础上,如图所示。假设机器未开动时,螺杆的张力为零。求发动机施加于基础上的最大压力之值及全部螺杆上的最大拉力之值。

10-13 如图所示,均质杆 OA 长为 $2l$,重为 P,绕通过 O 端的水平轴在铅垂面内转动。当转到与水平线成 φ 角时,角速度和角加速度分别为 ω 及 α。求此时 O 端的约束力。

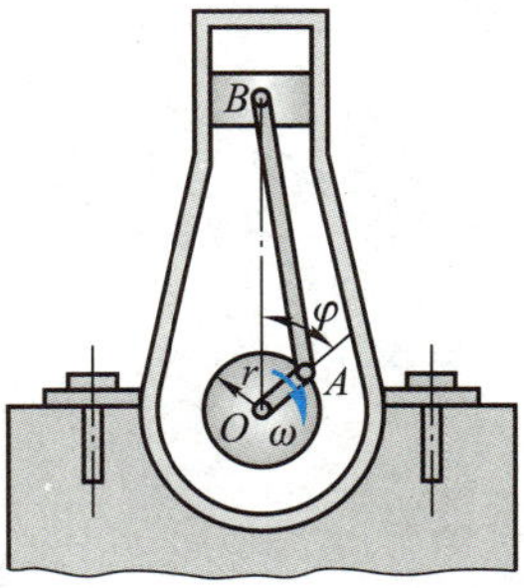

题 10-12 图

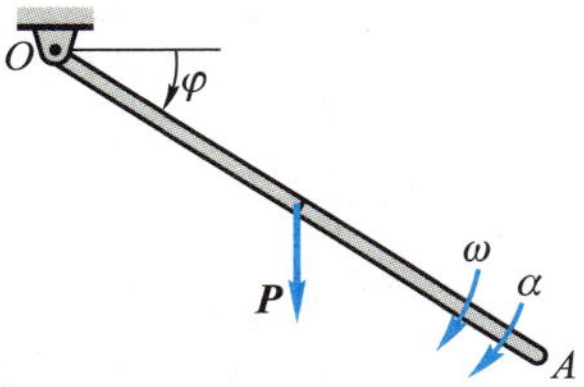

题 10-13 图

10-14 图示曲柄连杆机构安装在平台上,平台放在光滑的水平基础上。均质曲柄 OA 的质量为 m_1,以匀角速度 ω 绕 O 轴转动。均质连杆 AB 的质量为 m_2,平台的质量为 m_3,质心 C_3 与点 O 在同一铅垂线上,滑块的质量不计;曲柄 OA 和连杆 AB 的长度相等,即 $OA=AB=l$。如当 $t=0$ 时,曲柄 OA 和连杆 AB 在同一水平线上,即 $\varphi=0$,并且平台速度为零。求:(1) 平台的水平运动规律;(2) 基础对平台的约束力。

10-15 均质杆 AG 与杆 BG 由相同材料制成,在点 G 铰接,两杆位于同一铅垂面内,如图所示。已知 $AG=250$ mm,$BG=400$ mm。若 $GG_1=240$ mm 时,系统由静止释放,忽略摩擦，求当点 A、B、G 在同一直线上时，点 A 与点 B 各自移动的距离。

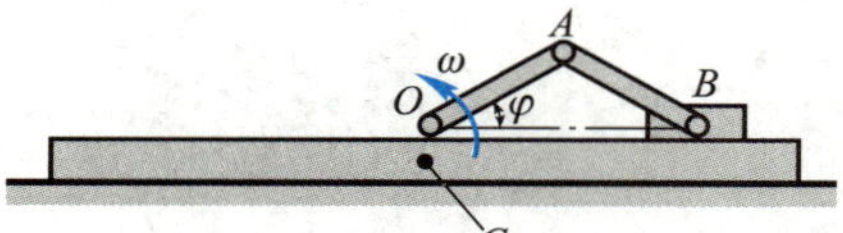

题 10-14 图

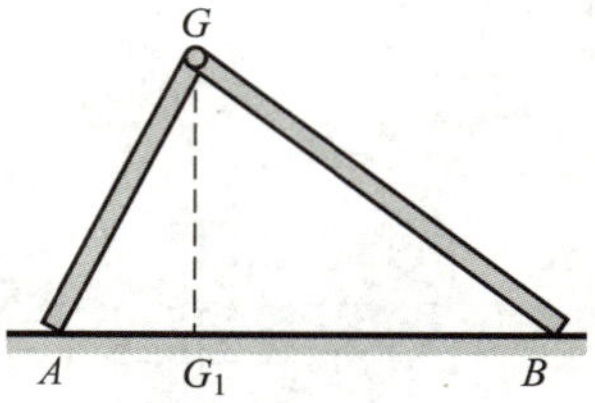

题 10-15 图

10-16 质量为 m_1、长为 l 的均质杆 OD，在其端部连接一质量为 m_2、半径为 r 的小球，如图所示。杆 OD 以匀角速度 ω 绕基座上的 O 轴逆时针转动，基座的质量为 m。求基座对凸台 A、B 的水平压力与对光滑水平面的垂直压力。

10-17 图示凸轮导板机构，半径为 r 的偏心轮的偏心距 $OC=e$，偏心轮绕水平轴 O 以匀角速度 ω 转动，导板 AB 的质量为 m。当导板 AB 在最低位置时，弹簧的压缩量为 δ_0。为了保证导板 AB 在运动过程中始终不离开偏心轮，求弹簧的刚度系数。一切摩擦均可忽略。

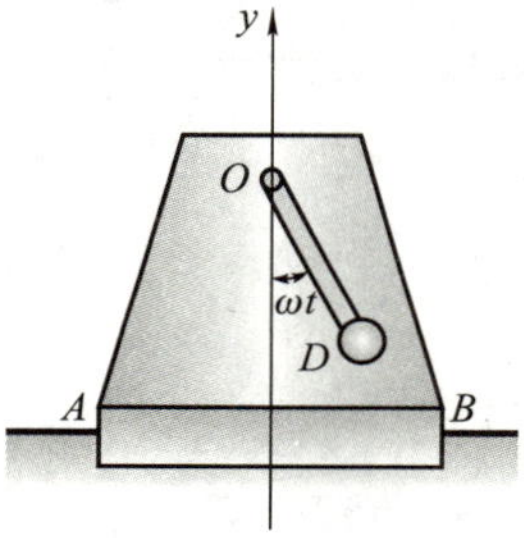

题 10-16 图

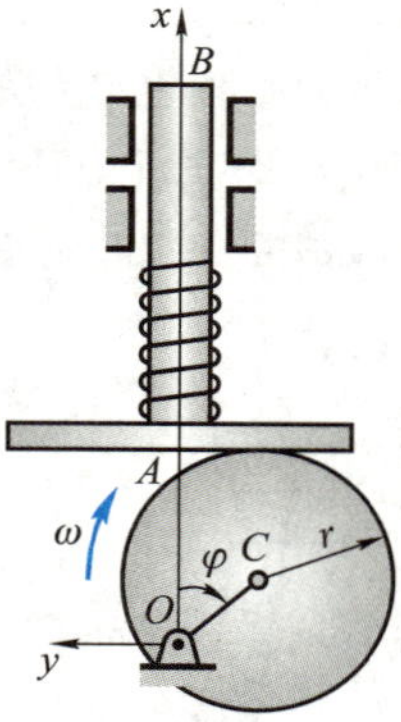

题 10-17 图

10-18 图示滑块 B 的质量为 m，三棱柱 A 的质量为 m_0，斜面的倾角为 θ。已知弹簧刚度系数为 k，各接触面间无摩擦。自弹簧不受力时该系统静止释放，在重力作用下滑块 B 沿斜面运动。求三棱柱 A 的运动方程。

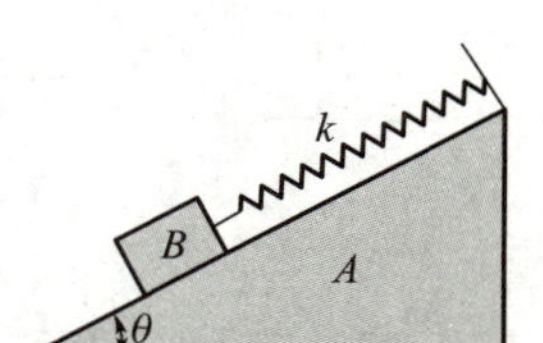

题 10-18 图

第十一章
动量矩定理

质点系的动量及动量定理,描述了质点系质心的运动状态及其变化规律。本章阐述的质点系的动量矩及动量矩定理则在一定程度上描述了质点系相对于定点或质心的运动状态及其变化规律。

§11-1　质点和质点系的动量矩

1. 质点的动量矩

设质点 Q 某瞬时的动量为 $m\boldsymbol{v}$,质点相对点 O 的位置用矢径 $\boldsymbol{r}$ 表示,如图11-1所示。质点 Q 的动量对于点 O 的矩,定义为质点对于点 O 的**动量矩**,即

$$\boldsymbol{M}_O(m\boldsymbol{v})=\boldsymbol{r}\times m\boldsymbol{v} \tag{11-1}$$

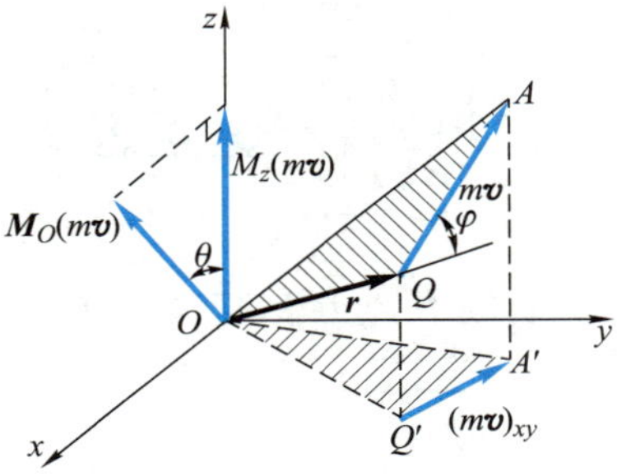

图 11-1

质点对于点 O 的动量矩是矢量,如图 11-1 所示。

质点动量 $m\boldsymbol{v}$ 在 Oxy 平面内的投影 $(m\boldsymbol{v})_{xy}$ 对于点 O 的矩,定义为质点动量对于 z 轴的矩,简称对于 z 轴的动量矩。对轴的动量矩是代数量,由图 11-1 可见质点对点 O 的动量矩与对 z 轴的动量矩和力对点与对轴的矩相似,有质点对点 O 的动量矩矢在通过该点的 z 轴上的投影,等于对 z 轴的动量矩,即

$$[\boldsymbol{M}_O(m\boldsymbol{v})]_z=M_z(m\boldsymbol{v}) \tag{11-2}$$

在国际单位制中动量矩的单位为 $\mathrm{kg\cdot m^2/s}$。

2. 质点系的动量矩

质点系对某点 O 的动量矩等于质点系内各质点对同一点 O 的动量矩的矢量和,或称为质点系动量对点 O 的主矩,即

$$L_O = \sum M_O(m_i v_i) \tag{11-3}$$

质点系对某轴 z 的动量矩等于各质点对同一轴动量矩的代数和,即

$$L_z = \sum M_z(m_i v_i) \tag{11-4}$$

利用式(11-2),得

$$[L_O]_z = L_z \tag{11-5}$$

即质点系对某点 O 的动量矩矢在通过该点的 z 轴上的投影等于质点系对于该轴的动量矩。

刚体平移时,可将其看作全部质量集中于质心的一个质点来计算其动量矩。

绕 z 轴定轴转动的刚体如图 11-2 所示,它对转轴的动量矩为

$$L_z = \sum M_z(m_i v_i) = \sum m_i v_i r_i$$
$$= \sum m_i \omega r_i r_i = \omega \sum m_i r_i^2$$

令 $\sum m_i r_i^2 = J_z$,称为刚体对于 z 轴的**转动惯量**。于是得

$$L_z = J_z \omega \tag{11-6}$$

即绕定轴转动刚体对其转轴的动量矩等于刚体对转轴的转动惯量与转动角速度的乘积。

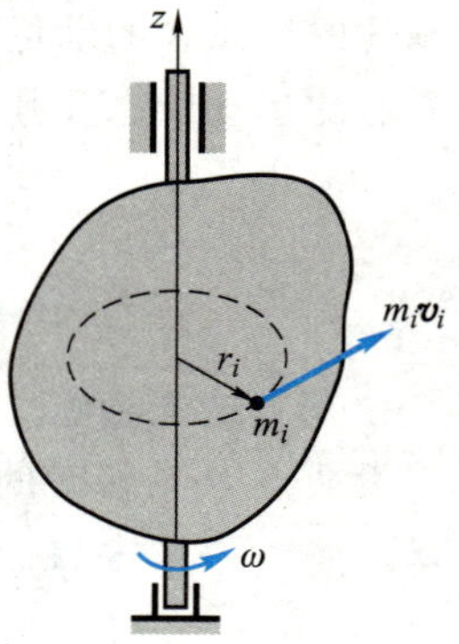

图 11-2

§11-2 动量矩定理

1. 质点的动量矩定理

设质点对定点 O 的动量矩为 $M_O(mv)$,作用力 F 对同一点的矩为$M_O(F)$,如图 11-3 所示。

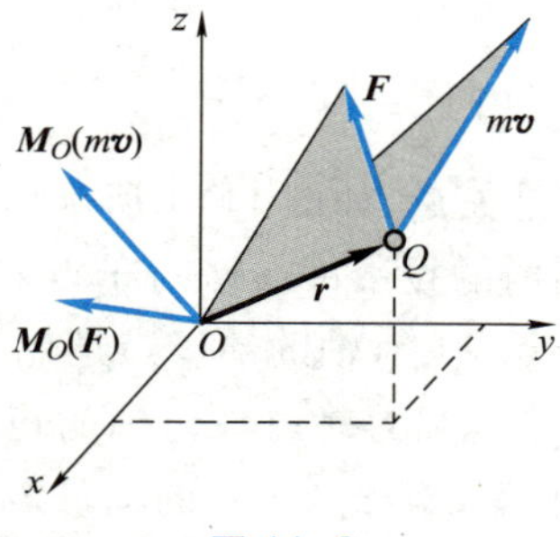

图 11-3

将动量矩对时间取一次导数,得

$$\frac{d}{dt}M_O(mv) = \frac{d}{dt}(r \times mv) = \frac{dr}{dt} \times mv + r \times \frac{d}{dt}(mv)$$

根据质点动量定理有$\frac{\mathrm{d}}{\mathrm{d}t}(m\boldsymbol{v})=\boldsymbol{F}$，且点 O 为定点，有$\frac{\mathrm{d}\boldsymbol{r}}{\mathrm{d}t}=\boldsymbol{v}$。因为 $\boldsymbol{v}\times m\boldsymbol{v}=\boldsymbol{0}$，$\boldsymbol{r}\times\boldsymbol{F}=\boldsymbol{M}_O(\boldsymbol{F})$，于是得

$$\frac{\mathrm{d}}{\mathrm{d}t}\boldsymbol{M}_O(m\boldsymbol{v})=\boldsymbol{M}_O(\boldsymbol{F}) \tag{11-7}$$

式(11-7)为**质点的动量矩定理**：质点对某定点的动量矩对时间的一阶导数，等于作用力对同一点的矩。

取式(11-7)在直角坐标轴上的投影式，并将对点的动量矩与对轴的动量矩的关系式(11-2)代入，得

$$\frac{\mathrm{d}}{\mathrm{d}t}M_x(m\boldsymbol{v})=M_x(\boldsymbol{F}),\quad \frac{\mathrm{d}}{\mathrm{d}t}M_y(m\boldsymbol{v})=M_y(\boldsymbol{F}),\quad \frac{\mathrm{d}}{\mathrm{d}t}M_z(m\boldsymbol{v})=M_z(\boldsymbol{F}) \tag{11-8}$$

2. 质点系的动量矩定理

设质点系内有 n 个质点，作用于每个质点的力分为内力 $\boldsymbol{F}_i^{(i)}$ 和外力 $\boldsymbol{F}_i^{(e)}$。根据质点的动量矩定理有

$$\frac{\mathrm{d}}{\mathrm{d}t}\boldsymbol{M}_O(m_i\boldsymbol{v}_i)=\boldsymbol{M}_O(\boldsymbol{F}_i^{(i)})+\boldsymbol{M}_O(\boldsymbol{F}_i^{(e)})$$

这样的方程共有 n 个，相加后得

$$\sum\frac{\mathrm{d}}{\mathrm{d}t}\boldsymbol{M}_O(m_i\boldsymbol{v}_i)=\sum\boldsymbol{M}_O(\boldsymbol{F}_i^{(i)})+\sum\boldsymbol{M}_O(\boldsymbol{F}_i^{(e)})$$

由于内力总是大小相等、方向相反地成对出现，因此有

$$\sum\boldsymbol{M}_O(\boldsymbol{F}_i^{(i)})=\boldsymbol{0}$$

上式等号左端为

$$\sum\frac{\mathrm{d}}{\mathrm{d}t}\boldsymbol{M}_O(m_i\boldsymbol{v}_i)=\frac{\mathrm{d}}{\mathrm{d}t}\sum\boldsymbol{M}_O(m_i\boldsymbol{v}_i)=\frac{\mathrm{d}}{\mathrm{d}t}\boldsymbol{L}_O$$

于是得

$$\frac{\mathrm{d}}{\mathrm{d}t}\boldsymbol{L}_O=\sum\boldsymbol{M}_O(\boldsymbol{F}_i^{(e)}) \tag{11-9}$$

式(11-9)为**质点系的动量矩定理**：质点系对于某定点 O 的动量矩对时间的导数，等于作用于质点系的外力对于同一点的矩的矢量和(外力对点 O 的主矩)。

由式(11-9)可知，质点系内力不能改变质点系动量矩。

应用式(11-9)时，常取投影式

$$\frac{\mathrm{d}}{\mathrm{d}t}L_x=\sum M_x(\boldsymbol{F}_i^{(e)}),\quad \frac{\mathrm{d}}{\mathrm{d}t}L_y=\sum M_y(\boldsymbol{F}_i^{(e)}),\quad \frac{\mathrm{d}}{\mathrm{d}t}L_z=\sum M_z(\boldsymbol{F}_i^{(e)}) \tag{11-10}$$

必须指出，上述动量矩定理的表达形式只适用于对固定点或固定轴。对于一般的动点或动轴，其动量矩定理具有较复杂的表达式。

例 11-1 高炉运送矿石用的卷扬机如图11-4所示。已知鼓轮的半径为 R,转动惯量为 J,作用在鼓轮上的力偶为 M。小车和矿石总质量为 m,轨道的倾角为 θ。设绳的质量和各处摩擦均忽略不计,求小车的加速度 $\boldsymbol{a}$。

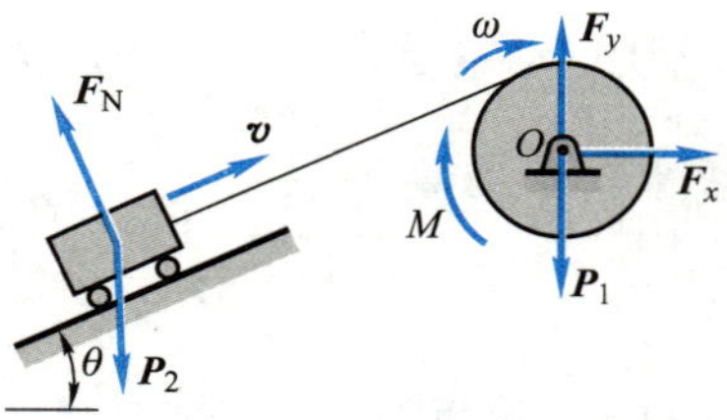

图 11-4

解: 小车与鼓轮组成质点系,视小车为质点。以顺时针为正,此质点系对 O 轴的动量矩为

$$L_O = J\omega + mvR$$

作用于质点系的外力除力偶 M、重力 $\boldsymbol{P}_1$ 和 $\boldsymbol{P}_2$ 外,还有轴承 O 的约束力 $\boldsymbol{F}_x$、$\boldsymbol{F}_y$ 和轨道对小车的约束力 $\boldsymbol{F}_N$。其中 $\boldsymbol{P}_1$、$\boldsymbol{F}_x$、$\boldsymbol{F}_y$ 对 O 轴的矩为零。系统外力对 O 轴的矩为

$$M^{(e)} = M - mg\sin\theta \cdot R$$

由质点系对 O 轴的动量矩定理,有

$$\frac{\mathrm{d}}{\mathrm{d}t}(J\omega + mvR) = M - mg\sin\theta \cdot R$$

因 $\omega = \dfrac{v}{R}$, $\dfrac{\mathrm{d}v}{\mathrm{d}t} = a$,于是解得

$$a = \frac{MR - mgR^2\sin\theta}{J + mR^2}$$

例 11-2 如图11-5所示的水轮机转轮,每两个叶片间的水流皆相同。在图面内的进口处水流的速度为 $\boldsymbol{v}_1$,出口处水流的速度为 $\boldsymbol{v}_2$,θ_1 和 θ_2 分别为 $\boldsymbol{v}_1$ 和 $\boldsymbol{v}_2$ 与切线方向的夹角。如总的体积流量为 q_V,求水流对转轮的转动力矩。

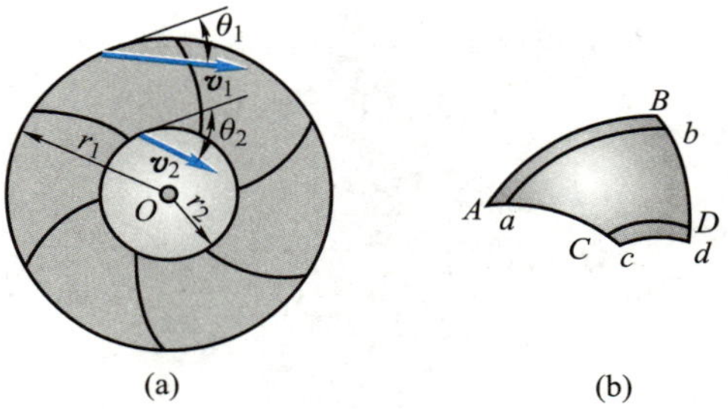

图 11-5

解: 取两个叶片间的水流为研究的质点系,经过 $\mathrm{d}t$ 时间,此部分水流由图11-5b中的 $ABCD$ 位置移到 $abcd$ 位置。设水流是稳定的,则其对转轴 O 的动量矩改变为

$$\mathrm{d}L_O = L_{abcd} - L_{ABCD} = L_{CDcd} - L_{ABab}$$

如转轮有 n 个叶片,水的密度为 ρ,则有

$$L_{CDcd} = \frac{1}{n} q_V \rho \mathrm{d}t v_2 r_2 \cos\theta_2$$

$$L_{ABab} = \frac{1}{n} q_V \rho \mathrm{d}t v_1 r_1 \cos\theta_1$$

由此得

$$\mathrm{d}L_O=\frac{1}{n}q_V\rho\mathrm{d}t(v_2r_2\cos\theta_2-v_1r_1\cos\theta_1)$$

由质点系的动量矩定理，水流对 O 轴的总力矩为

$$M_O(\boldsymbol{F})=n\frac{\mathrm{d}L_O}{\mathrm{d}t}=q_V\rho(v_2r_2\cos\theta_2-v_1r_1\cos\theta_1)$$

转轮所受的转动力矩 M 与 $M_O(\boldsymbol{F})$ 等值反向。

3. 质点系的动量矩守恒定律

如果作用于质点系的外力对于某定点 O 的主矩恒等于零，则由式(11-9)知，质点系对该点的动量矩保持不变，即 $\boldsymbol{L}_O$ 为常矢量。

如果作用于质点系的外力对于某定轴的主矩恒等于零，则由式(11-10)知，质点系对该轴的动量矩保持不变。例如 $\sum M_z(\boldsymbol{F}_i^{(e)})=0$，则 L_z 为常量。

当外力对于某定点(或某定轴)的主矩等于零时，质点系对于该点(或该轴)的动量矩保持不变。这就是**质点系的动量矩守恒定律**。

质点在运动中受到恒指向某定点 O 的力 $\boldsymbol{F}$ 作用，称该质点在有心力作用下运动，如行星绕太阳运动、人造地球卫星绕地球运动等。如图 11-6 所示，力 $\boldsymbol{F}$ 对于点 O 的矩恒等于零，于是质点对于点 O 的动量矩守恒，即 $\boldsymbol{M}_O(m\boldsymbol{v})=\boldsymbol{r}\times m\boldsymbol{v}$ 为常矢量。由此可知：

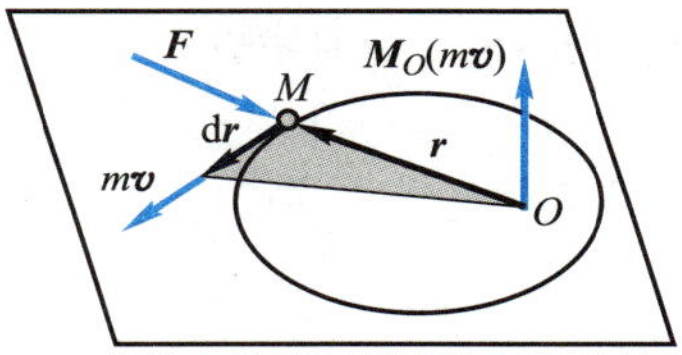

图 11-6

(1) 矢量积 $\boldsymbol{r}\times m\boldsymbol{v}$ 方向不变，即矢径 $\boldsymbol{r}$ 和速度 $\boldsymbol{v}$ 位于一固定平面，因此，质点在有心力作用下的运动轨迹是平面曲线。

(2) 由 $\boldsymbol{r}\times m\boldsymbol{v}=\boldsymbol{r}\times m\dfrac{\mathrm{d}\boldsymbol{r}}{\mathrm{d}t}$ 为常矢量，可得 $\boldsymbol{r}\times\dfrac{\mathrm{d}\boldsymbol{r}}{\mathrm{d}t}$ 为常矢量。由图 11-6 可见，$\boldsymbol{r}\times\mathrm{d}\boldsymbol{r}$ 的大小为图中灰色三角形面积 $\mathrm{d}A$ 的 2 倍，因而有 $\dfrac{\mathrm{d}A}{\mathrm{d}t}$ 为常量。A 是质点矢径 $\boldsymbol{r}$ 所扫过的面积，$\dfrac{\mathrm{d}A}{\mathrm{d}t}$ 称为面积速度。上式表明，仅在有心力作用下运动的质点，其面积速度守恒。上述结论称为**面积速度定理**。

由此定理可知，当人造地球卫星绕地球运动时，离地心近时速度大，离地心远时速度小。

例 11-3 图11-7a所示调速器，小球 A、B 以细绳相连，质量皆为 m，其余构件质量不计。忽略摩擦，系统绕铅垂轴 z 自由转动，初始时系统的角速度为 ω_0。当细绳拉断后(图 11-7b)，求各杆与铅垂线成 θ 角时系统的角速度 ω。

动画
例 11-3

解：此系统所受的重力和轴承的约束力对于转轴的矩都等于零，因此系统对于转轴的动量矩守恒。

当 $\theta=0$ 时，动量矩为

$$L_{z1}=2ma\omega_0a=2ma^2\omega_0$$

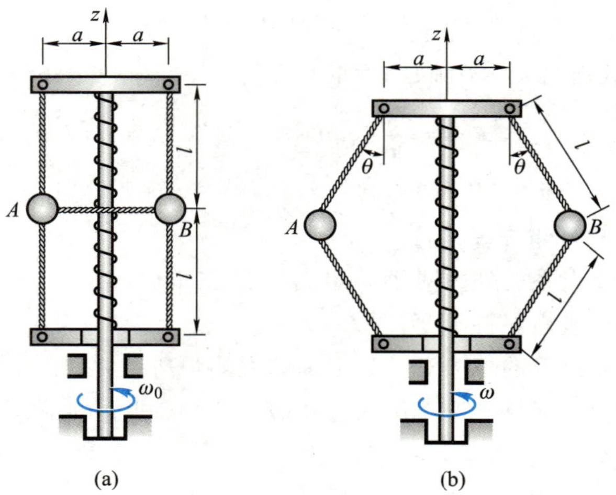

图 11-7

当 $\theta \neq 0$ 时，动量矩为

$$L_{z2} = 2m(a + l\sin\theta)^2\omega$$

由 $L_{z1} = L_{z2}$，得

$$\omega = \frac{a^2}{(a + l\sin\theta)^2}\omega_0$$

§11-3　刚体绕定轴的转动微分方程

设定轴转动刚体上作用有主动力 $\boldsymbol{F}_1$、$\boldsymbol{F}_2$、…、$\boldsymbol{F}_n$ 和轴承约束力 $\boldsymbol{F}_{N1}$、$\boldsymbol{F}_{N2}$，如图 11-8 所示，这些力都是外力。刚体对于 z 轴的转动惯量为 J_z，角速度为 ω，对于 z 轴的动量矩为 $J_z\omega$。

如果不计轴承中的摩擦，轴承约束力对于 z 轴的矩等于零，根据质点系对于 z 轴的动量矩定理有

$$\frac{\mathrm{d}}{\mathrm{d}t}(J_z\omega) = \sum M_z(\boldsymbol{F}_i)$$

或

$$J_z\frac{\mathrm{d}\omega}{\mathrm{d}t} = \sum M_z(\boldsymbol{F}_i) \tag{11-11}$$

上式也可写成

$$J_z\alpha = \sum M_z(\boldsymbol{F}_i) \tag{11-11'}$$

或

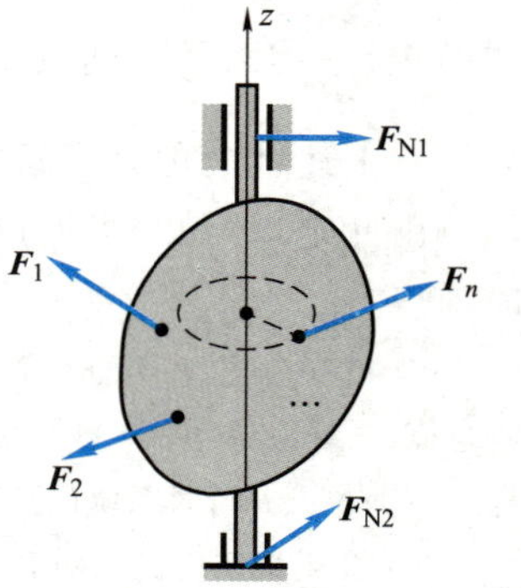

图 11-8

$$J_z \frac{d^2\varphi}{dt^2}=\sum M_z(\boldsymbol{F}_i) \tag{11-11″}$$

以上各式均称为**刚体绕定轴的转动微分方程**。

由式(11-11′)可见,刚体绕定轴转动时,其主动力对转轴的矩使刚体转动状态发生变化。力矩大,转动角加速度大;如力矩相同,刚体转动惯量大,则角加速度小,反之,则角加速度大。可见,刚体转动惯量的大小表现了刚体转动状态改变的难易程度,即转动惯量是刚体转动惯性的度量。

刚体的转动微分方程 $J_z\alpha=\sum M_z(\boldsymbol{F})$ 与质点的运动微分方程 $m\boldsymbol{a}=\boldsymbol{F}$ 有相似的形式。因此刚体的转动微分方程可以解决刚体绕定轴转动的两类动力学问题:(1) 已知刚体的转动规律,求作用于刚体的主动力;(2) 已知作用于刚体的主动力,求刚体的转动规律。

例 11-4 图11-9中物理摆(或称为复摆)的质量为 m,C 为其质心,物理摆对悬挂点的转动惯量为 J_O。求物理摆做微小摆动的周期。

动画
例 11-4

解: 设 φ 角以逆时针方向为正。当 φ 角为正时,重力对点 O 之矩为负。由此,物理摆的转动微分方程为

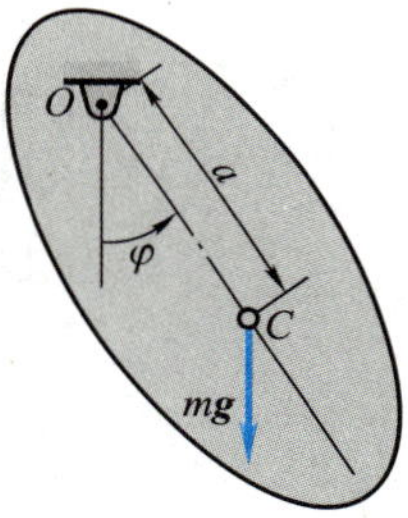

图 11-9

$$J_O\frac{d^2\varphi}{dt^2}=-mga\sin\varphi$$

物理摆做微小摆动,有 $\sin\varphi\approx\varphi$,于是转动微分方程可写为

$$J_O\frac{d^2\varphi}{dt^2}=-mga\varphi$$

或

$$\frac{d^2\varphi}{dt^2}+\frac{mga}{J_O}\varphi=0$$

此方程的通解为

$$\varphi=\varphi_0\sin\left(\sqrt{\frac{mga}{J_O}}\,t+\theta\right)$$

φ_0 称为**角振幅**,θ 称为**初相位**,可由运动初始条件确定。

摆动周期为

$$\tau=2\pi\sqrt{\frac{J_O}{mga}}$$

工程中可用上式,通过测定零件(如曲柄、连杆等)的摆动周期,以计算其转动惯量。

例 11-5 飞轮对轴 O 的转动惯量为 J_O,以角速度 ω_0 绕轴 O 转动,如图 11-10所示。制动时,闸块给飞轮以正压力 $\boldsymbol{F}_N$。已知闸块与飞轮之间的动摩擦因数为 f,飞轮的半径为 R,轴承的摩擦忽略不计。求系统制动所需的时间 t。

动画
例 11-5

解: 以飞轮为研究对象。作用于飞轮上的力除 $\boldsymbol{F}_N$ 外,还有摩擦力 $\boldsymbol{F}$、重力和轴承约束力。取逆时针转向为正,刚体的转动微分方程为

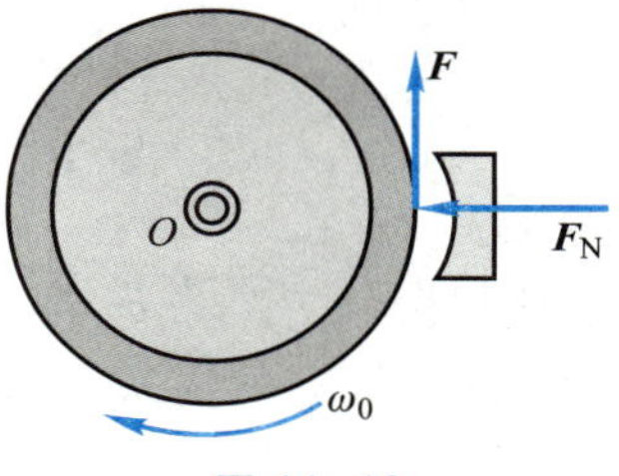

图 11-10

$$J_O\frac{d\omega}{dt}=FR=fF_NR$$

将上式积分，并根据已知条件确定积分上下限，有

$$\int_{-\omega_0}^{0}J_O d\omega=\int_0^t fF_N R dt$$

由此解得

$$t=\frac{J_O\omega_0}{fF_NR}$$

例 11-6 传动轴系如图11-11a所示。设轴Ⅰ和轴Ⅱ的转动惯量分别为 J_1 和 J_2，传动比 $i_{12}=\frac{R_2}{R_1}$，R_1 和 R_2 分别为轮Ⅰ和轮Ⅱ的半径。今在轴Ⅰ上作用主动力矩 M_1，轴Ⅱ上有阻力矩 M_2，转向如图所示。设各处摩擦忽略不计，求轴Ⅰ的角加速度。

解： 轴Ⅰ与轴Ⅱ为两个转动刚体，应分别取为两个研究对象，受力情况如图 11-11b 所示。

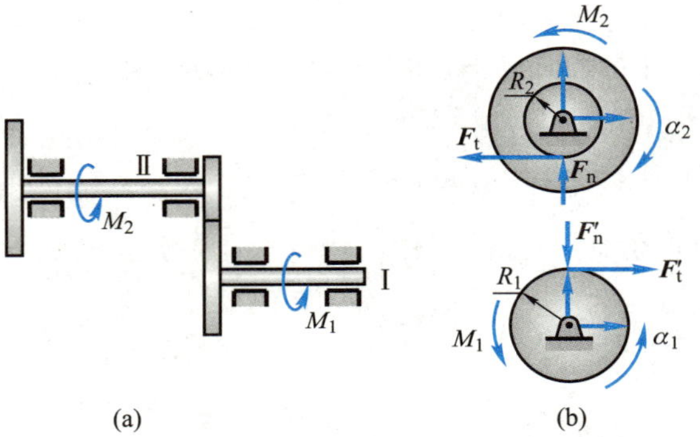

图 11-11

两轴对轴心的转动微分方程分别为

$$J_1\alpha_1=M_1-F'_tR_1,\quad J_2\alpha_2=F_tR_2-M_2$$

因 $F'_t=F_t$，$\frac{\alpha_1}{\alpha_2}=i_{12}=\frac{R_2}{R_1}$，于是得

$$\alpha_1=\frac{M_1-\frac{M_2}{i_{12}}}{J_1+\frac{J_2}{i_{12}^2}}$$

§11-4 刚体对轴的转动惯量

刚体的转动惯量是刚体转动时惯性的度量，刚体对任意轴 z 的转动惯量定义为

$$J_z=\sum m_i r_i^2 \tag{11-12}$$

由上式可见，转动惯量的大小不仅与质量大小有关，而且与质量的分布情况有关。

在国际单位制中其单位为 $\mathrm{kg\cdot m^2}$。

工程中,常常根据工作需要来选定转动惯量的大小。例如,往复式活塞发动机、冲床和剪床等机器常在转轴上安装一个飞轮,并使飞轮的质量大部分分布在轮缘,如图 11-12 所示。这样的飞轮转动惯量大,机器受到冲击时,角加速度小,可以保持比较平稳的运转状态。又如,仪表中的某些零件必须具有较高的灵敏度,因此这些零件的转动惯量必须尽可能地小,为此,这些零件用轻金属制成,并且尽量减小体积。

1. 简单形状物体的转动惯量

(1) 均质细直杆(图 11-13)对于 z 轴的转动惯量

设杆长为 l,单位长度的质量为 ρ_l,取杆上一微段 $\mathrm{d}x$,其质量 $m=\rho_l\mathrm{d}x$,则此杆对于 z 轴的转动惯量为

$$J_z=\int_0^l(\rho_l\mathrm{d}x\cdot x^2)=\rho_l\cdot\frac{l^3}{3}$$

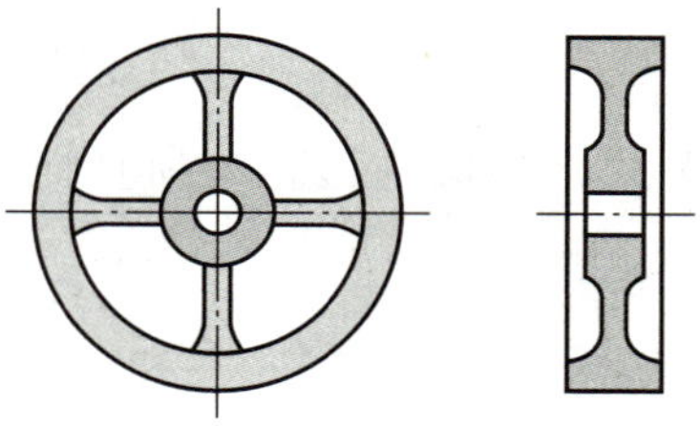

图 11-12

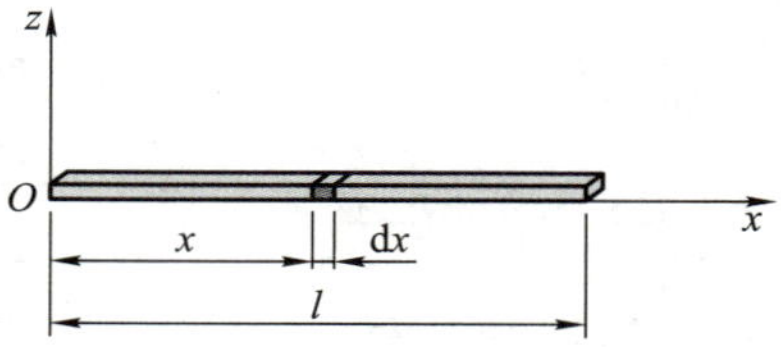

图 11-13

杆的质量 $m=\rho_l l$,于是,有

$$J_z=\frac{1}{3}ml^2 \tag{11-13}$$

(2) 均质薄圆环(图 11-14)对于中心轴的转动惯量

设圆环质量为 m,微元质量 m_i 到中心轴的距离都等于半径 R,所以圆环对于中心轴 z 的转动惯量为

$$J_z=\sum m_iR^2=R^2\sum m_i=mR^2 \tag{11-14}$$

(3) 均质圆板(图 11-15)对于中心轴的转动惯量

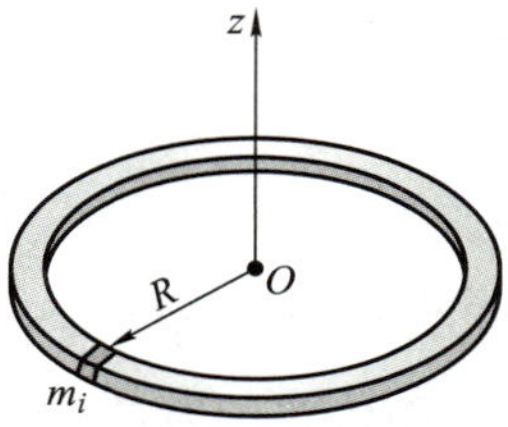

图 11-14

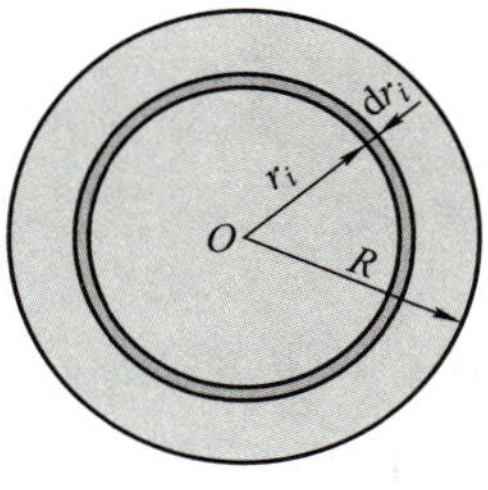

图 11-15

设圆板的半径为 R，质量为 m。将圆板分为无数个同心的薄圆环，任一圆环的半径为 r_i，宽度为 dr_i，则薄圆环的质量为

$$m_i = 2\pi r_i \mathrm{d}r_i \cdot \rho_A$$

式中 $\rho_A = \dfrac{m}{\pi R^2}$ 是均质圆板单位面积的质量。因此圆板对于中心轴的转动惯量为

$$J_O = \int_0^R 2\pi r \rho_A \mathrm{d}r \cdot r^2 = 2\pi\rho_A \frac{R^4}{4}$$

或

$$J_O = \frac{1}{2} m R^2 \qquad (11-15)$$

2. 回转半径（或惯性半径）

回转半径（或惯性半径）定义为

$$\rho_z = \sqrt{\frac{J_z}{m}} \qquad (11-16)$$

对于几何形状相同的均质物体，其回转半径的公式是相同的，例如，细直杆 $\rho_z = \dfrac{\sqrt{3}}{3} l$，均质圆环 $\rho_z = R$，均质圆板 $\rho_z = \dfrac{\sqrt{2}}{2} R$。

由式(11-16)，有

$$J_z = m\rho_z^2 \qquad (11-17)$$

即物体的转动惯量等于该物体的质量与回转半径平方的乘积。

在机械工程手册中，列出了简单几何形状或几何形状已标准化的零件的回转半径，以供工程技术人员查阅。

3. 平行轴定理

定理 刚体对于任一轴的转动惯量，等于刚体对于通过质心、并与该轴平行的轴的转动惯量，加上刚体的质量与两轴间距离平方的乘积，即

$$J_z = J_{z_C} + md^2 \qquad (11-18)$$

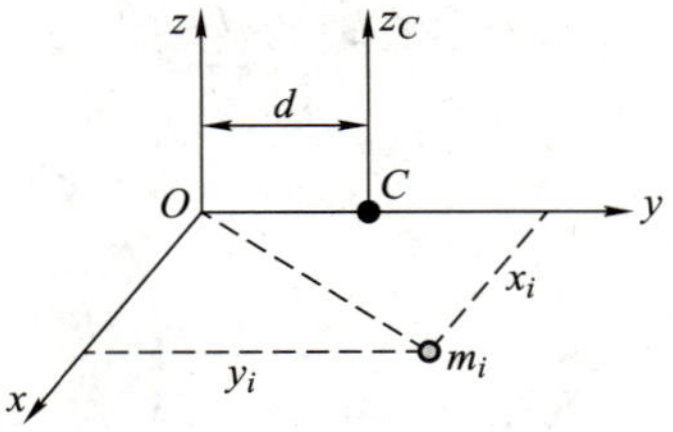

图 11-16

证明：如图 11-16 所示，设点 C 为刚体的质心，刚体对于通过质心的 z_C 轴的转动惯量为 J_{z_C}，刚体对于平行于该轴的另一轴 z 的转动惯量为 J_z，两轴间距离为 d。

由图可见

$$J_z=\sum m_i(x_i^2+y_i^2)$$

$$J_{z_C}=\sum m_i[x_i^2+(y_i-d)^2]=\sum m_i(x_i^2+y_i^2)+\sum m_i d^2-2d\sum m_i y_i$$

由质心坐标公式 $y_C\sum m_i=\sum m_i y_i$，又由于 $y_C=d$，于是有

$$J_{z_C}=J_z-md^2$$

定理证毕。

由平行轴定理可知，刚体对于诸平行轴，以通过质心的轴的转动惯量为最小。

例 11-7 质量为 m、长为 l 的均质细直杆如图 11-17 所示，求此杆对于垂直于杆轴且通过质心 C 的轴 z_C 的转动惯量。

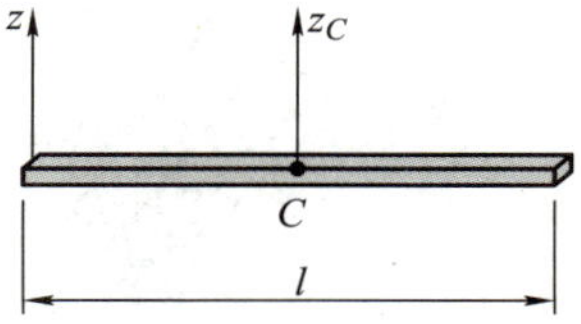

图 11-17

解： 由式(11-13)知，均质细直杆对于通过杆端点 A 且与杆垂直的 z 轴的转动惯量为

$$J_z=\frac{1}{3}ml^2$$

应用平行轴定理，此杆对于 z_C 轴的转动惯量为

$$J_{z_C}=J_z-m\left(\frac{l}{2}\right)^2=\frac{1}{12}ml^2 \tag{11-19}$$

例 11-8 钟摆简化为如图11-18所示模型。已知均质细杆和均质圆盘的质量分别为 m_1 和 m_2，杆长为 l，圆盘直径为 d。求钟摆对于通过悬挂点 O 的水平轴的转动惯量。

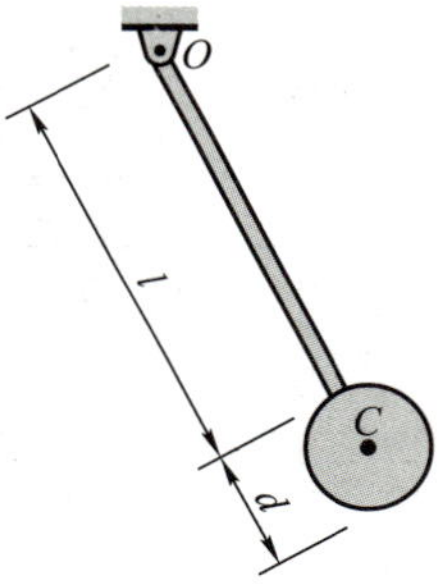

图 11-18

动画
例 11-8

解： 钟摆对于水平轴 O 的转动惯量为

$$J_O=J_{O杆}+J_{O盘}$$

式中

$$J_{O杆}=\frac{1}{3}m_1l^2$$

设 J_C 为圆盘对于中心 C 的转动惯量，则

$$\begin{aligned}J_{O盘}&=J_C+m_2\left(l+\frac{d}{2}\right)^2\\&=\frac{1}{2}m_2\left(\frac{d}{2}\right)^2+m_2\left(l+\frac{d}{2}\right)^2\\&=m_2\left(\frac{3}{8}d^2+l^2+ld\right)\end{aligned}$$

于是得

$$J_O=\frac{1}{3}m_1l^2+m_2\left(\frac{3}{8}d^2+l^2+ld\right)$$

工程中，对于几何形状复杂的物体，常用实验方法测定其转动惯量。

例如，欲求曲柄对于 O 轴的转动惯量，可将曲柄在 O 轴悬挂起来，并使其做微幅摆动，如图 11-19 所示。由例 11-4 有

$$\tau = 2\pi\sqrt{\frac{J_O}{mgl}}$$

其中，mg 为曲柄重量，l 为重心 C 到轴心 O 的距离。测定 mg、l 和摆动周期 τ，则曲柄对于 O 轴的转动惯量可按照下式计算：

$$J_O = \frac{\tau^2 mgl}{4\pi^2}$$

又如，欲求圆轮对于中心轴的转动惯量，可用单轴扭振（图 11-20）、三线悬挂扭振（图 11-21）等方法测定扭振周期，根据周期与转动惯量之间的关系计算转动惯量。

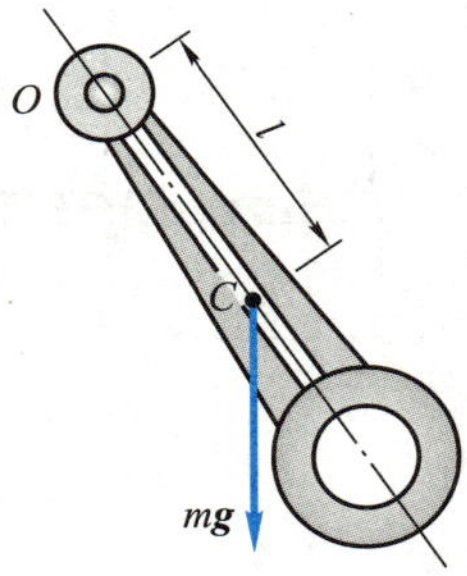

图 11-19

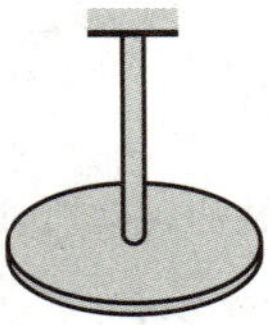
图 11-20

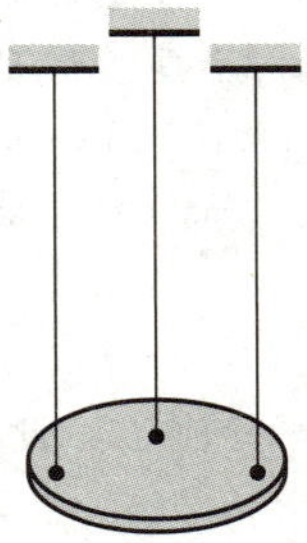
图 11-21

表 11-1 列出了一些常见均质物体的转动惯量和回转半径。

表 11-1　一些常见均质物体的转动惯量和回转半径

物体的形状	简图	转动惯量	回转半径	体积
细直杆	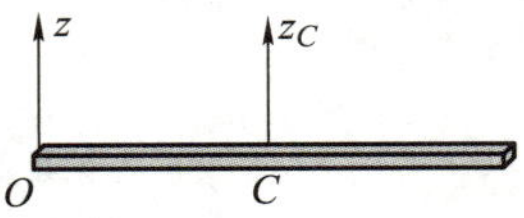	$J_{z_C} = \frac{m}{12}l^2$ $J_z = \frac{m}{3}l^2$	$\rho_{z_C} = \frac{l}{2\sqrt{3}}$ $\rho_z = \frac{l}{\sqrt{3}}$	—
薄壁圆筒	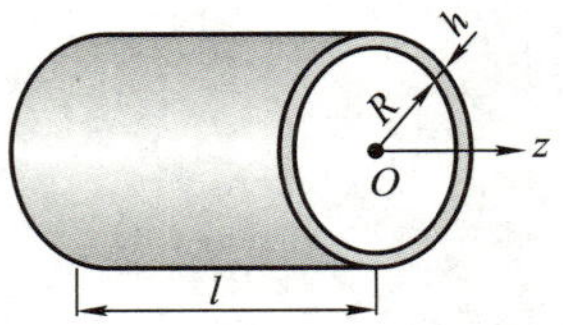	$J_z = mR^2$	$\rho_z = R$	$2\pi Rlh$
圆柱	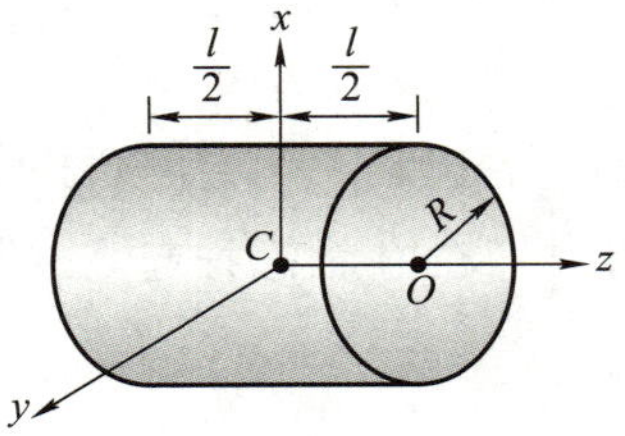	$J_z = \frac{1}{2}mR^2$ $J_x = J_y =$ $\frac{m}{12}(3R^2 + l^2)$	$\rho_z = \frac{R}{\sqrt{2}}$ $\rho_x = \rho_y =$ $\sqrt{\frac{1}{12}(3R^2 + l^2)}$	$\pi R^2 l$

物体的形状	简图	转动惯量	回转半径	体积
空心圆柱	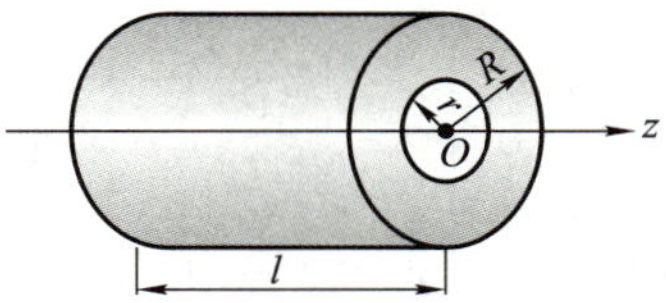	$J_z=\frac{m}{2}(R^2+r^2)$	$\rho_z=\sqrt{\frac{1}{2}(R^2+r^2)}$	$\pi l(R^2-r^2)$
薄壁空心球	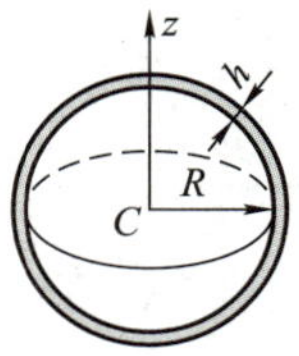	$J_z=\frac{2}{3}mR^2$	$\rho_z=\sqrt{\frac{2}{3}}R$	$\frac{3}{2}\pi Rh$
实心球	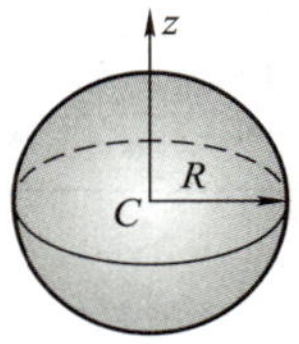	$J_z=\frac{2}{5}mR^2$	$\rho_z=\sqrt{\frac{2}{5}}R$	$\frac{4}{3}\pi R^3$
圆锥体	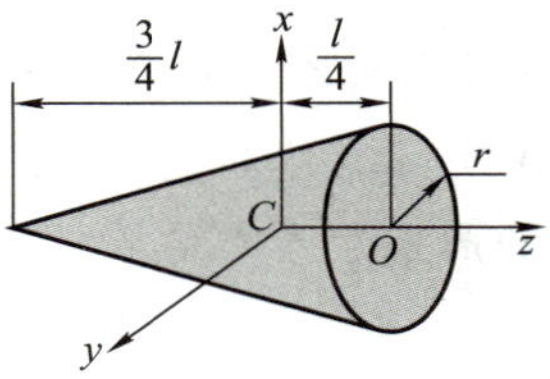	$J_z=\frac{3}{10}mr^2$ $J_x=J_y=$ $\frac{3}{80}m(4r^2+l^2)$	$\rho_z=\sqrt{\frac{3}{10}}r$ $\rho_x=\rho_y=$ $\sqrt{\frac{3}{80}(4r^2+l^2)}$	$\frac{\pi}{3}r^2l$
圆环	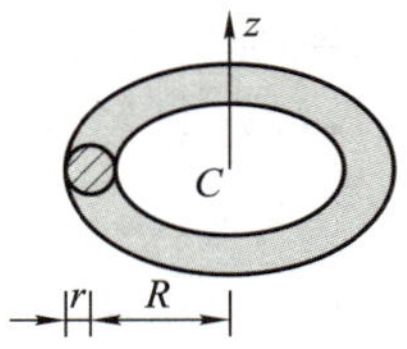	$J_z=$ $m\left(R^2+\frac{3}{4}r^2\right)$	$\rho_z=\sqrt{R^2+\frac{3}{4}r^2}$	$2\pi^2r^2R$
椭圆形薄板	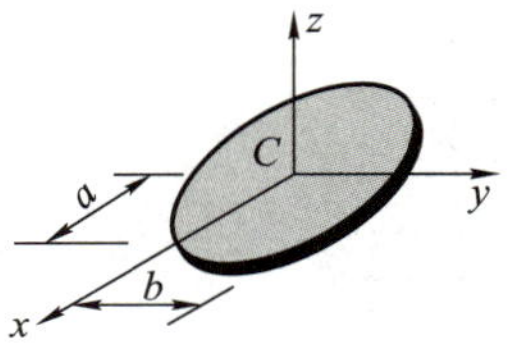	$J_z=\frac{m}{4}(a^2+b^2)$ $J_y=\frac{m}{4}a^2$ $J_x=\frac{m}{4}b^2$	$\rho_z=\frac{1}{2}\sqrt{a^2+b^2}$ $\rho_y=\frac{a}{2}$ $\rho_x=\frac{b}{2}$	πabh

续表

物体的形状	简图	转动惯量	回转半径	体积
长方体	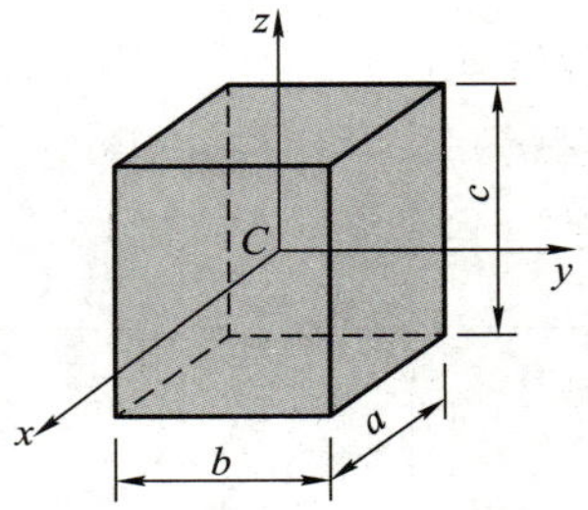	$J_z=\frac{m}{12}(a^2+b^2)$ $J_y=\frac{m}{12}(a^2+c^2)$ $J_x=\frac{m}{12}(b^2+c^2)$	$\rho_z=\sqrt{\frac{1}{12}(a^2+b^2)}$ $\rho_y=\sqrt{\frac{1}{12}(a^2+c^2)}$ $\rho_x=\sqrt{\frac{1}{12}(b^2+c^2)}$	abc
矩形薄板	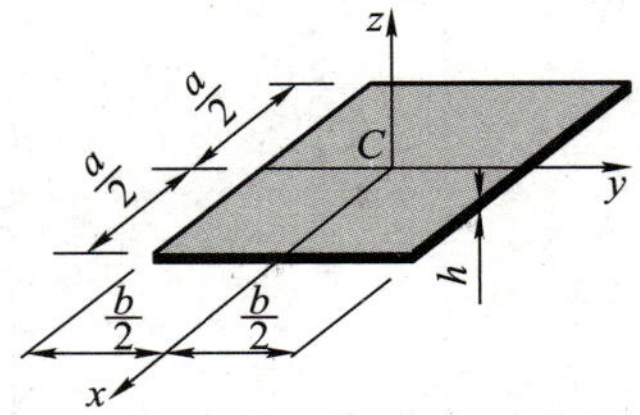	$J_z=\frac{m}{12}(a^2+b^2)$ $J_y=\frac{m}{12}a^2$ $J_x=\frac{m}{12}b^2$	$\rho_z=\sqrt{\frac{1}{12}(a^2+b^2)}$ $\rho_y=\sqrt{\frac{1}{12}}a$ $\rho_x=\sqrt{\frac{1}{12}}b$	abh

§11-5　质点系相对于质心的动量矩定理

前面阐述的质点系的动量矩定理只适用于惯性参考系中的固定点或固定轴，对于一般的动点或动轴，动量矩定理具有较复杂的形式。然而，相对于质点系的质心或通过质心的动轴，动量矩定理仍保持其简单的形式。

1. 质点系相对于质心的动量矩

以质心 C 为原点，取一平移参考系 $Cx'y'z'$，如图 11-22 所示。在此平移参考系内，任一质点 m_i 的相对矢径为 $\boldsymbol{r}_i'$ 、相对速度为 $\boldsymbol{v}_{ir}$、绝对速度为 $\boldsymbol{v}_i$。由于质点系对某一点的动量矩一般总是指它在绝对运动中对该点的动量矩，因此质点系对质心的动量矩为

$$\boldsymbol{L}_C=\sum \boldsymbol{M}_C(m_i\boldsymbol{v}_i)=\sum(\boldsymbol{r}_i'\times m_i\boldsymbol{v}_i) \tag{11-20}$$

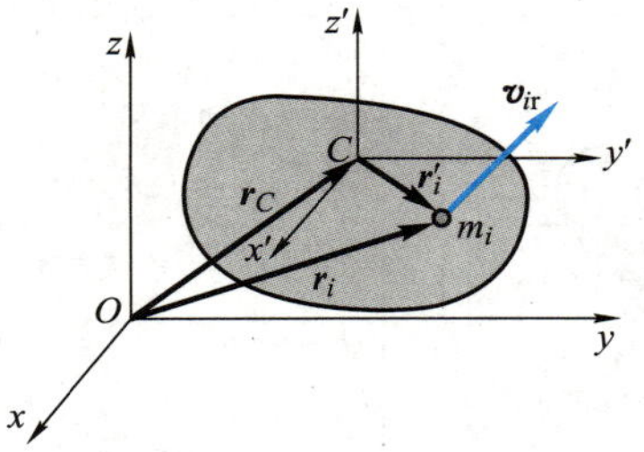

图 11-22

以点 m_i 为动点，以平移坐标系 $Cx'y'z'$ 为动参考系，则有 $\boldsymbol{v}_i=\boldsymbol{v}_C+\boldsymbol{v}_{ir}$。将其代入式(11-20)，有

$$\boldsymbol{L}_C=\sum[m_i\boldsymbol{r}_i'\times(\boldsymbol{v}_C+\boldsymbol{v}_{ir})]=\sum(m_i\boldsymbol{r}_i'\times\boldsymbol{v}_C)+\sum(m_i\boldsymbol{r}_i'\times\boldsymbol{v}_{ir})$$

由于 $\sum(m_i\boldsymbol{r}_i')=(\sum m_i)\boldsymbol{r}_C'=\boldsymbol{0}$（因为 $\boldsymbol{r}_C'=\boldsymbol{0}$），于是有

$$\boldsymbol{L}_C=\sum\boldsymbol{M}_C(m_i\boldsymbol{v}_{ir})=\sum(\boldsymbol{r}_i'\times m_i\boldsymbol{v}_{ir}) \tag{11-21}$$

这表明，以质点的相对速度或以其绝对速度计算质点系对质心的动量矩，其结果是相等的。即质点系对质心的动量矩也等于质点系内各质点相对于质心平移参考系的动量对质心 C 的矩的矢量和。

在证明式(11-21)时应用了质心的特殊性质，因此式(11-21)仅对质心成立。这表明了质心在动力学中的特殊地位。

对一般的点，欲求质点系对该点的动量矩，通常用质点系中各质点在绝对运动中的动量对该点取矩再求矢量和。这是由于对一般的点，质点系在绝对运动中和在以该点为基点的平移参考系的相对运动中计算的对该点的动量矩是不等的。

质点 m_i 对固定点 O 的矢径为 $\boldsymbol{r}_i$、绝对速度为 $\boldsymbol{v}_i$，则质点系对定点 O 的动量矩为

$$\boldsymbol{L}_O=\sum\boldsymbol{M}_O(m_i\boldsymbol{v}_i)=\sum(\boldsymbol{r}_i\times m_i\boldsymbol{v}_i)$$

由图 11-22 可见

$$\boldsymbol{r}_i=\boldsymbol{r}_C+\boldsymbol{r}_i'$$

于是有

$$\begin{aligned}\boldsymbol{L}_O&=\sum[(\boldsymbol{r}_C+\boldsymbol{r}_i')\times m_i\boldsymbol{v}_i]\\&=\boldsymbol{r}_C\times\sum(m_i\boldsymbol{v}_i)+\sum(\boldsymbol{r}_i'\times m_i\boldsymbol{v}_i)\end{aligned}$$

由质点系动量计算式(10-1)和式(10-3)，有

$$\sum(m_i\boldsymbol{v}_i)=m\boldsymbol{v}_C$$

其中 m 为质点系总质量，$\boldsymbol{v}_C$ 为其质心 C 的速度。将上式代入，则质点系对于定点 O 的动量矩可写为

$$\boldsymbol{L}_O=\boldsymbol{r}_C\times m\boldsymbol{v}_C+\boldsymbol{L}_C \tag{11-22}$$

式(11-22)表明质点系对任一点 O 的动量矩，等于质点系随质心平移时对点 O 的动量矩($\boldsymbol{r}_C\times m\boldsymbol{v}_C$)加上质点系相对于质心的动量矩($\boldsymbol{L}_C$)。

例 11-9 图11-23所示均质圆盘，质量为 m、半径为 R，沿地面纯滚动，角速度为 ω。求圆盘对图中点 A、C、P 三点的动量矩。

解： 点 C 为质心，在以点 C 为基点的平移参考系中计算 L_C 是方便的，即

$$L_C=J_C\omega=\frac{mR^2}{2}\omega$$

点 P 是速度瞬心，各点速度分布如同绕点 P 做定轴转动一样，因此，有

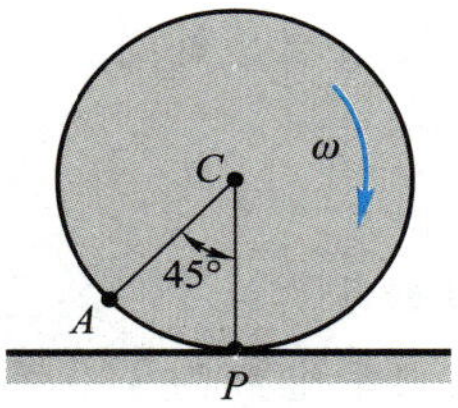

图 11-23

$$L_P = J_P\omega = \frac{3}{2}mR^2\omega$$

也可以利用式(11-22)求对点 P 的动量矩,即

$$L_P = mv_C \cdot R + L_C = m\omega R^2 + \frac{mR^2}{2}\omega = \frac{3}{2}mR^2\omega$$

两种算法所得结果相同。

对点 A 的动量矩,若利用各点在绝对运动中的动量对点 A 取矩,计算起来很复杂。通常对任意点(非质心)利用式(11-22)计算动量矩较方便。利用式(11-22)有

$$L_A = mv_C \cdot \frac{\sqrt{2}}{2}R + L_C = \frac{\sqrt{2}+1}{2}mR^2\omega$$

在以点 A 为基点的平移参考系中,利用相对运动的动量对点 A 取矩,可得相对运动的动量矩为

$$L_A' = J_A\omega = (J_C + mR^2)\omega = \frac{3}{2}mR^2\omega$$

可见 $L_A \neq L_A'$。这表明用绝对运动的动量和相对运动的动量对点 A 的动量矩是不同的。

如果过点 A 做一条与质心速度 $\boldsymbol{v}_C$ 平行的直线,则圆盘对该直线上所有点的动量矩是相同的。

2. 质点系相对于质心的动量矩定理

质点系对定点 O 的动量矩定理可写成

$$\frac{\mathrm{d}\boldsymbol{L}_O}{\mathrm{d}t} = \frac{\mathrm{d}}{\mathrm{d}t}(\boldsymbol{r}_C \times m\boldsymbol{v}_C + \boldsymbol{L}_C) = \sum(\boldsymbol{r}_i \times \boldsymbol{F}_i^{(e)})$$

展开上式括弧,注意右端项中 $\boldsymbol{r}_i = \boldsymbol{r}_C + \boldsymbol{r}_i'$,于是上式化为

$$\frac{\mathrm{d}\boldsymbol{r}_C}{\mathrm{d}t} \times m\boldsymbol{v}_C + \boldsymbol{r}_C \times \frac{\mathrm{d}}{\mathrm{d}t}(m\boldsymbol{v}_C) + \frac{\mathrm{d}\boldsymbol{L}_C}{\mathrm{d}t} = \sum(\boldsymbol{r}_C \times \boldsymbol{F}_i^{(e)}) + \sum(\boldsymbol{r}_i' \times \boldsymbol{F}_i^{(e)})$$

因为

$$\frac{\mathrm{d}\boldsymbol{r}_C}{\mathrm{d}t} = \boldsymbol{v}_C, \quad \frac{\mathrm{d}\boldsymbol{v}_C}{\mathrm{d}t} = \boldsymbol{a}_C$$

$$\boldsymbol{v}_C \times \boldsymbol{v}_C = \boldsymbol{0}, \quad m\boldsymbol{a}_C = \sum \boldsymbol{F}_i^{(e)}$$

于是上式成为

$$\frac{\mathrm{d}\boldsymbol{L}_C}{\mathrm{d}t} = \sum(\boldsymbol{r}_i' \times \boldsymbol{F}_i^{(e)})$$

上式右端是外力对于质心的主矩,于是得

$$\frac{\mathrm{d}\boldsymbol{L}_C}{\mathrm{d}t} = \sum \boldsymbol{M}_C(\boldsymbol{F}_i^{(e)}) \tag{11-23}$$

即质点系对质心的动量矩对时间的导数,等于作用于质点系的外力对质心的主矩。这个结论称为**质点系相对于质心的动量矩定理**。该定理在形式上与质点系对定点的动量矩定理完全一样,因此与对定点的动量矩定理有关的陈述也适用于相对于

质心的动量矩定理。例如，将式(11-23)投影到以质心 C 为基点的平移参考系的任意轴如 z 轴上，有

$$\frac{\mathrm{d}L_{Cz}}{\mathrm{d}t}=\sum M_{Cz}(\boldsymbol{F}_i^{(e)})$$

即质点系对质心轴的动量矩对时间的导数，等于作用于质点系的外力对该轴的主矩。显然，当外力对质心(或质心轴)的主矩为零时，质点系对该质心(或该质心轴)的动量矩保持不变。这也称为**质点系对质心的动量矩守恒定律**。

例 11-10 试建立两体问题的运动微分方程。

解：两体问题研究的是两个可视为质点的天体在万有引力作用下的动力学问题。该问题是天体力学中最基本的近似模型，是研究天体精确运动的理论基础。

设质点 A(天体 1)的质量为 m_1，质点 B(天体 2)的质量为 m_2，二者的质心为点 C，二者之间的万有引力为 $\boldsymbol{F}$、$\boldsymbol{F}'$，如图 11-24 所示。点 O 为惯性参考系的原点，$\boldsymbol{r}_1$ 为质点 A 相对惯性参考系的位置矢量，$\boldsymbol{r}_2$ 为质点 B 相对惯性参考系的位置矢量，$\boldsymbol{r}_C$ 为质心相对惯性参考系的位置矢量，以点 C 为原点，建立平移参考系 $Cx'y'$。

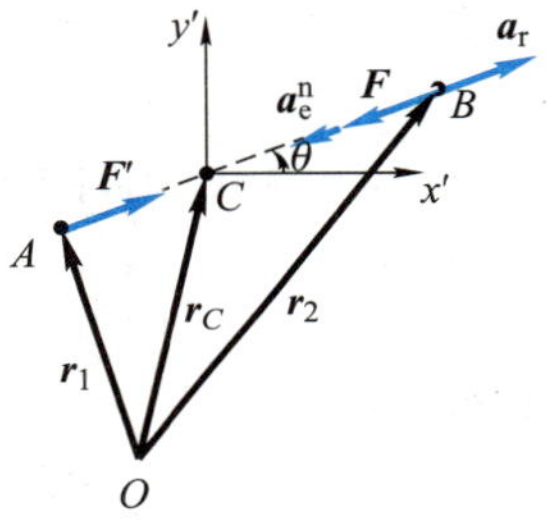

图 11-24

分析质点 A 和质点 B 组成的质点系，由于万有引力为内力，由质心运动定理有

$$(m_1+m_2)\frac{\mathrm{d}^2\boldsymbol{r}_C}{\mathrm{d}t^2}=0 \tag{a}$$

式(a)表明平移参考系 $Cx'y'$ 为惯性参考系。

设 $\overrightarrow{AB}=\boldsymbol{r}$，则 $\overrightarrow{CB}=\boldsymbol{r}_{CB}=\dfrac{m_1}{m_1+m_2}\boldsymbol{r}$。分析质点 B，由于平移参考系 $Cx'y'$ 为惯性参考系，在这一参考系内可以应用牛顿第二定律，有

$$\boldsymbol{F}=m_2\frac{\mathrm{d}^2\boldsymbol{r}_{CB}}{\mathrm{d}t^2}=\frac{m_1m_2}{m_1+m_2}\frac{\mathrm{d}^2\boldsymbol{r}}{\mathrm{d}t^2} \tag{b}$$

引入 $\mu=\dfrac{m_1m_2}{m_1+m_2}$，称之为折合质量，可得

$$\boldsymbol{F}=\mu\frac{\mathrm{d}^2\boldsymbol{r}}{\mathrm{d}t^2} \tag{c}$$

式(c)表明在以点 A 为原点的平移参考系内(注意这个参考系为非惯性系)，质点 B(质量为 m_2)的运动，如同具有折合质量 $\dfrac{m_1m_2}{m_1+m_2}$ 的质点在万有引力作用下按牛顿第二定律运动。

接下来分析点 B 的加速度。设平移参考系 $Cx'y'$ 为定参考系，动参考系固连于直线 CB 上，则牵连运动为绕质心的转动，由质点系的加速度合成定理有

$$\boldsymbol{a}_B=\boldsymbol{a}_e^n+\boldsymbol{a}_e^t+\boldsymbol{a}_r+\boldsymbol{a}_C \tag{d}$$

利用极坐标表示，相对加速度 $\boldsymbol{a}_r$ 和牵连加速度的法向部分 $\boldsymbol{a}_e^n$ 的大小分别为

$$a_r=\ddot{r}_{CB}=\frac{m_1}{m_1+m_2}\ddot{r} \tag{e}$$

$$a_{\mathrm{e}}^{\mathrm{n}}=r_{CB}\dot{\theta}^{2}=\frac{m_1}{m_1+m_2}r\dot{\theta}^{2} \tag{f}$$

方向如图 11-24 所示。牵连加速度的切向部分 $\boldsymbol{a}_{\mathrm{e}}^{\mathrm{t}}$ 和科氏加速度 $\boldsymbol{a}_{\mathrm{C}}$ 的方向垂直于 CB，将式(d)向 CB 方向投影有

$$a_{\mathrm{r}B}=a_{\mathrm{r}}-a_{\mathrm{e}}^{\mathrm{n}}=\frac{m_1}{m_1+m_2}(\ddot{r}-r\dot{\theta}^{2}) \tag{g}$$

分析质点 B，在平移参考系 $Cx'y'$（惯性参考系）中，由质点动力学的基本方程有

$$m_2a_{\mathrm{r}B}=\frac{m_1m_2}{m_1+m_2}(\ddot{r}-r\dot{\theta}^{2})=-F=-\frac{Gm_1m_2}{r^2} \tag{h}$$

式中，G 为引力常量。则质点 B 的径向运动微分方程为

$$\ddot{r}-r\dot{\theta}^{2}=-\frac{G(m_1+m_2)}{r^2} \tag{i}$$

以点 A、B 为一质点系，由于所受的力通过质心，故而对质心的动量矩守恒，有

$$L_C=(m_1r_{CA}^2+m_2r_{CB}^2)\dot{\theta}=L_{C0} \tag{j}$$

其中，L_{C0}为系统初始时对质心的动量矩，由初始条件确定，且有

$$r_{CA}=\frac{m_2}{m_1+m_2}r,\quad r_{CB}=\frac{m_1}{m_1+m_2}r$$

可以得到

$$\mu r^2\dot{\theta}=L_{C0} \tag{k}$$

由于点 A、B、C 三点共线，且点 A、B 离质心距离的比为常量，因此点 A、B 以质心为相似中心沿几何相似轨道运动。两体问题在重氢的发现、开普勒第三定律的修正等方面有着重要的应用。

§11-6 刚体的平面运动微分方程

在工程实际中，大部分平面运动刚体可以抽象为具有质量对称面，且平行于此对称面运动的力学模型。根据平面运动刚体的运动特性，可以将其简化为质心所在的平面图形的运动，如图 11-25 所示。以质心 C 为基点，建立平移参考系 $Cx'y'$，则刚体的平面运动分解为随质心的平移和绕质心轴的转动。

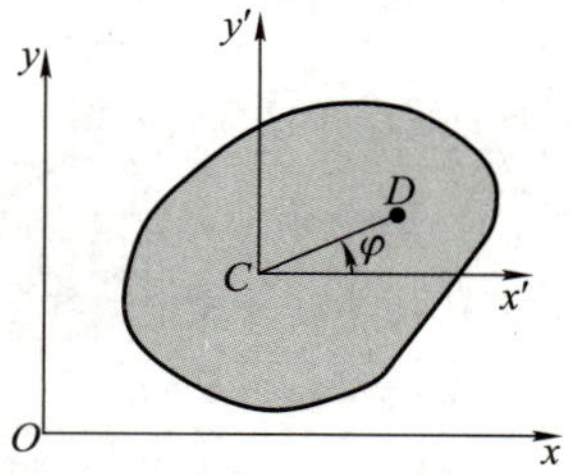

图 11-25

刚体对质心轴的动量矩为

$$L_C = J_C \omega \tag{11-24}$$

其中，J_C 为刚体对通过质心 C 且与运动平面垂直的轴的转动惯量，ω 为其角速度。

设在刚体上作用的外力可向质量对称面简化为一平面力系 $\boldsymbol{F}_1$、$\boldsymbol{F}_2$、$\boldsymbol{F}_3$、…、$\boldsymbol{F}_n$，则应用质心运动定理和对质心的动量矩定理，得

$$m\boldsymbol{a}_C = \sum \boldsymbol{F}^{(e)}, \quad \frac{\mathrm{d}}{\mathrm{d}t}(J_C\omega) = J_C\alpha = \sum M_C(\boldsymbol{F}^{(e)}) \tag{11-25}$$

其中，m 为刚体质量，$\boldsymbol{a}_C$ 为质心加速度，$\alpha = \frac{\mathrm{d}\omega}{\mathrm{d}t}$为刚体角加速度。上式也可写成

$$m\frac{\mathrm{d}^2\boldsymbol{r}_C}{\mathrm{d}t^2} = \sum \boldsymbol{F}^{(e)}, \quad J_C\frac{\mathrm{d}^2\varphi}{\mathrm{d}t^2} = \sum M_C(\boldsymbol{F}^{(e)}) \tag{11-26}$$

以上两式称为**刚体的平面运动微分方程**。

应用时常利用它们在直角坐标系或自然轴系上的投影式，即

$$\left.\begin{aligned} ma_{Cx} &= \sum F_x \\ ma_{Cy} &= \sum F_y \\ J_C\alpha &= \sum M_C(\boldsymbol{F}^{(e)}) \end{aligned}\right\} \tag{11-27}$$

$$\left.\begin{aligned} ma_C^{\mathrm{t}} &= \sum F_{\mathrm{t}} \\ ma_C^{\mathrm{n}} &= \sum F_{\mathrm{n}} \\ J_C\alpha &= \sum M_C(\boldsymbol{F}^{(e)}) \end{aligned}\right\} \tag{11-28}$$

式(11-27)[或式(11-28)]也称为刚体平面运动微分方程，它是三个独立的方程，可求三个未知量。如果 $a_C = \alpha = 0$，则式(11-27)退化为平面任意力系的平衡方程。

要注意，点 C 必须是质心。对一般的动点，式(11-25)~式(11-28)一般不成立。这再一次表明了质心在动力学中的重要性和特殊地位。

例 11-11 半径为 r、质量为 m 的均质圆轮沿水平直线滚动，如图 11-26 所示。设圆轮的回转半径为 ρ_C，作用于圆轮的力偶的力偶矩为 M。求轮心的加速度。如果圆轮对地面的静摩擦因数为 f_s，问力偶矩 M 必须符合什么条件方不致使圆轮滑动？

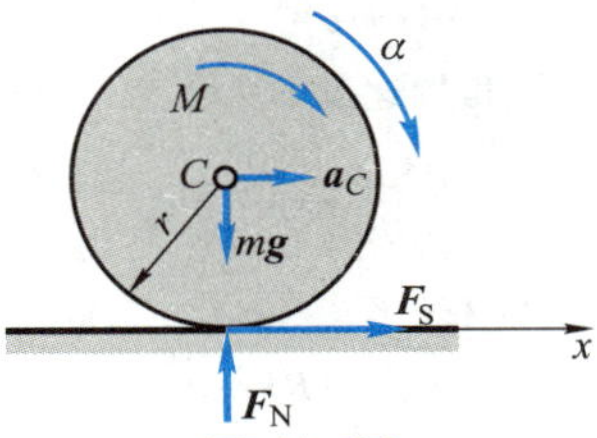

图 11-26

解： 圆轮做平面运动，其受力图如图 11-26 所示。由刚体的平面运动微分方程有

$$ma_{Cx}=F_s$$

$$ma_{Cy}=F_N-mg$$

$$m\rho_C^2\alpha=M-F_sr$$

式中，M 和 α 均以顺时针转向为正。因 $a_{Cy}=0$，故 $a_{Cx}=a_C$。

根据圆轮滚而不滑的条件，有 $a_C=r\alpha$，以此式与上列三个方程联立求解，得

$$F_s=ma_C,\quad F_N=mg$$

$$a_C=\frac{Mr}{m(\rho_C^2+r^2)},\quad M=\frac{F_s(r^2+\rho_C^2)}{r}$$

欲使圆轮滚动而不滑动，必须有 $F_s\leqslant f_sF_N$，或 $F_s\leqslant f_smg$。于是得圆轮只滚不滑的条件为

$$M\leqslant f_smg\frac{r^2+\rho_C^2}{r}$$

动画
例 11-12

例 11-12 均质圆轮半径为 r，质量为 m，受到轻微扰动后，在半径为 R 的圆弧表面往复滚动，如图 11-27 所示。设圆弧表面足够粗糙，圆轮在滚动时无滑动。求质心 C 的运动规律。

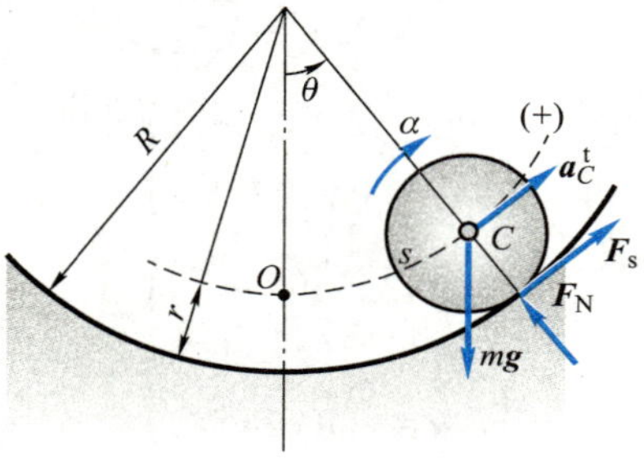

图 11-27

解： 圆轮在圆弧表面上做平面运动，受到的外力有重力 mg，圆弧表面的法向约束力 F_N 和摩擦力 F_s。

设 θ 角以逆时针转向为正，取切线轴的正向如图所示，并设圆轮以顺时针转动为正，则图示瞬时刚体平面运动微分方程在自然轴上的投影式为

$$ma_C^t=F_s-mg\sin\theta \tag{a}$$

$$m\frac{v_C^2}{R-r}=F_N-mg\cos\theta \tag{b}$$

$$J_C\alpha=-F_sr \tag{c}$$

由运动学知，当圆轮只滚不滑时，角加速度的大小为

$$\alpha=\frac{a_C^t}{r} \tag{d}$$

取 s 为质心的弧坐标，由图 11-27 有

$$s=(R-r)\theta$$

注意到 $a_C^t=\frac{d^2s}{dt^2}$，$J_C=\frac{1}{2}mr^2$，当 θ 很小时，$\sin\theta\approx\theta$，联立式(a)、式(c)、式(d)求得

$$\frac{3}{2}\frac{d^2s}{dt^2}+\frac{g}{R-r}s=0$$

令 $\omega_0^2=\dfrac{2g}{3(R-r)}$，则上式成为

$$\frac{d^2s}{dt^2}+\omega_0^2 s=0$$

此方程的解为

$$s=s_0\sin(\omega_0 t+\beta)$$

式中，s_0 和 β 为两个常数，由运动初始条件确定。如 $t=0$ 时，$s=0$，初速度为 v_0，于是有

$$0=s_0\sin\beta,\quad v_0=s_0\omega_0\cos\beta$$

解得

$$\tan\beta=0,\quad \beta=0°,\quad s_0=\frac{v_0}{\omega_0}=v_0\sqrt{\frac{3(R-r)}{2g}}$$

最后得质心的运动方程为

$$s=v_0\sqrt{\frac{3(R-r)}{2g}}\sin\left(\sqrt{\frac{2}{3}\frac{g}{R-r}}\,t\right)$$

由式(b)可求得圆轮在滚动时对圆弧表面的压力 F'_N 为

$$F'_N=F_N=m\frac{v_C^2}{R-r}+mg\cos\theta$$

式中右端第一项为附加动压力，其中

$$v_C=\frac{ds}{dt}=v_0\cos\left(\sqrt{\frac{2}{3}\frac{g}{R-r}}\,t\right)$$

例 11-13 如图11-28a 所示均质圆环半径为 r，质量为 m，其上焊接均质刚杆 OA，杆长为 r，质量也为 m。用手扶住圆环，使其在 OA 水平位置静止。试求刚放开手瞬时，圆环的角加速度 α、水平地面的摩擦力大小 F_s 及法向约束力大小 F_N。设圆环与地面之间为纯滚动。

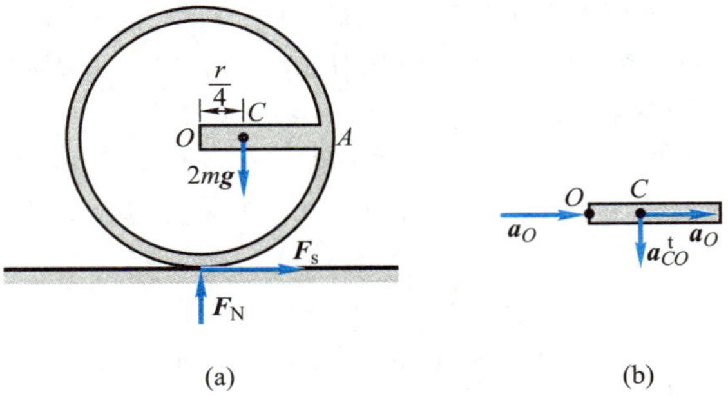

图 11-28

解： 整体质心在点 C，其受力图如图 11-28a 所示。由于圆环做平面运动，因此建立如下平面运动微分方程：

$$2ma_{Cx}=F_s \tag{a}$$

$$2ma_{Cy}=2mg-F_N \tag{b}$$

$$J_C\alpha=F_N\cdot\frac{r}{4}-F_s r \tag{c}$$

要注意，上面的运动微分方程是针对质心 C 建立的。对圆心 O 则不能建立上述运动微分方程，因为它不是质心。式(c)中的 J_C 可利用组合法及平行轴定理求得，即

$$J_C=\frac{mr^2}{12}+m\left(\frac{r}{4}\right)^2+mr^2+m\left(\frac{r}{4}\right)^2=\frac{29}{24}mr^2$$

式(a)、式(b)、式(c)共三个方程，未知量为 a_{Cx}、a_{Cy}、α、F_s、F_N 共五个，必须补充方程才能求解。在动力学中经常补充的是运动学关系。由于圆环做纯滚动，因此运动学量 a_{Cx}、a_{Cy}、α 中只有一个是独立的，应补充它们之间的关系。由求加速度的基点法，有

$$\boldsymbol{a}_C=\boldsymbol{a}_O+\boldsymbol{a}_{CO}^{t}+\boldsymbol{a}_{CO}^{n}$$

其中，$\boldsymbol{a}_O$ 方向水平，大小为 $r\alpha$；$\boldsymbol{a}_{CO}^{t}$ 方向铅垂，大小为 $\frac{r}{4}\alpha$；$a_{CO}^{n}=0$(因为初瞬时 $\omega=0$)。其矢量图如图 11-28b 所示。将此矢量方程投影到水平及铅垂两个方向上，有

$$a_{Cx}=a_O=r\alpha \tag{d}$$

$$a_{Cy}=a_{CO}^{t}=\frac{r}{4}\alpha \tag{e}$$

式(a)~式(e)共 5 个方程，未知量也是 5 个，解得

$$\alpha=\frac{3}{20}\frac{g}{r}\text{(顺时针)},\quad F_s=\frac{3}{10}mg,\quad F_N=\frac{77}{40}mg$$

例 11-14 设例 8-14 中的平面机构处于水平面内，如图 11-29a 所示。圆盘 C 为均质圆盘，质量为 m，半径为 R，可沿水平面纯滚动。杆 BC 为均质杆，质量为 m，处于水平位置。杆 OB 质量忽略不计，处于铅垂位置，且有 $BC=OB=2R$。杆 O_1A 质量忽略不计，保持与圆盘 C 光滑接触。最初系统处于静止状态，$\varphi=60°$。现在给杆 O_1A 施加一顺时针转向，力偶矩为 M 的力偶。试求施加力偶瞬时杆 O_1A、杆 BC、杆 OB、圆盘 C 的角加速度 α、α_{BC}、α_{OB}、α_C 及圆盘和水平面接触点 E 处的摩擦力大小。

解： 在例 8-14 中，已知的是杆 O_1A 的角速度和角加速度，需要求解圆盘 C 和杆 OB 的角加速度，是运动学问题。而本例题已知杆 O_1A 所受的力偶，需要求解各杆及圆盘的角加速度，是动力学问题。应该注意的是系统受力运动后，各构件运动量的关系还是满足例 8-14 的结论，所以本例题需要在例 8-14 的基础上进行求解。

初瞬时各杆和圆盘 C 的角速度均为零。依据例 8-14 的结论可得圆盘质心 C 的加速度 $\boldsymbol{a}_C$、B 点的加速度 $\boldsymbol{a}_B$、杆 O_1A 的角加速度 α、杆 OB 的角加速度 α_{OB} 及圆盘 C 的角加速度 α_C 存在如下关系：

$$\boldsymbol{a}_C=\boldsymbol{a}_B=2\alpha R,\quad \alpha_{OB}=\alpha,\quad \alpha_C=2\alpha \tag{a}$$

参看图 11-29b，沿 $\boldsymbol{a}_B^{n}$ 方向投影有 $\boldsymbol{a}_B^{n}=-\boldsymbol{a}_{BC}^{t}=-\alpha_{BC}\cdot BC=0$，则得

$$\alpha_{BC}=0$$

可知杆 BC 的角速度和角加速度均为零，则其质心加速度为 $a=a_C=2\alpha R$。

分析杆 BC，受力图如图 11-29c 所示，注意由于杆 OB 质量忽略不计，铰链 B 处的水平约束力为零。由质心运动定理有

$$ma=m\cdot 2\alpha R=F'_{Cx} \tag{b}$$

分析杆 O_1A，受力图如图 11-29d 所示，由于忽略其质量，可列平衡方程为

$$\sum M_{O_1}(\boldsymbol{F})=0,\quad M-F'_D\cdot\sqrt{3}R=0 \tag{c}$$

最后分析圆盘 C，其受力图如图 11-29e 所示，由刚体的平面运动微分方程有

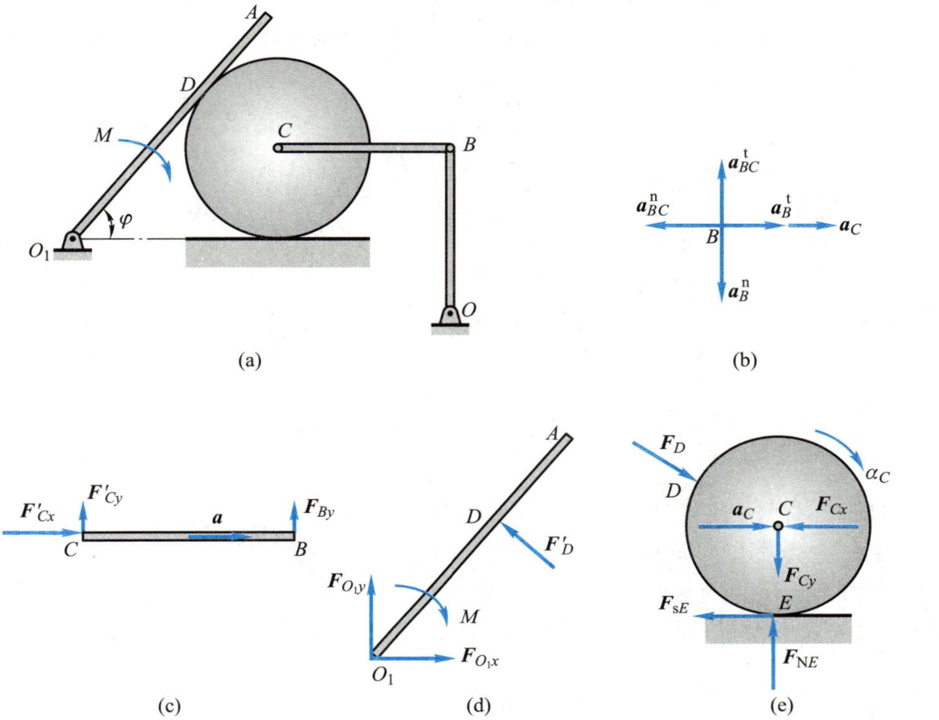

图 11-29

$$ma_C = -F_{Cx} - F_{sE} + F_D\cos 30° \tag{d}$$

$$J_C\alpha_C = \frac{1}{2}mR^2 \cdot \alpha_C = F_{sE} \cdot R \tag{e}$$

联立式(a)~式(e),解得

$$\alpha = \frac{M}{10mR^2}, \quad \alpha_{OB} = \frac{M}{10mR^2}, \quad \alpha_C = \frac{M}{5mR^2}, \quad F_{sE} = \frac{M}{10R}$$

思考题

11-1 试计算思考题10-2中图 a、b、d、e 所示各物体对其转轴的动量矩。

11-2 某质点对于某定点 O 的动量矩矢量表达式为

$$\boldsymbol{L}_O = 6t^2\boldsymbol{i} + (8t^3+5)\boldsymbol{j} - (t-7)\boldsymbol{k}$$

式中 t 为时间,$\boldsymbol{i}$、$\boldsymbol{j}$、$\boldsymbol{k}$ 为沿固定直角坐标轴的单位矢量。求此质点上作用力对点 O 的力矩。

11-3 图 11-30a 中,均质杆的质量为 m,杆长为 l,质心 C 的速度为 $\boldsymbol{v}_C$,则对点 O 的动量矩为 $L_O = mv_C \cdot \dfrac{l}{2}$,对吗? 图 11-30b 中,做纯滚动的均质圆盘的质量为 m,半径为 R,质心 C 的速度为 $\boldsymbol{v}_C$,则对地面上点 O 的动量矩为 $L_O = mv_C \cdot R$,对吗?

11-4 图 11-31 所示两个完全相同的均质轮，图 a 中绳的一端挂一重物，重量等于 P，图 b 中绳的一端受拉力 $\boldsymbol{F}$ 作用，且 $F=P$，问两轮的角加速是否相同？绳中的拉力是否相同？为什么？

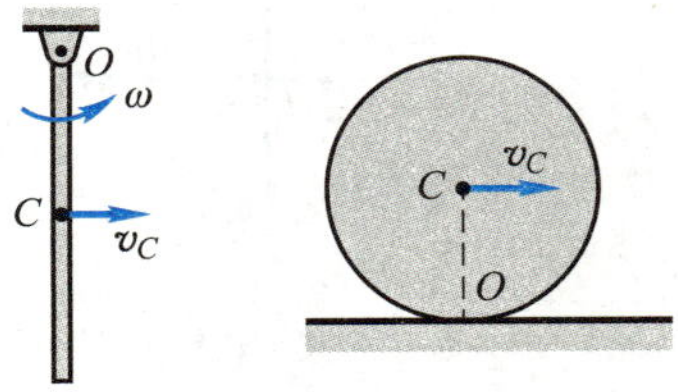

图 11-30

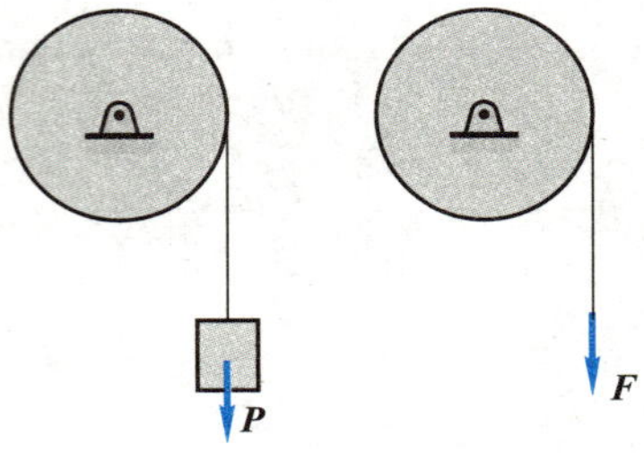

图 11-31

11-5 有两个不同物体，一个为均质细杆，其质量为 m，长为 l；另一个为质量为 m 的小球，固结于长为 l 的轻杆的杆端（杆重忽略不计）。两者均铰接于固定水平面上，如图 11-32 所示，并在同一微小倾斜位置释放。问哪一个先到达水平位置？为什么？

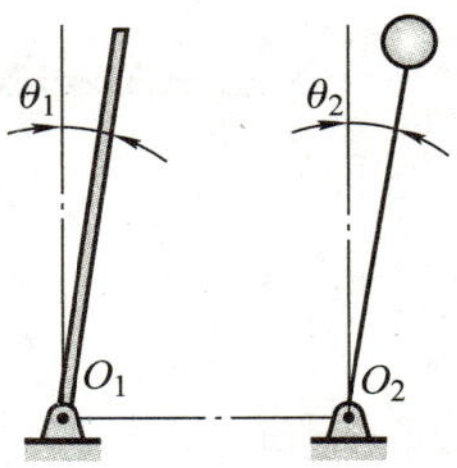

图 11-32

11-6 无重细绳跨过不计轴承摩擦、不计质量的滑轮。两猴质量相同，初始静止在此细绳上，离地面高度相同。若两猴同时开始向上爬，且相对绳的速度大小可以相同也可以不相同，问站在地面看，两猴的速度如何？在任一瞬时，两猴离地面的高度如何？若两猴开始一个向上爬，同时另一个向下爬，且相对绳的速度大小可以相同也可以不相同，问站在地面看，两猴的速度如何？在任一瞬时，两猴离地面的高度如何？

11-7 在运动学中，刚体的平面运动可分解为随基点的平移与绕基点的转动，此处的基点可以是任选的。在动力学中，研究刚体平面运动时，却把基点选在质心上，刚体的平面运动分解为随质心的平移与绕质心的转动，此处的基点不能是任选的，为什么？

11-8 为什么给出了动量定理的积分形式 $\boldsymbol{p}_2-\boldsymbol{p}_1=\boldsymbol{I}$，而动量矩定理一般只给出了微分形式 $\frac{\mathrm{d}\boldsymbol{L}_O}{\mathrm{d}t}=\sum \boldsymbol{r}_i\times\boldsymbol{F}_i^{e}$，而不给积分形式？

11-9 铅垂面内有四个均质圆盘，尺寸形状及质量都完全相同，大、小圆盘半径的关系为 $R=2r$。各圆盘受力大小皆为 F，力的作用点及方向如图 11-33 所示。

（1）若四个圆盘在水平面上做纯滚动，试将它们按质心加速度由大到小的顺序排列；

（2）若要保证圆盘做纯滚动，试将它们按所需摩擦因数由小到大的顺序排列。

11-10 一半径为 R 的均质圆轮在水平面上只滚动而不滑动。如不计滚动摩擦，试问在下列两种情况下，轮心的加速度是否相等？接触面的摩擦力是否相同？

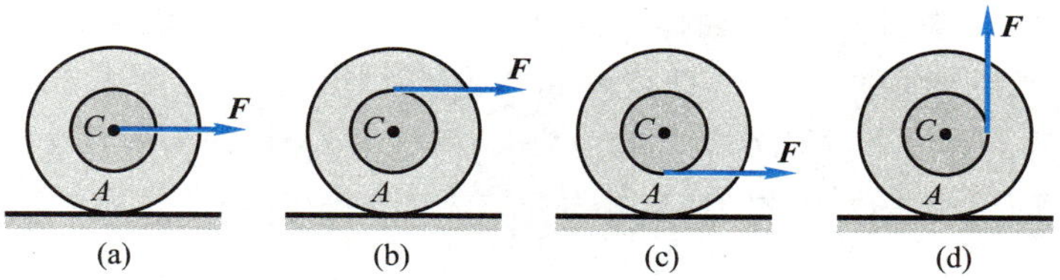

图 11-33

（1）在圆轮上作用一顺时针转向的力偶，其力偶矩为 M；

（2）在轮心作用一水平向右的力 $\boldsymbol{F}$，其大小 $F=\dfrac{M}{R}$。

11-11 如图 11-34 所示，在铅垂面内，杆 OA 可绕 O 轴自由转动，均质圆盘可绕其质心轴 A 自由转动。如杆 OA 水平时系统静止，问自由释放后圆盘做什么运动？

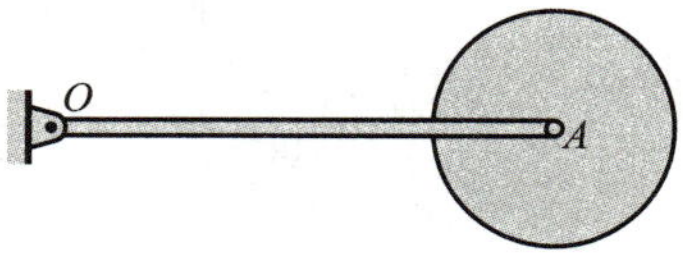

图 11-34

习 题

习题：第十一章 动量矩定理

11-1 质量为 m 的质点在平面 Oxy 内运动，其运动方程为

$$x=a\cos\omega t,\quad y=b\sin 2\omega t$$

其中 a、b 和 ω 为常量。求质点对原点 O 的动量矩。

11-2 无重杆 OA 以角速度 ω_O 绕 O 轴转动，质量 $m=25$ kg、半径 $R=200$ mm 的均质圆盘以三种方式安装于杆 OA 的点 A，如图所示。在图 a 中，圆盘与杆 OA 焊接在一起；在图 b 中，圆盘与杆 OA 在点 A 铰接，且相对杆 OA 以角速度 ω_r 逆时针向转动；在图 c 中，圆盘相对杆 OA 以角速度 ω_r 顺时针转向转动。已知 $\omega_O=\omega_r=4$ rad/s，计算在此三种情况下，圆盘对 O 轴的动量矩。

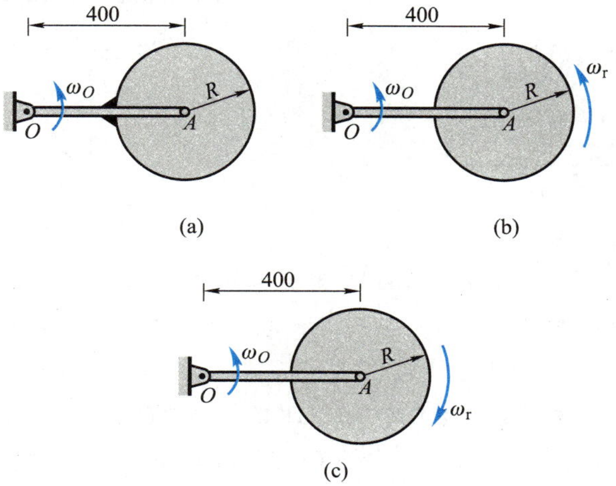

题 11-2 图

11-3 (1) 计算图 a、b 所示的系统对点 O 的动量矩。其中均质滑轮的半径为 r，质量为 m；物块 A、B 质量均为 m_1，速度为 $\boldsymbol{v}$，绳质量不计。(2) 计算图 c 所示的系统对 AB 轴的动量矩。其中小球 C、D 的质量均为 m，用质量为 m_1 的均质杆连接，杆与铅垂轴 AB 固结，且 $DO=OC$，交角为 θ，轴 AB 以匀角速度 ω 转动。

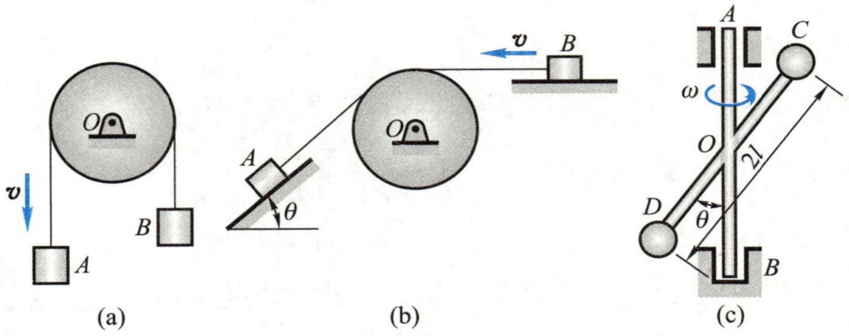

题 11-3 图

11-4 小球 A 的质量为 m，连接在长为 l 的杆 AB 上，并被放在盛有液体的容器内，如图所示。杆 AB 以初角速度 ω_0 绕铅垂轴 O_1O_2 转动，液体的阻力与小球质量和角速度的乘积 $m\omega$ 成正比，即 $F=km\omega$，其中 k 是常数。问经过多少时间，角速度减为初角速度的一半？

11-5 图示均质水平圆台(可视为圆盘)，半径为 r，重量为 G，可绕通过圆心且垂直于台面的铅垂轴转动，重量为 P 的人沿半径 OB 相对于圆台以匀速度 $\boldsymbol{v}_r$ 向外走，开始人在圆台中心，圆台角速度为 ω_0。试求当人走到半径 OB 的中点 A 时圆台的角速度。

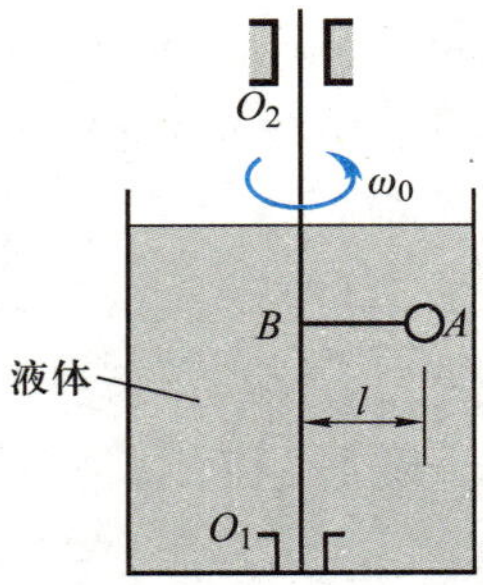

题 11-4 图

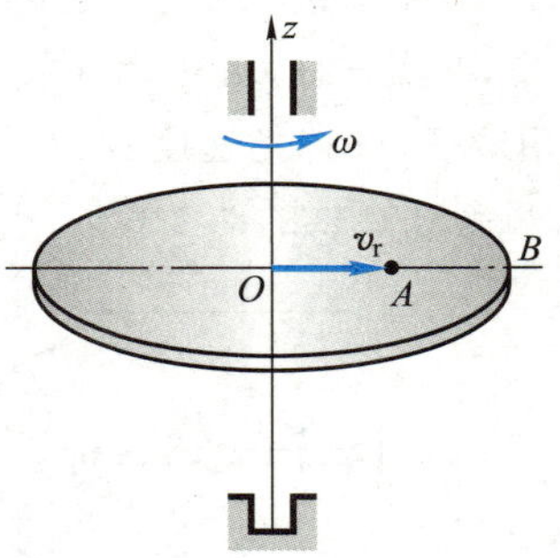

题 11-5 图

11-6 图示鼓轮的半径 $R=0.6$ m，重为 $W=800$ N，对 O 轴的回转半径 $\rho=0.42$ m，物块 A 重为 $P=80$ N，鼓轮上作用一个按图示规律变化的变力偶矩 $M(t)$。设系统从静止开始运动，试求 10 s 后重物的速度。

11-7 为求刚体对于通过重心 G 的轴 AB 的转动惯量，用两杆 AD、BE 与刚体牢固连接，并借两杆将刚体活动地挂在水平轴 DE 上，如图所示。轴 AB 平行于 DE，然后使刚体绕轴 DE 做微幅摆动，求振动周期 τ。如果刚体的质量为 m，轴 AB 与轴 DE 间的距

离为 h，杆 AD 和杆 BE 的质量忽略不计。求刚体对轴 AB 的转动惯量。

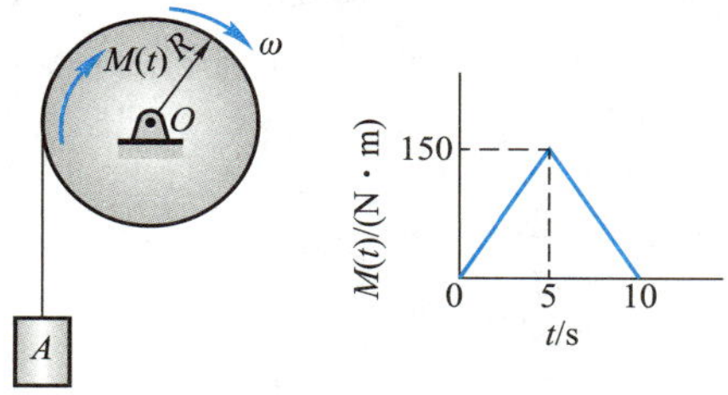

题 11-6 图

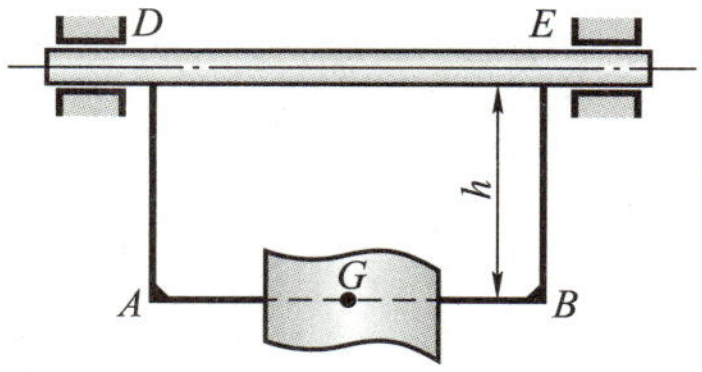

题 11-7 图

11-8 图示两均质细杆 O_1A 及 O_2B 的质量均为 $m=1.5$ kg，$O_1A=O_2B=l=30$ cm，杆端均铰接在转台 D 上。转台 D 的质量为 $m_0=4$ kg，对 z 轴的回转半径 $\rho=40$ cm。初始时转台以转速 $n=300$ r/min 绕铅垂对称轴 z 转动，并在两杆间用连线使两杆处于铅垂位置。今连线断开，两杆分别绕 O_1、O_2 轴转动，试求当两杆转到水平位置时转台的转速。

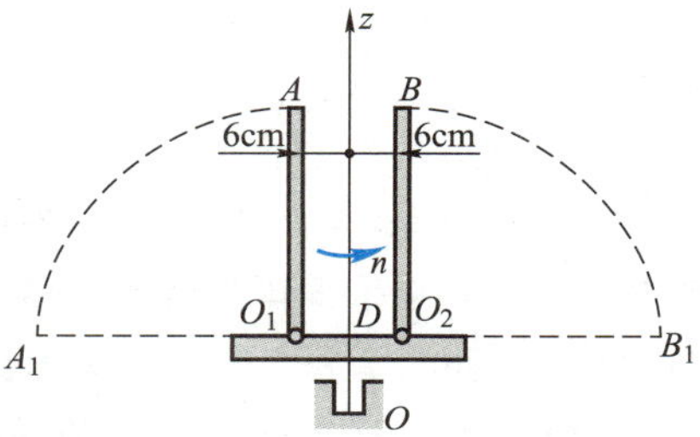

题 11-8 图

11-9 图示通风机的转动部分以初角速度 ω_0 绕中心轴转动，空气的阻力矩与角速度成正比，即 $M=k\omega$，其中 k 为常数。如转动部分对其轴的转动惯量为 J，问经过多少时间其转动角速度减少为初角速度的一半？又在此时间内共转过多少转？

11-10 图示离心式空气压缩机的转速 $n=8\ 600$ r/min，体积流量 $q_V=370\ \mathrm{m^3/min}$，第一级叶轮气道进口直径 $D_1=0.355$ m，出口直径 $D_2=0.6$ m。进口气流的绝对速度 $v_1=109$ m/s，与切线成角 $\theta_1=90°$；出口气流的绝对速度 $v_2=183$ m/s，与切线成角 $\theta_2=21°30'$。设空气密度 $\rho=1.16\ \mathrm{kg/m^3}$，试求这一级叶轮的转矩。

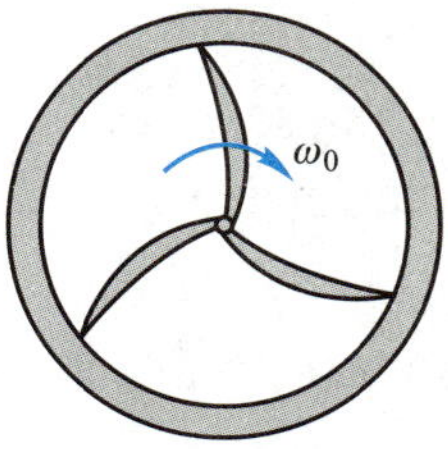

题 11-9 图

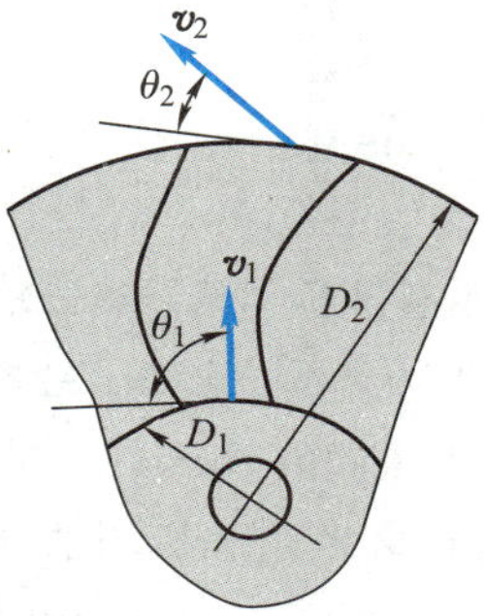

题 11-10 图

11-11 如图所示，均质圆柱的质量为 4 kg，半径为 0.5 m，置于两光滑的斜面上。设圆柱受到与圆柱轴线垂直，且沿圆柱面的切线方向的力 $F=20$ N 作用，求圆柱的角加速度及斜面的约束力。

11-12 均质圆柱的半径为 r，质量为 m，今将该圆柱放在图示位置。设在 A 和 B 处的动摩擦因数为 f。若给圆柱以初角速度 ω_0，导出到圆柱停止所需时间的表达式。

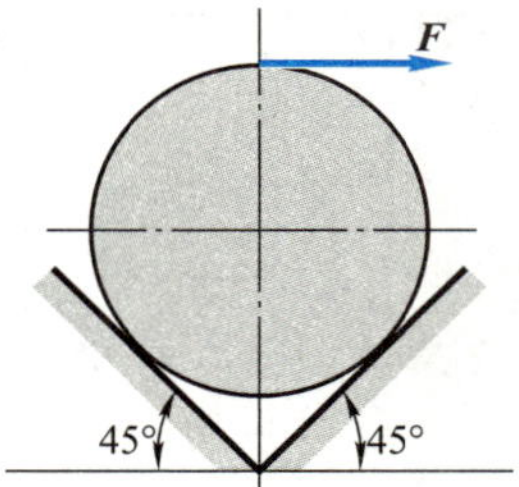

题 11-11 图

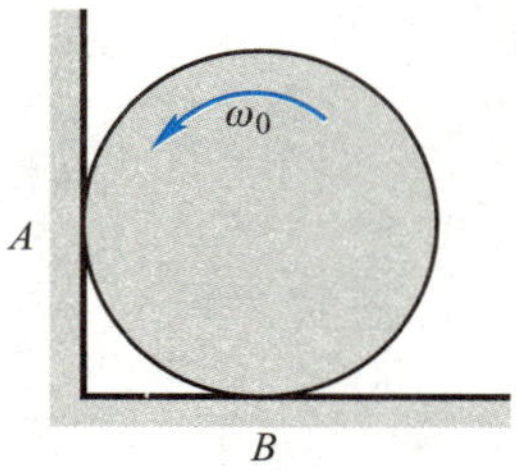

题 11-12 图

11-13 图示重为 P 的物体 A 悬挂于不可伸长的绳子上，绳子跨过一可绕光滑水平轴转动的滑轮与铅垂弹簧相接，弹簧刚度系数为 k。滑轮重也为 P，半径为 r，可看作均质圆盘。设绳与滑轮之间无相对滑动，试求系统做微幅振动的运动微分方程。

11-14 图示不均衡飞轮的质量为 20 kg，对于通过其质心 C 的轴的回转半径 $\rho=65$ mm。假如 100 N 的力作用于手动闸上，若此瞬时飞轮有一逆时针方向的 5 rad/s 的角速度，而闸块和飞轮之间的动摩擦因数 $f=0.4$。求此瞬时铰链 B 作用在飞轮上的水平约束力和铅垂约束力。

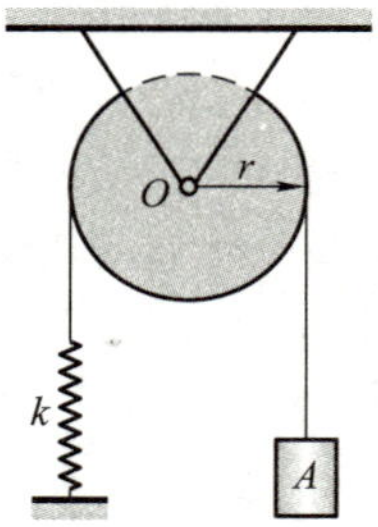

题 11-13 图

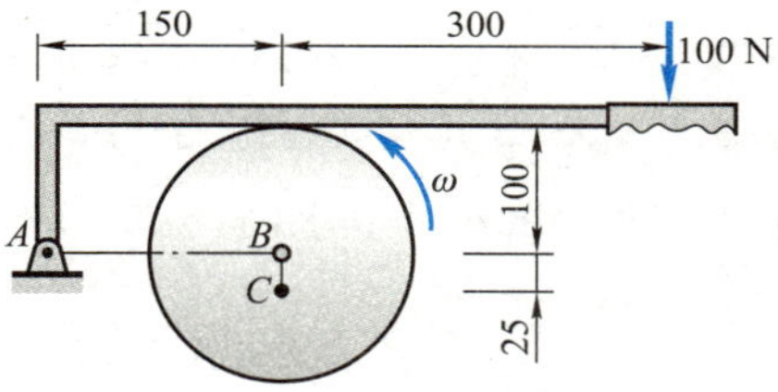

题 11-14 图

11-15 图示直升机的机厢对 z 轴的转动惯量 $J=15\ 680\ \text{kg}\cdot\text{m}^2$，主叶桨对 z 轴的转动惯量 $J'=980\ \text{kg}\cdot\text{m}^2$，已知 z 轴铅垂，主叶桨水平，尾桨的旋转平面铅垂且通过 z 轴，$l=5.5$ m，C 为机厢的重心。

(1) 试求主叶桨相对于机厢的转速由 $n_0=200$ r/min（此时机厢没有旋转）增至 $n_1=250$ r/min时，机厢的转速（大小和转向）；

(2) 如上述匀加速过程共经 5 s，若使机厢保持不转动，则可通过开动尾桨来实现，问加在尾部的力应当多大？

11-16 电动绞车提升一质量为 m 的物体 A，在其主动轴上有不变的力矩 M 作用。

已知主动轴与从动轴和连同安装在这两轴上的齿轮，以及其他附属零件的转动惯量分别为 J_1 和 J_2，传动比 $z_2 : z_1 = k$；绳索缠绕在鼓轮上，鼓轮的半径为 R。如图所示，设轴承的摩擦及绳索的质量均略去不计，求物体 A 的加速度。

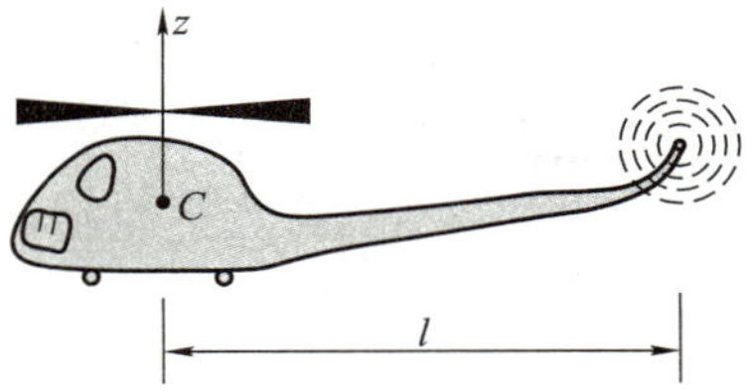

题 11-15 图

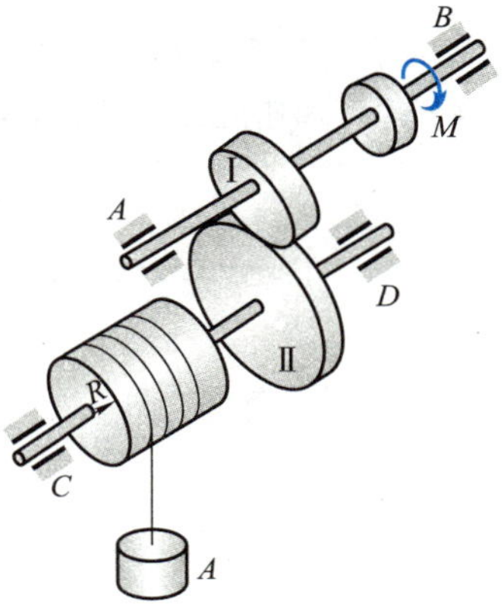

题 11-16 图

11-17 图示系统在铅垂平面内绕 A 轴转动，四个小圆盘（可视为质点）的质量均为 m。(1) 若不计各杆的质量；(2) 若四根均质杆的质量均为 m。试分别写出系统的运动微分方程。

11-18 两个半径为 $r=75$ mm 的均质圆盘 A、B，质量均为 4 kg，它们与电动机 D 安装在质量为 6 kg 的矩形平台上，该平台可绕中心铅垂轴 z 旋转，如图所示。电动机的正常转速为 180 r/min。若电动机从系统静止开始运转，假定系统的润滑状态是良好的，并略去电动机的质量。试求下列三种情况下电动机达到正常运转后，系统各部件的转速：

(1) 传动带平行布置；

(2) 传动带拆去；

(3) 传动带绕成∞形。

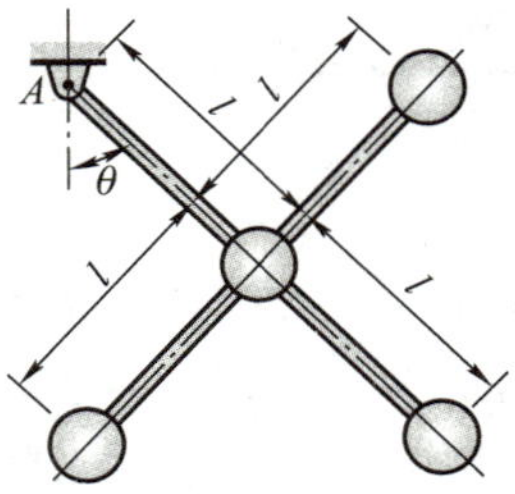

题 11-17 图

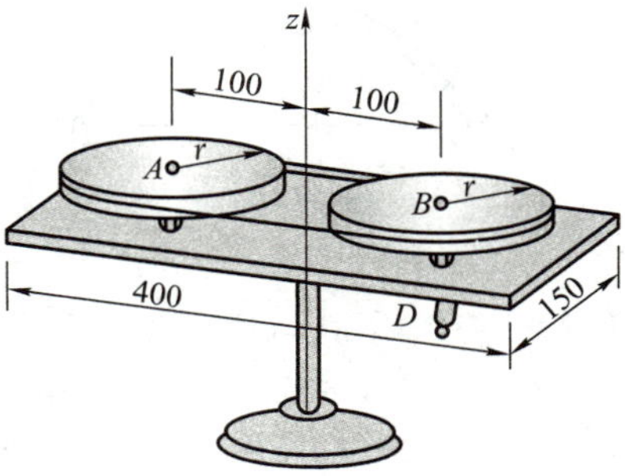

题 11-18 图

11-19 图示均质水平细杆 AB 长为 l，一端铰接于 A，一端系于细绳 BC 而处于水平位置。设细绳 BC 突然被割断。试求：(1) 此瞬时细杆 AB 的角加速度 α_1；(2) 细杆 AB 运动到铅垂位置时的角加速度 α_2 及角速度 ω_2。

11-20 图示均质细杆 AB 长 $2l$，重为 P，置于铅垂面内光滑的固定圆环中，杆 AB 的中点 C 至圆环的圆心 O 的距离为 l，从图示位置无初速度释放。试求在图示位置时：(1) 杆 AB 的角加速度；(2) 圆环对杆 AB 的约束力。

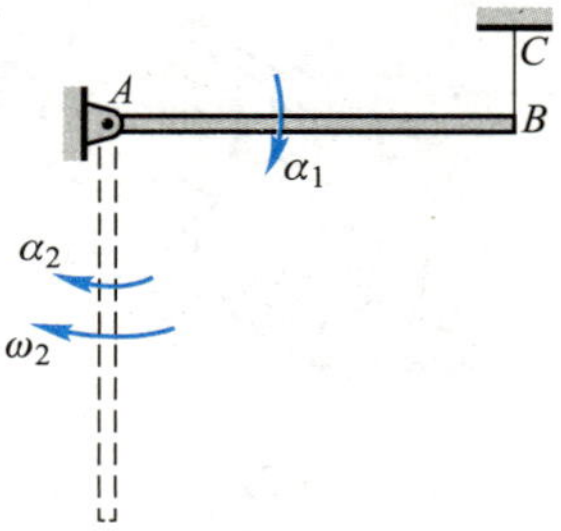

题 11-19 图

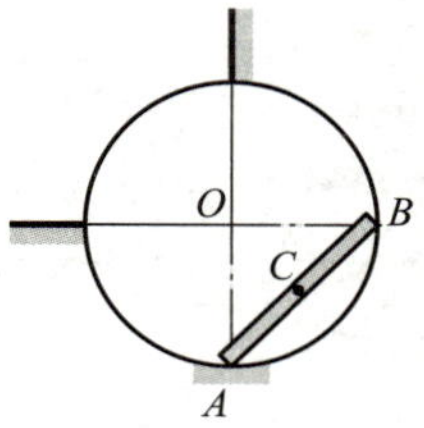

题 11-20 图

11-21 四连杆机构如图所示，已知 $OA=0.06\ \text{m}$，$AB=0.18\ \text{m}$，$DB=BE=0.153\ \text{m}$，杆 DE 为均质细杆，质量 $m=10\ \text{kg}$，杆 OA 及杆 AB 的质量可忽略不计，并略去一切摩擦。若杆 OA 以角速度 $\omega=6\pi\ \text{rad/s}$ 匀速转动，求图示位置连杆 AB 及铰链 D 的约束力。

11-22 均质圆柱体的半径为 r，重为 P，放在粗糙的水平面上。设其质心 C 的初速度为 $\boldsymbol{v}_0$，方向水平向右；同时有图示方向的转动，其初角速度为 ω_0，且 $\omega_0 r<v_0$。如圆柱体与水平面的动摩擦因数为 f，问：(1) 经过多少时间，圆柱体才能只滚不滑地向前运动，并求该瞬时圆柱体中心的速度；(2) 圆柱体的中心移动多少距离时，开始做纯滚动。

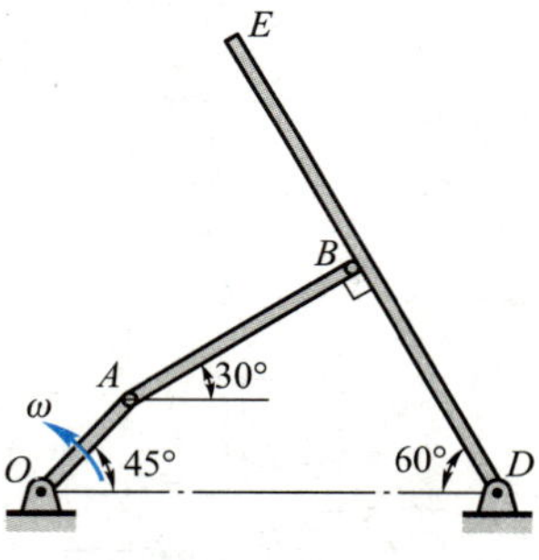

题 11-21 图

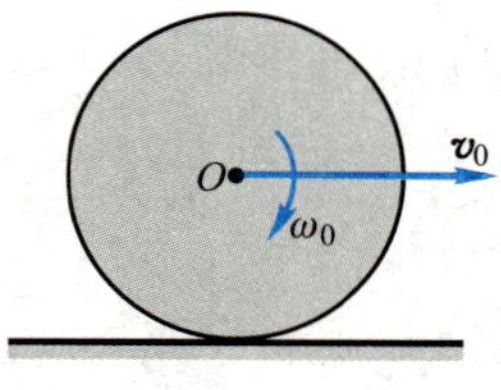

题 11-22 图

11-23 如图所示，轨道上有一轮子，轮轴的直径为 50 mm，无初速地沿倾角 $\theta=20°$ 的轨道只滚不滑，5 s 内轮心滚过的距离为 $s=3\ \text{m}$。求轮子对轮心的回转半径。

11-24 如图所示，一火箭装备两台发动机 A 与 B。为了校正火箭的航向，需加大发动机 A 的推力。火箭的质量为 10^5 kg，可视作长为 60 m 的均质杆。在未增加推力时，各发动机的推力均为 2×10^3 kN。现要求火箭在 1 s 内转 1°，求发动机 A 所需增加的推力。

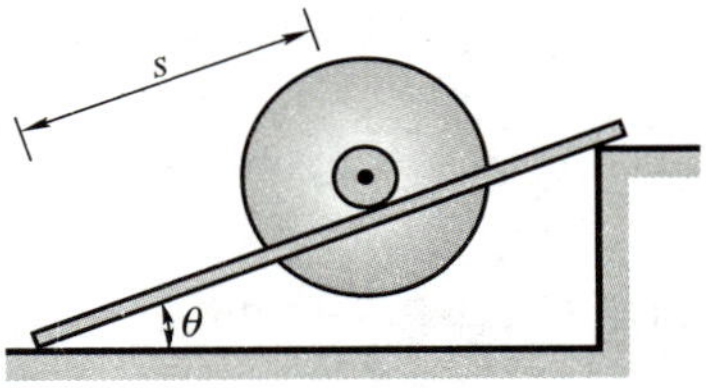

题 11-23 图

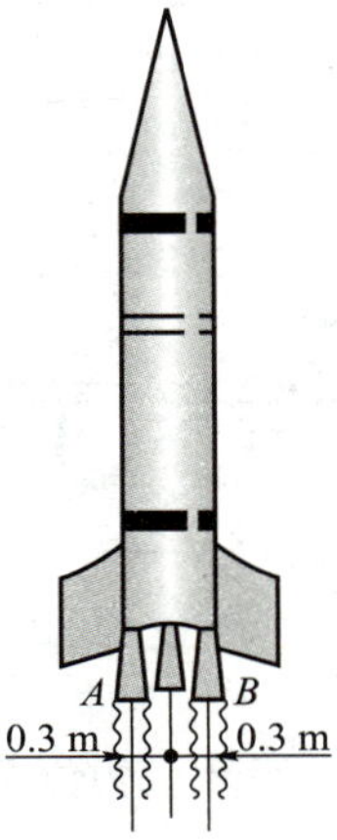

题 11-24 图

11-25 图示两小球 A 和 B，质量分别为 $m_A=2$ kg，$m_B=1$ kg，用 $AB=l=0.6$ m 的杆连接。在初瞬时，杆在水平位置，小球 B 不动，而小球 A 的速度 $v_A=0.6\pi$ m/s，方向铅垂向上，如图所示。杆的质量和小球的尺寸忽略不计。求：(1) 两小球在重力作用下的运动规律；(2) 在 $t=2$ s 时，两小球相对于定参考系 Axy 的位置；(3) $t=2$ s 时杆轴线方向的内力。

11-26 图示均质杆 AB 长为 l，放在铅垂平面内，杆 AB 的一端 A 靠在光滑的铅垂墙上，另一端 B 放在光滑的水平地板上，并与水平面成 φ_0 角。此后，杆 AB 由静止状态倒下。求：(1) 杆 AB 在任意位置时的角加速度和角速度；(2) 当杆 AB 脱离墙时，与水平面所成的夹角。

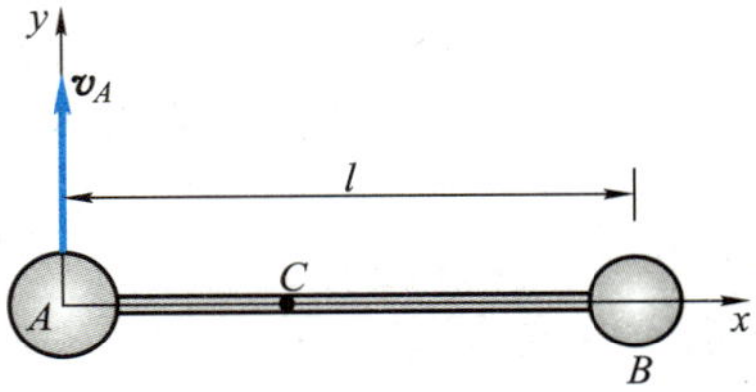

题 11-25 图

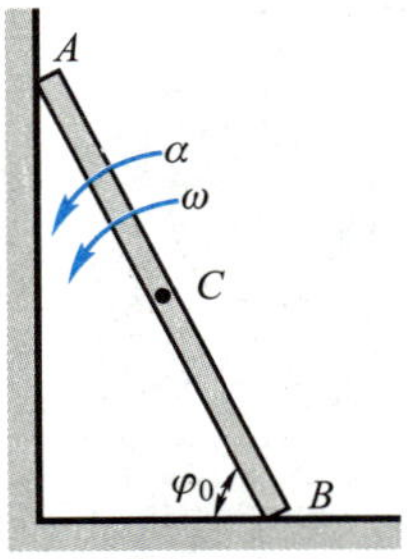

题 11-26 图

11-27 均质杆 AB 长为 l，重为 P，一端与可在倾角 $\theta=30°$ 的斜槽中滑动的滑块铰连，而另一端用细绳相系。在图示位置，杆 AB 水平且处于静止状态，夹角 $\beta=60°$，假设不计滑块质量及各处摩擦，试求当突然剪断细绳瞬时滑槽的约束力及杆 AB 的角加速度。

11-28 图示均质矩形板，宽度为 b，高度为 h，A、B 两角放置在光滑水平面上。若

支承面 B 突然移去，试求此瞬时点 A 的加速度。

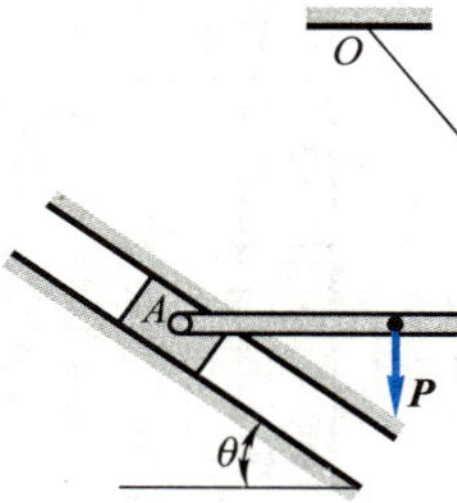

题 11-27 图

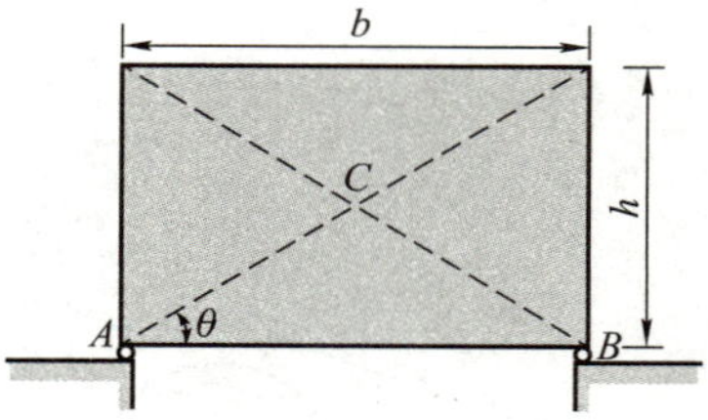

题 11-28 图

11-29 图示机构位于铅垂面内，已知：均质圆盘半径 $r=0.25$ m，质量 $m=20$ kg，均质杆 AB 长 $l=4r$，质量为 $\frac{1}{2}m$，力偶矩 $M=15$ N · m，$h=0.02$ m。试求图示系统静止瞬时：(1) 当杆 AB 与圆盘在 B 处铰接时，杆 AB 和圆盘的角加速度；(2) 当杆 AB 与圆盘在 B 处刚接时，系统的角加速度。

11-30 均质圆柱 A 和 B 的质量均为 m，半径均为 r，一绳缠在绕固定轴 O 转动的圆柱 A 上，绳的另一端绕在圆柱 B 上，直线绳段铅垂，如图所示。摩擦不计。求：(1) 圆柱 B 下落时质心的加速度；(2) 若在圆柱 A 上作用一逆时针转向、力偶矩为 M 的力偶，试问在什么条件下圆柱 B 的质心加速度将向上？

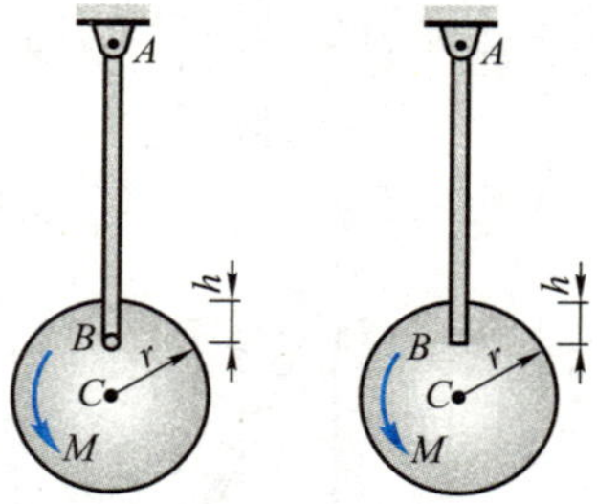

题 11-29 图

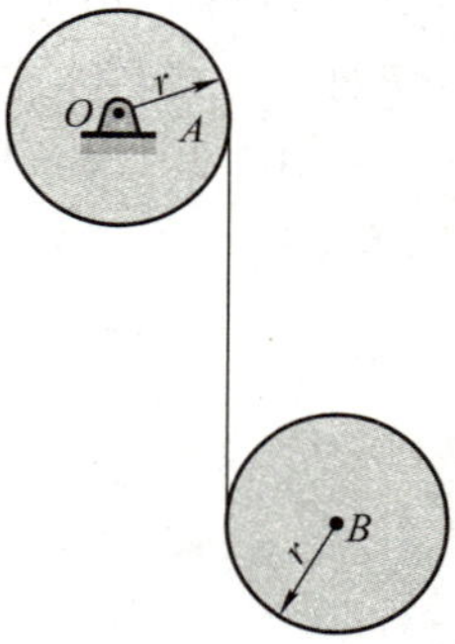

题 11-30 图

11-31 图示齿轮 A 和鼓轮是一整体，放在齿条 B 上，齿条则放在光滑水平面上；鼓轮上绕有不可伸长的软绳，绳的另一端水平地系在点 D。已知齿轮、鼓轮的半径分别为 $R=1.0$ m，$r=0.6$ m，总质量 $m_A=200$ kg，对质心 C 的回转半径 $\rho=0.8$ m，齿条质量 $m_B=100$ kg。如果当系统处于静止时，在齿条上作用一个水平力 $F=1\ 500$ N，试求：(1) 绳子的拉力；(2) 鼓轮的运动方向及在开始 5 s 内转过的转角。

11-32 长为 l、重为 P 的均质杆 AB，在点 A 和点 D 处用销连在圆盘上，如图所示。设圆盘在铅垂面内以匀角速度 ω_O 顺时针转动，当杆 AB 位于水平位置瞬时，销 D 突然被抽掉，因而杆 AB 可绕点 A 自由转动。试求销 D 被抽掉瞬时，杆 AB 的角加速度和销 A 处的约束力。

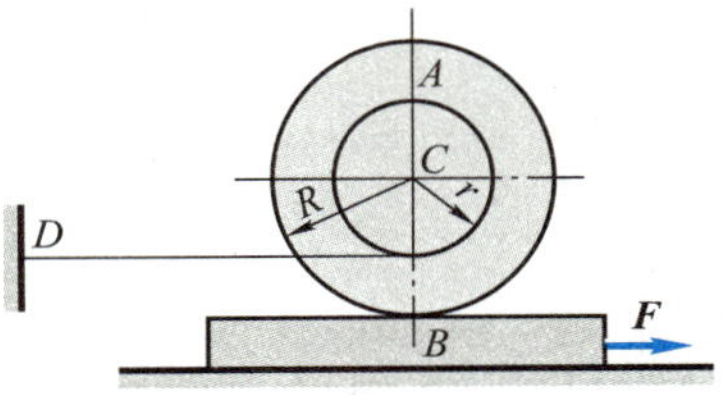

题 11-31 图

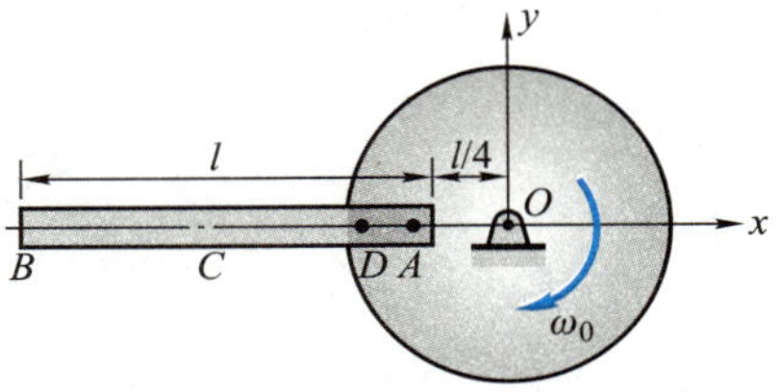

题 11-32 图

11-33 重物 A 质量为 m_1，系在绳子上，绳子跨过固定滑轮 D，并绕在鼓轮 B 上，如图所示。由于重物下降带动轮 C 沿水平轨道只滚不滑。设鼓轮 B 半径为 r，轮 C 的半径为 R，两者固连在一起，总质量为 m_2，对于其水平轴 O 的回转半径为 ρ，滑轮 D 质量为 m_3，半径为 r_1。求重物 A 的加速度。

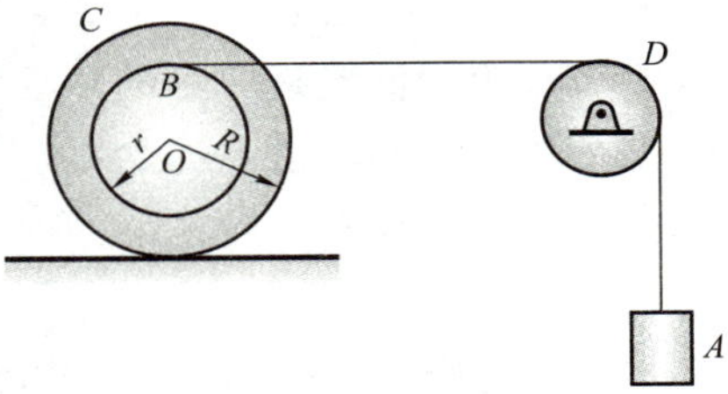

题 11-33 图

11-34 图示均质圆盘和均质杆质量均为 m，连接如图所示。A、B 均为光滑铰链，圆盘的直径与杆 BD 的长度均为 l，设系统在铅垂平面内可自由摆动，系统开始处于静止状态。现在杆的端点 D 作用一水平力 $\boldsymbol{F}$，试求此力作用的初瞬时圆盘和杆的角加速度。

11-35 图示平面机构处于水平面内，均质杆 OA 质量为 m，长为 r，可绕固定铰链支座 O 做定轴转动，并通过铰链 A 带动长为 $2\sqrt{2}r$、质量也为 m 的均质杆 AB 沿套筒 D 滑动。系统初始处于静止状态，$OA \perp OD$，且 $OA = OD = r$，摩擦不计，若在杆 OA 上施加力偶矩为 M 且为逆时针方向的力偶，试求施加力偶瞬时，杆 AB 的角加速度和套筒 D 处的约束力。

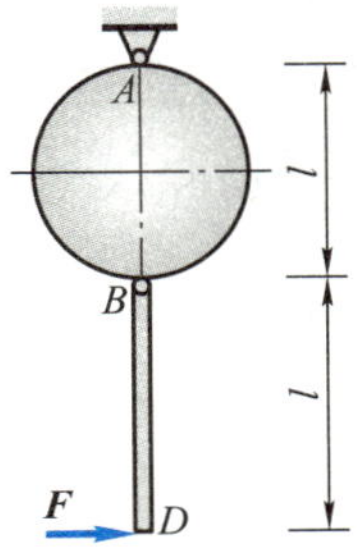

题 11-34 图

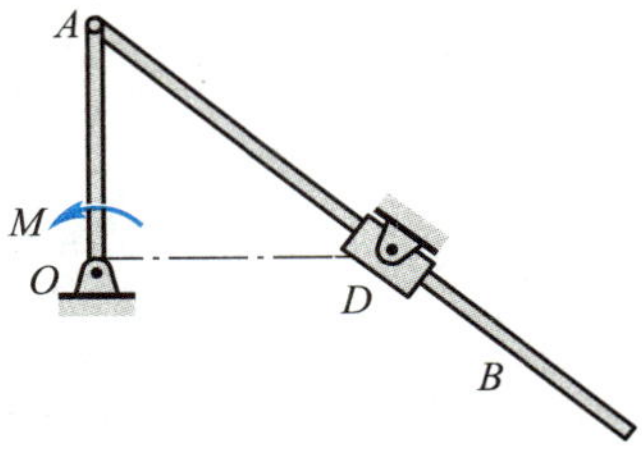

题 11-35 图

第十二章
动能定理

动量定理与动量矩定理从某一角度揭示了质点系机械运动状态的变化规律，而动能定理则从功与能的角度来研究。

能量转换与功之间的关系是自然界中各种形式运动的普遍规律，在机械运动中则表现为**动能定理**。不同于动量定理和动量矩定理，动能定理是从能量的角度来分析质点和质点系的动力学问题，它给出了动能的变化与功之间的关系，有时这是更为方便和有效的。同时，它还可以建立机械运动与其他形式运动之间的联系。

本章将讨论力的功、动能和势能等重要概念，推导动能定理和机械能守恒定律，并将综合运用动量定理、动量矩定理和动能定理分析较复杂的动力学问题。

§12-1 力的功

质点 M 在大小和方向都不变的力 $\boldsymbol{F}$ 作用下，沿直线走过一段路程 s，力 $\boldsymbol{F}$ 在这段路程内所积累的效应用力的**功**来量度，以 W 记之，定义为

$$W=F\cos\theta\cdot s$$

式中，θ 为力 $\boldsymbol{F}$ 与直线位移方向之间的夹角。功是代数量，在国际单位制中，功的单位为 J(焦耳)，等于 1 N 的力在同方向 1 m 路程上做的功。

质点 M 在变力 $\boldsymbol{F}$ 作用下沿曲线运动，如图 12-1 所示。力 $\boldsymbol{F}$ 在无限小位移 $\mathrm{d}\boldsymbol{r}$ 中可视为常力，经过的一小段弧长 $\mathrm{d}s$ 可视为直线，$\mathrm{d}\boldsymbol{r}$ 可视为沿点 M 的切线。在一无限小位移中力做的功称为**元功**，以 δW 记之①，于是有

$$\delta W=F\cos\theta\mathrm{d}s \tag{12-1}$$

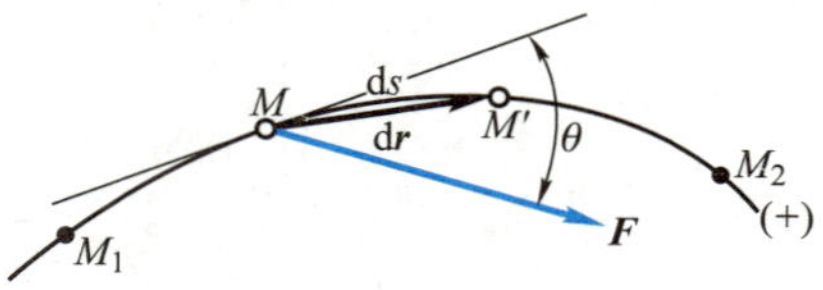

图 12-1

① 因为力的元功只在某些条件下才可能是函数 W 的全微分 $\mathrm{d}W$，因而将一般力的元功写成 δW，而不写成 $\mathrm{d}W$。

力在全路程上做的功等于元功之和，即

$$W=\int_0^s F\cos\theta \mathrm{d}s \tag{12-2}$$

上两式也可写成以下矢量点乘形式：

$$\delta W=\boldsymbol{F}\cdot \mathrm{d}\boldsymbol{r} \tag{12-3}$$

$$W=\int_{M_1}^{M_2}\boldsymbol{F}\cdot \mathrm{d}\boldsymbol{r} \tag{12-4}$$

由上式可知，当力始终与质点位移垂直时，该力不做功。

在直角坐标系中，$\boldsymbol{i}$、$\boldsymbol{j}$、$\boldsymbol{k}$ 为三根坐标轴的单位矢量，则

$$\boldsymbol{F}=F_x\boldsymbol{i}+F_y\boldsymbol{j}+F_z\boldsymbol{k},\quad \mathrm{d}\boldsymbol{r}=\mathrm{d}x\boldsymbol{i}+\mathrm{d}y\boldsymbol{j}+\mathrm{d}z\boldsymbol{k}$$

将以上两式代入式(12-4)，得到作用力从 M_1 到 M_2 的过程中所做的功为

$$W_{12}=\int_{M_1}^{M_2}(F_x\mathrm{d}x+F_y\mathrm{d}y+F_z\mathrm{d}z) \tag{12-5}$$

此式称为功的解析表达式。

1. 几种常见力的功

(1) 重力的功

设质点沿轨道由 M_1 运动到 M_2，如图 12-2 所示。其重力 $\boldsymbol{P}=m\boldsymbol{g}$ 在直角坐标轴上的投影为

$$F_x=0,\quad F_y=0,\quad F_z=-mg$$

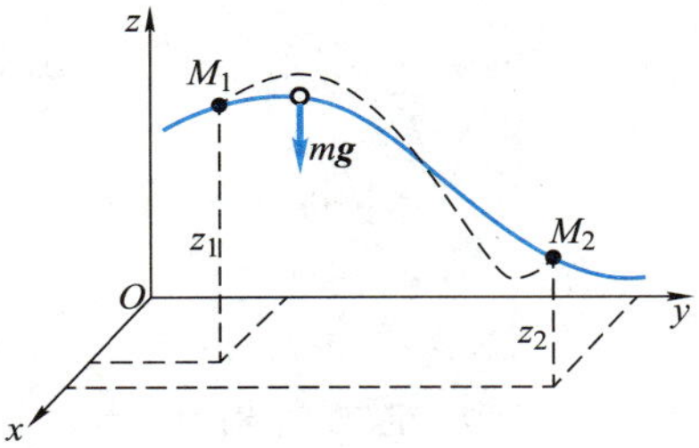

图 12-2

应用式(12-5)，重力做功为

$$W_{12}=\int_{z_1}^{z_2}-mg\mathrm{d}z=mg(z_1-z_2) \tag{12-6}$$

可见重力做功仅与质点运动开始和末了位置的高度差(z_1-z_2)有关，与运动轨迹的形状无关。

对于质点系，设质点 i 的质量为 m_i，运动始末的高度差为$(z_{i1}-z_{i2})$，则全部重力做功之和为

$$\sum W_{12}=\sum m_i g(z_{i1}-z_{i2})$$

由质心坐标公式，有

$$mz_C=\sum m_i z_i$$

由此可得

$$\sum W_{12}=mg(z_{C1}-z_{C2}) \tag{12-7}$$

式中,m 为质点系全部质量之和,$(z_{C1}-z_{C2})$为运动始末位置其质心的高度差。质心下降,重力做正功;质心上移,重力做负功。质点系重力做功仍与质心的运动轨迹形状无关。

(2) 弹性力的功

物体受到弹性力的作用,作用点 A 的运动轨迹为图 12-3 所示的曲线$\widehat{A_1A_2}$。在弹簧的弹性极限内,弹性力的大小与其变形量 δ 成正比,即

$$F=k\delta$$

动画
弹性力做功

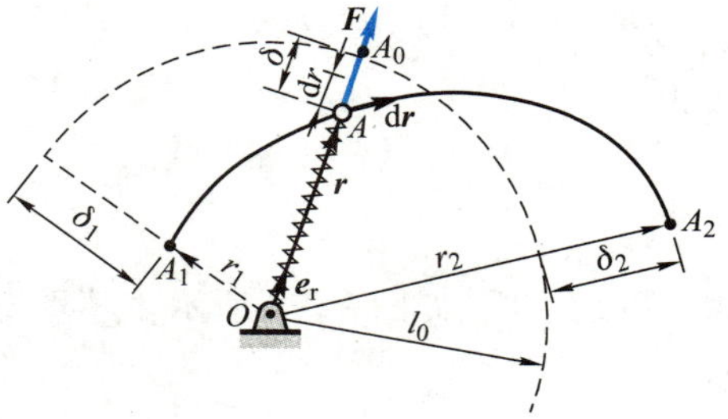

图 12-3

弹性力的方向总是指向未变形时的自然位置。比例系数 k 称为**弹簧刚度系数**。在国际单位制中,k 的单位为 N/m 或 N/mm。

以点 O 为原点,点 A 的矢径为 $\boldsymbol{r}$,其长度为 r。令沿矢径方向的单位矢量为 $\boldsymbol{e}_r$,弹簧的自然长度为 l_0,则弹性力为

$$\boldsymbol{F}=-k(r-l_0)\boldsymbol{e}_r$$

当弹簧伸长时,$r>l_0$,力 $\boldsymbol{F}$ 的方向与 $\boldsymbol{e}_r$ 的方向相反;当弹簧被压缩时,$r<l_0$,力 $\boldsymbol{F}$ 的方向与 $\boldsymbol{e}_r$ 的方向一致。应用式(12-4),点 A 由 A_1 到 A_2 时,弹性力做功为

$$W_{12}=\int_{A_1}^{A_2}\boldsymbol{F}\cdot \mathrm{d}\boldsymbol{r}=\int_{A_1}^{A_2}-k(r-l_0)\boldsymbol{e}_r\cdot \mathrm{d}\boldsymbol{r}$$

因为

$$\boldsymbol{e}_r\cdot \mathrm{d}\boldsymbol{r}=\frac{\boldsymbol{r}}{r}\cdot \mathrm{d}\boldsymbol{r}=\frac{1}{2r}\mathrm{d}(\boldsymbol{r}\cdot\boldsymbol{r})=\frac{1}{2r}\mathrm{d}(r^2)=\mathrm{d}r$$

于是,有

$$W_{12}=\int_{r_1}^{r_2}-k(r-l_0)\,\mathrm{d}r=\frac{k}{2}[(r_1-l_0)^2-(r_2-l_0)^2]$$

或

$$W_{12}=\frac{k}{2}(\delta_1^2-\delta_2^2) \tag{12-8}$$

式中，δ_1 与 δ_2 分别为初始与末了位置弹簧的变形量。上述推导中运动轨迹$\overset{\frown}{A_1A_2}$可以是空间任意曲线。由此可见，弹性力做的功只与弹簧在初始和末了位置的变形量 δ 有关，与力作用点 A 的运动轨迹形状无关。由式(12-8)可见，当 $\delta_1>\delta_2$ 时，弹性力做正功；$\delta_1<\delta_2$ 时，弹性力做负功。

弹性力功的大小可由图 12-4 中所示的阴影面积表示，其横轴为弹簧变形量 δ，纵轴为弹性力的大小 F。由图可见，当弹簧变形量由 δ_1 增为 δ_2，再由 δ_2 增为 δ_3 时，即使 $\delta_3-\delta_2=\delta_2-\delta_1$，在此两段相同位移内，弹性力做功也是不相等的。

(3) 定轴转动刚体上力的功

设力 $\boldsymbol{F}$ 与力作用点 A 处的运动轨迹切线之间的夹角为 θ，如图 12-5 所示，则力 $\boldsymbol{F}$ 在切线上的投影为

$$F_t=F\cos\theta$$

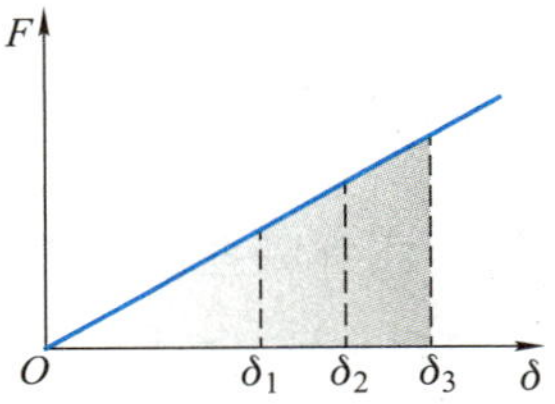

图 12-4

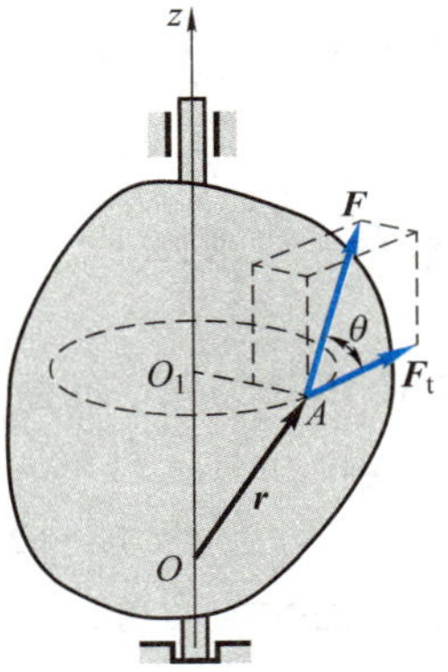

图 12-5

当刚体绕定轴 z 转动时，转角 φ 与弧长 s 的关系为

$$\mathrm{d}s=R\mathrm{d}\varphi$$

式中，R 为力作用点 A 到 z 轴的距离。力 $\boldsymbol{F}$ 的元功为

$$\delta W=\boldsymbol{F}\cdot\mathrm{d}\boldsymbol{r}=F_t\mathrm{d}s=F_tR\mathrm{d}\varphi$$

因为 F_tR 等于力 $\boldsymbol{F}$ 对于 z 轴的力矩 M_z，于是

$$\delta W=M_z\mathrm{d}\varphi \tag{12-9}$$

力 $\boldsymbol{F}$ 在刚体从角 φ_1 到 φ_2 转动过程中做的功为

$$W_{12}=\int_{\varphi_1}^{\varphi_2}M_z\mathrm{d}\varphi \tag{12-10}$$

如果刚体上作用一力偶，则力偶所做的功仍可用上式计算，其中 M_z 为力偶对 z 轴的力偶矩，也等于力偶矩矢 $\boldsymbol{M}$ 在 z 轴上的投影。当 M_z 为常量时，$W_{12}=M_z(\varphi_2-\varphi_1)$。

(4) 任意运动刚体上力系的功

无论刚体做怎样的运动，力系的功总等于力系中所有各力做功的代数和。这

是计算力系的功的常用的基本方法。

也可以用另一方法来计算力系的功。在静力学中已经讲过力系的简化，对刚体而言，力系的简化及等效原理对动力学也同样适用。将力系向刚体上任意一点简化，一般简化为一个力（其大小和方向等于力系的主矢 $\boldsymbol{F}'_{\mathrm{R}}$）及一个力偶（其力偶矩矢等于所有各力对该点的主矩 $\boldsymbol{M}_O$）。由力系等效原理知，这个力与力偶所做的元功就等于力系中所有各力所做元功的代数和，即

$$\delta W=\boldsymbol{F}'_{\mathrm{R}}\cdot \mathrm{d}\boldsymbol{r}_C+\boldsymbol{M}_C\cdot \mathrm{d}\boldsymbol{\varphi} \tag{12-11}$$

其中，δW 为力系的元功；点 C 可以是刚体上任意一点，但一般取为质心；$\mathrm{d}\boldsymbol{r}_C$ 为点 C 的位移增量；$\mathrm{d}\boldsymbol{\varphi}$ 为刚体的转角增量，即 $\mathrm{d}\boldsymbol{\varphi}=\boldsymbol{\omega}\mathrm{d}t$。

特别地，当刚体做平面运动时，力系的元功为

$$\delta W=\boldsymbol{F}'_{\mathrm{R}}\cdot \mathrm{d}\boldsymbol{r}_C+M_C\mathrm{d}\varphi \tag{12-12}$$

其中，$\boldsymbol{F}'_{\mathrm{R}}$为力系主矢，$M_C$ 为力系对质心的主矩。刚体质心 C 由 C_1 移到 C_2，同时刚体又由 φ_1 转到 φ_2 时，力系做功为

$$W_{12}=\int_{C_1}^{C_2}\boldsymbol{F}'_{\mathrm{R}}\cdot \mathrm{d}\boldsymbol{r}_C+\int_{\varphi_1}^{\varphi_2}M_C\mathrm{d}\varphi \tag{12-12'}$$

可见，平面运动刚体上力系的功等于力系向质心简化所得的力和力偶做功之和。

如果点 C 不是质心，而是刚体上任意一点，式（12－11）、式（12－12）和式（12－12′）依然成立。

应用式（12－11）、式（12－12）和式（12－12′）时，应注意哪些力不做功。在进行力系简化时，不做功的力可以不要，这样就简化了计算。

2. 内力的功

作用于质点系的力既有外力，也有内力，在某些情形下，内力虽然等值而反向，但是所做功的和并不等于零。例如，由两个相互吸引的质点 M_1 和 M_2 组成的质点系，两质点相互作用的力 $\boldsymbol{F}_{12}$和 $\boldsymbol{F}_{21}$是一对内力，如图 12－6所示。虽然内力的矢量和等于零，但是当两质点相互趋近或离开时，两力所做功的和都不等于零。又如，汽车发动机的气缸内膨胀的气体对活塞和气缸的作用力都是内力，但内力功的和不等于零，内力的功使汽车的动能增加。此外，如机器中轴与轴承之间相互作用的摩擦力对于整个机器是内力，它们做负功，总和为负。

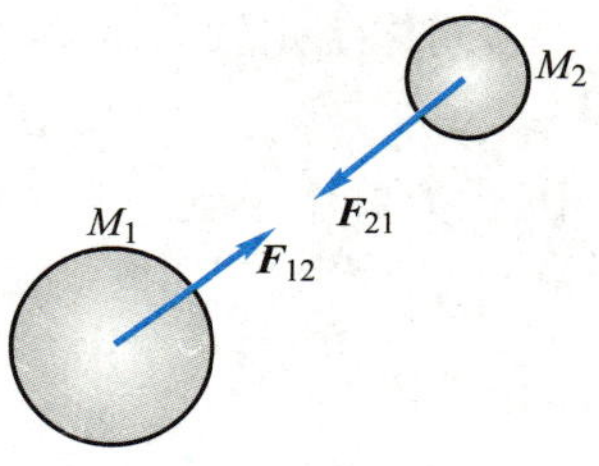

图 12－6

同时也应注意，在不少情况下，内力所做功的和等于零。例如，刚体内两质点相互作用的力是内力，两力大小相等、方向相反。因为刚体上任意两点的距离保持不变，所以沿这两点连线的位移必定相等，其中一力做正功，另一力做负功，这一对力所做的功的和等于零。刚体内任一对内力所做的功的和都等于零。于是有，刚

体所有内力做功的和等于零。

不可伸长的柔绳、钢索等所有内力做功的和也等于零。

3. 约束力的功

对于光滑固定面和一端固定的绳索等约束，其约束力都垂直于力作用点的位移，约束力不做功。又如光滑固定铰支座、固定端等约束，显然其约束力也不做功。这类约束称为**理想约束**，理想约束的严格定义参见 §14.1。

光滑铰链、不可伸长的细绳等作为系统内的约束时，其中单个的约束力不一定不做功，但一对约束力做功之和等于零。如图 12-7a 所示的铰链，铰链处相互作用的约束力 $\boldsymbol{F}$ 和 $\boldsymbol{F}'$ 是等值反向的，它们在铰链中心的任何位移 $\mathrm{d}\boldsymbol{r}$ 上做功之和都等于零。又如图 12-7b 中，跨过光滑支持轮的细绳对系统中两个质点的拉力 $F_1=F_2$，如绳索不可伸长，则两端的位移 $\mathrm{d}\boldsymbol{r}_1$ 和 $\mathrm{d}\boldsymbol{r}_2$ 沿绳索的投影必相等，因而两约束力 $\boldsymbol{F}_1$ 和 $\boldsymbol{F}_2$ 做功之和等于零。

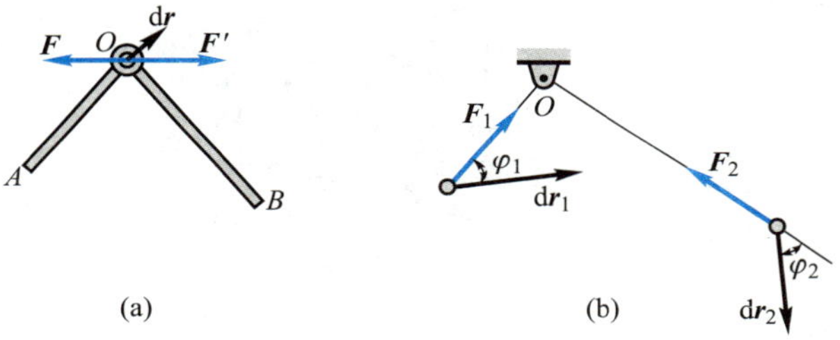

图 12-7

一般情况下，滑动摩擦力与物体的相对位移反向，摩擦力做负功。但当轮子在固定面上只滚不滑时，接触点为速度瞬心，滑动摩擦力作用点速度为零，此时滑动摩擦力不做功。

工程中有很多约束力不做功，这对动能定理的应用是非常方便的。

例 12-1 图 12-8 所示均质圆盘质量为 m、半径为 R，其外缘上缠绕很多圈无重细绳，绳头上用常力 $\boldsymbol{F}$ 作用使圆盘沿水平直线纯滚动。求当盘心 C 走过路程 s 时圆盘所受力系的功。

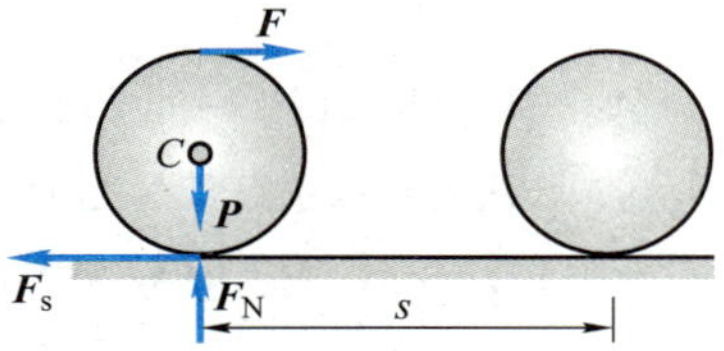

图 12-8

解： 圆盘受力如图 12-8 所示。其中重力 $\boldsymbol{P}$ 不做功。由于圆盘做纯滚动，法向约束力 $\boldsymbol{F}_{\mathrm{N}}$ 及静摩擦力 $\boldsymbol{F}_{\mathrm{s}}$ 都作用在速度瞬心上，因此都不做功。

由于只有力 $\boldsymbol{F}$ 做功，因此只需将力 $\boldsymbol{F}$ 简化到质心 C 即可。简化结果为一个力 $\boldsymbol{F}'=\boldsymbol{F}$ 及一个力偶，其力偶矩大小为 $M_C=F\cdot R$（顺时针方向）。由于 $\varphi=s/R$，因而总功为

$$W=F'\cdot s+M_C\cdot\varphi=2Fs$$

如果把全部力(含不做功的力)都向质心 C 简化,则总功为

$$W=(F-F_s)s+(FR+F_sR)\varphi=2Fs$$

计算结果与前面相同,但计算量大,因此不做功的力可以不要。

由于力系的总功等于各力做功的代数和,因此单独计算各力的功再求代数和即可,不必向质心 C 简化。这一方法常常更方便。本题只有力 $\boldsymbol{F}$ 做功,当盘心 C 走过路程 s 时,力 $\boldsymbol{F}$ 的作用点(绳头)走过的路程为 $2s$,因此做功为

$$W=2Fs$$

显然用这一方法计算功最简单。需要注意,功是作用力与受力物体上的作用点位移的点积。

动画
例 12-2

例 12-2 图 12-9 所示系统中,轮Ⅱ的小半径上缠绕细绳吊挂一重物,轮Ⅰ、轮Ⅱ之间不打滑(纯滚动),轮Ⅰ上作用力偶矩为 M 的力偶,试分析两轮之间的接触点 A 处的摩擦力是否做功。

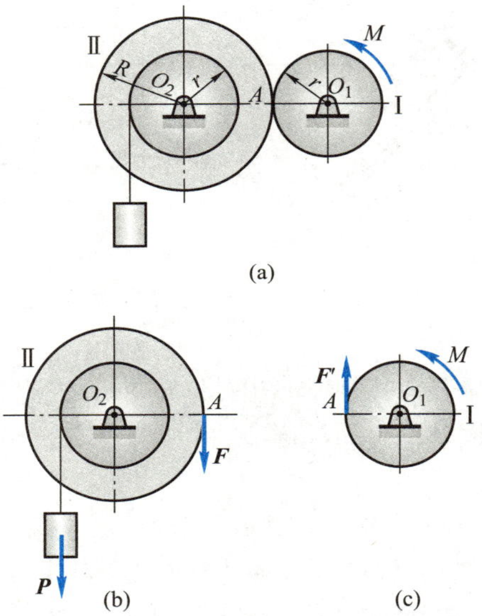

图 12-9

解: 轮Ⅱ与轮Ⅰ的受力图分别如图 12-9b 及图 12-9c 所示(没画轴承处约束力)。研究轮Ⅱ,其所受摩擦力 $\boldsymbol{F}$ 在空间是不动的,作用点永远在空间点 A,但摩擦力 $\boldsymbol{F}$ 的功不为零。这是因为元功是力与受力物体上作用点位移的点积,而轮Ⅱ是转动的,其上的受力作用点的位移为 $R\mathrm{d}\varphi_2$,方向向下。这样摩擦力 $\boldsymbol{F}$ 的元功为 $FR\mathrm{d}\varphi_2$。当轮Ⅱ转过 φ_2 角时,其功为 $FR\varphi_2$(设 F 为常量)。

轮Ⅰ所受摩擦力 $\boldsymbol{F}'$ 的方向向上,但轮Ⅰ上的受力作用点的位移元为 $r\mathrm{d}\varphi_1$,方向向下。于是摩擦力 $\boldsymbol{F}'$ 的元功为 $-Fr\mathrm{d}\varphi_1$。当轮Ⅰ转过 φ_1 角时,其功为 $-Fr\varphi_1$。

可见摩擦力 $\boldsymbol{F}$ 做正功,$\boldsymbol{F}'$ 做负功。由于是纯滚动,因此有 $r\varphi_1=R\varphi_2$,又由于 $F=F'$,因此这两个摩擦力做功之和为零。这表明,当我们取整体为研究对象时,A 处的摩擦力不做功。

当两轮之间不是纯滚动,而出现打滑,这时两个摩擦力 $\boldsymbol{F}$ 与 $\boldsymbol{F}'$ 做功之和将不再为零(因为 $r\varphi_1 \neq R\varphi_2$),因此研究整体时也要计入摩擦力的功。

§12-2 质点和质点系的动能

1. 质点的动能

设质点的质量为 m,速度为 $\boldsymbol{v}$,则质点的**动能**为

$$T=\frac{1}{2}mv^2$$

动能是标量,恒取正值。在国际单位制中动能的单位为 J(焦耳)。

动能和动量都是表征机械运动的量,前者与质点速度的平方成正比,是一个标量;后者与质点速度的一次方成正比,是一个矢量,它们是机械运动的两种不同的度量。

2. 质点系的动能

质点系内各质点动能的算术和称为质点系的动能,即

$$T=\sum\frac{1}{2}m_iv_i^2$$

刚体是由无数质点组成的质点系。刚体做不同的运动时,各质点的速度分布不同,刚体的动能应按照刚体的运动形式来计算。

(1) 平移刚体的动能

刚体做平移时,各点的速度都相同,可以质心速度 $\boldsymbol{v}_C$ 为代表,于是得平移刚体的动能为

$$T=\sum\frac{1}{2}m_iv_i^2=\frac{1}{2}v_C^2\cdot\sum m_i$$

或写成

$$T=\frac{1}{2}mv_C^2 \tag{12-13}$$

式中,$m=\sum m_i$ 是刚体的质量。

(2) 定轴转动刚体的动能

刚体绕定轴 z 转动时,如图 12-10 所示,其中任一点 m_i 的速度为

$$v_i=r_i\omega$$

式中,ω 是刚体的角速度,r_i 是质点 m_i 到转轴的距离。于是绕定轴转动刚体的动能为

$$\begin{aligned}T&=\sum\frac{1}{2}m_iv_i^2\\&=\sum\left(\frac{1}{2}m_ir_i^2\omega^2\right)\\&=\frac{1}{2}\omega^2\cdot\sum m_ir_i^2\end{aligned}$$

其中，$\sum m_i r_i^2 = J_z$，是刚体对于 z 轴的转动惯量，于是得

$$T=\frac{1}{2}J_z\omega^2 \tag{12-14}$$

（3）平面运动刚体的动能

取刚体质心 C 所在的平面图形，如图 12-11 所示。设图形中的点 P 是某瞬时的速度瞬心，ω 是平面图形转动的角速度。此瞬时，刚体上各点速度的分布与绕点 P 做定轴转动的刚体相同，于是做平面运动的刚体的动能为

$$T=\frac{1}{2}J_P\omega^2$$

式中，J_P 是刚体对于瞬心轴的转动惯量。然而在不同时刻，刚体以不同的点作为瞬心，因此用上式计算动能在有些情况下是不方便的。

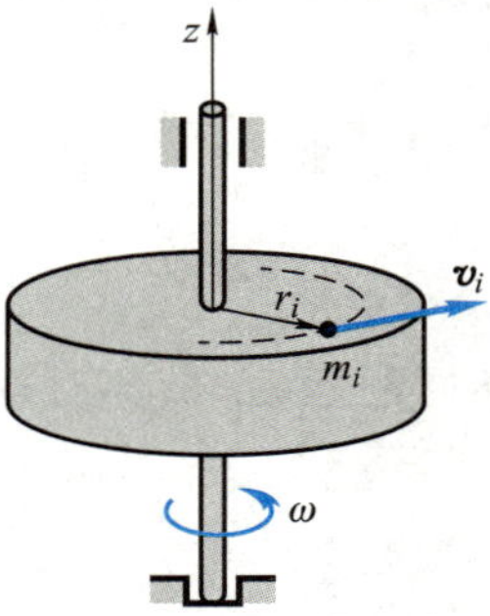

图 12-10

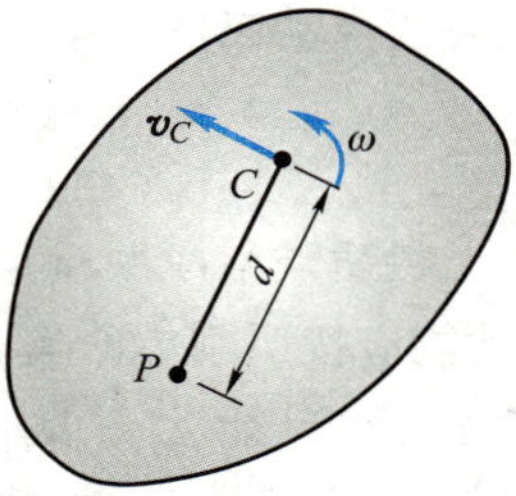

图 12-11

如点 C 为刚体的质心，根据计算转动惯量的平行轴定理有

$$J_P=J_C+md^2$$

式中，m 为刚体的质量，$d=CP$，J_C 为刚体对质心轴的转动惯量。代入计算动能的公式中，得

$$T=\frac{1}{2}(J_C+md^2)\omega^2=\frac{1}{2}J_C\omega^2+\frac{1}{2}m(d\omega)^2$$

因 $d\omega=v_C$，于是得

$$T=\frac{1}{2}mv_C^2+\frac{1}{2}J_C\omega^2 \tag{12-15}$$

即做平面运动的刚体的动能，等于随质心平移的动能与绕质心转动的动能的和。

（4）任意运动质点系的动能

对任意质点系（可以是非刚体）的任意运动，总有

$$T=\frac{1}{2}mv_C^2+T' \tag{12-16}$$

其中，$T'=\frac{1}{2}\sum m_i v_{ir}^2$，为质点系相对于以质心为基点的平移参考系的动能。

上式所表达的就是**柯尼希定理**：质点系在绝对运动中的动能等于它随质心平移动能与相对于质心平移参考系动能的和。这里再一次看到了质心在动力学中的重要地位。

例 12-3 曲柄连杆滑块机构如图 12-12a 所示。已知：$OA=AB=r$，ω 为常数，均质曲柄 OA 及连杆 AB 的质量均为 m，滑块 B 的质量为 $\frac{1}{2}m$。图示位置时连杆 AB 水平、曲柄 OA 铅垂，试求该瞬时系统的动能。

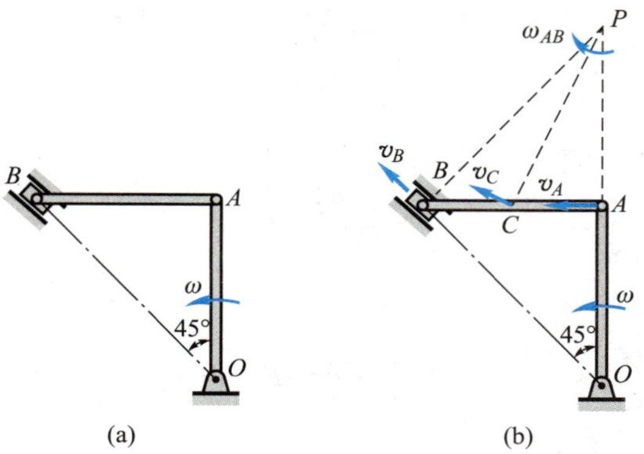

图 12-12

解：曲柄连杆滑块机构共含有 3 个构件，曲柄 OA 做定轴转动，连杆 AB 做平面运动，滑块 B 做平移。为了计算系统动能，应分别根据各构件的运动计算各自动能。

曲柄 OA 动能为

$$T_{OA}=\frac{1}{2}J_O\omega^2=\frac{1}{2}\times\frac{1}{3}mr^2\cdot\omega^2=\frac{1}{6}mr^2\omega^2$$

由已知条件有

$$v_A=\omega\cdot OA=\omega r$$

方向如图 12-12b 所示。

如图 12-12b 所示，连杆 AB 的速度瞬心为 P，有

$$v_A=\omega r=\omega_{AB}\cdot PA=\omega_{AB}r$$

解得连杆 AB 的角速度为

$$\omega_{AB}=\omega$$

则有

$$v_B=\omega_{AB}\cdot PB=\sqrt{2}\omega r$$

滑块 B 的动能为

$$T_B=\frac{1}{2}m_Bv_B^2=\frac{1}{2}\times\frac{1}{2}m\cdot(\sqrt{2}\omega r)^2=\frac{1}{2}mr^2\omega^2$$

连杆 AB 的质心速度为

$$v_C=\omega_{AB}\cdot PC=\frac{\sqrt{5}}{2}\omega r$$

连杆 AB 的动能为

$$T_{AB}=\frac{1}{2}mv_C^2+\frac{1}{2}J_C\omega_{AB}^2=\frac{1}{2}\cdot m\cdot\left(\frac{\sqrt{5}}{2}\omega r\right)^2+\frac{1}{2}\cdot\frac{1}{12}mr^2\cdot\omega^2=\frac{2}{3}mr^2\omega^2$$

则该瞬时系统功能为

$$T=T_{OA}+T_B+T_{AB}=\frac{1}{6}mr^2\omega^2+\frac{1}{2}mr^2\omega^2+\frac{2}{3}mr^2\omega^2=\frac{4}{3}mr^2\omega^2$$

§12-3 动能定理

1. 质点的动能定理

取质点运动微分方程的矢量形式：

$$m\frac{\mathrm{d}\boldsymbol{v}}{\mathrm{d}t}=\boldsymbol{F}$$

在方程两边点乘 $\mathrm{d}\boldsymbol{r}$，得

$$m\frac{\mathrm{d}\boldsymbol{v}}{\mathrm{d}t}\cdot\mathrm{d}\boldsymbol{r}=\boldsymbol{F}\cdot\mathrm{d}\boldsymbol{r}$$

因 $\mathrm{d}\boldsymbol{r}=\boldsymbol{v}\mathrm{d}t$，于是上式可写成

$$m\boldsymbol{v}\cdot\mathrm{d}\boldsymbol{v}=\boldsymbol{F}\cdot\mathrm{d}\boldsymbol{r}$$

或

$$\mathrm{d}\left(\frac{1}{2}mv^2\right)=\delta W \tag{12-17}$$

式（12-17）称为**质点动能定理的微分形式**，即质点动能的增量等于作用在质点上力的元功。

积分上式，得

$$\int_{v_1}^{v_2}\mathrm{d}\left(\frac{1}{2}mv^2\right)=W_{12}$$

或

$$\frac{1}{2}mv_2^2-\frac{1}{2}mv_1^2=W_{12} \tag{12-18}$$

式中，v_1、v_2 分别为质点始、末位置的速度。这就是**质点动能定理的积分形式**：在质点运动的某个过程中，质点动能的改变量等于作用于质点的力所做的功。

由式（12-17）或式（12-18）可见，力做正功，质点动能增加；力做负功，质点动能减小。

2. 质点系的动能定理

质点系内任一质点，质量为 m_i，速度为 $\boldsymbol{v}_i$，根据质点动能定理的微分形式，有

$$\mathrm{d}\left(\frac{1}{2}m_iv_i^2\right)=\delta W_i$$

式中，δW_i 表示作用于这个质点的力 $\boldsymbol{F}_i$ 所做的元功。

设质点系有 n 个质点，对于每个质点都可列出一个如上的方程，将这 n 个方程相加，得

$$\sum \mathrm{d}\left(\frac{1}{2}m_i v_i^2\right) = \sum \delta W_i$$

或

$$\mathrm{d}\left[\sum\left(\frac{1}{2}m_i v_i^2\right)\right] = \sum \delta W_i$$

式中，$\sum \frac{1}{2}m_i v_i^2$ 是质点系的动能，以 T 表示。于是上式可写成

$$\mathrm{d}T = \sum \delta W_i \qquad (12-19)$$

式(12-19)为**质点系动能定理的微分形式**：质点系动能的增量，等于作用于质点系全部力所做的元功的和。

对上式积分，得

$$T_2 - T_1 = \sum W_i \qquad (12-20)$$

式中，T_1 和 T_2 分别是质点系在某一段运动过程的起点和终点的动能。式(12-20)为**质点系动能定理的积分形式**：质点系在某一段运动过程中，起点和终点的动能的改变量，等于作用于质点系的全部力在这段过程中所做功的和。

例 12-4 均质圆盘半径为 R，质量为 m，外缘上缠绕无重细绳，绳头水平地固定在墙上，如图 12-13a 所示。盘心 C 作用一较大的水平力 $\boldsymbol{F}$，使盘心 C 向右加速运动。圆盘与水平地面间动摩擦因数为 f，力 $\boldsymbol{F}$ 为常量，初始静止。求当盘心 C 走过路程 s 时，圆盘的角速度、角加速度及盘心 C 的加速度。

动画
例 12-4

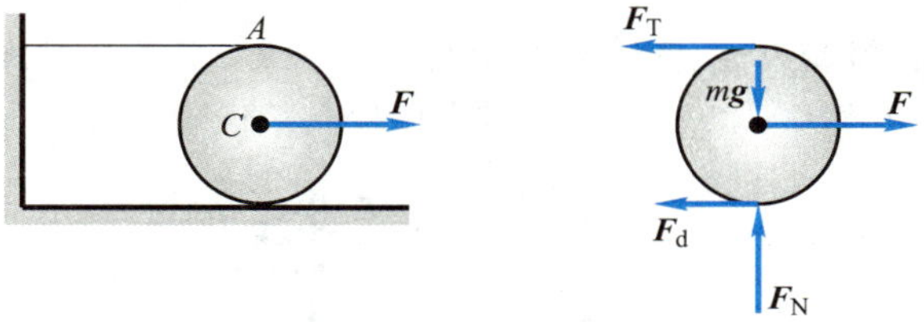

(a) (b)

图 12-13

解： 由于绳不可伸长，因此圆盘的运动如同沿水平绳索做纯滚动。点 A 为速度瞬心，有

$$v_C = \omega R$$

圆盘动能为

$$T_1 = 0$$

$$T_2 = \frac{1}{2}mv_C^2 + \frac{1}{2}\cdot\frac{mR^2}{2}\cdot\omega^2 = \frac{3}{4}mv_C^2$$

圆盘受力图如图 12-13b 所示。由于绳拉力 $\boldsymbol{F}_\mathrm{T}$ 作用在速度瞬心，故不做功，$m\boldsymbol{g}$ 与 $\boldsymbol{F}_\mathrm{N}$ 亦不做功(因为力与受力点位移垂直)。当盘心 C 走过路程 s 时，力 $\boldsymbol{F}$ 的功为 Fs。动摩擦力 $\boldsymbol{F}_\mathrm{d}$ 在空间的位移是 s，但圆盘上受力作用点的位移不是 s，而是 $2s$，它做负功，其中 $F_\mathrm{d} = mgf$。因此，有

$$\sum W=Fs-2mgfs$$

由 $T_2-T_1=\sum W$,得

$$\frac{3}{4}mv_C^2=Fs-2mgfs \tag{a}$$

解得

$$v_C=2\sqrt{\frac{s}{3m}(F-2mgf)}$$

则圆盘的角速度为

$$\omega=\frac{v_C}{R}=\frac{2}{R}\sqrt{\frac{s}{3m}(F-2mgf)}$$

式(a)对任意瞬时都成立,对时间求导得

$$2\times\frac{3}{4}mv_C\cdot a_C=(F-2mgf)v_C$$

解得盘心 C 的加速度为

$$a_C=\frac{2}{3m}(F-2mgf)$$

则圆盘的角加速度为

$$\alpha=\frac{a_C}{R}=\frac{2}{3mR}(F-2mgf)$$

本题中力的功也可按如下方法计算。将力系中做功的力向盘心 C(质心)简化得到一个大小为 $F-F_d$ 的力和力偶矩为 F_dR 的力偶,于是有

$$\sum W=(F-F_d)s-F_dR\cdot\frac{s}{R}=Fs-2F_ds$$

动画

例 12-5

例 12-5 卷扬机如图 12-14 所示。鼓轮在常力偶 M 的作用下将圆柱由静止沿斜坡上拉。已知鼓轮的半径为 R_1,质量为 m_1,质量分布在轮缘上;圆柱的半径为 R_2,质量为 m_2,质量均匀分布。设斜坡的倾角为 θ,圆柱只滚不滑。求圆柱中心 C 经过路程 s 时的速度与加速度。

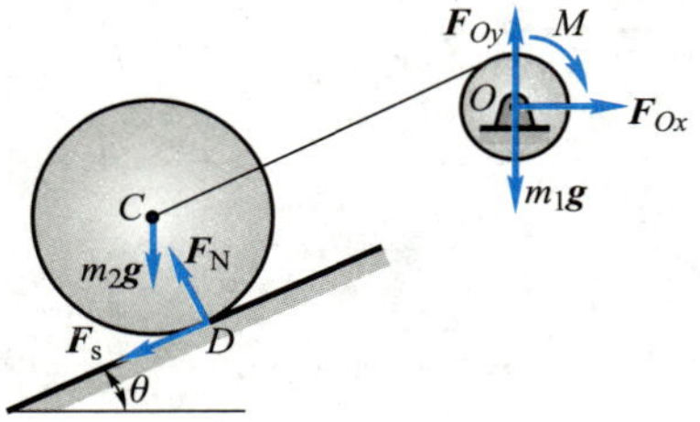

图 12-14

解: 圆柱和鼓轮一起组成质点系。作用于该质点系的外力有:重力 $m_1\boldsymbol{g}$ 和 $m_2\boldsymbol{g}$、外力偶 M、水平轴的约束力 $\boldsymbol{F}_{Ox}$和 $\boldsymbol{F}_{Oy}$,以及斜面对圆柱的法向约束力 $\boldsymbol{F}_N$ 和静摩擦力 $\boldsymbol{F}_s$。

因为点 O 没有位移,所以力 $\boldsymbol{F}_{Ox}$、$\boldsymbol{F}_{Oy}$和 $m_1\boldsymbol{g}$ 所做的功等于零;圆柱沿斜面只滚不滑,速度瞬心点 D 的速度为零,因此作用于点 D 的法向约束力 $\boldsymbol{F}_N$ 和静摩擦力 $\boldsymbol{F}_s$ 不做功,且内力做功为零。主动力所做的功为

$$W_{12}=M\varphi-m_2g\sin\theta\cdot s$$

质点系的动能为

$$T_1=0,\quad T_2=\frac{1}{2}J_1\omega_1^2+\frac{1}{2}m_2v_C^2+\frac{1}{2}J_C\omega_2^2$$

式中，J_1、J_C 分别为鼓轮对于中心轴 O、圆柱对于过质心 C 的轴的转动惯量，即

$$J_1=m_1R_1^2,\quad J_C=\frac{1}{2}m_2R_2^2$$

ω_1 和 ω_2 分别为鼓轮和圆柱的角速度，即

$$\omega_1=\frac{v_C}{R_1},\quad \omega_2=\frac{v_C}{R_2}$$

于是有

$$T_2=\frac{v_C^2}{4}(2m_1+3m_2)$$

由质点系的动能定理，得

$$\frac{v_C^2}{4}(2m_1+3m_2)-0=M\varphi-m_2g\sin\theta\cdot s \tag{a}$$

以 $\varphi=\frac{s}{R_1}$ 代入，解得

$$v_C=2\sqrt{\frac{(M-m_2gR_1\sin\theta)s}{R_1(2m_1+3m_2)}}$$

系统运动过程中，速度 v_C 与路程 s 都是时间的函数，将式(a)两端对时间 t 求一阶导数，有

$$\frac{1}{2}(2m_1+3m_2)v_Ca_C=M\frac{v_C}{R_1}-m_2g\sin\theta\cdot v_C \tag{b}$$

求得圆柱中心 C 的加速度为

$$a_C=\frac{2(M-m_2gR_1\sin\theta)}{(2m_1+3m_2)R_1}$$

例 12-6 所有已知条件同例 11-14，系统仍处于水平面内，初始静止。不同之处在于所施加的力偶矩为 M 的顺时针转向的力偶不是作用在杆 O_1A 上，而是作用在杆 OB 上，如图 12-15a 所示，该力偶为常力偶，在它的作用下，系统运动到图 12-15b(图中杆 OA 未画出)所示位置，即杆 OB 顺时针转过 90°。求该瞬时圆盘 C 的角速度。

解： 分析整个系统，所有约束力做功为零，又由于系统处于水平面内，重力做功也为零，则系统所受力做功为

$$\sum W=M\cdot\frac{\pi}{2}$$

初瞬时系统动能为 $T_1=0$。

由于圆盘 C 做纯滚动，有

$$\omega_C=\frac{v_C}{R}$$

图示瞬时杆 BC 的速度瞬心为点 B，则有

$$\omega_{BC}=\frac{v_C}{BC}=\frac{v_C}{2R}$$

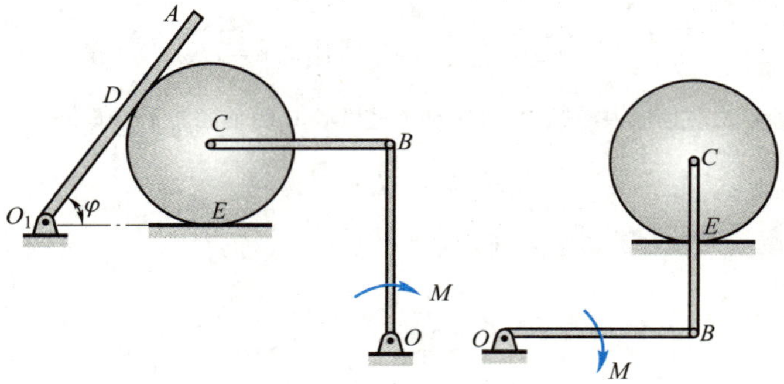

图 12-15

则系统功能为

$$T_2=\frac{1}{2}mv_C^2+\frac{1}{2}J_C\omega_C^2+\frac{1}{2}\times\frac{1}{3}m(2R)^2\omega_{BC}^2$$

$$=\frac{1}{2}mv_C^2+\frac{1}{2}\times\frac{1}{2}mR^2\cdot\frac{v_C^2}{R^2}+\frac{1}{6}m(2R)^2\cdot\frac{v_C^2}{4R^2}$$

$$=\frac{11}{12}mv_C^2$$

由动能定理有

$$\frac{11}{12}mv_C^2=M\cdot\frac{\pi}{2}$$

解得

$$v_C=\sqrt{\frac{6\pi M}{11m}},\quad \omega_C=\frac{v_C}{R}=\frac{1}{R}\sqrt{\frac{6\pi M}{11m}}$$

请读者思考：如何求圆盘 C 的角加速度？

§12-4 功率·功率方程·机械效率

1. 功率

在工程中，需要知道一部机器在单位时间内能做多少功。单位时间内，力所做的功称为**功率**，以 P 表示。

功率的数学表达式为

$$P=\frac{\delta W}{\mathrm{d}t}$$

因为 $\delta W=\boldsymbol{F}\cdot\mathrm{d}\boldsymbol{r}$，因此功率可写成

$$P=\boldsymbol{F}\cdot\frac{\mathrm{d}\boldsymbol{r}}{\mathrm{d}t}=\boldsymbol{F}\cdot\boldsymbol{v}=F_t v \tag{12-21}$$

式中，$\boldsymbol{v}$ 是力 $\boldsymbol{F}$ 作用点的速度。功率等于切向力与力作用点速度的乘积。每台机

床、每部机器能够输出的最大功率是一定的，因此用机床加工时，如果切削力较大，必须选择较小的切削速度。又如汽车上坡时，由于需要较大的驱动力，这时驾驶员须换用低速挡，以求在发动机功率一定的条件下，产生大的驱动力。

作用在转动刚体上的力的功率为

$$P=\frac{\delta W}{\mathrm{d}t}=M_z\frac{\mathrm{d}\varphi}{\mathrm{d}t}=M_z\omega \tag{12-22}$$

式中，M_z 是力对转轴 z 的矩，ω 是角速度。即作用于转动刚体上的力的功率等于该力对转轴的矩与角速度的乘积。

在国际单位制中，每秒力所做的功等于 1 J 时，其功率定为 1 W（瓦特）（1 W=1 J/s）。工程中常用 kW（千瓦）做单位，1 000 W=1 kW（千瓦）。

2. 功率方程

取质点系动能定理的微分形式，两端除以 $\mathrm{d}t$，得

$$\frac{\mathrm{d}T}{\mathrm{d}t}=\sum\frac{\delta W_i}{\mathrm{d}t}=\sum P_i \tag{12-23}$$

上式称为**功率方程**，即质点系动能对时间的一阶导数，等于作用于质点系的所有力的功率的代数和。

功率方程常用来研究机器在工作时能量的变化和转化的问题。例如，车床工作时，电场对电机转子作用的力做正功，使转子转动，电场力的功率称为**输入功率**。由于带传动、齿轮传动和轴承与轴之间都有摩擦，摩擦力做负功，使一部分机械能转化为热能；传动系统中的零件也会相互碰撞，也要损失一部分功率。这些功率都取负值，称为**无用功率**或**损耗功率**。车床切削工件时，切削阻力对夹持在车床主轴上的工件做负功，这是车床加工零件必须付出的功率，称为**有用功率**或**输出功率**。

每部机器的功率都可分为上述三部分。在一般情形下，式（12-23）可写成

$$\frac{\mathrm{d}T}{\mathrm{d}t}=P_{\text{输入}}-P_{\text{有用}}-P_{\text{无用}} \tag{12-24}$$

或

$$P_{\text{输入}}=P_{\text{有用}}+P_{\text{无用}}+\frac{\mathrm{d}T}{\mathrm{d}t} \tag{12-24$'$}$$

3. 机械效率

工程中，要用到有效功率的概念，有效功率等于 $P_{\text{有用}}+\frac{\mathrm{d}T}{\mathrm{d}t}$，有效功率与输入功率的比值称为机器的**机械效率**，用 η 表示，即

$$\eta=\frac{\text{有效功率}}{\text{输入功率}} \tag{12-25}$$

由上式可知，机械效率 η 表明机器对输入功率的有效利用程度，它是评定机器质量好坏的指标之一。显然，一般情况下，$\eta<1$。

一部机器的传动部分一般由许多零件组成。如图 12-16 所示系统，轴承与轴之间、带与轮之间、齿轮与齿轮之间各级传动都因摩擦而消耗功率，各级传动都有各自的机械效率。设Ⅰ-Ⅱ、Ⅱ-Ⅲ、Ⅲ-Ⅳ各级的机械效率分别为 η_1、η_2、η_3，则Ⅰ-Ⅳ的总机械效率为

$$\eta=\eta_1\cdot\eta_2\cdot\eta_3$$

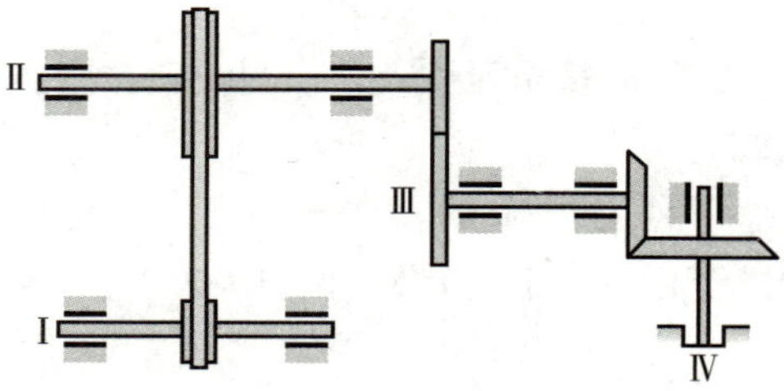

图 12-16

对于有 n 级传动的系统，总机械效率等于各级机械效率的连乘积，即

$$\eta=\eta_1\cdot\eta_2\cdot\cdots\cdot\eta_n$$

例 12-7 车床的电动机功率 $P_入=5.4$ kW。由于传动零件之间的摩擦，损耗功率占输入功率的 30%。如工件的直径 $d=100$ mm，转速 $n=42$ r/min，允许切削力的最大值为多少？若工件的转速改为 $n'=112$ r/min，允许切削力的最大值为多少？

解： 由题意知，车床的输入功率为 $P_入=5.4$ kW，损耗的无用功率 $P_{无用}=P_入\times30\%=1.62$ kW。当工件匀速转动时，动能不变，有用功率为

$$P_{有用}=P_入-P_{无用}=3.78\ \text{kW}$$

设切削力为 $\boldsymbol{F}$，切削速度为 $\boldsymbol{v}$，则

$$P_{有用}=Fv=F\frac{d}{2}\frac{\pi n}{30}$$

即

$$F=\frac{60}{\pi dn}P_{有用}$$

当 $n=42$ r/min 时，允许的最大切削力为

$$F=\frac{60\times3.78\ \text{kW}}{\pi\times0.1\ \text{m}\times42\ \text{r/min}}=17.19\ \text{kN}$$

当 $n'=112$ r/min 时，允许的最大切削力为

$$F=\frac{60\times3.78\ \text{kW}}{\pi\times0.1\ \text{m}\times112\ \text{r/min}}=6.45\ \text{kN}$$

功率方程给出了动能变化率与功率之间的关系。动能与速度有关，其变化率含有加速度项，因而功率方程也就给出了系统的加速度与作用力之间的关系。由于功率方程中不含不做功的约束力，因而用功率方程求解系统的加速度、建立系统的运动微分方程是很方便的。下面举例说明。

例 12-8 图 12-17 中，物块质量为 m，用不计质量的细绳跨过滑轮与弹簧相联。弹簧原长为 l_0，刚度系数为 k，质量不计。滑轮半径为 R，转动惯量为 J。不计轴承摩擦，试建立此系统的运动微分方程。

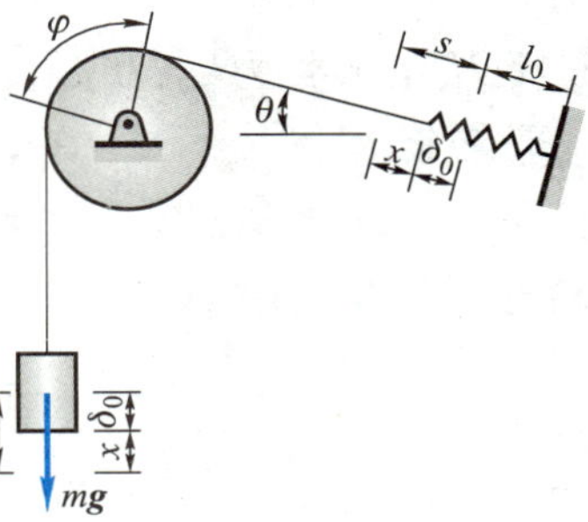

图 12-17

动画
例 12-8

解： 如弹簧由自然位置拉长任一长度 s，滑轮转过 φ 角，物块下降 s，显然有 $s=R\varphi$。此时系统的动能为

$$T=\frac{1}{2}m\left(\frac{\mathrm{d}s}{\mathrm{d}t}\right)^2+\frac{1}{2}J\left(\frac{\mathrm{d}\varphi}{\mathrm{d}t}\right)^2=\frac{1}{2}\left(m+\frac{J}{R^2}\right)\left(\frac{\mathrm{d}s}{\mathrm{d}t}\right)^2$$

重物下降速度 $v=\frac{\mathrm{d}s}{\mathrm{d}t}$，重力功率为 $mg\frac{\mathrm{d}s}{\mathrm{d}t}$；弹性力大小为 ks，其功率为 $-ks\frac{\mathrm{d}s}{\mathrm{d}t}$。代入功率方程，得

$$\frac{\mathrm{d}T}{\mathrm{d}t}=\left(m+\frac{J}{R^2}\right)\frac{\mathrm{d}s}{\mathrm{d}t}\frac{\mathrm{d}^2s}{\mathrm{d}t^2}=mg\frac{\mathrm{d}s}{\mathrm{d}t}-ks\frac{\mathrm{d}s}{\mathrm{d}t}$$

两端分别消去 $\frac{\mathrm{d}s}{\mathrm{d}t}$，得到对于坐标 s 的运动微分方程，即

$$\left(m+\frac{J}{R^2}\right)\frac{\mathrm{d}^2s}{\mathrm{d}t^2}=mg-ks$$

如此系统静止时弹簧伸长量为 δ_0，有 $mg=k\delta_0$。以平衡位置为参考点，物体下降 x 时弹簧伸长量为 $s=\delta_0+x$，代入上式，得

$$\left(m+\frac{J}{R^2}\right)\frac{\mathrm{d}^2x}{\mathrm{d}t^2}=mg-k\delta_0-kx=-kx$$

移项后，得到对于坐标 x 的运动微分方程，即

$$\left(m+\frac{J}{R^2}\right)\frac{\mathrm{d}^2x}{\mathrm{d}t^2}+kx=0$$

这是系统自由振动微分方程的标准形式。由上述计算可见，弹簧的倾斜角度 θ 与系统运动微分方程无关。

§12-5 势力场·势能·机械能守恒定律

1. 势力场

如果一物体在某空间任一位置都受到一个大小和方向完全由所在位置确定的力作用，则这部分空间称为**力场**。例如，物体在地球表面的任何位置都要受到一个确定的重力的作用，我们称地球表面的空间为重力场；又如星球在太阳周围的任何位置都要受到太阳的引力的作用，引力的大小和方向取决于此星球相对于太阳的位置，称太阳周围的空间为太阳引力场；等等。

如果物体在力场内运动，作用于物体的力所做的功只与力作用点的初始位置和终了位置有关，而与该点的运动轨迹形状无关，这种力场称为**势力场**，或**保守力场**。在势力场中，物体受到的力称为**有势力**或**保守力**。由本章 §12-1 知，重力、弹性力做的功都有这个特点，因此它们都是保守力。可以证明，万有引力也是保守力。重力场、弹性力场、万有引力场都是势力场。

2. 势能

在势力场中，质点从点 M 运动到任选的点 M_0，有势力所做的功称为质点在点 M 相对于点 M_0 的**势能**。以 V 表示为

$$V=\int_{M}^{M_0}\boldsymbol{F}\cdot \mathrm{d}\boldsymbol{r}=\int_{M}^{M_0}(F_x\mathrm{d}x+F_y\mathrm{d}y+F_z\mathrm{d}z) \tag{12-26}$$

点 M_0 的势能等于零，称它为**零势能点**。在势力场中，势能的大小是相对于零势能点而言的。零势能点 M_0 可以任意选取，对于不同的零势能点，在势力场中同一位置的势能可有不同的数值。

现在计算几种常见的势能。

（1）重力场中的势能

重力场中，以铅垂轴为 z 轴，z_0 处为零势能点。质点于 z 坐标处的势能 V 等于重力 $m\boldsymbol{g}$ 由 z 到 z_0 处所做的功，即

$$V=\int_{z}^{z_0}-mg\mathrm{d}z=mg(z-z_0) \tag{12-27}$$

（2）弹性力场中的势能

设弹簧的一端固定，另一端与物体连接，弹簧的刚度系数为 k。以变形量为 δ_0 处为零势能点，则变形量为 δ 处的弹簧势能 V 为

$$V=\frac{k}{2}(\delta^2-\delta_0^2) \tag{12-28}$$

如果取弹簧的自然位置为零势能点，则有 $\delta_0=0$，于是得

$$V=\frac{k}{2}\delta^2 \tag{12-28'}$$

（3）万有引力场中的势能

设质量为 m_1 的质点受质量为 m_2 的物体的万有引力 $\boldsymbol{F}$ 作用，如图 12-18 所示。

取点 A_0 为零势能点，则质点在点 A 的势能为

$$V=\int_{A}^{A_0}\boldsymbol{F}\cdot \mathrm{d}\boldsymbol{r}=\int_{A}^{A_0}-\frac{Gm_1m_2}{r^2}\boldsymbol{e}_r\cdot \mathrm{d}\boldsymbol{r}$$

式中，G 为引力常量，$\boldsymbol{e}_r$ 是质点的矢径方向的单位矢量；由图 12-18 可见，$\boldsymbol{e}_r\cdot \mathrm{d}\boldsymbol{r}=\mathrm{d}r$，为矢径 $\boldsymbol{r}$ 长度的增量。设 $\boldsymbol{r}_1$ 是零势能点的矢径，于是有

$$V=\int_{r}^{r_1}-\frac{Gm_1m_2}{r^2}\mathrm{d}r=Gm_1m_2\left(\frac{1}{r_1}-\frac{1}{r}\right) \tag{12-29}$$

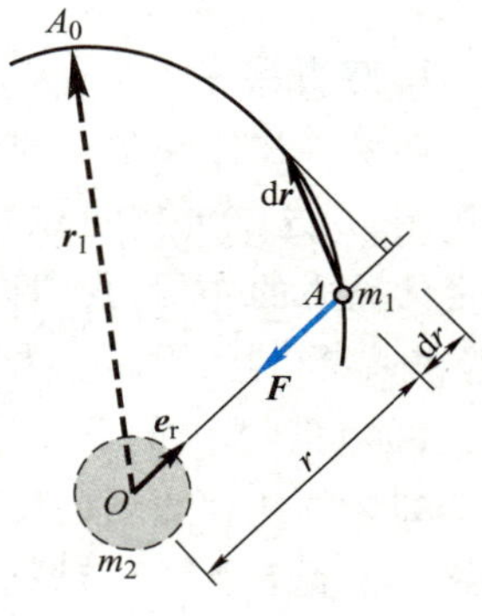

图 12-18

如果选取的零势能点在无穷远处，即 $r_1=\infty$，于

是得

$$V=-\frac{Gm_1m_2}{r} \tag{12-29'}$$

上述计算表明，万有引力做功只取决于质点运动的初始位置 A 和终了位置 A_0，与点的运动轨迹形状无关，万有引力场的确为势力场。

如质点系受到多个有势力的作用，各有势力可有各自的零势能点。质点系的零势能位置是各质点都处于其零势能点的一组位置。质点系从某位置到其零势能位置的运动过程中，各有势力做功的代数和称为此质点系在该位置的势能。

例如，质点系在重力场中，取各质点的 z 坐标为 $z_{10}, z_{20}, \cdots, z_{n0}$ 时为零势能位置；则质点系各质点的 z 坐标为 $z_1, z_2, \cdots, z_n$ 时的势能为

$$V=\sum m_i g(z_i-z_{i0})$$

与质点系重力做功式(12-7)相似，质点系重力势能可写为

$$V=mg(z_C-z_{C0}) \tag{12-30}$$

其中，m 为质点系全部质量，z_C 为质心的 z 坐标，z_{C0} 为零势能位置质心的 z 坐标。

又如一质量为 m、长为 l 的均质杆 AB，A 端为铰链支座，B 端由无重弹簧拉住，并于水平位置平衡，如图 12-19 所示。此时弹簧已有伸长量 δ_0。如弹簧刚度系数为 k，由平衡方程 $\sum M_A(\boldsymbol{F})=0$，有

$$k\delta_0 l=mg\frac{l}{2} \quad 或 \quad \delta_0=\frac{mg}{2k}$$

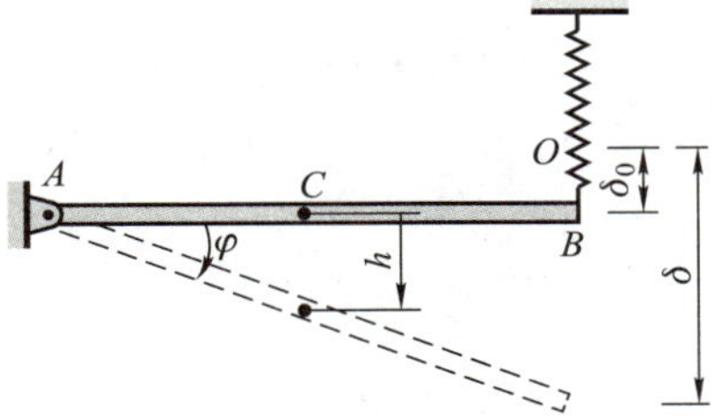

图 12-19

此系统所受重力及弹性力都是有势力。如重力以杆 AB 的水平位置处为零势能位置，弹簧以自然位置 O 为零势能位置，则杆 AB 于微小摆角 φ 处，重力势能为 $-mg\varphi l/2$，弹簧势能为 $\frac{k}{2}(\delta_0+\varphi l)^2$。由 $\delta_0=\frac{mg}{2k}$，总势能为

$$V=\frac{1}{2}k(\delta_0+\varphi l)^2-mg\frac{\varphi l}{2}=\frac{1}{2}k\varphi^2 l^2+\frac{m^2g^2}{8k}$$

如取杆 AB 的平衡位置为系统的零势能位置，杆于微小摆角 φ 处，系统相对于零势能位置的势能应改为

$$V=\frac{1}{2}k(\delta^2-\delta_0^2)-mgh=\frac{1}{2}k(\delta_0^2+2\delta_0\varphi l+\varphi^2l^2-\delta_0^2)-mg\frac{\varphi l}{2}$$

注意到 $\delta_0=\frac{mg}{2k}$，可得

$$V=\frac{1}{2}k\varphi^2l^2$$

可见，对于不同的零势能位置，系统的势能是不相同的。对于常见的重力-弹性力系统，以其平衡位置为零势能位置，往往更简便。

质点系在势力场中运动，有势力的功可通过势能计算。设某个有势力的作用点在质点系的运动过程中，从点 M_1 到点 M_2，如图 12-20 所示，该力所做的功为 W_{12}。若取点 M_0 为零势能点，则从点 M_1 到点 M_0 和从点 M_2 到点 M_0，有势力所做的功分别为点 M_1 和点 M_2 位置的势能 V_1 和 V_2。因有势力的功与运动轨迹形状无关，而由点 M_1 经点 M_2 到达点 M_0 时，有势力的功为

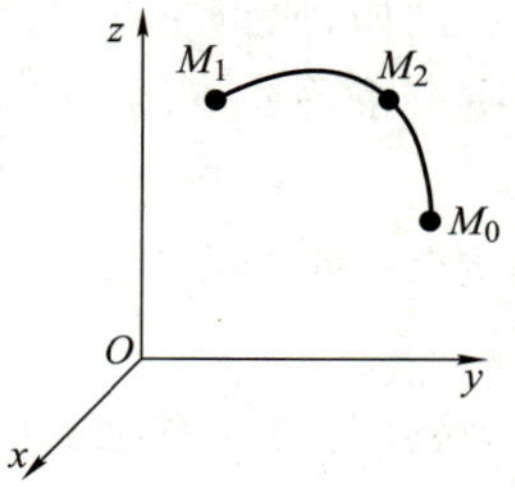

图 12-20

$$W_{10}=W_{12}+W_{20}$$

注意到 $W_{10}=V_1$，$W_{20}=V_2$，于是得

$$W_{12}=V_1-V_2 \tag{12-31}$$

即有势力所做的功等于质点系在运动过程的初始与终了位置的势能的差。

3. 机械能守恒定律

质点系在某瞬时的动能与势能的代数和称为**机械能**。设质点系在运动过程的初始和终了瞬时的动能分别为 T_1 和 T_2，所受的力在该过程中所做的功为 W_{12}，根据动能定理有

$$T_2-T_1=W_{12}$$

如系统运动中，只有有势力做功，而有势力的功可用势能计算，即

$$T_2-T_1=W_{12}=V_1-V_2$$

移项后得

$$T_1+V_1=T_2+V_2 \tag{12-32}$$

上式就是机械能守恒定律的数学表达式，即质点系仅在有势力的作用下运动时，其机械能保持不变。此类质点系称为**保守系统**。

如果质点系还受到非保守力的作用，称为**非保守系统**，非保守系统的机械能是不守恒的。设保守力所做的功为 W_{12}，非保守力所做的功为 W'_{12}，由动能定理有

$$T_2-T_1=W_{12}+W'_{12}$$

因 $W_{12}=V_1-V_2$，于是有

$$T_2-T_1=V_1-V_2+W'_{12}$$

或

$$(T_2+V_2)-(T_1+V_1)=W'_{12} \tag{12-33}$$

当质点系受到摩擦阻力等力作用时，W'_{12}是负功，质点系在运动过程中机械能减小，称为**机械能耗散**；当质点系受到非保守的主动力作用时，如果 W'_{12}是正功，则质点系在运动过程中机械能增加，这时外界对系统输入了能量。

从能量观点来看，无论什么系统，总能量是不变的，机械能的增或减，只说明了在这过程中机械能与其他形式的能量(如热能、电能等)有了相互的转化而已。

例 12-9　如图 12-21 所示的鼓轮匀速转动，使绕在鼓轮上钢索下端的重物以 $v=0.5\ \mathrm{m/s}$匀速下降，重物质量为 $m=250\ \mathrm{kg}$。设当鼓轮突然被卡住时，钢索的刚度系数 $k=3.35\times10^6\ \mathrm{N/m}$。求此后钢索的最大张力。

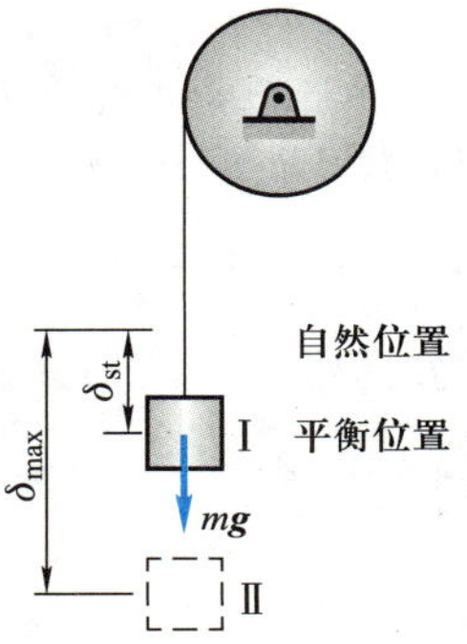

图 12-21

动画
例 12-9

解： 鼓轮匀速转动时，重物处于平衡状态，临卡住的前一瞬时钢索的伸长量 $\delta_{st}=\dfrac{mg}{k}$，钢索的张力 $F=k\delta_{st}=mg=2.45\ \mathrm{kN}$。

当鼓轮被卡住后，由于惯性，重物将继续下降，钢索继续伸长，钢索的弹性力逐渐增大，重物的速度逐渐减小。当速度等于零时，弹性力达到最大值。

因重物只受重力和弹性力的作用，因此系统的机械能守恒。取重物平衡位置 I 为重力和弹性力的零势能位置，在 II 位置处张力最大。则在 I 、II 两位置系统的势能分别为

$$V_1=0$$

$$V_2=\frac{k}{2}(\delta_{max}^2-\delta_{st}^2)-mg(\delta_{max}-\delta_{st})$$

因 $T_1=\dfrac{1}{2}mv^2$，$T_2=0$，由机械能守恒定律有

$$\frac{1}{2}mv^2+0=0+\frac{k}{2}(\delta_{max}^2-\delta_{st}^2)-mg(\delta_{max}-\delta_{st})$$

注意到 $k\delta_{st}=mg$，上式可改写为

$$\delta_{max}^2-2\delta_{st}\delta_{max}+\left(\delta_{st}^2-\frac{v^2}{g}\delta_{st}\right)=0$$

解得

$$\delta_{max}=\delta_{st}\left(1\pm\sqrt{\frac{v^2}{g\delta_{st}}}\right)$$

由于 δ_{max}应大于 δ_{st}，因此上式括号内应取正号。

钢索的最大张力为

$$F_{max}=k\delta_{max}=k\delta_{st}\left(1+\sqrt{\frac{v^2}{g\delta_{st}}}\right)=mg\left(1+\frac{v}{g}\sqrt{\frac{k}{m}}\right)$$

代入数据，求得

$$F_{max}=2.45\ \mathrm{kN}\times\left(1+\frac{0.5\ \mathrm{m/s}}{9.8\ \mathrm{m/s^2}}\sqrt{\frac{3.35\times10^6\ \mathrm{N/m}}{250\ \mathrm{kg}}}\right)=16.9\ \mathrm{kN}$$

由此可见，当鼓轮被突然卡住后，钢索的张力增大了约 5.9 倍。

请读者考虑，是否可取平衡位置为重力场的零势能位置，而取弹簧自然位置为弹性力场的零势能位置？计算结果是否相同？

例 12-10 如图 12-22 所示，摆的质量为 m，点 C 为其质心，O 端为光滑铰链支座，在点 D 处用弹簧悬挂，可在铅垂平面内摆动。设摆对水平轴 O 的转动惯量为 J_O，弹簧的刚度系数为 k；摆杆在水平位置处平衡。设 $OD=CD=b$。求摆从水平位置处以初角速度 ω_0 向下做微幅摆动时，摆的角速度与 φ 角的关系。

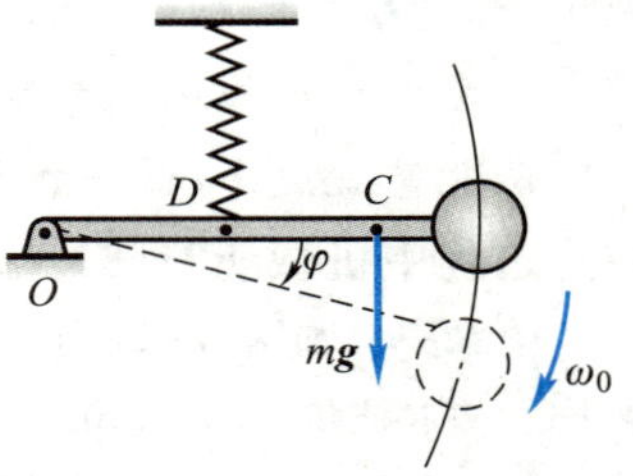

图 12-22

解： 研究摆的运动。作用于摆的力有弹簧力 $\boldsymbol{F}$、重力 $m\boldsymbol{g}$，以及支座约束力 $\boldsymbol{F}_{Ox}$ 和 $\boldsymbol{F}_{Oy}$。前两个力为保守力，后两个力不做功，因此摆的机械能守恒。

取水平位置为摆的零势能位置，此时机械能等于动能 $\frac{1}{2}J_O\omega_0^2$。摆做微幅摆动，φ 角极小。与图 12-19 问题分析相似，系统对平衡位置的势能为 $\frac{1}{2}k(b\varphi)^2$，而动能为 $\frac{1}{2}J_O\omega^2$。由机械能守恒定律，有

$$\frac{1}{2}J_O\omega^2+\frac{k}{2}(b\varphi)^2=\frac{1}{2}J_O\omega_0^2$$

解此方程得摆杆的角速度为

$$\omega=\sqrt{\omega_0^2-kb^2\varphi^2/J_O}$$

4. 势力场的其他性质

(1) 有势力在直角坐标轴上的投影等于势能对于该坐标的偏导数冠以负号。

在势力场中不同的位置，势能的数值不同，因此势能是坐标的函数。

设有势力 $\boldsymbol{F}$ 的作用点从点 M 移到邻近点 M'，如图 12-23 所示，这两点的势能分别为 $V(x,y,z)$ 和 $V(x+\mathrm{d}x,y+\mathrm{d}y,z+\mathrm{d}z)$，有势力的元功可用势能的差计算，即

$$\delta W=V(x,y,z)-V(x+\mathrm{d}x,y+\mathrm{d}y,z+\mathrm{d}z)=-\mathrm{d}V \tag{12-34}$$

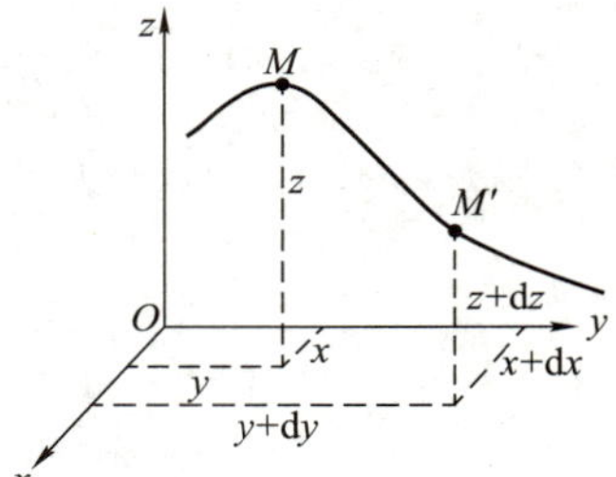

图 12-23

由高等数学知识知，势能 V 的全微分可写为

$$\mathrm{d}V=\frac{\partial V}{\partial x}\mathrm{d}x+\frac{\partial V}{\partial y}\mathrm{d}y+\frac{\partial V}{\partial z}\mathrm{d}z$$

于是有

$$\delta W=-\frac{\partial V}{\partial x}\mathrm{d}x-\frac{\partial V}{\partial y}\mathrm{d}y-\frac{\partial V}{\partial z}\mathrm{d}z$$

设有势力 $\boldsymbol{F}$ 在直角坐标轴上的投影为 F_x、F_y、F_z，则力的元功为

$$\delta W=F_x\mathrm{d}x+F_y\mathrm{d}y+F_z\mathrm{d}z$$

比较以上两式，得

$$F_x = -\frac{\partial V}{\partial x}, \quad F_y = -\frac{\partial V}{\partial y}, \quad F_z = -\frac{\partial V}{\partial z} \tag{12-35}$$

由势能的函数表达式，应用上式可求得作用于物体的有势力。

如果系统有多个有势力，总势能为 V，则对于作用点坐标为 x_i、y_i、z_i 的有势力 $\boldsymbol{F}_i$，其相应的投影为

$$F_{x_i} = -\frac{\partial V}{\partial x_i}, \quad F_{y_i} = -\frac{\partial V}{\partial y_i}, \quad F_{z_i} = -\frac{\partial V}{\partial z_i} \tag{12-36}$$

（2）在势力场中，势能相等的各点构成**等势能面**。

例如，在重力场中，同一水平面上各点的势能都相等，因此重力场中等势能面为水平的平面。

弹性力场的等势能面是以弹簧的固定端为中心的球面。

地球引力场的等势能面是以地心为中心的球面。

势力场中任何一点的势能只有一个数值，此点只通过一个等势能面，即等势能面不相交。

势能等于零的等势能面称为**零势能面**。

（3）有势力的方向垂直于等势能面，指向势能减小的方向。

设质点 M 在等势能面上运动，各点势能都相等，则此有势力 $\boldsymbol{F}$ 在等势能面上任意小位移 $\mathrm{d}\boldsymbol{r}$ 上所做的元功也就等于零，即

$$\delta W = \boldsymbol{F} \cdot \mathrm{d}\boldsymbol{r} = 0$$

$\mathrm{d}\boldsymbol{r}$ 沿等势能面切线，则 $\boldsymbol{F}$ 垂直于 $\mathrm{d}\boldsymbol{r}$，即有势力 $\boldsymbol{F}$ 垂直于等势能面。

设质点在有势力 $\boldsymbol{F}$ 的作用下沿力的方向实现位移 $\mathrm{d}\boldsymbol{r}$，由等势能面 V_1 移到 V_2，如图 12-24 所示，则力 $\boldsymbol{F}$ 做正功，即

$$\delta W > 0$$

由于

$$\delta W = V_1 - V_2$$

因此有

$$V_1 > V_2$$

可见，有势力 $\boldsymbol{F}$ 指向势能减小的方向。

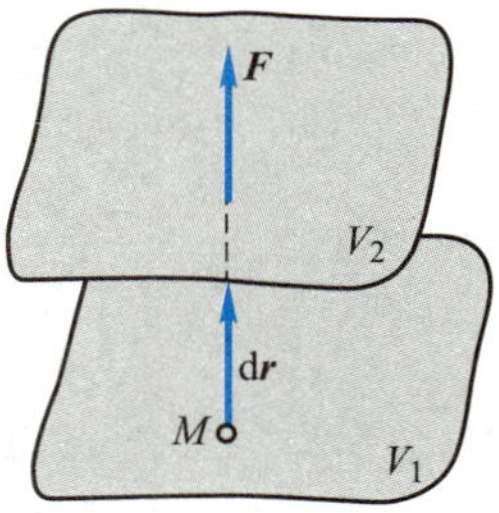

图 12-24

§12-6 普遍定理的综合应用举例

质点和质点系的普遍定理包括动量定理、动量矩定理和动能定理。这些定理可分为两类：动量定理和动量矩定理属于一类，动能定理属于另一类。前者是矢量形式，后者是标量形式；两者都用于研究机械运动，而后者还可用于研究机械运动与其他运动形式有能量转化的问题。

质心运动定理与动量定理一样，也是矢量形式，常用来分析质点系受力与质心运动的关系；它与对质心的动量矩定理联合，共同描述了质点系机械运动的总体情况；特别是联合用于刚体，可建立刚体运动的基本方程，如平面运动微分方程。应用动量定理或动量矩定理时，质点系的内力不能改变系统的动量和动量矩，只需考虑质点系所受的外力。

动能定理是标量形式，在很多实际问题中约束力不做功，因而在动能定理的方程中将不出现约束力，这使问题大为简化。动能定理是从功和能的角度考虑问题，思路比较清晰，方程容易建立。当有一段运动过程时，用动能定理的积分形式来求速度或角速度往往比较方便。如果所列方程是函数形式(即适用于任意瞬时)，将其对时间求导，可以很容易得到加速度或角加速度。功率方程可视为动能定理的另一种微分形式，便于计算系统的加速度。但应注意，在有些情况下质点系的内力做功并不等于零，应用时要具体分析质点系内力做功问题。

普遍定理提供了解决动力学问题的一般方法，而在求解比较复杂的问题时，往往需要根据各定理的特点，联合运用。

动画
例 12-11

例 12-11　建立例 11-12 中圆轮质心的运动微分方程。

解：在例 11-12 中，应用刚体的平面运动微分方程建立了圆轮质心的运动微分方程。现在运用功率方程建立该方程。

均质圆轮做平面运动，如图 12-25 所示，动能为

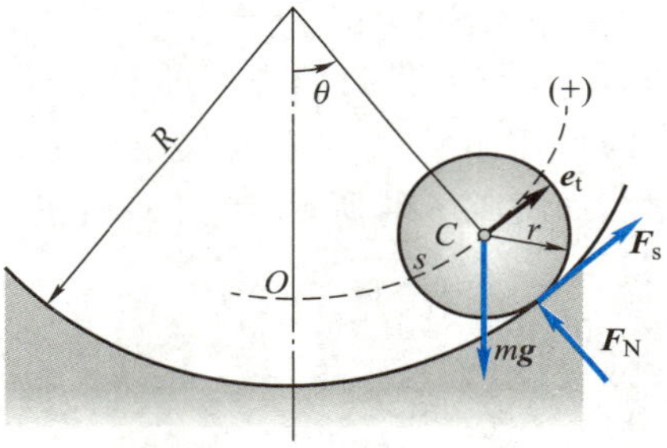

图 12-25

$$T=\frac{1}{2}mv_C^2+\frac{1}{2}J_C\omega^2=\frac{3}{4}mv_C^2$$

轮与地面接触点为瞬心，接触点的约束力不做功。因此只有重力做功，重力的功率为

$$P=m\boldsymbol{g}\cdot\boldsymbol{v}=m\boldsymbol{g}\cdot\left(\frac{\mathrm{d}s}{\mathrm{d}t}\boldsymbol{e}_t\right)=m\frac{\mathrm{d}s}{\mathrm{d}t}\boldsymbol{g}\cdot\boldsymbol{e}_t=m\frac{\mathrm{d}s}{\mathrm{d}t}(-g\sin\theta)=-mg\sin\theta\cdot\frac{\mathrm{d}s}{\mathrm{d}t}$$

应用功率方程

$$\frac{\mathrm{d}T}{\mathrm{d}t}=P$$

得

$$\frac{3}{4}m\cdot 2v_C\frac{\mathrm{d}v_C}{\mathrm{d}t}=-mg\sin\theta\frac{\mathrm{d}s}{\mathrm{d}t}$$

因$\dfrac{\mathrm{d}v_C}{\mathrm{d}t}=\dfrac{\mathrm{d}^2 s}{\mathrm{d}t^2}$，$\dfrac{\mathrm{d}s}{\mathrm{d}t}=v_C$，$\theta=\dfrac{s}{R-r}$，当 θ 很小时 $\sin\theta\approx\theta$，于是得质心 C 的运动微分方程为

$$\frac{\mathrm{d}^2 s}{\mathrm{d}t^2}+\frac{2g}{3(R-r)}s=0$$

此系统的机械能守恒，也可通过机械能守恒定律建立质心的运动微分方程。

取质心 C 的最低位置 O 为重力场零势能位置，圆轮在任一位置的势能为

$$V=mg(R-r)(1-\cos\theta)$$

同一瞬时的动能为

$$T=\frac{3}{4}mv_C^2$$

由机械能守恒定律，有

$$\frac{\mathrm{d}}{\mathrm{d}t}(V+T)=0$$

把 V 和 T 的表达式代入，取导数后得

$$mg(R-r)\sin\theta\frac{\mathrm{d}\theta}{\mathrm{d}t}+\frac{3}{2}mv_C\frac{\mathrm{d}v_C}{\mathrm{d}t}=0$$

因$\dfrac{\mathrm{d}\theta}{\mathrm{d}t}=\dfrac{v_C}{R-r}$，$\dfrac{\mathrm{d}v_C}{\mathrm{d}t}=\dfrac{\mathrm{d}^2 s}{\mathrm{d}t^2}$，于是得

$$\frac{\mathrm{d}^2 s}{\mathrm{d}t^2}+\frac{2}{3}g\sin\theta=0$$

当 θ 很小时，$\sin\theta\approx\theta=\dfrac{s}{R-r}$，于是得同样的质心运动微分方程。

通过本例题可见，同一个问题可用不同的定理求解，结果是相同的。

例 12-12 图 12-26 所示的系统中，物块及两均质轮的质量皆为 m，轮半径皆为 R。轮 C 上缘绕一刚度系数为 k 的无重水平弹簧，轮 C 与地面间无滑动。现于弹簧的原长处自由释放重物，试求重物下降 h 时的速度、加速度及轮 C 与地面间的摩擦力。

动画
例 12-12

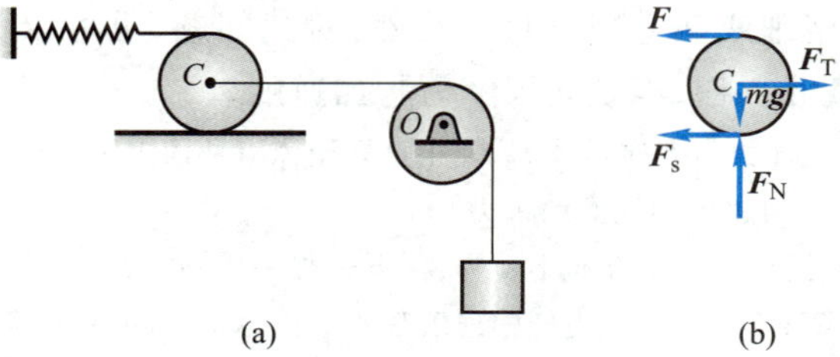

图 12-26

解： 为求重物下降 h 时的速度和加速度，可用动能定理。系统初始动能为零，当物块有速度 $\boldsymbol{v}$ 时，两轮的角速度皆为 $\omega=v/R$，系统动能为

$$T=\frac{1}{2}mv^2+\frac{1}{2}\cdot\frac{1}{2}mR^2\omega^2+\frac{1}{2}\left(mv^2+\frac{1}{2}mR^2\omega^2\right)=\frac{3}{2}mv^2$$

重物下降 h 时弹簧被拉长 $2h$，重力和弹簧力做功之和为

$$W=mgh-\frac{1}{2}k(2h)^2=mgh-2kh^2$$

由动能定理,得

$$\frac{3}{2}mv^2-0=mgh-2kh^2 \tag{a}$$

求得重物的速度为

$$v=\sqrt{\frac{2(mg-2kh)h}{3m}}$$

为求重物加速度,可用质点系动能定理的微分形式(12-19)或功率方程(12-23)。上面式(a)已给出速度 v 与下降距离 h 之间的函数关系,式(a)两端对时间 t 求一次导数,得

$$3mv\frac{\mathrm{d}v}{\mathrm{d}t}=(mg-4kh)\frac{\mathrm{d}h}{\mathrm{d}t}$$

从而求得重物加速度为

$$a=\frac{g}{3}-\frac{4kh}{3m}$$

为求地面摩擦力,可取轮 C 为研究对象,如图 12-26b 所示,其中弹簧力 $F=2kh$。应用对质心 C 的动量矩定理,即

$$\frac{\mathrm{d}}{\mathrm{d}t}\left(\frac{1}{2}mR^2\cdot\frac{v}{R}\right)=(F_s-F)R \tag{b}$$

求得地面摩擦力为

$$F_s=F+\frac{1}{2}ma \tag{c}$$

代入 F 及 a 的值,得地面摩擦力为

$$F_s=\frac{mg}{6}+\frac{4}{3}kh$$

由此例可见,为求系统运动时的作用力,需先计算加速度,为此可用质点系动能定理的微分形式,或将动能定理的积分形式用函数表达,再对时间求导。而求作用力时,应用动量定理或动量矩定理。当然,对此问题,也可以分别对两轮及重物各列出其相应的微分方程,再联立求解力与加速度。

动画

例 12-13

例 12-13 均质细杆长为 l、质量为 m,静止直立于光滑地面上。当杆受微小干扰而倒下时,求杆刚刚达到地面时的角速度和地面约束力。

解: 由于地面光滑,杆沿水平方向不受力,倒下过程中质心将铅垂下落。设杆左滑与地面成任一角度 θ,如图 12-27a 所示,点 P 为杆的速度瞬心。由运动学知,杆的角速度为

$$\omega=\frac{v_C}{CP}=\frac{2v_C}{l\cos\theta}$$

此时杆的动能为

$$T=\frac{1}{2}mv_C^2+\frac{1}{2}J_C\omega^2=\frac{1}{2}m\left(1+\frac{1}{3\cos^2\theta}\right)v_C^2$$

初始杆的动能为零,此过程中只有重力做功,由动能定理得

$$\frac{1}{2}m\left(1+\frac{1}{3\cos^2\theta}\right)v_C^2=mg\frac{l}{2}(1-\sin\theta)$$

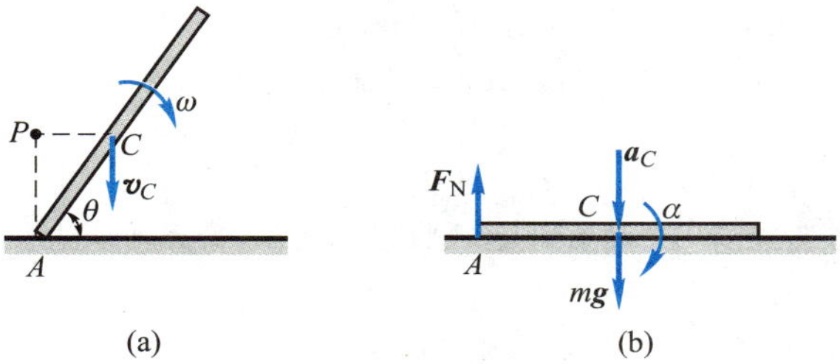

图 12-27

当 $\theta=0$ 时，解出

$$v_C=\frac{1}{2}\sqrt{3gl},\quad \omega=\sqrt{\frac{3g}{l}}$$

杆刚达到地面时，受力及加速度如图 12-27b 所示，由刚体平面运动微分方程，得

$$mg-F_N=ma_C \tag{a}$$

$$F_N\frac{l}{2}=J_C\alpha=\frac{ml^2}{12}\alpha \tag{b}$$

点 A 的加速度 $\boldsymbol{a}_A$ 为水平，由质心守恒，$\boldsymbol{a}_C$ 方向应为铅垂，由运动学知

$$\boldsymbol{a}_C=\boldsymbol{a}_A+\boldsymbol{a}_{CA}^{n}+\boldsymbol{a}_{CA}^{t}$$

沿铅垂方向投影，得

$$a_C=a_{CA}^{t}=\alpha\frac{l}{2} \tag{c}$$

式(a)、式(b)、式(c)联立，解出

$$F_N=\frac{mg}{4}$$

由此例可见，求解动力学问题，常要按运动学知识分析速度与加速度之间的关系；有时还要先判明是否属于动量或动量矩守恒情况。如果是守恒的，则要利用守恒条件给出的结果，才能进一步求解。

例 12-14 塔轮质量 $m=200$ kg，大半径 $R=600$ mm，小半径 $r=300$ mm，对轮心 C 的回转半径 $\rho_C=400$ mm，质心在几何中心 C。小半径轮上缠绕无重细绳，绳水平拉出后绕过无重滑轮 B 并悬挂一质量 $m_A=80$ kg 的重物 A，如图 12-28 所示。(1) 若塔轮在水平地面上做纯滚动，求 a_C、绳张力 $\boldsymbol{F}_T$ 及摩擦力 $\boldsymbol{F}$；(2) 求纯滚动条件；(3) 若静摩擦因数 $f_s=0.2$，动摩擦因数 $f=0.18$，求绳张力 $\boldsymbol{F}_T$。

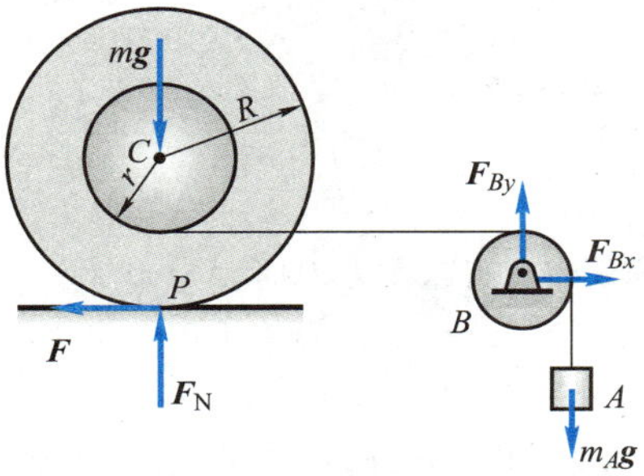

图 12-28

解: 以整体为研究对象,其受力图如图 12-28所示。

(1) 设系统初动能为 T_1,重物下降路程 s 后动能为 T_2,则

$$T_2=\frac{1}{2}mv_C^2+\frac{1}{2}J_C\omega^2+\frac{1}{2}m_Av_A^2$$

式中,$J_C=m\rho_C^2$。动能 T_2 中有三个运动学量,应将它们用单一的运动学量来表达。由于塔轮沿地面纯滚动,因此有

$$v_C=\omega R,\quad v_A=\omega(R-r) \tag{a}$$

注意到式(a)对任意时刻都成立,是函数式,可将其对时间 t 求导,得

$$a_C=\alpha R,\quad a_A=\alpha(R-r) \tag{b}$$

利用式(a),动能 T_2 可写为

$$T_2=\frac{1}{2}[m(\rho_C^2+R^2)+m_A(R-r)^2]\omega^2 \tag{c}$$

由图 12-28 知,$m\boldsymbol{g}$、$\boldsymbol{F}_{Bx}$、$\boldsymbol{F}_{By}$ 均不做功,摩擦力 $\boldsymbol{F}$ 及 $\boldsymbol{F}_N$ 作用于速度瞬心,也不做功。这里要注意,当塔轮向右滚动时,摩擦力 $\boldsymbol{F}$ 也水平向右移动,但功并不是力与其空间位移的点积,而是力与受力物体上作用点位移的点积。本题只有重物 A 的重力做功,即

$$W=m_Ag\cdot s \tag{d}$$

将式(c)、式(d)代入动能定理,得

$$\frac{1}{2}[m(\rho_C^2+R^2)+m_A(R-r)^2]\omega^2-T_1=m_Ag\cdot s \tag{e}$$

式(e)对任意 s 都成立,是函数式,对时间 t 求导得

$$[m(\rho_C^2+R^2)+m_A(R-r)^2]\omega\alpha=m_Agv_A \tag{f}$$

利用式(a)可得式(f)的解为

$$\alpha=2.115\ \text{rad/s}^2$$

再利用式(b)得

$$a_A=(R-r)\alpha=0.635\ \text{m/s}^2$$

$$a_C=R\alpha=1.269\ \text{m/s}^2$$

利用动能定理求得加速度及角加速度后,再求力就方便了。分别取重物 A 及塔轮为研究对象,它们的受力图分别如图 12-29a、图 12-29b 所示。

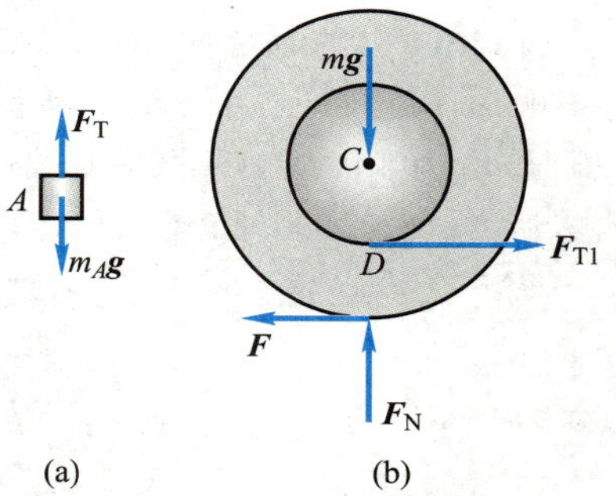

图 12-29

研究重物 A,有

$$m_Aa_A=m_Ag-F_T$$

得

$$F_T=m_A(g-a_A)=733\ \text{N}$$

研究塔轮,有

$$ma_C=F_{T1}-F$$

由于滑轮 B 质量不计,因此 $F_{T1}=F_T$,得摩擦力 F 的大小为

$$F=479\ \text{N}$$

(2) 由 $F\leqslant f_sF_N$,其中 f_s 为静摩擦因数,$F_N=mg$,得纯滚动条件为

$$f_s \geqslant 0.244$$

(3) 当 $f_s = 0.2$ 时，纯滚动条件不满足，塔轮将连滚带滑地运动。此时图 12-28中的点 P（塔轮与地面接触点）已不再是速度瞬心，式（a）不成立了。这使运动学关系变得复杂，给解题带来麻烦。但另一方面，由于动摩擦力大小恒为 fF_N，使动摩擦力变为已知，为解题带来极大的方便。由于动摩擦力已知，因此从力的角度去求解会方便些。

分别研究重物 A 及塔轮，它们的受力图如图 12-29 所示，列方程如下：

$$\left.\begin{aligned} m_A a_A &= m_A g - F_T \\ m a_C &= F_{T1} - F \\ m\rho_C^2 \alpha &= FR - F_{T1} r \end{aligned}\right\} \tag{g}$$

式中，$F_{T1} = F_T$，未知量为 F_T、a_A、a_C、α 共四个，因此要建立运动学量 a_A、a_C、α 之间的关系。由求加速度的基点法，有

$$\boldsymbol{a}_D = \boldsymbol{a}_C + \boldsymbol{a}_{DC}^t + \boldsymbol{a}_{DC}^n$$

式中，D 为图 12-29b 中塔轮与绳的切点。将此矢量方程投影到水平方向，有

$$a_{Dx} = a_C - \alpha r$$

再由 a_{Dx} 与 a_A 相同，因此，有

$$a_A = a_C - \alpha r \tag{h}$$

式（h）与式（g）联立，共四个方程，四个未知量，解得

$$F_T = 667 \text{ N}$$

思考题

12-1 自行车加速前进时，地面对后轮的摩擦力向前，故此力做正功，对吗？

12-2 在进行下述工作中，主要利用的是动能还是动量？（1）锻锤锻打工件；（2）铁锤将钉子打入木板。

12-3 开始走动或起跑时，什么力使人的质心加速运动？什么力使人的动能增加？产生加速度的力一定做功吗？

12-4 如图 12-30 所示，管内有一小球，管壁光滑，初始时小球静止。当管 OA 在水平面内绕 O 轴转动时，小球向管口运动。小球在水平面内，只受垂直于管壁的侧向力作用，为什么动能会增加？是什么力做了功？

12-5 如图 12-31 所示两均质圆轮，其质量、半径均完全相同。轮 A 绕其几何中心旋转，轮 B 的转轴偏离几何中心。

（1）若两轮以相同的角速度转动，它们的动能是否相同？

（2）若在两轮上施加力偶矩相同的力偶，不计重力，它们的角加速度是否相同？

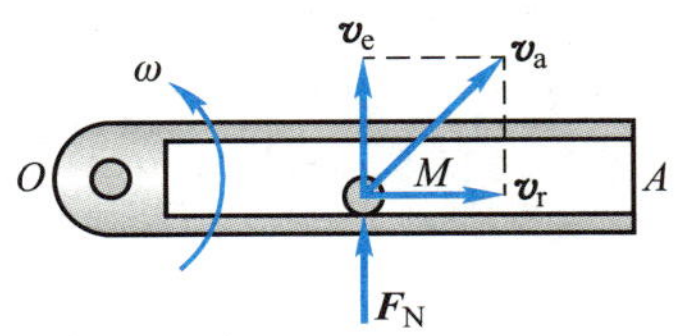

图 12-30

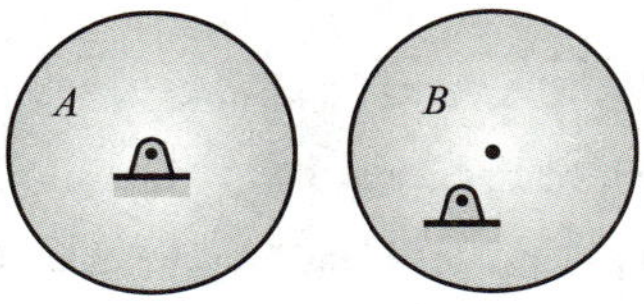

图 12-31

12-6 在铅垂平面内有质量皆为 m 的细铁环和均质圆盘，半径皆为 r，如图 12-32 所示。点 C 为质心，O 处为固定光滑铰链支座，当两图中 OC 均为水平位置时，同时无初速释放，不用计算，试回答：(1) 在释放的瞬时，哪个物体的角加速度较大？(2) 在释放的瞬时，哪个物体铰链 O 处的约束力较大？(3) 当 OC 摆至铅垂位置时，哪个物体的动量较大？(4) 当 OC 摆至铅垂位置时，哪个物体的动能较大？(5) 当 OC 摆至铅垂位置时，哪个物体对点 O 的动量矩较大？

12-7 如图 12-33 所示，半径为 R 的圆轮与半径为 r 的圆轮固接在一起形成鼓轮，在半径为 r 的圆轮上绕以细绳，并作用着常力 $\boldsymbol{F}$，鼓轮做纯滚动，则鼓轮向左运动还是向右运动？当轮心 C 移动距离 s 时，如何计算力 $\boldsymbol{F}$ 的功比较方便？力 $\boldsymbol{F}$ 做的功为多少？

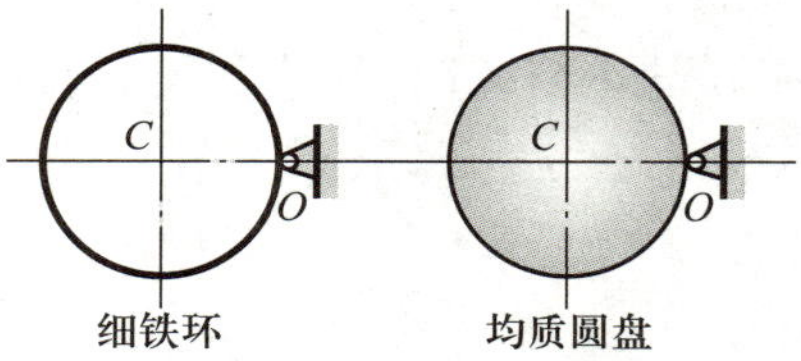

图 12-32

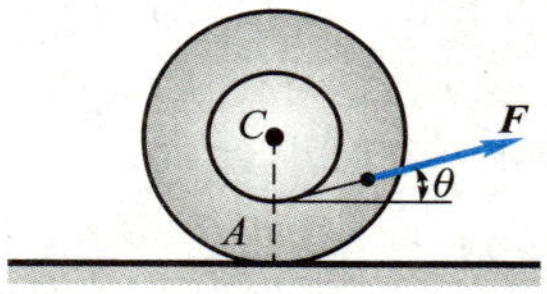

图 12-33

12-8 甲、乙两船完全相同，与岸的距离也完全相同，两船各有一绳与岸相通，且两船初始静止。甲船上一人用力收绳，绳另一端固定于岸上；乙船则是岸上与船上各有一人都用力收绳。设三人所用力量相同，下述各说法是否正确？为什么？(1) 以船为研究对象，两船受力完全相同，因此加速度也相同，故同时到岸；(2) 甲船上一人做功，岸上桩子不动，因此岸上对绳子的拉力不做功；乙船上两个人都做功，因此乙船得到的能量是甲船的 2 倍，由动能定理知，乙船将获得较大的动能，所以乙船先到岸。

12-9 试总结质心在质点系动力学中有什么特殊的意义。

12-10 两个均质圆盘，质量相同，半径不同，静止平放于光滑水平面上。如在此两圆盘上同时作用有相同的力偶，在下述情况下比较两圆盘的动量、动量矩和动能的大小。

(1) 经过同样的时间间隔；

(2) 转过同样的角度。

12-11 质量、半径均相同的均质球、圆柱体、厚圆筒和薄圆筒，同时由静止开始从同一高度沿完全相同的斜面在重力作用下向下做纯滚动。

(1) 由初始至时间 t，重力的冲量是否相同？

(2) 由初始至时间 t，重力的功是否相同？

(3) 到达底部瞬时，动量是否相同？

(4) 到达底部瞬时，动能是否相同？

(5) 到达底部瞬时，对各自质心的动量矩是否相同？

对上面各问题，若认为不相同，则将其由大到小排列。

12-12 在思考题 12-11 中，若从静止开始，各物体沿完全相同的斜面向下做纯滚动，经过完全相同的时间 t，试回答思考题 12-11 中的(3)、(4)、(5)提出的问题。

12-13 试证明柯尼希定理。

习 题

习题：第十二章 动能定理

12-1 如图所示，圆盘的半径 $r=0.5$ m，可绕水平轴 O 转动。在绕过圆盘的绳上吊有两物块 A、B，质量分别为 $m_A=3$ kg，$m_B=2$ kg。绳与圆盘之间无相对滑动。在圆盘上作用一力偶，力偶矩按 $M=4\varphi$ 的规律变化(M 以 N·m 计，φ 以 rad 计)。试求由 $\varphi=0$ 到 $\varphi=2\pi$ 时，力偶 M 与物块 A、B 重力所做功的总和。

12-2 如图所示，用跨过滑轮的绳子牵引质量为 2 kg 的滑块 A 沿倾角为 30°的光滑斜槽运动。设绳子拉力 $F=20$ N。计算滑块 A 由位置 A 至位置 B 时，重力与拉力 F 所做的总功。

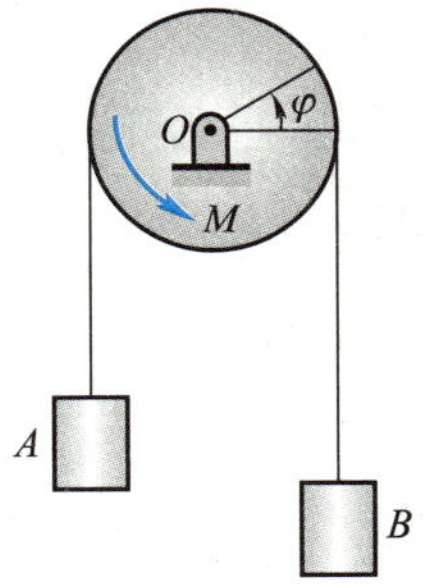

题 12-1 图

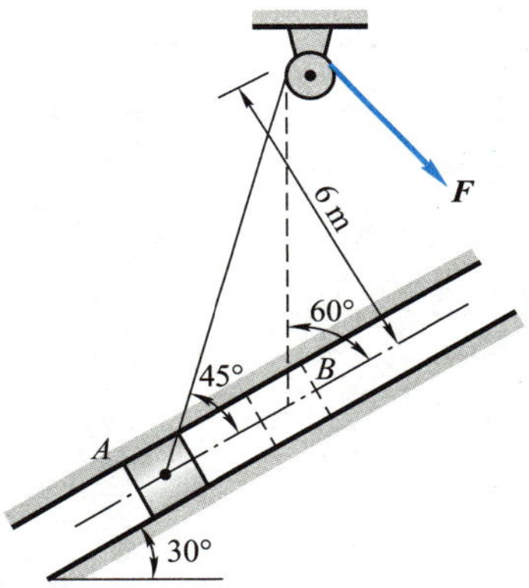

题 12-2 图

12-3 计算下列图示情况下各均质物体的动能：(a) 重为 P、长为 l 的直杆以角速度 ω 绕 O 轴转动；(b) 重为 P、半径为 r 的圆盘以角速度 ω 绕 O 轴转动，$OC=e$；(c) 重为 P、半径为 r 的圆轮在水平面上做纯滚动，质心 C 的速度为 $\boldsymbol{v}$；(d) 重为 P、长为 l 的杆以角速度 ω 绕球铰 O 转动、杆与铅垂线的夹角为 α(常数)。

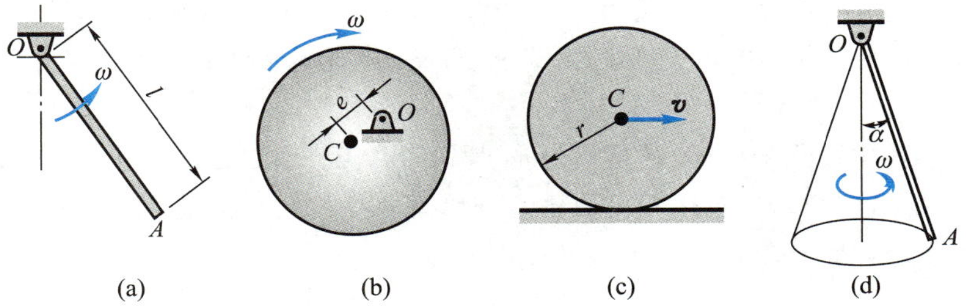

题 12-3 图

12-4 图示坦克的履带质量为 m，两个车轮的质量均为 m_1。车轮被看成均质圆盘，半径为 R，两车轮轴间的距离为 πR。设坦克前进速度为 $\boldsymbol{v}$，试计算此质点系的动能。

12-5 图示凸轮机构位于水平面内，偏心轮 A 使从动杆 BD 做往复运动，与杆相连的弹簧保证杆始终与偏心轮接触，其刚度系数为 k，当杆在极左位置时弹簧不受压力。已知偏心轮重为 P、半径为 r，偏心距 $OA=r/2$；不计杆重及摩擦；要使从动杆 BD 由极左位置移至极右位置，偏心轮的初角速度至少应为多少？

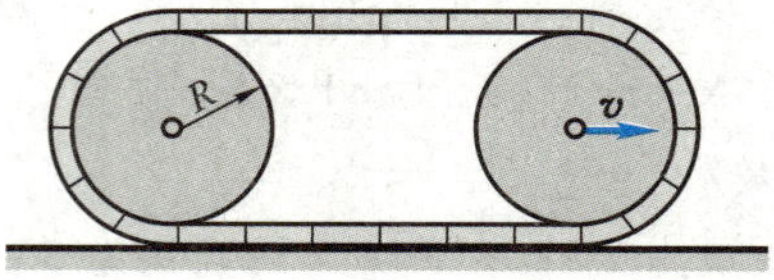

题 12-4 图

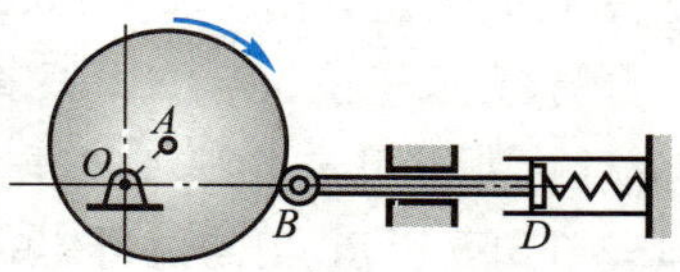

题 12-5 图

12-6 图示机构位于铅垂面内，已知均质杆 AB、CD 长均为 l，质量相同。在 $\theta=30°$ 时无初速释放，试求下列两种情况下，点 B 在通过最低点时的速度。(1) 两杆固连在一起且正交(图 a)；(2) 两杆在点 B 铰接，初始时两杆正交(图 b)。

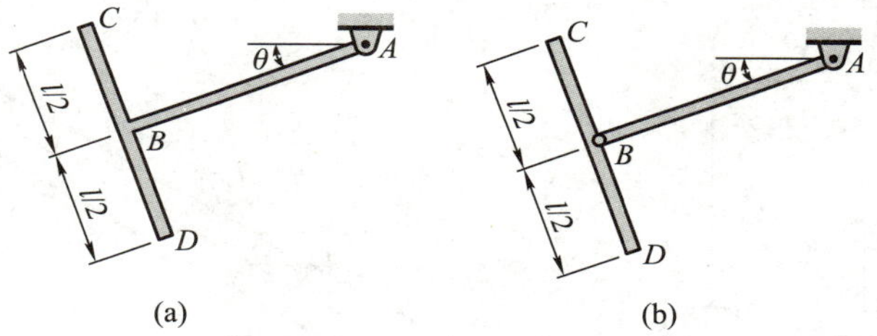

题 12-6 图

12-7 图示曲柄连杆滑块机构位于水平面内，曲柄 OA 重为 P_1、长为 r，连杆 AB 重为 P_2、长为 l，滑块重为 P_3，曲柄 OA 及连杆 AB 可视为均质细长杆。今在曲柄 OA 上作用一力偶矩为 M 的常力偶，当 $\angle BOA=90°$ 时点 A 的速度为 $\boldsymbol{v}$。求当曲柄 OA 转至水平位置时点 A 速度。

12-8 在图示滑轮组中悬挂两个重物，其中重物 Ⅰ 的质量为 m_1，重物 Ⅱ 的质量为 m_2。定滑轮 O_1 的半径为 r_1，质量为 m_3；动滑轮 O_2 的半径为 r_2，质量为 m_4。两轮都视为均质圆盘。如绳重和摩擦略去不计，并设 $m_2>2m_1-m_4$。求重物 Ⅱ 由静止下降距离 h 时的速度。

12-9 两均质杆 AD、BD，质量均为 m，长均为 l，用光滑铰链 D 连接，另一端放在光滑的水平面上，整个系统位于铅垂面内。开始时两杆与水平面成 φ_0 角，静止释放后，求两杆运动到与水平成 φ 角时，铰链 D 的速度。

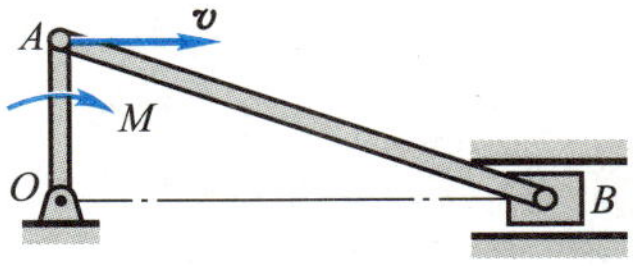

题 12-7 图

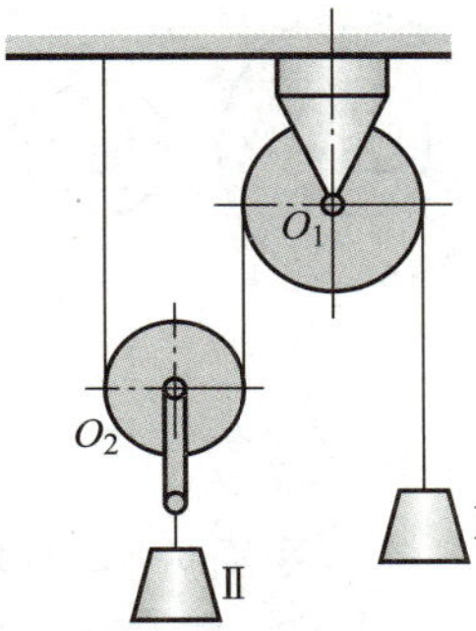

题 12-8 图

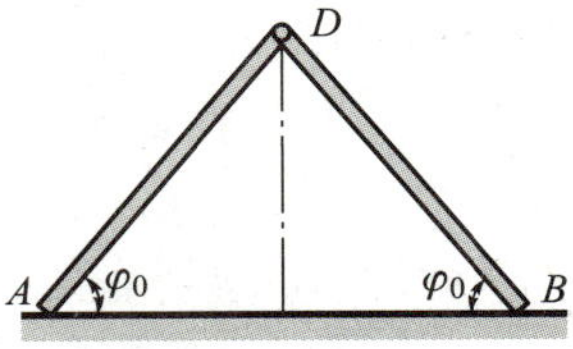

题 12-9 图

12-10 如图所示的平面对称机构为一测速仪的自动装置。它由两个曲柄连杆机构 $O_1A_1B_1$ 和 $O_2A_2B_2$ 及滑块 D 组成。其中 $O_1O_2=O_1A_1=O_2A_2=A_1B_1=A_2B_2=B_1B_2=r$。在 A_1 与 A_2 之间连有一弹簧，其刚度系数为 k。当曲柄 O_1A_1 与 O_2A_2 铅垂向下时（即 $\varphi=0$），弹簧 A_1A_2 为原长。设各均质杆 O_1A_1、O_2A_2、A_2B_2、A_1B_1 的质量均为 m_1，滑块质量为 m_2，弹簧的质量及摩擦略去不计。今从静止位置 $\varphi=0$ 开始，在曲柄 O_1A_1 与 O_2A_2 上分别作用一个力偶，其力偶矩均为 M（常量），方向如图所示。试求当夹角为 φ 时，曲柄 O_1A_1 的角速度 ω。

12-11 周转齿轮传动机构放在水平面内，如图所示。已知动齿轮 II 半径为 r，质量为 m_1，可看成为均质圆盘；曲柄 OA 质量为 m_2，可看成为均质杆；定齿轮 I 半径为 R。在曲柄 OA 上作用一不变的力偶，其力偶矩为 M，使此机构由静止开始运动。求曲柄 OA 转过 φ 角后的角速度和角加速度。

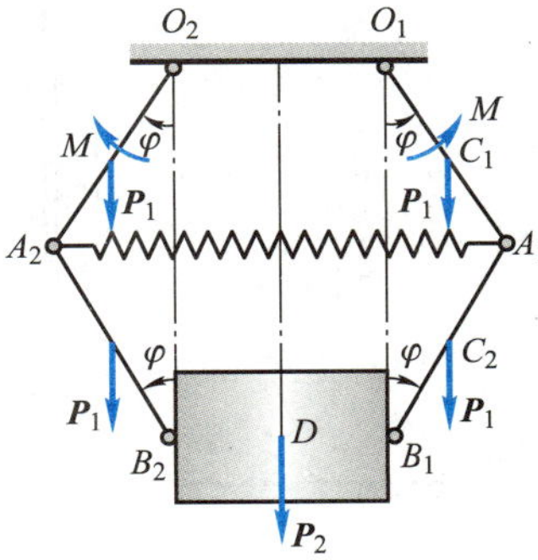

题 12-10 图

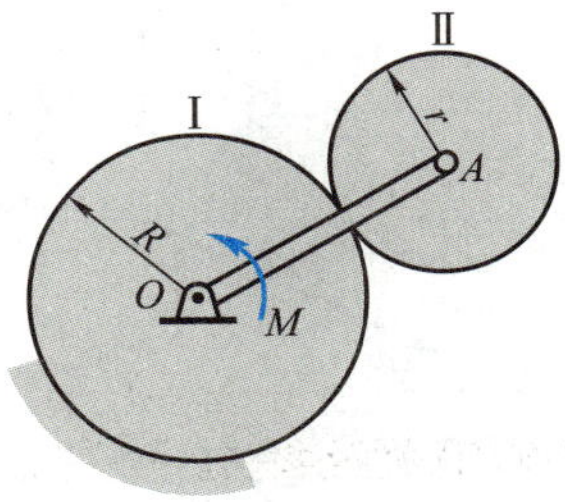

题 12-11 图

12-12 在图示系统中，轮 I、II、III 绕各自中心水平轴的转动惯量分别为 J_1、J_2、J_3，且 $J_1=J_3=J$，$J_2=2J$，$R=2r$。物块 A 重为 P，与斜面间的动摩擦因数为 f，斜面的倾角为 θ，绳的倾斜段与斜面平行。如轮 I 上作用一常力偶，其力偶矩为 M，试求物块 A 上升的加速度。

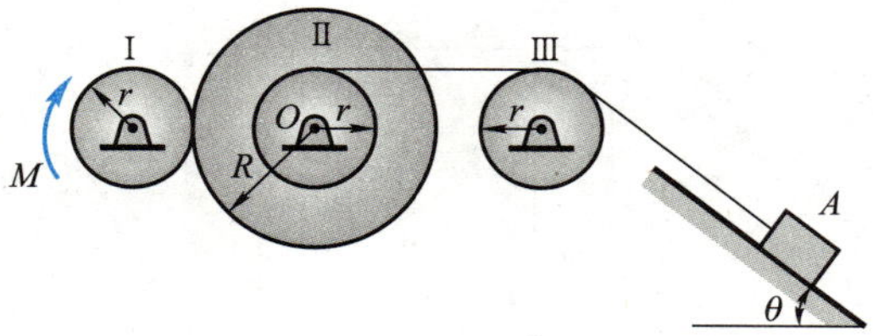

题 12-12 图

12-13 图示四连杆机构可在铅垂平面内运动，均质杆 AB 长为 l，重为 P，均质曲柄 AC、BD 重均为 G，$AC=BD=r$，$CD\,/\!/\,AB$，且 $CD=AB$。曲柄 AC 上作用一常力偶，其力偶矩为 M。开始时，系统处于静止状态，杆 AB 位于最高水平位置。试求当杆 AB 运动到最低水平位置时，曲柄的角速度和角加速度。

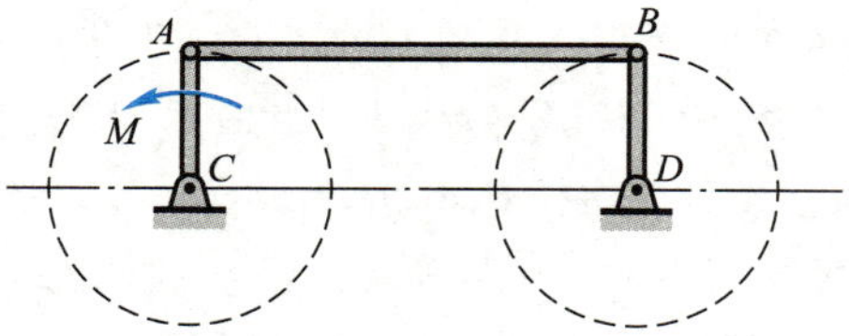

题 12-13 图

12-14 两均质圆盘Ⅰ、Ⅱ，质量均为 m，半径均为 r，各物体的连接如图所示。圆盘Ⅱ沿倾角为 θ 的斜面做纯滚动。弹簧的刚度系数为 k，开始时系统静止，且弹簧无变形。试求物体 A 的运动微分方程。

12-15 图示机构中，杆 AB 质量为 m，楔块 C 质量为 m_C，倾角为 θ。当杆 AB 铅垂下降时，推动楔块 C 水平运动，不计各处摩擦，求楔块 C 与杆 AB 的加速度。

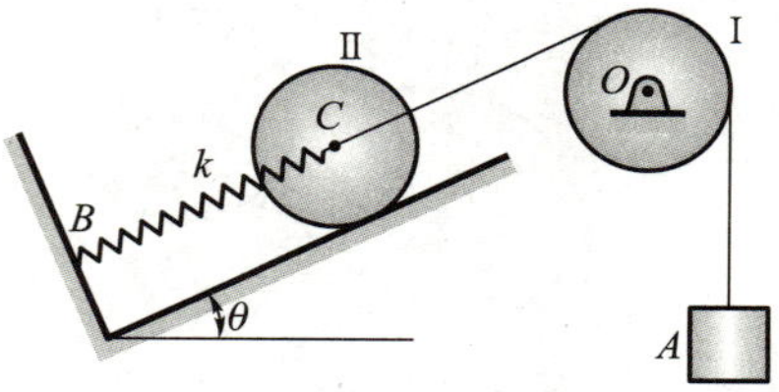

题 12-14 图

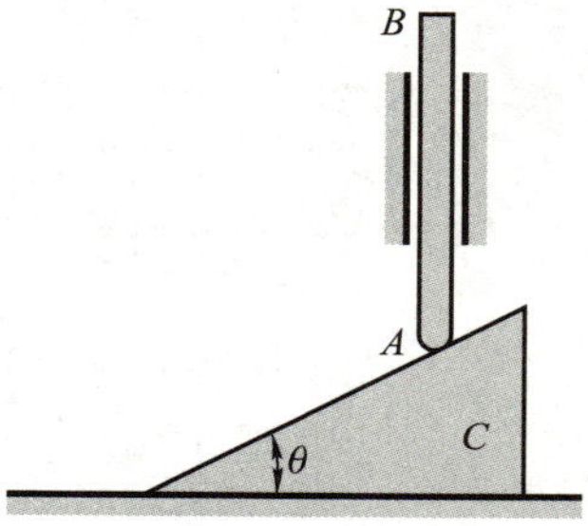

题 12-15 图

12-16 如图所示，汽车的四个轮子半径为 r，对其中心轴的回转半径为 ρ，总驱动力矩为 M，轮与轴总的摩擦力矩为 M_f，汽车运动所受的空气阻力为 $F=-\mu v^2$（μ 为常数）。设车轮做纯滚动，并略去滚动摩擦，求汽车自静止开始运动后的极限速度。

12-17 图示椭圆规机构由曲柄 OA、规尺 BD 及滑块 B、D 组成。已知曲柄 OA 长为 l，质量为 m_1；规尺 BD 长为 $2l$，质量为 $2m_1$，且两者都可以看成均质细杆，两滑块的质

量都是 m_2。整个机构被放在水平面内，并在曲柄 OA 上作用着常值力偶矩 M_0。求曲柄 OA 的角加速度。各处的摩擦不计。

题 12-16 图

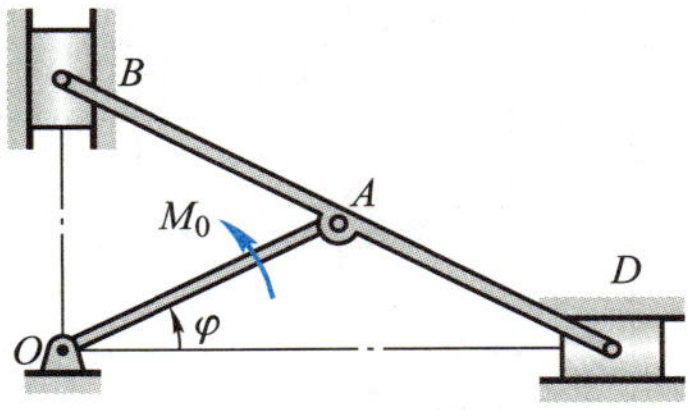

题 12-17 图

12-18 图示均质细杆 AB 长为 l，质量为 m_1，上端 B 靠在光滑的墙壁上，下端 A 以铰链与均质圆柱的中心相连。圆柱质量为 m_2，半径为 R，放在粗糙水平面上，自图示位置由静止开始滚动而不滑动，杆 AB 与水平线的交角 $\theta=45°$。求点 A 在初瞬时的加速度。

12-19 均质圆筒重为 P_1，沿两块斜板滚动而不滑动。在圆筒上绕以细绳，绳端挂一重为 P_2 的物体，悬吊在两斜板之间，如图所示。求能使圆筒向上滚动之倾角 θ 及此时圆筒中心轴的速度与上升路程 l 的关系。开始时圆筒静止。

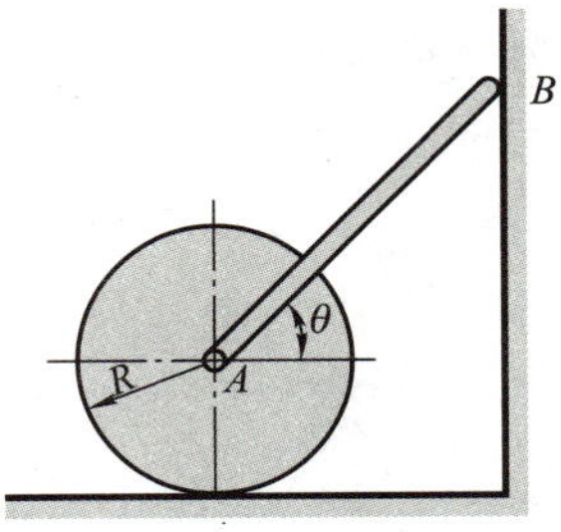

题 12-18 图

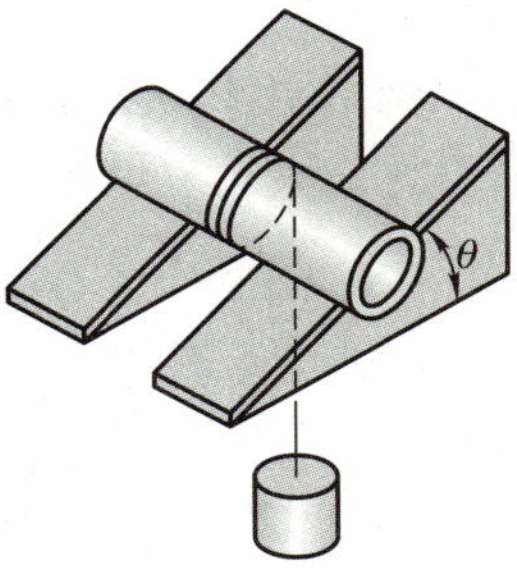

题 12-19 图

12-20 试利用动能定理求解题 11-33。

12-21 图示车床切削直径 $D=48$ mm 的工件，主切削力 $F=7.84$ kN。若主轴转速 $n=240$ r/min，电动机转速为 1 420 r/min，主传动系统的总效率 $\eta=0.75$。求车床主轴、电动机主轴分别受到的力矩和电动机的功率。

12-22 如图所示，测量机器功率的动力计，由带 $ACDB$ 和杠杆 BF 组成。带具有铅垂的两段 AC 和 BD，并套住机器的滑轮 E 的下半部，杠杆 BF 的支点为 O。借升高或降低支点 O，可以变更带的张力，同时变更轮与带间的摩擦力。杠杆 BF 上挂一质量为 3 kg 的重锤，使杠杆 BF 处于水平的平衡位置。如力臂 $l=500$ mm，发动机转速 $n=240$ r/min，求发动机的功率。

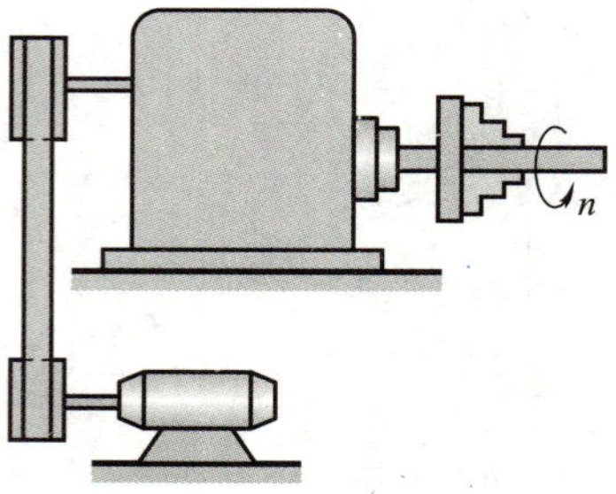

题 12-21 图

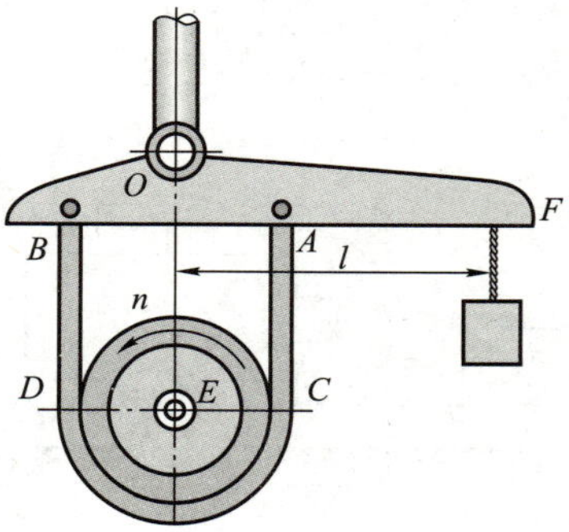

题 12-22 图

习题：综合题

综合习题

综-1　滑块 M 的质量为 m，可在固定于铅垂面内、半径为 R 的光滑圆环上滑动，如图所示。滑块 M 上系有一刚度系数为 k 的弹性绳 MOA，此绳穿过固定环 O，并固结在点 A。已知当滑块在点 O 时绳的张力为零。开始时滑块在点 B 静止，当它受到微小扰动时，即沿圆环滑下。求下滑速度 v 与 φ 角的关系和圆环的约束力。

综-2　图示一撞击试验机，主要部分为一质量 $m=20$ kg 的钢铸物，固定在杆上，杆重和轴承摩擦均忽略不计。钢铸物的中心到铰链 O 的距离为 $l=1$ m，钢铸物由最高位置 A 无初速地落下。求轴承约束力与杆的位置 φ 之间的关系，并讨论 φ 等于多少时杆受力为最大或最小。

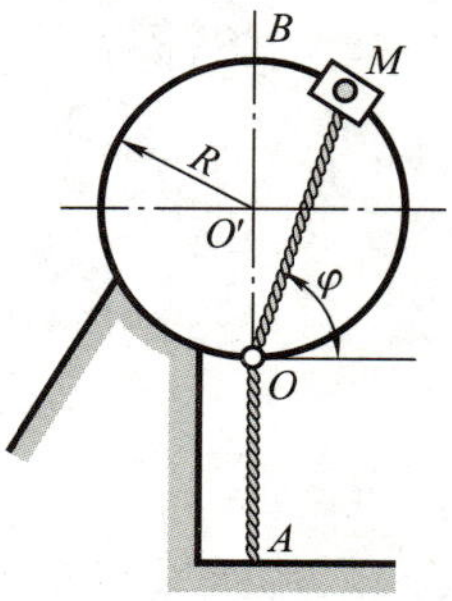

题综-1 图

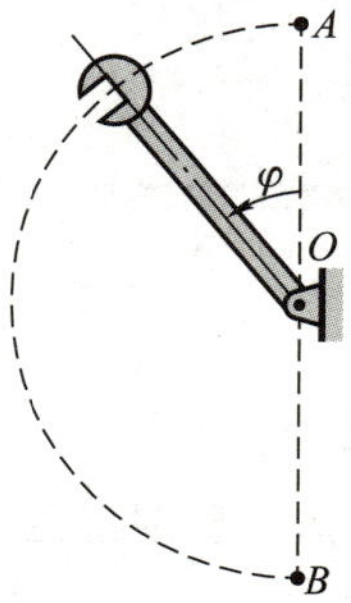

题综-2 图

综-3　正方形均质板的质量为 40 kg，在铅垂面内以三根软绳拉住，板的边长 $b=100$ mm，如图所示。求：(1) 当软绳 FG 被剪断后，板开始运动的加速度及 AD 和 BE 两绳的张力；(2) 当 AD 和 BE 两绳位于铅垂位置时，板中心 C 的加速度和两绳的张力。

综-4　均质杆 AB 的质量为 $m=4$ kg，其两端悬挂在两条平行绳上，杆 AB 处在水平位置，如图所示。设其中一绳突然断了，求此瞬时另一绳的张力 $\boldsymbol{F}$。

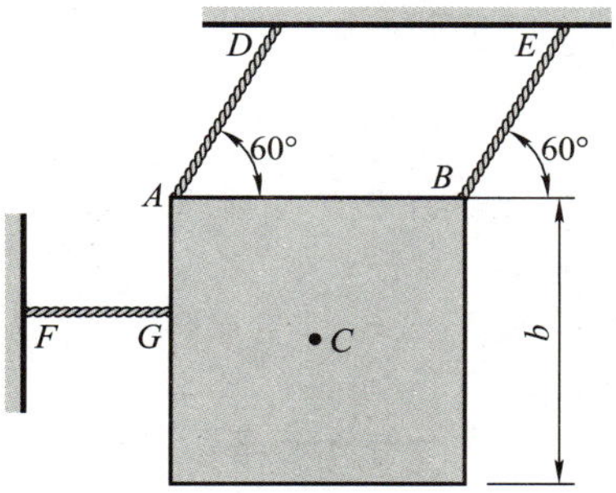

题综-3 图

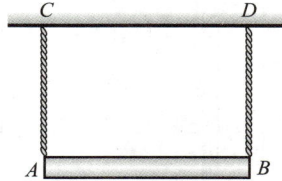

题综-4 图

综-5　图示圆环以角速度 ω 绕铅垂轴 AC 自由转动。此圆环半径为 R，对铅垂轴的转动惯量为 J。在圆环中的点 A 放一质量为 m 的小球。设由于微小的干扰小球离开点 A，小球与圆环间的摩擦忽略不计。求当小球到达点 B 和点 C 时，圆环的角速度和小球的速度。

综-6　质量为 m 的两个相同的小珠，串在光滑圆环上，无初速度地自最高处滑下，圆环竖直地立在地面上。圆环的质量 M 和小珠质量 m 之间满足什么关系，圆环才可能从地面跳起？

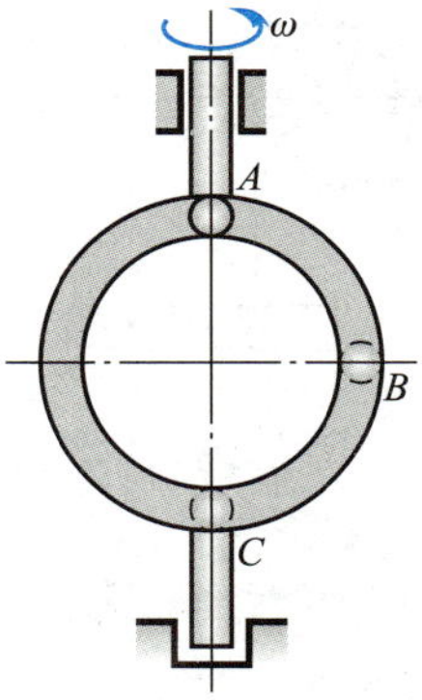

题综-5 图

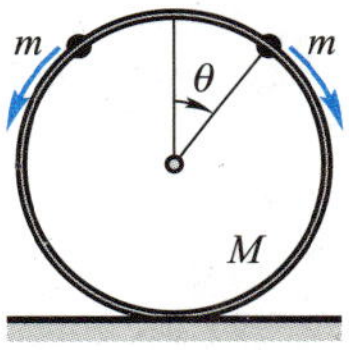

题综-6 图

综-7　图示均质杆 OA 长为 l，质量为 m，在常力偶的作用下在水平面内从静止开始绕 z 轴转动，设力偶矩为 M。求：(1) 经过时间 t 后系统的动量、对 z 轴的动量矩和动能的变化；(2) 轴承的约束力。

综-8　图示均质圆柱 C 自桌角 O 滚离桌面。当 $\theta=0°$ 时，其初速度为零；当 $\theta=30°$ 时，发生滑动现象。试求圆柱与桌面之间的摩擦因数。

综-9　图示机构的轮与杆固结，均质轮 A 的质量为 m，半径为 r，均质细杆 AB 的质量为 m_1，长为 l，物块 C 的质量为 m_2。当杆 AB 在水平位置时，系统处于平衡状态，若剪断 B 处绳子，试求：(1) 杆 AB 到达铅垂位置时的角速度与角加速度；(2) 支座 A 的约束力(表示成杆 AB 角速度、角加速度的函数)。

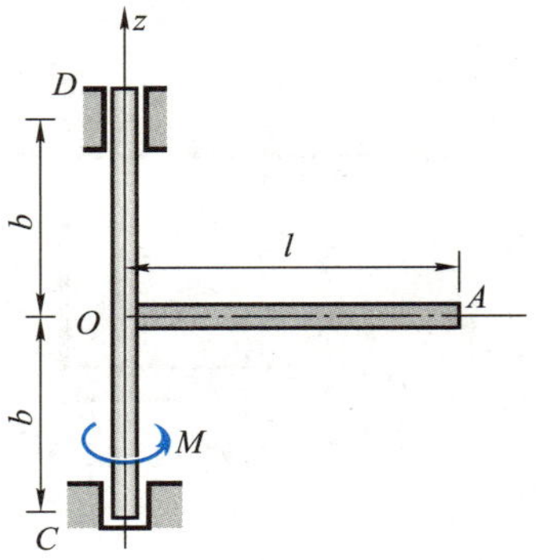

题综-7 图

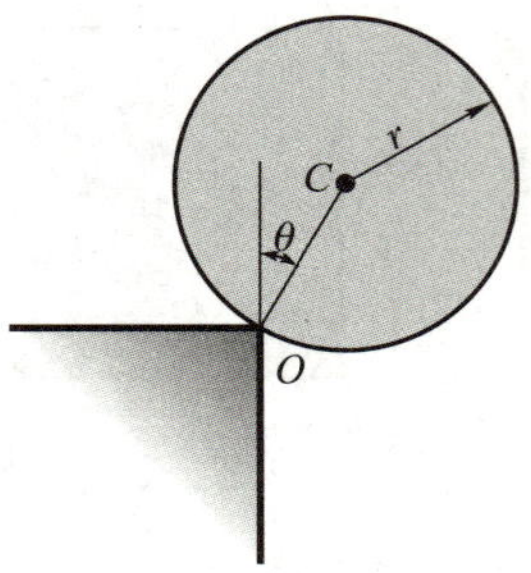

题综-8 图

综-10　在图示起重装置中,均质滑轮 A 和 B 的质量均为 $m_1=10\ \mathrm{kg}$,半径均为 $r=0.2\ \mathrm{m}$,构件 C 的质量为 $m_2=2\ 000\ \mathrm{kg}$,质心在点 C,加速度 $a=2.45\ \mathrm{m/s^2}$;两段绳索处于铅垂位置。试求:(1) 驱动常力偶矩 M;(2) 轴承 A 的约束力。

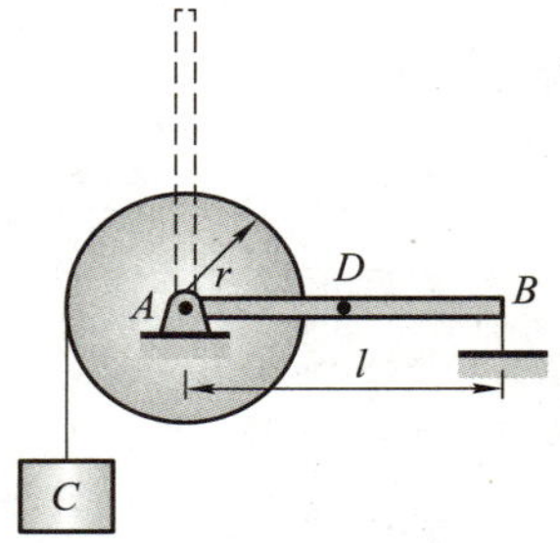

题综-9 图

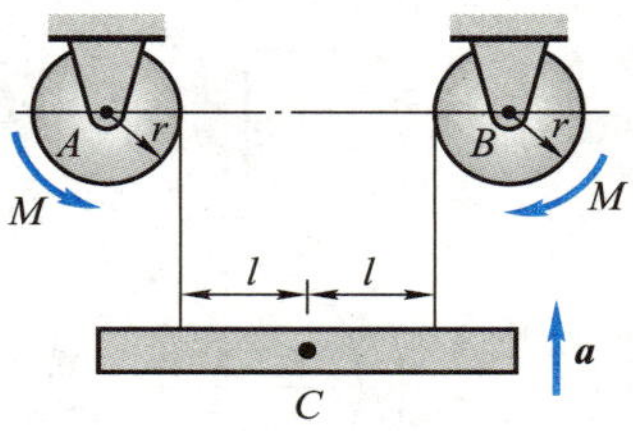

题综-10 图

综-11　质量为 m、半径为 r 的均质圆盘从 $\theta=0$ 的位置静止释放后沿半径为 R 的导向装置只滚动而无滑动,如图所示。求圆盘与导轨之间的正压力与 θ 角的关系。

综-12　在图示机构中,均质齿轮 Ⅰ 质量为 m_1,半径为 r,均质齿轮 Ⅱ 质量为 m_2,半径为 $R=2r$,塔轮 Ⅲ 固结在齿轮 Ⅱ 上,其质量为 m_3,半径为 r,齿轮的压力角(齿轮间的压力与齿轮切线所成的交角)$\theta=20°$,被提升物 A 的质量为 m_A,吊索的质量与轴承的摩擦略去不计。若在齿轮上作用力偶矩为 M 的常力偶。试求轴承 O_1 与 O_2 的约束力(约束力可以表示成物块 A 加速度 a_A 的函数)。

综-13　均质细杆 AB 长为 l,质量为 m,起初紧靠在铅垂墙壁上,由于微小干扰,杆绕点 B 倾倒,如图所示。不计摩擦,求:(1) B 端未脱离墙壁时杆 AB 的角速度、角加速度及 B 处的约束力;(2) B 端脱离墙壁时的 θ_1 角;(3) 杆 AB 着地时质心的速度及杆 AB 的角速度。

综-14　将长为 l 的均质细杆的一段平放在水平桌面上,使其质心 C 与桌缘的距

离为 a，如图所示。若当杆与水平面之夹角超过 θ_0 时，杆即开始相对桌缘滑动。试求动摩擦因数 f。

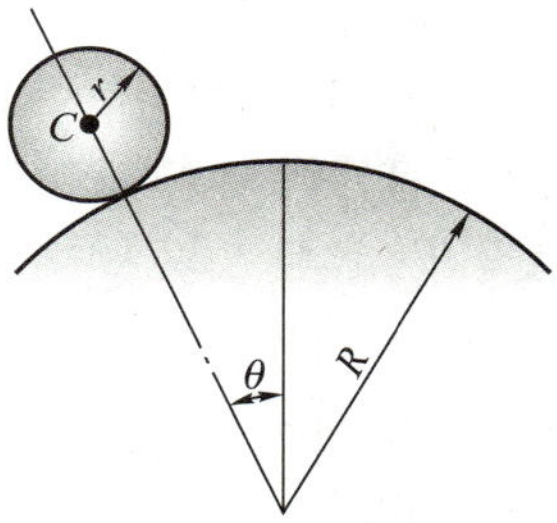

题综-11 图

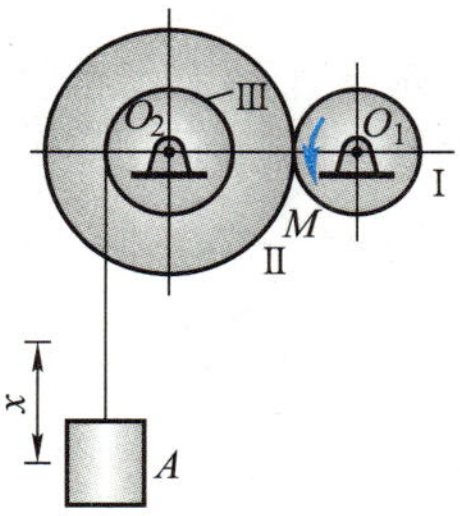

题综-12 图

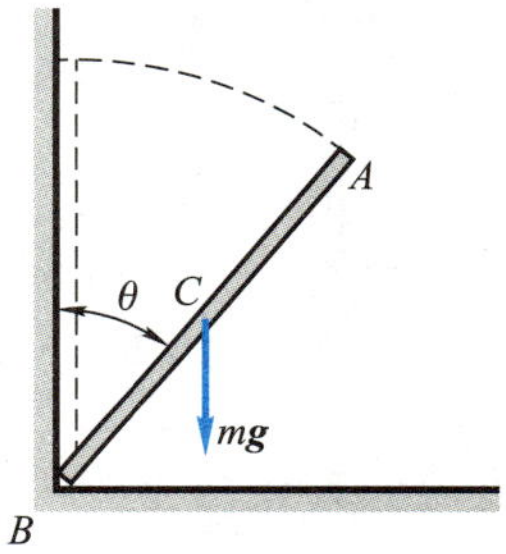

题综-13 图

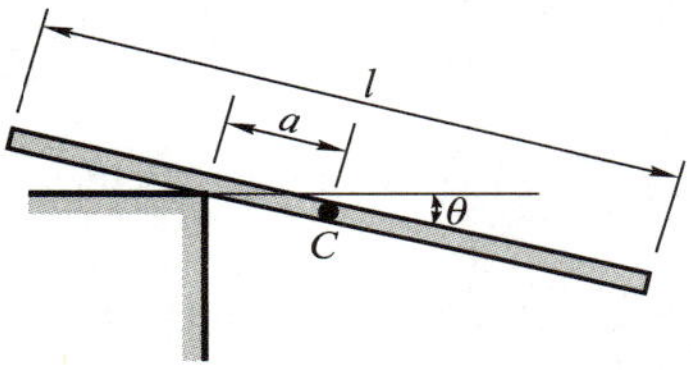

题综-14 图

综-15　长为 $2l$ 的杆 AB 铰接于点 A，开始时，杆 AB 自水平位置无初速度地开始运动，如图所示。当杆 AB 通过铅垂位置时，去掉铰链使杆 AB 成为自由体。(1) 试证在此后的运动中杆 AB 的质心运动轨迹为一抛物线；(2) 当杆 AB 的质心下降 h 距离后，杆 AB 一共转动了多少圈？

综-16　在图示机构中，杆 AB 和杆 CD，质量均为 m，长度均为 l，套筒 C 的质量及各处摩擦忽略不计，机构处于铅垂平面内。当杆 AB 从图示 $\varphi=30°$ 位置自由落到水平位置时，试求：(1) 杆 AB 的角速度 ω；(2) 点 D 的加速度 a；(3) 套筒 C 与杆 AB 之间的作用力的大小；(4) 铰链 A 处的水平约束力的大小。

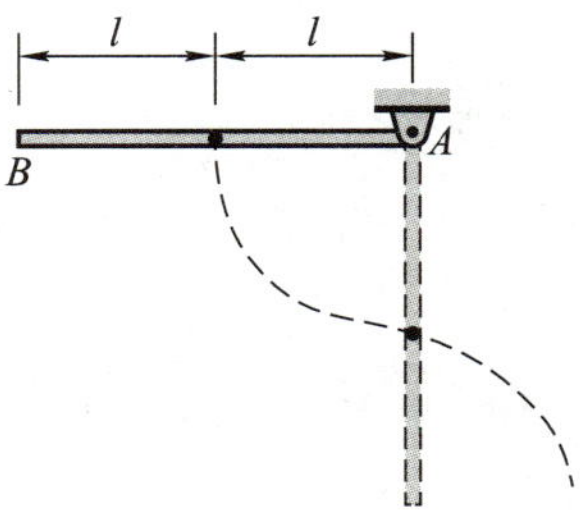

题综-15 图

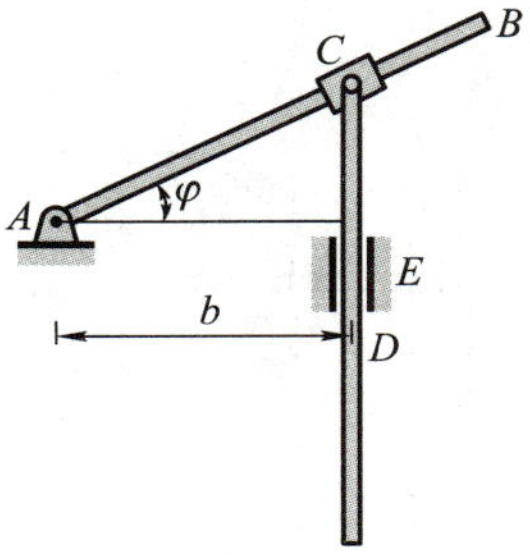

题综-16 图

综-17　物体 A 质量为 m_1，沿楔状物 D 的斜面下降，同时借绕过滑轮 C 的绳使质量为 m_2 的物体 B 上升，如图所示。斜面与水平面成 θ 角，滑轮和绳的质量及一切摩擦均略去不计。求楔状物 D 作用于地面凸出部分 E 的水平压力。

综-18　图示为曲柄滑槽机构，曲柄 OA 绕水平轴 O 做匀速转动，角速度为 ω。已知曲柄 OA 的质量为 m_1，$OA=r$，滑槽 BC 的质量为 m_2（重心在点 D）。滑块 A 的重量和各处摩擦不计。求当曲柄 OA 转至图示位置时，滑槽 BC 的加速度、轴承 O 的约束力及作用在曲柄 OA 上的力偶矩 M。

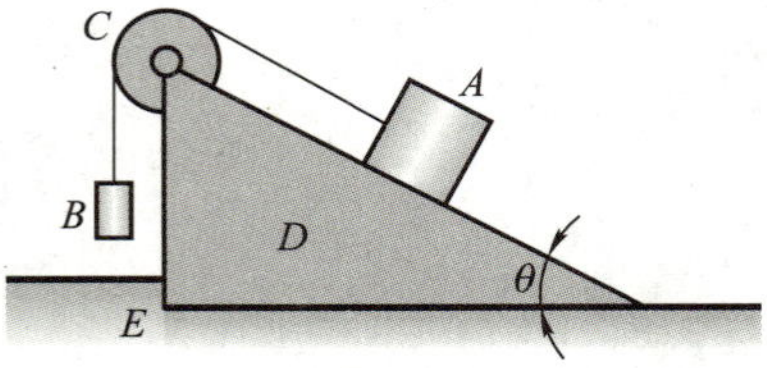

题综-17 图

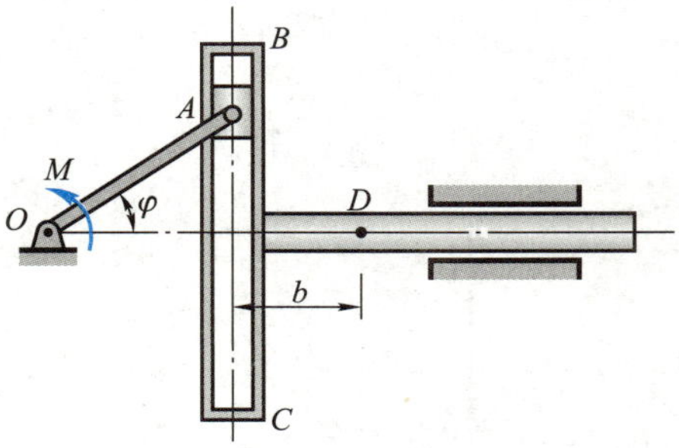

题综-18 图

综-19　均质杆 OA 长为 l，质量为 m，可绕水平轴 O 自由摆动，杆 OA 的 A 端固结一销，可在水平连杆 AB 的 A 端的滑槽中运动，如图所示。连杆 AB 的 B 端还有一滑槽，槽中插有销 D，此销则随同圆轮绕水平轴 O_1 以角速度 ω 做匀速转动，并带动连杆 AB 做简谐运动，如图所示。已知销 D 至转轴 O_1 的距离为 r，连杆 AB 的质量及一切摩擦均可忽略。试求水平轴 O 处的约束力。

综-20　滚子 A 质量为 m_1，沿倾角为 θ 的斜面向下只滚不滑，如图所示。滚子借一跨过滑轮 B 的绳提升质量为 m_2 的物体 C，同时滑轮 B 绕 O 轴转动。滚子 A 与滑轮 B 的质量相等，半径相等，且都为均质圆盘。求滚子 A 重心的加速度和系在滚子 A 上绳的张力。

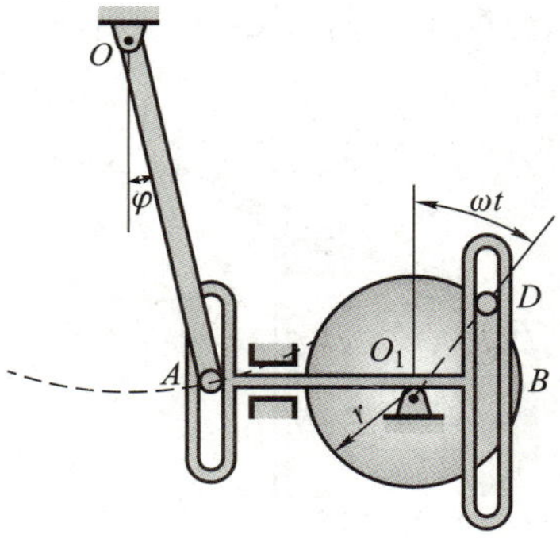

题综-19 图

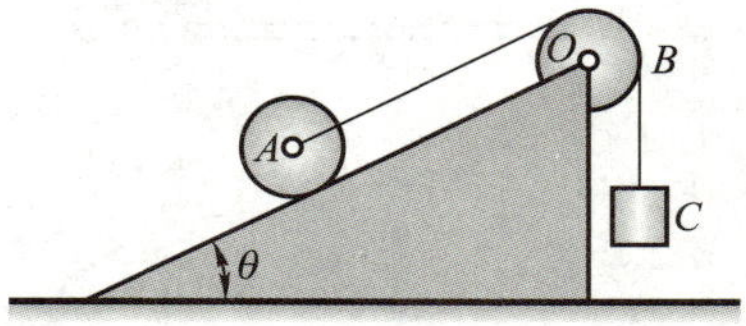

题综-20 图

综-21　在图示机构中，均质圆盘 O 质量为 m，半径为 $2r$，与其上的均质圆盘 O' 刚连。圆盘 O' 质量为 m，半径为 r。试求下列两种情况下，OO' 由水平位置（图 a）无初速度运动至铅垂位置（图 b）时圆盘 O 的角速度：(1) 水平面与圆盘 O 间有足够的摩擦；(2) 水平面与圆盘 O 间光滑接触。

综-**22**　在图示机构中，沿斜面纯滚动的圆柱 O' 和鼓轮 O 为均质物体，质量均为 m，半径均为 R。绳子不能伸缩，其质量略去不计。粗糙斜面的倾角为 θ，不计滚动摩擦。如在鼓轮上作用一常力偶 M，求：(1) 鼓轮的角加速度；(2) 轴承 O 的水平约束力。

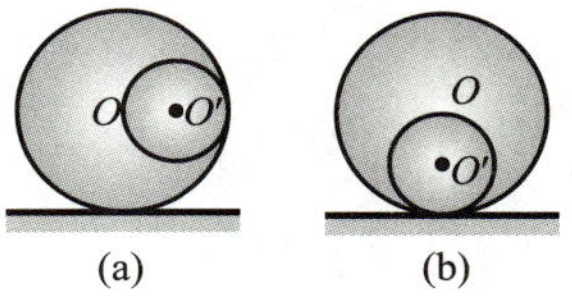

题综-21 图

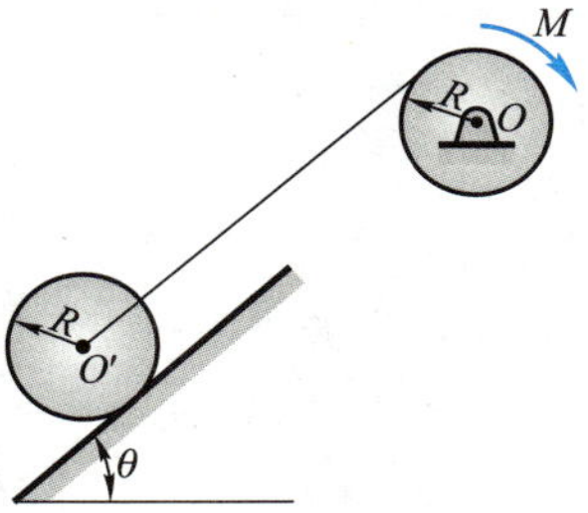

题综-22 图

综-**23**　图示机构中，物块 A、B 的质量均为 m，两均质圆轮 C、D 的质量均为 $2m$，半径均为 R。圆轮 C 铰接于无重悬臂梁 CK 上，圆轮 D 为动滑轮，梁 CK 的长度为 $3R$，绳与轮间无滑动，系统由静止开始运动。求：(1) 物块 A 上升的加速度；(2) HE 段绳的拉力；(3) 固定端 K 处的约束力。

综-**24**　图示系统位于铅垂平面内，均质杆 AB 和 BD 质量均为 m，长均为 l。今用一细绳将点 B 拉住，使杆 AB 和 BD 位于一直线上，该直线与水平线间的夹角 $\theta=30°$，系统保持平衡。摩擦和滑块 D 的质量及大小略去不计。试求：(1) 剪断细绳的瞬时，滑槽对滑块 D 的约束力；(2) 杆 AB 运动至水平位置时的角速度。

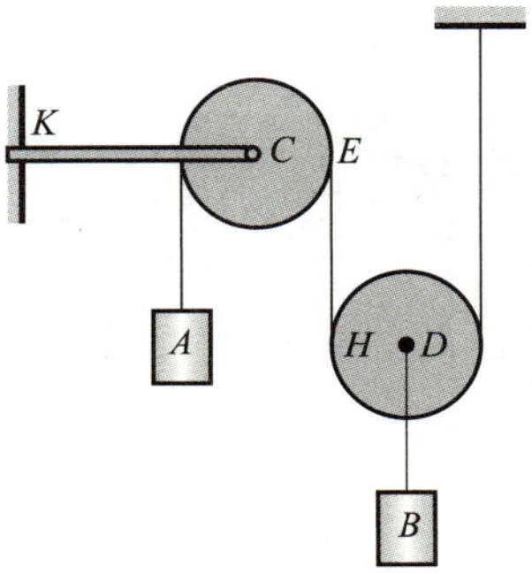

题综-23 图

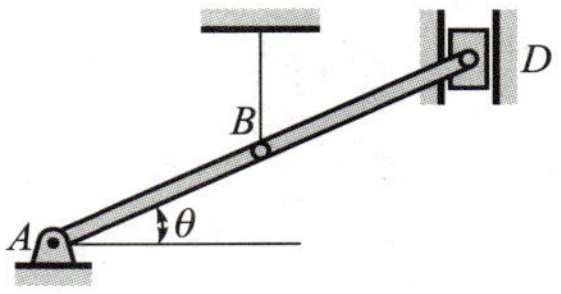

题综-24 图

综-**25**　图示三棱柱 A 沿三棱柱 B 的斜面滑动，三棱柱 A 和 B 的质量分别为 m_1 与 m_2，三棱柱 B 的斜面与水平面成 θ 角。如开始时物系静止，忽略摩擦，求运动时三棱柱

B 的加速度。

综−**26** 图示三棱柱 *ABC* 的质量为 m_1，放在光滑的水平面上，可以无摩擦地滑动。质量为 m_2 的均质圆柱 *O* 由静止沿斜面 *AB* 向下纯滚动。如斜面的倾角为 θ，求三棱柱 *ABC* 的加速度。

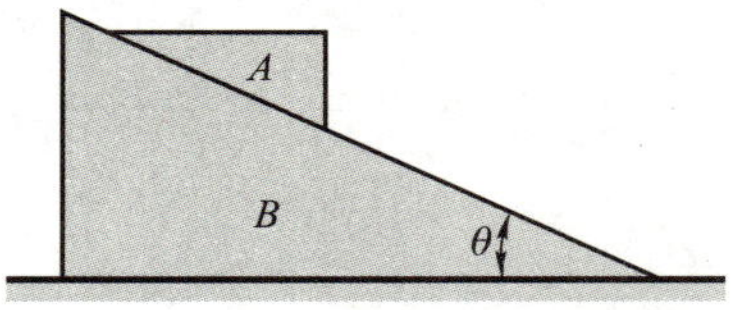

题综−25 图

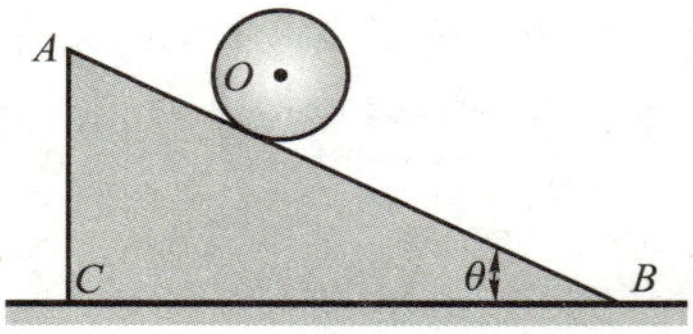

题综−26 图

综−**27** 图示机构位于铅垂面内，均质细杆 *AB* 与 *BC* 的单位长度质量均为 ρ，圆盘以匀角速度 ω 绕 *O* 轴转动。在图示位置时，点 *O*、*A*、*B* 位于同一水平线，杆 *CB* 垂直于杆 *AB*。试求此瞬时杆 *AB* 的两端所受的水平与铅垂约束力。

综−**28** 图示质量为 m_1、半径为 *R* 的均质圆盘铰接在质量为 m_2 的滑块上，且 $m_1 = m_2 = m$。滑块可在光滑的地面上滑动，圆盘靠在光滑的墙壁上，初始时，$\theta_0 = 0$，系统静止。滑块受到微小扰动后向右滑动。试求圆盘脱离墙壁时的 θ 及此时地面的约束力。

综−**29** 质量均为 *m*，长度均为 *l* 的两均质杆相互铰接，初始瞬时杆 *OA* 处于铅垂位置，两杆夹角为 45°，如图所示。试求由静止释放的瞬时，两杆的角加速度。

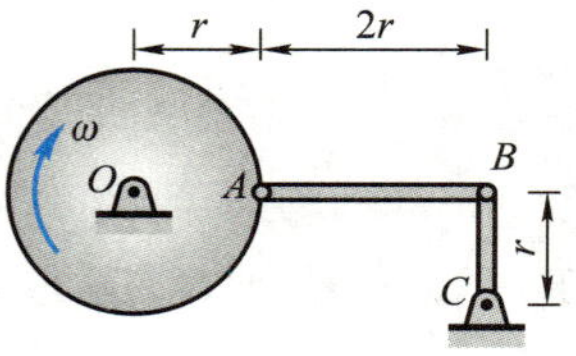

题综−27 图

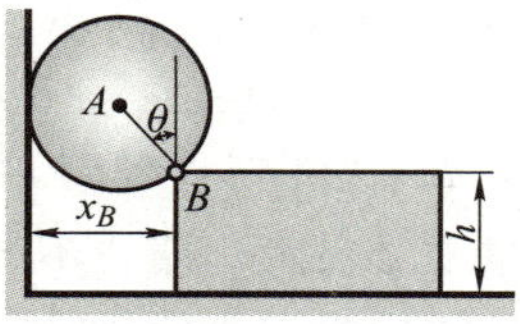

题综−28 图

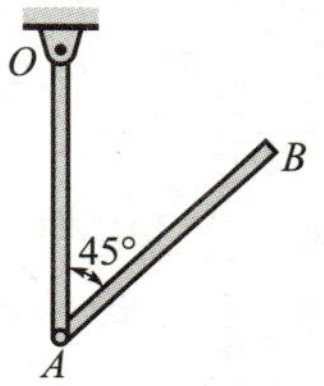

题综−29 图

综−**30** 均质杆 *AB* 长为 $2l$，质量为 *m*，*A* 端被约束在一光滑水平滑道内。开始时，杆 *AB* 位于图示的虚线位置 A_0B_0，由静止释放后，该杆受重力作用而运动。求 *A* 端所受的约束力。

综−**31** 若在题 11−35 中所施加的力偶为常力偶。当在力偶作用下杆 *OA* 逆时针转过 90°时（即点 *A*、*O*、*D* 三点共线），试求杆 *AB* 的角速度、角加速度和套筒 *D* 处的约束力。

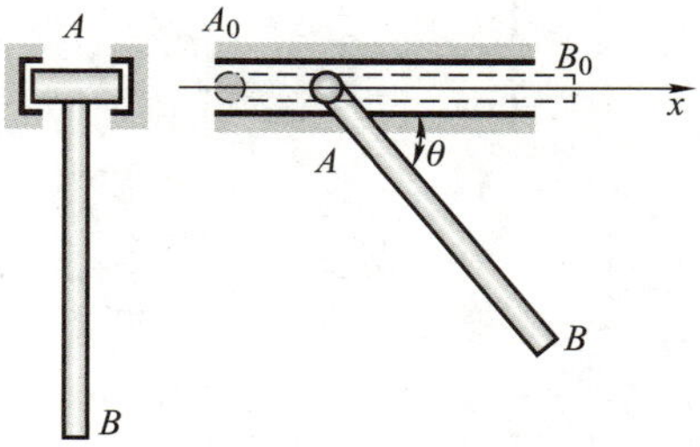

题综−30 图

第十三章
达朗贝尔原理

达朗贝尔原理提供了研究非自由质点系动力学的一个新的普遍的方法，由达朗贝尔原理给出的求解动力学问题的静力学方法称为**动静法**。

本章引入惯性力的概念，推出质点和质点系的达朗贝尔原理，给出刚体惯性力系的简化结果，用平衡方程的形式求解一些动力学问题，最后讨论了定轴转动刚体轴承附加动约束力问题。

§13-1 惯性力·质点的达朗贝尔原理

设一质点的质量为 m，加速度为 $\boldsymbol{a}$，作用于质点的主动力为 $\boldsymbol{F}$，约束力为 $\boldsymbol{F}_{\mathrm{N}}$，如图 13-1 所示。由牛顿第二定律，有

$$m\boldsymbol{a}=\boldsymbol{F}+\boldsymbol{F}_{\mathrm{N}}$$

将上式移项写为

$$\boldsymbol{F}+\boldsymbol{F}_{\mathrm{N}}-m\boldsymbol{a}=\mathbf{0}$$

令

$$\boldsymbol{F}_{\mathrm{I}}=-m\boldsymbol{a} \tag{13-1}$$

有

$$\boldsymbol{F}+\boldsymbol{F}_{\mathrm{N}}+\boldsymbol{F}_{\mathrm{I}}=\mathbf{0} \tag{13-2}$$

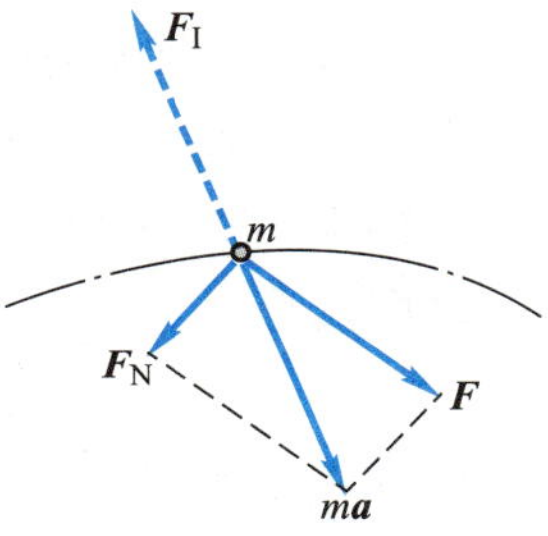

图 13-1

$\boldsymbol{F}_{\mathrm{I}}$ 具有力的量纲，且与质点的惯性有关，可以把 $\boldsymbol{F}_{\mathrm{I}}$ 假想为一个力，称之为质点的**惯性力**。它的大小等于质点的质量与加速度的乘积，它的方向与质点加速度的方向相反。式(13-2)可解释为：作用在质点上的主动力、约束力和它的惯性力在形式上组成平衡力系。这就是质点的**达朗贝尔原理**。

应该强调指出，质点并非处于平衡状态，这样做的目的是使动力学问题可以借用静力学的理论和方法求解。对非自由质点系动力学问题，这一方法具有很多优越性，因此在工程中应用比较广泛。同时，达朗贝尔原理与下一章的虚位移原理构成了分析力学的基础。

例 13-1 用达朗贝尔原理求解例 9-3。

解：用达朗贝尔原理解题时，首先也要进行受力分析，而且一定要画出惯性力。视小球为质点，其受重力(主动力)$m\boldsymbol{g}$ 与绳拉力(约束力)$\boldsymbol{F}_{\mathrm{T}}$ 作用。质点做匀速圆周运动，只有法向加速度，因此只有法向惯性力，如图 13-2 所示，且

$$F_{\mathrm{I}}^{\mathrm{n}}=ma_{\mathrm{n}}=m\frac{v^2}{l\sin\theta}$$

动画

例 13-1

根据质点的达朗贝尔原理，这三力在形式上组成平衡力系，即

$$m\boldsymbol{g}+\boldsymbol{F}_{\mathrm{T}}+\boldsymbol{F}_{\mathrm{I}}^{\mathrm{n}}=\boldsymbol{0}$$

取上式在图示自然轴上的投影式，有

$$\sum F_{\mathrm{b}}=0,\quad F_{\mathrm{T}}\cos\theta-mg=0$$

$$\sum F_{\mathrm{n}}=0,\quad F_{\mathrm{T}}\sin\theta-F_{\mathrm{I}}^{\mathrm{n}}=0$$

解得

$$F_{\mathrm{T}}=\frac{mg}{\cos\theta}=1.96\ \mathrm{N},\quad v=\sqrt{\frac{F_{\mathrm{T}}l\sin^2\theta}{m}}=2.1\ \mathrm{m/s}$$

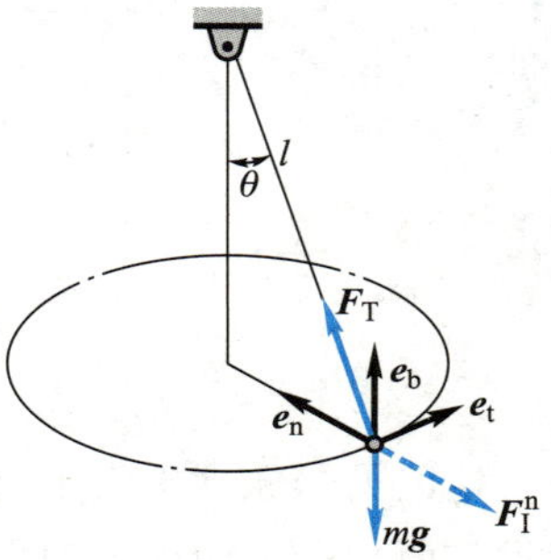

图 13-2

§13-2 质点系的达朗贝尔原理

设质点系由 n 个质点组成，其中任一质点 i 的质量为 m_i，加速度为 $\boldsymbol{a}_i$，把作用于此质点上的所有力分为主动力的合力 $\boldsymbol{F}_i$、约束力的合力 $\boldsymbol{F}_{\mathrm{N}i}$，对这个质点假想地加上它的惯性力 $\boldsymbol{F}_{\mathrm{I}i}=-m_i\boldsymbol{a}_i$，由质点的达朗贝尔原理，有

$$\boldsymbol{F}_i+\boldsymbol{F}_{\mathrm{N}i}+\boldsymbol{F}_{\mathrm{I}i}=\boldsymbol{0}\quad(i=1,2,\cdots,n)\tag{13-3}$$

上式表明，质点系中每个质点上作用的主动力、约束力和它的惯性力在形式上组成平衡力系，这是质点系达朗贝尔原理的一种表述。

把作用于第 i 个质点上的所有力分为外力的合力 $\boldsymbol{F}_i^{(\mathrm{e})}$，内力的合力 $\boldsymbol{F}_i^{(\mathrm{i})}$，则式(13-3)可改写为

$$\boldsymbol{F}_i^{(\mathrm{e})}+\boldsymbol{F}_i^{(\mathrm{i})}+\boldsymbol{F}_{\mathrm{I}i}=\boldsymbol{0}\quad(i=1,2,\cdots,n)$$

这表明，质点系中每个质点上作用的外力、内力和它的惯性力在形式上组成平衡力系。由静力学知，空间任意力系平衡的充分必要条件是力系的主矢和对于任一点的主矩等于零，即

$$\sum\boldsymbol{F}_i^{(\mathrm{e})}+\sum\boldsymbol{F}_i^{(\mathrm{i})}+\sum\boldsymbol{F}_{\mathrm{I}i}=\boldsymbol{0}$$

$$\sum\boldsymbol{M}_O(\boldsymbol{F}_i^{(\mathrm{e})})+\sum\boldsymbol{M}_O(\boldsymbol{F}_i^{(\mathrm{i})})+\sum\boldsymbol{M}_O(\boldsymbol{F}_{\mathrm{I}i})=\boldsymbol{0}$$

由于质点系的内力总是成对存在，且等值、反向、共线，因此有 $\sum\boldsymbol{F}_i^{(\mathrm{i})}=\boldsymbol{0}$ 和 $\sum\boldsymbol{M}_O(\boldsymbol{F}_i^{(\mathrm{i})})=\boldsymbol{0}$，于是有

$$\left.\begin{aligned}&\sum\boldsymbol{F}_i^{(\mathrm{e})}+\sum\boldsymbol{F}_{\mathrm{I}i}=\boldsymbol{0}\\&\sum\boldsymbol{M}_O(\boldsymbol{F}_i^{(\mathrm{e})})+\sum\boldsymbol{M}_O(\boldsymbol{F}_{\mathrm{I}i})=\boldsymbol{0}\end{aligned}\right\}\tag{13-4}$$

式(13-4)表明，作用在质点系上的所有外力与所有质点的惯性力系在形式上组成平衡力系，这是质点系达朗贝尔原理的又一表述，也是更常用的一种表述。

在静力学中，称 $\sum\boldsymbol{F}_i$ 为主矢，$\sum\boldsymbol{M}_O(\boldsymbol{F}_i)$ 为对点 O 的主矩，现在称 $\sum\boldsymbol{F}_{\mathrm{I}i}$ 为惯性力系的主矢，$\sum\boldsymbol{M}_O(\boldsymbol{F}_{\mathrm{I}i})$ 为惯性力系对点 O 的主矩。与静力学中空间任意力系的平衡条件

$$F_R=\sum F_i=\sum F_i^{(e)}=0,\quad M_O=\sum M_O(F_i)=\sum M_O(F_i^{(e)})=0$$

比较,式(13-4)中分别多出了惯性力系的主矢 $\sum F_{Ii}$ 与惯性力系对点 O 的主矩 $\sum M_O(F_{Ii})$,由质点系的达朗贝尔原理,这在形式上也是一个平衡力系,因而可用静力学求解各种平衡力系的方法求解动力学问题。

动画

例 13-2

例 13-2 如图 13-3 所示,定滑轮的半径为 r,绕水平轴 O 转动,质量 m 均匀分布在轮缘上。跨过定滑轮的无重绳的两端挂有质量分别为 m_1 和 m_2 的重物($m_1>m_2$),绳与轮间不打滑,轴承摩擦忽略不计,求重物的加速度。

解:取定滑轮与两重物组成的质点系为研究对象,作用于此质点系的外力有重力 m_1g、m_2g、mg 和轴承的约束力 F_{Ox}、F_{Oy},对两重物加惯性力如图 13-3 所示,大小分别为

$$F_{I1}=m_1a,\quad F_{I2}=m_2a$$

记定滑轮边缘上任一点 i 的质量为 m_i,加速度有切向、法向加速度,加惯性力如图所示,大小分别为

$$F_{Ii}^t=m_ir\alpha=m_ia,\quad F_{Ii}^n=m_i\frac{v^2}{r}$$

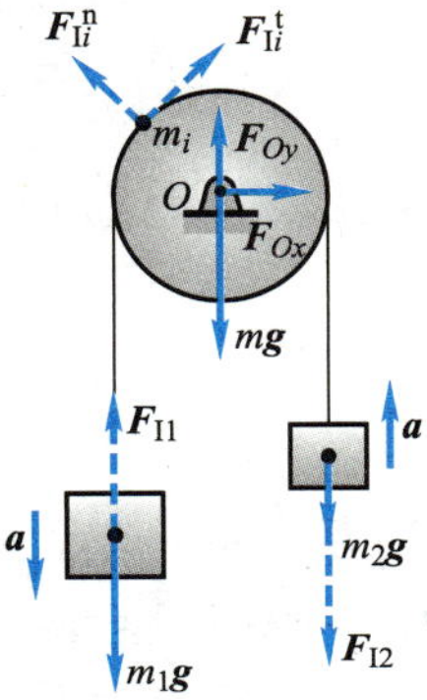

图 13-3

列平衡方程,有

$$\sum M_O=0,\quad (m_1g-F_{I1}-m_2g-F_{I2})r-\sum F_{Ii}^t\cdot r=0$$

即

$$(m_1g-m_1a-m_2g-m_2a)r-\sum m_iar=0$$

注意到

$$\sum m_iar=(\sum m_i)ar=mar$$

解得

$$a=\frac{m_1-m_2}{m_1+m_2+m}g$$

例 13-3 如图 13-4a 所示均质的四分之一圆环绕水平轴以匀角速度 ω 转动。已知:圆环半径为 r,质量为 m,轴承 A、B 的间距为 l,轴 AB 质量忽略不计。试求图示瞬时轴承 A 的约束力。

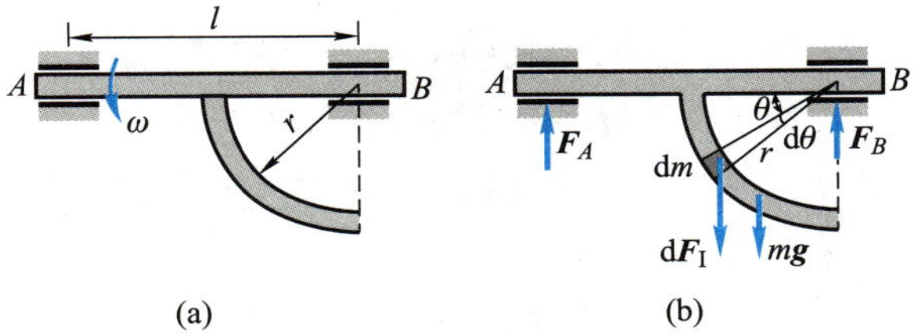

图 13-4

解:分析整体,所受的力包括轴承 A 和 B 的约束力,如图 13-4b 所示。对于 $\frac{1}{4}$ 圆环,取微小弧段虚加惯性力,有

$$dF_I=a_n dm=\omega^2 r\sin\theta\frac{2m}{\pi}d\theta$$

方向如图 13-4b 所示。

由质点系达朗贝尔原理，列平衡方程有

$$\sum M_B = 0, \quad \int_0^{\frac{\pi}{2}} \frac{2m}{\pi}\omega^2 r\sin\theta \cdot r\cos\theta \mathrm{d}\theta + mg\frac{2\sqrt{2}}{\pi}r\sin 45^\circ - F_A l = 0$$

解得

$$F_A = \frac{2}{\pi l}mgr + \frac{mr^2\omega^2}{\pi l}$$

由结果可知轴承 A 处约束力包括两部分：一部分为 $F'_A = \frac{2}{\pi l}mgr$，是由重力引起的，为静约束力；另一部分为 $F''_A = \frac{mr^2\omega^2}{\pi l}$，是由惯性力引起的，为附加动约束力。附加动约束力取决于惯性力，如果只求附加动约束力，列方程时可以不考虑惯性力以外的其他力。

§13-3 刚体惯性力系的简化

质点系内每个质点都虚加惯性力后，这些惯性力形成了一个力系，称之为**惯性力系**，刚体惯性力系的简化是在应用达朗贝尔原理解题时常遇到的问题。在静力学中已经讨论过力系的简化，这一简化过程是基于刚体中力系的等效原理进行的，因此，静力学中关于力系简化的内容也适用于刚体惯性力系的简化。

刚体惯性力系向任一点简化，一般得到一个力和一个力偶。力的大小和方向等于惯性力系的主矢，作用点在简化中心。力偶的力偶矩矢等于所有惯性力对简化中心的主矩。

以 $\boldsymbol{F}_{\mathrm{IR}}$ 表示**惯性力系的主矢**，由式(13-4)中第一式与质心运动定理，有

$$\boldsymbol{F}_{\mathrm{IR}} = -\sum \boldsymbol{F}_i^{(e)} = -m\boldsymbol{a}_C \tag{13-5}$$

主矢与简化中心无关，因此刚体无论做什么运动，也无论向刚体上哪一点简化，惯性力系的主矢都由式(13-5)确定。

以 $\boldsymbol{M}_{\mathrm{I}O}$ 表示**惯性力系的主矩**，由式(13-4)中第二式，有

$$\boldsymbol{M}_{\mathrm{I}O} = -\sum \boldsymbol{M}_O(\boldsymbol{F}_i^{(e)}) \tag{13-6}$$

主矩一般情况下与简化中心有关。特别地，当点 O 是定点或质心时，利用对定点或质心的动量矩定理，由式(13-6)，有

$$\boldsymbol{M}_{\mathrm{I}O} = -\frac{\mathrm{d}\boldsymbol{L}_O}{\mathrm{d}t} \text{或} \boldsymbol{M}_{\mathrm{I}C} = -\frac{\mathrm{d}L_C}{\mathrm{d}t} \tag{13-7}$$

由于此式应用时很方便，因此，在进行惯性力系简化时，经常是向定点或质心简化，这样就可以应用式(13-7)来求惯性力系的主矩。

下面讨论刚体平移、定轴转动和平面运动时惯性力系的简化。由于刚体无论做何种运动，也无论向哪一点简化，惯性力系的主矢都由式(13-5)确定，因此，我们仅讨论这几种情况下惯性力系的主矩。

1. 刚体平移

刚体平移时，由前面所学内容知，平移刚体对任意点的动量矩为

$$\boldsymbol{L}_O=\boldsymbol{r}_C\times m\boldsymbol{v}_C$$

而对质心的动量矩为 $\boldsymbol{L}_C\equiv\boldsymbol{0}$，所以刚体平移时选质心为简化中心，由式(13-7)，有

$$\boldsymbol{M}_{\mathrm{I}C}=\boldsymbol{0} \tag{13-8}$$

因此，刚体平移时，惯性力系对任意点的主矩一般不为零。若选质心为简化中心，其主矩为零，简化为一合力。

由此有结论：平移刚体的惯性力系可以简化为通过质心的合力，其大小等于刚体的质量与加速度的乘积，合力的方向与加速度方向相反。

2. 刚体定轴转动

刚体定轴转动时，设刚体的角速度为 ω，角加速度为 α，刚体内任一质点的质量为 m_i，到转轴的距离为 r_i，则刚体内任一质点的惯性力为 $\boldsymbol{F}_{\mathrm{I}i}=-m_i\boldsymbol{a}_i$。为简单起见，在转轴上任选一点 O 为简化中心。由第三章知，力对点的矩矢在通过该点的某轴上的投影，等于力对该轴的矩。因此，建立直角坐标系如图 13-5 所示，质点的坐标为 x_i、y_i、z_i。现在分别计算惯性力系对 x、y、z 轴的矩，分别以 $M_{\mathrm{I}x}$、$M_{\mathrm{I}y}$、$M_{\mathrm{I}z}$表示。

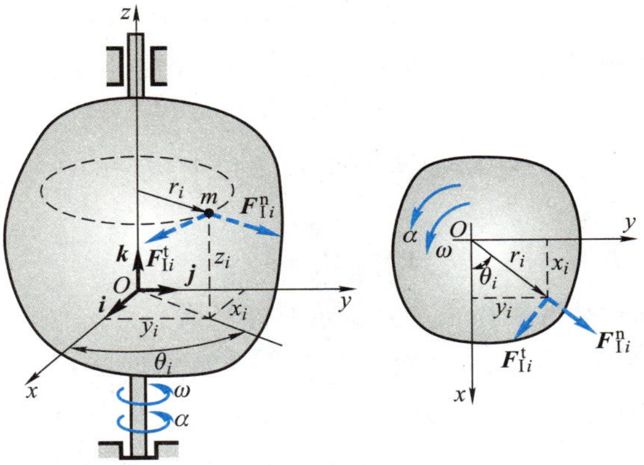

图 13-5

质点的惯性力 $\boldsymbol{F}_{\mathrm{I}i}=-m_i\boldsymbol{a}_i$ 可分解为切向惯性力 $\boldsymbol{F}^{\mathrm{t}}_{\mathrm{I}i}$与法向惯性力 $\boldsymbol{F}^{\mathrm{n}}_{\mathrm{I}i}$，方向如图 13-5 所示，大小分别为

$$F^{\mathrm{t}}_{\mathrm{I}i}=m_ia^{\mathrm{t}}_i=m_ir_i\alpha,\quad F^{\mathrm{n}}_{\mathrm{I}i}=m_ia^{\mathrm{n}}_i=m_ir_i\omega^2$$

惯性力系对 x 轴的矩为

$$\begin{aligned}M_{\mathrm{I}x}&=\sum M_x(\boldsymbol{F}_{\mathrm{I}i})=\sum M_x(\boldsymbol{F}^{\mathrm{t}}_{\mathrm{I}i})+\sum M_x(\boldsymbol{F}^{\mathrm{n}}_{\mathrm{I}i})\\&=\sum m_ir_i\alpha\cos\theta_i\cdot z_i+\sum -m_ir_i\omega^2\sin\theta_i\cdot z_i\end{aligned}$$

因

$$\cos\theta_i=\frac{x_i}{r_i},\quad \sin\theta_i=\frac{y_i}{r_i}$$

故

$$M_{Ix}=\alpha\sum m_i x_i z_i-\omega^2\sum m_i y_i z_i$$

记

$$J_{xz}=\sum m_i x_i z_i,\quad J_{yz}=\sum m_i y_i z_i \tag{13-9}$$

称之为对于 z 轴的**惯性积**,它取决于刚体质量对于坐标轴的分布情况。于是,惯性力系对于 x 轴的矩为

$$M_{Ix}=J_{xz}\alpha-J_{yz}\omega^2 \tag{13-10}$$

同理可得惯性力系对于 y 轴的矩为

$$M_{Iy}=J_{yz}\alpha+J_{xz}\omega^2 \tag{13-11}$$

惯性力系对于 z 轴的矩为

$$M_{Iz}=\sum M_z(\boldsymbol{F}_{Ii}^{t})+\sum M_z(\boldsymbol{F}_{Ii}^{n})$$

由于各质点的法向惯性力均通过 z 轴,$\sum M_z(\boldsymbol{F}_{Ii}^{n})=0$,有

$$M_{Iz}=\sum M_z(\boldsymbol{F}_{Ii}^{t})=\sum(-m_i r_i\alpha\cdot r_i)=-(\sum m_i r_i^2)\alpha=-J_z\alpha \tag{13-12}$$

综上可得,刚体定轴转动时,惯性力系向转轴上一点 O 简化的主矩为

$$\begin{aligned}\boldsymbol{M}_{IO}&=M_{Ix}\boldsymbol{i}+M_{Iy}\boldsymbol{j}+M_{Iz}\boldsymbol{k}\\&=(J_{xz}\alpha-J_{yz}\omega^2)\boldsymbol{i}+(J_{yz}\alpha+J_{xz}\omega^2)\boldsymbol{j}-J_z\alpha\boldsymbol{k}\end{aligned} \tag{13-13}$$

如果刚体有质量对称平面且该平面与转轴 z 垂直,简化中心 O 取为此平面与转轴 z 的交点,则

$$J_{xz}=\sum m_i x_i z_i=0,\quad J_{yz}=\sum m_i y_i z_i=0$$

则惯性力系简化的主矩为

$$M_{IO}=M_{Iz}=-J_z\alpha$$

工程中绕定轴转动的刚体常常有质量对称平面。

于是得结论:当刚体有质量对称平面且绕垂直于此对称平面的轴做定轴转动时,惯性力系向转轴与对称平面交点简化时,得位于此平面内的一个力和一个力偶。这个力等于刚体质量与质心加速度的乘积,方向与质心加速度方向相反,作用线通过转轴;这个力偶的力偶矩等于刚体对转轴的转动惯量与角加速度的乘积,转向与角加速度相反。

3. 刚体平面运动(平行于质量对称平面)

工程中,做平面运动的刚体常常有质量对称平面,且平行于此平面运动,现仅限于讨论这种情况下惯性力系的简化。刚体做平面运动,其上各质点的惯性力组成的空间力系,可简化为在质量对称平面内的平面力系。取质量对称平面内的平面图形如图 13-6 所示。由运动学知,平面图形的运动可分解为随基点的平移与绕基点的转动。现取质心 C 为基点,设质心的加速度为 $\boldsymbol{a}_C$,绕质心转动的角速度为 ω,角加速度为 α,与刚体绕定轴转动相似,此时惯性力系向质心 C 简化的主矩为

$$M_{IC}=-J_C\alpha \tag{13-14}$$

式中，J_C 为刚体对通过质心且垂直于质量对称平面的轴的转动惯量。

于是得结论：有质量对称平面的刚体，平行于此平面运动时，刚体的惯性力系简化为在此平面内的一个力和一个力偶。这个力通过质心，其大小等于刚体的质量与质心加速度的乘积，其方向与质心加速度的方向相反；这个力偶的力偶矩等于刚体对过质心且垂直于质量对称平面的轴的转动惯量与角加速度的乘积，转向与角加速度相反。

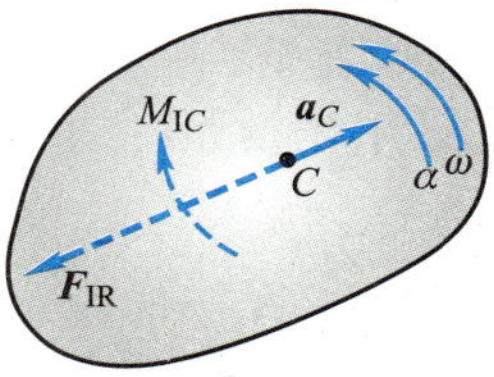

图 13-6

例 13-4 如图 13-7a 所示均质杆的质量为 m，长为 l，绕定轴 O 转动的角速度为 ω，角加速度为 α。求惯性力系向点 O 简化的结果（方向在图上画出）。

动画

例 13-4

解：该杆做定轴转动，惯性力系向点 O 简化的主矢、主矩大小为

$$F_{IO}^{t}=m\cdot\frac{l}{2}\alpha,\quad F_{IO}^{n}=m\cdot\frac{l}{2}\omega^{2},\quad M_{IO}=\frac{1}{3}ml^{2}\cdot\alpha$$

方向分别如图 13-7b 所示。

注意，能不能以 $\boldsymbol{F}_{IR}=-m\boldsymbol{a}_C$，惯性力和质心加速度 $\boldsymbol{a}_C$ 相反为由，把惯性力系的主矢画在点 C，如图 13-7b 中点 C 处的虚线所示？

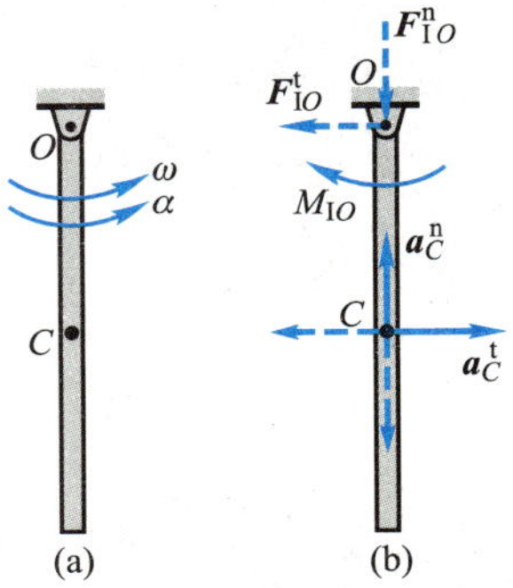

图 13-7

例 13-5 如图 13-8 所示，电动机定子及其外壳总质量为 m_1，质心位于 O 处。转子的质量为 m_2，质心位于点 C 处，偏心距 $OC=e$，图示平面为转子的质量对称平面。电动机用地脚螺栓固定于水平基础上，转轴 O 与水平基础间的距离为 h。运动开始时，转子质心 C 位于最低位置，转子以匀角速度 ω 转动。求基础与地脚螺栓给电动机的约束力。

解：取电动机整体为研究对象，作用于其上的外力有重力 $m_1\boldsymbol{g}$ 与 $m_2\boldsymbol{g}$，基础与地脚螺栓给电动机的约束力向点 A 简化，得一力偶 M 与一力 $\boldsymbol{F}$，力 $\boldsymbol{F}$ 以其分力 $\boldsymbol{F}_x$、$\boldsymbol{F}_y$ 表示。定子与外壳无需加惯性力，对转子来说，由于角加速度 $\alpha=0$，无需加惯性力矩，而质心加速度为 $e\omega^2$，因此只需加惯性力 $\boldsymbol{F}_I$，如图 13-8 所示，其大小为

$$F_I=m_2e\omega^2$$

根据质点系达朗贝尔原理，此电动机上的外力与惯性力形成一个平衡力系，列平衡方程，有

$$\sum F_x=0,\quad F_x+F_I\sin\varphi=0$$

$$\sum F_y=0,\quad F_y-(m_1+m_2)g-F_I\cos\varphi=0$$

$$\sum M_A=0,\quad M-m_2ge\sin\varphi-F_Ih\sin\varphi=0$$

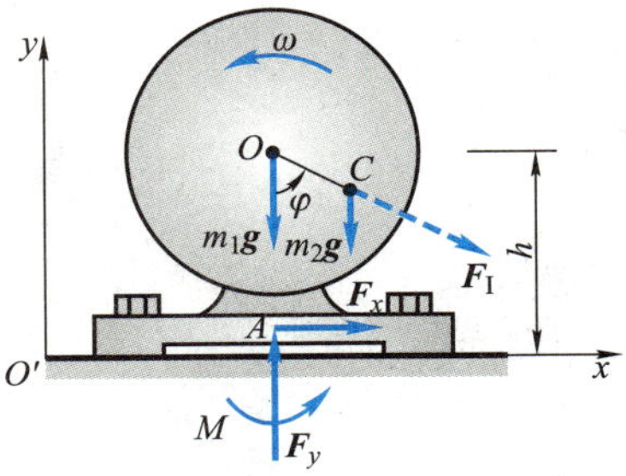

图 13-8

因 $\varphi=\omega t$，解上述方程，得

$$F_x=-m_2e\omega^2\sin\omega t,\quad F_y=(m_1+m_2)g+m_2e\omega^2\cos\omega t$$

$$M=m_2ge\sin\omega t+m_2e\omega^2h\sin\omega t$$

例 13-6 图示均质定滑轮 C 铰接在无重支架 ABC 上。已知：定滑轮 C 质量为 m_1，重物 G

的质量为 m_2，夹角 $\theta=30°$，绳与轮间无相对滑动。试求用已知力 $\boldsymbol{F}$ 拉起重物 G 时，(1) 重物 G 上升的加速度；(2) 杆 AC 与 BC 所受的力。

解：取整个系统为研究对象，如图 13-9b 所示，受力包括定滑轮 C 的重力 $m_1\boldsymbol{g}$、重物 G 的重力 $m_2\boldsymbol{g}$、杆 AC 的力 $\boldsymbol{F}_{AC}$、杆 BC 的力 $\boldsymbol{F}_{BC}$，以及力 F。重物 G 做平移，如图 13-9b 所示虚加惯性力，大小为

$$F_{\mathrm{I}}=m_2a$$

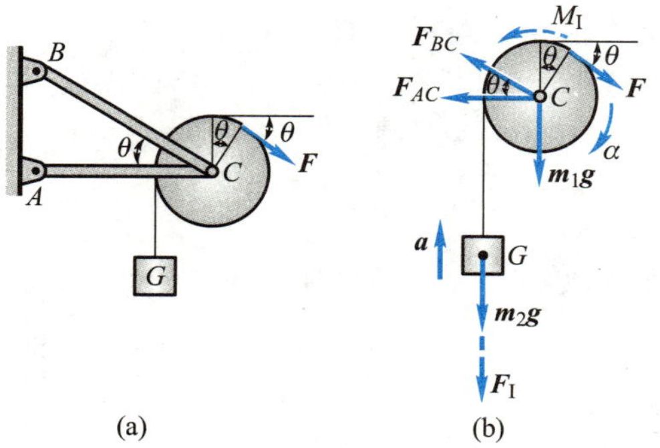

图 13-9

定滑轮 C 做定轴转动，质心加速度为零，因此惯性力系的简化结果只有一力偶，如图 13-9b 所示，大小为

$$M_{\mathrm{I}}=\frac{1}{2}m_1r^2\alpha=\frac{1}{2}m_1r^2\ \frac{a}{r}=\frac{1}{2}m_1ra$$

由质点系达朗贝尔原理，列平衡方程有

$$\sum M_C=0,(m_2g+F_{\mathrm{I}})r-Fr+M_{\mathrm{I}}=0$$

$$\sum F_x=0,F\cos\ \theta-F_{BC}\cos\ \theta-F_{AC}=0$$

$$\sum F_y=0,F_{BC}\sin\ \theta-F\sin\ \theta-(m_1+m_2)g-F_{\mathrm{I}}=0$$

解得

$$a=\frac{2(F-m_2g)}{m_1+2m_2}$$

$$F_{BC}=\frac{(m_1+6m_2)F+2m_1(m_1+3m_2)g}{m_1+2m_2}$$

$$F_{AC}=-\frac{\sqrt{3}[2m_2F+m_1(m_1+3m_2)g]}{m_1+2m_2}$$

例 13-7 均质圆盘质量为 m_1，半径为 R。均质杆 AB 长 $l=2R$，质量为 m_2。杆端 A 与圆盘中心为光滑铰接，如图 13-10a 所示。如在 A 处加一水平拉力 $\boldsymbol{F}$，使圆盘沿水平面纯滚动。力 $\boldsymbol{F}$ 为多大方能使杆的 B 端刚好离开地面？为保证纯滚动，圆盘与地面间的静摩擦因数应为多大？

解：杆刚好离开地面时仍为平移，则地面约束力为零，设其加速度为 $\boldsymbol{a}$，取杆为研究对象，杆所受的力并加上惯性力如图 13-10b 所示，其中 $F_{\mathrm{I}C}=m_2a$。按达朗贝尔原理列平衡方程，有

$$\sum M_A=0,\quad m_2aR\sin\ 30°-m_2gR\cos\ 30°=0$$

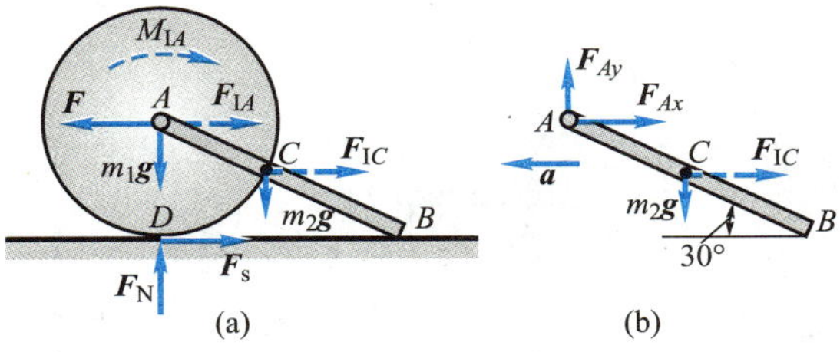

图 13-10

例 13-7

解出

$$a=\sqrt{3}g$$

取整体为研究对象，所受的力并加上惯性力如图 13-10a 所示，其中

$$F_{IA}=m_1a,\quad M_{IA}=\frac{1}{2}m_1R^2\frac{a}{R}$$

由

$$\sum M_D=0,\quad FR-F_{IA}R-M_{IA}-F_{IC}R\sin 30^\circ-m_2gR\cos 30^\circ=0$$

解得

$$F=\left(\frac{3}{2}m_1+m_2\right)\sqrt{3}g$$

由

$$\sum F_x=0,\quad F-F_s-(m_1+m_2)a=0$$

解出

$$F_s=\frac{\sqrt{3}}{2}m_1g$$

而

$$F_s\leqslant f_sF_N=f_s(m_1+m_2)g$$

解得

$$f_s\geqslant\frac{F_s}{F_N}=\frac{\sqrt{3}m_1}{2(m_1+m_2)}$$

例 13-8 试利用达朗贝尔原理求解例 11-14。

解：例 11-14 的平面机构如图 13-11a 所示。初始瞬时，各构件的角速度均为零。依据例 8-14 的结论可得圆盘质心 C 的加速度 $\boldsymbol{a}_C$ 与点 B 的加速度 $\boldsymbol{a}_B$ 及杆 O_1A 的角加速度 α，杆 OB 的角加速度 α_{OB} 与杆 O_1A 的角加速度 α，以及圆盘 C 的角加速度 α_C 与杆 O_1A 的角加速度 α 分别存在如下关系：

$$a_C=a_B=2\alpha R,\quad \alpha_{OB}=\alpha,\quad \alpha_C=2\alpha$$

参看图 13-11b，沿 $\boldsymbol{a}_B^{\mathrm{n}}$ 方向投影有 $\boldsymbol{a}_B^{\mathrm{n}}=-\boldsymbol{a}_{BC}^{\mathrm{t}}=-\alpha_{BC}\cdot BC=0$，则得

$$\alpha_{BC}=0$$

可知杆 BC 的角速度和角加速度均为零，则其质心的加速度为 $a=a_C=2\alpha R$。

分析杆 O_1A，受力图如图 13-11c 所示，由于该杆的质量不计，可列平衡方程为

$$\sum M_{O_1}=0,\quad M-F_D'\cdot\sqrt{3}R=0$$

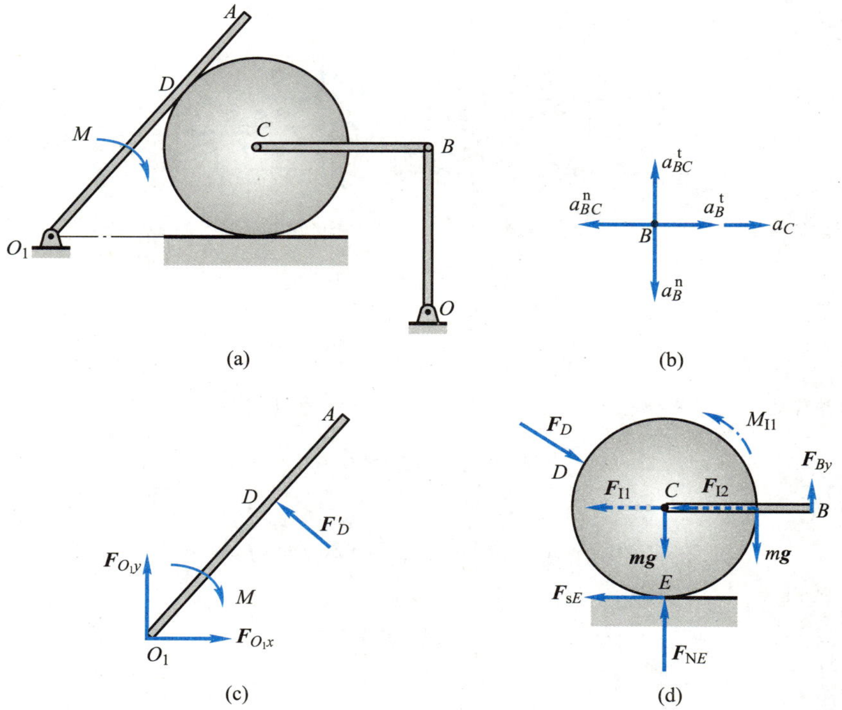

图 13-11

解得

$$F'_D=\frac{M}{\sqrt{3}R}$$

分析圆盘 C 和杆 BC,受力图如图 13-11d 所示。其中圆盘 C 虚加惯性力 F_{I1}和 M_{I1},杆 BC 虚加惯性力 F_{I2},大小分别为

$$F_{I1}=F_{I2}=ma_C=2m\alpha R,\quad M_{I1}=\frac{1}{2}mR^2\alpha_C=m\alpha R^2$$

依据达朗贝尔原理列平衡方程有

$$\sum F_x=0,\quad F_D\cos 30°-F_{I1}-F_{I2}-F_{sE}=0$$

$$\sum M_E=0,\quad M_{I1}-F_DR\sin 60°+(F_{I1}+F_{I2})R=0$$

解得

$$\alpha_{O_1A}=\alpha=\frac{M}{10mR^2},\quad \alpha_C=2\alpha=\frac{M}{5mR^2}$$

$$\alpha_{BC}=0,\quad \alpha_{OB}=\alpha=\frac{M}{10mR^2},\quad F_{sE}=\frac{M}{10R}$$

由以上例题可见,用动静法求解动力学问题的步骤与求解静力学平衡问题的步骤相似,只是在分析物体受力时,应加上相应的惯性力;对于刚体,则应按其运动形式的不同,加上相应惯性力系的简化结果。为计算方便,加惯性力时,主矢与主矩的方向在图上应与加速度 $\boldsymbol{a}$ 及角加速度 $\boldsymbol{\alpha}$ 反向,而列出的惯性力的表达式只表示大小,在实际计算时,按图示方向考虑正负即可,而不用再加负号了。

§13-4 绕定轴转动刚体的轴承附加动约束力

在日常生活和工程实际中,有大量绕定轴转动的刚体(电动机、柴油机、电风扇、车床主轴等),如何使这些机械在转动时不产生破坏、振动与噪声,是工程师非常关心的问题。如果这些机械在转动起来之后轴承受力与不转时轴承受力一样,则一般说来这些机械不会产生破坏,也不会产生振动与噪声。由前面已知静约束力与动约束力的概念,对绕定轴转动的刚体,如果能够消除轴承附加动约束力,使轴承只受到静约束力作用,就可以做到这一点。为此,先把任意一个绕定轴转动刚体的轴承全约束力(包括静约束力与附加动约束力)求出来,然后再推出消除附加动约束力的条件。

设任一刚体绕轴 AB 定轴转动,角速度为 ω,角加速度为 α。取此刚体为研究对象,转轴上一点 O 为简化中心。其上所有的主动力向点 O 简化的主矢与主矩分别以 $\boldsymbol{F}_{\mathrm{R}}$ 与 $\boldsymbol{M}_O$ 表示,惯性力系向点 O 简化的主矢与主矩分别以 $\boldsymbol{F}_{\mathrm{IR}}$ 与 $\boldsymbol{M}_{\mathrm{I}O}$ 表示(注意 $\boldsymbol{F}_{\mathrm{IR}}$ 没有沿 z 轴方向的分量),轴承 A、B 处的 5 个全约束力分别以 $\boldsymbol{F}_{Ax}$、$\boldsymbol{F}_{Ay}$、$\boldsymbol{F}_{Bx}$、$\boldsymbol{F}_{By}$、$\boldsymbol{F}_{Bz}$ 表示,如图 13-12 所示。

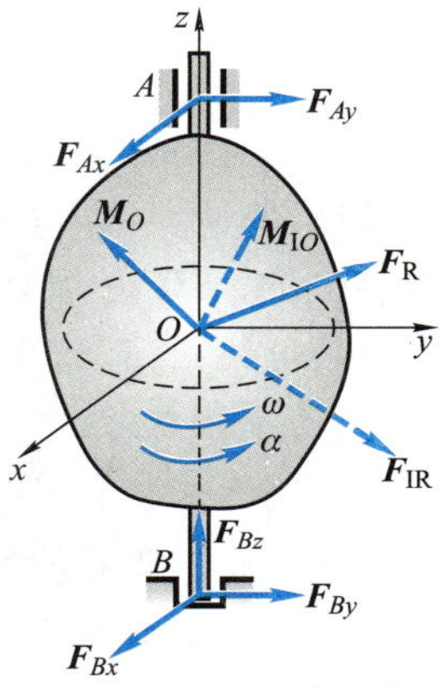

图 13-12

为求出轴承 A、B 处的全约束力,建立坐标系如图 13-12 所示。根据质点系的达朗贝尔原理,列平衡方程如下:

$$\sum F_x=0,\quad F_{Ax}+F_{Bx}+F_{\mathrm{R}x}+F_{\mathrm{IR}x}=0$$

$$\sum F_y=0,\quad F_{Ay}+F_{By}+F_{\mathrm{R}y}+F_{\mathrm{IR}y}=0$$

$$\sum F_z=0,\quad F_{Bz}+F_{\mathrm{R}z}=0$$

$$\sum M_x=0,\quad F_{By}\cdot OB-F_{Ay}\cdot OA+M_x+M_{\mathrm{I}x}=0$$

$$\sum M_y=0,\quad F_{Ax}\cdot OA-F_{Bx}\cdot OB+M_y+M_{\mathrm{I}y}=0$$

由上述 5 个方程解得轴承全约束力为

$$\left.\begin{aligned}
F_{Ax}&=-\frac{1}{AB}[(M_y+F_{\mathrm{R}x}\cdot OB)+(M_{\mathrm{I}y}+F_{\mathrm{IR}x}\cdot OB)]\\
F_{Ay}&=\frac{1}{AB}[(M_x-F_{\mathrm{R}y}\cdot OB)+(M_{\mathrm{I}x}-F_{\mathrm{IR}y}\cdot OB)]\\
F_{Bx}&=\frac{1}{AB}[(M_y-F_{\mathrm{R}x}\cdot OA)+(M_{\mathrm{I}y}-F_{\mathrm{IR}x}\cdot OA)]\\
F_{By}&=-\frac{1}{AB}[(M_x+F_{\mathrm{R}y}\cdot OA)+(M_{\mathrm{I}x}+F_{\mathrm{IR}y}\cdot OA)]\\
F_{Bz}&=-F_{\mathrm{R}z}
\end{aligned}\right\}\tag{13-15}$$

由于惯性力没有沿 z 轴方向的分量，因此止推轴承 B 沿 z 轴的约束力 $\boldsymbol{F}_{Bz}$ 与惯性力无关。而与 z 轴垂直的轴承约束力 $\boldsymbol{F}_{Ax}$、$\boldsymbol{F}_{Ay}$、$\boldsymbol{F}_{Bx}$、$\boldsymbol{F}_{By}$ 显然与惯性力系的主矢 $\boldsymbol{F}_{\mathrm{IR}}$ 与主矩 $\boldsymbol{M}_{\mathrm{I}O}$ 有关。由 $\boldsymbol{F}_{\mathrm{IR}}$、$\boldsymbol{M}_{\mathrm{I}O}$ 引起的轴承的约束力称为附加动约束力，要使附加动约束力等于零，必须有

$$F_{\mathrm{IR}x}=F_{\mathrm{IR}y}=0,\quad M_{\mathrm{I}x}=M_{\mathrm{I}y}=0$$

即要使轴承的附加动约束力等于零的条件是：惯性力系的主矢等于零，惯性力系对于 x 轴和 y 轴的主矩等于零。

由式(13-5)、式(13-10)和式(13-11)，应有

$$F_{\mathrm{IR}x}=-ma_{Cx}=0,\quad F_{\mathrm{IR}y}=-ma_{Cy}=0$$

$$M_{\mathrm{I}x}=J_{xz}\alpha-J_{yz}\omega^2=0,\quad M_{\mathrm{I}y}=J_{yz}\alpha+J_{xz}\omega^2=0$$

由此可见，要使惯性力系的主矢等于零，必须有 $\boldsymbol{a}_C=\mathbf{0}$，即转轴必须通过质心。而要使 $M_{\mathrm{I}x}=0$，$M_{\mathrm{I}y}=0$，必须有 $J_{xz}=J_{yz}=0$，即刚体对于转轴 z 的惯性积必须等于零。

于是得结论，刚体绕定轴转动时，避免出现轴承附加动约束力的条件是：转轴通过质心，刚体对转轴的惯性积等于零。

如果刚体对于通过某点的 z 轴的惯性积 J_{xz} 和 J_{yz} 等于零，则称此轴为过该点的**惯性主轴**。通过质心的惯性主轴，称为**中心惯性主轴**。所以上述结论也可叙述为：避免出现轴承附加动约束力的条件是：刚体的转轴应是刚体的中心惯性主轴。

设刚体的转轴通过质心，且刚体除重力外，没有受到其他主动力作用，则刚体可以在任意位置静止不动，称这种现象为**静平衡**。当刚体的转轴通过质心且为惯性主轴时，刚体转动时不出现轴承附加动约束力，称这种现象为**动平衡**。能够静平衡的定轴转动刚体不一定能够实现动平衡，但动平衡的定轴转动刚体肯定能够实现静平衡。

事实上，由于材料的不均匀或制造、安装误差等原因，都可能使定轴转动刚体的转轴偏离中心惯性主轴。为了避免出现轴承附加动约束力，确保机器运行安全可靠，在有条件的地方，可在专门的静平衡与动平衡试验机上进行静、动平衡试验，根据试验数据，在刚体的适当位置附加一些质量或去掉一些质量，使其达到静、动平衡。静平衡试验机可以调整质心在转轴上或尽可能地在转轴上，动平衡试验机可以调整对转轴的惯性积，使其对转轴的惯性积为零或尽可能地为零。

当然，在工程中也有相反的实例，即制造定轴转动刚体时，故意制造出偏心距，如某些打夯机，正是利用偏心块的运动来夯实地基的。

例 13-9 如图 13-13 所示，轮盘（连同转轴）的质量 $m=20$ kg，转轴 AB 与轮盘的质量对称面垂直，但轮盘的质心 C 不在转轴上，偏心距 $e=0.1$ mm。当轮盘以匀转速 $n=12\ 000$ r/min转动时，求轴承 A、B 的约束力。

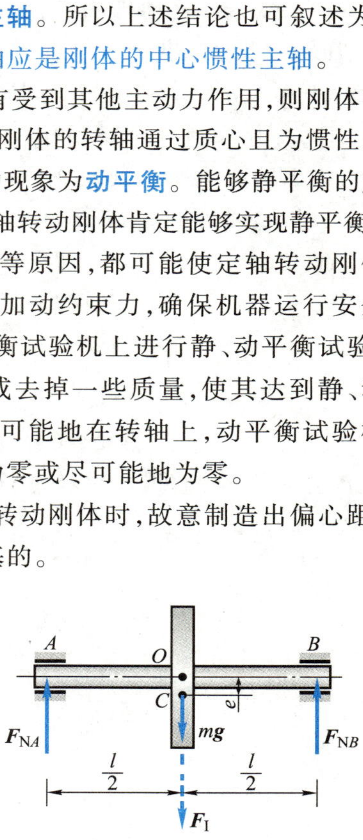

图 13-13

解：由于转轴 AB 与轮盘的质量对称面垂直，因此转轴 AB 为惯性主轴，即对此轴的惯性积为零；又由于轮盘是匀速转动，$\alpha=0$，因此惯性力矩均为零。取此刚体为

研究对象，当重心 C 位于最下端时，轴承处约束力最大，受力图如图 13-13 所示。轮盘为匀速转动，质心 C 只有法向加速度，即

$$a_n = e\omega^2 = \frac{0.1}{1\ 000}\ \text{m} \times \left(\frac{12\ 000\ \pi}{30\ \text{s}}\right)^2 = 158\ \text{m/s}^2$$

因此惯性力大小为

$$F_I^n = ma_n = 3\ 160\ \text{N}$$

方向如图 13-13 所示。

由质点系的达朗贝尔原理，列平衡方程可得

$$F_{NA} = F_{NB} = \frac{1}{2}(mg + F_I^n) = \frac{1}{2} \times (20 \times 9.8 + 3\ 160)\ \text{N} = 1\ 678\text{N}$$

其中轴承附加动约束力为 $\frac{1}{2}F_I^n = 1\ 580\ \text{N}$。由此可见，在高速转动下，0.1 mm 的偏心距所引起的轴承附加动约束力，可达静约束力$\left(\frac{1}{2}mg = 98\ \text{N}\right)$的 16 倍之多！而且转速越高，偏心距越大，轴承附加动约束力越大，这势必会加快轴承磨损，甚至引起轴承的破坏。再者，注意到惯性力 $\boldsymbol{F}_I^n$ 的方向随刚体的旋转而发生周期性的变化，使轴承附加动约束力的大小与方向也发生周期性的变化，因而势必引起机器的振动与噪声，同样会加速轴承的磨损与破坏。因此，必须尽量减小与消除偏心距。

对此题，设系统质心位于转轴上，由于安装误差，轮盘盘面与转轴成角 $\theta = 1°$（此时转轴不是中心惯性主轴），轮盘为均质圆盘，半径为 200 mm，厚度为 20 mm，$l = 1$ m，轮盘质量与转速不变。可求得此时静约束力仍为 98 N，但附加动约束力为 5 493 N（计算略），是静约束力的 56 倍之多，这对轴承受力是相当不利的，所以应尽量减小安装误差。

思考题

13-1 能不能说应用达朗贝尔原理将动力学问题转换成静力学问题？

13-2 质点在空中运动，只受到重力作用，当质点做自由落体运动、质点被上抛、质点从楼顶水平弹出时，质点惯性力的大小与方向是否相同？

13-3 图 13-14 所示的平面机构中，$AC /\!/ BD$，且 $AC = BD = a$，均质杆 AB 的质量为 m，长为 l。杆 AB 做何种运动？其惯性力系的简化结果是什么？若杆 AB 是非均质杆又如何？

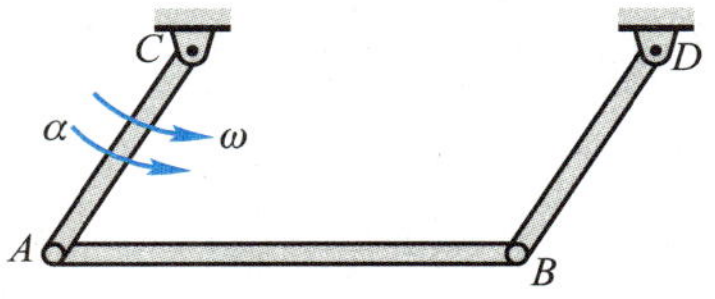

图 13-14

13-4 当刚体有与转轴垂直的质量对称面时，下述几种情况惯性力系简化的结果是什么？怎样计算？

(1) 转轴通过质心，如图 13-15a 所示。

(2) 转轴与质心相距为 e，但 $\alpha=0$，如图 13-15b 所示。

(3) 转轴过质心，$\alpha=0$，如图 13-15c 所示。

(4) 转轴与质心相距为 e，$\alpha\neq0$，$\omega\neq0$，如图 13-15d 所示。

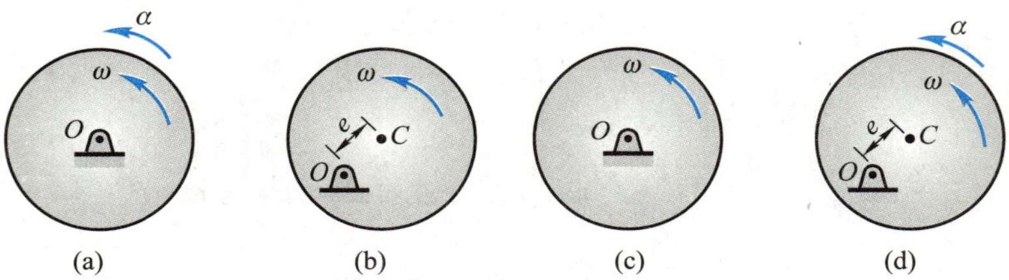

图 13-15

13-5 均质长方体的任一棱边都是惯性主轴吗？均质等边三棱柱的各边呢？不等边三棱柱呢？

13-6 半径为 R 的圆盘沿水平面做纯滚动。一质量为 m、长为 R 的均质杆 OA 固结在圆盘上，如图 13-16 所示。当杆 OA 处于铅垂位置时，盘心有速度 $\boldsymbol{v}$，加速度 $\boldsymbol{a}$。图示瞬时，杆 OA 的惯性力系向杆中心 C 简化的结果是什么？将简化结果画在图上。

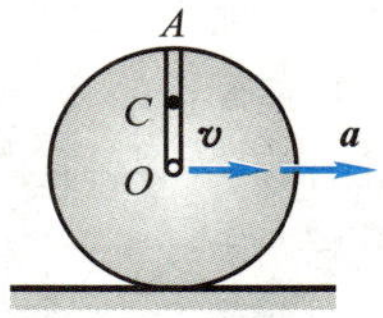

图 13-16

13-7 如图 13-17 所示，不计质量的轴上用不计质量的细杆固连着几个质量均等于 m 的小球，当轴以匀角速度 ω 转动时，图示各种情况中哪些属于动平衡？哪些只属于静平衡？哪些都不属于？

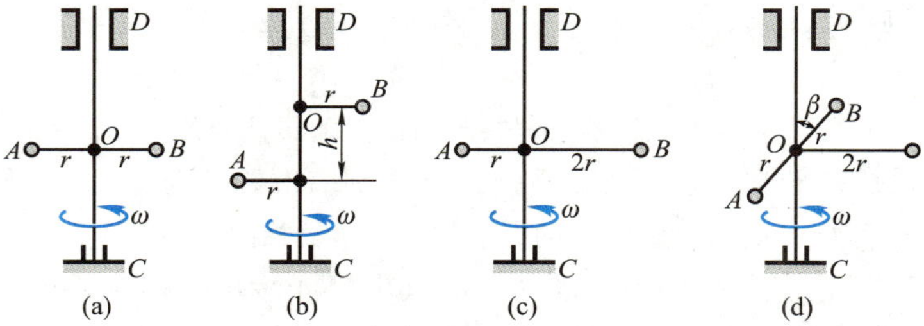

图 13-17

习 题

习题：第十三章 达朗贝尔原理

13-1 图示由相互铰接的水平臂连成的传送带，将柱形零件从一高度传送到另一个高度。设零件与臂之间的静摩擦因数 $f_s=0.2$。(1) 降落加速度 $\boldsymbol{a}$ 为多大时，零件不致在水平臂上滑动？(2) 在此加速度 $\boldsymbol{a}$ 下，比值 h/d 等于多少时，零件在滑动之前先倾倒？

13-2 图示轿车，总质量为 m，重心离地面的高度为 h，到前后轴的水平距离分别

为 l_1、l_2。轿车以速度 $\boldsymbol{v}$ 行驶于水平路面上，因故急刹车，刹车后滑行了一段距离 s。设在刹车过程中轿车做匀减速直线平移，求在刹车过程中地面对前后轮的法向约束力，并与轿车静止或做匀速直线运动时的法向约束力比较，从而解释轿车在急刹车时的“点头”现象。

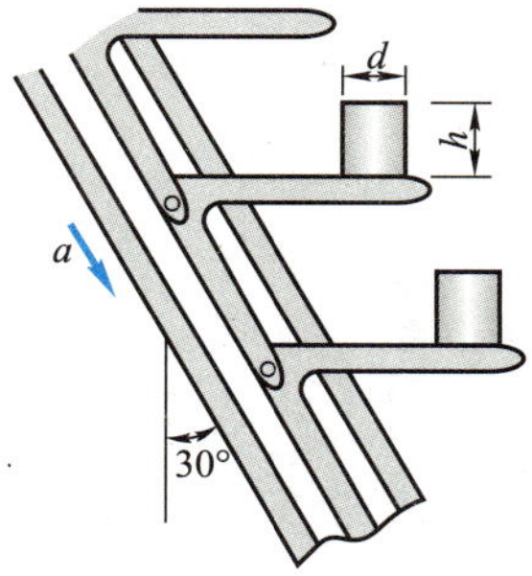

题 13-1 图

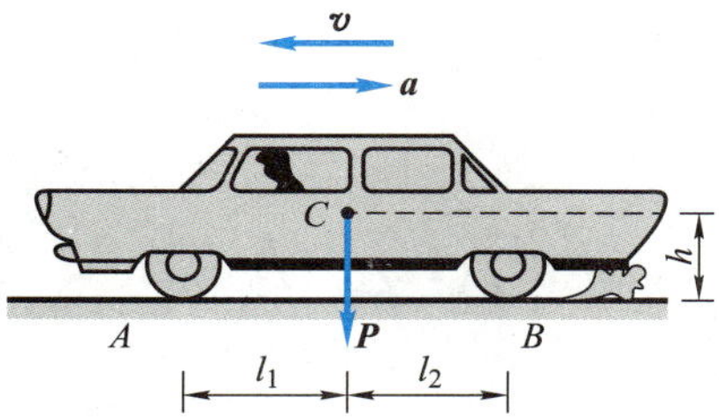

题 13-2 图

13-3 图示平板车沿水平直线行驶，均质杆 AB 用水平绳 CD 拉住，维持在铅垂位置。已知：杆 AB 长 $l=2$ m，质量 $m=20$ kg，平板车的加速度 $a=16$ m/s^2。求绳 CD 的张力及支座 A 的约束力。

13-4 图示为升降重物用的叉车，B 为可动滚轮（滚动铰支座），叉头 DBC 用铰链 C 与铅垂导杆连接。由于液压机构的作用，可使导杆在铅垂方向上升或下降，因而可升降重物。已知叉车连同铅垂导杆的质量为 1 500 kg，质心在 G_1；叉头与重物的共同质量为 800 kg，质心在 G_2。如果叉头向上的加速度使得后轮 A 的约束力等于零，求这时滚轮 B 的约束力。

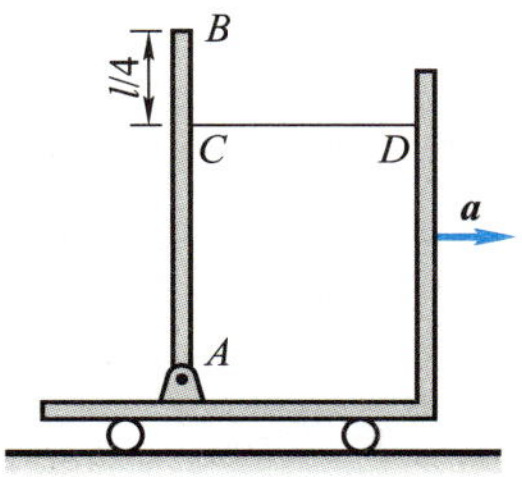

题 13-3 图

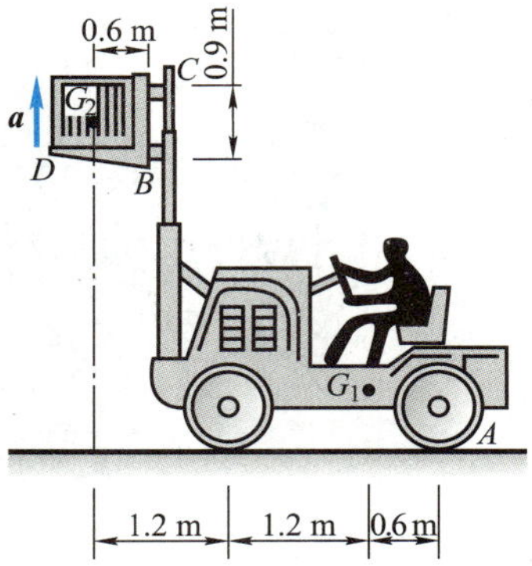

题 13-4 图

13-5 当发射卫星实现星箭分离时，打开卫星整流罩的一种方案如图所示。先由释放机构将整流罩缓慢送到图示位置，然后令火箭加速，加速度为 $\boldsymbol{a}$，从而使整流罩向外转。当其质心 C 转到位置 C' 时，O 处铰链自动脱开，使整流罩离开火箭。设整流罩质量为 m，对 O 轴的回转半径为 ρ，质心到 O 轴的距离 $OC=r$。整流罩脱落时，角速度为多大？

13-6　转速表的简化模型如图所示。杆 CD 的两端各有质量为 m 的 C 球和 D 球，杆 CD 与转轴 AB 铰接于各自的中点，质量不计。当转轴 AB 转动且外载荷变化时，杆 CD 的转角 φ 就发生变化。设 $\omega=0$ 时，$\varphi=\varphi_0$，且弹簧中无力。弹簧产生的力矩 M 与转角 φ 的关系为 $M=k(\varphi-\varphi_0)$，式中 k 为弹簧的刚度系数。设 $AO=OB=b$，求：(1) 角速度 ω 与角 φ 的关系；(2) 当系统处于图示平面时，轴承 A、B 的约束力。

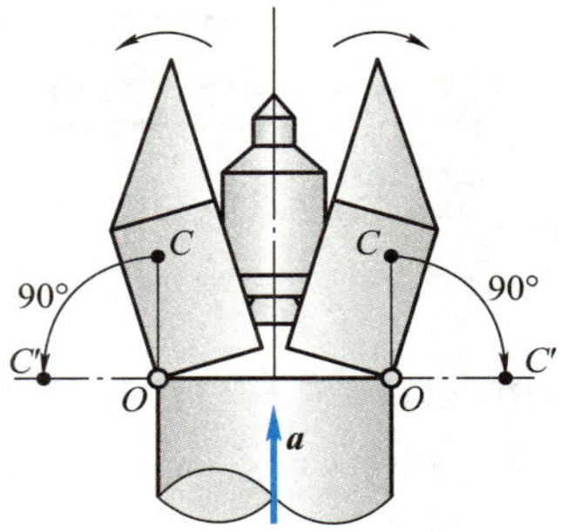

题 13-5 图

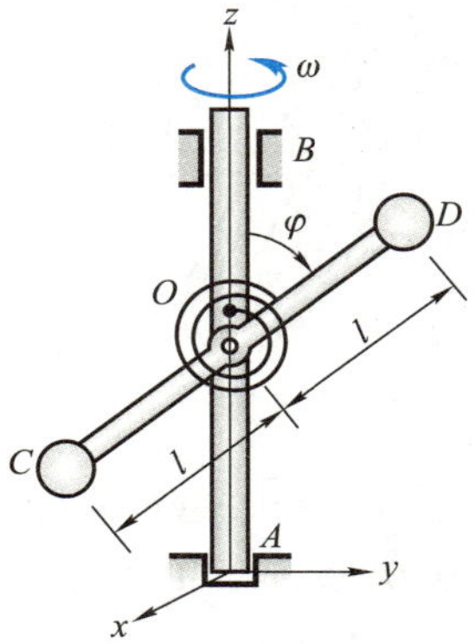

题 13-6 图

13-7　图示振动器用于压实土壤表面，已知机座重为 G，对称的偏心锤重 $P_1=P_2=P$，偏心距为 e；两锤以相同的匀角速度 ω 相向转动，求振动器对地面压力的最大值。

13-8　图示均质直角三角板位于铅垂面内，绕铅垂轴 AB 转动。已知板的质量为 m，边长为 l 与 b。试求角速度 ω 为多大时，才能使支座 B 的水平约束力等于零。

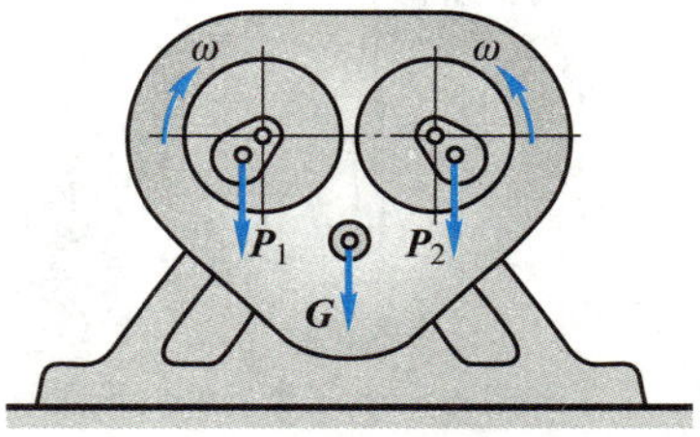

题 13-7 图

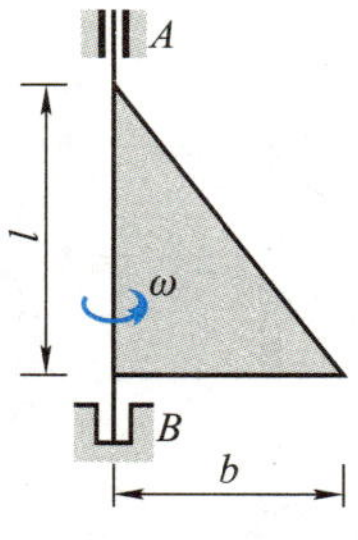

题 13-8 图

13-9　图示长方形均质平板，质量为 27 kg，由销 A 和销 B 悬挂。如果突然撤去销 B，求在撤去销 B 的瞬时平板的角加速度和销 A 的约束力。

13-10　图示系统位于铅垂面内，均质杆 AB 被焊接在均质圆盘的切线上。已知圆盘半径为 r，杆 AB 长为 l、质量为 m。初始时杆 AB 处于水平位置，试求圆盘以角速度 ω、角加速度 α 转动瞬时，A 处由于转动引起的约束力。

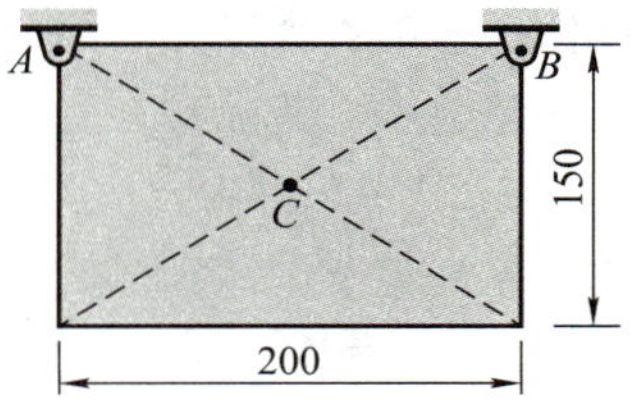

题 13-9 图

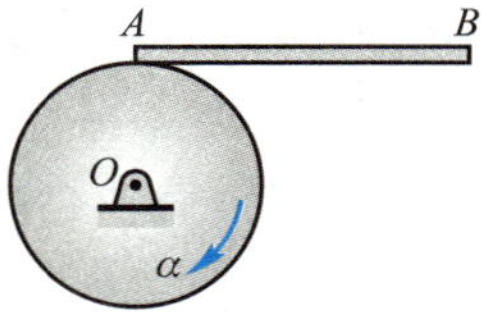

题 13-10 图

13-11 如图所示，质量为 m_1 的物体 A 下落时，带动质量为 m_2 的均质圆盘 B 转动。已知 $BC=l$，圆盘 B 的半径为 R。若不计支架和绳子的重量及轴上的摩擦力，求固定端 C 的约束力。

13-12 图示电动绞车提升一质量为 m 的物体，在主动轴上作用有一力偶矩为 M 的主动力偶。已知主动轴和从动轴连同安装在这两轴上的齿轮及其他附属零件的转动惯量分别为 J_1 和 J_2；传动比 $z_2:z_1=i$；吊索缠绕在鼓轮上，鼓轮半径为 R。设轴承的摩擦力和吊索的重量均略去不计，求重物的加速度。

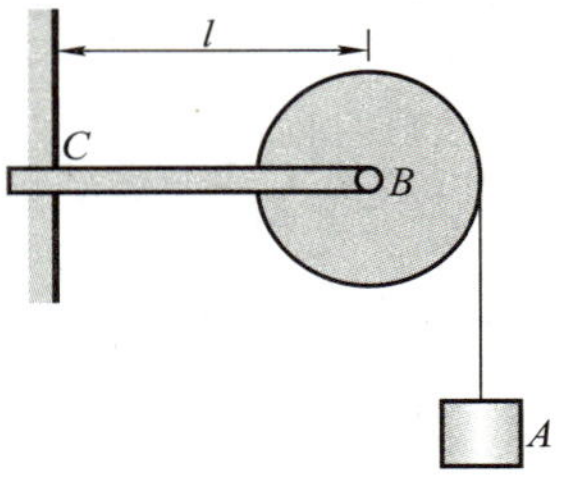

题 13-11 图

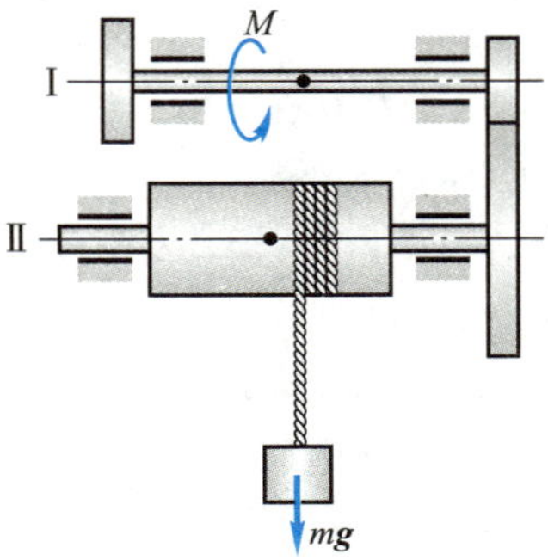

题 13-12 图

13-13 曲柄滑道机构如图所示，已知圆轮半径为 r，对转轴的转动惯量为 J，圆轮上作用一不变的力偶 M，滑槽 ABD 的质量为 m，不计摩擦。求圆轮的转动微分方程。

13-14 曲柄摇杆机构的曲柄 OA 长为 r，质量为 m，在力偶 M（随时间而变化）驱动下以匀角速度 ω_O 转动，并通过滑块 A 带动摇杆 BD 运动。OB 铅垂，摇杆 BD 可视为质量为 $8m$ 的均质等直杆，长为 $3r$。不计滑块 A 的重量和各处摩擦力；图示瞬时，OA 水平，$\theta=30°$。求此时驱动力偶矩 M 和 O 处约束力。

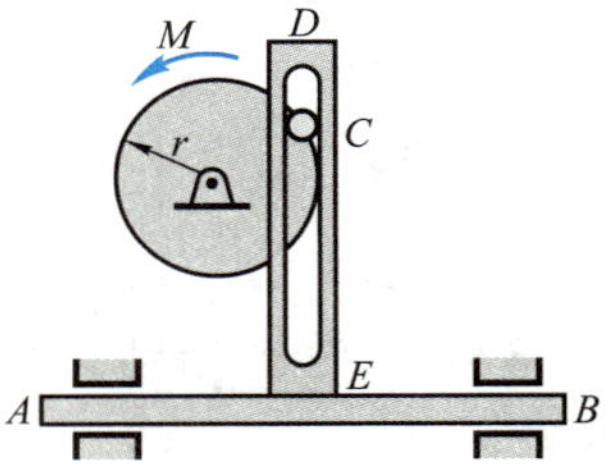

题 13-13 图

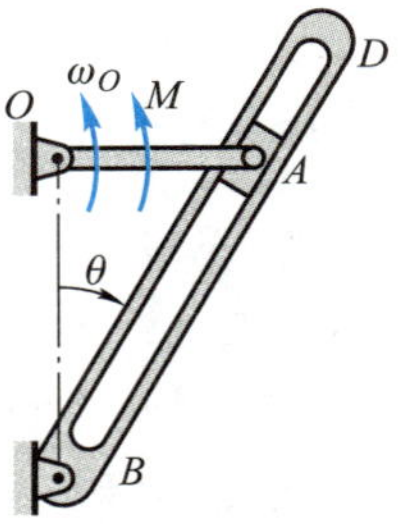

题 13-14 图

13-15 图示轮系处于平衡位置。已知均质轮 A 与 B 的半径分别为 r_1 与 r_2，质量分别为 m_1 与 m_2，弹簧的刚度系数为 k，物块 G 的质量为 m_3，两轮接触处无相对滑动。试建立系统做微幅振动时的运动微分方程。

13-16 在鼓轮上缠有绳子，用水平力 $F_T = 200$ N 拉绳子，如图所示。已知鼓轮的质量 $m = 50$ kg，$R = 0.1$ m，$r = 0.06$ m，回转半径 $\rho = 70$ mm，鼓轮与水平面的静摩擦因数 $f_s = 0.2$，动摩擦因数 $f = 0.15$。求鼓轮质心 C 的加速度和轮的角加速度。

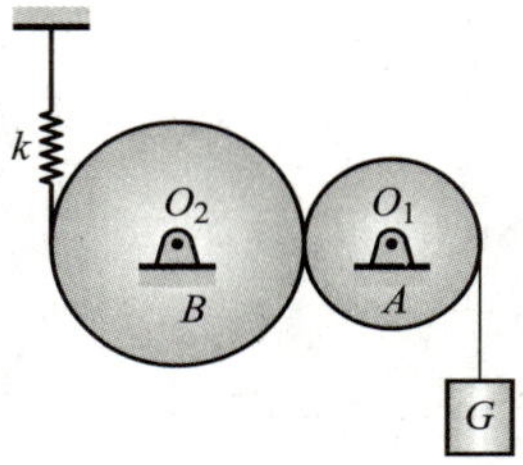

题 13-15 图

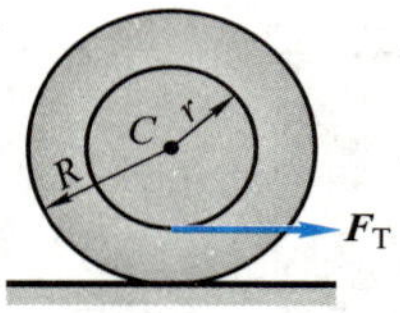

题 13-16 图

13-17 均质轮 D 在无重三铰刚架上沿水平线做纯滚动。已知轮半径为 r、质量为 m，以匀加速度 $\boldsymbol{a}$ 运动，刚架尺寸如图所示。试求：(1) 作用在轮上的力偶矩 M；(2) 轮所受的正压力与摩擦力；(3) 刚架在支座 A 与 B 处的约束力。

13-18 利用达朗贝尔原理求解题 11-34。

13-19 利用达朗贝尔原理求解题综-22。

13-20 铅垂面内曲柄连杆滑块机构中，曲柄 OA 的长为 r，杆 AB 的长为 $2r$，质量分别为 m 和 $2m$，滑块质量为 m。曲柄 OA 匀速转动，角速度为 ω_O。在图示瞬时，滑块运行的阻力为 $\boldsymbol{F}$。不计摩擦力，求滑道对滑块的约束力及曲柄 OA 上的驱动力偶矩 M_O。

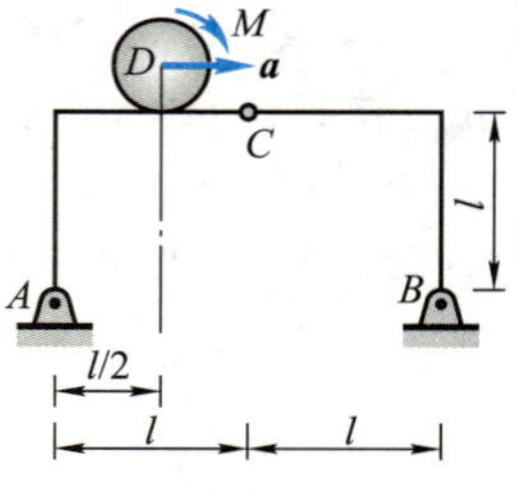

题 13-17 图

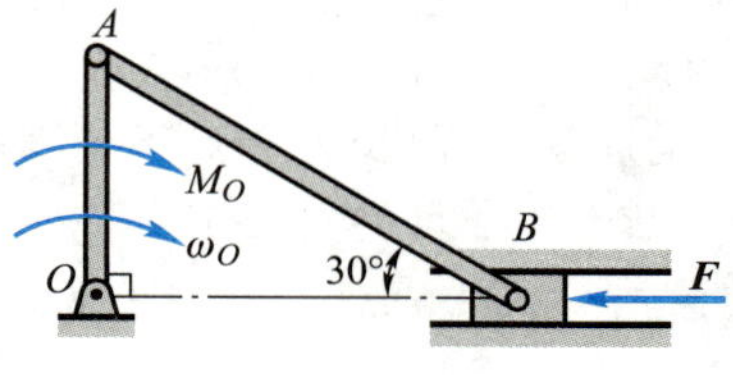

题 13-20 图

13-21 利用达朗贝尔原理求解题综-27。

13-22 图示磨刀砂轮 Ⅰ 质量 $m_1 = 1$ kg，其偏心距 $e_1 = 0.5$ mm；小砂轮 Ⅱ 质量 $m_2 = 0.5$ kg，偏心距 $e_2 = 1$ mm；电动机转子 Ⅲ 质量 $m_3 = 8$ kg，无偏心，带动砂轮旋转，转速 $n = 3\ 000$ r/min。求转动时轴承 A、B 的附加动约束力。

13-23 三圆盘 A、B 和 C 的质量均为 12 kg，共同固结在 x 轴上，其位置如图所示。若盘 A 质心 G 的坐标为 (320 mm, 0, 5 mm)，而盘 B 和 C 的质心在轴上。若将两个质量均为 1 kg 的均衡质量分别放在盘 B 和 C 上，应如何放置可使轴系达到动平衡？

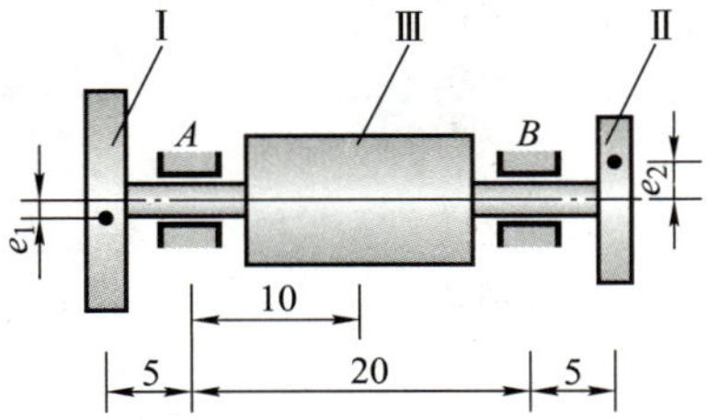

题 13-22 图

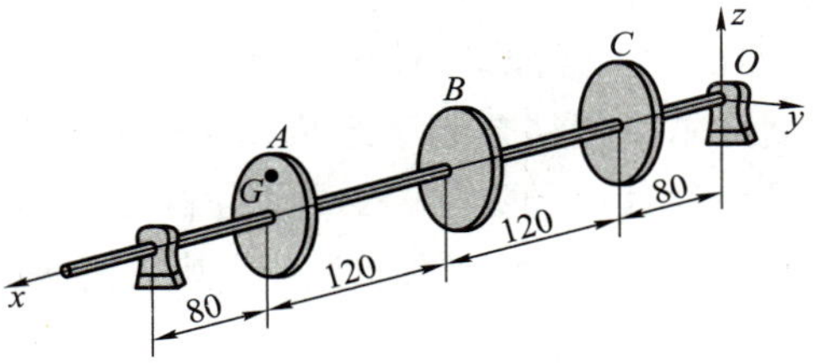

题 13-23 图

第十四章 虚位移原理

虚位移原理应用功的概念分析系统的平衡问题，是研究静力学平衡问题的另一途径。

为了便于虚位移原理的推导与应用，本章先把约束的概念加以引申，介绍虚位移与虚功的概念，然后推出虚位移原理，并用于解决一些静力学问题。

虚位移原理与达朗贝尔原理结合起来组成动力学普遍方程，为求解复杂系统的动力学问题提供了另一种普遍的方法，构成了分析力学的基础。本书只介绍虚位移原理的工程应用，而不按分析力学的体系追求其完整性和严密性。

§14-1 约束·虚位移·虚功

1. 约束及其分类

在第一章中，将限制所研究物体位移的周围物体称为该物体的约束。事实上，这种限制作用完全可以用一定的数学关系式进行表述，这样在后续的分析工作中更便于应用。现将约束定义为：限制质点或质点系运动的关系式称为**约束**，若这些关系式可以用等式来表述，则称之为**约束方程**。根据约束关系式的特点可对约束进行几种不同的分类。

（1）几何约束和运动约束

限制质点或质点系在空间中的几何位置的关系式称为**几何约束**。如图 14-1 所示，质点 M 可绕固定点 O 在平面 Oxy 内摆动，其摆长为 l，若以 x、y 表示质点的坐标，则其约束方程为

$$x^2+y^2=l^2 \tag{14-1}$$

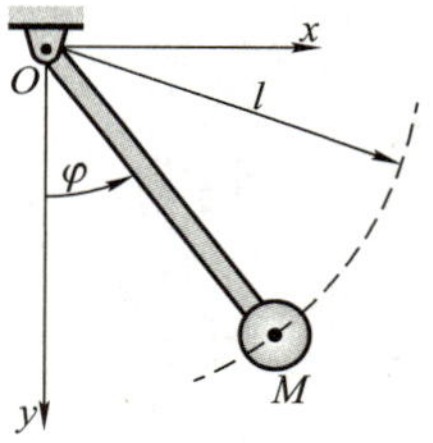

图 14-1

又如，质点 M 在图 14-2 所示固定曲面上运动，那么曲面方程就是质点 M 的约束方程。在图 14-3 所示曲柄连杆滑块机构中，连杆 AB 所受约束有：点 A 只能做以点 O 为圆心、以 r 为半径的圆周运动，点 B 始终沿滑道做直线运动；点 B 与点 A 间的距离始终保持为杆长 l。这三个条件以约束方程表示为

$$\left.\begin{aligned}&x_A^2+y_A^2=r^2\\&y_B=0\\&(x_B-x_A)^2+(y_B-y_A)^2=l^2\end{aligned}\right\}\tag{14-2}$$

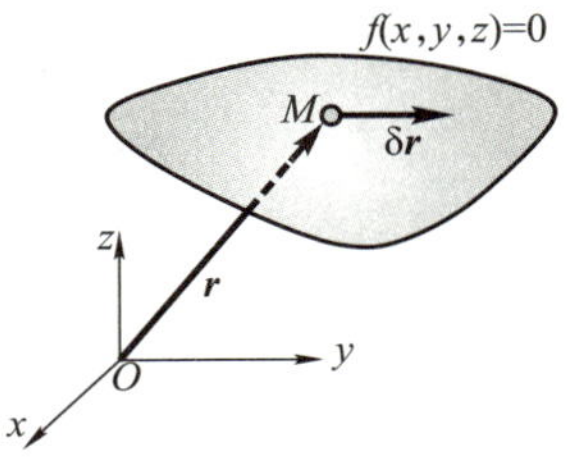

图 14-2

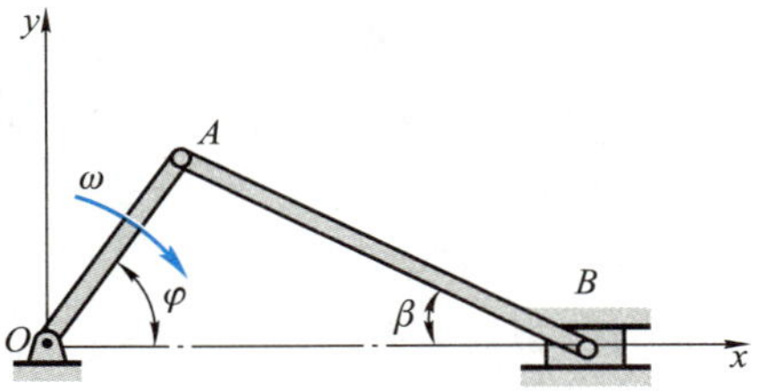

图 14-3

上述例子中各约束都是限制物体的几何位置,因此都是几何约束。

限制质点系运动情况的运动学条件,称为**运动约束**。如图 14-4 所示,车轮沿直线轨道做纯滚动,车轮除了受到限制其轮心 A 始终与地面保持距离为 r 的几何约束 $y_A=r$ 外,还受到只滚不滑的运动学的限制,即在每一瞬时,有

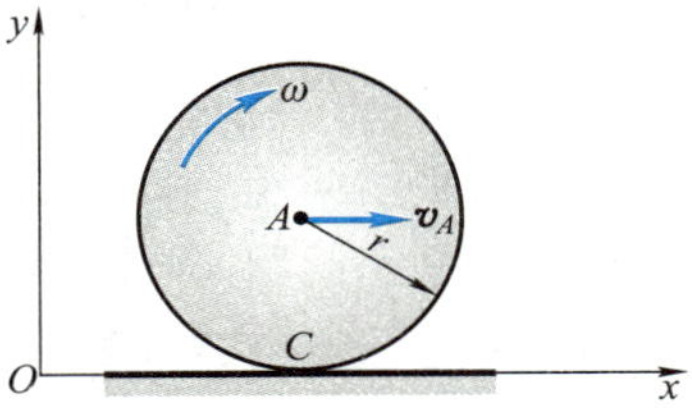

图 14-4

$$v_A-r\omega=0$$

上述约束关系式就是运动约束。设 x_A 为轮心 A 的 x 坐标,φ 为车轮的转角,由 $v_A=\dot{x}_A$,$\omega=\dot{\varphi}$,上式可以写成

$$\dot{x}_A-r\dot{\varphi}=0$$

若 r 为常数,上式两端可以对时间积分,得到

$$x_A-x_{A0}=r(\varphi-\varphi_0)$$

其中,x_{A0}、φ_0 为 x_A、φ 在 $t=0$ 时的值。这样约束方程就转化为以质点系位置坐标表示的几何约束方程。这类约束称为**可积分的运动约束**。显然可积分的运动约束等同于几何约束。

(2) 定常约束和非定常约束

图 14-5 中重物 M 由一根穿过固定圆环 O 的细绳系住。设摆长在开始时为 l_0,然后以不变的速度 $\boldsymbol{v}$ 拉动细绳的另一端,此时单摆的约束方程为

$$x^2+y^2\leqslant(l_0-vt)^2\tag{14-3}$$

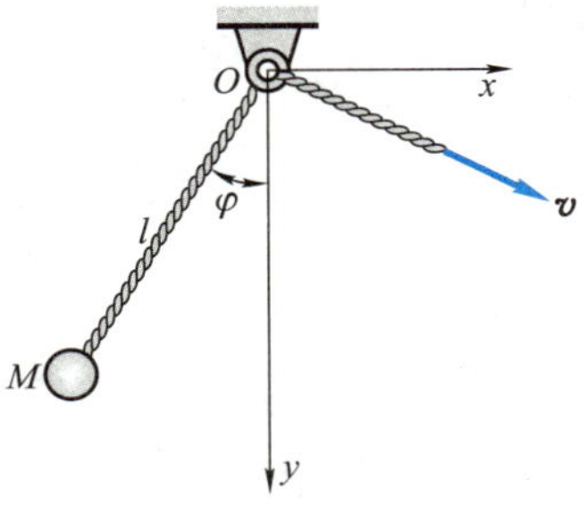

图 14-5

动画

非定常约束

由上式可见,约束条件是随时间变化的,这类约束称为**非定常约束**。

不随时间变化的约束称为**定常约束**,在定常约束的约束方程中不显含时间 t,如式(14-1)所示的

约束方程。

（3）双侧约束和单侧约束

在图 14-1 所示单摆的例子中，摆杆是一刚性杆，它限制质点沿杆的拉伸方向的位移，又限制质点沿杆的压缩方向的位移，这类约束称为**双侧约束**（或称为**固执约束**），双侧约束的约束方程是等式，例如式（14-1）。而图 14-5 所示的单摆是用绳子系住的，而绳子不能限制质点沿绳索缩短方向上的位移，这类约束称为**单侧约束**，其约束关系式为不等式，例如式（14-3）。

（4）完整约束和非完整约束

由几何约束和可积分的运动约束所组成的这类约束称为**完整约束**。若运动约束关系式中包含的微分项不能积分成有限形式，则这类约束称为**非完整约束**。本章只讨论完整、双侧约束，其约束方程的一般形式为

$$f_j(x_1,y_1,z_1;x_2,y_2,z_2;\cdots;x_n,y_n,z_n;t)=0 \quad (j=1,2,\cdots,s) \tag{14-4}$$

式中，n 为受约束作用的质点系中质点的个数，s 为约束方程的个数。

2. 虚位移

动画

可能位移与虚位移

在一般平衡问题中，质点系中各质点都是静止不动的。为了应用功的概念分析质点系的平衡问题，设想在约束允许的条件下，给各质点一个微小的位移，这些微小的位移是假想的，与时间无关，称为**虚位移**。

考虑由 n 个质点组成的质点系受 s 个完整、双侧约束作用而处于平衡状态。设质点系中第 i 个质点的矢径为

$$\boldsymbol{r}_i=x_i\boldsymbol{i}+y_i\boldsymbol{j}+z_i\boldsymbol{k}$$

这里 x_i、y_i、z_i 为第 i 个质点的直角坐标，$\boldsymbol{i}$、$\boldsymbol{j}$、$\boldsymbol{k}$ 为沿三个坐标轴正向的单位矢量。为了与动力学中质点经过 $\mathrm{d}t$ 时间而产生的实际位移（简称实位移，通常用 $\mathrm{d}\boldsymbol{r}_i$ 来表示）相区别，质点的虚位移表示为

$$\delta\boldsymbol{r}_i=\delta x_i\boldsymbol{i}+\delta y_i\boldsymbol{j}+\delta z_i\boldsymbol{k} \tag{14-5}$$

这里用来表示虚位移的符号 δ 是变分符号，“变分”包含有无限小“变化”的意思。

设想给质点系一组虚位移，则第 i 个质点的矢径为

$$\boldsymbol{r}_i'=\boldsymbol{r}_i+\delta\boldsymbol{r}_i=(x_i+\delta x_i)\boldsymbol{i}+(y_i+\delta y_i)\boldsymbol{j}+(z_i+\delta z_i)\boldsymbol{k} \tag{14-6}$$

将式（14-6）代入约束方程式（14-4），注意虚位移的产生与时间无关，故 t 保持不变，得到

$$f_j(x_1+\delta x_1,y_1+\delta y_1,z_1+\delta z_1;x_2+\delta x_2,y_2+\delta y_2,z_2+\delta z_2;\cdots;x_n+\delta x_n,y_n+\delta y_n,z_n+\delta z_n;t)=0$$

将上式用泰勒级数展开，并代入式（14-4），有

$$\sum_{i=1}^{n}\left(\frac{\partial f_j}{\partial x_i}\delta x_i+\frac{\partial f_j}{\partial y_i}\delta y_i+\frac{\partial f_j}{\partial z_i}\delta z_i\right)=0 \quad (j=1,2,\cdots,s) \tag{14-7}$$

因此，虚位移又可以定义为质点系满足方程组（14-7）的任一组微小位移。

必须注意，虚位移与实位移是不同的概念。实位移是质点系在一定时间内真正实现的位移，它除了与约束条件有关外，还与时间、主动力及运动的初始条件有

关；而虚位移仅与约束条件有关。对于定常完整约束，真实位移是所有虚位移中的一组；对于非定常约束，某瞬时的虚位移是指将时间固定，约束所允许的无限小位移，与真实位移无关。

有关变分符号 δ 的数学含义，读者可参阅本教材专题部分[①]的有关内容，这里仅结合前几章的内容作粗略的描述。在动力学中，我们常用 $\mathrm{d}\boldsymbol{r}$ 来描述质点在 $\mathrm{d}t$ 时间内产生的位移，所关注的是每个质点在力作用下的运动，即 $\boldsymbol{r}=\boldsymbol{r}(t)$，质点的运动方程可看成是时间 t 的单变量函数，采用的数学工具为函数的微积分；而在本章中，由于是平衡问题，所关注的是质点系中各质点在平衡状态下的位置与作用力之间的关系，而式(14-7)正是通过虚位移来刻画质点系平衡位置的几何特性(约束特性)，所对应的数学工具为泛函的变分。

例 14-1 图 14-6 所示椭圆规机构中，连杆 AB 长为 l，在图示位置与水平线夹角为 φ，试求滑块 A、B 的一组虚位移。

解：取坐标系如图所示，则滑块 A、B 应满足的约束方程为

$$\left.\begin{aligned}&x_A=0\\&y_B=0\\&(x_A-x_B)^2+(y_A-y_B)^2-l^2=0\end{aligned}\right\}\tag{a}$$

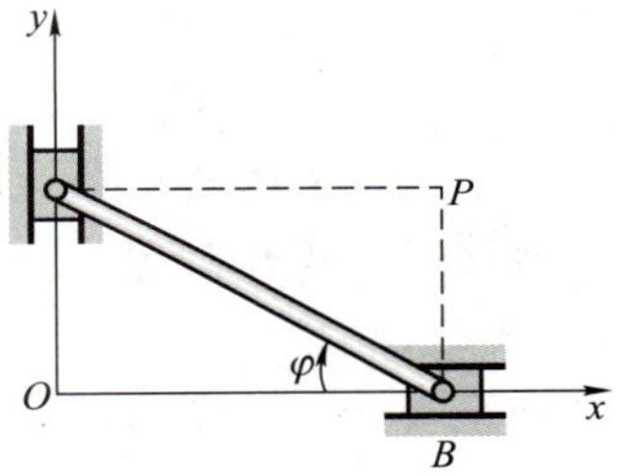

图 14-6

设滑块 A、B 的虚位移为

$$\left.\begin{aligned}\delta\boldsymbol{r}_A&=\delta x_A\boldsymbol{i}+\delta y_A\boldsymbol{j}\\\delta\boldsymbol{r}_B&=\delta x_B\boldsymbol{i}+\delta y_B\boldsymbol{j}\end{aligned}\right\}\tag{b}$$

由约束方程(a)，有

$$\left.\begin{aligned}&\delta x_A=0\\&\delta y_B=0\\&(x_A-x_B)(\delta x_A-\delta x_B)+(y_A-y_B)(\delta y_A-\delta y_B)=0\end{aligned}\right\}\tag{c}$$

即任意满足式(c)的 $\delta\boldsymbol{r}_A$、$\delta\boldsymbol{r}_B$ 均为滑块 A、B 的一组虚位移。

3. 虚功

质点或质点系所受的力在虚位移上所做的功称为**虚功**。设力 $\boldsymbol{F}$ 作用点的虚位移为 $\delta\boldsymbol{r}$，则虚功为

$$\delta W=\boldsymbol{F}\cdot\delta\boldsymbol{r}$$

应该指出虚位移只是假想的，而不是真实发生的，因而虚功也是假想的。力在虚位移上做功的计算与作用力在真实小位移上所做元功的计算是一样的。

4. 理想约束

如果在质点系的任何虚位移中，所有约束力所做虚功的和等于零，这种约束称为**理想约束**。若以 $\boldsymbol{F}_{\mathrm{N}i}$ 表示作用在质点 i 上的约束力，$\delta\boldsymbol{r}_i$ 表示该质点的虚位移，

---

① 见《理论力学》(第 9 版)(Ⅱ)第一章分析力学基础。

δW_{Ni}表示该约束力在虚位移上所做的功，则理想约束可以用数学公式表示为

$$\delta W_N = \sum \delta W_{Ni} = \sum \boldsymbol{F}_{Ni} \cdot \delta \boldsymbol{r}_i = 0 \tag{14-8}$$

在动能定理一章已说明光滑固定面、光滑铰链、无重刚杆、不可伸长的柔索、固定端等约束为理想约束，现从式(14-8)的定义来看，这一结论也是成立的。

§14-2　虚位移原理

设有一质点系处于静止平衡状态，取质点系中任一质点 m_i，如图 14-7 所示，作用在该质点上的主动力的合力为 $\boldsymbol{F}_i$，约束力的合力为 $\boldsymbol{F}_{Ni}$。因为质点系处于平衡状态，则这个质点也处于平衡状态，因此有

$$\boldsymbol{F}_i + \boldsymbol{F}_{Ni} = \boldsymbol{0}$$

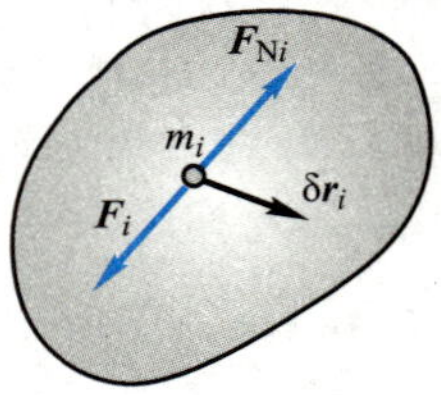

图 14-7

若给质点系以某种虚位移，其中质点 m_i 的虚位移为 $\delta \boldsymbol{r}_i$，则作用在质点 m_i 上的力 $\boldsymbol{F}_i$ 和 $\boldsymbol{F}_{Ni}$的虚功的和为

$$\boldsymbol{F}_i \cdot \delta \boldsymbol{r}_i + \boldsymbol{F}_{Ni} \cdot \delta \boldsymbol{r}_i = 0$$

对于质点系内所有质点，都可以得到与上式同样的等式。将这些等式相加，得

$$\sum \boldsymbol{F}_i \cdot \delta \boldsymbol{r}_i + \sum \boldsymbol{F}_{Ni} \cdot \delta \boldsymbol{r}_i = 0$$

如果质点系具有理想约束，则约束力在虚位移上所做虚功的和为零，即 $\sum \boldsymbol{F}_{Ni} \cdot \delta \boldsymbol{r}_i = 0$，代入上式得

$$\sum \boldsymbol{F}_i \cdot \delta \boldsymbol{r}_i = 0 \tag{14-9}$$

用 δW_{Fi}代表作用在质点 m_i 上的主动力的虚功，由于 $\delta W_{Fi} = \boldsymbol{F}_i \cdot \delta \boldsymbol{r}_i$，则上式可以写为

$$\sum \delta W_{Fi} = 0 \tag{14-10}$$

可以证明，上式不仅是质点系平衡的必要条件，也是充分条件。

因此可得结论：对于具有理想约束的质点系，其平衡的充分必要条件是：作用于质点系的所有主动力在任何虚位移上所做虚功的和等于零。上述结论称为**虚位移原理**，又称为**虚功原理**，式(14-9)，式(14-10)又称为**虚功方程**。

式(14-9)也可写成解析表达式，即

$$\sum (F_{ix}\delta x_i + F_{iy}\delta y_i + F_{iz}\delta z_i) = 0 \tag{14-11}$$

式中，F_{ix}、F_{iy}、F_{iz}为作用于质点 m_i 的主动力 $\boldsymbol{F}_i$ 在直角坐标轴上的投影；δx_i、δy_i、δz_i为虚位移 $\delta \boldsymbol{r}_i$ 在直角坐标轴上的投影。

以上证明了虚位移原理的必要性，即若质点系平衡则式(14-9)必定成立。应该指出，式(14-9)也是质点系平衡的充分条件，即在满足式(14-9)的条件下，质点系必保持平衡状态。

有关虚位移原理充分性的严格证明超出了本书的范围，下面结合一定的附加条件加以举例说明。

考虑质点系初始处于静止平衡状态，若其受满足式(14-9)的力系作用而不再保持平衡，则经过 dt 时间，必有某个处于非平衡状态的质点 i 由静止发生运动，且其位移应与该质点所受合力的方向相同(初始静止，质点沿运动轨迹的法向加速度为零)。对于定常、完整、双侧约束，这一微小位移也应满足该质点所受的约束条件，即该质点在 dt 时间内的真实微小位移应为其虚位移之一，记为 $\delta \boldsymbol{r}_i$。设作用在该质点上主动力的合力为 $\boldsymbol{F}_i$，约束力的合力为 $\boldsymbol{F}_{\mathrm{N}i}$，则必有不等式

$$(\boldsymbol{F}_i+\boldsymbol{F}_{\mathrm{N}i}) \cdot \delta \boldsymbol{r}_i>0$$

这样处于非平衡状态的质点上作用力的虚功都大于零，而保持静止的质点上作用力的虚功都等于零，因而全部虚功相加仍为不等式，即

$$\sum (\boldsymbol{F}_i+\boldsymbol{F}_{\mathrm{N}i}) \cdot \delta \boldsymbol{r}_i>0$$

理想约束下，有

$$\sum \boldsymbol{F}_{\mathrm{N}i} \cdot \delta \boldsymbol{r}_i=0$$

由此得出

$$\sum \boldsymbol{F}_i \cdot \delta \boldsymbol{r}_i>0$$

这与式(14-9)是矛盾的，由此说明原理的充分性成立。

应该指出，虽然应用虚位移原理的条件是质点系应具有理想约束，但是也可以用于有摩擦的情况，只要把摩擦力当作主动力，在虚功方程中计入摩擦力所做的虚功即可。

例 14-2 如图 14-8 所示，在螺旋压榨机的手柄上作用一在水平面内的力偶($\boldsymbol{F},\boldsymbol{F}'$)，其力偶矩 $M=2Fl$，螺杆的螺距为 h。求机构平衡时加在被压榨物体上的力。

解：研究以手柄、螺杆和压板组成的平衡系统。忽略螺杆和螺母间的摩擦，则约束是理想的。

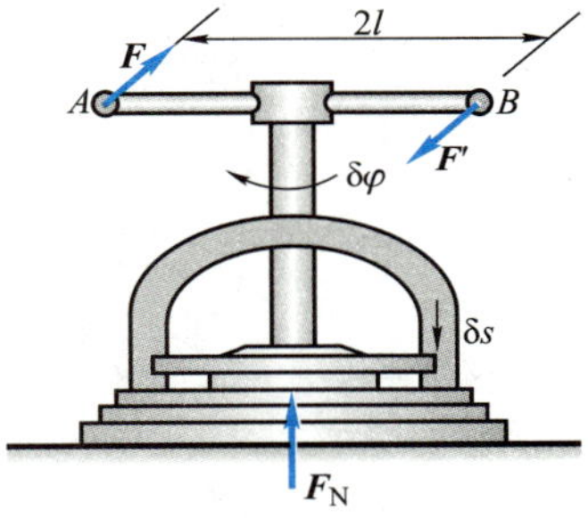

图 14-8

作用于平衡系统上的主动力为：作用于手柄上的力偶($\boldsymbol{F},\boldsymbol{F}'$)，被压物体对压板的阻力 $\boldsymbol{F}_{\mathrm{N}}$。

给系统以虚位移，将手柄按螺纹方向转过极小角 $\delta\varphi$，于是螺杆和压板得到向下的位移 δs。

计算所有主动力在虚位移上所做虚功的和，列出虚功方程，有

$$\sum \delta W_F=-F_{\mathrm{N}} \cdot \delta s+2Fl \cdot \delta\varphi=0$$

由机构的传动关系知：对于单头螺纹，手柄转一周，螺杆上升或下降一个螺距 h，故有

$$\frac{\delta\varphi}{2\pi}=\frac{\delta s}{h}, \quad 即\ \delta s=\frac{h}{2\pi}\delta\varphi$$

将上述虚位移 δs 与 $\delta\varphi$ 的关系式代入虚功方程中，得

$$\sum \delta W_F=\left(2Fl-\frac{F_{\mathrm{N}}h}{2\pi}\right)\delta\varphi=0$$

因 $\delta\varphi$ 是任意的，故有

$$2Fl-\frac{F_{\mathrm{N}}h}{2\pi}=0$$

解得

$$F_{\mathrm{N}}=\frac{4\pi l}{h}F$$

作用于被压榨物体上的力与此力等值反向。

动画
例 14-3

例 14-3 图 14-9 所示椭圆规机构中，连杆 AB 长为 l，滑块 A、B 与杆重均不计，忽略各处摩擦，机构在图示位置平衡。求主动力 $\boldsymbol{F}_A$ 与 $\boldsymbol{F}_B$ 之间的关系。

解：研究整个机构，系统约束为理想约束。对此题，可用下述两种方法求解。

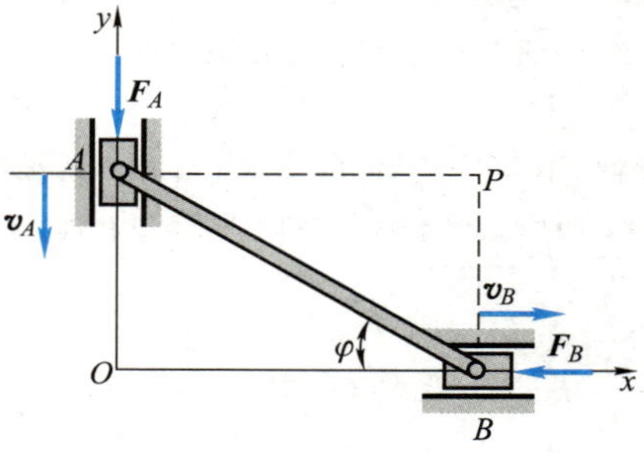

图 14-9

（1）用解析法。建立图示坐标系，由

$$\sum(F_{ix}\delta x_i+F_{iy}\delta y_i+F_{iz}\delta z_i)=0$$

有

$$-F_B\delta x_B-F_A\delta y_A=0 \tag{a}$$

由例 14-1 的式（c），得

$$\frac{\delta x_B}{\delta y_A}=\frac{y_A-y_B}{x_A-x_B}=-\tan\varphi \tag{b}$$

代入式（a），得

$$-(F_A-F_B\tan\varphi)\delta y_A=0$$

由 δy_A 的任意性，得到

$$F_A=F_B\tan\varphi$$

（2）为求各虚位移分量应满足的数学关系式（b），也可以采用“虚速度法”。假想 $\delta\boldsymbol{r}_A$、$\delta\boldsymbol{r}_B$ 是滑块 A、B 在微小时间间隔 δt 内产生的“虚位移”，定义其对应的“虚速度”为

$$\boldsymbol{v}_A=\frac{\delta\boldsymbol{r}_A}{\delta t},\quad \boldsymbol{v}_B=\frac{\delta\boldsymbol{r}_B}{\delta t}$$

则有

$$\frac{\delta x_B}{\delta y_A}=\frac{\delta x_B/\delta t}{\delta y_A/\delta t}=\frac{v_{Bx}}{v_{Ay}} \tag{c}$$

由图 14-9，得

$$\boldsymbol{v}_{Bx}=\boldsymbol{v}_B,\quad \boldsymbol{v}_{Ay}=-\boldsymbol{v}_A$$

而由速度投影定理，得

$$v_A\sin\varphi=v_B\cos\varphi$$

代入式（c），同样得到式（b）的结果。

动画
例 14-4

例 14-4 图 14-10 所示机构，不计各构件自重与各处摩擦，求机构在图示位置平衡时，主动力偶矩 M 与主动力 $\boldsymbol{F}$ 之间的关系。

解：研究整个系统，约束为理想约束。列虚功方程，有

$$M\delta\theta+F\delta x_C=0$$

其中，$\delta\theta$ 为质点系虚位移所引起角度 θ 的微小变化，可看成是广义的“虚位移”；δx_C 为点 C 沿 x 轴正向的虚位移分量。$\delta\theta$ 与 δx_C 之间的关系可采用虚速度法求得。如图 14-10 所示，取套筒 B 为动点，杆 OA 为动参考系，则由点的速度合成公式，得

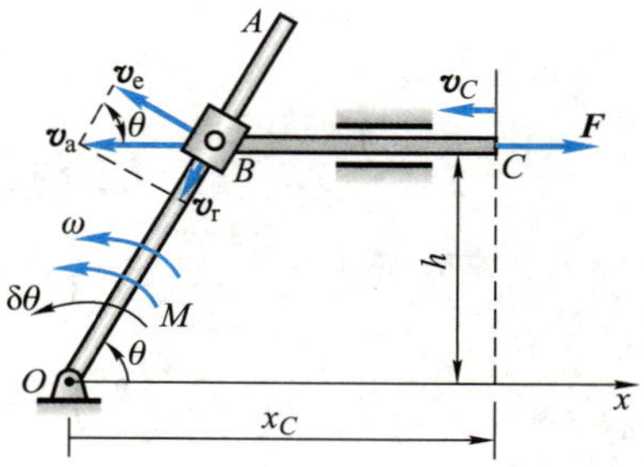

图 14-10

$$v_e=OB\cdot\omega=\frac{h\omega}{\sin\theta},\quad v_B=v_C=\frac{h\omega}{\sin^2\theta}$$

从而有

$$\frac{\delta x_C}{\delta\theta}=\frac{v_{Cx}}{\omega}=-\frac{v_C}{\omega}=-\frac{h}{\sin^2\theta}$$

也可建立图示坐标系，由几何关系，得到

$$x_C=h\cot\theta+BC,\quad \delta x_C=-\frac{h\delta\theta}{\sin^2\theta}$$

将上述虚位移分量之间的关系式代入虚功方程，由 $\delta\theta$ 的任意性，得到

$$M=\frac{Fh}{\sin^2\theta}$$

例 14-5 图 14-11a 所示结构中，各杆自重不计，在点 G 作用一铅垂向上的力 $\boldsymbol{F}$。已知 $AC=CE=CD=CB=DG=GE=l$，求支座 B 的水平约束力。

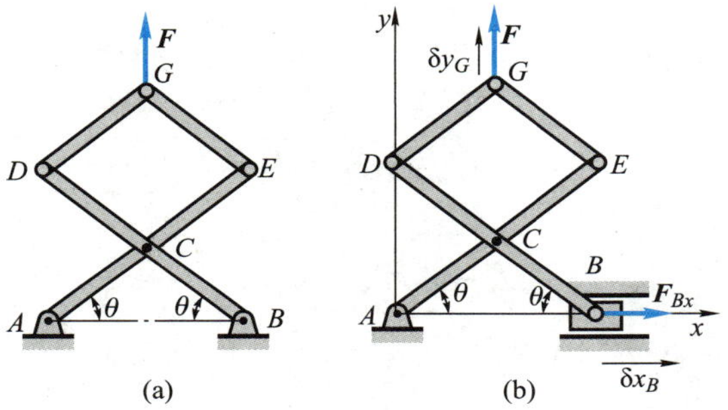

图 14-11

解：为求支座 B 处的水平约束力，需把 B 处水平约束解除，以力 $\boldsymbol{F}_{Bx}$ 代替，将此力看作主动力，则结构变成图 14-11b 所示的机构。用解析法，建立坐标系如图所示，列虚功方程，有

$$\delta W_F=0,\quad F_{Bx}\cdot\delta x_B+F\cdot\delta y_G=0$$

以 θ 为参数写出点 B 的坐标 x_B 与点 G 的坐标 y_G，有

$$x_B=2l\cos\theta,\quad y_G=3l\sin\theta$$

其变分为

$$\delta x_B=-2l\sin\theta\delta\theta,\quad \delta y_G=3l\cos\theta\delta\theta$$

将 δx_B、δy_G 代入虚功方程，得

$$(-2F_{Bx}\sin\theta+3F\cos\theta)l\delta\theta=0$$

解得

$$F_{Bx}=\frac{3}{2}F\cot\theta$$

此题如果在点 C、G 之间连接一自重不计、刚度系数为 k 的弹簧，如图 14-12a 所示。在图示位置弹簧已有伸长量 δ_0，其他条件不变，仍求支座 B 的水平约束力。则仍需解除 B 处水平方向约束，去掉弹簧，均代之以力，如图 14-12b 所示。在图示位置，弹簧有伸长量 δ_0，所以弹性力 $F_C=F_G=k\delta_0$。仍用解析法，列虚功方程，有

$$\delta W_F=0,\quad F_{Bx}\cdot\delta x_B+F_C\cdot\delta y_C-F_G\cdot\delta y_G+F\cdot\delta y_G=0$$

而

$$x_B = 2l\cos\theta, \quad y_C = l\sin\theta, \quad y_G = 3l\sin\theta$$

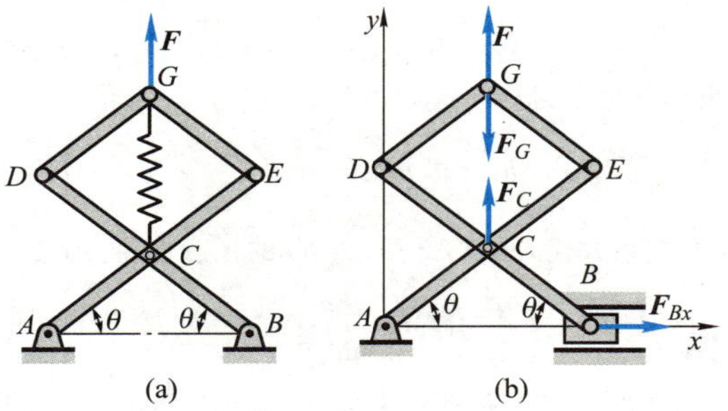

图 14-12

其变分为

$$\delta x_B = -2l\sin\theta\delta\theta, \quad \delta y_C = l\cos\theta\delta\theta, \quad \delta y_G = 3l\cos\theta\delta\theta$$

代入虚功方程,得

$$(-2F_{Bx}\sin\theta - 2k\delta_0\cos\theta + 3F\cos\theta)l\delta\theta = 0$$

解得

$$F_{Bx} = \frac{3}{2}F\cot\theta - k\delta_0\cot\theta$$

例 14-6 求图 14-13a 所示无重组合梁支座 A 的约束力。

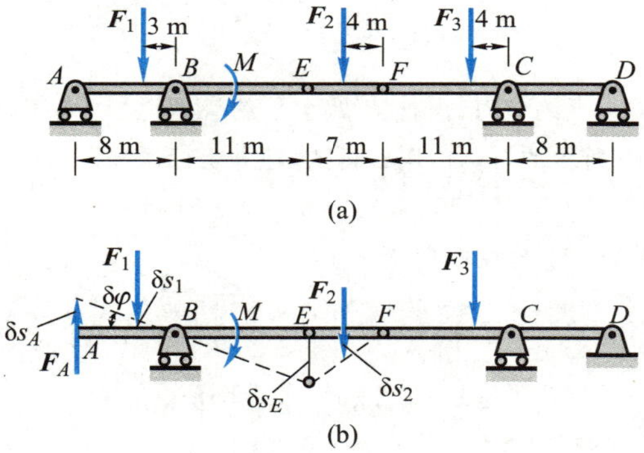

图 14-13

解:解除支座 A 的约束,代之以约束力 $\boldsymbol{F}_A$,将 $\boldsymbol{F}_A$ 看作为主动力,如图 14-13b 所示。假想支座 A 产生如图所示虚位移,则在约束允许的条件下,各点虚位移如图所示,列虚功方程,有

$$\delta W_F = 0, \quad F_A \cdot \delta s_A - F_1 \cdot \delta s_1 + M \cdot \delta\varphi + F_2 \cdot \delta s_2 = 0$$

从图中的几何关系可得

$$\delta\varphi = \frac{\delta s_A}{8\ \mathrm{m}}, \quad \delta s_1 = 3\ \mathrm{m} \cdot \delta\varphi = \frac{3}{8}\delta s_A, \quad \delta s_E = 11\ \mathrm{m} \cdot \delta\varphi = \frac{11}{8}\delta s_A$$

$$\delta s_2 = \frac{4}{7}\delta s_E = \frac{4}{7} \times \frac{11}{8}\delta s_A = \frac{11}{14}\delta s_A$$

代入虚功方程得

$$F_A=\frac{3}{8}F_1-\frac{11}{14}F_2-\frac{1}{8\ \text{m}}M$$

由以上数例可见，用虚位移原理求解机构的平衡问题，关键是找出各虚位移之间的关系。一般应用中，可采用下列三种方法建立各虚位移之间的关系。

（1）设机构某处产生虚位移，作图给出机构各处的虚位移，直接按几何关系，确定各有关虚位移之间的关系，如例 14-2、例 14-6。

（2）建立坐标系，选定一合适的自变量，写出各有关点的坐标，对各坐标进行变分运算，确定各虚位移之间的关系，如例 14-4、例 14-5。

（3）按运动学方法，设某处产生虚速度，计算各有关点的虚速度。计算各虚速度时，可采用运动学中各种方法，如点的合成运动方法、刚体平面运动的基点法、速度投影定理、瞬心法及写出运动方程再求导数等，如例 14-3、例 14-4。

用虚位移原理求解结构的平衡问题时，若要求某一支座约束力，首先需解除该支座约束而代以约束力，把结构变为机构，把约束力当作主动力。这样，在虚位移方程中只包含一个未知力，然后用虚位移原理求解，如例 14-5、例 14-6。若需求多个约束力，则需要一个一个地解除约束用虚位移原理求解，这样求解有时并不方便，如例 14-5、例 14-6，若要求各处约束力，则不如用平衡方程方便。

思考题

14-1 图 14-14 所示机构均处于静止平衡状态，图中所给各虚位移有无错误？如有错误应如何改正？

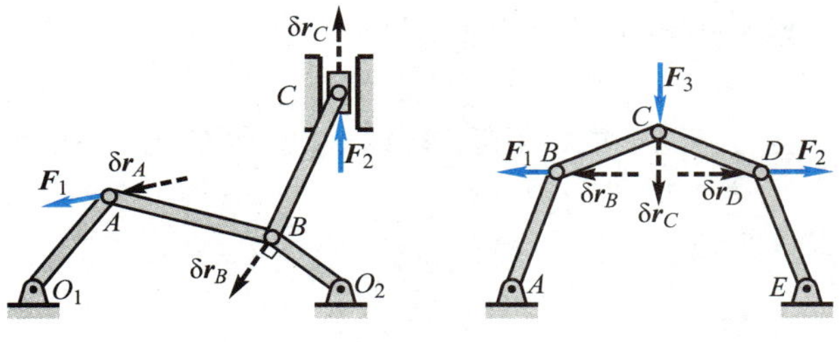

图 14-14

14-2 对图 14-15 所示各机构，你能用哪些不同的方法确定虚位移 $\delta\theta$ 与力 $\boldsymbol{F}$ 作用点 A 的虚位移的关系，并比较各种方法。

14-3 试判别下述说法正确与否：

（1）所有几何约束都是完整约束，所有运动约束都是非完整约束。

（2）质点系在力系作用下处于平衡状态，因此各质点的虚位移均为零。

（3）静力学平衡方程只给出了刚体平衡的充分必要条件，而虚位移原理给出的是

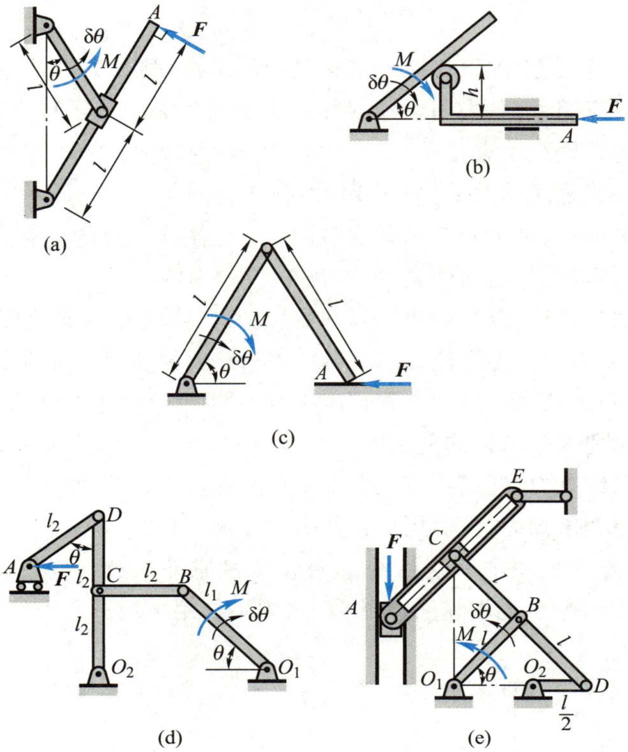

图 14-15

任意质点系平衡的充分必要条件，不仅适用于刚体，也适用于变形体。

14-4 图 14-12b 中弹簧的作用力是系统的内力，为什么在用虚位移原理求解 F_{Bx} 时需要计算其所做的功？

14-5 试采用虚位移原理推导作用在刚体上的平面任意力系的平衡方程。

习　题

习题：第十四章
虚位移原理

14-1 图示曲柄式压榨机的销 B 上作用有水平力 $\boldsymbol{F}$，此力位于平面 ABC 内，作用线平分 $\angle ABC$，$AB=BC$，各处摩擦及杆重不计，求物体受到的压力。

14-2 在压缩机的手轮上作用一力偶，其力偶矩为 M。手轮轴的两端各有螺距同为 h，但方向相反的螺纹。螺纹上各套有一个螺母 A 和 B，这两个螺母分别与长为 a 的杆相铰接，四杆形成菱形框，如图所示。此菱形框的点 D 固定不动，而点 C 连接在压缩机的水平压板上。求当菱形框的顶角等于 2θ 时，压缩机对被压物体的压力。

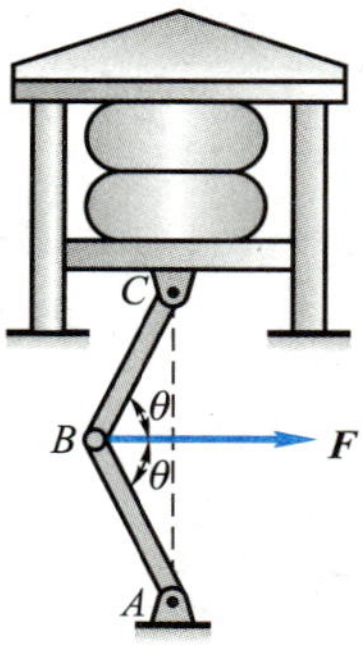

题 14-1 图

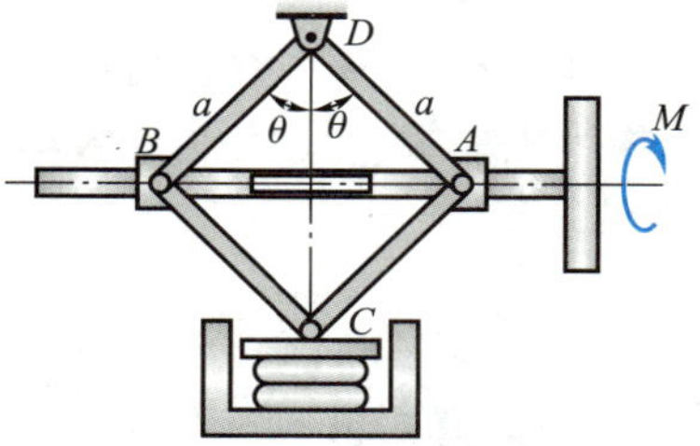

题 14-2 图

14-3 挖土机挖掘部分的示意图如图所示。支臂 DEF 不动，A、B、D、E、F 为铰链，液压油缸 AD 伸缩时可通过连杆 AB 使挖斗 BFC 绕 F 转动，$EA=FB=r$。当 $\theta_1=\theta_2=30°$ 时，杆 AE 垂直杆 DF，此时油缸推力为 $\boldsymbol{F}$。不计构件重量，求此时挖斗可克服的最大阻力矩 M。

14-4 图示远距离操纵用的夹钳为对称结构。当操纵杆 EF 向右移动时，两块夹板就会合拢将物体夹住。已知操纵杆的拉力为 $\boldsymbol{F}$，在图示位置两夹板正好相互平行，求被夹物体所受的压力。

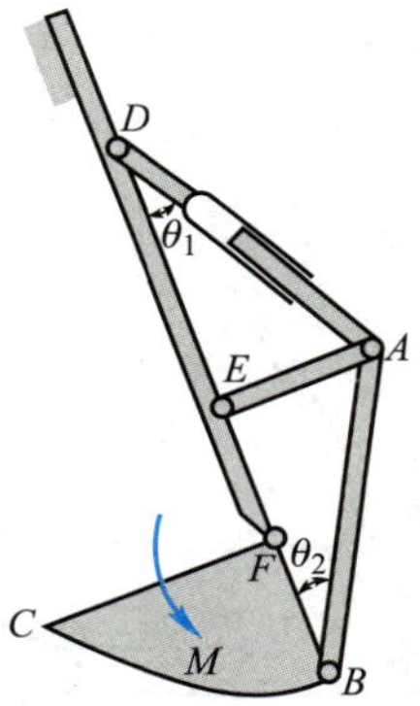

题 14-3 图

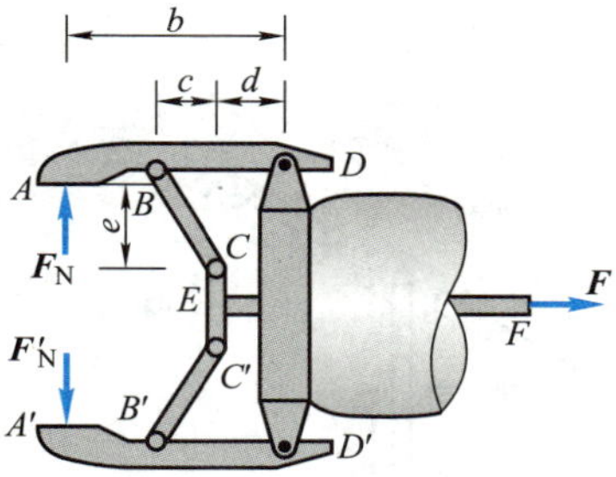

题 14-4 图

14-5 图示为一夹紧装置的简图。已知：缸体内的压强为 q，活塞直径为 d，杆重不计，尺寸如图所示。试求作用在工件上的压力 F。

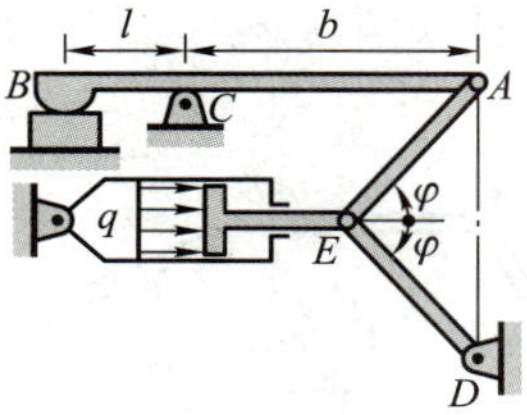

题 14-5 图

14-6 机构如图所示，已知：$OA=20\ \text{cm}$，$O_1D=15\ \text{cm}$，$O_1D\,/\!/\,OB$，弹簧的刚度系数 $k=1\ 000\ \text{N/cm}$，图示位置弹簧的拉伸变形 $\Delta l=2\ \text{cm}$，$M_1=200\ \text{N}\cdot\text{m}$，$\theta=30^\circ$，$\beta=90^\circ$。求系统在此位置平衡时，力偶矩 M_2 的大小。

14-7 在图示机构中，曲柄 OA 上作用一力偶，其力偶矩为 M，另在滑块 D 上作用水平力 $\boldsymbol{F}$。机构尺寸如图所示，不计各构件自重与各处摩擦。求当机构平衡时，力 F 与力偶矩 M 的关系。

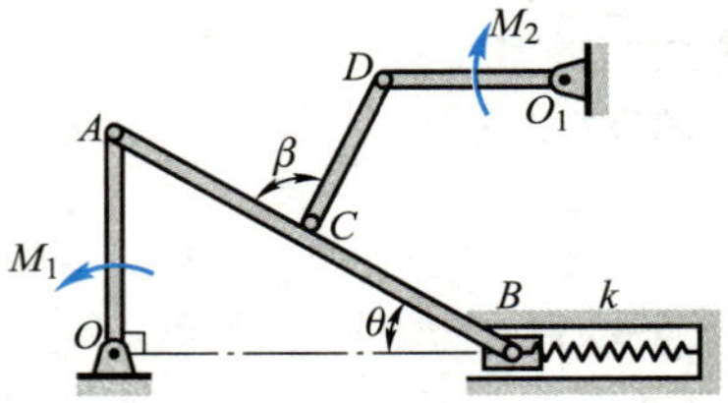

题 14-6 图

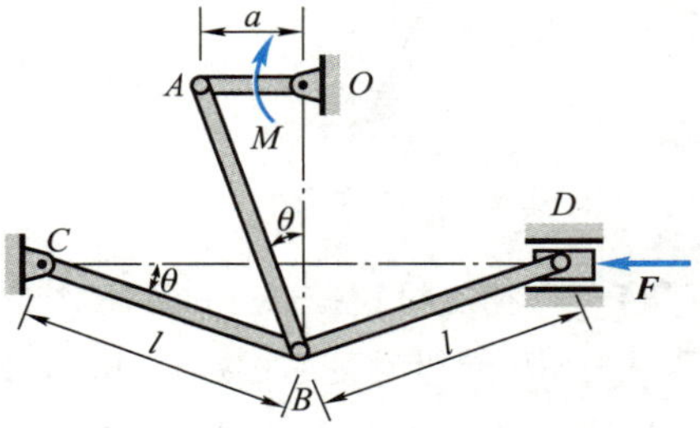

题 14-7 图

14-8 图示滑套 D 套在直杆 AB 上，并带动杆 CD 在铅垂滑道上滑动。已知 $\theta=0^\circ$ 时弹簧为原长，弹簧刚度系数为 $5\ \text{kN/m}$，不计各构件自重与各处摩擦。求在任意位置平衡时，应加多大的力偶矩 M？

14-9 如图所示两等长杆 AB 与 BC 在点 B 用铰链连接，又在杆的 D、E 两点连一弹簧。弹簧的刚度系数为 k，当距离 AC 等于 a 时，弹簧的拉力为零，不计各构件自重与各处摩擦。如在点 C 作用一水平力 $\boldsymbol{F}$，杆系处于平衡状态，求距离 AC 之值。

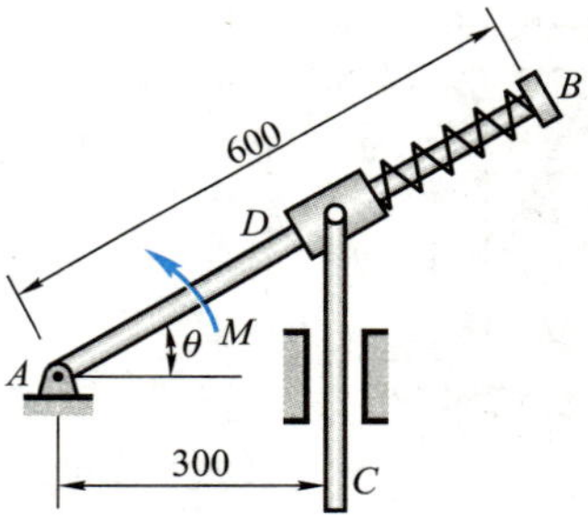

题 14-8 图

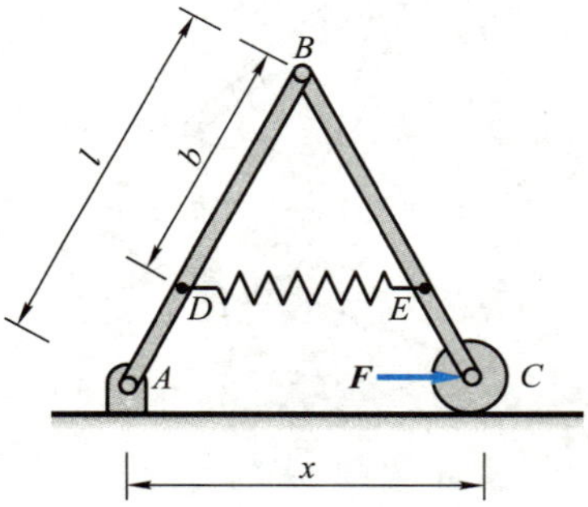

题 14-9 图

14-10 机构如图所示，已知直角杆 AOC 与杆 CD 用铰链相连，$OC=O_1D=l$，$CD=OO_1$，$BD\perp O_1D$，杆 O_1D 与水平线的夹角为 φ。试求机构在图示位置平衡时，作用力 F_1 与力偶矩 M 之间的关系。

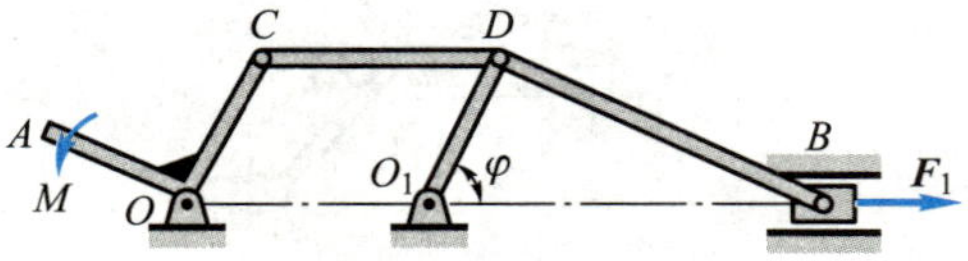

题 14-10 图

14-11 图示平面机构中，在杆 AB 和滑块 E 上分别作用有水平力 $\boldsymbol{F}$ 和 $\boldsymbol{F}_E$。套筒 B 与杆 AB 的端点铰接，并套在绕 O 轴转动的杆 OC 上，可沿该杆滑动。已知 AB 和 OE 两平行线间的垂直距离为 b，在图示位置 $\gamma=60°$，$\beta=30°$，$OD=BD$。若系统在此位置处于平衡状态，试用虚位移原理求力 F 和 F_E 之间应满足的关系。

14-12 在图示机构中，曲柄 AB 和连杆 BC 为均质杆，具有相同的长度和重量 P_1。滑块 C 的重量为 P_2，可沿倾角为 θ 的导轨 AD 滑动。设约束都是理想的，求系统在铅垂面内的平衡位置。

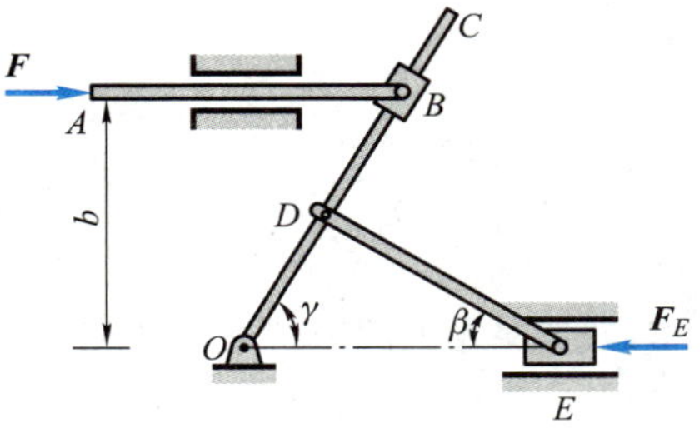

题 14-11 图

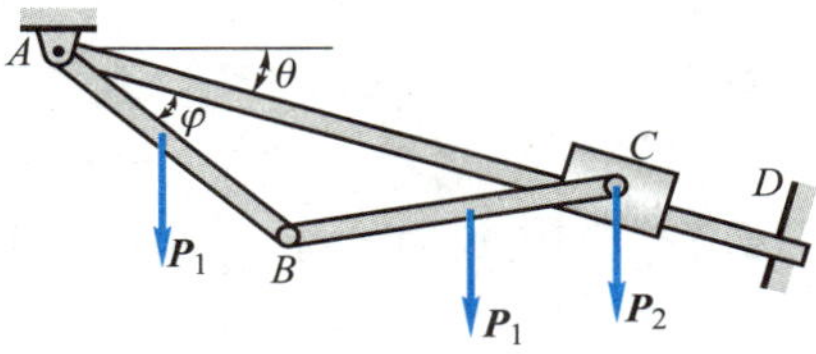

题 14-12 图

14-13 图示机构在力 $\boldsymbol{F}_1$ 与 $\boldsymbol{F}_2$ 作用下在图示位置平衡。不计各构件自重与各处摩擦，$OD=BD=l_1$，$AD=l_2$。求 F_1/F_2 的值。

14-14 图示均质杆 AB 长为 $2l$，一端靠在光滑的铅垂墙壁上，另一端放在固定光滑曲面 DE 上。欲使细杆能静止在铅垂平面的任意位置，曲面的曲线 DE 的形式应是怎样的？

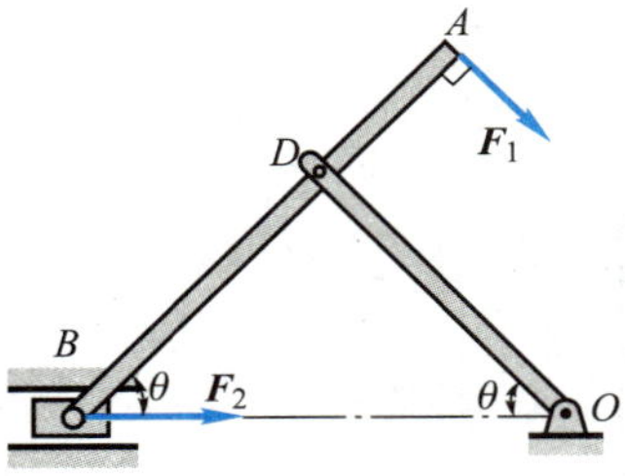

题 14-13 图

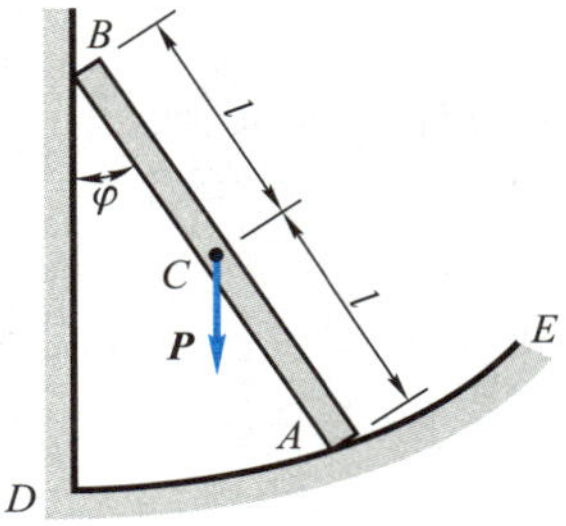

题 14-14 图

14-15 跨度为 l 的折叠桥由液压油缸 AB 控制铺设，如图所示。在铰链 C 处有一内部机构，保证两段桥身与铅垂线的夹角均为 θ。如果两段相同的桥身重量都是 P，质心 G 位于其中点。求平衡时液压油缸中的力 F 和角 θ 之间的关系。

14-16 半径为 R 的滚子放在粗糙水平面上，连杆 AB 的两端分别与轮缘上的点 A 和滑块 B 铰接。现在滚子上施加力偶矩为 M 的力偶，在滑块上施加力 $\boldsymbol{F}$，使系统于图示位置处平衡。设力 $\boldsymbol{F}$ 为已知，忽略滚动摩擦和各构件的重量，不计滑块和各铰链处的摩擦。试用虚位移原理求力偶矩 M 及滚子与地面间的摩擦力 $\boldsymbol{F}_s$。

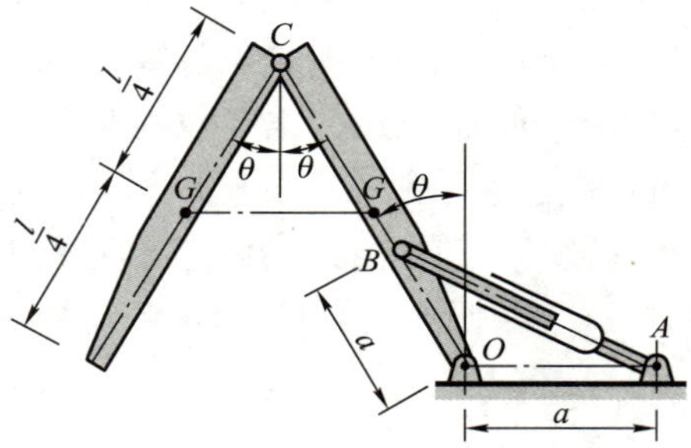

题 14-15 图

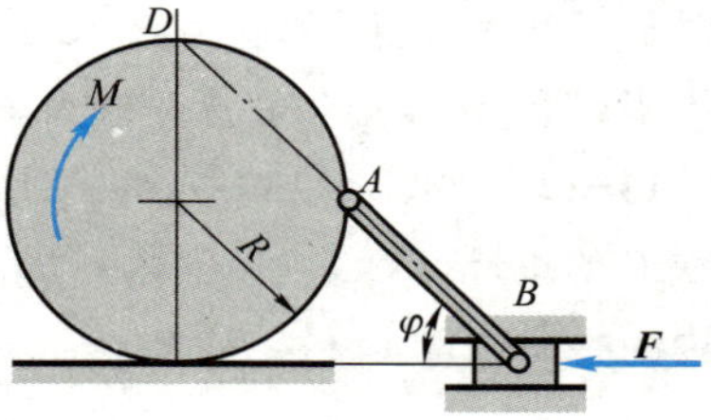

题 14-16 图

14-17 试用虚位移原理求解第二章例 2-14。

14-18 构架尺寸如图所示，不计各杆自重，载荷 $F=60$ kN。试用虚位移原理求杆 BD 的内力。

14-19 组合梁由铰链 C 连接 AC 和 CE 而成，载荷分布如图所示，A 端为固定端约束。已知跨度 $l=8$ m，$P=4\ 900$ N，均布力 $q=2\ 450$ N/m，力偶矩 $M=4\ 900$ N·m。试用虚位移原理分别求支座 E 处的约束力和固定端 A 处的约束力偶。

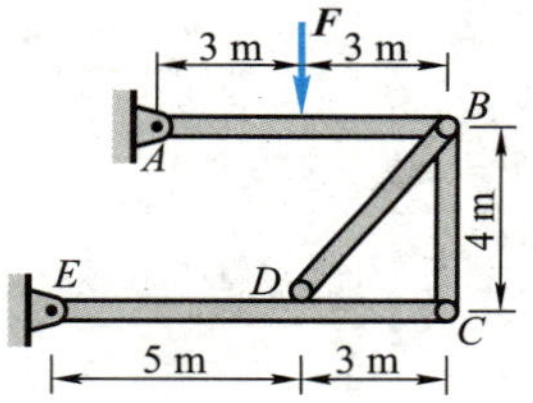

题 14-18 图

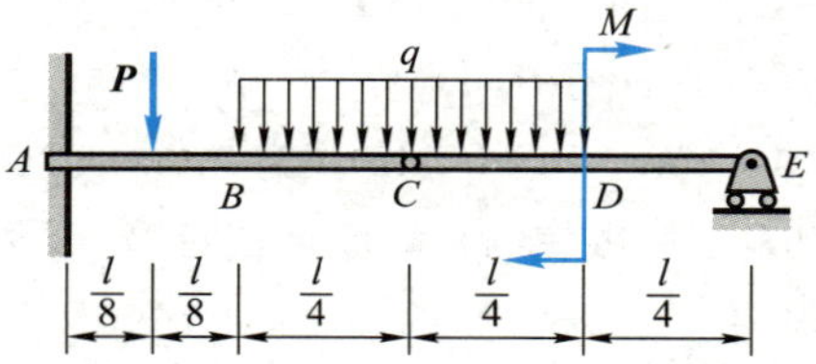

题 14-19 图

14-20 用虚位移原理求图示桁架 1、2 两杆的内力。

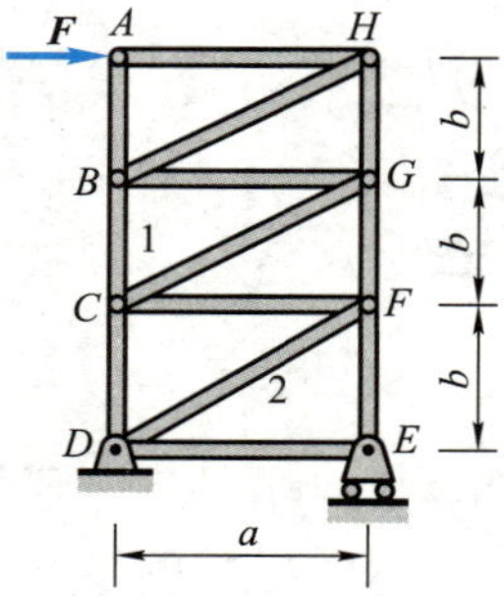

题 14-20 图

参考文献

[1] SINGER F L. Engineering Mechanics, Statics and Dynamics [M]. 3rd ed. New York: Harper & Row, 1975.

[2] 朱照宣,周起钊,殷金生.理论力学:上册,下册[M].北京:北京大学出版社,1982.

[3] 清华大学理论力学教研室.理论力学:上册,中册,下册[M].4版.北京:高等教育出版社,1994.

[4] 梅凤翔,尚玫.理论力学Ⅰ—基本教程[M].北京:高等教育出版社,2012.

[5] 王琪,谢传锋.理论力学[M].3版.北京:高等教育出版社,2021.

[6] ЯБЛОНСКИЙ А А, НИКИФОРОВА В М. Курс теоретической механики [М]. Москва: Санкт-Петербург, 1999.

[7] 刘延柱,杨海兴,朱本华.理论力学[M].3版.北京:高等教育出版社,2009.

[8] 哈尔滨工业大学理论力学教研室.理论力学思考题集[M].北京:高等教育出版社,2004.

[9] 王铎,程靳.理论力学解题指导及习题集[M].3版.北京:高等教育出版社,2005.

[10] 陈立群,薛纭.理论力学[M].2版.北京:清华大学出版社,2014.

[11] 西北工业大学理论力学教研室.理论力学[M].3版.北京:高等教育出版社,2021.

习题答案

第二章

2-1 $F_2=173.2\ \text{kN},\gamma=95^\circ$

2-2 $F_{AB}=54.64\ \text{kN}$(拉),$F_{BC}=-74.64\ \text{kN}$(压)

2-3 $F_T=80\ \text{kN}$

2-4 $F_C=2\ 000\ \text{N},F_A=F_B=2\ 010\ \text{N}$

2-5 $F_A=F_E=\dfrac{5}{6}F=167\ \text{N}$

2-6 $F_A=F_C=\dfrac{M}{2\sqrt{2}a}$

2-7 $M_2=300\ \text{N}\cdot\text{m},F_{AB}=500\ \text{N}$(拉)

2-8 $F_{NA}=F_{RB}=\dfrac{20\sqrt{3}}{3}\ \text{kN},F_{BC}=10\sqrt{2}\ \text{kN}$(压)

2-9 $F=\dfrac{M}{a}\cot 2\theta$

2-10 $M=\dfrac{P}{2}(b\cos\theta-a\sin\theta)$

2-11 $F'_R=\sqrt{F'^2_{Rx}+F'^2_{Ry}}=466.5\ \text{N},M_O=21.44\ \text{N}\cdot\text{m}$

$F_R=F'_R=466.5\ \text{N},d=45.96\ \text{mm}$

2-12 (1) $F'_R=150\ \text{N}(\leftarrow),M_O=-900\ \text{N}\cdot\text{mm}$

(2) $F_R=150\ \text{N}(\leftarrow),y=-6\ \text{mm}$

2-13 $F'_R=8\ 027\ \text{kN},\theta=\arctan\dfrac{F'_{Ry}}{F'_{Rx}}=267.6^\circ,M_O=6\ 121\ \text{kN}\cdot\text{m};d=\left|\dfrac{M_O}{F'_R}\right|=0.763\ \text{m}$

2-14 $F_4=1\ 200\ \text{N},d=1.5\ \text{m},F_R=400\ \text{N}$

2-15 $F_x=4\ \text{kN},F_{y1}=28.73\ \text{kN},F_{y2}=1.269\ \text{kN}$

2-16 $F_{Ox}=0,F_{Oy}=-385\ \text{kN},M_O=-1\ 626\ \text{kN}\cdot\text{m}$

2-17 $F_{Ax}=2\ 400\ \text{N},F_{Ay}=1\ 200\ \text{N};F_{BC}=848.5\ \text{N}$

2-18 (1) $F_{NA}=33.23\ \text{kN},F_{NB}=96.77\ \text{kN}$

(2) $P_{max}=52.22\ \text{kN}$

2-19 $P_2=333.3\ \text{kN},x_{max}=x=6.75\ \text{m}$

2-20 $F_{Ax}=0,F_{Ay}=-48.33\ \text{kN};F_{NB}=100\ \text{kN};F_{ND}=8.333\ \text{kN}$

2-21 $F_{Ay}=1\ 200\ \text{N},F_D=667\ \text{N},F_C=3\ 733\ \text{N}$

2-22 $P_2 \geqslant 4P_1 = 60\ \text{kN}$

2-23 (a) $F_{Ax}=\dfrac{M}{a}\tan\theta, F_{Ay}=-\dfrac{M}{a}, M_A=-M; F_{NC}=\dfrac{M}{a\cos\theta}$

(b) $F_{Ax}=\dfrac{1}{2}qa\tan\theta, F_{Ay}=\dfrac{1}{2}qa, M_A=\dfrac{1}{2}qa^2, F_{NC}=\dfrac{qa}{2\cos\theta}$

2-24 $F_{Ax}=40\ \text{kN}, F_{Ay}=113.3\ \text{kN}, M_A=575.8\ \text{kN}\cdot\text{m}; F_{NC}=-44\ \text{kN}$

2-25 $F_{BA}=9.282\ \text{kN}; F_C=-7.173\ \text{kN}; F_{Dx}=2.660\ \text{kN}, F_{Dy}=-2.464\ \text{kN}$

2-26 $F_{Ax}=0, F_{Ay}=-\dfrac{M}{2a}; F_{Dx}=0, F_{Dy}=\dfrac{M}{a}; F_{Bx}=0, F_{By}=-\dfrac{M}{2a}$

2-27 $F_{Ax}=-F, F_{Ay}=-F; F_{Dx}=2F, F_{Dy}=F; F_{Bx}=-F, F_{By}=0$

2-28 $F_{Ax}=1\ 200\ \text{N}, F_{Ay}=150\ \text{N}; F_{NB}=1\ 050\ \text{N}; F_{BC}=-1\ 500\ \text{N}$(压)

2-29 $F_{Ax}=-\dfrac{P}{2}, F_{Ay}=0, M_A=PR$

2-30 $F_{Ax}=-120\ \text{kN}, F_{Ay}=-160\ \text{kN}; F_{BE}=F_{EB}=160\sqrt{2}\ \text{kN}$(杆受拉)

$F_{CD}=F_{DC}=-80\ \text{kN}$(杆受压)

2-31 $F_{Ax}=F_{Bx}=375\ \text{N}, F_{Ay}=F_{By}=500\ \text{N}; F_{HG}=F_{HD}=1\ 118\ \text{N}$

2-32 $AC=a+\dfrac{Fl^2}{kb^2}$

2-33 $F_{Ax}=200\sqrt{2}\ \text{N}, F_{Ay}=2\ 083\ \text{N}, M_A=-1\ 178\ \text{N}\cdot\text{m}; F_{Dx}=0, F_{Dy}=-1\ 400\ \text{N}$

2-34 $F_{Ax}=0, F_{Ay}=15.1\ \text{kN}, M_A=68.4\ \text{kN}\cdot\text{m}; F_{Bx}=-22.8\ \text{kN}, F_{By}=-17.85\ \text{kN}$

$F_{Cx}=22.8\ \text{kN}, F_{Cy}=4.55\ \text{kN}$

2-35 $F_{Dx}=37.5\ \text{kN}, F_{Dy}=75\ \text{kN}$ 或 $F_D=\sqrt{F_{Dx}^2+F_{Dy}^2}=84\ \text{kN}$

2-36 $F_{Dx}=-qa, F_{Dy}=\dfrac{1}{2}qa$ 或 $F_D=\dfrac{\sqrt{5}}{2}qa$

2-37 (1) $F_{Ax}=\dfrac{3}{2}F_1, F_{Ay}=\dfrac{1}{2}F_1+F_2, M_A=-\left(\dfrac{1}{2}F_1+F_2\right)a$

(2) $F_{BAx}=\dfrac{3}{2}F_1, F_{BAy}=\dfrac{1}{2}F_1+F_2; F_{BTy}=\dfrac{1}{2}F_1, F_{BTx}=\dfrac{3}{2}F_1$

2-38 $F_{Ax}=250\ \text{N}, F_{Ay}=P=100\ \text{N}, F_{Ex}=-250\ \text{N}; F_{Dx}=37.5\ \text{N}, F_{Dy}=-150\ \text{N}$

2-39 $F_{Ax}=-qa, F_{Ay}=P+qa, M_A=(P+qa)a$

$F_{BCx}=-\dfrac{1}{2}qa, F_{BCy}=-qa; F_{BAx}=\dfrac{1}{2}qa, F_{BAy}=P+qa$

2-40 $F_{BC}=-6\ \text{kN}$(拉); $F_{Ax}=-9\ \text{kN}, F_{Ay}=6\ \text{kN}, M_A=-4\ \text{kN}\cdot\text{m}$

2-41 $F_1=\dfrac{\sqrt{2}}{2}(3qa+F), F_2=-\dfrac{3qa+F}{2}, F_3=\dfrac{3qa+F}{2}$

2-42 $F_{Ax}=0, F_{Ay}=0; F_B=\dfrac{3}{2}F; F_D=\dfrac{3}{2}qa=\dfrac{3}{2}F$

2-43 $F_{Ax}=-2\ \text{kN}, F_{Ay}=4\ \text{kN}, M_A=5\ \text{kN}\cdot\text{m}; F_C=8\ \text{kN}$

2-44 $F_{Ax}=\dfrac{F}{2}, F_{Ay}=\dfrac{F}{2}, M_A=Fa; F_{Dx}=\dfrac{F}{2}, F_{Dy}=\dfrac{F}{2}$

2-45 $F_{AC}=179.4$ kN(拉),$F_{AD}=87.54$ kN(压)

2-46 $F_{Dx}=5.34$ kN,$F_{Dy}=1.33$ kN;$F_{BF}=2.23$ kN(拉);$F_{EC}=-4.45$ kN(压)

2-47 $F_{Dx1}=1.5$ kN,$F_{Dy1}=3$ kN

2-48 $F_{Ax}=2.5$ kN,$F_{Ay}=10.625$ kN;$F_B=\dfrac{1}{2}F_2=1$ kN;$F_{Cx}=-8.5$ kN,$F_{Cy}=12.375$ kN

2-49 $F_{AD}=-158$ kN(压);$F_{EF}=8.167$ kN(拉)

2-50 $F_{Ax}=-1.5$ kN,$F_{Ay}=0$;$F_{Bx}=-1.5$ kN,$F_{By}=4$ kN

2-51 $F_{Ax}=0$,$F_{Ay}=300$ kN,$M_A=900$ kN·m;$F_1=450$ kN(拉)

2-52 $F_{Ax}=7.5$ kN,$F_{Ay}=72.5$ kN;$F_{Bx}=-17.5$ kN,$F_{By}=77.5$ kN;$F_{Cx}=17.5$ kN,$F_{Cy}=-5$ kN

2-53 $F_{EF}=\sqrt{3}P=3.464$ kN

2-54 $F_A=-\dfrac{a}{h}F$;$F_{Cx}=-\dfrac{5a}{2h}F$,$F_{Cy}=\dfrac{1}{2}F$;$F_{Ex}=\dfrac{3a}{2h}F$,$F_{Ey}=-\dfrac{1}{2}F$

2-55 $F_{Bx}=\dfrac{\sqrt{3}}{8}F$,$F_{By}=\dfrac{3}{4}F$;$F_{EF}=\dfrac{1}{2}F$(拉)

2-56 不能平衡;$x=\dfrac{7}{3}$ m,$F_{EF}=\dfrac{\sqrt{2}}{3}F$(拉)

2-57 $F_{HD}=F_1=35.8$ kN,$F_{CD}=F_2=-14.7$ kN,$F_{HC}=F_3=0$

2-58 $F_4=21.83$ kN(拉),$F_5=16.73$ kN(拉)

$F_7=-20$ kN(压),$F_{10}=-43.66$ kN(压)

2-59 $F_1=-16.67$ kN(压),$F_2=-66.67$ kN(压),$F_3=50$ kN(拉)

2-60 $F_1=-\dfrac{4}{9}F$(压),$F_2=-\dfrac{2}{3}F$(压),$F_3=0$

第 三 章

3-1 $F_{AB}=580$ N,$F_{AC}=320$ N,$F_{AD}=240$ N

3-2 $F_T=\dfrac{\sqrt{6}}{18}P=0.136P$

3-3 $F_{CA}=-\sqrt{2}P$(压),$F_{CB}=P$(拉)

$F_{BD}=P(\cos\theta-\sin\theta)$,$F_{BE}=P(\cos\theta+\sin\theta)$,$F_{AB}=-\sqrt{2}P\cos\theta$

3-4 $F_1=F_2=-5$ kN(压),$F_3=-7.07$ kN(压)

$F_4=F_5=5$ kN(拉),$F_6=-10$ kN(压)

3-5 $M_z=-101.4$ N·m

3-6 $M_{AB}(\boldsymbol{F})=Fa\sin\beta\sin\theta$

3-7 $M_O(\boldsymbol{F})=-aF\boldsymbol{i}$,$M_{OC}(\boldsymbol{F})=|M_O(\boldsymbol{F})|\cos\alpha=aF\cdot\dfrac{1}{\sqrt{3}}$

3-8 $\boldsymbol{F}'_R=-100\boldsymbol{k}$ kN,$\boldsymbol{M}_C=-(12.5\boldsymbol{i}+5\boldsymbol{j})$ kN·m

3-9 $\boldsymbol{F}'_R=0$,$\boldsymbol{M}_O=-40(\boldsymbol{i}+\boldsymbol{j})$ N·m

3-10 $F'_R=2$ kN,$\cos\alpha=\dfrac{F'_{Rx}}{F'_R}=\dfrac{\sqrt{2}}{2}$,$\cos\beta=0$,$\cos\gamma=\dfrac{F'_{Rz}}{F'_R}=\dfrac{\sqrt{2}}{2}$,$M_O=M_{Oy}=\sqrt{2}$ kN·m

简化的最后结果为一个力 $\boldsymbol{F}_R$，其大小为 $F_R=2$ kN，作用在 Oxz 平面内，作用线与 x 轴的交点 O'到 O 点距离 $OO'=\dfrac{d}{\cos\alpha}=\sqrt{2}\dfrac{M_O}{F'_R}=1$ m

3-11 $F=50$ N，$\theta=143°8'$

3-12 $F_{Dx}=0, F_{Dy}=\dfrac{M_3}{a}; F_{Dz}=\dfrac{M_2}{a}; F_{Ay}=\dfrac{M_3}{a}, F_{Az}=\dfrac{M_2}{a}$

$M_1=\dfrac{b}{a}M_2+\dfrac{c}{a}M_3$

3-13 $F_{Ax}=F_{Bx}=50$ N，$F_{Az}=F_{Bz}=2\,000$ N，$F_{Ay}=F_{By}=$不确定

3-14 $P_2=360$ kN；$F_{Ax}=-40\sqrt{3}$ kN，$F_{Az}=160$ kN；$F_{Bx}=10\sqrt{3}$ kN，$F_{Bz}=230$ kN

3-15 $F=125$ N；$F_{Ax}=-300$ N，$F_{Az}=-375$ N；$F_{Bx}=-200$ N，$F_{Bz}=-384$ N

3-16 $F_{Ax}=-2.078$ kN，$F_{Az}=-5.078$ kN；$F_{Bx}=-1.093$ kN，$F_{Bz}=-3.004$ kN

$F_{Cx}=-0.378$ kN，$F_{Cz}=12.46$ kN；$F_{Dx}=-6.275$ kN，$F_{Dz}=23.25$ kN

3-17 $F_{Ax}=2\,667$ N，$F_{Ay}=-325.3$ N；$F_{Cx}=-666.7$ kN，$F_{Cy}=-14.7$ kN，$F_{Cz}=12\,640$ N

3-18 $F_T=200$ N；$F_{Ax}=86.6$ N，$F_{Ay}=150$ N，$F_{Az}=100$ N；$F_{Bz}=0$，$F_{Bx}=0$

3-19 （1）$M_z=22.5$ N·m；（2）$F_{Ax}=75$ N，$F_{Ay}=0$，$F_{Az}=50$ N；（3）$F_x=75$ N，$F_y=0$

3-20 $F_1=-F$（压），$F_2=0$，$F_3=F$（拉），$F_4=0$，$F_5=-F$（压），$F_6=0$

3-21 $a=350$ mm

3-22 $F_{Ax}=\dfrac{aP-2M}{2a}, F_{Ay}=-\dfrac{1}{2}P, F_{Az}=\dfrac{1}{2}P; F_1=-\dfrac{\sqrt{2}}{2}P$（压），$F_2=\dfrac{\sqrt{3}(aP-2M)}{2a}, F_3=\dfrac{2M-aP}{\sqrt{2}a}$

3-23 $x_C=90$ mm，$y_C=0$

3-24 $x_C=135$ mm，$y_C=140$ mm

3-25 $x_C=78.26$ mm，$y_C=59.53$ mm

3-26 $x_C=\dfrac{R}{4}, y_C=\dfrac{R}{\pi}$

3-27 $x_C=21.72$ mm，$y_C=40.69$ mm，$z_C=-23.62$ mm

3-28 $z_C=\dfrac{45}{56}h$

第　四　章

4-1 21 本

4-2 $F=\dfrac{P\sin(\beta+\varphi_f)}{\cos(\theta-\varphi_f)}$

4-3 $f_s=0.223$

4-4 $F_A=F_B=0.144P<F_{A\max}$，折梯能够平衡

4-5 平衡时的$(F_A+F_B)>(F_A+F_B)_{\max}$，故此杆滑动（不平衡）

4-6 $l=\dfrac{b}{2f_s}=200$ mm

4-7 $b_{\min}=\dfrac{1}{3}f_s h$，门重与门宽最小值无关

4-8 $P=500\ \text{N}$

4-9 $b=2\times 2r\sin\theta=2\sqrt{2}r$

4-10 $b<d\left(1-\sqrt{\dfrac{1}{1+f_s^2}}\right)=7.84\ \text{mm}$

4-11 (1) $F=513.8\ \text{N}$(斜向上);(2) $f_s=\dfrac{F_{max}}{F_N}=0.577$

4-12 $M_{制动}=300\ \text{N}\cdot\text{m}$

4-13 $f_s\geqslant 0.15$

4-14 $b\leqslant 110\ \text{mm}$

4-15 $40.21\ \text{kN}\leqslant P_E\leqslant 104.2\ \text{kN}$

4-16 $\alpha\leqslant\arctan(2f_{s1})$ 且 $\alpha\leqslant\arctan\left(\dfrac{2Pf_{s2}}{P_1}\right)$ 且 $\alpha\leqslant\arcsin\left(\dfrac{Pb}{P_1 l}\right)$

4-17 $\dfrac{M\sin(\theta-\varphi_f)}{l\cos\theta\cos(\beta-\varphi_f)}\leqslant F\leqslant\dfrac{M\sin(\theta+\varphi_f)}{l\cos\theta\cos(\beta+\varphi_f)}$

4-18 $M=1.867\ \text{kN}\cdot\text{m}, f_s\geqslant 0.75$

4-19 (1) $F=0.107\ \text{kN}$;(2) $F=0.25\ \text{kN}$;(3) $F=0.3\ \text{kN}$

4-20 上升时,$P_3>P_1+P_2\left(1+\dfrac{bf_s}{2a}\right)$;下降时,$P_3<P_1+P_2\left(1-\dfrac{bf_s}{2a}\right)$

4-21 $P=500\ \text{N}$

4-22 $F_{min}=240\ \text{N}$

4-23 $0.5<\dfrac{l}{L}<0.559$

4-24 $F_1=651.52\ \text{N}$

4-25 $\varphi_A=16°6', \varphi_B=\varphi_C=30°$

4-26 (1) $F=14.83\ \text{N}$;(2) $F=10.25\ \text{N}, \theta=24.63°$

4-27 $M=P_2(R\sin\theta-r), F_d=P_2\sin\theta, F_N=P_1-P_2\cos\theta$

4-28 最小倾角为 1.15°

4-29 $F=\dfrac{P(\delta_1+\delta_2)+2P_1\delta_2}{2r}$

4-30 向左拉时的最小拉力 $F_{min1}=16.075\ \text{kN}$;向右推时的最小推力 $F_{min2}=16\ \text{kN}$

4-31 $F_{min}=0.616\ \text{kN}$

4-32 (1) $f_s=0.311$;(2) $F=53\ \text{kN}$

第 五 章

5-1 运动方程:$x=200\cos\dfrac{\pi}{5}t$(式中 x 以 mm 计),$y=100\sin\dfrac{\pi}{5}t$(式中 y 以 mm 计)

运动轨迹方程:$\dfrac{x^2}{40\ 000}+\dfrac{y^2}{10\ 000}=1$

5-2 $\dfrac{(x-a)^2}{(b+l)^2}+\dfrac{y^2}{l^2}=1$

5-3 对地：$y_A=0.01\sqrt{64-t^2}$，$v_A=\dfrac{0.01t}{\sqrt{64-t^2}}$，方向铅垂向下

对凸轮：$x'_A=0.01t$，$y'_A=0.01\sqrt{64-t^2}$；$v_{x'}=0.01t$，$v_{y'}=-\dfrac{0.01t}{\sqrt{64-t^2}}$

以上各式中，长度以 m 计，时间以 s 计，速度以 m/s 计。

5-4 $v_B=2a\dot{\theta}$，$v_C=2a\sqrt{\dot{\theta}^2+\dot{\varphi}^2+2\dot{\theta}\dot{\varphi}\cos(\theta-\varphi)}$

5-5 $v=-\dfrac{v_0}{x}\sqrt{x^2+l^2}$，$a=-\dfrac{v_0^2l^2}{x^3}$

5-6 $y=e\sin\omega t+\sqrt{R^2-e^2\cos^2\omega t}$；$v=e\omega\left(\cos\omega t+\dfrac{e\sin 2\omega t}{2\sqrt{R^2-e^2\cos^2\omega t}}\right)$

5-7 自然法：$s=2R\omega t$；$v=2R\omega$；$a_t=0$，$a_n=4R\omega^2$

直角坐标法：$x=R+R\cos 2\omega t$，$y=R\sin 2\omega t$

$v_x=-2R\omega\sin 2\omega t$，$v_y=2R\omega\cos 2\omega t$

$a_x=-4R\omega^2\cos 2\omega t$，$a_y=-4R\omega^2\sin 2\omega t$

5-8 $v=ak$，$v_r=-ak\sin kt$

5-9 $x=r\cos\omega t+l\sin\dfrac{\omega t}{2}$，$y=r\sin\omega t-l\cos\dfrac{\omega t}{2}$

$v=r\omega\sqrt{2-2\sin\dfrac{\omega t}{2}}$； $a=r\omega^3\sqrt{\dfrac{5}{4}-\sin\dfrac{\omega t}{2}}$

5-10 $\rho=5$ m，$a_1=8.66$ m/s^2

5-11 $v_M=v\sqrt{1+\dfrac{p}{2x}}$， $a_M=-\dfrac{v^2}{4x}\sqrt{\dfrac{2p}{x}}$

5-12 $\rho=\dfrac{v_0}{\omega_0}\varphi$

5-13 $\rho=r_0e^{\frac{k}{\omega_0}\varphi}$

5-14 运动方程：$\varphi=kt$，$\rho=b+2a\cos kt$；运动轨迹方程：$\rho=b+2a\cos\varphi$（为螺旋线）

$v=k\sqrt{4a^2+b^2+4ab\cos kt}$；$a=k^2\sqrt{16a^2+b^2+8ab\cos kt}$

5-15 $a_{max}=\sqrt{16\pi^4f^4z_0^2+\omega^4r^2}$

5-16 $a_\rho=b\dot{\varphi}^2(\tan^2\gamma\sin^2\theta-1)e^{-\tan\gamma(\sin\theta)\varphi}$，式中 $\tan\theta=\dfrac{b}{h}$

5-17 $v_r=0$，$v_\theta=\dfrac{-h\omega}{\sqrt{1-\left(\dfrac{h}{2R}\right)^2}}$，$v_\varphi=R\omega\sqrt{1-\left(\dfrac{h}{2R}\right)^2}$

第 六 章

6-1 $x=0.2\cos 4t$（式中 x 以 m 计），$v=-0.4$ m/s，$a=-2.771$ m/s^2

6-2 $\varphi=\dfrac{1}{30}t$（式中 φ 以 rad 计），$x^2+(y+0.8)^2=1.5^2$

6-3 $v_C = 9.948\ \text{m/s}$，运动轨迹方程为半径为 0.25 m 的圆

6-4 $\omega = \dfrac{v}{2l}, \alpha = -\dfrac{v^2}{2l^2}$

6-5 $\theta_{OA} = \arctan \dfrac{\sin \omega_0 t}{\dfrac{h}{r} - \cos \omega_0 t}$

6-6 $a_M = 2a\sqrt{1 + \dfrac{4a^2}{R^2}t^4}$

6-7 (1) $\alpha_2 = \dfrac{5\ 000\pi}{d^2}\ \text{rad/s}^2$；(2) $a = 592.2\ \text{m/s}^2$

6-8 $h_1 = 2\ \text{mm}$

6-9 $n_2 = \dfrac{\cos\theta + \sin\theta}{\cos\theta - \sin\theta}n_1$

6-10 $\alpha = \dfrac{av^2}{2\pi r^3}$

6-11 $\omega_2 = 0, \alpha_2 = -\dfrac{lb\omega^2}{r_2}$

6-12 $\omega_B = \dfrac{r_A}{r_B}\omega_A, \alpha_B = \dfrac{\delta\omega_A^2(r_A^2 + r_B^2)}{2\pi r_B^3}$

6-13 (1) $\omega = \dfrac{v_0 f'(\zeta)}{\sqrt{l^2 - f^2(\zeta)} + f(\zeta)f'(\zeta)}$

(2) $\zeta = \dfrac{v_0}{\omega}\arcsin\dfrac{\eta}{l} + \sqrt{l^2 - \eta^2} - l$

6-14 $\ddot{\theta} = -38.49\ \text{rad/s}^2$

6-15 $\omega = \dfrac{v}{2R\sin\varphi}, v_C = \dfrac{v}{\sin\varphi}$，其中 $\sin\varphi = \dfrac{1}{2}\sqrt{2 - 2\sqrt{2}\dfrac{vt}{R} - \left(\dfrac{vt}{R}\right)^2}$

6-16 $\varphi = \dfrac{\sqrt{3}}{3}\ln\left(\dfrac{1}{1 - \sqrt{3}\omega_0 t}\right), \omega = \omega_0 e^{\sqrt{3}\varphi}$

6-17 $\boldsymbol{\omega} = 2\boldsymbol{k}\ \text{rad/s}, \boldsymbol{\alpha} = -1.5\boldsymbol{k}\ \text{rad/s}^2, \boldsymbol{a}_C = (-388.9\boldsymbol{i} + 176.8\boldsymbol{j})\ \text{mm/s}^2$

6-18 (1) $\boldsymbol{v}_G = (-400\boldsymbol{i} - 400\boldsymbol{j} + 200\boldsymbol{k})\ \text{mm/s}, v_G = 600\ \text{mm/s}$

(2) $\boldsymbol{a}_G^{\text{n}} = (2\ 400\boldsymbol{i} - 1\ 200\boldsymbol{j} + 2\ 400\boldsymbol{k})\ \text{mm/s}^2, a_G^{\text{n}} = 3\ 600\ \text{mm/s}^2$

(3) $\boldsymbol{a}_G^{\text{t}} = 100(2\boldsymbol{i} + 2\boldsymbol{j} - \boldsymbol{k})\ \text{mm/s}^2, a_G^{\text{t}} = 300\ \text{mm/s}^2$

(4) $\boldsymbol{a}_G = (2\ 600\boldsymbol{i} - 1\ 000\ \boldsymbol{j} + 2\ 300\ \boldsymbol{k})\ \text{mm/s}^2, a_G = 3\ 610\ \text{mm/s}^2$

第 七 章

7-1 $x' = v_e t, y' = a\cos(kt + \beta)$；$y' = a\cos\left(\dfrac{k}{v_e}x' + \beta\right)$

7-2 相对运动轨迹为圆：$(x' - 40)^2 + y'^2 = 1\ 600$

绝对运动轨迹为圆：$(x + 40)^2 + y^2 = 1\ 600$

7-3 $v_r=10.06$ m/s, $\theta=41.84°$（θ 为 $\boldsymbol{v}_r$ 与过 M 点半径的夹角）

7-4 $v_a=3.059$ m/s

7-5 $v_A=\dfrac{lav}{x^2+a^2}$

7-6 证明略，$h=20$ mm

7-7 (a) $\omega_2=1.5$ rad/s

(b) $\omega_2=2$ rad/s

7-8 当 $\varphi=0°$时，$v=\dfrac{\sqrt{3}}{3}r\omega$，向左

当 $\varphi=30°$时，$v=0$

当 $\varphi=60°$时，$v=\dfrac{\sqrt{3}}{3}r\omega$，向右

7-9 $v_C=\dfrac{av}{2l}$

7-10 $v_{AB}=e\omega$

7-11 $\omega_{O_1}=2.67$ rad/s

7-12 $v_M=0.529$ m/s

7-13 $v=\dfrac{1}{\sin\theta}\sqrt{v_1^2+v_2^2-2v_1v_2\cos\theta}$

7-14 $\boldsymbol{v}_P=(-\omega_1 d\cos\theta)\boldsymbol{i}+(\omega_1 b+v_r\cos\theta-\omega_2 d\sin\theta)\boldsymbol{j}+(v_r\sin\theta+d\omega_2\cos\theta)\boldsymbol{k}$

7-15 $v_P=(12r^2\omega^2+v^2)^{\frac{1}{2}}$，$a_P=\left[12r^2\omega^4+\left(\dfrac{v^2}{2r}-2\omega v\right)^2\right]^{\frac{1}{2}}$

7-16 $\boldsymbol{v}_r=(47.32\boldsymbol{i}+10\boldsymbol{j})$ m/s，$\boldsymbol{a}_r=(4\boldsymbol{i}-12.9\boldsymbol{j})$ m/s^2

7-17 $a_a=20$ mm/s^2（向下），$a_r=20\sqrt{3}$ mm/s^2（向右）

7-18 $v=0.1$ m/s，$a=0.346$ m/s^2

7-19 $v_r=0.052$ m/s，$a_r=0.005\ 39$ m/s^2

$\omega=0.175$ rad/s，$\alpha=0.035\ 2$ rad/s^2

7-20 $v=0.173$ m/s，$a=0.05$ m/s^2

7-21 $\omega_A=0$，$\alpha_A=\dfrac{b}{r}\omega_0^2$（逆时针）

7-22 $v_{DE}=0.2$ m/s，$a_{DE}=0.924$ m/s^2

7-23 $x=0.1t^2$（x 以 m 计），$y=h-0.05t^2$（y 以 m 计）

$y=h-\dfrac{x}{2}$

$v=0.1\sqrt{5}t$（v 以 m/s 计），$a=0.1\sqrt{5}$（a 以 m/s^2 计）

7-24 $\omega=\dfrac{1}{3}$rad/s，$\alpha=\dfrac{\sqrt{3}}{27}$rad/s^2

7-25 $a_A=0.746$ m/s^2

7-26 $a_1=r\omega^2-\dfrac{v^2}{r}-2\omega v$，$a_2=\sqrt{\left(r\omega^2+\dfrac{v^2}{r}+2\omega v\right)^2+4r^2\omega^4}$

7-27 $a_M = 355.5\ \text{mm/s}^2$

7-28 $v_M = 0.173\ \text{m/s}, a_M = 0.35\ \text{m/s}^2$

7-29 (1) $v_a = \omega\sqrt{4r^2 - x^2}(\rightarrow), a_a = \omega^2 x(\leftarrow)$;(2) $v_r = 2r\omega, a_r = 4r\omega^2$

7-30 $v_a = \frac{4}{3}\sqrt{3}R\omega, a_a^n = \frac{16}{3}R\omega^2, a_a^t = \frac{24+16\sqrt{3}}{9}R\omega^2$

7-31 $\omega_{AB} = \frac{v}{r}\sin\theta\tan\theta, \alpha_{AB} = \frac{v^2}{r^2}\tan^3\theta(1+\cos^2\theta)$

7-32 $\omega_1 = \frac{\omega}{2}, \alpha_1 = \frac{\sqrt{3}}{12}\omega^2$

7-33 $a_{r1} = \frac{4}{3}\omega(\omega l - 2v_1), a_{r2} = \frac{\omega}{3}(5\omega l - 4v_1)$

7-34 $v = 0.325\ \text{m/s}, a = 0.657\ \text{m/s}^2$

7-35 $a_M = \sqrt{(b+v_r t)^2\omega^4 + 4\omega^2 v_r^2}\sin\theta$

7-36 $v_a = \sqrt{R^2\omega^2 + v_r^2 + R\omega v_r}, a_a = R\omega^2 + \frac{v_r^2}{R} + 2\omega v_r$

7-37 $\boldsymbol{v}_A = -0.689\boldsymbol{i}\ \text{m/s}, \boldsymbol{a}_A = (4.652\boldsymbol{j} - 6.651\boldsymbol{k})\ \text{m/s}^2$

7-38 $v_{x'} = 0, v_{y'} = 6.98\ \text{m/s}, v_{z'} = -0.599\ \text{m/s}$

$a_{x'} = -16.36\ \text{m/s}^2, a_{y'} = 21.96\ \text{m/s}^2, a_{z'} = -0.844\ \text{m/s}^2$

第　八　章

8-1 $x_C = r\cos\omega_O t, y_C = r\sin\omega_O t, \varphi = \omega_O t$

8-2 $x_A = 0, y_A = \frac{1}{3}gt^2, \varphi = \frac{g}{3r}t^2$

8-3 $x_A = (R+r)\cos\frac{\alpha t^2}{2}, y_A = (R+r)\sin\frac{\alpha t^2}{2}, \varphi_A = \frac{1}{2r}(R+r)\alpha t^2$

8-4 (略)

8-5 $v_{BC} = 2.513\ \text{m/s}$

8-6 $\omega_{ABC} = 1.072\ \text{rad/s}, v_D = 0.254\ \text{m/s}$

8-7 $v_M = \frac{br\omega\sin(\theta+\beta)}{a\cos\theta}$

8-8 $\omega_{EF} = 1.333\ \text{rad/s}, v_F = 0.462\ \text{m/s}$

8-9 当 $\varphi = 0°, 180°$时,$v_{DE} = 4\ \text{m/s}$

当 $\varphi = 90°, 270°$时,$v_{DE} = 0$

8-10 $\omega_{OB} = 3.75\ \text{rad/s}, \omega_{\text{I}} = 6\ \text{rad/s}$

8-11 $n = 10\ 800\ \text{r/min}$

8-12 $v_F = 1.295\ \text{m/s}$

8-13 $\omega_{O_1} = \frac{(b_1+b_2)r_2 v}{a_1 b_2 r_2 - a_2 b_1 r_1}$

8-14 $\omega = \sqrt{2}\frac{v_0}{a}, \alpha = 2(\sqrt{2}-1)\frac{v_0^2}{a^2}$

8-15 $a_C=\frac{8\sqrt{3}}{9}\frac{v_0^2}{b}$

8-16 $v_B=2\ \text{m/s}, v_C=2.828\ \text{m/s}$

$a_B=8\ \text{m/s}^2, a_C=11.31\ \text{m/s}^2$

8-17 $v_M=0.098\ \text{m/s}, a_M=0.013\ \text{m/s}^2$

8-18 $a_t=r(\sqrt{3}\omega_O^2-2\alpha_O), a_n=2r\omega_O^2$

8-19 $\omega_{OA}=0.789\ \text{rad/s}, \alpha_{OA}=0.353\ \text{rad/s}^2$

8-20 $\omega=-1\ \text{rad/s}, \alpha=2\ \text{rad/s}^2; v_C=0.05\ \text{m/s}(\uparrow), a_C=0.1\ \text{m/s}^2(\downarrow)$

$v_D=0.2\ \text{m/s}(\uparrow), a_D=0.427\ \text{m/s}^2(\searrow); v_E=0.1\ \text{m/s}(\downarrow), a_E=0.25\ \text{m/s}^2(\nwarrow)$

8-21 $\omega_{O_1}=\frac{v_{O_1}}{R}=\frac{\sqrt{3}}{3}\frac{r}{R}\omega_O$（逆时针），$\alpha_{O_1}=\frac{a_{O_1}}{R}=\frac{\sqrt{3}}{3R}r\omega_O^2\left(1-\frac{8r}{3b}\right)$（逆时针）

8-22 $\omega_O=6\ \text{rad/s}, \alpha_O=0$

8-23 $\omega_{O_3D}=2\omega_1, \alpha_{O_3D}=-20\omega_1^2$（顺时针）

8-24 $\omega_{O_2D}=0.577\ \text{rad/s}$，逆时针转向

8-25 $\omega_{O_1C}=6.186\ \text{rad/s}, \alpha_{O_1C}=78.17\ \text{rad/s}^2$

8-26 $\omega_{O_1A}=0.2\ \text{rad/s}, \alpha_{O_1A}=0.046\ 2\ \text{rad/s}^2$

8-27 $v_{DB}=1.155\ l\omega_O, a_{DB}=2.222\ l\omega_O^2$

8-28 $v_{AB}=v\tan\theta, a_{AB}=a\tan\theta+\frac{v^2}{R\cos\theta}\left(1+\tan\theta\tan\frac{\theta}{2}\right)^2$

$v_r=v\tan\theta\tan\frac{\theta}{2}$

8-29 $v_{CD}=\frac{0.2}{3}\sqrt{3}\ \text{m/s}, a_{CD}=\frac{2}{3}\ \text{m/s}^2$

8-30 (1) $v_C=0.4\ \text{m/s}, v_r=0.2\ \text{m/s}$

(2) $a_C=0.159\ \text{m/s}^2, a_r=0.139\ \text{m/s}^2$

8-31 $\omega_E=0.025\ \text{rad/s}, \alpha_E=0.866\ \text{rad/s}^2$

8-32 $\omega_{AB}=\frac{(v_1-v_2)\cos^2\theta}{2R}$（顺时针），$\alpha_{AB}=\frac{[(v_1-v_2)^2\cos^2\theta-v_1^2]\sin 2\theta}{4R^2}$（顺时针）

8-33 $v_B=1.029\ \text{m/s}, a_B=-5.237\ \text{m/s}^2$

8-34 $v_C=6.865\ r\omega_O, a_C=16.14\ r\omega_O^2$

8-35 $\omega_1=\frac{\sqrt{3}}{2}\frac{v}{r}$（顺时针），$\omega=\frac{\sqrt{3}}{6}\frac{v}{r}$（逆时针）

8-36 $v_{C'}=v\sin\theta, a_{C'}=\frac{v^2}{2r}\sqrt{1+3\sin^2\theta}$

8-37 (1) $v_{CD}=40\ \text{cm/s}, a_{CD}=80\sqrt{3}\ \text{cm/s}^2$

(2) $\omega_C=2\ \text{rad/s}, \alpha_C=8\sqrt{3}\text{rad/s}^2$（顺时针）

8-38 $v_{AE}=r\omega_1, a_{AE}=\frac{\sqrt{3}}{3}r\omega_1^2+r\alpha_1$

$$\omega_{OD}=\frac{\sqrt{3}}{3}\omega_1,\alpha_{OD}=\frac{2\sqrt{3}+3}{9}\omega_1^2+\frac{\sqrt{3}}{3}\alpha_1$$

8-39 $v_3=v_1\frac{ay}{x^2}-v_2\frac{a-x}{x};\omega_4=\frac{v_1y-v_2x}{x^2+y^2}$

8-40 $v_{r1}=0.6\ \text{m/s},v_{r2}=0.9\ \text{m/s}$

$a_{r1}=2.816\ \text{m/s}^2,a_{r2}=4.592\ \text{m/s}^2$

$v_M=0.459\ \text{m/s},a_M=2.5\ \text{m/s}^2$

8-41 (a) $v_C=r\omega(\leftarrow)$;(b) $v_C=\frac{\sqrt{3}}{3}r\omega(\leftarrow)$

(c) $v_C=\sqrt{3}r\omega(\leftarrow)$;(d) $v_C=\frac{4}{3}r\omega(\leftarrow)$

8-42 (a) $a_C=\frac{5\sqrt{3}}{12}r\omega^2(\leftarrow)$;(b) $a_C=\left(1+\frac{2\sqrt{3}}{9}\right)r\omega^2(\leftarrow)$

(c) $a_C=4r\omega^2(\rightarrow)$;(d) $a_C=\frac{4\sqrt{3}}{9}r\omega^2(\leftarrow)$

第　九　章

9-1 当 $\varphi=0°$时,$F=2\ 362$ N,向左;当 $\varphi=90°$时,$F=0$

9-2 $F_N=95.2$ N

9-3 $n=67$ r/min

9-4 $F_{N\max}=F+m\left(g+\frac{2\delta\pi^2v^2}{l^2}\right)$, $F_{N\min}=F+m\left(g-\frac{2\delta\pi^2v^2}{l^2}\right)$

9-5 $\omega_{\min}=14$ rad/s

9-6 $v_{\max}=246$ m/s

9-7 (1) $F=100$ kN; (2) $\varphi_{\max}=8.2°$

9-8 $s_{\max}=\frac{mg}{k}+\sqrt{\frac{m}{k}}v$

9-9 $v=\frac{P+F}{kA}(1-\mathrm{e}^{-\frac{kAg}{P}t})$,　$s=\frac{P+F}{kA}\left[T-\frac{P}{kAg}(1-\mathrm{e}^{-\frac{kAg}{P}T})\right]$

9-10 487.5 kN

9-11 $t=2.02$ s,$x=7.1$ m

9-12 $x=-\frac{eA}{mk^2}\sin kt+\frac{eA}{mk}t$

9-13 椭圆$\frac{x^2}{x_0^2}+\frac{k}{m}\frac{y^2}{v_0^2}=1$

9-14 $x=\frac{v_0\cos\varphi}{kg}(1-\mathrm{e}^{-kgt}),y=\frac{1}{kg}\left(v_0\sin\varphi+\frac{1}{k}\right)(1-\mathrm{e}^{-kgt})-\frac{t}{k}$

$y=\frac{x}{v_0\cos\varphi}\left(v_0\sin\varphi+\frac{1}{k}\right)-\frac{1}{k^2g}\ln\left(\frac{v_0\cos\varphi}{v_0\cos\varphi-kgx}\right)$

9-15 $F=4.375$ N,$F_N=2.275$ N

9–16 $F_{\mathrm{N}}=0.284\ \mathrm{N}$

9–17 $F=\frac{\sqrt{3}}{2}mg$

第　十　章

10–1 $f=0.17$

10–2 $F=1\ 068\ \mathrm{N}$

10–3 （1）$p=0$；　（2）$\frac{\omega r}{2}(m_1+m_2)$，$\frac{\omega r}{2}(m_1+2m_2+2m_3)$

（3）$p_x=-\omega l\left(\frac{5}{4}m_1+m_2\right)$，$p_y=\sqrt{3}\omega l\left(\frac{5}{4}m_1+m_2\right)$

10–4 椭圆 $4x_A^2+y_A^2=l^2$

10–5 0.246 m/s

10–6 $F'_{\mathrm{N}x}=q_V\rho(v_1+v_2\cos\theta)$

10–7 2.216 kN

10–8 $\ddot{x}+\frac{k}{m+m_1}x=\frac{m_1 l\omega^2}{m+m_1}\sin\omega t$

10–9 （1）$x_C=\frac{m_1 r+2m_2 r}{4(m_1+m_2+m_3)}$，$y_C=\frac{-\sqrt{3}r(3m_1+6m_2+4m_3)-12m_3 b}{12(m_1+m_2+m_3)}$

（2）$\boldsymbol{P}=\left(m_1\omega\frac{r}{2}\cos 30^\circ+m_2\omega r\cos 30^\circ\right)\boldsymbol{i}+\left[m_1\left(-\omega\frac{r}{2}\sin 30^\circ\right)+m_2(-\omega r\sin 30^\circ)+m_3(-\omega r\sin 30^\circ)\right]\boldsymbol{j}$

（3）$F_{Oy}=(m_1+m_2+m_3)g-\frac{1}{4}(m_1+2m_2+2m_3)\sqrt{3}r\omega^2$

10–10 $F_x=-\frac{P+Q}{g}e\omega^2\cos\omega t$，　$F_y=-\frac{Q}{g}e\omega^2\sin\omega t$

10–11 （1）$x=-\frac{P_2+2P_3}{P_1+P_2+P_3}l\sin\omega t$

（2）$F_{x\max}=\frac{P_2+2P_3}{g}l\omega^2$

10–12 $F_{\mathrm{N}}=349.2\ \mathrm{kN}$，$F_{拉}=230.1\ \mathrm{kN}$

10–13 $F_{Ox}=-\frac{P}{g}(\omega^2 l\cos\varphi+\alpha l\sin\varphi)$，$F_{Oy}=P+\frac{P}{g}(\omega^2 l\sin\varphi-\alpha l\cos\varphi)$

10–14 （1）$x=\frac{(m_1+3m_2)l(1-\cos\omega t)}{2(m_1+m_2+m_3)}$

（2）$F_{\mathrm{N}}=(m_1+m_2+m_3)g-\frac{1}{2}(m_1+m_2)l\omega^2\sin\omega t$

10–15 $s_A=170\ \mathrm{mm}$（向左），$s_B=90\ \mathrm{mm}$（向右）

10–16 $F_x=-\frac{m_1 l+2m_2(l+r)}{2}\omega^2\sin\omega t$，$F_y=(m_1+m_2+m)g+\frac{m_1 l+2m_2(l+r)}{2}\omega^2\cos\omega t$

10–17 $k\geqslant\frac{me\omega^2-mg}{2e+\delta_0}$

10-18 $x=-\dfrac{m^2\cos\theta\sin\theta}{k(m_0+m)}\cos\omega t$,式中 $\omega=\sqrt{\dfrac{k(m_0+m)}{m(m_0+m\sin^2\theta)}}$

第十一章

11-1 $L_O=2ab\omega m\cos^3\omega t$

11-2 (a) $L_O=18\ \text{kg}\cdot\text{m}^2/\text{s}$;(b) $L_O=20\ \text{kg}\cdot\text{m}^2/\text{s}$;(c) $L_O=16\ \text{kg}\cdot\text{m}^2/\text{s}$

11-3 (1) $\left(\dfrac{1}{2}m+2m_1\right)vr$,$\left(\dfrac{1}{2}m+2m_1\right)vr$;(2) $\left(\dfrac{m_1}{3}+2m\right)\omega l^2\sin^2\theta$

11-4 $t=0.693\dfrac{l}{k}$

11-5 $\omega=\dfrac{2G\omega_0}{2G+P}$

11-6 $v=9.34\ \text{m/s}$

11-7 $J_{AB}=mgh\left(\dfrac{\tau^2}{4\pi^2}-\dfrac{h}{g}\right)$

11-8 $n'=245.6\ \text{r/min}$

11-9 $t=\dfrac{1}{k}J\ln 2$,$n=\dfrac{J\omega_0}{4\pi k}$

11-10 $M_z=365.4\ \text{N}\cdot\text{m}$

11-11 $\alpha=20\ \text{rad/s}^2$;$F_A=13.6\ \text{N}$,$F_B=41.9\ \text{N}$

11-12 $t=\dfrac{r\omega_0(1+f^2)}{2gf(1+f)}$

11-13 $\ddot{x}+\dfrac{2gk}{3P}x=0$

11-14 $F_{Bx}=143.5\ \text{N}$,$F_{By}=445.3\ \text{N}$

11-15 (1) $n=2.94\ \text{r/min}$;(2) $F=186.6\ \text{N}$

11-16 $a_A=\dfrac{Mk-mgR}{J_1k^2+mR^2+J_2}R$

11-17 (1) $\dfrac{\text{d}^2\theta}{\text{d}t^2}+\dfrac{5g}{9l}\sin\theta=0$;(2) $\dfrac{\text{d}^2\theta}{\text{d}t^2}+\dfrac{27g}{43l}\sin\theta=0$

11-18 (1) $n_1=-20.9\ \text{r/min}$,$n_2=159.1\ \text{r/min}$

(2) $n_1=-11.1\ \text{r/min}$,$n_2=168.9\ \text{r/min}$

(3) $n_1=0$,$n_A=-180\ \text{r/min}$,$n_B=180\ \text{r/min}$

11-19 (1) 当 $\varphi=0$ 时,$\alpha_1=1.5\dfrac{g}{l}$;(2) 当 $\varphi=90°$时,$\alpha_2=0$,$\omega_2=\sqrt{\dfrac{3g}{l}}$

11-20 (1) $\alpha=\dfrac{3\sqrt{2}}{8}\dfrac{g}{l}$;(2) $F_{NB}=\dfrac{3}{8}P$,$F_{NA}=\dfrac{5}{8}P$

11-21 $F_{AB}=313.5\ \text{N}$;$F_{Dx}=79.3\ \text{N}$,$F_{Dy}=90.6\ \text{N}$

11-22 (1) $t=\dfrac{v_0-r\omega_0}{3fg}$,$v=\dfrac{2v_0+r\omega_0}{3}$;(2) $s=\dfrac{5v_0^2-4v_0r\omega_0-r^2\omega_0^2}{18fg}$

11-23 $\rho=90\ \text{mm}$

11-24 $\Delta F=3.49\times10^{6}\ \text{N}$

11-25 (1) $x_C=0.2\ \text{m}, y_C=0.4\pi t-\dfrac{1}{2}gt^2, \varphi=\pi t$

(2) $t=2\ \text{s}, \varphi=\pi t=2\pi$，杆在水平位置 $y_A=y_B=y_C=-17.1\ \text{m}$

(3) $F_t=3.94\ \text{N}$

11-26 (1) $\alpha=\dfrac{3g}{2l}\cos\varphi, \omega=\sqrt{\dfrac{3g}{l}(\sin\varphi_0-\sin\varphi)}$；(2) $\varphi_1=\arcsin\left(\dfrac{2}{3}\sin\varphi_0\right)$

11-27 $F_N=0.266\ P, \alpha=\dfrac{18g}{13l}$

11-28 $a_A=\dfrac{3bhg}{4b^2+h^2}$

11-29 (1) $\alpha_1=-3.81\ \text{rad/s}^2, \alpha_2=19.3\ \text{rad/s}^2$；(2) $\alpha=0.44\ \text{rad/s}^2$

11-30 (1) $a=\dfrac{4}{5}g$；(2) $M>2mgr$

11-31 (1) $F_T=1\ 722\ \text{N}$；(2) 向左，$\varphi=5.33\times2\pi$

11-32 $\alpha=\dfrac{3g}{2l}; F_{Ax}=\dfrac{3P}{4g}\omega_0^2 l, F_{Ay}=\dfrac{P}{4}$

11-33 $a=\dfrac{2m_1 g(R+r)^2}{(2m_1+m_3)(R+r)^2+2m_2(\rho^2+R^2)}$

11-34 圆盘角加速度 $\alpha_1=-\dfrac{4F}{5ml}$，杆的角加速度 $\alpha_2=\dfrac{21F}{5ml}$

11-35 $\alpha_{AB}=\dfrac{M}{2mr^2}, F_N=\dfrac{M}{6r}$

第十二章

12-1 110 J

12-2 6.27 J

12-3 (a) $\dfrac{P}{6g}l^2\omega^2$

(b) $\dfrac{1}{2}\left(\dfrac{1}{2}\dfrac{P}{g}r^2+\dfrac{P}{g}e^2\right)\omega^2$

(c) $\dfrac{3}{4}\dfrac{P}{g}v^2$

(d) $\dfrac{P}{6g}l^2\omega^2\sin^2\alpha$

12-4 $T=\dfrac{1}{2}(3m_1+2m)v^2$

12-5 $\omega=2\sqrt{\dfrac{kg}{3P}}$

12-6 (1) $v_B=\sqrt{\frac{18}{17}gl}$;(2) $v_B=\sqrt{\frac{9}{8}gl}$

12-7 $v_1=\sqrt{\frac{3M\pi g+(P_1+3P_2+3P_3)v^2}{P_1+P_2}}$

12-8 $v_2=\sqrt{\frac{4gh(m_2-2m_1+m_4)}{8m_1+2m_2+4m_3+3m_4}}$

12-9 $v_D=\cos\varphi\sqrt{3gl(\sin\varphi_0-\sin\varphi)}$

12-10 $\omega=\frac{1}{r}\sqrt{\frac{3[M\varphi-r(1-\cos\varphi)(2P_1+P_2)-kr^2\sin^2\varphi]}{m_1+3(m_1+m_2)\sin^2\varphi}}$

12-11 $\omega=\frac{2}{r+R}\sqrt{\frac{3M\varphi}{9m_1+2m_2}}$, $\alpha=\frac{6M}{(r+R)^2(9m_1+2m_2)}$

12-12 $a=\frac{gr^2\left(\frac{2M}{r}-P\sin\theta-Pf\cos\theta\right)}{Pr^2+7Jg}$

12-13 $\omega=\sqrt{\frac{6g[2r(P+G)+M\pi]}{r^2(2G+3P)}}$, $\alpha=\frac{3gM}{r^2(2G+3P)}$

12-14 $\ddot{x}+\frac{k}{m(2+\sin\theta)}x=0$

12-15 $a_C=\frac{mg\tan\theta}{m\tan^2\theta+m_C}$, $a_{AB}=\frac{mg\tan^2\theta}{m\tan^2\theta+m_C}$

12-16 $v=\sqrt{\frac{M-M_f}{r\mu}}$

12-17 $\alpha=\frac{M_0}{(3m_1+4m_2)l^2}$

12-18 $a_A=\frac{3m_1g}{4m_1+9m_2}$

12-19 $v=\sqrt{\frac{P_2-\sin\theta(P_1+P_2)}{P_1+P_2-P_2\sin\theta}gl}$

12-20 $a=\frac{2m_1g(R+r)^2}{(2m_1+m_3)(R+r)^2+2m_2(\rho^2+R^2)}$

12-21 $M_{车}=188.2\ \text{N}\cdot\text{m}$, $M_{电}=42.4\ \text{N}\cdot\text{m}$, $P_{电}=6\ 302.1\ \text{W}$

12-22 $P=0.369\ \text{kW}$

综合习题

综-1 $v=2\cos\varphi\sqrt{R\left(g+\frac{kR}{m}\right)}$, $F_N=2kR\sin^2\varphi-mg\cos 2\varphi-4(mg+kR)\cos^2\varphi$

综-2 $F_n=20g(2-3\cos\varphi)$, $F_t=0$;当 $\varphi=\pi$ 时,$F_{max}=980\ \text{N}$(拉)

当 $\varphi=\arccos\frac{2}{3}=48°11'$时,$F_{min}=0$

综-3　(1) $a=4.9\ \text{m/s}^2, F_{BE}=267.7\ \text{N}, F_{AD}=71.7\ \text{N}$

(2) $a=2.63\ \text{m/s}^2, F_{AD}=248.6\ \text{N}, F_{BE}=248.6\ \text{N}$

综-4　$F=9.8\ \text{N}$

综-5　$\omega_B=\dfrac{J\omega}{J+mR^2}, v_B=\sqrt{\dfrac{2mgR-J\omega^2\left[\dfrac{J^2}{(J+mR^2)^2}-1\right]}{m}}; \omega_C=\omega, v_C=\sqrt{4gR}$

综-6　$\dfrac{M}{m}<\dfrac{2}{3}$

综-7　(1) $\Delta p=\dfrac{3Mt}{2l}, \Delta L=Mt, \Delta T=\dfrac{3}{2}\dfrac{M^2t^2}{ml^2}$

(2) $F_{Cx}=F_{Dx}=\dfrac{3}{4}\dfrac{M}{l}, F_{Cy}=F_{Dy}=\dfrac{9}{4}\dfrac{M^2t^2}{ml^3}$

综-8　$f=0.242$

综-9　(1) $\omega=\sqrt{\dfrac{6g(m_2r\pi-m_1l)}{6m_2r^2+3mr^2+2m_1l^2}}, \alpha=\dfrac{6m_2rg}{6m_2r^2+3mr^2+2m_1l^2}$

(2) $F_{Ax}=-\dfrac{1}{2}m_1\alpha l, F_{Ay}=m_1g+m_2g+mg-m_2\alpha r-\dfrac{1}{2}m_1r\omega^2$

综-10　(1) $M=2.45\ \text{kN}\cdot\text{m}$; (2) $F_{Ax}=0, F_{Ay}=12.35\ \text{kN}$

综-11　$F_N=mg\left(\dfrac{7}{3}\cos\theta-\dfrac{4}{3}\right)$

综-12　$F_{O1x}=-0.364\dfrac{M-m_1ra_A}{r}, F_{O1y}=m_1g-\dfrac{M-m_1ra_A}{r}$

$F_{O2x}=0.364\dfrac{M-m_1ra_A}{r}, F_{O2y}=(m_A+m_2+m_3)g+\dfrac{M}{r}+(m_A-m_1)a_A$

综-13　(1) $\omega=\sqrt{\dfrac{3g}{l}(1-\cos\theta)}, \alpha=\dfrac{3g}{2l}\sin\theta$

$F_{Bx}=\dfrac{3}{4}mg\sin\theta(3\cos\theta-2), \quad F_{By}=\dfrac{1}{4}mg(1-3\cos\theta)^2$

(2) $\theta_1=48.19°$

(3) $v_C=\dfrac{1}{3}\sqrt{7gl}, \omega=\sqrt{\dfrac{8g}{3l}}$

综-14　$f=\dfrac{l^2+36a^2}{l^2}\tan\theta_0$

综-15　(1)（略）；(2) $n=\dfrac{1}{2\pi}\sqrt{\dfrac{3h}{l}}$

综-16　(1) $\omega=\sqrt{\dfrac{3gl+4\sqrt{3}gb}{2l^2+6b^2}}$; (2) $a=\dfrac{(6b^2+3bl)g}{6b^2+2l^2}$; (3) $F_N=\dfrac{mg(3bl-2l^2)}{6b^2+2l^2}$

(4) $F_{Ax}=-\dfrac{mgl(3l+4\sqrt{3}b)}{4l^2+12b^2}$

综-17 $F_x=\dfrac{m_1\sin\theta-m_2}{m_1+m_2}m_1g\cos\theta$

综-18 $a_{BC}=-r\omega^2\cos\omega t$；$F_{Ox}=-r\omega^2\left(\dfrac{m_1}{2}+m_2\right)\cos\omega t$，$F_{Oy}=m_1g-\dfrac{1}{2}m_1r\omega^2\sin\omega t$

$M=r\left(\dfrac{1}{2}m_1g+m_2r\omega^2\sin\omega t\right)\cos\omega t$

综-19 $F_{Ox}=-\dfrac{1}{2}m\omega^2r\sin\omega t$，$F_{Oy}=mg+\dfrac{m}{2}\left(\dfrac{\omega^2r^2\cos\omega t}{l\cos^3\varphi}-\dfrac{\sin\varphi}{\cos\varphi}\omega^2r\sin\omega t\right)$

综-20 $a=\dfrac{m_1\sin\theta-m_2}{2m_1+m_2}g$，$F=\dfrac{3m_1m_2+(2m_1m_2+m_1^2)\sin\theta}{2(2m_1+m_2)}g$

综-21 (1) $\omega=2\sqrt{\dfrac{g}{15r}}$；(2) $\omega=\sqrt{\dfrac{2g}{3r}}$

综-22 (1) $\alpha=\dfrac{M-mgR\sin\theta}{2mR^2}$；(2) $F_x=\dfrac{1}{8R}(6M\cos\theta+mgR\sin 2\theta)$

综-23 (1) $a_A=\dfrac{1}{6}g$；(2) $F=\dfrac{4}{3}mg$；(3) $F_{Kx}=0$，$F_{Ky}=4.5mg$，$M_K=13.5mgR$

综-24 (1) $F_D=\dfrac{\sqrt{3}}{4}mg$；(2) $\omega=0.989\sqrt{\dfrac{g}{l}}$

综-25 $a_B=\dfrac{m_1g\sin 2\theta}{2(m_2+m_1\sin^2\theta)}$

综-26 $a=\dfrac{m_2\sin 2\theta}{3m_1+m_2+2m_2\sin^2\theta}g$

综-27 $F_{Ax}=3\rho r^2\omega^2$，$F_{Bx}=-\dfrac{1}{2}\rho r^2\omega^2$；$F_{Ay}=F_{By}=\rho gr$

综-28 $\theta=\arccos\dfrac{2}{3}$，$F_{N2}=\dfrac{4}{3}mg$

综-29 $\alpha_1=\dfrac{9g}{23l}$，$\alpha_2=\dfrac{24\sqrt{2}g}{23l}$

综-30 $F_N=\dfrac{4+3\sin^2\theta}{(1+3\cos^2\theta)^2}mg$

综-31 $\omega_{AB}=\dfrac{1}{2}\sqrt{\dfrac{M\pi}{mr^2(2-\sqrt{2})}}$，$\alpha_{AB}=\dfrac{M}{2mr^2(2-\sqrt{2})}$，$F_D=\dfrac{M(4-3\sqrt{2})}{6r(2-\sqrt{2})}$

第 十 三 章

13-1 (1) $a\leqslant 2.91\ \mathrm{m/s^2}$；(2) $\dfrac{h}{d}\geqslant 5$ 时先倾倒

13-2 静止或匀速直线运动时：$F_{NA}=\dfrac{l_2}{l_1+l_2}mg$，$F_{NB}=\dfrac{l_1}{l_1+l_2}mg$

刹车过程：$F_{NA}=\dfrac{m}{l_1+l_2}\left(gl_2+\dfrac{v^2}{2s}h\right)$，$F_{NB}=\dfrac{m}{l_1+l_2}\left(gl_1-\dfrac{v^2}{2s}h\right)$

13-3 $F=213.33\ \text{N};F_{Ax}=-106.67\ \text{N},F_{Ay}=196\ \text{N}$

13-4 $F_B=9.8\ \text{kN}$

13-5 $\omega=\dfrac{\sqrt{2ra}}{\rho}$

13-6 (1) $\omega=\sqrt{\dfrac{k(\varphi-\varphi_0)}{ml^2\sin 2\varphi}}$

(2) $F_{Bx}=0,F_{By}=-\dfrac{ml^2\omega^2\sin 2\varphi}{2b},F_{Ax}=0,F_{Ay}=\dfrac{ml^2\omega^2\sin 2\varphi}{2b},F_{Az}=2mg$

13-7 $F_{\text{Nmax}}=G+2P\left(1+\dfrac{e\omega^2}{g}\right)$

13-8 $\omega=\dfrac{2}{3}\sqrt{\dfrac{3g}{l}}$

13-9 $\alpha=47\ \text{rad/s}^2;F_{Ax}=-95\ \text{N},F_{Ay}=138\ \text{N}$

13-10 $M_A=-\dfrac{1}{2}mgl+\dfrac{1}{3}ml^2\alpha+\dfrac{1}{2}m\omega^2lr,\quad F_{Ax}=ml\alpha-\dfrac{1}{2}m\omega^2l,\quad F_{Ay}=-m\omega^2r-\dfrac{1}{2}m\alpha l+mg$

13-11 $F_{Cx}=0,F_{Cy}=\dfrac{3m_1+m_2}{2m_1+m_2}m_2g,M_C=\dfrac{3m_1+m_2}{2m_1+m_2}m_2gl$

13-12 $a=\dfrac{(iM-mgR)R}{mR^2+J_1i^2+J_2}$

13-13 $(J+mr^2\sin^2\varphi)\ddot{\varphi}+mr^2\dot{\varphi}^2\sin\varphi\cos\varphi-M=0$

13-14 $M=\dfrac{3\sqrt{3}}{4}mr^2\omega_O^2+2mgr;F_{Ox}=\dfrac{11}{4}mr\omega_O^2+\dfrac{3\sqrt{3}}{2}mg,F_{Oy}=\dfrac{3\sqrt{3}}{4}mr\omega_O^2+\dfrac{5}{2}mg$

13-15 $\ddot{x}+\dfrac{2kx}{m_1+m_2+2m_3}=0$

13-16 $a=2.53\ \text{m/s}^2,\alpha=18.98\ \text{rad/s}^2$

13-17 (1) $M=\dfrac{3}{2}mra$;(2) $F_\text{N}=mg,F_\text{s}=ma$;(3) $F_{Ax}=\dfrac{1}{2}m\left(\dfrac{g}{2}+a\right),F_{Ay}=\dfrac{1}{2}m\left(\dfrac{3g}{2}+a\right),F_B=\dfrac{\sqrt{2}}{2}m\left(\dfrac{g}{2}-a\right)$

13-18 $\alpha_{AB}=\dfrac{6F}{7ml}$(顺时针),$\alpha_{BD}=\dfrac{30F}{7ml}$(逆时针)

13-19 $\alpha=\dfrac{M-mgR\sin\theta}{2mR^2},F_x=\dfrac{1}{8R}(6M\cos\theta+mgR\sin 2\theta)$

13-20 $F_{NB}=\dfrac{2}{9}m\omega_O^2r+2mg+\dfrac{\sqrt{3}F}{3},M_O=\dfrac{2\sqrt{3}}{3}m\omega_O^2r^2+Fr$

13-21 $F_{Ax}=3\rho r^2\omega^2,F_{Bx}=-\dfrac{1}{2}\rho r^2\omega^2;F_{Ay}=F_{By}=\rho gr$

13-22 $F_{NA}=-F_{NB}=74\ \text{N}$

13-23 $y_B=0,z_B=-120\ \text{mm};y_C=0,z_C=60\ \text{mm}$

第十四章

14-1 $F_N = \frac{1}{2}F\tan\theta$

14-2 $F_N = \pi\frac{M}{h}\cot\theta$

14-3 $M = \frac{1}{2}Fr$

14-4 $F_N = \frac{F}{2}\frac{e(d+c)}{bc}$

14-5 $F = \frac{\pi d^2 qb}{4L}\tan\varphi$

14-6 $M_2 = 120\sqrt{3}$ N · m

14-7 $F = \frac{M}{a}\cot 2\theta$

14-8 $M = 450\frac{\sin\theta(1-\cos\theta)}{\cos^3\theta}$ N · m

14-9 $AC = x = a + \frac{F}{k}\left(\frac{l}{b}\right)^2$

14-10 $F_1 = \frac{M}{l}\sin\varphi$

14-11 $F = 2F_E$

14-12 $\tan\varphi = \frac{P_1}{2(P_1+P_2)}\cot\theta$

14-13 $\frac{F_1}{F_2} = \frac{2l_1\sin\theta}{l_2+l_1(1-2\sin^2\theta)}$

14-14 曲线方程为$\frac{x^2}{4l^2}+\frac{y^2}{l^2}=1$

14-15 $F = \frac{Pl}{\sqrt{2}a}\tan\theta\sqrt{1+\sin\theta}$

14-16 $M = 2RF, F_s = F$

14-17 (略)

14-18 $F_{DE} = -\frac{5}{3}F$(压)

14-19 $F_E = 2\ 450$ N, $M_A = 29\ 400$ N · m(逆时针)

14-20 $F_1 = \frac{b}{a}F, F_2 = \frac{\sqrt{a^2+b^2}}{a}F$

索引

J

K

L

M

N

P

Q

R

S

T

W

X

Y

Z

Synopsis

The present book was first published in 1961. In more than 60 years, it was republished eight times and has been keeping popular among the professors and students in the field of mechanics. The present edition remains the previous features of rigorous deduction, distinct logic, stepwise to profundity and convenient for education.

The book consists of two volumes. Volume I covers the content of statics (Including the free-body-diagram, planar force systems, spatial force systems, friction, etc.), kinematics (Including the kinematics of a particle, the simple motions of a rigid body, resultant motion of a particle, planar motion of a rigid body, etc.), kinetics (Including the particle dynamics, theorems of linear momentum, angular momentum and kinetic energy of particle systems, D'Alembert's principle, principle of virtual displacement, etc.). For most specialties with moderate period of theoretical mechanics, the use of volume I should be enough.

Volume II comprises the elements of analytical mechanics, the particle dynamics in non-inertial reference frame, collision, elements of mechanical vibration, motion of rigid body with a fixed point, general motion of a rigid body, resultant motion of a rigid body, approximate theory of gyroscope, dynamics of a body with variable mass. Plenty of illustrations, questions and exercises are designed in the textbook.

The book is intended for the engineering student as the textbook of the course of "theoretical mechanics". It can also be used as a reference book for students and engineers in related areas.

Contents

图书在版编目(CIP)数据

理论力学.Ⅰ/哈尔滨工业大学理论力学教研室编.--9版.--北京:高等教育出版社,2023.5(2024.12重印)
ISBN 978-7-04-059855-1

Ⅰ.①理… Ⅱ.①哈… Ⅲ.①理论力学-高等学校-教材 Ⅳ.①O31

中国国家版本馆CIP数据核字(2023)第017268号

Lilun Lixue

策划编辑 黄 强　　责任编辑 黄 强　　封面设计 张申申　　版式设计 杜微言
责任绘图 于 博　　责任校对 高 歌　　责任印制 张益豪

出版发行 高等教育出版社
社　　址 北京市西城区德外大街4号
邮政编码 100120
印　　刷 河北鹏盛贤印刷有限公司
开　　本 787mm×1092mm 1/16
印　　张 27.75
字　　数 550千字
插　　页 1
购书热线 010-58581118
咨询电话 400-810-0598

网　　址 http://www.hep.edu.cn
　　　　 http://www.hep.com.cn
网上订购 http://www.hepmall.com.cn
　　　　 http://www.hepmall.com
　　　　 http://www.hepmall.cn

版　　次 1961年1月第1版
　　　　 2023年5月第9版
印　　次 2024年12月第6次印刷
定　　价 55.00元

物 料 号 59855-00

名誉主编简介

王铎先生，1920年生，1938年—1942年在中央大学土木系学习，1949年到哈尔滨工业大学任教。1961年起担任哈尔滨工业大学理论力学教研室主任，并担任教育部工科理论力学教材编审委员会委员。自1965年起担任哈尔滨工业大学《理论力学》教材主编，并于1988年获得原国家教委颁发的国家优秀教材奖。主编出版了《断裂力学》《理论力学习题集》《理论力学习题选集》《理论力学解题指导及习题集》等著作和教学参考书。1980年被授予黑龙江省特等劳动模范称号，1984年被授予航天工业部劳动模范称号，并于1989年和2001年先后两次获得国家级教学成果奖。

自1970年代起率先在国内开展断裂力学研究工作，1981年创建我国首批固体力学博士点，同时评为博士生导师。1992年中国科协编写的《中国科学技术专家传略力学卷》选登了周培源、钱学森、钱伟长等57位当时在世的力学家传略，王铎先生名列其中。王铎先生于2018年1月11日因病不幸逝世。

主编简介

孙毅，1981 年毕业于哈尔滨工业大学力学师资班，1989 年在哈尔滨工业大学固体力学学科获工学博士学位，现任哈尔滨工业大学航天学院教授，固体与结构强度省重点实验室主任。担任哈尔滨工业大学《理论力学》教材第 7 版、第 8 版责任主编，这两版教材先后被评为普通高等教育"十一五"国家级规划教材和"十二五"普通高等教育本科国家级规划教材。《理论力学》（第 8 版）于 2021 年被国家教材委员会评为首届全国教材建设奖全国优秀教材一等奖。

自 2007 年起担任"理论力学"课程负责人，"理论力学"课程先后被评为首批国家级精品资源共享课和国家精品在线开放课程。主编《理论力学数字课程》《简明理论力学》（第 3 版）、《理论力学在线试题库及组卷系统》《理论力学习题全解》等，并由高等教育出版社出版。2008 年获第四届国家级教学名师奖，2017 年入选国家高层次人才特殊支持计划。